Sabine Müller

Das hellenistische Königspaar in der medialen Repräsentation

W
DE
G

Beiträge zur Altertumskunde

Herausgegeben von

Michael Erler, Dorothee Gall,
Ludwig Koenen, Clemens Zintzen

Band 263

Walter de Gruyter · Berlin · New York

Das hellenistische Königspaar in der medialen Repräsentation

Ptolemaios II. und Arsinoe II.

von
Sabine Müller

Walter de Gruyter · Berlin · New York

♾ Gedruckt auf säurefreiem Papier,
das die US-ANSI-Norm über Haltbarkeit erfüllt.

ISBN 978-3-11-020917-4
ISSN 1616-0452

Bibliografische Information der Deutschen Nationalbibliothek

Die Deutsche Nationalbibliothek verzeichnet diese Publikation in der Deutschen Nationalbibliografie; detaillierte bibliografische Daten sind im Internet über http://dnb.d-nb.de abrufbar.

Printed in Germany
Druck und buchbinderische Verarbeitung: Hubert & Co. GmbH & Co. KG, Göttingen

Vorwort

Bei der vorliegenden Studie handelt es sich um die überarbeitete Fassung meiner 2007 in der Philosophischen Fakultät der Leibniz Universität Hannover eingereichten Habilitationsschrift.

Mein ganz besonderer herzlicher Dank gilt meinen stets hilfsbereiten Gutachtern Gerhard Wirth und Elizabeth Carney, deren wichtige Ratschläge und immerwährende Unterstützung unermesslich wertvoll für mich waren.

Des Weiteren gilt mein Dank für vielfältige Anregungen, Zusendung von Schriften, Möglichkeiten der Diskussion und Ratschläge allen voran Waldemar Heckel, Johannes Heinrichs und Joseph Roisman, ebenso wie Victor Alonso-Troncoso, Edward Anson, Andreas Blasius, Andreas Böhn, Stanley Burstein, Elke Hartmann, Udo Hartmann, Hans Hauben, Heinz Heinen, Christian Hoffstadt, Franca Landucci Gattinoni, Irmgard Männlein-Robert, Martina Minas, Marek Jan Olbrycht, Wolfgang Orth, Stefan Pfeiffer, Michael Rathmann, Donata Schäfer, Peter Schultz, Giuseppe Squillace, Richard Stoneman, Konrad Vössing, Wolfgang Will und Ian Worthington.

Meinen Kollegen in Hannover möchte ich von ganzem Herzen für ihre liebenswürdige und tatkräftige Unterstützung danken, insbesondere Hans-Georg Aschoff, Arne Borstelmann, Claus Füllberg-Stolberg, Carl-Hans Hauptmeyer, Peter Kehne, Brigitte Reinwald, Inga Rost, Kirsten Rüther, Ulrike Schmieder, Karl Heinz Schneider und Anton Weise. Für die Hilfe bei der technischen Umsetzung danke ich Stefan Mazur, Dörthe Nielsen und Gesa Beddig.

Last but not least gebührt ein großer Dank meiner Mutter und meinen Freunden in Gießen.

Inhaltsverzeichnis

I. Einleitung

Die hellenistischen Monarchien gelten als *„new experiments in kingship"*.[1] Sie entstanden aus dem Zusammenbruch des Alexanderreichs und dem Machtvakuum einer erlöschenden Dynastie. Begründer dieser politischen Neukreationen waren die Diadochen, eine Gruppe von Alexanders einflussreichen Generälen. Während im makedonischen Argeadenreich die Abkunft aus der Herrscherfamilie sowie die militärische Befähigung, bewiesen durch Schlachtensiege, die primären Faktoren gewesen waren, um Akzeptanz zu erlangen, konnten sich die Diadochen zwar auf ihre Beteiligung an Alexanders „speererworbenen" Eroberungen berufen, nicht jedoch auf die Zugehörigkeit zur herrschaftlichen Linie. Vielmehr kamen sie aus dem makedonischen Adel, der als Partikulargewalt stets in Konkurrenz zum Argeadenherrscher gestanden hatte. Daher mussten sie Mittel und Wege finden, um sich von ihren adligen Mitstreitern hierarchisch zu distanzieren, diese Statuserhöhung in ihrer Repräsentation sichtbar zu gestalten und ihre Führungsschicht davon zu überzeugen, sie anzuerkennen.

Zur Überbrückung des Bruchs der Herrschaftskontinuität dienten anfänglich Heiratsgesuche der Diadochen an die verbliebenen weiblichen Mitglieder des Argeadenhauses sowie Gründungslegenden, die auf eine genealogische Verknüpfung mit den Argeaden oder der olympischen Götterwelt abzielten.[2] Als weitere Legitimationsmaßnahmen sind Inszenierungen als Wohltäter, Mäzen oder Philosophenfreund, Darstellungen als (Löwen-)Jäger, die symbolische Aufwertung der Residenzstädte und die sakrale Überhöhung des Herrschertums, vor allem mit bildnerischen Mitteln, zu nennen.

Im Zuge der Etablierung der hellenistischen Reiche legten sich die neuen Herrscherfamilien dann eine eigene dynastische Identität, ein eigenes Profil und Image zu, mit dessen Codes sie positive Botschaften ihrer

---

1 Stephens (2003), 32. Vgl. Gruen (1985), 256-257.

2 Vgl. Gruen (1985), 254 zu den Heiratsgesuchen; Bringmann (2000), 79 zu den Gründungslegenden; Ellis (2002^2), 3; Heckel (1992), 222; ders. (1989), 33, 36, Anm. 12; Huttner (1997), 126-27; Thompson (2000b), 378; Svenson (1995), 188; LeBohec (1991), 32; Baynham (1998), 108 zum Beispiel der ptolemäischen Gründungslegende.

Auserwähltheit und Qualifikation vermittelten und sich profilierten. Dabei rückte nicht nur die mythische Genealogie der Ahnen aus grauer Vorzeit, sondern auch die unmittelbare Verwandtschaft ins Blickfeld. Entsprechend der politischen Strukturen – „*Macedonian monarchy was primarily a household monarchy and basileia and oikos were one*" –[3] präsentierte der hellenistische Monarch sich und ein artifizielles Konstrukt seines Familienlebens auf der Bühne seines Hofs, mit Hatto H. Schmitts Worten eine „*Inszenierung des Privatlebens*".[4] Im Zuge dieser Entwicklung traten die königlichen Frauen ins Licht der Überlieferung und wurden zu einem unverzichtbaren Teil der monarchischen Inszenierung,[5] zum weiblichen Pendant der Herrschertugenden.[6]

Diesem Prozess hatte bereits Philipp II. den Weg bereitet. Um das Image des argeadischen Herrschers auf dem Weg zu einer Emanzipation von der adligen Kontrolle zu konturieren, hatte er unter anderem auf die Inszenierung der dynastischen Einheit gesetzt. Dies hatte die Profilierung auch der Argeadinnen mit sich gebracht. Philipps Nachfolger Alexander III. hatte sich dagegen als neuer Achilles in Szene gesetzt und sein Image als unbesiegbarer Kriegsheld derart auf seine Person zugespitzt,[7] dass für das weibliche Element kaum Raum geblieben war.[8] Da seine Stilisierung zum jugendlichen Heroen auch einen Sohn und Nachfolger an seiner Seite ausschlossen hatte, war die Herrschergattin im Alexanderreich in ihrer üblicherweise wichtigsten Rolle, als Mutter des Thronerben, in seiner Repräsentation nicht präsent gewesen.[9] Noch nach seinen drei Heiraten hatte Alexanders Mutter Olympias die Position der Herrschermutter inne

---

3 Carney (2004), 192.

4 Vgl. Schmitt (1991), 75-86. Für das römische Kaiserhaus definiert von Winterling (2004³), 19-22 als „*politische Familie*".

5 Vgl. Roy (1998), 119-120; Cantarella (1987), 90, 97; Wikander (1996), 183, 185-86; Savalli-Lestrade (2003), 65; Carney (1993b), 313; dies. (2004), 40; Schuller (1995), 87; Pfrommer (1996), 106; von Hesberg (1996), 84; Katz (1995), 23; Burton (1995), 4; Zahle (1990), 133; Pomeroy (1984), 14-15.

6 Vgl. Savalli-Lestrade (2003), 73; Roy (1998), 119; Schuller (1995), 95-96; Holt (1999), 7; Burton (1995), 147; Parente (2002), 271-272.

7 Vgl. Carney (2003a), 230; dies. (2000b), 275-285; Winkes (1973), 903; Fleischer (1996), 29; Hölscher (2003), 12; Schwarzenberg (1975), 250-251; Nielsen (1992), 31; Calcani (1997²), 29; Smith (1991), 21; Kiilerich (1997²), 87; Ameling (1988), 670-671, 686; Bringmann (2000), 57; Müller (2006a), 271-276; dies. (2003b), 34-43.

8 Vgl. Carney (2003a), 230.

9 Vgl. Carney (1996), 563-564, 566, 578. Alexanders iranische Frauen galten in griechisch-makedonischer Sprachregelung im Zuge der Parallelisierung des Persienfeldzugs mit dem Trojanischen Krieg als Siegestrophäen, Symbole der Unterwerfung Asiens.

gehabt,[10] was sicherlich zu einem Teil von ihrer mit Thetis vergleichbaren Rolle in Alexanders achilleischem Konzept abhängig gewesen war.[11] Im Gegensatz zu seiner heroischen Einzelkämpferattitüde spielten in den hellenistischen Monarchien die Einheit der Dynastie sowie die Dualität des Herrscherpaars eine wichtige Rolle in der Repräsentation.[12]

Die politische „*iconography of empire*"[13] wurde der höfischen, städtischen und ländlichen Öffentlichkeit[14] durch vielfältige Medien wie Geschichtsschreibung, Dichtung oder Weihinschriften, Münzprägung, Plastik, Mosaik oder Malerei, Architektur – etwa Paläste oder Grabanlagen –, Genealogien und Herkunftsmythen, Feste mit symbolisch aufgeladenen Prozessionen, öffentliche Auftritte, wohltätige Aktionen, Stiftungen, Zeremonien und kultische Handlungen vermittelt. „*Visibility lies at the heart of power … The ability to create and manipulate images is itself an indication of power and (arguably) a means to accumulate greater power*".[15] Indes ergeben sich daraus Schwierigkeiten, wie jemand treffend feststellte, der sich mit Images auskannte, Andy Warhol: „*everything is sort of artificial. I don't know where the artificial stops and the real starts*".[16] Damit ist ein Grundproblem angesprochen, das auch für die Beschäftigung mit der hellenistischen Herrschaftsrepräsentation gilt: die Notwendigkeit, der Illusion der medial vermittelten Images, die Warhol in seinen Pop Art-Werken selbst zum Thema machte, nicht zu erliegen, sondern sie kritisch zu betrachten.[17]

10 Vgl. Carney (2006), 7, 49-51; dies. (2007); Bringmann (2000), 56. Zu den für sie bezeugten Stiftungen: SIG I 252 N 5 ff.; Hyp. Eux. 19; SEG IX 2.

11 Dass es sich dabei primär um eine spätere literarische Stilisierung handelt, wie Koulakiotis (2006), 205 ausführt, ist zu bezweifeln. Olympias stammte selbst von Achilles ab (Theopomp, FGrHist. 115 F 355; Plut. Alex. 2,1; Pyrrh. 1). Vgl. Funke (2000), 98, Anm. 305; Carney (2006), 6.

12 Vgl. Savalli-Lestrade (2003), 62-63; Schmitt (1991), 75-86; ders. (2005³f), 558-564; Roy (1998), 112; Weber (1993), 133; Minas (2000), 57, 60, 85. Davies (2002), 5 konstatiert eine dreigeteilte Natur der hellenistischen Herrschaft: König und Familie; *philoi*; Heer.

13 Cool Root (1979). Vgl. Boardman (2003), 150, 167; Allen (2005), 39-52, 57-62.

14 Zum Begriff der Öffentlichkeit in der Antike vgl. Zanker (1995b), 14-15.

15 Fowler/Hekster (2005), 9. Vgl. auch Bringmann (2000), 184-187.

16 Zit. n. Inboden, G. (1992): Andy Warhol. White disaster I, 1063, Stuttgart, 31, Anm. 25.

17 Vgl. von den Hoff/Schmidt (2001), 11: „*Dass Bilder in ihren Darstellungen eine eigene Wirklichkeit konstruieren und nicht etwa eine bestehende Wirklichkeit unvermittelt abbilden, ist insbesondere in unserem bildreichen ‚Medienzeitalter' eine gängige und nicht zu bezweifelnde Feststellung.*"

1. Ziel der Untersuchung

Die vorliegende Studie geht der Frage nach, welche Bedeutung dem Königspaar, insbesondere der königlichen Frau, in der Repräsentation von Herrschaft in den frühhellenistischen Monarchien zukam.[18] Anhand ikonographischer und quellenkritischer Analysen wird untersucht, mit welchen Symbolen und Medien im Rahmen welcher Erfahrungs- und Erwartungshorizonte der jeweiligen Adressaten ein dynastisches Image im frühen Hellenismus rekonstruiert wurde. Daran schließt sich die Betrachtung, von welchen Elementen der politischen Ikonographie sich eine möglichst umfassende Akzeptanz von Seiten des Publikums erhofft wurde, und welche Vorgaben so erfolgreich waren, dass sie sich in den hellenistischen Monarchien als Repräsentationsschemata durchsetzten.

Im ersten Teil werden die Heiratspolitik und die Rolle des Königspaars in ihrer Herrschaftsrepräsentation, insbesondere in ihrer Relevanz für die Nachfolge, betrachtet. Dabei liegt ein Fokus auf der Entwicklung von der Polygamie zur Monogamie und teilweise zur Endogamie. Der zweite Teil der Arbeit beschäftigt sich mit der Inszenierung des frühptolemäischen Königspaars in den verschiedenen Medien der Selbstdarstellung.

Für die Untersuchung bietet sich Arsinoë II. mit ihrer Rolle in der Herrschaftsrepräsentation ihrer drei Ehemänner als Paradigma an, da sie in der Zeit der Entstehung und Konsolidierung der hellenistischen Reiche für vier Könige in unterschiedlichen politischen Situationen und Entwicklungsstufen der Reichsgestaltung dynastisch relevant gewesen war. Ihr Vater Ptolemaios I. setzte sie in der Phase der Reichsgründungen im Rahmen seiner Heiratspolitik als Medium der Bündnissicherung ein. Es lassen sich Spuren finden, dass sie von ihrem ersten Mann Lysimachos als Mutter seiner potentiellen Nachfolger in die öffentliche Inszenierung seines Hauses eingebunden wurde. Für ihren zweiten Mann, Ptolemaios Keraunos, der als Usurpator Lysimachos' Erbe in Makedonien antrat, war Arsinoë interessant, weil sie als seine Witwe Trägerin seines Prestiges war. Ihr dritter und letzter Mann, Ptolemaios II., rückte sie ins Zentrum seiner Nachfolgeregelung und seines neuen Repräsentationskonzepts. Diese Vorgaben blieben bis zum Ende des Ptolemäerreichs modellhaft. Die literarischen und bildlichen Darstellungen Arsinoës wurden zur Referenz für die ptolemäische *basilissa* und zeigten auch über die Reichsgrenzen hinaus Einfluss. In der Forschung gilt Arsinoë daher vielfach als *das* „Vor-

---

18 Unlängst als Desiderat noch angemahnt von Wikander (2002), 184-189, bes. 186: „*What seems to be obviously lacking is an analysis of the system which made all this queenly activity possible.*"

zeigemodell".[19] Ihr Weg durch vier Regentschaften und zwei Herrschergenerationen ist daher geeignet, vielfältige Aspekte und Probleme von Erringung, Legitimierung, Inszenierung und Erhalt von Einfluss und Herrschaft paradigmatisch zu beleuchten und ein Spektrum von Möglichkeiten weiblicher Aktionsmodi, insbesondere im Hinblick auf die Kreation einer dualen Herrschaftsrepräsentation, aufzuzeigen.

Zentraler Ausgangspunkt der Untersuchung ist der hellenistische Hof, in den Quellen als αὐλή, βασίλειον oder βασιλεία bezeichnet,[20] „*centre névralgique des monarchies hellénistiques*"[21] und „Kernzelle" der Dynastie. Inklusive des „Herrschaftsmittels" Palast[22] bot er für die Entfaltung des monarchischen Images das breiteste Forum. Auf dieser höfischen Plattform konnten auch die weiblichen Angehörigen der Herrscherhäuser in verschiedenen Bereichen der Dynastiepolitik – Nachfolgeregelung, Förderung von Kunst, Literatur und Wissenschaft, Stiftungswesen – aktiv werden.[23]

2. Quellenlage

Die literarische Quellenlage stellt sich für die Diadochen und den frühen Hellenismus als problematisch dar, eine Überlieferung aus zweiter und dritter Hand in spärlichen und verstreuten Fragmenten. Für die ersten Ptolemäer bilden die zeitgenössischen Dokumente der Dichter am Hof von Alexandria, Theokrit, Kallimachos und Poseidippos, eine Ausnahme. Allerdings entwerfen sie stark überhöhte Kunstfiguren der Ptolemäer mit komplexer ideologischer Codierung. So repräsentieren etwa die Epigramme des Mailänder Papyrus, die Poseidippos zugeschrieben werden, Arsinoë II. mehrheitlich als Göttin, der Weihegaben dargebracht werden. Bei dem bildlichen Material verhält es sich kaum anders.

19 Vgl. Hölbl (1994), 32-33; Minas (2005), 134. Für Macurdy (1932), 111-112. Zu ihrer Modellrolle in der ptolemäischen Porträtkunst vgl. Brunelle (1976), 119; Pfrommer (1996), 97-98; Kyrieleis (1975), 78; Parente (2002), 259-278; im Herrscherkult vgl. Quaegebeur (1989b), 45-59; Pfeiffer (2004), 260-265.

20 Vgl. Funck (1996b), 53; Weber (1995), 286-292; ders. (1997), 31.

21 Savalli-Lestrade (2003), 61.

22 Vgl. Funck (1996b), 52.

23 In Auseinandersetzung mit Norbert Elias' soziologischen Studien zu Fürstenhöfen und höfischer Gesellschaft ist der Hof in der althistorischen Forschung insbesondere durch die Arbeiten von Gregor Weber für den Hellenismus und Aloys Winterling für die römische Kaiserzeit in den Blickpunkt gerückt worden. Vgl. Winterling (1997a), 6-8; ders. (2004³), 73-76; Weber (1997), 30-31.

Im Anschluss an die methodische Prämisse Aloys Winterlings, dass „gerade tendenziöse Schilderungen darauf angewiesen waren, das Berichtete in einem plausiblen Kontext zu präsentieren ... so daß möglicherweise falsche Geschichten gelegentlich auch zur Generierung wahrer Sachverhalte benutzt werden können",[24] werden auch die häufig von stereotypen Vorurteilen geprägten Aussagen in den literarischen Quellen betrachtet. Dabei wird hinterfragt, welche Schlüsse sich für die gesellschaftlichen Strukturen, denen die Autoren mit ihrem Urteil Tribut zollen, ableiten lassen. Vorauszuschicken ist, dass vielfach Missverständnisse zugrunde lagen, weil die kulturellen Normen in Makedonien nicht zwangsläufig mit den griechischen deckungsgleich waren. Ungeachtet der plakativen Gräzisierung der makedonischen Oberschicht[25] war die Gesellschaft stark durch illyrische, epeirotische, thrakische und nicht zuletzt persische Einflüsse geprägt.[26] Zwar sind auch homerische Tendenzen, besonders bei den Herrschaftsstrukturen, wahrzunehmen, doch ist der nicht-griechische Einfluss auf Makedonien nicht zu unterschätzen. Griechische Verständnislosigkeit gegenüber makedonischer Trinkkultur, Sexualnorm, argeadischer Heiratspolitik und weiblichen Handlungsräumen zeigen diese Differenz sehr deutlich.[27]

Die hellenistischen Monarchien folgten aufgrund ihres makedonischen Ursprungs einer Tradition, welche die griechischen Vorgaben gebrochen durch einen makedonischen Blendspiegel reflektierte.[28] Die

---

24 Winterling (1999), 11.

25 Wirth (2005), 95 bezeichnet die Argeaden treffend als eine *„sich griechisch gerierende ... Dynastie"*.

26 Vgl. Badian (1994), 107-120; Rosen (1987), 30-31; ders. (1978), 7; Wiesehöfer (1999), 30; Kienast (1973), 269-270; Zahrnt (1992), 245-249; Fredricksmeyer (1981), 333-334. Weshalb Wikander (2002), 186 diesen so offensichtlichen Einfluss verwirft, ist nicht ersichtlich.

27 Demosth. 2,18-29; Athen. 6,260 B-261 A; Polyb. 8,9,1-4 (Symptome der Dekadenz); spezifischer: Plut. Alex. 70,1; mor. 454 D-E, 623 F-624 A; Just. 9,8,15 (Trinkkultur); Just. 9,8; Athen. 13,557 b-D (Polygamie); Athen. 6,260 B-F; 4,166f-167 C; Diod. 16,87,1 (Sexualnorm).

28 Leider erhellen lediglich Schlaglichter die Differenzen. Badian (1982b), 33-51 weist darauf hin, dass die jeweilige Autodefinition Einblicke gewährt, ob sich die Makedonen als Griechen verstanden beziehungsweise die Griechen sie als solche ansahen. Betrachtet man Zeugnisse aus dem 4./3. Jh. v. Chr., wird eine Abgrenzung von griechischer Seite ebenso offenbar wie eine Betonung der makedonischen Abkunft (z.B. Poseidipp. Ep. 88 A.-B (= col. XIII 35-14,1); IG IX $1,1^2$, 56). Die Zusammenfassung unter „Griechen" ist die Außensicht. Zur späteren Entwicklung vgl. Burstein (2003), 217-242. Die alten Kriterien, die Herodot und seinen Zeitgenossen als Maßstab gegolten hatten, seien abgesehen von der Beherrschung der griechischen Sprache, ungültig geworden. Die *„new ways of being*

Zerrbilder hellenistischer Königinnen in den antiken literarischen Quellen resultieren nicht zuletzt daraus, dass die griechischen Autoren die weiblichen Interaktionsmodi aufgrund ihrer kulturellen Sozialisierung anders definierten. Das Verschwinden der Monarchie in Griechenland und Vorherrschen der Polisstruktur wirkte prägend. Auf Handlungsmöglichkeiten, wie sie sich Argeadinnen oder hellenistischen Königinnen boten,[29] reagierte man in Hellas von verwundert bis hin zu ablehnend.[30]

3. Forschungsstand

Von den ptolemäischen Königinnen, die als die einflussreichsten der hellenistischen „*royal women*“[31] charakterisiert werden,[32] gilt das Paradigma der Untersuchung, Arsinoë II., neben Kleopatra VII. allgemein als die bedeutendste,[33] „*the most extraordinary woman of her time*“.[34]

Greek“ seien von der Regierung definiert worden: „*In other words, a Greek was a person whom the Ptolemaic government said was a Greek*“ (ebda., 235-236).

29 Vgl. Sancisi-Weerdenburg (1987a), 37-38; Carney (1996), 565, Anm. 11.

30 Vgl. Müller (2007c), 265-267. Zur Verwirrung führte indes, dass die Argeaden in ihrer Griechenlandpolitik durchaus griechische Formeln adaptierten, die im Widerspruch zu ihrer eigenen Haltung standen, was Handlungsräume für herrschaftliche Frauen betraf. Vgl. Carney (1996), 566; O'Neil (1999), 1-14.

31 Carney (2000a), 227 schlägt diesen Terminus für die hellenistische Königin vor, da der Titel *basilissa* auch für Prinzessinnen verwendet wurde.

32 Vgl. Onasch (1976), 141; Smith (1991), 208.

33 Vgl. Hölbl (1994), 32-33; Minas (2005), 134. Für Macurdy (1932), 111-112 gilt sie sogar als die politisch hervorragendste Herrscherin des gesamten Ptolemäerreichs. Viele Beurteilungen Arsinoës leiten sich von einem Vergleich mit Kleopatra VII. ab. Bei ihr stellt sich allerdings ein noch größeres Problem der Mythisierung und Entrealisierung, vgl. Clauss (1995), 104-116; Benne (2001), 7-13; Wildung (1989a), 13-18. Um zu vertuschen, dass man einen Bürgerkrieg gegen Marcus Antonius führte, richteten Octavian und seine Anhänger ihre Propaganda so aus, als würden sie mit römischen Tugenden gegen den verkommenen Osten und dessen Gefahren kämpfen. Zielscheibe wurde Ägypten, Symbol für den östlichen Feind in all seiner bedrohlichen Dekadenz Kleopatra VII. Vgl. Gurval (1995), 137-165; Maehler (2003), 205-212; Spencer (2005), 64-68; Stein-Hölkeskamp (2005), 159-162; Hölbl (1994), 221, 226; Heinen (1966), 86-87; Benne (2001), 131-136; Zanker (1997[3]), 65-69; Wyke (1992), 195-243; Wenzel (2005), 40-45; Reed (1998), 403-407; Walker (2003), 197-187; Williams (2001), 192-193, 199; Pelling (2001), 294-297; Grimm (2006), 178-181; Gall (2006), 144-145; Müller (2008b), 22-23. Zur Nachwirkung vgl. Schäfer (2006), 271-288. Eurozentrische Perspektiven führten zu ihrer Negativporträtierung auch in der Forschung, vgl. etwa Stähelin (1921), 751: „*Außer Frage steht K.'s starke sinnliche Ader. Es ist kein Wort darüber zu verlieren, dass in der Stadt des raffiniertesten Lebensgenusses und zumal in*

Arsinoës Rolle am ptolemäischen Hof wird häufig aus einer von Emanzipationstheorien geprägten Perspektive beurteilt, wie zwei exemplarische Positionen zeigen: Arsinoë habe einen „*Bruch der Frauenrolle und das in großem Stil und mit weitreichenden Folgen*“[35] bewirkt; das Konzept ihrer kultischen Verehrung sei „*so strangely feminist*“, dass es von ihr selbst stammen müsse.[36] Die Einschätzung, sie habe ein entscheidendes Mitspracherecht besessen, reicht bis zur These, sie sei faktische Herrscherin in Ägypten gewesen.[37] Damit geht meist eine Negativzeichnung ihres Charakters einher, deren Simultaneität den Eindruck erweckt, dass ihr prominenter Status nicht nur auf rücksichtslosen Manipulationen zu basieren, sondern daraus zu bestehen scheint. Es wird zu zeigen sein, dass hinter dieser Wertung häufig der Bruch des Inzesttabus durch die Ehe mit ihrem Vollbruder Ptolemaios II. steckt, der ihr angelastet wird.

Die ältere Forschung ging vom Ansatz eines Persönlichkeitsbilds aus,[38] so Johann Gustav Droysen in seiner Geschichte des Hellenismus 1836-1843: „was aus ihrem früheren Leben bekannt ist, lässt sie nicht eben liebenswürdig erscheinen; welchen Unsegen hatten ihre Ränke in Lysimachos Haus gebracht“.[39] 1895 charakterisierte John Pentland Mahaffy Arsinoë ebenfalls als ewig unzufriedene Intrigantin.[40] Diesen Weg beschritt Ulrich Wilcken 1896 in seinem RE-Artikel zu Arsinoë weiter, in dem er ein prägendes Psychogramm einer von maßlosem Ehrgeiz getriebenen Intrigantin entwarf, deren politische Macht sich in den postumen Ehren für sie und in den zahlreichen Stiftungen in ihrem Namen manifestiert habe.[41] Wilckens Urteil prägt die Diskussion noch immer, was eine

---

dem gründlich verdorbenen Milieu des üppigen, seit Jahrhunderten von Familiengreueln aller Art zerrütteten Lagidenhofs keine Frau heranwachsen konnte, an die sich irgendwelche sittlichen Maßstäbe anlegen ließen“. In Arsinoë II. wurde häufig ein Prototyp Kleopatras gesehen. Vgl. Mahaffy (1895), 159; Kornemann (1998³), 137: „*Die Klugheit und Energie der großen Ptolemäer der ägyptischen Glanzzeit, der herrschsüchtige Sinn der größten unter ihren Ahnfrauen, Arsinoës II., lebten in ihr noch einmal auf*“. Ähnlich: Schuller (1995), 91: „*mit ihrer Klugheit, Tüchtigkeit und ihrem persönlichen Charme ließ sie* [Kleopatra] *aber die Tage Arsinoes II. noch einmal wiederaufleben.*“

34 Tarn (1969), 123.

35 Vgl. Pfrommer (2002), 35. Ebenso: Burton (1995), 4, 154.

36 Thompson (1973), 120.

37 Vgl. Hauben (1983), 109; Quaegebeur (1985), 76-77; Huß (1994), 103; Gygax (2002), 54, Anm. 38; Wikander (1996), 185; Albersmeier/Minas (1998), 6.

38 Vgl. Müller (2005a), 41-44.

39 Vgl. Droysen (1877²), 267.

40 Vgl. Mahaffy (1895), 113.

41 Vgl. Wilcken (1896b), 1281-1284. Ähnlich: Bouché-Leclercq (1903).

Rekonstruktion der politischen Strukturen, deren Teil sie war, erschwert.[42] Edelgard Brunelle fasste 1976 die vorherrschende Meinung über „die ehrgeizige, skrupellose Arsinoë, die Intrigen und Mord nicht scheute, um zu ihren Zielen zu gelangen",[43] prägnant zusammen.

Als *femme fatale* figurieren auch andere Herrscherfrauen in antiker und moderner Sicht, die in politischen Zusammenhängen auftreten.[44] Hinter der Wertung der älteren Forschung steht nicht zuletzt das aus bildungsbürgerlichen Vorstellungen Anfang des 19. Jahrhunderts entwickelte Konstrukt einer Dichotomie von männlicher und weiblicher Welt aufgrund gegensätzlicher Geschlechtscharaktere. Demnach sei der Mann aufgrund seiner Aktivität und Rationalität für den öffentlichen politischen Bereich, die Frau aufgrund ihrer Passivität und Emotionalität für den häuslichen Bereich prädestiniert gewesen.[45] Während dieses Deutungsmuster in der neueren Forschung *ad acta* gelegt wurde,[46] um den Weg zur

42 Bursteins Kommentar illustriert die Problematik treffend: „*Lack of sources renders even the most seemingly analyses precarious. The result is an accumulation of ‚factoids': hypotheses that over time have attained the status of facts by dint of constant repetition*". (Burstein, S.M. (2002): Rezension zu Hazzard (2000) of a monarchy, Phoenix 56, 185-187, hier 185).

43 Brunelle (1976), 17-18. Zuvor Bengtson (1975), 114: Ihre Intrigen seien Ausdruck des „*Charakters der Arsinoe II., die weder das göttliche noch das menschliche Recht respektiert hat*". Brunelle fasste 1976 die Forschungsmeinung über „*die ehrgeizige, skrupellose Arsinoë, die Intrigen und Mord nicht scheute, um zu ihren Zielen zu gelangen*", prägnant zusammen.

44 „*Verführerisch und verrucht, mordbereit, machtgierig und lasziv lüstern ... das sind die Facetten des Bildes römischer Frauen in den Schriften römischer Autoren, die über das erste Jahrhundert n. Chr. schreiben. In nichts stehen ihnen ihre ‚Kollegen' des 19. und 20. Jahrhunderts nach*". Die Analyse von Späth (1996), 159 (vgl. Rawson (1995), 13) lässt sich auch auf die makedonischen Herrscherfrauen übertragen. Aus der langen Liste seien exemplarisch zu nennen: die Argeadin Olympias, der etwa Schuller (1995), 87 bescheinigt, dass ihr „*Versuch einer politischen Betätigung ... nur aus dem persönlichen Temperament*" heraus zu erklären sei (dagegen vgl. Carney (1993a), 29-55; Müller (2005a), 44); die Seleukidinnen Laodike I. (vgl. Beyer-Rotthoff (1993), 21-22) und Kleopatra Thea, die von Macurdy (1932), 100 als „*an egotist, mad for power and stopping at nothing to get it*" beurteilt wird; die Ptolemäerinnen Kleopatra III. und Kleopatra VII.; die Römerinnen Livia, Agrippina minor (vgl. Tac. ann. 12,7,3: sie habe Rom nach ihrer Heirat mit Claudius „*adductum et quasi virile servitium*", „*unter eine quasi männliche Sklavenherrschaft gezwungen*"; dazu vgl. Shotter (2000), 346) oder Agrippina maior (vgl. Shotter (2000), 341-357).

45 Vgl. Schmal (2007), 102; Behnke (1997), 10, 19-29.

46 Vgl. Mendelsohn (2002), 20-48; Waldner (2000), 25-31. Distanziert wurde sich auch von der Vorstellung, die antike Frau sei von den öffentlichen Lebensbereichen abgeschirmt und ins Haus verbannt worden. Der dabei oft gezogene Vergleich mit einem „Harem", wie er in eurozentrischer Sichtweise imaginiert wurde,

Betrachtung komplementärer Frauen- und Männerräume zu öffnen,[47] dominierte in der älteren Forschung der Ansatz, Geschlechterdifferenz dahingehend zu deuten, dass Frauen auf dem politischen Parkett ihre naturgesetzten Grenzen überschritten – was unheilvolle Konsequenzen haben konnte.

Wilckens nachhaltiges Psychogramm der Intrigantin Arsinoë hatte auch entscheidenden Einfluss auf die Bewertung der politischen Leistung ihrer Ehemänner Lysimachos und Ptolemaios II., die ebenfalls anhand eines Persönlichkeitsprofils erfolgte. Während Lysimachos in seiner letzten Regierungsphase häufig als seniler, ihr höriger Greis gescholten wurde,[48] galt Ptolemaios II. meist als passiver, für Regierungsgeschäfte ungeeigneter Schöngeist. Wie William Woodthorpe Tarn 1926 vermutete Edwyn Bevan 1927, ebenfalls von Bildern englischer Herrscherinnen wie Elizabeth I. oder Victoria beeinflusst:[49] „*Some time between 279 and 274 a stronger will than Ptolemy's came to govern the policy of the Alexandrian court.*"[50] Gemeint war Arsinoë, „*a Macedonian princess, with not a little of a tigress*".[51] 1932 gestaltete die althistorisch-feministische Pionierin Grace Harriet Macurdy Arsinoë zu einer ihrer Heroinnen der makedonischen *woman-power.* Sie sei „*absolutely a managing woman*" gewesen, „*the directing power in the government ... spur in all the action, political and military*".[52] Allerdings spielt auch das Negativporträt hinein: „*There is unfortunately little doubt that Arsinoe ... frequently was an instigator to murder, and she effectively ruined the lives of a number of men and women who stood in her way*".[53] Als Beleg für die Porträtie-

ist zwar in die Kritik geraten (vgl. Brosius (2006a), 93-95; Waldner (2000), 25; Sancisi-Weerdenburg (1987b), 117: „*The concept of the Orient is the end result of a long progress of ethnocentric thinking in which one's own culture is regarded as the norm and everything outside it as deviating from or complementary to it*"), die zugrunde liegende Vorstellung wirkt jedoch noch immer nach. So taucht sie aktuell bei Wikander (2002), 186 auf. Sie stellt die persische Herrschaftsstruktur als Paradebeispiel für die Verbannung der königlichen Frau in den rein privaten Bereich vor.

47 Vgl. Walcot (1987), 25; Wiedeman (1983), 169; Osborne (1998), 30; Cantarella (1987), 38-62; Dettenhofer (1996), 28-31; Katz (1995), 21-39; dies. (1998), 47-75; Pomeroy (1996), 245-246; Hall (1993), 109-110; Cohen (1996), 134-145; Llewellyn-Jones (2003), 192-208; Whitehorne (1995), 73; Waldner (2000), 26.

48 Vgl. exemplarisch Will (1984b), 112. Dagegen argumentieren: Lund (1992), 189-198; Shipley (2000), 50. Ähnlich: Dmitriev, S. (2007): The last marriage and the death of Lysimachus, GRBS 47, 135-149.

49 Frdl. Hinweis von Heinz Heinen.

50 Ebda., 59.

51 Bevan (1927), 57.

52 Macurdy (1932), 118.

53 Ebda., 130.

rung Ptolemaios' II. als „*indolent and pleasure-loving*"[54] werden hauptsächlich Berichte über seine Förderung der Wissenschaften und Künste und seine prunkvolle Herrschaftsinszenierung herangezogen. Dagegen ist jedoch einzuwenden, dass sowohl das Mäzenatentum als auch der festliche Aufwand ein Politikum ersten Rangs waren, Mittel der Herrschaftskonsolidierung, Legitimation, Selbstdarstellung und des Prestigegewinns, die nichts mit privater Vergnügungssucht und Luxus zu tun hatten.[55]

Die Abwertung der politischen Fähigkeit Ptolemaios' II. bedingte zugleich die Aufwertung von Arsinoës politischer Stellung in Alexandria und umgekehrt, wie Gabriella Longegas Arsinoëbiographie von 1968 veranschaulicht. Da der König gemäß ihrer Darstellung „*alieno per natura dalle cure dello Stato*" war,[56] musste im Umkehrschluss sie das Reich regiert haben. Dabei habe sie weitreichende Pläne verfolgt und durch den Ausbau der ptolemäischen Seemacht, die Neutralisierung von Antigonos Gonatas in Griechenland und die diplomatische Kontaktaufnahme mit Rom und Karthago die Einigung des einstigen Alexanderreichs unter ptolemäischer Hoheit angestrebt.[57] Diplomatische Kontakte zwischen Alexandria und Rom hatte bereits Harold Mattingly 1950 Arsinoës Ambitionen auf die Mittelmeerherrschaft zugeschrieben.[58] Bekräftigt wurde diese Sicht von Hans Hauben, der hauptsächlich aufgrund ihrer Erwähnung im Chremonideischen Dekret für ihre tragende Rolle in der Außenpolitik argumentierte. Sie sei „*la véritable inspiratrice ainsi que la vraie dirigeante de la politique maritime de l'empire lagide*" gewesen.[59] Dagegen wandte sich Stanley Burstein 1982, indem er den repräsentativen Charakter der Ehrungen für sie betonte und eine neue Analyse ihrer Beziehung zu Ptolemaios II. anmahnte. Auch Heinz Heinen warnte in der zweiten Auflage der CAH 1984 vor einem Transfer ihrer Bedeutung für die monarchische Repräsentation und den Herrscherkult auf die Ebene der Politik.[60] Richard Hazzard folgte 2000 der Linie Bursteins und verfiel dem anderen Extrem. Er negierte Arsinoës Einfluss und postume Wirkung so konsequent, dass sie in seiner Rekonstruktion geradezu zu einem unliebsamen ptolemäischen Familiengeheimnis wurde, das Ptolemaios II. nach ihrem Tod eilig

---

54 Ebda., 118. Vgl. Visser (1938), 15: die Königin sei „*groß und übermenschlich*" gewesen. Ähnlich: Thompson (1955), 199-206.

55 Vgl. Völcker-Janssen (1993), 29; LeBohec (1991), 37; Bingen (2002), 49; Erskine (1995), 44-46; Winterling (1999), 22; Gigante Lanzara (1994), 93-94.

56 Longega (1968), 73.

57 Vgl. Longega (1968), 92. Zur Beurteilung der Biographie vgl. Wikander (2002), 186.

58 Vgl. Mattingly (1950), 126-128.

59 Hauben (1983), 127.

60 Vgl. Heinen (1984), 418.

unter den Tisch kehrte.[61] Elizabeth Carney betrachtete Arsinoës Laufbahn in zwei Einzelstudien von 1984 und 1997 sowie im Rahmen ihrer Forschungen zu „*Macedonian royal women*“ aus dem Jahr 2000 und betonte, dass ihre Rolle nur aus den dynastischen Strukturen der hellenistischen Königshäuser zu erklären sei und nicht als Einzelfall betrachtet werden könne.[62] 1993 beschrieb Günther Hölbl Arsinoë wiederum als rücksichtslose und herrschsüchtige „*erste herausragende Frauengestalt der Ptolemäergeschichte*“, die aktiv an der Landesverteidigung beteiligt gewesen sei.[63] Walter Ameling hingegen deutete 1997 in seinem DNP-Artikel zu Arsinoë die hohen kultischen Ehren nach ihrem Tod lediglich als einen Beleg für die Relevanz des dynastischen Elements in der Politik Ptolemaios' II.[64] Einen wichtigen Beitrag zur Erforschung der Hintergründe des gewandelten Status der hellenistischen Königinnen leistete Jim Roy 1998 mit seiner Untersuchung zur „*masculinity of the Hellenistic king*“. Er definierte die öffentlich inszenierte enge Bindung des hellenistischen Königspaars als artifizielles Konstrukt, das die maskulinen Züge des Herrschers durch die Frau an seiner Seite zu betonen und den Fortbestand der Dynastie symbolisieren sollte.[65]

Ungeachtet der Vermutung, dass Arsinoës zahlreiche – meist postume – Ehrungen nicht auf ihre einzigartige Persönlichkeit sondern auf ihre Rolle in der Repräsentation hindeuten, wird das Psychogramm der dominanten Potentatin noch aktuell diskutiert. 2001 schilderte Werner Huß Arsinoë als graue Eminenz in Lysimacheia und Alexandria, die durch „*ihren starken Drang zur Macht*“ und „*intrigante Intelligenz*“[66] die Politik maßgeblich mitgestaltet habe. Im selben Jahr las Anatole Mori von den weiblichen Handlungsräumen in Apollonios Rhodios' *Argonautica* Hinweise auf Arsinoës politischen Einfluss in Alexandria und auf eine Rechtfertigung ihrer intriganten Machenschaften ab.[67] Sheila Ager beschrieb im *Companion to the Hellenistic world* 2003 in Opposition zu Burstein und Hazzard den Einfluss der intriganten Arsinoës.[68] In der dritten Auflage des *Lexikon des Hellenismus* von 2005 beschreibt Hatto Schmitt Arsinoë II. als Beispiel „*für*

61 Ptolemaios II. habe ihr eine „*social role*” zugemessen, vgl. Hazzard (2000), 39.

62 Vgl. Carney (1994a), 123-131.

63 Vgl. Hölbl (1994), 32-33. Ähnlich: Whitehorne (2001²), 204 in seinem 1994 erstmals erschienenen Band über „Kleopatras“ in der hellenistischen Welt. Die Erhebung Arsinoës als Mitregentin Ptolemaios' II. stellt sich hier als ein Faktum dar.

64 Vgl. Ameling (1997), 38-39.

65 Vgl. Roy (1998), 117-119.

66 Huß (2001), 307.

67 Vgl. Mori (2001), 101-102.

68 Vgl. Ager (2003), 39.

Einfluß durch Persönlichkeit".[69] 2007 schloss sich Jürgen Malitz in seinem Beitrag zur *Kulturgeschichte des Hellenismus* den bekannten Bewertungen an, indem er ihr Münzporträt als Beleg für ihren politischen Einfluss deutete und sie mit Kleopatra Thea in ihrer Zeit als Herrscherin parallelisierte, die indes „*an ihrer eigenen Herrschsucht zugrunde gegangen*" sei.[70]

In der althistorischen Frauen- und Geschlechterforschung wurde Arsinoë zur Vorkämpferin der Emanzipation, zum Musterbild der politisch aktiven, selbstbestimmten Frau und Vorzeigeobjekt einer antiken Herrscherin stilisiert. 1984 zeichnete Sarah Pomeroy in ihrer Studie zu „*Women in Hellenistic Egypt*" das Porträt der unabhängigen, starken Königin, die selbstbestimmt und „frauenbewegt" am Hof ihres jüngeren Bruders die Fäden zog.[71] 1995 bekräftigte dies Joan Burton anhand des Kunstbilds aus Theokrits Gedichten. Emanuele Lelli ging 2002 einen Schritt weiter und rekonstruierte aus der höfischen Poesie eine faktische Regentinnenrolle Arsinoës.[72] Die gegenläufige Tendenz, generalisierend zu urteilen, dass der Ansatz der feministischen Geschichtsschreibung per se die historischen Tatsachen verfälsche,[73] ist indes ebenso wenig hilfreich.

Bezüglich der archäologischen Quellen zu Arsinoë II. ist auf die zahlreichen Publikationen von Jan Quaegebeur hinzuweisen, der die ägyptischen Dokumente, vor allem der rein ägyptisch geprägten Plastik, in maßgeblicher Pionierarbeit aufarbeitete und insbesondere auf ihren Quellenwert für den ptolemäischen Kult hin untersuchte. In der neueren Forschung hat Martina Minas in ihrer Dissertation zu den hieroglyphischen Ahnenreihen der Ptolemäer und in Einzeluntersuchungen zu Darstellungen ptolemäischer Königinnen im ägyptischen Kontext Quaegebeurs Erkenntnisse um wichtige Analysen bereichert.

Zur ptolemäischen Numismatik ist neben dem Standardwerk von Johannes Svoronos (1904-1908), den Untersuchungen von George Le Rider und Francois de Callataÿ (2006) sowie von Sitta von Reden (2007) der detaillierte Aufsatz von Hyla A. Troxell (1983) hervorzuheben, in dem sie eine Kategorisierung der Serien mit Arsinoës Bild und Legende vornimmt. Wenig Berücksichtigung fand bislang die Frage nach einer möglichen Vorbildfunktion des Frauenbildnisses auf den ephesischen Bronzemünzen des Lysimachos, bei dem es sich vermutlich um Arsinoës Porträt handelt, für die ptolemäische Münzprägung. Zu thematisieren ist weiterhin die

69 Vgl. Schmitt (2005³f), 562.
70 Malitz (2007), 37, 51.
71 Vgl. Pomeroy (1984), 17-20.
72 Vgl. Lelli (2002), 5-29, bes. 8-9.
73 Vgl. Green (1990), 146 über die Publikationen von Macurdy, Pomeroy und Longega. Ähnlich: Hazzard (2000), 81.

Zuschreibung von bronzenen Kleinmünzen an Ptolemaios Keraunos, die von Melih Arslan und Ayca Özen im Kontext der Publikation eines Hortfundes 2000 vorgenommen wurde. Der Avers der Bronzemünzen zeigt einen verschleierten Frauenkopf, den sie mit Arsinoë identifizieren.[74]

1973 veröffentlichte Dorothy Burr Thompson ihre grundlegende Studie zu den ptolemäischen Oinochoia als Zeugnisse für den Dynastiekult. Zur Erforschung der Ikonographie Arsinoës trugen zudem Helmut Kyrieleis' Publikation zu den Bildnissen der Ptolemäer von 1975 und die enger gefasste Dissertation von Edelgard Brunelle über die Bildnisse der Ptolemäerinnen aus dem Jahr 1976 bei, die sich beide primär mit den griechisch geprägten Porträts befassten. In ihren Studien zu Alexandria, dem Erbe Alexanders und den ptolemäischen Königinnen haben Michael Pfrommer und Günther Grimm Arsinoës ikonographische Attribute, insbesondere in Relation zu Götterattributen, in der griechisch und ägyptisch geprägten Kunst behandelt. Katrin Bemmann befasste sich in ihrer Dissertation über „*Füllhörner in klassischer und hellenistischer Zeit*" 1995 mit dem *dikeras*, Arsinoës speziellen Attribut. Der Suche nach Arsinoës Porträt auf hellenistischen Bildgemmen widmete sich Dimitris Plantzos 1999.[75] Die Darstellung der Königin in der ptolemäischen ägyptisch geprägten Plastik mit griechisch-makedonischen ikonographischen Elementen wurde 2001 von Sally-Ann Ashton sowie 2002 von P.E. Stanwick und Sabine Albersmeier behandelt. Ashtons prägnantes Resümee zum „*cross-cultural borrowing*" lautet: „*To say that there is either Greek or Egyptian influence is to over-simplify a very complex artistic phenomenon and whilst the Egyptian artistic tradition in particular appears to have adopted Greek attributes and portrait types, the sculpture cannot really be said to be Hellenized since it remains essentially Egyptian*".[76]

4. Terminologisches und Methodisches

Im Folgenden wird unter Legitimation eine Herrschaft rechtfertigende Darstellung nach außen verstanden, mit dem Ziel, durch codierte Botschaften in verschiedenen Medien die Akzeptanz der Reichsbevölkerung und Verbündeten zu erreichen. Repräsentation meint in Anlehnung an die Definition von Gregor Weber „*die Inszenierung der besonderen Stellung des Monarchen sowohl für den Hof selbst und für Besucher verschiedenster Provenienz als auch durch Weisen des Transformierens von Zeichensystemen nach außen, in das eigene*

74 Vgl. Klein (1999), 95, Nr. 814; Arslan/Özen (2000), 55-66.

75 Vgl. Plantzos (1999), 42-54.

76 Vgl. Ashton (2001), 6.

Herrschaftsgebiet, in konkurrierende Herrschaftssysteme und in neutrale Zonen hinein".[77] Ideologie wird im Anschluss an Peter Burke als „*Macht von Symbolen über alle Menschen, ob sie sich dieser Macht bewusst sind oder nicht*" definiert.[78] Zum Begriff Propaganda, in der althistorischen Forschung teilweise als Anachronismus kritisiert,[79] ist zu sagen, dass die Bedenken rein etymologisch gesehen zutreffen.[80] Betrachtet man Propaganda indes als eine griffige Beschreibung für die gezielt gelenkte Bedeutungskonstitution eines Inhalts, im Sinne Peter Burkes „*als Versuch, gesellschaftliche und politische Wertvorstellungen zu vermitteln*", um „*Zuschauer und Zuhörer zu überreden oder gar zu manipulieren*",[81] scheint die Verwendung im Kontext antiker Strukturen gerechtfertigt.

Mit Pierre Bourdieus Theorie des kulturellen und symbolischen Kapitals – Ansehen, Prestige und Ruhm – lässt sich insbesondere der konstante Rekurs in der ptolemäischen Herrschaftsrepräsentation auf die Vorfahren erhellen.[82]

Max Webers idealtypische Kategorisierung von Herrschaft, wonach die hellenistischen Könige zu den charismatischen Herrschern gehörten, ist für die augenfällige Bedeutung von politisch-kriegerischer Leistung in der frühhellenistischen Herrschaftsideologie als primärer Legitimationsfaktor noch immer grundlegendes Erklärungsmodell.[83] Der charismatische Monarch legitimiert demnach seine Position durch militärische Siege, muss sich ständig aufs Neue beweisen und steht unter einem permanenten Erfolgszwang. Von seiner Fähigkeit und Durchsetzungskraft hängt die Unterstützung durch die Bevölkerung seines Reichs ab; insbesondere die Kooperation des Heers ist für ihn *conditio sine qua non*. Entsprechend kann gezeigt werden, dass in der hellenistischen Herrschaftsinszenierung der Wert der militärischen Profilierung für die Dynastie so bedeutend war,

---

77 Weber (1997), 32.

78 Burke (2001²), 21.

79 Vgl. etwa Weber (1993), 35, 60, 123-124 zum Propagandabegriff in der Forschung zur hellenistischen Dichtung.

80 Die Bezeichnung „Propaganda" gehört in den Kontext der französischen Revolution und datiert frühestens in das Ende des 18. Jahrhunderts. Vgl. Burke (2001²), 13.

81 Vgl. ebda., 13.

82 Vgl. Bourdieu (1983), 183-198. Vgl. Hölkeskamp (2004a), 131, 148-151; ders. (2004b), 93, 95, 163; ders. (2006), 483.

83 Weber, M. (1972⁵): Wirtschaft und Gesellschaft. Grundriss der verstehenden Soziologie, Tübingen, 140-148. Vgl. Gehrke (1982), 276-277; ders. (2005b), 103-104; Gruen (1985), 256; Carney (1983), 270; Nielsen (1996), 20; Mehl (2000), 32; Austin (2000), 132-135; Chaniotis (2005), 57-62; Bringmann (2000), 79.

dass teilweise auch weibliche Mitglieder in kriegerischer Rolle dargestellt wurden.

Relevant ist zudem Peter Burkes Analysemodell für die *„Geschichte der Kommunikation, der Produktion, Zirkulation und Rezeption von symbolischen Formen“*.[84] Im Rekurs auf Erving Goffmans sozialanthropologische Studien zur Selbstinszenierung im Alltag[85] beschreibt er herrschaftliche Inszenierungen mit Begriffen aus Bühnen- und Theaterwelt. Im Anschluss an Goffmans These, dass jeder Mensch sich selbst konstruiert, ist augenscheinlich, dass die Selbstkonstruktion und -inszenierung eines Herrschers – von Burke auf Ludwig XIV. bezogen als ideologische *„Verpackung des Monarchen“*[86] bezeichnet – umso bedachter und aufwändiger gestaltet war. Auch die Unterstützung, die ein Herrscher und seine Familie bei der Kreation des künstlichen Idealbilds erfuhren, war entsprechend größer.

Bei der ikonographischen Betrachtung der Zeichensysteme monumentaler Quellen steht die Frage im Vordergrund, welche Leitvorstellungen, Deutungsmuster und zentralen Bezugspunkte der Symbolik zugrunde lagen. Die Elemente des *„court-derived repertoire“*,[87] *„essentials der eigenen Herrschaft“*,[88] veranschaulichen, in welcher Weise Wertvorstellungen personifiziert und konstruierte Normen vermittelt wurden.[89]

Das vielschichtige Image, die *Persona* – eine bewusst plakative, auf eine bestimmte Rolle zugeschnittene Außendarstellung, die Erwartungen und Forderungen der Außenwelt reflektiert –[90] der hellenistischen Königin als Komplement des Königs, wird als *pars pro toto* für das Herrscherhaus betrachtet. Die Codes des dynastischen Images, von Burke als *„Mittel der Überredung“* definiert,[91] gelten im Folgenden als Logos oder Brandings.

---

84 Burke (2001²), 9.

85 Vgl. Goffman, E. (1959): The presentation of self in every day life, New York.

86 Burke (2001²), 12.

87 Paspalas (2000), 533.

88 Weber (1997), 61.

89 Vgl. Zanker (1997³), Hölscher (1985); ders. (1973); Dihle (1999), 9-30. Siehe auch Sancisi-Weerdenburg, H. (1988): Was there ever a Median empire?, AchHist 3, Leiden, 197-212 zur Ideologie als bedeutendes Kriterium für die Ausbildung einer frühen Reichsform. Zum Konzept des kulturellen Gedächtnisses vgl. Assmann, J. (2005⁵): Das kulturelle Gedächtnis. Schrift, Erinnerung und politische Identität in frühen Hochkulturen, München; ders. (2000): Religion und kulturelles Gedächtnis. Zehn Studien, München.

90 Vgl. Roth, W. (2003): Einführung in die Psychologie C.G. Jungs, Düsseldorf/Zürich, 68-75. Wie Jung in *„Der Archetypus und das kollektive Unbewusste“* erläuterte, ist die *Persona „das, was einer eigentlich nicht ist, sondern was er und die anderen Leute meinen, dass er sei“*. (ebda., 69).

91 Burke (2001²), 23.

Die Analyse setzt somit systematisch den Weg fort, von der Fokussierung auf den hellenistischen Monarchen „*as a solitary figure with predominantly male surroundings*“[92] abzugehen und die königliche Familie zu betrachten.

92 Wikander (2002), 185.

II. Heiratspolitik und Dynastiebildung

1. Die Problematik der Polygamie

Ptolemaios I. begründete das hellenistische Reich, das am längsten von allen hellenistischen Monarchien Bestand hatte. Lysimachos, König in Thrakien-Makedonien, gelang es nicht, eine Dynastie zu etablieren. Anhand ihrer unterschiedlichen Beispiele lässt sich verdeutlichen, vor welche strukturellen Probleme sie ihre Heiratspraxis stellte und welche Konsequenzen sich daraus für ihre Nachfolgeregelung ergaben. Zugleich wird hinterfragt, welche Handlungsräume und Interaktionsmodi sich einer Königin in dieser Phase der Reichsbildung eröffneten.

Heiratspolitik und Nachfolgesicherung

Philipp II. gilt als Vorreiter einer „expansiven" Heiratspolitik, die dazu diente, Allianzen zu schließen, zu besiegeln und die Fürstenhäuser von eroberten Gebieten an sich zu binden.[1]

Im Rahmen dieser Bündnispolitik brachte er es auf sieben Ehefrauen.[2] Es ist indes umstritten, ob er die Polygamie des Argeadenherrschers eingeführt hatte und sie ein Signum speziell seiner Politik und ihrer Zwänge gewesen war.[3] Eventuell hatten schon seine Vorgänger zumindest teilweise polygam gelebt und sich dafür die Achaimeniden als Vorbild genommen,[4] so dass man schon von einer frühen Tradition ausgehen könnte.[5] Alexander I. mit seiner starken Bindung zu Xerxes wäre ein möglicher

---

1 Vgl. Carney (2006), 22; Greenwalt (1988b), 95; Wirth (1985b), 28-29.

2 Athen. 13,577 C-E.

3 Vgl. Greenwalt (1989), 22; Ogden (1999), xiv-xix. Von polygamen Argeadinnen ist nichts bekannt.

4 Die achaimenidische Polygamie reflektiert, dass „*in einem System zentral gelenkter Herrschaft innerhalb einer ursprünglich tribalen Gesellschaft politischen Heiraten zur Sicherung der Loyalität eine besondere Bedeutung zukam*" (Wiesehöfer (2005³), 125). Aus seinen Kindern rekrutierte der Großkönig nicht nur den Thronerben, sondern auch hohe Reichsbeamte und Kandidaten für seine Heiratspolitik. Vgl. ebda., 127.

5 Vgl. Greenwalt (1989), 29. Er führt zudem die Thraker als weiteres mögliches Vorbild an.

Kandidat für die Übernahme der Polygamie.[6] So könnte Platons Bericht, dass Archelaos (413-399 v. Chr.) Probleme mit seiner Legitimation gehabt habe, weil er illegitim gewesen sei,[7] so gedeutet werden, dass Archelaos' Vater Perdikkas II. (ca. 450-413 v. Chr.) polygam gelebt hatte und ihm mit Archelaos einer seiner jüngeren Söhne aus einer späteren Ehe nachgefolgt war.[8] In der Sicht der Griechen, bei denen die Monogamie als Norm dominierte, galten „zusätzliche" Gattinnen häufig als „Nebenfrauen" und ihre Kinder entsprechend als illegitim.[9] Bei Archelaos' Mutter kann eine solche Wertung in der Berichterstattung vorgelegen haben. Als ein weiteres mögliches Beispiel wäre Amyntas III. (ca. 393-370 v. Chr.) zu nennen. Er hatte zwei Gattinnen, Gygaia und Eurydike, die offenbar gleichzeitig an seinem Hof lebten und anscheinend abwechselnd oder zumindest teils zeitlich nahe mehrere Kinder von ihm bekamen.[10] Die kargen Quellen lassen indes nur Vermutungen darüber zu, ob es eine argeadische Polygamie schon vor Philipp gab.[11] Die Zahl der Heiraten Philipps, die den Verlauf der makedonischen Expansion unter seiner Regierung nachzeichnen, war jedoch wohl auch für eine polygame Struktur auffallend hoch.[12] Die moralische Tendenz der griechischen Überlieferung, die dazu neigte, Pella als ungesitteten Sündenpfuhl zu beschreiben,[13] trug dazu bei, Philipps Heiratspolitik in den Fokus des Interesses zu rücken. Polygamie galt

6 Zu seiner Darstellung als persischer Würdenträger mit *akinakes* auf einer seiner Münzserien vgl. Heinrichs/Müller (2008), 283-295. Diesem Bündnis verdankte er eine Statuserhöhung seines Herrschertums gegenüber dem makedonsichen Adel. Greenwalt (1989), 29, Anm. 40 nennt als Hinweis, dass Alexander I. die Polygamie übernommen haben könnte, die Bezeichnung seines Sohns Menelaos als illegitim (Ael. v.h. 12,43).

7 Plat. Gorg. 471 B. Demnach sei er ein Sklave gewesen. Vgl. Greenwalt (1989), 23-25; Ogden (1999), 8. Ein Vertrag von Perdikkas II. mit Athen nennt Archelaos indes als legitimen Argeaden (IG I³ 89).

8 Vgl. Greenwalt (1989), 25. Neben dem Missverständnis Platons vermutet er auch feindliche Propaganda gegen Archelaos als Hintergrund.

9 Vgl. Greenwalt (1989), 25. Dies ist auch bei Arrhidaios der Fall. Seine Mutter, die thessalische Fürstentochter Philinna (Athen. 13,557 C) wird von Plut. Alex. 10,2 als Hetäre bezeichnet, von Just. 9,8,2 als Tänzerin, Arrhidaios daher als Kind niedriger Herkunft. Vgl. Bosworth (2002), 274.

10 Vgl. Greenwalt (1989), 26-28. Jede Frau hatte drei Söhne von Amyntas III. Siehe auch Ogden (1999), 11-14.

11 Ebenso: Carney (2007). Unschlüssig: Macurdy (1927), 205.

12 Vgl. Funke (2000), 164, die von *„dem ausgesprochen polygamen Philipp"* spricht.

13 Demosth. 2,19-20; Athen. 6,260 B-261 A; Polyb. 8,9,1-4. Vgl. Kinsky (2005), 31; Hammond (1991), 508. Zur Topik symposialen Devianzverhaltens, insbesondere des Genusses von ungemischten Weins, in der „Barbaren"- und Tyrannendarstellung vgl. Kistler (2006), 115.

in Griechenland zu dieser Zeit als klares Charakteristikum von „Barbaren“.[14]

Auch die hellenistische Politik stützte sich gerade in der Entstehungsphase der Diadochenreiche auf Ehebündnisse. Entgegen der Tendenz der antiken Autoren, eine Hochzeit von Angehörigen der hellenistischen Königshäuser zur Liebesheirat zu stilisieren,[15] handelte es sich um ein Politikum ersten Rangs. Heiraten dienten der Herrschaftsstabilisierung, verursachten in Serie geschlossen aber zugleich Probleme bei der Nachfolgeregelung. Für die Diadochen war die Heirat ein Mittel, um das „Prisma der Macht“,[16] den Kontinuitätsbruch in den makedonischen politischen Strukturen nach dem Tod Alexanders, zu neutralisieren und ihren eigenen Herrschaftsanspruch zu legitimieren und festigen. Seibert teilt die Heiratsverbindungen der Diadochen, die sich unmittelbar aus ihrer jeweiligen politischen Situation ergaben, in drei Phasen ein: Zwischen 322-319 v. Chr. schlossen sie Ehen mit den Töchtern des Strategen von Europa, Antipatros. Er war ein „Urgestein“, einer der wenigen noch verbliebenen Vertreter der *old guard*, jener einflussreichen makedonischen Familien, die schon die Politik Philipps II. kontrolliert hatten. Als einziger der adligen Wortführer hatte er – wohl nicht zuletzt aufgrund seiner sicheren Distanz vom Hof- und Feldlager in Persien – Alexanders Beseitigungsmaßnahmen überlebt. Antipatros' Jahre als Statthalter von Makedonien und Griechenland hatten seinen Einfluss noch vergrößert; nach dem

---

14 Vgl. Carney (1996), 567; Greenwalt (1989), 22; Kienast (1973), 267.

15 Ein Beispiel dieser romantisierten Gestaltung von politischen Verbindungen ist die Ehe, die 294/293 v. Chr. zwischen Antiochos und seiner jungen Stiefmutter Stratonike, Gattin seines Vaters Seleukos, geschlossen wurde. Der öffentlichen Version zufolge, die anscheinend weit verbreitet war, verliebte sich Antiochos in Stratonike und beschloss, zu sterben, da sie mit seinem Vater verheiratet war. Seleukos wurde von seinem Arzt Erasistratos unterrichtet, wie der Sohn zu heilen war, und überließ ihm Stratonike (Plut. Demetr. 38; App. Syr. 59-61; Val. Max. 5,7; Lukian Syr. D. 17-18). Vgl. Gutzwiller (1991), 96. Gegen die These, der Akt der Entsagung habe der Demonstration des Einvernehmens zwischen Vater und Sohn gedient, vgl. Brodersen (1985), 459-469. Chronologische Unstimmigkeiten und Empörung in der griechischen Welt (Lukian Ikaromenipp. 15) hätten bewiesen, dass die Anekdote keine seleukidische Propaganda sei und auch kein Licht auf die seleukidische Herrschaftsauffassung werfe. Dagegen vgl. Schmitt (2005^3h), 560: In Krisenzeiten konnte der Übergang von Charisma und Herrschaftsrecht über die weibliche Linie verstärkt werden.

16 Vgl. Rader (2003), 60. Nach seiner Definition handelt es sich bei „Prismen der Macht“ um Diskontinuitäten von Macht und Herrschaft, „wenn Herrschaftslinien gebrochen werden oder sich auffächern, Macht diffus zu werden oder gänzlich aufzuhören droht“. Dabei versteht Rader „Macht“ im Anschluss an Luhmann als ein symbolisch generalisiertes Medium der Kommunikation (2003, 50).

Tod des bisherigen „Reichsverwalters" Perdikkas war ihm zudem die *epimelesia*, die Verantwortung für die beiden regierungsunfähigen Argeaden auf dem Thron, zugefallen.[17]

Die Ehen zwischen 319-301 v. Chr. wurden mit Mitgliedern des Argeadenhauses oder anderer Dynastien geschlossen und dienten ihrer Anbindung an eine herrschaftsfähige Linie – selbst Achaimenidinnen waren nun recht. Nach der Annahme des Königstitels in der Phase der Dynastieformation ab 301 v. Chr. heirateten die Herrscherhäuser untereinander, um Bündnisse gegen die Konkurrenz zu besiegeln.[18]

Die Diadochen übernahmen anfänglich die polygame Struktur des makedonischen Herrschertums,[19] die neben dem unmittelbaren politischen Motiv des Bündnisschlusses den Zweck verfolgt hatte, für eine ausreichende Anzahl von Erben und damit für eine gesicherte Nachfolge zu sorgen.[20] Gerade diese Vielzahl von Thronanwärtern stellte jedoch ein destabilisierendes Element dar, das zu Konflikten innerhalb der Dynastie mit oftmals blutigem Ausgang führte – bei den Argeadenherrschern gab es eine hohe Mordrate.[21] In den Diadochenreichen wurde der Schritt von der Polygamie zur Monogamie sukzessiv beschritten. Die Praxis des Bündnisschlusses anhand von Heiratsverbindungen blieb bestehen. Zumeist bedeutete das die Abschiebung der jeweils älteren Gemahlin zugunsten einer neuen, was ein Nebeneinander der konkurrierenden Frauen zwar vermied, das Problem des Erbkonfliktes aber nicht beseitigte, da die Kinder aus der früheren Ehe meist am Hof blieben und ihre Thronansprüche zu wahren versuchten. Die Problematik, die sich aus der Polygamie ergeben hatte, wurde nur unter anderen Vorzeichen fortgesetzt.

Beispiel 1: Ptolemaios I.

Welche Probleme sich aus der Polygamie oder seriellen Monogamie für ein Königshaus ergaben und wie man ihnen erfolgreich begegnen konnte,

17 Vgl. Rathmann (2005), 27-28.

18 Vgl. Seibert (1967), 122-126. Bestätigt von Cohen (1973), 354; Gunderson (1970), 360.

19 Plut. Ant. 91 (= synk. 4). Für das Beispiel des Demetrios Poliorketes vgl. Plut. Demetr. 14,2.

20 Vgl. Greenwalt (1988b), 95.

21 Vgl. Carney (1988a), 385-404; Greenwalt (1989), 31; Hatzopoulos (1986), 272-292. Archelaos, Orestes, Amyntas II., Pausanias, Alexander II., Philipp II., Philipp III. und Alexander IV. wurden ermordet. Es wird zudem vermutet, dass auch Alexander I. und Aeropos II. umgebracht wurden. Ebenso erging es Ptolemaios von Aloros und Amyntas (IV.), dem Neffen Philipps II.

zeigt das Beispiel des Wechsels von der ersten zur zweiten Herrschergeneration im Ptolemäerreich.

Ptolemaios I. war drei oder vier Mal verheiratet gewesen. 324 v. Chr. hatte er als einer der ausgewählten Hetairen von Alexander eine adlige Perserin zur Frau bekommen: Artakama, Tochter des Artabazos, eines ehemaligen Satrapen, erst von Phrygien, später kurzzeitig von Baktrien.[22] Viele Bräutigame hatten dies als Repression empfunden[23] und ihre Gemahlinnen nach Alexanders Tod in Persien zurückgelassen.[24] Es ist ungewiss, ob Ptolemaios diesem Beispiel gefolgt war.[25] Ungeklärt ist zudem, ob er mit Thaïs, seiner athenischen Geliebten aus den Tagen des Persienkriegs, verheiratet war.[26] Ihre gemeinsamen Kinder bezog Ptolemaios jedenfalls in seine Militär- und Heiratspolitik ein.[27] Um 320 v. Chr. heiratete er Antipatros' Tochter Eurydike,[28] zu einem unbestimmten Zeitpunkt später ihre Verwandte Berenike.[29] Die von Édouard Will und anderen Forschern vertretene Auffassung, er habe zuerst im Konkubinat mit Berenike gelebt,[30] berücksichtigt die polygame Struktur seines Hofs nicht, die sich daran zeigt, dass er 308 v. Chr., als er noch mit Eurydike und wahrscheinlich schon mit Berenike verheiratet war, auch noch um Ale-

---

22 Arr. an. 3,29,1; 7,4,6. Plut. Eum. 1,3 nennt sie Apame. Vgl. Heckel (2009), 55-56; Ellis (2002²), 15; Wirth (1959), 1607.

23 Arr. an. 7,6,2-3.

24 Vgl. Braund (2003), 24.

25 Vgl. Ellis (2002²), 15; Vatin (1970), 62. Artakama verschwindet ab 323 aus den Quellen. Vgl. Heckel (2009), 56.

26 Curt. 5,7,3-4; Plut. Alex. 38,1; Diod. 17,72,1-4; Strab. 15,3,6. Vgl. Berve (1926), II, Nr. 359, 175. Athen. 13,576 D-E bezeugt als einzige Quelle eine Ehe, aus der drei Kinder – Lagos, Leontiskos (Just. 15,2,7) und Eirene – hervorgingen. Akzeptiert von Heckel (2009), 262; Bielman (2002), 77, die eine Hochzeit zwischen Ptolemaios und Thaïs sogar noch vor die Ehe mit Artakama setzt.

27 Vgl. Seibert (1967), 72.

28 Paus. 1,6,8; App. Syr. 62. Vermutlich um 320 v. Chr., nach den Verhandlungen von Triparadeisos und noch zu Lebzeiten von Antipatros, was daraus geschlossen wird, dass er ihr Berenike als Begleitung beigab, vgl. Seibert (1967), 16-17, 72.

29 Paus. 1,6,8. Tarn (1910), 222 zufolge war sie ihre Cousine. Vgl. Heckel (1989), 34; Hölbl (1994), 26. Gow (1952), 332 spricht allgemein von einer Großnichte von Antipatros. Wann sie in Ägypten eintraf, steht nicht fest. Es scheint jedoch, als habe sie Eurydike anlässlich ihrer Hochzeit begleitet. Vgl. Seibert (1967), 16. Buraselis (1982), 99 vermutet eine Heirat um 317 v. Chr.

30 Vgl. Will (1984b), 112; Wirth (1959), 1638; Kosmetatou (2004c), 18. Die hohen Ehren, die Ptolemaios II. seiner Mutter Berenike nach ihrem Tode erwies, gelten dabei ebenso als Argument gegen ihren Status als Geliebte wie dafür: Ptolemaios II. habe seine illegitime Geburt vertuschen und aufwerten wollen. Vgl. Hazzard (1995), 2.

xanders Schwester Kleopatra warb, also ins Argeadenhaus einheiraten wollte.[31]

Zwischen 306 und 304 v. Chr. nahm Ptolemaios I. das herrschaftliche Diadem an[32] und begründete das Haus der Lagiden in Ägypten, das ihm 323 in Babylon und 320 v. Chr. in Triparadeisos als Satrapie zugewiesen worden war.[33] Dynastisch relevant waren die Kinder aus Ptolemaios' Ehen mit Eurydike und Berenike. Mit Eurydike hatte er gesichert die Söhne Ptolemaios Keraunos und Meleagros, die Töchter Lysandra und Ptolemais[34] und wahrscheinlich Argaios, Theoxene, die mit Agathokles von Syrakus vermählt wurde, sowie einen weiteren Sohn, dessen Name nicht bekannt ist.[35] Mit Berenike hatte er den Sohn Ptolemaios und die Töchter Arsinoë und Philotera.

Plutarch scheint in der Pyrrhosvita anzudeuten, dass Berenike allmählich an die Spitze der Hierarchie der höfischen Frauen aufrückte.[36] 298 v. Chr. hielt sich der junge Pyrrhos als Geisel für den Frieden mit Demetrios Poliorketes in Alexandria auf, bevor er 297 v. Chr. in Epeiros mit ptolemäischer Hilfe als Herrscher eingesetzt wurde.[37] Laut Plutarch schätzte er

31 Diod. 18,23,3; 20,37,1-2; Just. 13,6,4. Vgl. Gruen (1985), 254; Cohen (1974), 178.

32 Diod. 18,3,1; Curt. 10,10,1-2; Just. 13,4,10; Arr. Succ. 1,34-37.

33 Plut. Demetr. 18,1; Diod. 20,53,3; App. Syr. 54. Demnach war die Thronerhebung eine Reaktion auf seine Niederlage bei Salamis gegen Antigonos und Demetrios, die er ausgleichen wollte. Dieses psychologische Motiv wird teils als unwahrscheinlich bewertet, weil es sich nicht mit dem Modell des charismatischen Herrschers, der sich nur über militärische Erfolge legitimieren und keine Akklamation auf einer Niederlage aufbauen kann, in Einklang bringen lässt. Vgl. Müller (1973), 95; Fears (1975), 594. Als Alternative gilt der Erfolg der ptolemäischen Flotte vor Rhodos (FGrHist 239 B; Austin (1981). Nr. 21). Vgl. Gruen (1985), 257-258; Samuel (1962), 8-9; Skeat (1954), 28, Anm. 4; Hazzard (2000), 164; Lund (1992), 156; Chauveau (2000), 33; Hagedorn (1986), 70; Rigsby (1988), 273-274; Hölbl (1994), 22; Koenen (1993), 78; Thompson (1992), 43. Lehmann (1988a), 1-9 datiert Ptolemaios' Akklamation in den Spätsommer/Herbst 306 v. Chr. und seine ägyptische Krönung auf 305/304 v. Chr. Vgl. Ellis (2002^2), 47; Brown (1995), 30.

34 Diod. 22,4; Porphyrios, FGrHist. 260 F 3,10; 31,2. Vgl. Hammond/Walbank (1988), 253.

35 Paus. 1,7,1; Just. 23,2,6. Vgl. Heckel (1989), 36, Anm. 10; Hölbl (1994), 26; Heckel (1989), 33; Wirth (1959), 1625; Bennett (2003), 67. Aus der Ehe zwischen Theoxene und Agathokles ging wohl auch Archagathos hervor, der Epistates von Libyen wurde.

36 Plut. Pyrr. 4,4. Dieses Strukturelement ist der ägyptischen, persischen und makedonischen Monarchie eigen, vgl. Heckel (1989), 34; Hornung (2004), 341; Wiesehöfer (1999), 52. Zur Hierarchie von Frauen in einem polygamen System vgl. Greenwalt (1989), 25.

37 Vgl. Dreyer (2000), 63; Lévêque (1957), 109-110 (Pyrrhos' „*meilleure école de la vie*").

die höfischen Rangstrukturen ab und als er erkannte, dass Berenike aufgrund ihrer ἀρετή und φρόνησις von allen Frauen den meisten Einfluss auf Ptolemaios hatte, bemühte er sich gezielt um ihre Gunst.[38] Die Nähe zum Herrscher und seiner Familie konstituierte Rang und Prestige an den hellenistischen Höfen.[39] Lohn von Pyrrhos' Bemühungen war die Hochzeit mit Antigone, Berenikes Tochter aus erster Ehe.[40] Zu Ehren seiner Schwiegermutter nannte Pyrrhos eine Stadt in Epeiros Beronikis,[41] während sein Sohn den Namen Ptolemaios bekam.[42] Indes belegt dieses Zeugnis noch nicht, dass Berenike Anfang der 290er Jahre schon die Rolle der Mutter des künftigen Thronfolgers übernommen hatte. Abzulesen ist nur, dass sie bereits so weit in das familiäre Netz Ptolemaios' I. eingespannt gewesen war, dass selbst eine Heirat mit dessen Stieftochter dem Epeirotenherrscher Prestige zu bringen vermochte und seine Nähe zu Alexandria zum Ausdruck brachte.

Im Argeadenhaus, Vorbild für die Diadochen, scheint es keine feste Regelung gegeben zu haben, dass immer der älteste Sohn nachfolgen musste.[43] Andererseits tendierte aber offenbar im argeadischen Makedonien ebenso wie im ptolemäischen Alexandria die Erwartungshaltung in Richtung Primogenitur.[44]

So hatte sich Eurydikes ältester Sohn Ptolemaios Keraunos Hoffnungen auf das Diadem gemacht und war durch Höflinge wie den einflussreichen Demetrios von Phaleron unterstützt worden.[45] Er wurde jedoch zugunsten seines jüngeren Halbbruders Ptolemaios, Sohn der Berenike,

---

38 Plut. Pyrr. 4,4. Vgl. Ellis (2002^2), 42.

39 Vgl. Weber (1997), 37, 43.

40 Plut. Pyrrh. 4,4. Vgl. Huß (2001), 305; Lévêque (1957), 107-108, 116, 124, 677; Sonnabend (1989), 326. Vgl. Seibert (1967), 76-77 zur Heirat mit Antigone. In den Quellen wird kein Motiv erwähnt, weshalb Heckel (1989), 34 die Verbindung als eine politisch nutzlose Heirat bewertet. Wahrscheinlich erhoffte sich Pyrrhos aber von Ptolemaios Schützenhilfe für seine Pläne in Epeiros und Makedonien.

41 Plut. Pyrrh. 6,1; Steph. Byz. s.v. *Berenike*. Vgl. Carney (1988b), 135; Wirth (1959), 1626; Lévêque (1957), 122.

42 Plut. Pyrrh. 6,1; 9,1. Vgl. Lévêque (1957), 677.

43 Vgl. Greenwalt (1989), 27-28; Carney (1983), 261; LeBohec-Bouhet (2005), 59; Schmitt (2005^{3}g) 650; Funke (2000), 164. Es war von den politischen Möglichkeiten des Vaters, der Akzeptanz des Prätendenten beim makedonischen Adel und seiner eigenen Durchsetzungskraft abhängig, ob der Erbe am Ende Erfolg hatte: „*the ruler's power was personal in origin rather than institutional*" (Carney (1983), 270). Ein Herrscher, der sich nicht behaupten konnte, musste befürchten, von der Heeresversammlung abgesetzt zu werden. Vgl. Hammond (1992), 60; Granier (1931), 20.

44 Vgl. Macurdy (1927), 201, 205; Hampl (1934), 13; Iliadou (1998), 20.

45 Hazzard (1995), 2 nennt ihn einen „Partisanen" des Keraunos.

übergangen, den Ptolemaios I. im Jahre 285 v. Chr. zum Mitregenten ernannte.[46] Diese Entscheidung ist sicherlich weniger als Gunstbeweis gegenüber Berenike als Favoritin anzusehen, wie teils angenommen wird,[47] sondern vielmehr als Ergebnis eines komplexen Entscheidungsprozesses. Da einer der prominenten Befürworter des Keraunos, Demetrios von Phaleron, und Keraunos' Vollbruder Argaios auch nach 285 v. Chr. am Hof blieben, obwohl ihr Verhältnis zu Ptolemaios II. offensichtlich gespannt war, scheint Ptolemaios I. recht souverän über den verschiedenen Gruppierungen am Hof gestanden zu haben, ohne sich von einer Seite vereinnahmen zu lassen. Daher ist anzunehmen, dass die Berufung Ptolemaios' II. nicht aufgrund von Einflüsterungen erfolgte. Dies ist Topik, die sich aus seinem Zerrbild als unpolitischer, verweichlichter Schöngeist speist,[48] dem man guten Gewissens und aus vernünftigen Erwägungen heraus niemals die Herrschaft hätte überlassen können. Damit tut man Ptolemaios II. Unrecht, denn er hatte sich vermutlich durch seine Begabung als Thronfolger qualifiziert.[49] In Makedonien galten Durchsetzungsfähigkeit, Kompetenz als Heerführer und Politiker sowie Exzellenz bei Jagd und Kampf als Voraussetzungen für die Akklamation.[50] Zu diesem Zweck wurden Thronkandidaten militärisch und philosophisch geschult. Diese *paideia* der Herrschersöhne behielt auch in den hellenistischen Reichen ihre Bedeutung bei.[51] Victor Alonso-Troncoso vermutet daher, dass

46 Paus. 1,6,8; Plut. Demetr. 46,5; Pyrrh. 4,4; App. Syr. 62. Zu den Kindern von Ptolemaios und Eurydike vgl. Heckel (1989), 33. Zur Datierungsproblematik vgl. Heinen (1972a), 4.

47 So von Kornemann (1998³), 117-118.

48 Wie es etwa Tarn (1926), 161; Longega (1968), 73-74 und Thompson (1973), 4 zeichnen.

49 Betrachtet man die Regierungszeit Ptolemaios' II., erscheint es verständlich, dass Ptolemaios I. sich für ihn aussprach. Seine Leistungen trugen entscheidend dazu bei, dass das Ptolemäerreich als *„l'état le plus ‚moderne' du monde hellénistique"* gilt (Mossé, C. (1995): La classe politique à Athénes au IVème siècle, in: Eder, W. (Hg.), Die athenische Demokratie im 4. Jahrhundert v. Chr. Vollendung oder Verfall einer Verfassungsform?, Stuttgart, 67-77 bes. 77). Vgl. Huß (2001), 331, Anm. 6, 741: Ptolemaios II. sei einer *„der größten Herrscher der Dynastie"* gewesen. Ebenso: Volkmann (1959a), 1646-1648, 1658.

50 Suda s.v. βασίλεια; Athen. 1,18 A.

51 Vgl. LeBohec-Bouhet (2005), 62; Alonso-Troncoso (2005). Ob der hellenistische Thronfolger durch spezielle Attribute ausgewiesen war (wie etwa der achaimenidische Kronprinz, der das königliche Gewand, die Zeremonialblume der Lotosblüte – Zeichen von Reinheit und Wahrheit – und den bis zur Brust reichenden Zeremonialbart des Großkönigs zu seinen Symbolen zählte), ist unbekannt. LeBohec-Bouhet vermutet, dass er Purpur, Chlamys und Kausia trug. Einen beson-

Ptolemaios II. schon früher als bislang vermutet durch seine spezielle Erziehung als Thronfolger avisiert, aufgebaut und dem Hof in dieser Rolle vorgestellt worden war.[52] Seine Lehrer waren der Philosoph und Naturwissenschaftler Straton von Lampsakos, der Dichter Philetas von Kos und Zenodotos von Ephesos, einer der Leiter der Bibliothek, gewesen.[53]

Vergleichbar mit Keraunos' Zurücksetzung erscheint die Brüskierung Kassanders durch seinen Vater Antipatros, bei der wohl ebenfalls die Führungsqualitäten den Ausschlag gaben. Antipatros vermisste sie offenbar bei seinem Sohn und übergab die Kontrolle lieber dem bewährten alten Polyperchon.[54] Kassander hatte nicht genügend Durchsetzungsvermögen gezeigt, worauf auch die bei Athenaios kolportierte Geschichte um das misslungene makedonische Initiationsritual der Wildschweinjagd hinauslaufen mag.[55]

Unter den Diadochen spielte das Kriterium der Eignung demnach eine größere Rolle für die Nachfolgefrage als in der Folgezeit. Der Grund war sicherlich, dass es galt, das Überleben der neuen Reiche zu sichern und den kritischen Moment des Übergangs von der Gründergeneration zur Generation der Erben zu überstehen.

Der kyrenische Dichter Kallimachos mit seinem Wirkungsfeld am frühptolemäischen Hof[56] veranschaulicht die Relevanz der eigenen Leistung in seiner dichterischen Reflektion zu Ursprung von Herrschaft und ihrer Legitimation, dem *Hymnos auf Zeus*. Darin unterzieht er die im homerischen Epos beschriebene Aufteilung der Einflussgebiete unter Zeus, Hades und Poseidon einer Revision.[57] In seiner Interpretation konnte es keine gemeinsame Herrschaft der Kronossöhne über den Olymp geben; vielmehr stand sie einzig Zeus zu, weil er durch seinen Sieg im Kampf gegen Kronos und die Titanen an die Spitze der Götterhierarchie vorgestoßen war.[58] Deswegen sei auch das Losverfahren, wie es in der *Ilias*

deren Titel findet man in den antiken Quellen nicht; es ist meist die Rede vom „Sohn des Königs".

52 Vgl. Alonso Troncoso (2005), 103; ders. (2001), 85.

53 Vgl. Hölbl (1994), 64.

54 Ähnlich: Wirth (1985a), 243, Anm. 10; Landucci Gattinoni (2003), 44.

55 Athen. 1,18 A.

56 Zwischen 280-240 v. Chr. Vgl. Asper (2004), 5; Köhnken (2005³), 506-510; Gutzwiller (2007), 60-74.

57 Vgl. Müller (2009a).

58 Il. 15,189-193; Kall. Hymn. 1,60-67. Vgl. Hes. Theog. 853-855. Vgl. Hopkinson (1984), 144-145; Ambühl (2005), 241; Clauss (1986), 157. Zur Rolle von Zeus bei den Ptolemäern vgl. Gigante Lanzara (1994), 90-118; zu Zeus bei Kallimachos vgl. ebda., 94-110.

beschrieben wird, eine Lüge.[59] Obwohl Zeus der jüngste der Brüder gewesen sei,[60] sei ihm aufgrund seiner „ἔργα χειρῶν; σή τε βίη τό τε κάρτος“[61] selbstverständlich die hochrangigste aller Herrschaften zugesprochen worden. Da βία allein in negativer Konnotation mit willkürlicher Herrschergewalt assoziiert wurde,[62] betont Kallimachos das Hinzutreten von κράτος als ordnende und lenkende Komponente, welche die Wirkkraft von βία zu kanalisieren vermochte.

Diese Neuinterpretation der Aufteilung der göttlichen Sphären durch Kallimachos ist paradigmatisch für die Legitimationspolitik der hellenistischen Monarchen. Das Kriterium der Leistung war für den Herrscher zentral, um Akzeptanz zu erlangen.[63] Dabei konnte er wie bereits erwähnt gezwungen sein, βία, Gewalt, anzuwenden.[64] Kallimachos zeigt den Ausweg, indem er eine Herrschaft schildert, die übergeordnet von κράτος der reglementierten, innerhalb einer bestimmten Ordnung wirkenden Macht, und von νόμος, dem Gesetz, gelenkt wird.[65] Vergleicht man die verschiedenen Versionen der Gebietsteilung, ergibt sich, dass in beiden Fällen, im Epos und bei Kallimachos, ein Konsens vorausgesetzt wird. Im Epos basiert dieser Konsens darauf, dass jeder der Söhne einen Anteil hat, der zumindest teilweise als gleichwertig empfunden wird. Bei Kallimachos entsteht ein Konsens, da die hierarchisch zurückgesetzten Götter die Entscheidung zugunsten des Stärksten und Fähigsten akzeptieren. Die homerische Vorgabe der Auslosung, die auf eine gewisse Zufälligkeit der Entscheidung und auf eine Gleichrangigkeit der Einflussbereiche hinweist, wird von Kallimachos daher notwendig als Lüge zurückgewiesen. Seine Version steht Hesiods *Theogonie* näher, in der die Götter einhellig Zeus die Herrschaft übertragen.[66] In Kallimachos' Konzept gibt es keine gemein-

---

59 Dies war zwar durchaus literarische Tradition (vgl. Hopkinson (1984), 144), erfüllte aber in diesem Fall auch einen ideologischen Zweck.

60 Vgl. Hes. Theog. 478. 853-855. Kallimachos übernimmt Elemente aus dessen Version, vgl. Hopkinson (1984), 144-145; Clauss (1986), 166-167; Yu (1971), 31. Bei Hesiod triumphierte Zeus durch seinen Gewaltakt über Kronos (Theog. 70-75). Nach dem Sieg über die Titanen wurde er von den Göttern aufgefordert, ihr König zu werden, und verteilte daraufhin die *timai*.

61 Kallim. Hymn. 1,66-78: „*die Werke der Hände … die Gewalt … und die Macht*“.

62 Arr. an. 4,11,6.

63 Suda s.v. βασίλεια.

64 Wie etwa Ptolemaios II. zu Regierungsbeginn, als er seine Brüder beseitigen ließ (Paus. 1,7,1).

65 βία und κράτος treten als Ausformungen von Macht im *Prometheus Desmotes* als Geschwisterpaar und Begleiter des Zeus auf (Ps.?-Aischyl. Prom. 1-89).

66 Hes. Theog. 881-885. Vgl. Hopkinson (1984), 44; Ambühl (2005), 243; Yu (1971), 31.

same Herrschaft mehr: Nur einer – derjenige, der sich durch seine ἔργα als der Beste profiliert hatte – konnte den dezidiert höchstrangigen Einflussbereich kontrollieren. Hier wird die Entwicklung des makedonischen Herrschertums von der Position des *primus inter pares* zur Autokratie deutlich.

Es ist umstritten, inwieweit diese Variante der Aufteilungsszene von der Situation Ptolemaios' II. getrennt zu sehen ist. Die Betonung, dass Zeus der jüngste der Brüder war, erscheint auffällig und kann möglicherweise mit der Beziehung Ptolemaios' II. zu Keraunos und Argaios parallelisiert werden.[67] In diesem Fall wäre es Kallimachos weit über eine künstlerische *aemulatio* seiner literarischen Vorgänger hinaus[68] bei seiner Behandlung der brüderlichen Einigung in der Machtverteilung um eine poetische Verbrämung der Schwierigkeiten von Ptolemaios' II. Regierungsantritt gegangen. Dessen Brüder stimmten seiner Thronbesteigung nämlich nicht zu, sondern gingen in Opposition.

Teils wird vermutet, dass Kallimachos verschlüsselt auch im *Hymnos auf Delos* auf den Nachfolgestreit in Alexandria Bezug genommen habe. Die Datierung ist unsicher; es wird angenommen, dass er das Gedicht anlässlich der Mitregentschaft Ptolemaios' II. verfasst haben könnte. Er habe seine Seite vertreten und ihn mit Apollon parallelisiert,[69] dem schönen, jugendlichen Gott, der wie Ptolemaios II. auf Kos geboren worden war. Die Schilderung des Kampfs zwischen Apollon und Ares sei eine Umschreibung für den Konflikt zwischen Keraunos und Ptolemaios II. im mythischen Gewand. Als signifikant gilt eine Passage, in der zum Ausdruck kommt, dass Zeus seinen Sohn Apollon dessen Halbbruder Ares vorziehen würde und Leto deswegen von Hera bedroht wurde.[70]

In jedem Fall erwies sich Kallimachos' Neuinterpretation der homerischen Aufteilungsszene im *Hymnos auf Zeus* als einflussreich. Die unbeantwortete Frage, was mit der Erde geschehen sollte – im Epos noch ge-

67 Vgl. Müller (2009a); Effe (2007), 275-276; Weber (1993), 236; Wilamowitz-Moellendorff (1924), II, 10-11; Cahen, E. (1929): Callimaque et son oeuvre poétique, Paris, 248-249; McKay, K.J. (1962): The poet at play: Callimachus, The bath of Pallas, Leiden, 13-14; Tandy, D.W. (1979): Callimachus, Hymn to Zeus: Introduction and commentary, Diss. Yale, 15-17; Fraser (1972), II, 915, Anm. 284; Clauss (1986), 155-170. Skeptischer: Carrière, J. (1969): Philadelphe ou Sôter? À propos d'un hymne de Callimaque, StudClas 11, 85-93; Meillier, C. (1979): Callimaque et son temps: Recherches sur la carrière et la condition d' un écrivain à l'époque des premiers Lagides, Lille, 61-78; Hopkinson (1984), 146-148.

68 Wie Ambühl (2005), 232 darlegt.

69 Vgl. Stephens (2003), 114-121.

70 Kallim. Hymn. 4,55-58. Vgl. Huß (2001), 254, Anm. 4; Stephens (1998), 172, 175-181.

meinsamer Herrschaftsbereich von Zeus, Hades und Poseidon –, wurde im augusteischen Zeitalter von Ovid beantwortet. In den *Metamorphosen* legt er dar, dass Jupiter die Höhen des Äthers und die Lebensräume beherrschte, die Erde jedoch von Augustus gelenkt wurde.[71] Pluto und Neptun entfallen in dieser Version, die sich nur auf Jupiter als den rechtmäßigen Alleinherrscher und den *princeps* als sein irdisches Pendant konzentriert.

Die Mitregentschaft Ptolemaios' II.

Ptolemaios I. hatte nicht nur die polygame Heiratspraxis von den Argeaden übernommen, sondern auch die Probleme, die sich aus der Existenz mehrerer Thronanwärter ergaben. Offenbar war ihm dies bewusst, denn 285 v. Chr., in seiner letzten Regierungsphase, als er ungefähr 82 Jahre zählte,[72] traf er Vorsorgemaßnahmen und ernannte Ptolemaios II. zum Mitregenten.[73] Anscheinend machte die Spaltung des Hofs in der Nachfolgefrage diesen Schritt notwendig. Ptolemaios wollte dem Erben seiner Wahl den Rücken stärken und seine Thronfolge absichern.[74] In der Außendarstellung wurde dieser Akt entsprechend aufgemacht und vermutlich am Geburtstag Ptolemaios' II., den 12. Dystros 285/84 v. Chr., auf den das makedonische Fest des Zeus Basileus, die *Basileia*, fielen, verkündet.[75]

Teile der Forschung betonen den Wert der Mitregentschaft für die ptolemäische Selbstdarstellung gegenüber den Ägyptern.[76] In Anlehnung an den Mythos um Osiris und Horus,[77] *„den sein Vater als König gekrönt hat"*,[78] habe sich die väterliche Liebe in der Designation ausgedrückt und

---

71 Ov. Met. 15,858-860.

72 Vgl. Buraselis (2005), 92.

73 Porphyrios, FGrHist. 260 F 2,2-3.

74 Ähnlich: Bowman (1986), 23; Buraselis (2005), 93.

75 Vgl. Koenen (1977), 47-49, 51-55; Stephens (1998), 172; Clauss (1986), 158-159; Perpillou-Thomas (1991), 152. Eine agonistische Inschrift aus seinem achtzehnten Regierungsjahr in Ägypten belegt, dass er seinen Geburtstag und die Basileia nach dem Antritt der Alleinherrschaft weiterhin am 12. Dystros feierte, nicht aber den Herrschaftsantritt.

76 Vgl. Dillery (1999), 111-112, der vermutet, dass Manetho aus diesem Grund die Koregentschaft von Sesostris so explizit hervorgehoben habe.

77 Diod. 1,21,2-22,7; Plut. mor. 354 C-D, 359 B, 362 B. Vgl. Assmann (1991), 116-117.

78 Raphiadekret 2 (Übers. H.-J.Thissen).

für die Rechtmäßigkeit des Herrschaftsanspruchs garantiert.[79] Dagegen ist einzuwenden, dass die Mitregentschaft nicht als bewusste Hinwendung zum ägyptischen Königsmythos zu verstehen ist. Dies mochten die ägyptischen Berater der indigenen Bevölkerung vermittelt haben, doch Ptolemaios I. hatte andere – hofpolitische – Gründe. Er wollte die Akzeptanz seines nicht unumstrittenen Wunschkandidaten bei seiner griechisch-makedonischen Führungsschicht am Hof erreichen. Die Ernennung des Sohns zum Koregenten entsprach zwar nicht der Tradition der Argeaden, resultierte jedoch exakt aus den Problemen, mit denen sie auch konfrontiert gewesen waren: den Konflikten aus der polygamen Hofstruktur.

Waren auch argeadische Präzedenzfälle dieses Mittels der Nachfolgesicherung nicht bekannt,[80] finden sich Beispiele bei anderen Diadochen: 306 v. Chr. hatte Antigonos I. nach der Adaption des Diadems seinen Sohn Demetrios Poliorketes durch die Übersendung eines Diadems auch für ihn zum Mitkönig gemacht,[81] um 293 v. Chr. hatte Seleukos I. seinen Sohn Antiochos I. zum Mitregenten erhoben.[82] Im Ptolemäerreich wurde die Mitregentschaft noch in der Endphase angewandt, um einen problemlosen Thronwechsel zu gewährleisten: Kleopatra VII. war in den letzten Monaten der Regierung ihres Vaters Ptolemaios XII. 51 v. Chr. vermutlich seine Koregentin gewesen.[83] Von den Diadochen hatte Lysimachos dagegen diese Maßnahme der Nachfolgesicherung versäumt, was ihm zum Nachteil gereichen sollte.

---

79 Insbesondere die Ähnlichkeit der pharaonischen Titulatur von Vater und Sohn gelten als Beleg, dass auch die Ägypter von der Legitimität Ptolemaios' II. überzeugt werden sollten: Mit „*Tapferer Jüngling, den sein Vater inthronisiert hat, reich an Ka-Kraft, ein Re, Geliebter des Amun, Ptolemaios*" (Schneider (1996²), 321; vgl. Huß (2001), 252-253: „*Der mächtige Junge, der kräftige Große, sein Vater hat ihn erscheinen lassen, riesig ist die Kraft des Re, der Geliebte des Amun, Ptolemaios*") habe sich Ptolemaios II. an „*Mit großer Kraft, tapferer König, der mit seiner Kraft erobert als Herrscher von Sile, Erwählter des Re, Geliebter des Amun, Ptolemaios*" (Schneider (1996²), 319) angelehnt. Vgl. Huß (2001), 253, m. Anm. 5; Buraselis (2005), 94. Koenen (1993), 73 vermutet, dass er auch das Datum des jährlich gefeierten Krönungsfests von Ptolemaios I., den 6. Januar, für sein Krönungsfest übernommen habe. Bestätigt von Hölbl (1992), 120.

80 In der argeadischen Geschichte hatte es Vormundschaftsregierungen gegeben und die letzten Herrscher, Philipp III. und Alexander IV., hatten formal eine Samtherrschaft ausgeübt.

81 Plut. Demetr. 18,1; Diod. 20,47-53. Vgl. Wheatley (1997), 26. Auch für Antigonos Gonatas und Demetrios II. wird teilweise eine Koregentschaft vermutet, vgl. ebda., 26, Anm. 39.

82 OGIS 220; App. Syr. 59-62; Lukian Syr. D. 17-18. Vgl. Schmitt/Nollé (2005³), 965; Wheatley (1997), 26.

83 Vgl. Huß (2001), 705; Schmitt (2005³h), 894.

Ptolemaios II. brachten die drei Jahre seiner Mitregentschaft jedoch offenbar weder genug Prestige noch genug Zeit, um die Opposition zu beseitigen und seine Position unangreifbar zu gestalten. Bei Antritt seiner Alleinherrschaft nach dem Tod seines Vaters blendete er die Koregentschaft konsequent aus; auch das Gerücht, Ptolemaios I. habe 285 aufgrund seiner *arete* abgedankt und ihm den Thron gänzlich überlassen, ließ wohl er verbreiten.[84] Justin kennt die ausgeschmückte Version, nach der Ptolemaios I. ihm die Aufwartung als „Privatmann" gemacht und somit demonstriert habe, dass es noch schöner sei, der Vater eines Königs als selbst König zu sein.[85] Die Datierungsformeln der griechischen und demotischen offiziellen Dokumente in den Jahren 285-282 v. Chr. sprechen indes eine ganz andere Sprache: Darin wird Ptolemaios I. weiterhin als Alleinherrscher geführt.[86] Dies lässt vermuten, dass die Mitregentschaft eher als eine Art Willenbekundung Ptolemaios' I. zu verstehen war.[87]

Nach Antritt der Alleinherrschaft stellte Ptolemaios II. weitere Weichen, um die Geschichte seiner königlichen Laufbahn neu zu schreiben. So initiierte er eine Kalenderreform,[88] die genau in einer Linie mit dem Gerücht stand, sein Vater habe sich aus der Politik zurückgezogen, und zeigt, inwiefern „*Datierungsformeln ... als Indikatoren politischer Ambitionen und Wechselfälle dienen können*".[89] Ptolemaios II. blendete seine Jahre und seinen einstigen Status als Mitregent aus und ließ seine Alleinherrschaft bereits 285 v. Chr. beginnen; sein eigentlich erstes Regierungsjahr (282/81 v. Chr.) wurde offiziell zu seinem vierten erklärt.[90] Damit fielen die Ansprüche der Konkurrenz unter den Tisch und sein Thronrecht wurde nachdrücklich dokumentiert.[91] Allerdings belegen Münzen und schriftliche

---

84 Paus. 1,6,8; Just. 16,2,7-9; Porphyrios FGrHist. 260 F 2; Nep. 21,3,4: „*Ipse autem Ptolemaeus, cum vivus filio regnum tradidisset*". „*Derselbe Ptolemaios aber übergab zu Lebzeiten die Herrschaft an seinen Sohn*". Vgl. Hazzard (1987), 150; Samuel (1962), 28. Zur Problematik des Todesdatums von Ptolemaios I. vgl. Skeat (1954), 30, Anm. 5.

85 Just. 16,2,7-9.

86 Vgl. Skeat (1954), 29, Anm. 5; Buraselis (2005), 93, Anm. 3.

87 Vgl. Buraselis (2005), 94.

88 Porphyrios, FGrHist. 260 F 2. Vgl. Minas (1994), 203.

89 Funke (2005), 49.

90 Vgl. Huß (2001), 254; Hazzard (1987), 148, 150; ders. (2000), 3; Ravazzolo (1996), 125. Nach anfänglicher Datierung der Münzen anno 282 als sein erstes Jahr wurde auch diese Zählung im Laufe des Jahres umgestellt.

91 Vgl. Hazzard (1987), 150; Huß (2001), 254: „*Wer sollte es wagen, gegen den rechtmäßigen Herrscher, den der Vater bereits vor einigen Jahren zum König gemacht hatte, zu intrigieren?*" Die Methode der Neuzählung blieb ein Legitimationsmittel im Ptolemäerreich: Kleopatra VII. ließ nach ihrem Regierungsantritt im ersten Halbjahr 51 v. Chr. offiziell das 30. Jahr ihres Vaters Ptolemaios XII. weiterführen, um Konti-

Dokumente, dass Ptolemaios II. unmittelbar nach dem Thronwechsel noch nach der alten Zeitrechnung datiert hatte und die Reform erst kurz darauf, wohl unter dem Eindruck der Opposition, in die Wege geleitet wurde.[92] Vorbildfunktion mag die Datierungsweise seines Vaters gehabt haben, der seine Satrapenjahre seinen Regierungsjahren zugeschlagen hatte, laut dieser Zählung also bereits seit Alexanders Tod 323 v. Chr. ägyptischer Herrscher gewesen war.[93]

In summa gelang es Ptolemaios I. zwar nicht vollständig, die Schwierigkeiten, die sich aus seinem Heiratsverhalten ergeben hatten, zugunsten einer problemlosen Thronfolge seines Wunschkandidaten aus dem Weg zu räumen. Dennoch überstand sein Haus die kritische Phase des Übergangs zur zweiten Generation, im Gegensatz zum Haus des Lysimachos, das an den Nachfolgekonflikten scheiterte.

Beispiel 2: Lysimachos

Lysimachos, der vielleicht schon *somatophylax* unter Philipp II. gewesen war,[94] wurde 323 v. Chr. Satrap oder *strategos* von Thrakien,[95] nahm 305/4 den Königstitel an[96] und eroberte 288/7-284 Makedonien hinzu, indem er Pyrrhos verdrängte.[97] Für ihn sind folgende Ehen bezeugt: erstens um 312 v. Chr. mit Antipatros' Tochter Nikaia, zweitens 302/1 v. Chr. mit der Achaimenidin Amastris,[98] Tochter von Dareios.' III. Bruder Oxyathres,

---

nuität zu suggerieren. Vgl. Clauss (1995), 22-23; Heinen (1966), 28-31; Hölbl (1994), 205. Huß (2001), 705 vermutet, die Datierung beziehe sich darauf, dass Ptolemaios XII. seine Tochter noch zu seinen Lebzeiten, zwischen 4. März und 2. Mai 51 v. Chr., als Mitregentin eingesetzt hatte, um eine problemlose Erbfolge zu gewährleisten.

92 Vgl. Hölbl (1992), 121. Vgl. Hazzard (1987), 140, 148 zum Modell der Kalenderreform in zwei Etappen (282 v. Chr. für die makedonische Zählung, 267 v. Chr. einheitlich für Makedonen und Ägypter). Akzeptiert von Grzybek (1990), 115-134; Koenen (1993), 52, Anm. 61; Minas (1994), 207.

93 Vgl. Hazzard (1987), 144; Samuel (1962), 13-19; Skeat (1954), 28-29, Anm. 4.

94 Vgl. Heckel (1982), 380.

95 Curt. 10,10,4; Diod. 18,3,2; Arr. Succ. 1,7; Paus. 1,9,5. Seine Stellung ist umstritten. Heckel (2009), 155 nimmt im Anschluss an Lund (1992), 54 an, dass diese niedrigere Position als *strategos* der Grund gewesen sei, weshalb Lysimachos in den Verhandlungen um die Aufteilung des Reichs in Babylon und Triparadeisos eine marginale Rolle gespielt habe.

96 Plut. Demetr. 18,2.

97 Just. 16,3. Vgl. Schmitt (2005^{3}j), 647.

98 Memnon, FGrHist. 434, F 4,9; Diod. 20,109,6-7; Strab. 12,3,10. Vgl. Seibert (1967), 95, Anm. 11; Lund (1992), 75; Burstein (1976), 82. Ihre Hochzeit mit Ly-

zugleich Ex-Frau des Krateros und Witwe des Tyrannen Dionysios von Herakleia Pontika,[99] und zuletzt 299/8 v. Chr. mit Arsinoë, der Tochter Ptolemaios' I. Eine vierte Verbindung, die er um 312 v. Chr. mit der Tochter des odrysischen Herrschers Seuthes' III. geschlossen haben soll, um einen Frieden in den Kämpfen um Thrakien zu besiegeln, ist in ihrem Charakter – Ehe oder Nebenehe – umstritten.[100] Da Lysimachos anfänglich polygam lebte, wie Plutarch bestätigt,[101] und sich neben Perdikkas und Ptolemaios um die Hand der Argeadin Kleopatra bemühte – wenn auch ebenso vergeblich –,[102] könnte die Tradition, es sei eine Nebenverbindung gewesen, wiederum aus dem Unverständnis griechischer Autoren für die Polygamie resultieren. Demnach war die Tochter von Seuthes III. eine von Lysimachos' Frauen in einer Struktur, in der es hierarchische Abstufungen von Status, aber keine „Nebenehen" gab.

Es wird vermutet, dass Lysimachos nach seiner polygamen Phase Monogamie praktizierte.[103] Als Argument gilt der Hinweis, dass er sich für seine Heirat mit Arsinoë um 300/299 v. Chr. von Amastris trennte,[104] die nach Herakleia zurückkehrte.[105] Daraus wird teils abgeleitet, dass er auch

---

simachos fand im Jahre 302 statt, als er in Kleinasien gegen Antigonos I. kämpfte (Diod. 20,112,2-4). Sie brachte Lysimachos den Zugriff auf die reiche Hafenstadt Herakleia, die unter Amastris' Hoheit stand, und den Vorteil, seine Truppen zu versorgen und seine kleinasiatische Basis stärken zu können. Vgl. Geyer (1928), 8; Seibert (1967), 93-94; Orth (1993), 37; Heckel (1989), 33; Berve (1967), 322-323; Longega (1968), 25. Die These von Lund (1992), 75, aus der Ehe mit Amastris habe Lysimachos einen Anspruch auf das von Alexander eroberte Achaimenidenreich abgeleitet, greift zu weit. Lysimachos' Politik deutet nicht auf ein Streben nach dem Gesamtreich hin, sondern auf eine Konsolidierung und Arrondierung seines Herrschaftsbereichs. Das Streben nach der Hoheit über Kleinasien kann nicht mit einem Griff nach dem Gesamtreich gleichgesetzt werden.

99 Arr. an. 7,4,5; Memnon, FGrHist. 434, F4,4; Diod. 20,107,9; Arr. an. 7,4,4. Vgl. Berve (1967), 321. Krateros trennte sich für Phila von Amastris. Vgl. Seibert (1967), 25.

100 Vgl. Lund (1992), 92; Schmitt (2005³j), 647. Ogden (1999), 58 datiert die Heirat indes auf um 300 v. Chr.

101 Plut. Ant. 91 (= synk. 4). Odgen (1999), 57 deutet dies allerdings als serielle Monogamie.

102 Diod. 20,37,4. Vgl. Schmitt (2005³j), 647; Heckel (2009), 155. Zu Perdikkas' Werbung: Just. 13,6,4; Diod. 18,23,1-3; zu Ptolemaios: Diod. 20,37,3. Antipatros ließ Kleopatra jedoch töten (Diod. 20,37,5-6).

103 Vgl. Seibert (1967), 93.

104 Vgl. Ameling (1997), 38; Longega (1968), 25.

105 Memnon, FGrHist. 434, F 4,9; Strab. 12,3,10. Seibert (1967), 94 zufolge sei sie für Lysimachos schon nicht mehr von politischer Bedeutung gewesen, nachdem er bei der Schlacht von Ipsos die Herrschaft über Kleinasien gewonnen hatte. Die Herrschaft über Herakleia habe sie indessen gerettet. Die Neugründung der

zuvor bei seiner Hochzeit mit Amastris für klare Verhältnisse gesorgt und Nikaia nicht am Hof behalten hatte, was jedoch ungewiss ist.[106] Daniel Ogden verweist allerdings zu Recht darauf, dass in einer polygamen oder seriell monogamen Struktur einer Trennung nicht zu viel Bedeutung beigemessen und sie nicht mit einer förmlichen Scheidung gleichgesetzt werden sollte.[107]

Relevant für die Thronfolge waren gemäß der Überlieferung von Lysimachos' Kindern – laut Justin insgesamt mindestens fünfzehn –[108] sein ältester Sohn von Nikaia, Agathokles, und seine drei Söhne von Arsinoë: Ptolemaios, Lysimachos und Philipp.[109] Gerade dieses ausreichende Reservoir an Erben wurde seinem Reich jedoch zum Verhängnis. Die Ausgangssituation glich derjenigen im Ptolemäerreich: Agathokles war zuerst als Thronfolger aufgebaut, dann jedoch zugunsten seiner drei jüngeren Halbbrüder zurückgesetzt worden. Er hatte sich dagegen gewehrt, offenbar auch mit Hilfe auswärtiger politischer Kräfte. Daraufhin weitete sich die Krise um die Nachfolgefrage über den innerdynastischen Bereich hinaus aus. Agathokles wurde zwar beseitigt,[110] doch beruhigte sich die Lage nicht, da seine Verbündeten bereits mobilisiert waren. Lysimachos fiel kurz darauf, 281 v. Chr., im Kampf gegen Seleukos.[111]

In Folge konnte Seleukos Lysimachos' Söhne verdrängen und die Herrschaft usurpieren.[112] Lysimachos' kleinasiatische Besitzungen blieben in der Hand der Seleukiden, Thrakien und Makedonien wurden nach Seleukos' rasch folgendem Tod erneut zum Zankapfel, ohne dass es Lysimachos' Söhnen gelungen wäre, ihr Erbe zurückzugewinnen.[113]

Stadt Amastris fiel Carney (2000a), 208 zufolge in die Zeit nach ihrer Trennung von Lysimachos. Unter ihrer Hoheit wurde eine Münzprägung mit der Legende „'Αμάστριος βασιλίσσης" und vermutlich ihrem Porträtkopf auf dem Avers initiiert, vgl. Forrer (1969), 2-3; Mamroth (1949), 84.

106 Vgl. Heckel (2009), 175, der jedoch auf die Ungewissheit hinweist. Seibert (1967), 93 vermutet, Nikaia sei vor Lysimachos' Heirat mit Amastris verstorben. Vgl. Cohen (1973), 354-356. Dagegen wendet sich Carney (1994a), 124.

107 Vgl. Ogden (1999), 58. Er geht davon aus, dass die Ehe weiterhin bestand und führt als Argument an, dass Amastris keine weitere Ehe einging.

108 Just. 17,2,1. Vgl. Ogden (1999), 57. Sieben sind zu benennen.

109 Vgl. Ogden (1999), 57. Aus der Ehe mit Nikaia kamen zudem die Töchter Eurydike und Arsinoë (I.), die mit Ptolemaios II. verheiratet wurde. Vgl. Heckel (1989), 33.

110 Strab. 13,4,1; Just. 17,1,1-5; Paus. 1,10,3; Memnon, FGrHist. 434, F 5,6; App. Syr. 64; Porphyrios, FGrHist. 260 F 3,8; Lukian Ikaromenipp. 15.

111 App. Syr. 62; Just. 17,1,7-12.

112 App. Syr. 62; Paus. 1,16,1; 10,19,7; Just. 17,2,4; Trog. Prol. 17; Plin. n.h. 6,31; Plut. mor. 555 B-C; Strab. 13,4,1; Memnon, FGrHist. 434 F 8,3; Nep. 21,3,4.

113 Ebda.

Zieht man einen Vergleich mit der Situation im Ptolemäerreich, ist zu sagen, dass die Polygamie in beiden Fällen zu Konflikten geführt hatte, Lysimachos es aber nicht schaffte, eine Eskalation zu verhindern, während der Generationenwechsel bei den Ptolemäern glückte.

Mehrere Faktoren sind als Gründe zu nennen: Im Gegensatz zu Ptolemaios, Seleukos und auch Antigonos, die ihre Söhne zu Mitregenten erhoben hatten, um ihnen das nötige Prestige zu verleihen und ihre Nachfolge zu sichern,[114] ist eine solche Maßnahme für Lysimachos nicht überliefert. Zudem gelang es Lysimachos nicht, die ausbrechenden Erbstreitigkeiten im innerdynastischen Rahmen zu halten und auswärtige Gegner herauszuhalten. Die höfische Krise bot Seleukos ein Einfallstor. Dazu wird nicht zuletzt die problematische dynastische Selbstdarstellung beigetragen haben: Lysimachos blendete Agathokles in seiner Inszenierung anscheinend zunehmend aus und demonstrierte Uneinigkeit statt familiärer Geschlossenheit. Wie wichtig gerade dieser Aspekt in der hellenistischen Repräsentation war, zeigt sich daran, dass Seleukos und Antiochos I. den Eindruck einer familiären Einheit erwecken wollten und auch Antigonos I. und sein Sohn Demetrios verbreiten ließen, wie gut sie sich verstanden, und bei öffentlichen Auftritten Harmonie demonstrierten. Ganz deutlich ist in diesem Kontext die Episode zu sehen, wonach Antigonos ausgerechnet während einer Audienz von Demetrios begrüßt wurde, der gerade von der Jagd zurückgekehrt war und mit seinen Wurfspeeren in der Hand zu ihm trat. Diese Szene, die in einem makedonischen Herrscherhaus üblicherweise Anlass zu Argwohn gegeben hätte, war vermutlich inszeniert worden, denn Antigonos ließ extra die Gesandten zurückrufen, damit sie sehen konnten, wie vertrauensvoll die Beziehung zu seinem Sohn war.[115] Auch die Anekdote, wonach Demetrios seinen Vater zur Begrüßung so innig küsste, dass dieser lachend ausrief, er sei doch nicht dessen Hetäre,[116] ist in diesem Sinne zu interpretieren; es ging um die Demonstration von unverbrüchlichem Zusammenhalt. Sie machten damit deutlich, dass von außen kein Keil zwischen sie getrieben werden konnte, während Lysimachos und Agathokles ihre Konflikte nach außen dringen ließen und ihren Gegnern signalisierten, wo ihre Schwachstellen und deren Interventionsmöglichkeiten lagen.

In der antiken Überlieferung stellen sich die Ereignisse allerdings etwas anders dar. Die Berichte zum Untergang von Lysimachos' Haus sind

114 Porphyrios, FGrHist. 260 F 2,2-3.; Just. 16,2,7-9; Plut. Demetr. 18,1; Diod. 20,47-53.

115 Plut. Demetr. 3,1-3. Zu Antigonos' Besorgnis um seinen Sohn auch: Plut. Demetr. 19,5-6.

116 Plut. Demetr. 19,4.

ein anschauliches Beispiel dafür, mit welcher Topik bezüglich der Heirats- und Nachfolgepolitik der hellenistischen Herrscher und insbesondere der Rolle ihrer Gattinnen zu rechnen ist. So wird Lysimachos' Sturz zwar durchaus als Folge seiner polygamen Heiratspraxis geschildert, jedoch mit anderer Begründung. Laut Pausanias, Justin und Memnon kam das Unheil mit seiner späten Heirat mit der jungen Arsinoë über ihn,[117] da die Ehe kein politischer Akt im Rahmen eines Bündnissystems, sondern die kapitale Torheit eines verliebten alten Königs gewesen sei.[118] Pausanias macht dies explizit: „Εἰώθασι δὲ ἀνθρώποις φύσεσθαι δι' ἔρωτα πολλαὶ συμφοραί".[119] Dahinter verbirgt sich die philosophisch geprägte Vorstellung, der zum Tyrann entartete Lysimachos habe seine Leidenschaften nicht mehr beherrschen können.

In ähnlicher Tradition steht auch Athenaios' Urteil über die Ehe Philipps II. mit der jungen Makedonin Kleopatra 337 v. Chr.[120] Basierend auf Satyros, gemäß Hammond „*a malicious scandalmonger with little or no regard for historical truth and with a penchant for horrendous tales*",[121] der die ersten sechs Ehen des Herrschers als politisch, , und die siebte Heirat als den unheilvollen Fehler der Liebesheirat charakterisiert hatte,[122] entwirft Athenaios das Szenario einer sentimentalen Verirrung des gealterten Mannes, die das Argeadenhaus ins Chaos stürzte. Hofintrigen waren die Folge, am Ende stand Philipps Ermordung.[123] Plutarch misst Philipps letzter Heirat eben-

117 Plut. Demetr. 31,5; Paus. 1,10,3; Memnon, FGrHist. 434 F 4,9. Zu den Datierungsansätzen vgl. Carney (1994a), 124; Seibert (1967), 74, 95; Longega (1968), 17-19.

118 Paus. 1,10,3; Memnon, FGrHist. 434, F 4,9. Das Klischee der Liebesheirat übernimmt Bengtson (1988), 87.

119 Paus. 1,10,3. „*Es pflegt für den Menschen vieles Unheil aus der Liebe zu erwachsen.*"

120 Athen. 13,557 B-E. Vgl. Tronson (1984), 119-126. Athenaios habe den Bericht des Satyros geformt, indem er das Unglück betont habe, das Philipp aus seiner angeblichen Liebesehe erwachsen sei. Zu Satyros als Quelle vgl. auch Hammond (1991), 502-503. Die Ehe diente sicherlich dazu, die Einwilligung der einflussreichsten adligen makedonischen Familien zum anstehenden Persienfeldzug zu erlangen oder zumindest zu erleichtern.

121 Hammond (1991), 502.

122 Athen. 13,557 E: „ἐπὶ πάσαις δ' ἔγημε Κλεοπάτραν ἐρασθαίς τὴν Ἱπποστράτου μὲν ἀδελφήν Ἀτταλλου δὲ ἀδελφιδῆᾳ καὶ ταύτην ἐπεισάγων τῇ Ὀλυμπιάδι ἅπαντα τὸν βίον ἑαυτοῦ συνέχεν". „*Nach all diesen Frauen heiratete er Kleopatra, in die er sich verliebt hatte, die Schwester des Hippokratos und die Nichte des Attalos. Indem er sie mitbrachte, um Olympias zu ersetzen, brachte er sein ganzes Leben durcheinander.*" Tronson (1984), 123 ist der Überzeugung, Athenaios habe die Tradition, dass auch die Ehe mit Olympias eine Liebesheirat gewesen sei (Plut. Alex. 2,2), zugunsten seiner Argumentation unterdrückt.

123 Athen. 13,557 E. Vgl. Tronson (1984), 125; Badian (2003), 249.

falls eine Schlüsselbedeutung zu und schildert bereits während des Hochzeitsbanketts Symptome des häuslichen Unfriedens.[124] Eine Variante des Topos bieten die Berichte über die Hochzeit des Seleukiden Antiochos III. im Jahre 191 v. Chr. mit einer jungen Frau in Chalkis.[125] Im Ton moralischer Entrüstung schildern Polybios, Livius und Plutarch die aufwändige Hochzeitsfeier und den im Sinnenrausch verlebten Winter. Der fünfzigjährige Antiochos, dessen Brautwerbung seinem Alter nicht angemessen gewesen sei, habe ganz vergessen, dass er sich im Krieg gegen Rom befand, und sein Heer verwahrlosen lassen. In der Folge habe sich die königliche Dekadenz seuchenartig auf die Truppen übertragen, die durch die Wirtschaften gezogen seien und in Luxus und Zuchtlosigkeit gelebt hätten.[126] Am Ende habe Antiochos die Quittung für sein Lasterleben mit der Niederlage gegen das römische Heer erhalten.[127] In diesem Bericht taucht ein weiterer Topos auf, das Klischee der östlichen Dekadenz als einer Art „Infektionskrankheit".[128]

Das literarische Modell, nach dem diese Fälle geformt sind, sieht folgendes Schema vor: Der Monarch erlebt einen späten Frühling, folgt seinen Emotionen anstelle politischer Erwägungen – heiratet ἐρασθαίς statt κατὰ πόλεμον –[129] und gefährdet damit sein Reich. Sein Fehlverhalten löst eine Kettenreaktion aus; wie ein ins Wasser geworfener Stein, dessen Aufprall immer weitere Kreise zieht, greift das vorgelebte Negativbeispiel epidemieartig um sich. Dahinter steht die Vorstellung, der Herrscher als Hirte, ποιμὴν λαῶν,[130] müsse in allen Belangen ein Vorbild sein. Im Fall von Philipp II. und Lysimachos zerstört die Liebesheirat die dynastische Konsolidierung, bringt den Thronaspiranten auf und gipfelt in

---

124 Plut. Alex. 9,4-6; Athen. 13,557 D; Just. 9,6,1-8.

125 Vgl. Schmitt/Nollé (2005³), 972.

126 Plut. Philopoim. 17,1-2; Liv. 36,11,1-4. Polyb. 20,8,1-5 unterstreicht die moralische Schwäche des alten Mannes durch die zusätzliche Information, er sei ein Trinker gewesen. Vgl. Athen. 10,439 E-F. Siehe dazu Wirth (2007), 75-76. App. Syr. 16 zufolge bereute Antiochos im Frühjahr angesichts der Disziplinlosigkeit seiner Truppen die Heirat und ihre Festlichkeiten. Ehling (2003), 306, Anm. 30 geht hingegen davon aus, dass die hellenistische Bevölkerung durchaus Verständnis für diese Art der königlichen Liebeshändel gehabt habe. Allerdings ist zu bedenken, dass dieses Verständnis schwinden konnte, wenn sich die Vorstellung durchsetzte, der Krieg sei deswegen verloren worden.

127 App. Syr. 19. Zu Gründen für die Niederlage vgl. Seibert (1967), 61.

128 Zur Dekadenz als Seuche: Sall. Cat. 10,6. Vgl. Wirth (2007), 74; Müller (2007b), 38.

129 Athen. 13,557 B-E. Vgl. Tronson (1984), 123.

130 Il. 2,243 u. vielmals sonst. Vgl. Sophokl. Aias 360; Aischyl. Hiket. 767. Siehe auch Kleinknecht (1966), 140.

einem Mord. Opfer der monarchischen Verblendung konnten dem literarischen Modell nach er selbst, seine Familie, sein Land oder generell seine Herrschaft sein.

Da Ehebündnisse den hellenistischen Königen in erster Linie zum Auf- und Ausbau politischer Netzwerke dienten, sind emotionale Motive als literarische Ausformungen zu betrachten. Entweder sollten sie im Sinne der höfischen Selbstdarstellung die dynastische Einheit des Herrscherpaars betonen oder waren spätere Ausschmückungen, teils romanhaft, teils mit moralischem Hintersinn, zur Illustration eines rhetorischen Arguments, das sich zumeist auf die mangelnde σωφροσύνη des Königs bezog. Die Motive von Lysimachos' Heirat mit Arsinoë sind darin zu suchen, dass er eine Allianz mit Ptolemaios I. gegen Antigonos und Demetrios Poliorketes besiegeln oder initiieren wollte.[131] Ptolemaios auf der anderen Seite hatte ein Interesse daran, in der schwelenden Krise um Syrien einen Bündnispartner gegen die Seleukiden zu gewinnen.[132] Lysimachos' vorangegangene Heiraten hatten ebenso wie die Ehen, die Ptolemaios I. für seine Kinder arrangiert hatte, stets unter dem Primat der Politik gestanden; dies wird auch im Falle der Hochzeit mit Arsinoë nicht anders gewesen sein.

Lysimachos' gescheiterte Nachfolgepolitik in seleukidischer Sprachregelung

Die Überlieferung zu Lysimachos' Scheitern scheint stark von seleukidischer Propaganda geprägt. Seleukos inszenierte sich als Agathokles' Rächer, usurpierte den Thron und hatte entsprechenden Legitimationsbedarf. Auch die Sprachregelung von Agathokles' Familienzweig – er hatte mit der Ptolemäerin Lysandra bereits eine eigene Familie gegründet –[133] wird dazu beigetragen haben.[134] In den Quellen wird er idealisiert darge-

131 Vgl. Seibert (1967), 74, 95, der die Gefährdung der thrakischen Chersones durch Demetrios und Lysimachos' Bedarf einer Flotte zur Abwehr als ausschlaggebend für die Heirat ansieht. Vgl. Burstein (1982), 198; Tunny (2000), 83; Wirth (1959), 1625; Longega (1968), 17; Lelli (2002), 6. Für Lund (1992), 88 ist die ptolemäische Flotte ebenso ein Kriterium wie die Militärkampagne Ptolemaios' I. zwischen 299-297/296 in Karien und Kilikien, dem Interessengebiet des Lysimachos.

132 Vgl. Seibert (1967), 74, 95.

133 Paus. 1,9,6. 10,3; Just, 17,1,4. Sie war eine Tochter von Ptolemaios I. und Eurydike.

134 Ebenso: Lund (1992), 193. Entweder stecke Hieronymos von Kardia oder Seleukos' Propaganda hinter dem „*Germanicus treatment*" von Agathokles.

stellt: ebenso militärisch wie diplomatisch versiert, ein vorbildlicher Sohn, der seinen Vater mit Verhandlungsgeschick 292 v. Chr. aus getischer Kriegsgefangenschaft rettete und dies später mit seiner Ermordung gedankt bekam.[135]

Die Umstände seines Todes 283/82 v. Chr. werden in den Quellen widersprüchlich geschildert. William Woodthorpe Tarn fällte 1913 das pessimistische Urteil: „*the truth about Agathocles' death is hopelessly lost*".[136] Eines der topischen Elemente, das die Tradition formt, ist das Klischee des intriganten Chaos einer Frauenherrschaft.[137] So berichtet Memnon über ein ptolemäisches Familienkomplott gegen Agathokles, initiiert von Arsinoë: Sie habe vergeblich versucht, ihn umzubringen, ihr Halbbruder Ptolemaios Keraunos sei dann erfolgreich gewesen.[138] Die Identifikation des Täters mit Keraunos ist von der älteren Forschung akzeptiert worden,[139] Heinz Heinen zeigte jedoch auf, dass es sich aufgrund einer falschen Glosse von Photios um eine Verwechslung mit dem ältesten Sohn von Arsinoë und Lysimachos gehandelt habe, der ebenfalls Ptolemaios hieß.[140] Ob dies zutrifft, ist ungewiss.

Pausanias führt Agathokles' Ende ebenfalls auf eine von Arsinoë inszenierte Intrige zurück. Lysimachos habe das Ränkespiel zwar durchschaut, sei seiner Frau jedoch so hörig gewesen, dass er für sie seinen

135 Vgl. Schmitt (2005³j), 647.

136 Vgl. Tarn (1969), 124-125, Anm. 25. Er schlägt vor, Memnon zu folgen, da dessen Hauptquelle Nymphis von Herakleia ein zeitgenössischer Exilbürger einer mit Keraunos befreundeten Stadt gewesen sei. Zu Memnon und Nymphis vgl. Jacoby, FGrHist. 434, 269. In der neueren Forschung hat Lund (1992), 10-11, 187-190 die Objektivität von Nymphis stark angezweifelt und Memnons Quellenwert relativiert.

137 Vgl. Aristot. Pol. 1269 B-1270 A.

138 Memnon, FGrHist. 434, F 5,6. Das geradezu topische Gift als Waffe der intriganten höfischen Frau fehlt in dieser Tradition nicht. Die Liste der vermeintlichen Giftmischerinnen, die Thronkonkurrenten vernichten wollten, ist lang. So berichtet beispielsweise Plut. Alex. 10,4, Olympias habe Alexanders älterem Halbbruder Arrhidaios Gift verabreicht, das seinen Geist getrübt habe. Auch römische Kaiserinnen wie Livia (Tac ann. 1,3. 10,5: Anschlag gegen Gaius und Lucius, vgl. Wyke (1992), 216) oder in der Spätantike Eusebia (Ammian. 16,10,18-19; Anschlag auf das ungeborene Kind von Julians Frau) wurden der Giftmischerei verdächtigt.

139 Vgl. Mahaffy (1895), 113-114; Droysen (1877²), 267; Lévêque (1957), 260.

140 Vgl. Heinen (1972a), 7-12. Bestätigt von: Brodersen (1991), 189; Heckel (1989), 35; Lund (1992), Ogden (1999), 61; Huß (2001), 256, Anm. 10; Hammond/Walbank (1988), 239-240, Anm. 4; Wörrle (1978), 217. Dagegen stellt Hammond (1988), 407 die Aussage Memnons als Faktum dar. Schon in der älteren Forschung wurde Keraunos' Beteiligung angezweifelt, vgl. Geyer (1928), 21.

Sohn geopfert habe.[141] Das Klischeebild der machtgierigen intriganten Mörderin, das frappierend an Olympias' „*image of the virago*" in den antiken Quellen erinnert,[142] wird noch durch das Element der Triebhaftigkeit abgerundet: Pausanias paraphrasiert einige Quellen, nach denen Arsinoë Agathokles habe töten lassen, weil er ihre Avancen zurückgewiesen habe.[143] Laut Appian, Strabo, Lukian und Justin war Lysimachos selbst Agathokles' Mörder.[144] Justins Bericht ist insofern besonders aufschlussreich, als er den Vorgängen am Hof ein Erdbeben in den Gegenden des Hellesponts und der Chersones voranstellt, das vor allem die von Lysimachos 309/8 v. Chr. gegründete Residenz Lysimacheia zerstört und damit der Herrscherfamilie Unheil verhießen habe. In Folge sei Agathokles von Lysimachos unter Arsinoës Beihilfe vergiftet worden.[145]

Naturkatastrophen gelten im antiken Wahrnehmungs- und Deutungshorizont in straftheologischer Ausdeutung als göttliche Fingerzeige und sind ein fast gesetzmäßiges Begleitmotiv von Brüchen der Herrschaftskontinuität in antiker literarischer Tradition.[146] Politisch funktionalisiert, tauchen Naturkatastrophen als Umkehrung der von den Göttern einst in mythischer Zeit eingerichteten Verhältnisse meist dann auf, wenn eine Regierung als Unheilsherrschaft entlarvt werden soll. Der unrechtmäßige Herrscher zeichnet sich dadurch aus, dass er nicht der irdische Vertreter der Götter ist und daher die göttliche Ordnung nicht aufrechterhalten kann.[147] Im Fall von Seleukos' Usurpation in Makedonien hätte es sich für ihn angeboten, den Bruch mit der Kontinuität, entstanden durch die Verdrängung von Lysimachos' Söhnen, mit der Behauptung zu neutralisieren, dass er in Gestalt des Heilskönigs zu den Makedonen gekommen sei, um sie von einer Tyrannis zu befreien. Signifikant erscheint, dass das Erdbeben als Zeichen des Götterzorns ausgerechnet Lysimacheia, das politische Zentrum, zerstört haben soll. Dies mutet wie eine Präfiguration des Endes von Lysimachos' Reich an. Vermutlich handelt es sich um Spuren der seleukidischen Kriegspropaganda, die Seleukos' Eingreifen in Makedonien rechtfertigen und Lysimachos' Untergang als Götterwillen

141 Paus. 1,10,3.

142 Vgl. Carney (1993a), 29-55; dies. (2006), 125-137; Mari (2003), 86-87, die insbesondere auf das Negativbild der Königin bei Theophrast hinweist, der ihr Hybris und *tryphe* vorwarf.

143 Paus. 1,10,3. Hammond/Walbank (1988), 239, Anm. 3 bezeichnen diese Tradition als eine Anlehnung an die Geschichte der Phaedra oder der Frau des Potiphar.

144 App. Syr. 64; Strab. 13,4,1 (er spricht von „κακοῖς οἰκείοις περιπεσών"); Porphyrios, FGrHist. 260 F 3,8; Lukian Ikaromenipp. 15; Just. 17,1,1-5.

145 Just. 17,1,1-5. Vgl. Trog. Prol. 17.

146 Vgl. Sonnabend (2003), 43-44; Müller (2008c), 58.

147 Vgl. Müller (2008c), 58, 67-68; Banaszkiewicz (1982), 282-283.

darstellen sollte.[148] Als Hauptquelle wird Hieronymos von Kardia angenommen.[149] Dessen Haltung wird den Grundtenor verschärft haben: Pausanias berichtet von seiner Feindseligkeit gegenüber Lysimachos, weil er seine Heimatstadt Kardia zerstört hatte, um die Bewohner in seiner Neugründung Lysimacheia anzusiedeln.[150]

Die göttliche Strafe für Lysimachos' zur Tyrannis entartete Regime ist ein Element der Beschreibung seines Wandels vom Philosophenschüler zum Willkürherrscher, wie Justin sie referiert.[151] Versatzstücke seleukidischer Propaganda scheinen auch sein Resümee zu prägen, wonach Lysimachos die Strafe für seine Grausamkeit im Kampf gegen Seleukos ereilte, als er im Februar 281 im lydischen Teil seines kleinasiatischen Herrschaftsbereichs bei Kurupedion[152] sein Leben verlor.[153]

In den antiken Berichten über den sechsten und letzten Diadochenkrieg dominiert das Motiv der Rache für Agathokles. Dessen Frau Lysandra und ihre Kinder waren an Seleukos' Hof geflohen und sollen ihn zum Rachekrieg gegen Lysimachos bewogen haben,[154] während zeitgleich eine gewaltige Abfallbewegung von Offizieren und ganzen Städten von Lysimachos eingesetzt habe.[155] Dies ist wohl im Sinne der seleukidischen Sprachregelung reichlich übertrieben.[156] Seleukos hatte sich die Rache für den toten Thronfolger offiziell auf die Fahne geschrieben und sicherlich die Aufnahme von Agathokles' geflohener Familie in diesem Sinne funktionalisiert. Seine Kriegsmotive waren allerdings wie die aller Diadochen

148 Vgl. Lund (1992), 193; Hadley (1969), 141-145; Müller (2008c), 67.

149 Ebda.

150 Paus. 1,9,8. Zu Kardia: App. Syr. 1,1.

151 Just. 17,1,4. Vgl. Müller (2008c), 67.

152 App. Syr. 62; Paus. 1,10,4; Just. 17,1,10. Vgl. Orth (1993), 47-48 zur Lokalisierung. Ma (2002), 33 bezeichnet Kurupedion als „*founding act of violence*" zwischen Seleukiden und Ptolemäern. Lysimachos' Todesalter ist umstritten. Justin beziffert es auf 74, Appian auf 70 (das von Seleukos auf 73) und Pseudo-Lukian bei Makrob. 11 auf 80. Heckel (1982), 380; (2006), 153 hält Appians Angabe für unzutreffend, abhängig von der Annahme, Lysimachos sei schon unter Philipp II. einer der sieben *somatophylakes* gewesen. Vgl. Berve (1926), II, Nr. 480, 239-241. Dies ist jedoch unsicher.

153 Just. 17,1,7-12.

154 Ein weiterer Sohn von Lysimachos, Alexander, soll zu Seleukos geflohen sein (Polyain. 6,12; App. Syr. 10,64; Paus. 1,10,4). Seine Herkunft und sogar Existenz sind umstritten; er gilt entweder als ein Kind aus Lysimachos' Ehe mit Amastris (vgl. Brodersen (1991), 189, Anm. 4) oder aus seiner Verbindung mit der Tochter von Seuthes III. (vgl. Lund (1992), 29). Jacoby, Nr. 434, 273 glaubt nicht an die Historizität des Sohns. Dagegen vgl. Ogden (1999), 58-59.

155 Just. 17,1,7-8; Memnon, FGrHist. 434, F 5,7.

156 Vgl. Lund (1992), 199, 204.

expansiver Natur: Es ging um die Gewinnung von Thrakien-Makedonien und Lysimachos' Gebieten in Kleinasien.[157] Justin widerspricht seiner Rachevariante selbst, indem er als Kriegsgrund *cupiditas imperii insatiabilis*, die unersättliche Herrschsucht der beiden Gegner, angibt.[158] Spannungen zwischen Lysimachos und Seleukos waren seit dem Tod ihres gemeinsamen Feindes Antigonos I. 301 v. Chr. bei der Schlacht von Ipsos aufgetreten. Zuvor hatten sie ihre Streitigkeiten zugunsten seiner Bekämpfung zurückgestellt.[159] Da Lysimachos in das durch seinen Tod entstandene Vakuum, besonders in Kleinasien, vorgestoßen war, hatte sich Seleukos bedroht gefühlt und der Konflikt war vorprogrammiert gewesen.

Neben Seleukos soll sich auch Philetairos, seit 301 v. Chr. Lysimachos' Schatzmeister in Pergamon,[160] über Agathokles' Tod so empört haben, dass er von ihm abfiel und sich Seleukos anschloss.[161] Ein weiteres Motiv seien Unstimmigkeiten mit Arsinoë gewesen.[162] Beide Aussagen sind mit Vorsicht zu genießen. Die These, Philetairos habe sich mit Arsinoë um die Stadt Amastris gestritten, hängt von der Prämisse ab, dass Eumenes, der Gouverneur von Amastris, Philetairos' Bruder war,[163] was unsicher ist. Handfeste politische Gründe, nicht Arsinoës angebliche Streit- und Herrschsucht, werden Philetairos bewogen haben, Lysimachos' Schwächemoment aufgrund der dynastischen Querelen zu nutzen und sich gegen ihn zu stellen. Es ging darum, Pergamon seiner Kontrolle zu entziehen, wie Pausanias' Bericht zu zeigen scheint, wonach Philetairos Stadt und Schätze übernahm.[164] Eventuell hatte sein neuer Verbündeter Seleukos ihm bessere Konditionen bezüglich Pergamons Status in Aussicht gestellt. Darauf mögen die Schwierigkeiten hinweisen, die die Seleukiden mit den pergamenischen Autonomiebestrebungen unter Philetairos' Nachfolgern hatten.[165] Die Form der seleukidischen Kontrolle über Pergamon lässt sich allerdings nicht konkret fassen. Anhaltspunkte bieten die

157 App. Syr. 62: Der Streit um Phrygien sei die Kriegsursache gewesen.

158 Just. 17,1,11. Nepos, de reg. 3,2-3: Der Bruch des Bündnisses zwischen Seleukos und Lysimachos sei Kriegsgrund gewesen. Vgl. Gehrke (2003³), 169. Zur Gegenposition vgl. Will (1984b), 113.

159 Vgl. Schmitt (2005³j), 647.

160 Strab. 13,4,1. Vgl. Radt (1999), 27.

161 Paus. 1,10,4. Vgl. Scheer (1993), 112; Heinen (1984), 427; Longega (1968), 45.

162 Vgl. Radt (1999), 27: „*Philetairos war dem Lysimachos für fast zwanzig Jahre ein treuer Statthalter in Pergamon, bis die Intrigen der Königin ein solches Ausmaß annahmen, dass viele der Machthaber in Kleinasien, unter ihnen auch Philetairos, gegen den greisen Lysimachos revoltierten.*"

163 Vgl. Hammond/Walbank (1988), 240, Anm. 4.

164 Paus. 1,10,4. Vgl. Radt (1999), 27.

165 Vgl. Cohen (1978), 12. Philetairos selbst hatte auch schon Ärger bereitet.

Legenden der pergamenischen Münzen: Philetairos ließ sie erst in Seleukos' Namen prägen, ab circa 275 v. Chr. erscheint er selbst als Münzherr, zugleich aber – offenbar, um ein beschwichtigendes Signal an die seleukidische Adresse zu senden – Seleukos' postumes Porträt auf dem Avers.[166]

Insgesamt betrachtet, betrieb Philetairos eine recht eigenständige pergamenische Kulturpolitik nach dem Vorbild der Diadochen, die wegweisend für die Entwicklung hin zum Attalidenreich war.[167] Wie etwa anhand der Einrichtung des Fests der Philetaireia im delischen Apollonheiligum 263 v. Chr. ersichtlich wird,[168] trat er als Dynast auf.[169] Appian zufolge kaufte er auch Seleukos' Leiche von Ptolemaios Keraunos frei, verbrannte sie – offenbar in der königlichen Feuerbestattungszeremonie – und sandte seine Asche an Seleukos' Nachfolger Antiochos I.[170] Der Symbolcharakter dieser Handlung ist nicht zu verkennen; üblicherweise sorgte der Nachfolger für die Errichtung des herrscherlichen Scheiterhaufens. Gemeint wird gewesen sein, dass Philetairos Seleukos' Position in Pergamon, natürlich nicht im Seleukidenreich, übernahm.

Nach Lysimachos' Tod hatte Seleukos den makedonischen Thron usurpiert, war jedoch, bevor er Lysimacheia hatte besetzen können, von Ptolemaios Keraunos getötet worden.[171] Keraunos ließ sich durch die

166 Vgl. Radt (1999), 27-29; Kroll (2007), 120. Die unter Seleukos' Namen geprägten Tetradrachmen zeigen auf dem Avers eine gehörnte Pferdeprotome, auf dem Revers einen Elefanten, unter dem Namenszug einen Anker. Das Seleukosporträt zeigt einen älteren Mann mit Diadem und Lockenmähne, auf dem Revers ist die sitzende Athena zu sehen.

167 Vgl. Schalles (1985), 4-5, 24; Schmidt-Dounas (2000), 34-39; Bringmann (2000), 101-102; Koehn (2007), 62.

168 Vgl. Schalles (1985), 38-39. Es handelte sich um ein periodisch wiederkehrendes Fest mit Opfern und Tanz, bei dem Artemis, Apollo und Leto in Philetairos' Auftrag durch die Deliaden eine oder mehrere Phialen geweiht wurden. Finanziert wurde das Fest aus dem Fond des Philetaireion. Offiziell für Apoll, galten die Ehren doch wohl auch zu einem guten Teil dem Stifter. Vgl. ebda., Anm. 257.

169 App. Syr. 63 bezeichnet ihn entsprechend so: „Φιλέταιρος ὁ Περγάμου δυναστεύσας". Vgl. Hintzen-Bohlen (1992), 84. Philetairos wird teilweise die Gründung der Militärsiedlungen Philetaireia und Attaleia zugeschrieben, vgl. Schalles (1985), 31-33; Radt (1999), 29.

170 Hintzen-Bohlen (1992), 84; Radt (1999), 29.

171 App. Syr. 62; Paus. 1,16,1; 10,19,7; Just. 17,2,4; Trog. Prol. 17; Plin. n.h. 6,31; Plut. mor. 555 B-C; Strab. 13,4,1; Memnon, FGrHist. 434 F 8,3; Nep. 21,3,4. Er wurde im August/September 281 in der Nähe von Lysimacheia ermordet, sieben Monate nach der Schlacht von Kurupedion, vgl. Orth (1993), 17. Die Tatbeschreibung, Ptolemaios Keraunos habe Seleukos hinterrücks erstochen (App. Syr. 63), während dieser einer Erzählung gelauscht habe, impliziert einen tückischen, feigen Akt und stammt vermutlich von einer keraunosfeindlichen Quelle, wie sie auch Justin in den Passagen über Keraunos' Ehe mit Arsinoë zugrunde lag.

Truppen selbst akklamieren[172] und griff das legitimierende Rachemotiv auf. Obwohl er selbst an Seleukos' Seite gegen Lysimachos zu Felde gezogen sein soll, propagierte er, ihn gerächt zu haben.[173] Die Legende, dass Seleukos vom Orakel von Didyma davor gewarnt worden sei, Asien zu verlassen und nach Europa zu gehen – „μή σπεῦδ' Εὐρώπηνδ'. Ἀσίη τοι πολλὸν ἀμείνων" –,[174] war vielleicht Teil von Keraunos' Kampagne, seine Tat zum Götterwillen zu stilisieren.[175] Dass er an Lysimachos anknüpfte und sich als dessen Rächer inszenierte, um die Makedonen für sich zu gewinnen, lässt vermuten, dass Agathokles' Tod Lysimachos' Ansehen keinesfalls so geschadet hatte, wie es die Quellen darstellen.[176] Keraunos hatte in Makedonien keinen dynastischen Rückhalt, musste auf eine schlagkräftige Propaganda bauen und konnte sich keine Fehler leisten.

Wie dargelegt, sind die Quellenberichte zum Untergang von Lysimachos' Reich durch politische Propaganda und Tyrannentopik überlagert. Versucht man, hinter diesen Überblendungen die politischen Strukturen zu erkennen, kann man folgendes Bild rekonstruieren: Als Ausgangssituation ist anzunehmen, dass alle vier beteiligten Söhne von Lysimachos eine Erziehung zum Thronfolger erhalten hatten, dass Agathokles aber ab einem bestimmten Zeitpunkt in seinen jüngeren Brüdern Konkurrenten gesehen hatte. Ob seine Frau Lysandra mit ihren Verbindungen zu ihrem Bruder Ptolemaios Keraunos ebenfalls ihr Teil zu einer aufkommenden Spannung am Hof beigetragen hat, ist ungewiss.[177] Man kann jedenfalls annehmen, dass der Hof bezüglich der Nachfolgefrage gespalten war.

Ein Umstand, der Lysimachos überdies dazu bewogen haben kann, sich für seine Söhne von Arsinoë zu entscheiden, mag das ptolemäische Prestige gewesen sein, das sie mitbrachte. Ptolemaios I. hatte sich zu

---

172 Nepos, de reg. 3,4; App. Syr. 62; Paus. 1,16,1; Trog. prol. 17; Memnon, FGrHist. 534, F 8,3.

173 App. Syr. 62.

174 App. Syr. 56; 63: „*Eile nicht zurück nach Europa. Asien wird viel besser für dich sein.*" Ein ähnlicher Orakelspruch soll ihn davor gewarnt haben, sich Argos zu nähern, da dies sein vorzeitiges Ableben bedeutet hätte. Mysteriös ist ein Fragment (Plut. mor. 555 B-C) über einen Traum des Keraunos von Seleukos, der eventuell im Kontext des Mordes steht.

175 Ebenfalls vermutet von Hadley (1969), 144-152.

176 Dagegen: Heinen (1972a), 92; Hammond/Walbank (1988), 240. Grainger (1990), 179 geht davon aus, dass Lysimachos ohnehin niemals ein „*fundamental reservoir of loyalty*" besessen habe.

177 Nicht zu klären ist, inwieweit die Vermutung von Heckel (1989), 35 zutrifft, Ptolemaios Keraunos habe beabsichtigt, über seine Schwester Lysandra Lysimachos' Hilfe für seine Inthronisation in Ägypten zu erlangen, und Arsinoë habe das verhindert. Vgl. auch Will (1984b), 113; Heinen (1972a), 14.

einem der einflussreichsten Diadochen in einem überraschend schnell konsolidierten Reichsgebiet entwickelt. Agathokles war hingegen wohl der Sohn von Antipatros' Tochter Nikaia, deren väterliches Prestige mittlerweile seinen Glanz verloren hatte. Zwar hatte Agathokles selbst ins Ptolemäerhaus eingeheiratet, doch mag ihm zum Nachteil gereicht haben, dass seine Frau Lysandra nicht aus der Ehe mit Berenike stammte wie der künftige Thronfolger Ptolemaios II. Arsinoës Prestige wäre in diesem Fall größer gewesen, da sie nicht nur die Tochter Ptolemaios' I. war, sondern auch noch aus dem als herrschaftsfähig designierten Familienzweig in Alexandria kam. Dieses Prestige bekamen auch ihre Söhne mit.

Agathokles' militärische Erfolge in Kleinasien gegen Demetrios Poliorketes 287/86 v. Chr., der einige Städte im Westen zum Abfall von Lysimachos bewogen hatte,[178] werden ihn in den Augen seiner Befürworter allerdings für die Thronfolge prädestiniert haben. Vermutlich wollte Agathokles auf der Basis dieser Siege seine Vorrangstellung unter Lysimachos' Söhnen am Hof zurückgewinnen und seine Nachfolge durchsetzen. Teile der Forschung nehmen an, dass Lysimachos Agathokles Siege in Kleinasien aus diesem Grund mit wachsendem Misstrauen beobachtet habe.[179]

Anscheinend mit gutem Grund, denn Agathokles setzte wohl auf die Unterstützung auswärtiger Verbündeter. Die Vermutung von Franca Landucci Gattinoni, dass ein Bündnis zwischen Agathokles, Seleukos und Philetairos gegen Lysimachos zustande kam, ist sehr plausibel.[180] Das Komplott *gegen* Agathokles, wie es die antiken Berichte beschreiben, würde sich demzufolge mehr als ein Komplett *des* Agathokles ausnehmen.[181]

Lysimachos versuchte, die Kontrolle über den Streit zurückzugewinnen und der Dynamik entgegenzuwirken, indem er Agathokles beseitigen ließ. Die vage und widersprüchliche Überlieferung zu dem Ereignis deutet auf eine offizielle Retuschierung durch höfische Organe hin. Justins Bericht, „*parricidium principum secutae caedes sunt luentium supplicia, quod occisum*

178 Plut. Demetr. 46,2-5.

179 Vgl. Grainger (1990), 178.

180 Vgl. Landucci Gattinoni (1992), 209-214. Siehe ferner Bevan (1927), 57; Carney (1994a), 126-127; Lund (1992), 186-198; Shipley (2000), 50; Burstein (1982), 200.Vgl. Landucci Gattinoni (1992), 209-214.

181 Daher überzeugt die These von Carney (1994a), 125, Arsinoë habe an Einfluss verloren und um die Thronfolge ihrer Söhne bangen müssen, nicht unbedingt. Es scheint vielmehr Agathokles gewesen zu sein, der an Boden verloren hatte und sich deswegen an Seleukos wandte. Vgl. Lund (1992), 196-197, die Agathokles' Frustration über seinen geschwundenen Einfluss als Motiv seiner subversiven Bestrebungen sieht.

iuvenem dolebant",[182] wirft zudem ein Schlaglicht auf weitere Maßnahmen, um die Opposition auszuschalten und die Lage zu stabilisieren. Offenbar war Agathokles' Tod der Beginn einer Säuberungswelle, die jene *factions* traf, deren Politik mit Lysimachos' Plänen nicht mehr im Einklang stand. Es war jedoch zu spät für eine Deeskalation; die Ausweitung des Familienkonflikts zu einem reichsweiten Krieg war nicht mehr aufzuhalten. Der innerdynastische Zwist hatte Seleukos' Usurpation Tür und Tor geöffnet.

Lysimachos als „Tyrann"

Lysimachos' Herrschaftsrepräsentation blieb wie sein Reich unvollendet. Im Gegensatz zum Ptolemäer- und Seleukidenreich ist keine Gründungslegende bekannt, die ihm etwa wie Ptolemaios I. als Ziehsohn des Zeus[183] oder wie Seleukos I. als Sohn Apollons eine göttliche Abkunft zuschreibt.[184] Auf der Suche nach Spuren seiner Reichsrepräsentation fällt

---

182 Just. 17,1,5-7: „*Denn dem Mord an seinem Sohn folgten andere Mordtaten an den hochrangigen Personen, die es gewagt hatten, den Tod des jungen Mannes zu beklagen*".

183 Suda s.v. Λάγος ; Ael. h.a. 12,21. Vgl. Schmitt (2005³c), 452; Müller (2009d). Siehe Kap. IV.2.

184 Just. 15,4,3-6. Unter Antiochos I. wird dieser Mythos fassbar. Vgl. Weber (1995), 19, Anm. 63; Schmitt (2005³c), 452; Thomas (2002a), 16-17; LeRider/Callataÿ (2006), 46; Fleischer (1991), 5-9. Hadley (1969), 151-152 setzt die Tradition noch früher an; Bringmann (2000), 82 dagegen weist auf einen Brief Seleukos' II. an Milet von 246/245 v. Chr. hin. Justin kombiniert die Legende der Gottessohnschaft mit den Mythen um die besondere Bedeutung, die das Zeichen des Ankers für Seleukos hatte (Just. 15,4,2-5; OGIS 212; 219; 227; App. Syr. 56). Vgl. Mehl (1986), 103; Walbank (1994⁴), 216; Weber (1995), 19-20). Das Ankersymbol, überdies ein für Babylon geläufiges Herrschaftsemblem, erschien auch auf Seleukos' Münzprägungen ab 312/311 v. Chr. Vgl. Weber (1995), 19; Houghton, A. (1991): Some Alexander coinages of Seleucus I with anchors, Meditarch 4, 99-117. Die attalidische Gründungslegende stellt eine Variante des „Mythos von der Geburt des Helden" dar. Nicht einer der irdischen Ahnen spielt die Hauptrolle, sondern Telephos als Stammvater ihres Geschlechts. Er war der Sohn von Auge und Herakles, wurde ebenfalls als Kind ausgesetzt und von einer Hirschkuh genährt. In attalidischer Kunst wird er nicht nur mit der Hirschkuh dargestellt, sondern auch mit einem Adler und einem Löwen, die ihn schützen. Vgl. Binder (1964), 22, 130-131; Rank (1909), 61; Radt (1999), 24; La Rocca (1998), 15; Widengren, G. (1960): La légende royale de l'Iran antique, Paris; Kertész, I. (1982): Der Telephos-Mythos und der Telephos-Fries, Oikumene 3, 203-215. Die Attaliden rückten im Gegensatz zu den anderen Herrscherhäusern, die ihre Reichslegenden mit ihren Dynastiegründern verbanden, ihren Herrschaftsort, Pergamon, in den Vordergrund, da Telephos der Gründer und erste König gewesen war. Der Grund wird gewesen sein, dass Philetairos als nicht-königlicher Eunuch in

auf, dass Lysimachos mehrmals in der Überlieferung mit Löwenjagd und Löwenkampf in Zusammenhang gebracht wird.[185] Da der Löwe auch auf seinen Münzprägungen in seiner Residenz Lysimacheia sowohl als Avers- als auch als Reversmotiv eine prominente Rolle spielt – ein laufendes oder springendes Tier respektive eine Löwenprotome –,[186] kann man annehmen, dass diese Inszenierung als Löwenjäger, in literarischer Tradition zudem an Alexanders Seite, Teil der Aufwertung seines Images durch monarchische Symbolik war; die Löwenjagd galt als königliche Aktivität von hohem Prestige und bot zudem die Möglichkeit, Herakles, den Stammvater der Argeaden, zu imitieren.[187]

Den fragmentarischen Ansatz zu einer Gründungslegende mag die Anekdote darstellen, wonach Lysimachos beim Indienfeldzug von Alexander versehentlich mit seinem Speer an der Stirn verletzt wurde und er ihm aus Mangel an Verbandszeug die Wunde mit seinem Diadem verband.[188] Diese unglaubwürdige Geschichte präfiguriert seine spätere Königswürde und sollte seine göttliche Bestimmung zum Herrscheramt bekräftigen.

Lysimachos' Interesse an Philosophie, das in den Quellen mehrfach anklingt –[189] laut Plutarch nahm er etwa den Diogenesschüler Onesikritos von Astypalaia an seinem Hof auf –[190] kann ein weiteres Element seiner monarchischen Selbstdarstellung gewesen sein, wurde im Zuge seiner Stilisierung zum Tyrannen jedoch verformt und gegen ihn gekehrt.

---

einer von den Diadochen abhängigen Position kein Renommé war. Im pontischen Königreich unter Mithradates VI. wurde eine weitere Variante des Mythos von der Geburt des Helden entwickelt: Demnach habe er als Junge auf der Flucht vor seinen Vormündern, die ihn töten wollten, sieben Jahre lang auf Wanderschaft zusammen mit wilden Tieren gelebt (Just. 37,2).

185 Curt. 8,1,13-17 (in einem Paradeisos in Sogdiana; zudem in Syrien); Plut. Demetr. 27,3 (Narbe von der Löwenjagd); Just. 15,3,3-9; Sen. clem. 1,25,1; de ira 3,17,2 (Lysimachos sei einem Löwen vorgeworfen worden und habe ihn besiegt). Vgl. Heckel (2009), 153-154; Seyer (2007), 106-108, 126-127; Briant (1991), 222-223.

186 Vgl. Seyer (2007), 127-129. Es handelt sich um silberne Tetrobole und Bronzemünzen.

187 Vgl. Briant (1991), 222-225; Carney (2002), 65-67; Seyer (2007), 103-108, 129-133, 190.

188 Just. 15,3,13-14. Vgl. Heckel (2009), 154. Diese Prophezeiung der späteren Herrschaft ist ähnlich gelagert wie die Legende, Alexanders Diadem sei bei einer Bootsfahrt auf dem Euphrat durch einen Windstoß ins Schilf geweht worden und Seleukos habe es zurückgeholt (App. Syr. 56; vgl. aber Arr. an. 7,22,5), indem er es schwimmend auf seinem Kopf transportiert habe. Vgl. Heckel (2009), 247.

189 Just. 15,3,1 macht ihn zum Schüler des Kallisthenes, Arr. an. 7,3,4 zum Schüler des indischen Gymnosophisten Kalanos.

190 Plut. Alex. 65,2.

In den Quellen geriet Lysimachos zu einem Paradeexempel des entarteten Philosophenschülers.[191] Ein klassischer Topos ist die Ahndung der *parrhesia*, der freien Meinungsäußerung, durch einen Willkürherrscher: Entsprechend soll Lysimachos dafür gesorgt haben, dass Telesphoros von Rhodos, der sich über Arsinoë lustig gemacht hatte, als ihr während eines Symposions schlecht geworden war,[192] grausam gefoltert, verstümmelt und in einem Käfig vor entsetzten Besuchern zur Schau gestellt wurde.[193] In Senecas Version fällt Lysimachos' Grausamkeit noch drastischer aus als in den Berichten von Plutarch und Athenaios; der König gerät zum Paradigma für das Übel der korrumpierenden Macht.[194] Dieser Stilisierung ist vermutlich auch die Bemerkung in Karystios' Ἱστορῖκοις Ὑπομνήμασιν zuzuordnen, Lysimachos, der einstige Philosophenschüler, habe alle Phi-

---

191 Paus. 1,9,8. 10,3; Just. 17,1,1-5; App. Syr. 64.

192 Athen. 14,616 C; Plut. mor. 634 E, 606 B. Vgl. McClure (2003), 271.

193 Athen. 616 C; Plut. mor. 606 B; Sen. de ira 17,2-4. Bezeichnenderweise wird auch Antigonos I. angelastet, er habe den Sophisten Theokrit von Chios, für seine *parrhesia* bekannt (Plut. mor. 11 A-B), hinrichten lassen, weil dieser die Einladung zum Symposion mit den Worten ausgeschlagen habe, er wüsste, dass er dem Zyklopen lebend vorgesetzt werden solle (Plut. mor. 11 A-C. 633 C). Vgl. Weber (1998/99), 160-162. Dabei spielte Theokrit offenbar auf Polyphem als den grausamsten und unzivilisiertesten der Zyklopen an (Od. 9,215) und kritisierte somit zugleich die Hofkultur und den Herrschaftsstil von Antigonos. Seine Äußerung ist wohl dahingehend zu verstehen, dass am Hof des makedonischen „Barbaren" zivilisierte Griechen gleichsam „gefressen" wurden. Vgl. Müller (2008a), 488-495. Zum Topos der Philosophenmorde durch einen Tyrannen vgl. die Beispiele bei Val. Max. 3,3,ext. 4; Diog. Laert. 5,59; Plut. moral. 449 E. Vgl. Weber (1998/99), 157-174.

194 Der Legende zufolge war Lysimachos als Offizier unter Alexander selbst ein Helfer in der Not für den gefolterten Kallisthenes gewesen (Just 15,3,4-10; Sen. de ira 17,2; Plut. Demetr. 27,3. Vgl. Müller (2003b), 164-165; Lund (1992), 12; Heckel (1982), 374-377; Bosworth (2002), 275-276). Eine andere Tradition stellt ihn indes als Kallisthenes' Verleumder dar (Plut. Alex. 55,1). Als König habe er ähnliche tyrannische Verhaltensmuster entwickelt und die dem freien Mann zustehende *parrhesia* brutal geahndet. Auffällig ist, dass Telesphoros' Verstümmelungen identisch mit den angeblichen Verletzungen sind, die Kallisthenes zugefügt wurden, und dass in beiden Fällen eine Haft im Käfig geschildert wird. „*Numquid ergo hic Lysimachus felicitate quadam dentibus leonis elapsus ob hoc, cum ipse regnaret, mitior fuit?*" lautet folglich die rhetorische Frage von Sen. de ira 3,17,2, „*War also vielleicht dieser Lysimachos, der durch Glück den Zähnen des Löwen entkommen war, als er selbst regierte, milder?*" Vgl. Lund (1992), 11-12; Heckel (1982), 377; Weber (1998/99), 162-165. Zur paradigmatischen Funktion von Alexander- und Diodochengeschichten für die antiken Philosophen vgl. Stoneman (2003), 337-344.

losophen seines Herrschaftsgebiets verwiesen.[195] Den Höhepunkt seiner Negativentwicklung stellt die ungerechte Ermordung des eigenen Sohns dar, versehen mit dem topischen Element der Willfährigkeit des Tyrannen gegenüber seiner intriganten Buhlschaft, deren Rolle in diesem Fall Arsinoë zukommt.[196]

Während das Bild des Tyrannen Lysimachos von der Forschung weitgehend relativiert wurde,[197] gilt dies nicht für Arsinoës Porträt als ehrgeiziger Intrigantin, häufig bekräftigt durch Memnons Kommentar: „ἦν γὰρ δεινὴ περιελθεῖν ἡ Ἀρσινόη".[198] Dabei ist jedoch zu beachten, dass Memnons Quelle, Nymphis, der Königin kritisch gegenüberstand. Stein des Anstoßes war der Statthalter, den Arsinoë in Herakleia eingesetzt haben soll: Herakleides von Kyme, einer ihrer *philoi*.[199] Er habe ein tyrannisches Regiment geführt und viele ungerechte Hinrichtungen und Verbannungen verfügt, bis er nach Lysimachos' Tod abgesetzt und gefangen genommen worden sei.[200] Im Widerspruch dazu steht, dass es Herakleides gelang, ein Überlaufen der Stadtbevölkerung zu Seleukos zu verhindern. Die Bewohner sollen ihm sogar Geschenke und einen sicheren Abzug angeboten und ihn nach der Einrichtung der Demokratie aus dem Gefängnis entlassen haben, während Klearchos' einstige Residenz als Symbol

195 Athen. 13,610 E. Als philosophenfeindlich wird auch Lysimachos' Verhalten gegenüber Theodoros aus der Kyrene beschrieben (Plut. mor. 606 B). Vgl. Thrams (2001), 121-129, der Lysimachos eine Wissenschafts- und Philosophiefeindlichkeit attestiert, die mit der potentiell subversiven Tätigkeit der Philosophen zu erklären sei. Dagegen hält Lund (1992), 9-10 diese Philosophenvertreibung für unglaubwürdig. Lysimachos sei zwar nicht der bei Justin geschilderte Philosoph gewesen, habe aber intellektuelle Interessen gehabt. Vgl. Heckel (1982), 379. Geyer (1928), 29-30 zufolge habe es sich bei den Philosophen um ungebetene Gäste gehandelt, deren Vertreibung nicht auf eine generelle Philosophiefeindlichkeit des Lysimachos schließen lasse.

196 Macurdy (1932), 113 geht sogar noch weiter: „*The old Lysimachus might have been the victim of her poison instead of Agathocles, if her alleged advances to the latter had not been rejected*".

197 Vgl. Lund (1992); Geyer (1928), 1-38; Heckel (1982), 374-377.

198 Memnon, FGrHist. 434 F 5,4: „*Arsinoë war nämlich schrecklich betriebsam.*" Der Einfluss von Memnons Urteil auf das Bild der Königin in der Forschung wird exemplarisch sichtbar bei Wilcken (1986b), 1281-1284; Thompson (1955), 200; dies. (1973), 4; Longega (1968), 36: „*L'avidità, o meglio l'ambizione, è l'elemento motore, la ragione di vita per la figlia di Sotere. In questo poco parole sono scolpiti il lavorio continuo della regina per emergere e la sua forte personalità*".

199 Memnon, FGrHist. 434 F 5,4-5. Zu Memnons Feindseligkeit gegenüber Arsinoë als letzter „Tyrannin von Herakleia" vgl. Jacoby, Nr. 434, 274; Hazzard (2000), 82; Longega (1968), 50.

200 Memnon, FGrHist. 434 F 5.

der Tyrannis niedergerissen wurde.[201] So unbeliebt kann Herakleides daher nicht gewesen sein; die Negativschilderung ist nicht unkritisch zu sehen. Vielmehr stellt sich die Frage, inwieweit Arsinoës Aufscheinen in der Überlieferung Hinweise auf ihre Rolle in Lysimachos' Herrschaftsrepräsentation gibt, die allerdings aufgrund des Scheiterns seiner Reichsbildung fragmentarisch blieb. Was man als Elemente einer Selbstinszenierung deuten könnte, die monarchisches Prestige verleihen sollten, sind neben der üblichen Berufung auf die Kriegszeit an Alexanders Seite und auf seine göttliche Auserwählung erstens seine Darstellung als Löwenjäger, zweitens als Freund der Philosophie und drittens die Einbindung von seiner Familie, zumindest von Arsinoë als Tochter des einflussreichen Ptolemaios und ihrer gemeinsamen Kinder in seine dynastische Inszenierung. Alle drei Elemente standen in argeadischer Tradition und gehörten auch durchaus zu den Repräsentationsmitteln von Lysimachos' Konkurrenz. Da er jedoch scheiterte und sich die Perspektive des Siegers in der Geschichtsschreibung durchsetzte, wurden die drei Elemente verzerrt und gegen ihn gekehrt: Aus dem Löwenjäger wurde der Aufschneider, der mit seinen Narben prahlte,[202] aus dem Philosophenfreund der Philosophenfeind und aus dem Gatten der Tochter Ptolemaios' I. der verblendete alte Narr, der sich von seiner intriganten Frau herumkommandieren ließ.

Spuren von Lysimachos' dynastischer Repräsentation

Das Problem, die Linien von Lysimachos' dynastischem Image zu rekonstruieren, wird dadurch verstärkt, dass sich kaum Anhaltspunkte in den Quellen dafür finden, wie er konkret seine Erben und seine Frau in seine monarchische Inszenierung einband.

Als eines der kargen Zeugnisse kann eine Inschrift aus Delos gelten, ein Ehrendekret für Demataros, das Arsinoë als *basilissa* des *basileus* Lysimachos erwähnt. Die Passage lautet: „καὶ αὐτὸς ἐπαγγέλλεται δηλώσειν τῶι βασιλεῖ Λυσιμάχωι καὶ Ἀρ[σι]νό'[ηι] τῆι β[ασιλίσσηι] τὴν τοῦ δή[μου το]υ Δηλί[ων] εὔνοιαν π[ᾶσαν".[203]

Gabriella Longega deutet diese Erwähnung entsprechend ihrer Darstellung Arsinoës als „*una donna eccezionale, superiore per il genio politico a molti die suoi contemporanei*"[204] als Würdigung ihrer maßgeblichen Mitwirkung an Lysimachos' Regierung, konkret seiner Griechenlandpolitik nach Ipsos

201 Memnon, FGrHist. 434 F 6,1-2. Vgl. Burstein (1976), 87.

202 Plut. Demetr. 27,3.

203 Syll.³ 381, Z. 20-24.

204 Longega (1968), 127.

301 v. Chr.[205] Longegas These beruht auf einer spekulativen Analogie zu einem Zeugnis aus dem Ptolemäerreich des 3. Jh. v. Chr., einem Ehrendekret für den ptolemäischen Admiral Perigenes aus Siphnos, das auf den ptolemäischen Sieg bei Raphia 217 v. Chr. Bezug nimmt.[206] Da der regierende Ptolemäerkönig Ptolemaios IV. zusammen mit seiner Frau Arsinoë III. erwähnt wird,[207] die sich im Vorfeld der Schlacht den Truppen gezeigt hatte, zieht Longega den Schluss, dass Arsinoës Erwähnung im Dekret des Demaratos ebenfalls auf außenpolitische Leistungen anspielen müsse.[208]

Es ergeben sich mehrere Einwände. Erstens handelt es sich um unterschiedliche Reiche, zweitens um unterschiedliche Reichsphasen und drittens um unterschiedliche Entwicklungsstadien der Rolle der Königin. So war ihre Profilierung als Komplement zum König in der Diadochenzeit zwar schon Teil der Repräsentation, aber noch lange nicht ausgereift. Ein Vergleich mit dem bereits standardisierten Modell der dualen Herrschaftsinszenierung unter Ptolemaios IV. und Arsinoë III. ist daher problematisch. Viertens gibt es keine Hinweise darauf, dass Arsinoë III. an der Politik ihres Mannes beteiligt gewesen war. Ihr Auftritt auf dem Schlachtfeld bei Raphia fällt vielmehr in die Kategorie der symbolischen Feldherrnrolle.[209] Fünftens ist Helen Lunds Argument anzuführen, dass Lysimachos nicht auf Arsinoë angewiesen war, um den Griechen gegenüber als Euergetes aufzutreten; dies war schon Teil seiner Politik vor ihrer Hochzeit gewesen.[210]

Die gemeinsame Nennung des Königspaars im Dekret für Demaratos erhellt somit schlaglichtartig, wie sich die Einbeziehung der Königin in Lysimachos' dynastische Repräsentation entwickelte. Eine ähnliche Relevanz kommt dem Bericht von Memnon zu, wonach Lysimachos Arsinoë um 284/83 v. Chr. die Städte Herakleia Pontika, Amastris und Tios[211] geschenkt habe.[212] Auch Kassandreia gehörte wohl dazu.[213] Wie es sich mit Ephesos-Arsinoeia und dem aitolischen Arsinoeia verhielt, ist unge-

205 Vgl. ebda., 27-30.

206 OGIS 730, Z. 2.

207 OGIS 730.

208 Vgl. Longega (1968), 28-29.

209 Polyb. 5,84,1. Vgl. Carney (2001), 32-33.

210 Vgl. Lund (1992), 194. Überdies werde er in vergleichbaren Inschriften aus Samothrake, Priene und Samos der 280er Jahren alleine, ohne Arsinoë, genannt.

211 Memnon, FGrHist. 434, F 5,2-3; 6,2. Vgl. Orth (1993), 30. Zur Lage von Tios: Strab. 14,1,29-30.

212 Memnon, FGrHist. 434, F 5,5. Vgl. Trog. Prol. 24.

213 Just. 24,2,1-2. 3,3-4.

wiss.[214] Ephesos war erst 299/98 und längerfristig ab 294 v. Chr. unter Lysimachos' Kontrolle gekommen. Er hatte die Stadt mit Lebedos und Kolophon zusammengelegt,[215] näher am Meer neu gegründet[216] und zu Ehren seiner Frau Arsinoeia oder Arsinoë genannt.[217] Unter seleukidischer Hoheit bekam die Stadt wieder ihren alten Namen Ephesos.[218]

Ein solcher *oikismos* wurde von den Diadochen häufig als Medium der Prestigeerhöhung angewendet, da er in zweifacher Hinsicht zur legitimierenden Selbstdarstellung beitragen konnte: Erstens waren Stadtneugründungen die Basis, um als Stadtgründer, *ktistes*, kultische Ehren zu erhalten – auch wenn es sich „nur" um Zusammenlegungen oder Verlegungen von bereits existierenden Städten handelte.[219] Auch für Lysimachos wurde in Ephesos-Arsinoeia ein *ktistes*-Kult eingerichtet.[220] Zweitens bot ein *oikis*-

214 Vgl. Longega (1968), 30-39. Sie rechnet alle genannten Städte zu den Schenkungen, auch Samothrake. Aus dem aitolischen Arsinoeia ist eine Inschrift erhalten, vgl. Opelt/Kirsten (1989), 55-66. Zudem wird es bei Strab. 10,2,22 erwähnt. Zu Ephesos-Arsinoeia vgl. Strab. 14,1,21; Syll.³ 368, Z. 24.

215 Zur Lage: Strab. 14,1,28-29.

216 Front. Strat. 3,3,7; Strab. 14,1,21; Paus. 1,9,7; 7,3,4-5. Vgl. Habicht (1956), 41; Préaux (1978), II, 406; Hauben (1970), 18; Miltner (1958), 13. Die von Pausanias geschilderte Unfreiwilligkeit des Umzugs ist umstritten. Dagegen argumentieren Elliger (1985), 48; Lund (1992), 132: Nur ein Teil der Bevölkerung Kolophons sei betroffen gewesen. Die Tradition, Lysimachos hätte Ephesos fluten lassen, um die Bewohner zum Umzug zu bewegen (Strab. 14,1,21) ist wohl der Tyrannentopik zuzuordnen. Elliger (1985), 48 sieht die Velegung als Notwendigkeit aufgrund der durch Hochwasser gefährdeten Lage an. Vgl. Geyer (1928), 25; Lund (1992), 126, 175.

217 Strab. 14,1,21; Syll.³ 368, Z. 24. Vgl. Longega (1968), 31, Anm. 86. Burstein (1982), 198-199 stützt sich auf die bei Eustathios überlieferte Tradition, dass Ephesos zu Ehren von Lysimachos' Tochter Arsinoë, nicht seiner Frau, Arsinoeia genannt worden sei. Vgl. Longega (1968), 31. Gegen Burstein vgl. Carney (2000a), 306, Anm. 85; dies. (1988b), 135; Hauben (1970), 18. Dagegen steht das ausdrückliche Zeugnis von Strab. 14,1,21: „ἐκάλεσε δ' Ἀρσινόην ἀπὸ τῆς γυναικὸς τὴν πόλιν". „*Er nannte die Stadt Arsinoë nach seiner Frau*". Angesichts des dynastischen Prestiges, das Arsinoë als Tochter Ptolemaios' I. und als Mutter von Lysimachos' Erben besaß, ist nicht ersichtlich, weshalb die Ehre nicht ihr gelten sollte.

218 Vgl. Hauben (1970), 18.

219 Vgl. Orth (1993), 34; Habicht (1956), 40-41; Miltner (1958), 13; Carney (1988b), 134, 141; Malkin (1985), 114. Siehe ferner Lund (1992), 176: „*If ‚undying glory' was a strong motivating factor in founding cities, then Lysimachus perhaps fared better than some of his contemporaries.*"

220 Nach seinem Tod 281 v. Chr. wurde dieser Kult vermutlich unter der seleukidischen Herrschaft abgeschafft. Vgl. Habicht (1956), 41; Hauben (1989), 447; Leschhorn (1984), 256; Burstein (1980), 73. Als Beleg für die Erneuerung des

mos die Möglichkeit, der Stadt einen neuen Namen zu geben. Anhand der Stadtneugründungen der Diadochen ist ersichtlich, dass sie dafür meistens die Namen ihrer Familienmitglieder wählten.

Als makedonische Präzedenzfälle sind unter Philipp II. das thrakische Philippi von 356 v. Chr.[221] und Philippopolis zu nennen.[222] Von den Diadochen leistete Kassander die Pionierarbeit. 316 gründete er Poteidaia und Olynth als Kassandreia neu.[223] Zudem war er der erste, der Stadtgründungen zu Ehren königlicher Frauen benannte: zwischen 317/16 und 298/97 Thessaloniki nach seiner Frau Thessalonike.[224] Seine Methode, eponyme Stadtgründungen als Medium der Selbstdarstellung zu nutzen, wurde von seinen Konkurrenten und Verbündeten gleichermaßen übernommen.[225] Eponyme Benennungen besaßen Memorialfunktion. Die Stadtnamen machen deutlich, dass alle Angehörigen ihre Dynastie repräsentieren konnten;[226] wessen Name dann auf der Landkarte aufschien,

---

Kults sieht Habicht (1956), 41 eine Statue des Lysimachos, die von dem ephesischen Bürger C. Vibius Salutaris der Stadt im Jahre 104 n. Chr. geweiht wurde (OGIS 480). Bestätigt von Elliger (1985), 48; Leschhorn (1984), 256; Geyer (1928), 26. Zu einem Marmorkopf mit einem Diadem und Olivenblättern als Heraklesattribut aus Ephesos, das Lysimachos als Stadtgründer ehren sollte, vgl. Lund (1992), 161-162.

221 Diod. 16,3,7. 8,6; Tac. ann. 3,38,4.

222 Vgl. Carney (1988b), 134, 139; Leschhorn (1984), 202. Zur Problematik der Datierung der Umbenennung von Krenides vgl. Badian (2003), 261, Anm. 11. Als Präzedenzfall in der griechischen Welt angezweifelt von Malkin (1985), 114-130: Schon vor Philipp II. seien griechische Stadtgründungen nach historischen Personen benannt worden.

223 Diod. 19,52,2. 61,2-3. Vgl. Habicht (1956), 37; Carney (1988b), 136.

224 Diod. 19,52,1. Vgl. Carney (2000a), 207; dies. (1988b), 136-137; Le Bohec (1993), 239; Leschhorn (1984), 252-253 ; Landucci Gattinoni (2003), 96-110 Die Datierung der Gründung ist in der Forschung umstritten, der hohe Legitimationsfaktor des Akts gilt aber als Hinweis, dass es sich um seine Frühphase in Makedonien gehandelt habe. Vgl. Carney (1988b), 138.

225 Vgl. die Analyse von Carney (1988b), 140: „*The model that Philip and Alexander had created of the king as eponymous city-founder now became one item in a collection of customs and images that the Successors assembled as they moved toward public proclamation of their sovereignty and then toward the entrenchment of these claims*". Zu Demetrios Poliorketes: Plut. Dem. 25,2-3; Strab. 9,5,15. Vgl. Leschhorn (1984), 262-268. Zu den seleukidischen Gründungen: Strab. 16,1,5; Tac. ann. 6,42,1; Plin. n.h. 5,86. Vgl. Leschhorn (1984), 230-239; Préaux (1978), II, 405; Carney (1988b), 134-135; Wagner (1976), 65, 73-74; Cohen (1978), 12, 16-17. Zu Pyrrhos: Plut. Pyrrh. 6,1; Steph. Byz. s.v. *Berenike*. Vgl. Carney (1988b), 135; Lévêque (1957), 122; Wirth (1959), 1626; Hammond, N.G.L. (1971): Antigonea in Epirus, JRS 61, 113-115.

226 Strab. 13,1,26. Vgl. Carney (1988b), 141.

hing aber vermutlich von Prestige und höfischem Status ab – oder davon, wer entsprechend aufgewertet werden sollte.

John Ma folgert für die Seleukiden, die von allen hellenistischen Königen die meisten Städte gründeten, was aber auf die anderen Herrscher übertragbar ist:[227] „*they constituted visible signs of Seleukid power, expressed through dynastic names, and wrote the Seleukids into the landscape*".[228] Die Mehrheit der Gründungen Seleukos' I. befanden sich daher in Nordsyrien, dem Kernland des Reichs.[229] Nicht zuletzt waren solche Neugründungen, Neubesiedlungen und Inbesitznahmen von Handelsniederlassungen auch Mittel der Sicherung von politischer Kontrolle und Güterfluss,[230] bevorzugt an Haupthandelsrouten.[231]

Neben seiner Residenzstadt Lysimacheia auf der thrakischen Chersones und zwei weiteren Lysimacheia in Ätolien und bei Atarneus zählt zu Lysimachos' Neugründungen das umgesiedelte Smyrna, nach seiner Tochter Eurydike Eurydikeia benannt.[232] In einem Agathopolis in Mysien wird eine Gründung zu Ehren von Agathokles vor seinem Sturz in Ungnade vermutet.[233] Antigoneia in Bithynien war nach der Schlacht bei Ipsos unter Lysimachos' Herrschaft nach dessen damaliger Gattin Nikaia benannt worden.[234] Umstritten ist sowohl die Datierung als auch Zuschreibung von Arsinoeia/Arsinoë in Aitolien.[235] Strabo zufolge wurde die Stadt auf Grundlage des alten Dorfes Konopa von Arsinoë persönlich in der Nähe des aitolischen Lysimacheia neu gegründet.[236] Die Datierungsschwierigkei-

227 Vgl. Leschhorn (1984), 229.

228 Ma (2002), 35.

229 Vgl. Cohen (1978), 12, 16-17. Er habe auch den seleukidischen Zugang vor den Ptolemäern und vor Lysimachos schützen wollen.

230 Vgl. Cohen (1978), 12, 19: „*The decision to settle a particular spot was a function both of a long term policy and certain immediate conditions*".

231 Dafür können die Gründungen der Ptolemäer an der Küste des Roten Meers und der Seleukiden am Persischen Golf als Beispiele gelten. Vgl. Leschhorn (1984), 223-226. Zu den optimalen geographischen und ökonomischen Voraussetzungen für eine Stadtgründung: Strab. 12,2,7. Zum Procedere: Diod. 21,1,6.

232 Strab. 14,1,37. Vgl. Brunelle (1976), 13; Longega (1968), 32; Geyer (1928), 11-12; Lund (1992), 175, 194 die insbesondere die Anlehnung an Alexander bezüglich Smyrna aufzeigt. Zu Smyrna vgl. Orth (1993), 65. Eurydike wurde mit Kassanders Bruder Antipatros verheiratet, vgl. Oikonomides (1992), 109.

233 Vgl. Lund (1992), 175.

234 Strab. 12,4,7. Vgl. Carney (1988b), 135. Auf zweiter Ebene wurde wohl auch auf seine Siege verwiesen, vgl. Musti (2005a), 26-27.

235 Strab. 10,2,22. Vgl. Lund (1992), 175; Ameling (1997), 38; Bounegru (2002), 947, Nr. 1; Pietschmann (1896), 1279, Nr. 15.

236 Strab. 10,2,22. Elliger (1985), 48 sieht Städtegründungen durch Königinnen als einen Brauch der Zeit an und leitet daraus keine besonderen politischen Kom-

ten ergeben sich daraus, dass Strabo von Arsinoë als zweiter Frau und Schwester Ptolemaios' II. spricht, nicht als Frau von Lysimachos. Daraus wurde teils geschlossen, dass die Gründung in ihre spätere Zeit als ptolemäische Königin gefallen sei.[237] Dagegen weist die topographische Lage – neben Lysimacheia in Aitolien – auf eine Datierung in ihre Lebensphase als Lysimachos' Gattin hin.[238] Strabos Wortwahl könnte man eventuell damit erklären, dass er von der Chronologie losgelöst erklären wollte, um welche Arsinoë es ging. Zu seiner Zeit figurierte sie im kulturellen Gedächtnis aber nicht mehr als Lysimachos' Frau, sondern primär als Geschwistergattin Ptolemaios' II.[239]

Aus Lysimachos' eponymen Stadtgründungen ergibt sich ein Bild; die dynastische Einheit stellte sich als Muster aus Namen seiner Familienmitglieder in seinem Einflussbereich dar. Gerade die strategisch bedeutenden Städte an den großen Handelsrouten, insbesondere größere Hafenstädte, waren wichtige Punkte. Dabei fällt auf, dass seine Herrschaftsgebiete in Kleinasien durch das Netz der Neugründungen sorgfältig mit Thrakien verbunden waren.

Gabriella Longega schließt von der eponymen Benennung von Ephesos-Arsinoeia und dem aitolischen Arsinoë darauf, dass gleichzeitig die Hoheit an die namensgebende Person überging oder sie zumindest auf die Stadtpolitik Einfluss nahm.[240] Dies entbehrt jedoch der Grundlage. Der Umstand, dass Arsinoë sich nach Lysimachos' Tod nach Ephesos flüchtete, den Gabriella Longega als Beweis anführt, zeigt nur, dass Ephesos Seleukos nicht unterstützt hatte;[241] für eine politische Kontrolle bieten die Quellen keinen Beleg.

Lysimachos' Städteschenkungen an Arsinoë werden uneinheitlich entweder als Übertragung der Hoheit in Gestalt des Rechtsakts der δωρέα

penzen Arsinoës ab. Zur Gegenposition vgl. Kornemann (1998³), 120. Lévêque (1957), 164-165 zufolge ging die Initiative hingegen zur Gründung von den Aitolern selbst aus, da sie angesichts der Bedrohung durch Pyrrhos ihre Sympathien für Lysimachos bekunden wollten. Vgl. auch Longega (1968), 34, 38.

237 Vgl. Fraser (1954), 60-61.

238 Vgl. Longega (1968), 33-34.

239 Carney (2000a), 208; dies. (1988b), 135, 141 verweist darauf, dass nur Amastris von Herakleia um 300 v. Chr. selbst eine Stadt mit ihrem Namen gründete und die anderen hellenistischen Königinnen im Gegensatz zu ihren Gatten nicht mit einem Gründerkult geehrt wurden.

240 Vgl. Longega (1968), 32-35. Als plakativstes Gegenbeispiel dafür, dass nicht jede eponyme Gründung dem Namensgeber politische Rechte in der Stadt verlieh, könnte man das indische Bukephala am Ufer des Hydaspes anführen, das Alexander nach seinem Lieblingspferd benannte (Arr. an. 5,19,4).

241 Polyain. 8,57. Ebenso: Lund (1992), 194.

[242] oder relativierend als Vergabe der städtischen Einnahmen ohne weiteren politischen Befugnisse interpretiert.[243] Letzteres würde der makedonischen Tradition der Schenkung von Herrscherland entsprechen, bei welcher der Beschenkte *„das Nutzungsrecht hat, d.h. nur Einkünfte daraus bezieht"*.[244] Ebenfalls in der argeadischen Tradition verankert war, dass Frauen des Herrscherhauses im Besitz von Gütern waren, über deren Einkünfte sie selbständig verfügen konnten. Ein Beispiel ist wohl die Intervention von Eurydike, Witwe Amyntas' III., in den Zeiten der innerdynastischen Querelen nach seinem Tod. Um die Nachfolge für ihre Söhne zu sichern, engagierte sie den athenischen Söldnerführer Iphikrates mit seinen Truppen,[245] und finanzierte das Unternehmen wahrscheinlich aus den Einnahmen ihrer Ländereien.[246]

Dies ist vermutlich, wie auch Elizabeth Carney und Helen Lund meinen,[247] am achaimenidischen Vorbild orientiert. Die so genannten *fortification tablets*, in elamischer Keilschrift beschriftete Tontäfelchen, benannt nach ihrem Fundort im Schutt zur Hinterfüllung der Terrassen- und Befestigungsmauern der Residenz Persepolis,[248] bezeugen, dass die königlichen persischen Frauen eigene Ländereien und Dörfer mit Manufakturen besaßen, deren Erträge ihnen als eine Art Apanage zur freien Verfügung standen.[249] Sie lenkten ihre Besitzungen eigenständig und wiesen die Verwaltungsbeamten an, ihren Arbeitern monatliche Rationen auszugeben, die auf den Täfelchen verbucht und mit den persönlichen Siegeln der Achaimenidinnen versehen wurden.[250]

Im Hellenismus setzte sich die argeadische Tradition, dass weibliche Mitglieder des Herrscherhauses eigene Güter besaßen und ihre Erträge

---

242 Vgl. Wörrle (1978), 211.

243 Vgl. Lund (1992), 194-195.

244 Funck (1978), 54. Siehe ferner Corsten, T. (1994): Zum Angebot einer Schenkung Alexanders an Phokion, Historia 43, 112-118.

245 Aischin. 2,26-28; Nep. Iphikr. 3,2.

246 Vgl. Macurdy (1932), 22; Müller (2007c), 263-264.

247 Vgl. Carney (2000a), 174; Lund (1992), 194-195.

248 Es handelt sich um Tontäfelchen der Hofspeicherverwaltung, auf denen Buchungen etwa über ausgegebene oder eingenommene Lebensmittel oder Vieh als Rationen, Naturallöhne und Reiseproviant für Arbeiter, Kultpersonal oder persische Adlige notiert sind. Sie geben Auskunft über Geographie, Verwaltung und Wirtschaft des Perserreichs unter Dareios I. und seinem Sohn Xerxes und datieren aus dem Zeitraum 510-494 v. Chr. Vgl. Wiesehöfer (1998²), 127-128; Brosius (2006a), 93-96; Bigwood (1995), 137; Cool Root (2003), 28; Sancisi-Weerdenburg (1983), 23.

249 Vgl. Wiesehöfer (2005³), 29-30, 127.

250 Vgl. Brosius (2006a), 95.

nutzten, fort.[251] Wie im frühen Fall Eurydikes, geschah dies stets in ihrer Eigenschaft als Vertreterin ihres Hauses und zugunsten der dynastischen Sache. So finanzierten Königinnen meist Stiftungen, Naturalspenden, etwa Getreide, oder Schenkungen an mit ihrem Haus verbündete Städte oder Heiligtümer, auch über die Reichsgrenzen hinaus und oft in großem Stil.[252] Damit zeigten sie sich komplementär zum Herrscher als Wohltäterinnen, die sich um Ansehen ihres Hauses und politische Gefolgschaft verdient machten.[253] Der großzügige Monarch erhielt als Dank für seine Aufwendungen meist Ehrentitel, die seine Wohltätigkeit betonten, Kulte oder Statuen.[254]

Hinsichtlich der versuchten Rekonstruktion von Lysimachos' monarchischer Inszenierung zeigen die Stadtschenkungen an Arsinoë, dass er ihr die Möglichkeit gab, mit den städtischen Einkünften eigenständig als Repräsentantin seines Hauses in Erscheinung zu treten. Nicht zuletzt könnte diese Positionierung darauf hinweisen, dass er wenigstens ansatzweise versuchte, Arsinoë als Mutter seiner künftigen Nachfolger der Öffentlichkeit vorzustellen. Indes blieben solche Schritte der Nachfolgesicherung auch mittels der Repräsentationsmedien wohl sporadisch. Wie dargelegt versäumte es Lysimachos, den Weg für seine jüngeren Söhne so zu ebnen, dass sie ihr Erbe in halbwegs gesicherten Bahnen antreten konnten und dass der militärische Konflikt vermieden wurde. Vermutlich fehlte es auch an einer nachdrücklichen Profilierung seiner Wunschkandidaten als Erben in seiner fragmentarisch gebliebenen Herrschaftsrepräsentation.

---

251 Vgl. Rowlandson (1998), 35-36, Nr. 9-10; Müller (2007c), 267-269 mit dem Beispiel der Seleukidin Laodike III. aus dem Jahr 197 v. Chr. Als Komplement zum wohltätigen König stiftete sie den Einwohnern der Stadt Iasos zehn Jahre lang Getreide, wohl aus ihren Landgütern. Aus dem Verkaufserlös sollten bedürftige Mädchen eine Mitgift erhalten, damit sie heiraten konnten (Burstein (1985), Nr. 36). Vgl. Pomeroy (1982), 122. Für Kleopatra II. sind eigene Schiffe bezeugt, vgl. Albersmeier/Minas (1998), 11, Anm. 22; Hauben, H. (1986): Another boat of Kleopatra II?, ZPE 66, 148.

252 Vgl. z.B. Burstein (1985), Nr. 36. Vgl. Schmitt (1991), 84.

253 Vgl. Reden (2007b), 196-197; Schmitt (2005³i), 316; Bringmann (1993), 7-24; Wörrle (1995), 241-250; LeRider/Callataÿ (2006), 184-189.

254 Vgl. Schmitt (2005³i), 316; Taeger (1957), I, 120, 144, 237, 264, 361-362. Im Rahmen der Politik des Euergetismus entstand ein *„gewisser Zwang von Wiederholung von ‚Wohltaten"* (ebda.) durch die Herrscher, denen sich in der Endphase des Hellenismus auch die Römer nicht entziehen konnten. Vgl. Erskine, A. (1994): The Romans as common benefactors, Historia 43, 70-87.

Die Königin als Stifterin: Das Arsinoeion auf Samothrake

Wie dargelegt, ermöglichten Arsinoë die Einkünfte aus den Städteschenkungen Stifterinnentätigkeiten. Davon zeugen Fragmente eines Bauwerks auf Samothrake, das nicht nur als eine der berühmtesten Sakralbaustiftungen hellenistischer Königinnen gilt, sondern auch als eins der wenigen gesicherten Dokumente für Arsinoë.[255] „*The financing of such a large public structure by a royal woman is otherwise unknown*".[256] Die Datierung ist umstritten, im Folgenden wird argumentiert, dass es wahrscheinlich in ihre Zeit als Lysimachos' Frau fiel.

Es handelt sich um eine Tholos, deren antike Bezeichnung unbekannt ist und in der Moderne Arsinoeion lautet, abgeleitet von der Stifterin, die im Fragment einer Architravinschrift ausgewiesen ist.[257] Der Standort, Samothrake, war ein vorgelagerter Kontrollpunkt der kleinasiatischen Küste, was erklärt, weshalb Lysimachos die Insel ab 288/87 v. Chr. in seinen Einflussbereich eingliederte.[258] Emanuele Lellis These, Samothrake sei wie Herakleia am Pontos, Tios, Kassandreia und Amastris ein Geschenk von Lysimachos an seine Gattin gewesen,[259] ist kritisch zu sehen, weil sich nicht definitiv klären lässt, welche Form von Kontrolle er auf Samothrake ausübte.[260] Die Vermutungen belaufen sich von einer direkten Herrschaft bis auf ein lockeres Bündnis.[261] Aufgrund dieser Unsicherheit ist nicht zu entscheiden, ob er seiner Frau die städtischen Einkünfte schenken konnte.[262] Eine Inschrift bezeichnet Lysimachos als Retter und Wohltäter von Samothrake,[263] weil er das Heiligtum vor der Plünderung und Brandschatzung, wahrscheinlich durch Piraten, verhindert und die Täter ihrer Strafe zugeführt hatte. Zum Dank erhielt er einen Altar, ein

---

255 Vgl. Sismondo Ridgway (1987), 407; Schmidt-Dounas (2000), 19-23; Bringmann (2000), 99.

256 Carney (2000a), 174. Zudem betont sie zu Recht, dass eine Stiftung keine direkte Beherrschung der Städte bedeutet habe.

257 Vgl. Fraser (1960), 50.

258 OGIS 15; Syll.^{3} 372 zu einem Kult für Lysimachos. Vgl. Orth (1993), 27; Longega (1968), 39; Habicht (1956), 40; Knell (1995), 83; Visser (1938), 19.

259 Vgl. Lelli (2002), 6.

260 Vgl. Gauger (2005^{3}), 947.

261 Zum direkten Einfluss vgl. Longega (1968), 39; Habicht (1956), 40. Dagegen argumentiert Fraser (1960), 4-6.

262 Ähnlich: Gauger (2005^{3}), 947.

263 Vgl. Ehrhardt (1985), 136.

jährliches Opfer und eine *pompe* unter Führung der neun Archonten inklusive einer feierlichen Bekränzung aller Bürger.[264]

Makedonische Stiftertätigkeiten auf Samothrake sind von Philipp II. bis zu Philipp V. bezeugt.[265] Vermutlich erhofften sich die hellenistischen Herrscher unter anderem, selbst Aufnahme in den Kult zu finden oder wenigstens ihre vergöttlichten Ahnen unterbringen zu können.[266] Samothrake war ein effektives Forum monarchischer Selbstdarstellung, da jährlich Massen von Griechen und Makedonen zum Kultfest kamen[267] und der Hafen ohnehin stark frequentiert war.[268] Nach Lysimachos' Tod geriet die Insel zum Zankapfel zwischen Ptolemäern und Antigoniden.[269] Über das Medium von Stiftungen wollte man sicherlich auch die Loyalität der Einwohner gewinnen.

Das Arsinoeion gilt mit einem Kreisdurchmesser von 20,22 Metern und einer geschätzten Höhe von 13,37 Metern als der größte geschlossene bekannte Rundbau in der griechischen Architekturgeschichte,[270] als ein „*Bau der Superlative*".[271] Der Baumeister ist unbekannt,[272] wird teils jedoch mit dem makedonischen Architekten gleichgesetzt, der ein Propylon Ptolemaios' II. auf Samothrake errichtet hatte.[273] Das Arsinoeion war aus

---

264 Syll.³ 372. Vgl. Habicht (1956), 39; Knell (1995), 58; Ehrhardt (1985), 291; Fraser (1960), 5; Ager (1996), 86-87; Gauger (2005³), 947; Bringmann (2000), 144.

265 Vgl. Knell (1995), 64-69; Lehmann (1998⁶), 98; Schmidt-Dounas (2000), 26, 209-212; Wescoat (2003), 103-116; Carney (2003b), 53, Anm. 25; Orth (1993), 27; Frazer (1982), 191-202; Ehrhardt (1985), 71-74; Fraser (1960), 13; Mari (2002), 199-200, die Olympia, Nemeia, Samothrake, Delphi und Delos als Hauptorte der Stiftertätigkeit der makedonischen Herrscher nennt. Für Alexander, der wohl nicht in die Mysterien eingeweiht war, sind keine Stiftungen belegt.

266 Vgl. Hoepfner (2001), 476.

267 Vgl. Ehrhardt (1985), 76; Knell (1995), 58; Thompson, H.A. (1982), 177; Kreutz (1973), 381.

268 Vgl. Knell (1995), 47; Walbank (1994⁴), 223.

269 Hingegen behauptet Fraser (1960), 4, Samothrake habe keinerlei strategische Bedeutung gehabt. Vgl. Thompson, H.A. (1982), 177. Dies ist nicht zutreffend, bedenkt man die Lage zur kleinasiatischen Küste. Auch das Engagement der Diadochen, gerade von Lysimachos und Seleukos, ließe sich sonst schlecht erklären.

270 Vgl. Knell (1995), 52, 56; Hoepfner (2001), 467; Webb (1996), 148; Lehmann (1998⁶), 62; Thompson, H.A. (1982), 179; Burstein (1982), 199; Schmidt-Dounas (2004), 103; Gauger (2005³), 947. Zu weiteren Beispielen vgl. Townsend (2003), 95.

271 Schmidt-Dounas (2000), 19.

272 Vgl. Knell (1995), 56 zur Vermutung, es habe sich um Asklepiades aus Kyzikos gehandelt.

273 Vgl. Frazer (1982), 199. Akzeptiert von Schmidt-Dounas (2004), 103-104; dies. (2000), 262-264.

kostbarem thasischem Marmor gebaut[274] und schloss mit einem Kuppelgewölbe ab;[275] das Fundament bestand aus Sandstein.[276] Die Kultfunktion ist durch die fragmentarische Weihinschrift belegt. Zudem befand die Tholos sich überhalb des alten Kultbezirks[277] und barg einen großen Saal im Inneren, in dem die Mysterienfeiern stattfanden.[278]

Das Heiligtum war den Kabiren geweiht.[279] Über diesen Geheimkult der Großen Götter sind nur knappe Aussagen in den antiken Quellen fassbar;[280] ausschließlich Eingeweihte wussten über die Inhalte Bescheid. Herodot, der auf die Geheimhaltung der Riten hinweist,[281] wird teilweise als Eingeweihter gehandelt.[282] Vermutlich hatten die Kabiren eine besondere Schutzfunktion für Seefahrer und konnten wie die Dioskuren als Retter in Seenot angerufen werden.[283] Für die hellenistische Zeit wird

---

274 Vgl. Schefold (1990), 266; Knell (1995), 52; Lehmann (1998[6]), 62; Schmidt-Dounas (2000), 19. Zur Funktion der Tholos (Zweittempel für besondere Götterbilder; Tempelerweiterung; Steigerung der Bedeutung des Heiligtums) vgl. Hoepfner (2000), 107. Zur alten Rekonstruktion von G. Niemann aus dem Jahre 1876 vgl. Ehrhardt (1985), 265; Knell (1995), 57, Abb. 42; Hoepfner (2001), 470, Abb. 4; Schefold (1990), Zur neuen Rekonstrukion der Tholos von J. Kurtich vgl. McCredie (1992), 53, Abb. 31b-32; Lehmann (1998[6]), 68, Abb. 30; Hoepfner (2001), 468-469, Abb. 1-3. Zu einer neueren Rekonstruktion des Sockels vgl. Knell (1995), 54, Abb. 40. Eine ausführliche Beschreibung bietet McCredie (1992), 29-91. In augusteischer Zeit wurde der Tempel durch ein Erdbeben schwer beschädigt und das eingestürzte Dach musste repariert werden. Vgl. Hoepfner (2001), 480; Lehmann (1998[6]), 63.

275 Vgl. Hoepfner (2001), 467. Zu Struktur und Stil vgl. McCredie (1992), 92-230. Hoepfner (2001), 475 und Frazer (1982), 198, der auch eine Analogie zu den Palästen in Pella und Aigai sieht, gehen von einer Vorbildfunktion des Philippeion in Olympia aus (vgl. dazu Townsend (2003), 95-101; Lapatin (2001), 115-119). Dies mag für den Baustil gelten, nicht jedoch für die Funktion, da das Philippeion keine Kultstätte war.

276 Vgl. McCredie (1992), 30.

277 Vgl. Hoepfner (2001), 475; Knell (1995), 56; Lehmann (1998[6]), 62, 70; Thompson, H.A. (1982), 179.

278 Vgl. Schmidt-Dounas (2000), 103; Hoepfner (2001), 475; Knell (1995), 56-57.

279 Vgl. Schefold (1990), 265; Bremme (1998), 100; Knell (1995), 47; Graham (2002), 234, 249-250. Zur Herkunft der Kabiren vgl. Bonfante (1955), 107-108.

280 Plut. Ant. 30,6; Hdt. 2,51,2-3; Strab. 7, fr. 50 (51). Gemäß Herodot übernahmen die Samothraker den Kult von den Peleasgern. Für den Kult der Kabiren in Memphis, gegen den Kambyses ebenso wie gegen den Kult des Apis gefrevelt haben soll, erwähnt Herodot, dass sie die Kinder des Hephaistos darstellten (3,37,3). Vgl. Graham (2002), 234.

281 Hdt. 2,51,2.

282 Vgl. Graham (2002), 234.

283 Vgl. Knell (1995), 80; Bremme (1998), 100; Kreutz (1973), 382.

sogar eine Verschmelzung der Vorstellung von den Kabiren mit den Dioskuren angenommen,[284] die ebenfalls Eingeweihte des Kults gewesen sein sollen.[285] Da Arsinoë später im ptolemäischen Kult als Kypris Zephyritis eine besondere Schutzfunktion für die Seefahrt zugeschrieben wurde und Kallimachos ihre postume Entrückung durch die Dioskuren beschrieb,[286] wurde in Alexandria vielleicht auf das Image zurückgegriffen, das durch die Stiftung in Samothrake vorgeformt worden war.

Ob die maritime Symbolik ihrer späteren Ikonographie als Kypris Zephyritis den Rückschluss erlaubt, dass sie eine Eingeweihte des Mysterienkults war, sei dahingestellt. Es erscheint insofern nicht ausgeschlossen, weil durch die Initiation in die samothrakischen Mysterien Schutz vor Schiffbruch garantiert wurde und die Göttin Arsinoë diesen Schutz als Eingeweihte auch hätte gewährleisten können.[287] Heiner Knell und Hartmuth Ehrhardt gehen jedenfalls davon aus, dass sie und Lysimachos eingeweiht waren,[288] weil sie eine Parallele in der Einführung von Philipp II. und Olympias sehen.[289] Von den Quellen wird dies für Arsinoë und ihren Gatten allerdings nicht bestätigt.[290]

Über den Zeitpunkt der Erbauung des Arsinoeion herrscht Uneinigkeit. Die entscheidenden Passagen der zweizeiligen Weihinschrift auf den Architravfragmenten, die Aufschluss bringen könnten, sind nur bruchstückhaft erhalten: „[βα]σίλισσα Ἀρ[σινόη βασίλέως Πτολε]μαίου θυγάτηρ [] βασιλέω[ς...] γυ[νή θ]εοῖς μεγάλ[οις]“.[291] Gerade der Name von Arsinoës Mann fehlt, was die Rekonstruktion des Texts zur Streitfrage gestaltet,[292] da sie dreimal verheiratet war. Ihr zweiter Mann, Ptolemaios Keraunos, gilt als unwahrscheinlicher Kandidat. Die Ehe war nur von kurzer Dauer, endete im Fiasko und brachte für Arsinoë Flucht und Exil mit sich.[293] Zur Auswahl stehen Lysimachos für die Zeit zwi-

---

284 Vgl. Scheer (1997), 674 mit Bezug auf Paus. 10,38,7. Siehe ferner Hermary (1986), 567.

285 Diod. 5,49.

286 Kallim. fr. 181 Asp. (228 Pf.), 5-10.

287 Vgl. Kreutz (1973), 382. Die Eingeweihten bekamen einen purpurnen Schal und einen eisernen Ring als Talismane zum Schutz vor Unglück auf hoher See.

288 Vgl. Knell (1995), 58; Ehrhardt (1985), 290, 295-296. Lysimachos, Arsinoë und auch Ptolemaios II. seien Eingeweihte gewesen und hätten mit den Stiftungen ein besonderes persönliches Engagement ausdrücken wollen.

289 Plut. Alex. 2,1. Vgl. Funke (2000), 164, m. Anm. 256.

290 Just. 24,3,9-10.

291 Roux (1992), 231. Vgl. OGIS 15: „*Königin Arsinoë, Tochter des Königs Ptolemaios, Frau des Königs ... den großen Göttern*“.

292 Vgl. Longega (1968), 39-40.

293 Vgl. Ehrhardt (1985), 268; Fraser (1960), 50, Anm. 7.

schen 300/299 und 281 v. Chr. und Ptolemaios II. für die 270er Jahre. Lysimachos ist auf Samothrake ebenso mit Stiftungen vertreten[294] wie Ptolemaios II., der im Anschluss an seinen Vater eine rege Stiftertätigkeit in griechischen Städten – Milet, Herakleia am Pontos, Olympia, Kos und Delos – entfaltete.[295] Auf Samothrake weihte er an der Stelle, wo die Prozessionsstraße auf das Heiligtum stieß, ein Propylon aus thasischem Marmor.[296]

Stilistische Beobachtungen, wonach reliefierte Phialen, wie sie in der dekorativen Ausstattung des Arsineion auftauchen, in Griechenland eher selten, in Ägypten dagegen häufig gewesen seien,[297] gelten teils als Beleg, dass der Bau in die Zeit nach Arsinoës Hochzeit mit Ptolemaios II. gefallen sein müsse.[298] Dieser Schluss ist jedoch nicht zwingend; Elemente, die auf das Ptolemäerreich verwiesen, konnten auch in Arsinoës Zeit als Lysimachos' Gattin adaptiert worden sein, um sie als Tochter seines Verbündeten Ptolemaios I. auszuweisen. Es würde sich somit um einen Code für ihr dynastisches Prestige handeln, das sie in die Ehe eingebracht hatte. Gemäß *communis opinio* fiel das Arsinoeion auch in diese Zeit.[299] Peter Fraser rekonstruiert die Weihinschrift im Anschluss an frühere Editoren

---

294 Vgl. Frazer (1982), 198-199.

295 Vgl. Hölbl (1994), 91. Er förderte den Neubau des Apollontempels in Didyma, stiftete Herakleia einen Tempel und einen weiteren Tempel im Asklepieion auf Kos. Auf Delos finanzierte er Feste zu Ehren der delischen Götter.

296 Vgl. Schmidt-Dounas (2004), 22-23, 101-102; Knell (1995), 48-50; Webb (1996), 149-150; Lehmann (1998^{6}), 94-96. Es handelte sich um ein amphiprostyles, hexastyles Bauwerk dessen Grundriss 17,20 Meter lang und 11,46 Meter breit war. Die Grenzsituation des Propylon als Pforte zwischen profaner und sakraler Sphäre des Heiligtums wurde durch die unterschiedliche Gestaltung der inneren und äußeren Fassade illustriert. Zur Rekonstruktion vgl. Knell (1995), 49, Abb. 36-37; Frazer, A.K. (1990): The propylon of Ptolemy II, Samothrace X. Frazer (1982), 198-199 nimmt an, dass das Propylon auch von seiner Schwester gestiftet worden sei. Vgl. ferner Sismondo Ridgway (1987), 407; Ehrhardt (1985), 126. Dagegen: Fraser (1960), 6, mit Anm. 19.

297 Vgl. Schmidt-Dounas (2000), 20.

298 Vgl. ebda.

299 Vgl. Longega (1968), 39; Gauger (2005^{3}), 947; Krug (1992), 194, Anm. 14; Orth (1993), 27; Habicht (1956), 40; Carney (2000a), 174; Geyer (1928), 14; Frazer (1982), 197; Burstein (1982), 199; Kornemann (1998^{3}), 123; Knell (1995), 52-53; Ehrhardt (1985), 268, 290; Schefold (1990), 266; Hoepfner (2001), 479: Bauleute des Lysimachos hätten den Tempel errichtet; Schalles (1985), 23-24: es befänden sich ähnliche Friesmotive bei der Demeterterrasse in Pergamon, die Lysimachos' Schatzmeister Philetairos erbauen ließ.

entsprechend: „[βασ]ίλισσα Ἀρ[σινόη βασίλέως Πτολε]μαίου θυγά[τ]ηρ βασιλέω[ς Λυσιμάχου] γυ[νή, θ]εοῖς μεγάλ[οις]".[300]

Schlüsselelement seiner Argumentation ist, dass Ptolemaios I. ohne seinen Kulttitel, Soter oder *theos Soter*, erwähnt ist. Da seine Apotheose postum erfolgte, müsse er zur Abfassungszeit der Inschrift noch gelebt haben.[301] Ein zusätzliches und noch gewichtigeres Argument führt Gabriella Longega an: Bei offiziellen Weihungen ließen Ptolemaios II. und Arsinoë II. ihre Eltern nie unerwähnt. Ein nahe liegendes Beispiel ist das unweit des Arsinoeion befindliche Propylon Ptolemaios' II.,[302] in dessen Inschrift auf den beiden Frontarchitraven die *theoi Soteres* nicht fehlen: „Βασιλεὺς Πτολε]μαῖος Πτολεμαίου καὶ Βερενίκης Σωτήρ]ων [θεοῖς μεγάλοις]".[303]

Als Vertreter der Richtung, die sich für die Rekonstruktion „Πτολεμαίου γυνή" ausspricht, ist Georges Roux zu nennen. Er argumentiert mit einer Parallele zur Weihinschrift des Zweisäulenmonuments für das zweite Ptolemäerpaar in Olympia, gestiftet von Kallikrates, Admiral der Ptolemäer. Ptolemaios Soter sei hier ebenfalls nicht erwähnt, weil wie

---

300 Fraser (1960), 49. „*Königin Arsinoë, Tochter des Königs Ptolemaios, Frau des Königs Lysimachos den großen Göttern*". Ebenso schon Dittenberger, OGIS 15; Burstein (1985), Nr. 3. Vgl. Ehrhardt (1985), 268.

301 Vgl. Fraser (1960), 50.

302 Vgl. Longega (1968), 39-42. Andererseits führt sie aber auch an, dass sich Arsinoë nur in Weihgeschenken aus ihrer Zeit als ägyptische Königin als Tochter des Ptolemaios, Πτολεμαίου θυγάτηρ, bezeichnet habe. Vgl. ebda., 82. Dazu ist zu sagen, dass für die vorangegangene Zeit kaum Zeugnisse existieren.

303 OGIS 23; Fraser (1960), 51. „*König Ptolemaios, Sohn des Ptolemaios und der Berenike, der Retter, den großen Göttern.*" Vgl. Lehmann (1998[6]), 96; Knell (1995), 50. Die Datierung ist umstritten. Als Schlüsselelement gilt die Bezeichnung von Berenike I. und Ptolemaios I. als *Soteres*, deren Deutung allerdings uneinheitlich ausfällt. *Soteres* war ihr Kultname nach ihrer postumen Apotheose. Daher gilt einer Richtung das vermutliche Todesjahr Berenikes, 279 v. Chr., als Terminus ante quem für die Errichtung des Torbaus. Vgl. Knell (1995), 51. Hazzard (2000), 16-17 datiert die Verleihung des Kultnamens allerdings erst auf 262/261 v. Chr. Da die Inschrift jedoch nicht von den *theoi Soteres* spricht und Soter vermutlich schon zu Ptolemaios' Lebzeiten sein Beiname gewesen war, lautet die Gegenthese, dass die Stiftung in die Regierungszeit von Ptolemaios I. und Lysimachos gefallen sei. Vgl. Roux (1992), 231-233; Lehmann (1998[6]), 96; Thompson, H.A. (1982), 179; Longega (1968), 82; Fraser (1960), 6, Anm. 19: „*there seems … every reason why Lysimachus should have permitted, even welcomed, such a dedication by a friendly sovereign*". Für die Datierung zu Lebzeiten Ptolemaios' I. spricht zudem, dass Arsinoë nicht als seine Schwestergemahlin genannt wird, obwohl die Dualität der ptolemäischen Führungsspitze zu Zeiten ihrer Ehe und auch nach ihrem Tod obligatorisch war. Gerade angesichts der Nähe zum Arsinoeion hätte sich ein solcher Zusatz angeboten.

beim Arsinoeion einfach der Platz gefehlt habe.[304] Zudem geht Georges Roux davon aus, dass die Stiftung des Arsinoeion nicht im Kontext von Repräsentationspolitik gestanden habe, sondern ein ganz persönlicher Akt Arsinoës gewesen sei, da nur sie als Stifterin genannt ist. Hintergrund sei ihre Errettung aus einer Notlage gewesen, für die sie den Kabiren habe danken wollen: entweder die gelungene Flucht vor Keraunos oder das „Göttergeschenk" der Ehe mit Ptolemaios II.[305] Da diese Geschwisterehe in griechisch-makedonischer Sicht jedoch anrüchig gewesen sei, habe sich Arsinoë durch die Stiftung rehabilitieren wollen. Um von der umstrittenen Hochzeit abzulenken, habe sie den Namen der gemeinsamen Mutter Berenike nicht nennen wollen.[306]

Abgesehen davon, dass Arsinoë aber sehr wohl den Namen des gemeinsamen Vaters nennt, gibt es weitere Einwände. Georges Roux' These beruht auf der Annahme, dass die Geschwisterehe dem Ruf des zweiten Ptolemäerpaars geschadet habe und daher in ihrer Repräsentation kaschiert worden sei. Dies trifft jedoch nicht zu; das Gegenteil ist der Fall, Endogamie wurde geradezu zum ptolemäischen dynastischen Markenzeichen und Wiedererkennungscode. Zudem nennt die Weihinschrift des Propylons Ptolemaios' II., das im gleichen Heiligtumsbezirk liegt und durch die Blickachse mit dem Arsinoeion verbunden war, beide Elternteile.[307] Das angebliche Vertuschungsmanöver seiner Schwester wäre somit obsolet geworden.

Eine imposante Stiftung wie das Arsinoeion bedeutete eine Demonstration von Reichtum, Einfluss, Wohltätigkeit sowie Pflichtbewusstsein gegenüber den Göttern und hatte Memorialfunktion.[308] Arsinoë agierte zwar als Einzelperson, aber als *pars pro toto.* Sie war in das Netzwerk ihrer Dynastie eingebunden, die von ihrer Weihung profitierte. Als Stifterin

---

304 Vgl. Roux (1992), 232.

305 Vgl. ebda., 236-239: „*Personellement bénéficiaire d'une telle faveur, il était naturel qu'elle leur consacrât en son nom personnel un témoignage de sa gratitude à la mesure du service rendu et des ressources financières dont disposait désormais, sauvée par eux, la 'fille du roi Ptolémée, épouse du roi Ptolémée.*" Ebenso Thompson, H.A. (1982), 179.

306 Vgl. Roux (1992), 238-239. Vgl. Webb (1996), 148.

307 Vgl. Knell (1995), 52, 58: „*Die auffallende Blickbeziehung wird sicher jedem Besucher unmittelbar bewusst geworden sein.*" Webb (1996), 149 konstatiert eine Ähnlichkeit der korinthischen Kapitelle des Arsinoeion mit dem Propylon bezüglich der Struktur, nicht jedoch des Stils.

308 Vgl. Weber (1995), 314: „*Weihungen von Monumenten sind hervorragend dazu geeignet, Erfolge und somit auch Prestige über Krisenzeiten hinaus zu bewahren. Die panhellenische Plazierung eindrucksvoller Monumente… konnte darüber hinaus durch die Einmaligkeit des Baues auf viele Zeitgenossen wirken, frühere Gebietsansprüche markieren usw.*" Vgl. Wescoat (2003), 114.

repräsentierte sie ihr Haus, dessen Ansehen durch dieses „*architectural sponsorship*“[309] erhöht wurde. Die Tholos bildete somit einen Markstein in einem räumlichen Netz aus Einflusspunkten von Lysimachos’ Haus, vielleicht, wie Emanuele Lelli meint, „*una tendenza a concepire un orrizonte politico di azione che spazia alla Tracia a Delo, a Ponto all’ Etolia*”.[310]

Eine Datierung des Arsinoeion in die Zeit, als Lysimachos mit Arsinoë verheiratet war und auch ihr Vater Ptolemaios I. noch lebte, ergibt vielleicht noch aus einer anderen Überlegung heraus Sinn. So könnte die Verbindung von Samothrake zu Rhodos als zweitem Kontrollpunkt vor der Küste Kleinasiens von Relevanz sein: „*Ein Blick auf die Landkarte zeigt …, dass Rhodos zum einen und Samothrake zum anderen die äußersten Fixpunkte im Süden und Norden der vor der Küste Kleinasiens liegenden Inseln markieren.*“[311]

Rhodos war zentral für den Handel der hellenistischen Welt, gerade für den ägyptischen Getreideexport.[312] Nicht zufällig erscheint daher, dass in verschiedenen Überlieferungen eine Verbindung zwischen Rhodos und den Ptolemäern zur Sprache kommt. So verdankte Ptolemaios I. Rhodos kultische Ehren und vermutlich den Beinamen Soter.[313] Zweitens treten die Rhodier als Hüter von Alexanders Testament im *Liber de morte Alexandri Magni* auf,[314] in dem auch Ptolemaios eine exponierte Rolle zukommt: Er ist für Alexanders Bestattung in Ägypten verantwortlich.[315]

---

309 Sismondo Ridgway (1987), 406.

310 Lelli (2002), 6. Er bezieht dies auf die politische Linie der Königin. Indes gilt dies auch für Lysimachos und sein Haus.

311 Knell (1995), 83. Die berühmte Nike von Samothrake belegt die Verbindung, da die Statue aus rhodischem Marmor wahrscheinlich von Rhodos gestiftet wurde. Vgl. ebda., 82-85.

312 Diod. 20,81. Vgl. Reden (2007b), 199-200; Bringmann (2000), 179; Pekáry (1976), 49; Casson (1954), 171, 173. Rhodos war in dieser Hinsicht bedeutender als Delos. Schon Kleomenes hatte unter Alexanders Regierung Rhodos als Zwischenhandelsplatz für seine Getreidetransaktionen genutzt.

313 Vgl. OGIS 16. Arsinoë wird zusammen mit ihrem Vater Ptolemaios in einer Weihung aus Halikarnassos erwähnt. Vgl. Longega (1968), 42-43.

314 *Liber de Morte* 106-109. Vgl. Bosworth (2002^2), 213; Baynham (1998), 112; Merkelbach (1954), 134-135, 148. Rhodos schuf sich offenbar eine eigene Alexanderlegende, die ihn, dem es sich 333/32 v. Chr. unterworfen hatte (Curt. 4,5,9; Just. 11,11,1), zum Begründer der rhodischen Unabhängigkeit gestaltete. Vgl. Hauben (1977), 314-315.

315 *Liber de Morte* 111: „*itemque Ptolemaeo: ‚tu quoque‘, inquit, ‚profiscere in Aegyptum et corpus meum ut diligenter collocetur fac curae habeas.*“ „*Und dann sagte er zu Ptolemaios: ‚Auch du (sollst etwas tun:) begebe dich nach Ägypten und kümmere dich darum, meine Leiche mit aller Sorgfalt zu bestatten.*“ Vgl. Bosworth (2002^2), 241: „*there was a strong subliminical message: Ptolemy was the true heir to the legacy of Alexander and deserved the king-*

Damit war zugleich auch die besondere Bedeutung seines Herrschaftsgebiets als Grablege Alexanders angesprochen, die Ägypten unter allen Diadochenreichen hervorhob. Bosworth argumentiert daher, dass der *Liber de morte Alexandri Magni* als ptolemäische Propaganda im Kontext von Ptolemaios' I. Griechenlandkampagne von 308 v. Chr. zu sehen ist[316] und die Rolle von Rhodos entgegen *communis opinio* keine spätere Interpolation war, sondern der zeitgenössischen Politik von Ptolemaios entsprach.[317]

Aufgrund dessen und auch wegen Rhodos' enger Verbindung zu Samothrake erscheint nicht abwegig, dass die Weihinschrift des Arsinoeion ganz bewusst auf Arsinoës Abkunft von Ptolemaios I. abhob. Demnach wäre die Tholos während ihrer Ehe mit Lysimachos und noch zu Lebzeiten ihres Vaters gestiftet worden und hätte den Zweck verfolgt, ihre ptolemäische Abkunft in den Vordergrund zu rücken. Der explizite Hinweis, sie sei seine Tochter, war „*stamped with a dynastic quality*".[318] Ihre Stiftertätigkeit nutzte somit dem Ansehen von zwei Häusern und schlug einen Bogen zwischen Lysimacheia und Alexandria.

Dass der Name von Arsinoës Vater noch vor dem ihres Gatten steht, ist als Strategie der Repräsentation von dynastischem Prestige zu sehen. Die These, die väterliche Nennung sei bei verheirateten königlichen Frauen ungewöhnlich gewesen,[319] ist insofern problematisch, als das Arsinoeion kein Einzelbeispiel ist. So berief sich auch Demetrios Poliorketes' Tochter Stratonike auf ihren Vater.[320] Nicht nur die Thronfolger, auch die Töchter profitierten vom väterlichen Ansehen; die dynastische Zugehörigkeit zum Elternhaus ging ihnen durch die Heirat nicht verloren, sondern war eine Art symbolischer Mitgift.

Ein Gedankenspiel sei angeschlossen, das von den ersten bekannten Stiftungen einer Argeadin ausgeht: Eurydike I., für die Weihungen in Aigai

ship". Siehe ferner: Baynham (1998), 115; Hauben (1977), 320, 334, 339; Fraser (1996), 213.

316 Vgl. Bosworth (2002²), 214-241.

317 Vertreten von: Heckel, W. (1988): The last days and the testament of Alexander the Great. A prosopographic study, Wiesbaden, 12-13, 69-70; Merkelbach, R. (1977²): Die Quellen des griechischen Alexanderromans, München, 145-149; Fraser (1972), II, 947-949, Anm. 16.

318 Thompson, H.A. (1982), 177.

319 Vgl. Sismondo Ridgway (1987), 407; Koch (1924), 69, Anm. 1: Arsinoë könne den Tempel als Kind gestiftet haben, in diesem Fall mit dem Geld ihres Vaters.

320 Vgl. Macurdy (1932), 81. So wird Stratonike in Weihinschriften auf Delos als „Tochter von König Demetrios" bezeichnet. Auch auf der Statuenbasis einer Skulptur Arsinoës II., die Stratonike für sie aufstellte (OGIS 14; vgl. Sismondo Ridgway (1987), 408, Anm. 56), nennt sie sich so.

und Dion belegt sind – bei denen sie, obwohl Witwe, im Übrigen auch den Namen ihres Vaters, Sirras, nennt.[321] Gemäß Elizabeth Carney erfolgten sie auf Veranlassung Philipps II., um das Imageproblem, das die feindlichen Parolen der Thronkonkurrenz im Erbstreit bewirkt hatten, zu beheben.[322] Fiele die Stiftung des Arsinoeion daher in die Zeit, als die Unstimmigkeiten mit Agathokles an Lysimachos' Hof begannen, etwa um 287/86 v. Chr. anlässlich seiner Erfolge in Kleinasien oder noch zuvor, könnte man analoge Motive vermuten.

2. Legitimation in der zweiten Generation: Das Prestige einer Diadochenwitwe

In welcher Weise die Witwe eines Diadochen bei „Prismen der Macht" als Trägerin von dynastischem Prestige Bedeutung erlangen konnte, zeigt exemplarisch die Heirat von Arsinoë und Ptolemaios Keraunos. Ihre Ehe steht sowohl im Kontext der Konflikte um Lysimachos' Erbe des Lysimachos als auch um die Nachfolge Ptolemaios' II. in Alexandria. Zugleich zeigt die Hochzeit zwischen den Halbgeschwistern, dass es von der dynastiepolitischen Situation abhing, ob Endogamie als Code der Repräsentation instrumentalisiert oder zur Nebensache wurde.

Usurpation und Legitimation: Ptolemaios Keraunos in Makedonien

Ptolemaios, genannt Keraunos, „Blitz", war der älteste Sohn aus der Ehe Ptolemaios' I. mit Eurydike.[323] Pausanias schreibt seinen Beinamen seinem

321 Plut. mor. 14 B-C. Vgl. Mortensen (1992), 163-165; Carney (2007); Saatsoglou-Paliadeli (1993a), 1339-1371.

322 Vgl. Carney (2007). Just. 7,4,7-5,9 zufolge hatte Eurydike die Ermordung von Amyntas III. geplant, um ihren Liebhaber und Schwiegersohn Ptolemaios von Aloros auf den Thron zu bringen. Später soll sie noch ihre beiden Söhne, Alexander II. und Perdikkas III., umgebracht haben. Zur Dekonstruktion des Zerrbilds vgl. Hammond (1991), 497, 506; Müller (2007c), 262-265; Greenwalt (1989), 28, Anm. 36; Mortensen (1992), 156-171; zuvor schon in Ansätzen: Macurdy (1927), 208-212; dies. (1932), 18-22. Sie vermutet, dass Eurydike gezwungen war, Ptolemaios zu heiraten, während er *epitropos* Makedoniens und Vormund ihrer unmündigen Söhne Perdikkas und Philipp gewesen war. Er hatte den Tod Alexanders II. forciert; Perdikkas III. war auch nicht einem Anschlag seiner Mutter, sondern im Kampf gegen die Illyrer gefallen (Diod. 16,2).

323 Trog. Prol. 17.

kühnen, tatkräftigen Wesen zu.[324] Relevanter scheint hingegen die Zugehörigkeit des Blitzbündels zu den Attributen von Zeus zu sein.[325] Eine Parallele lässt sich zum Tyrannen Klearchos von Herakleia Pontika ziehen, der auch einen seiner Söhne Keraunos nannte, um ein besonderes Nahverhältnis zu Zeus zu demonstrieren.[326]

Als ikonographischer Code eines Herrscherporträts lässt sich das Blitzbündel zuerst bei Alexander fassen. Der Maler Apelles führte es in seine Ikonographie ein, als er es ihm auf einem Gemälde für das ephesische Artemisheiligtums beigab.[327] Trotz der Kritik seines Bildhauerkolle-

---

324 Paus. 1,16,2. Als Erklärung akzeptiert von Seibert (1983), 232. Bei Just. 27,2,7-9 lässt sich eine Parallele für das Vorgehen finden, den Beinamen eines Königs als Charakterbeschreibung zu deuten. Demnach verdankte der Seleukide Antiochos Hierax (Habicht) seinen Beinamen seiner verwegenen, verbrecherischen Art: Wie ein Habicht habe er für sein Auskommen gesorgt, indem er es anderen weggenommen habe. Vgl. Macurdy (1932), 86.

325 Vgl. Tondriau (1948c), 128, Anm. 3; Seibert (1983), 232. Zur politischen Bedeutung von Namen in der hellenistischen Zeit vgl. Heckel, W. (1978): Kleopatra or Eurydike?, Phoenix 32, 155-158; ders. (1981), 79-86; Macurdy (1932), 25; Carney (1987a), 497, Anm. 6; Bosworth (1999), 12. Heckel zufolge war Eurydike in Makedonien ein dynastischer Frauenname mit legitimierendem Prestige gewesen, weshalb Philipps Mutter, seine letzte Frau Kleopatra und seine Enkelin Adea sich so genannt hätten. Dagegen wandte sich Badian (1982), 99-110. Der erste nachweisbare Fall einer bewusst politisch motivierten Namensänderung sei bei Arrhidaios in Philipp und bei Adea in Eurydike gewesen, um mit der unmittelbaren Anknüpfung an die großen Namen ihre Legitimationsprobleme zu lösen (100-101).

326 Just. 16,5,9-11. Vgl. Cartledge (2003), 219; Berve (1967), I, 318; Schmitt (2005^3b), 445. Bei diesem Keraunos handelte sich vermutlich um Klearchos' Nachfolger Timotheos. Angesichts der Tyrannentopik ist indes Vorsicht geboten, vgl. Berve (1967), I, 316: *„Die Nachrichten, die wir über Klearchos' Herrschaft besitzen, bieten das Bild eines von Hybris geschwellten, grausamen Despoten, dessen brutale Maßnahmen nicht mehr erkennen ließen, dass er in früheren Jahren die Lehren des Platon und Isokrates bereitwillig aufgenommen hatte“*.

327 Plin. n.h. 35,92; Ael. v.h. 2,3; Plut. mor. 360 D. Vgl. Moreno (1997^2), 111; Bieber (1964), 37-38; Stewart (2003), 38-39; Calcani (1989), 58; Männlein-Robert (2006), 14, m. Anm. 85. Zur literarischen Überlieferung: Polyb. 12,12b3. Plutarch äußert sich kritisch zur Ausstattung von Herrscherbildnissen mit göttlichen Attributen: „τουτέστι θεοῦ λόγον ἔχων διάνοιαν, οὐ σκῆπτρον οὐδὲ κεραυνὸν οὐδὲ τρίαιναν ὥς ἔνιοι πλάττουσιν ἑαυτοὺς καὶ γράουσι τῷ ἀνεφίκτῳ ποιοῦντες ἐπίθρονον τὸ ανόητον“. *„Das heißt, dass jemand, der den göttlichen logos besitzt, sich weder mit dem Szepter noch mit einem Blitzbündel oder mit einem Dreizack darstellt, mit denen sich andere selbst in Plastik und Malerei darstellen lassen und somit durch ihre Narrheit feindselige Gefühle erwecken, weil sie sich Unpassendes anmaßen“*. Nicht mit den Attributen, sondern mit der göttlichen ἀρετή solle der Herrscher wetteifern (mor. 780 F-781 A).

gen Lysippos scheint es sich rasch als Attribut Alexanders eingebürgert zu haben, denn um 325 v. Chr. hält es Alexander als Indiensieger auf dem Revers der so genannten Porosdekadrachme in der Hand.[328] Als Teil des festen Repertoirs der Alexandercodes, eine Entwicklung, die sicherlich durch Alexanders postume Apotheose verstärkt wurde, taucht es unter Ptolemaios I. auf dem Revers einer seiner Münzserien auf: Gezeigt wird Alexander mit Blitzbündel als Lenker eines Elefantenwagens.[329]

Die Symbolik dieses Attributs, das auch zum Standardreversmotiv der ptolemäischen Münzen – dem Adler auf dem Blitzbündel, als typisch makedonisches Symbol von seltenen Silberprägungen Alexanders übernommen, –[330] gehörte,[331] macht wahrscheinlich, dass der Beiname Keraunos in einer Linie mit anderen politisch konnotierten Beinamen wie Nikator, Soter oder Poliorketes stand, die Assoziationen mit kriegerischen Erfolgen weckten.[332] Keraunos' Bruder trug den makedonischen Herrschernamen Argaios.[333] Ptolemaios I. nutzte die Namen seiner Söhne offenbar als kleine Plattform seiner Selbstinszenierung; Argaios stand für seine Berufung auf das argeadische Erbe. Sein Beispiel zeigt zugleich, dass sich der Träger eines Namens mit dynastischer Symbolik noch nicht

---

328 Vgl. Stewart (1993), 201; Kroll (2007), 114-115; Price, M.J. (1997^2): Alexander's policy on coinage, in: Carlsen, J. u.a. (Hg.), Alexander the Great. Reality and myth, Rom, 171-176, bes. 173. Das Gewicht der Münzen schwankt zwischen 38,73 und 40,96 Gramm, vgl. LeRider (2003), 330; Holt (2003), 167-168; Miller (1994), 109-120; Zahrnt (2004), 21-22; Smith (2000), 10, 14-16; Donderer (1988), 788; Ritter (1965), 44-45; Goukowsky (1972), 477-480; Price (1991), 33, 452-453. Datierung, Prägeherr und Prägeort sind umstritten. Vgl. Christ (1996a), 68; LeRider (2003), 331-333; Goukowsky (1972), 477-480; Stewart (1993), 205-206. Dahmen (2007), 8-9 möchte sie nicht in Indien, sondern nach 323 v. Chr. mit einem Prägeort in Mesopotamien ansetzen.

329 Vgl. Hazzard (1995), 2; Kroll (2007), 116; Reden (2007a), 39.

330 Vgl. Price (1991), I, 103-105. Dieses Reversmotiv erscheint auf Bronzemünzen und Silberprägungen in verschiedenen Varianten, die laut Price nur unter Alexander und nur in Makedonien geprägt wurden und in bestimmten Gegenden zirkulierten. Die Ptolemäer adaptierten den Typus des Reversbilds der Silbermünzen.

331 Vgl. Klose (1992), 40; Mørkholm (1991), 64-65; Kroll (2007), 116. Miller (1994), 112 führt die Möglichkeit an, das Blitzbündel habe weniger auf sakrale Beziehungen als auf Eigenschaften verwies: „*fast in attack like lightning*" und „*striking with the destruction of lightning*". Vgl. Reinsberg (2004), 327.

332 Vgl. Chaniotis (2005), 60.

333 Paus. 1,7,1. Zum Namen Argaios vgl. Greenwalt (1988a), 39-41. Dagegen vgl. Habicht (1988). Zum makedonischen Herrschers Argaios vgl. Just. 7,2,1-5; Hdt. 8,139. Vgl. Heckel (1989), 33, 36, Anm. 12. Zu Argaios (Diod. 14,92,3), dessen Regierung ungefähr auf 360/359 v. Chr. datiert wird, vgl. March (1995), 257-282; Greenwalt (1987), 52-53.

automatisch als Thronaspirant sehen konnte.[334] Bei Keraunos lag der Fall vielleicht anders, wenn seine Unterstützung durch Demetrios von Phaleron bedeuten kann, dass er sich bis zu einem bestimmten Zeitpunkt Hoffnungen machen konnte,[335] die durch die Erhebung seines Bruders zum Mitregenten zerstört wurden.

Nach der Zurücksetzung durch seinen Vater verließ Keraunos Ägypten und trat 281 v. Chr. an Seleukos' Seite in den Kampf gegen Lysimachos ein.[336] Nachdem er Seleukos ermordet hatte, ließ Keraunos sich zum König der Makedonen akklamieren und versuchte, die Unterstützung der Makedonen zu gewinnen, indem er sich ihnen als Lysimachos' Rächer präsentierte.[337] Auch um diesen Thron gab es Konkurrenz: Seleukos' Nachfolger Antiochos I. konnte ebenso Herrschaftsansprüche geltend machen wie der Sohn von Demetrios Poliorketes, Antigonos Gonatas, und wie die drei Söhne des Lysimachos.[338] Der Hauptquelle, Justin, zufolge gab Keraunos seine Ambitionen auf den ägyptischen Thron auf, um sich voll und ganz auf die Konsolidierung seiner Position in Makedonien zu konzentrieren.[339] Dies versicherte er auch seinem Halbbruder Ptolemaios II. in einem Brief und bat ihn um Versöhnung. Er habe damit erreichen wollen, dass er Keraunos' Feinde Antigonos Gonatas und Antiochos I. nicht unterstützte.[340] Ob es sich um einen Geheimpakt handelte, der Ptolemaios II. dazu verpflichtete, nicht in Makedonien zu intervenie-

334 Ein weiterer Bruder des Keraunos hieß Meleagros. Heckel (1989), 33 vermutet, dass es sich entweder um eine Verwechslung mit dem Namen Menelaos gehandelt habe, den der Bruder Ptolemaios' I. trug (Diod. 19,62,4; Plut. Demetr. 15,2; 16,4), oder um einen Bezug zur Überlieferung bei Satyros (FGrHist. 3, F 165), dass Ptolemaios' Mutter Arsinoë die Tochter eines Meleagros gewesen sei. Anzufügen ist, dass Ptolemaios I. eine besondere Beziehung zur mythischen Gestalt des Meleagros zu pflegen schien. Donderer (1988), 793-796 wies nach, dass er sich in einem Gemälde, das in der Kopie eines römischen Mosaiks aus dem mauretanischen Sitifis erhalten ist, als diadembekränzter Meleagros gemeinsam mit Dionysos auf der Kalydonischen Eberjagd darstellen ließ. Vgl. Seyer (2007), 135-137.

335 Diog. Laert. 5,78-79.

336 App. Syr. 62; Nep. De reg. 3,4.

337 App. Syr. 62; Paus. 1,16,1; 10,19,7; Just. 17,2,4; Trog. Prol. 17; Plin. n.h. 6,31; Plut. mor. 555 B-C; Strab. 13,4,1; Memnon, FGrHist. 434 F 8,3; Nep. 21,3,4. Unter einem Racheleitmotiv – für Arrhidaios und Eurydike – hatte auch Kassanders Politik in Makedonien gestanden. Vgl. Carney (1991), 21.

338 Just. 17,2,10.

339 Just. 17,2,9-10.

340 Just. 17,2,9-10.

ren, ist umstritten, da kein Antwortschreiben von ihm überliefert ist.[341] Sollte der Inhalt von Keraunos' Brief historisch sein, könnte er darauf hinweisen, dass er seine Chancen, doch noch in Alexandria auf den Thron zu kommen, zumindest zu jenem Zeitpunkt als wenig aussichtsreich einstufte und vielleicht erst seine Ausgangsposition durch eine konsolidierte makedonische Herrschaft verbessern wollte. Welles nimmt an, dass seine öffentliche Absage an das ägyptische Erbe weniger an Ptolemaios II. und seinen Hof gerichtet gewesen war als an die Makedonen. Vor ihnen habe er nicht den Eindruck erwecken wollen, dass er das argeadische Stammland als „*simply a spoil of war*" und Plattform für höhere Ambitionen missbrauchte.[342] Ptolemaios II. wiederum konnte die Krise in Makedonien insofern nur recht sein, als die gegnerischen Monarchien ihre Kräfte dort bündelten, von seinen Problemen in Ägypten abgelenkt waren und nicht auf die Idee kamen, sich einzumischen.

Im Kontext von Keraunos' Usurpation und Verteidigung des makedonischen Throns[343] erfolgte sein Heiratsantrag an die Witwe des Lysimachos, Arsinoë. Dass sie seine Halbschwester war, war nebensächlich; es ging darum, monarchisches Prestige eines Amtsvorgängers zu adaptieren, seine Rachepropaganda argumentativ zu unterlegen – und darum, Lysimachos' Söhne unter seine Kontrolle zu bringen. Bei Antiochos I. und Antigonos Gonatas hatte er wohl versucht, sie politisch zu isolieren, indem er Ptolemaios II. und Pyrrhos auf seine Seite zu ziehen versuchte.[344] Bei Lysimachos' Erben ging er anders vor und heiratete ihre Mutter.

Justin liefert zwei Hintergrundberichte über die Ehe, die sich bei genauerer Betrachtung wenig widersprechen.[345] Gemäß der ersten Version wollte Keraunos die Unterstützung der makedonischen Bevölkerung

---

341 Vgl. Heinen (1972a), 74; Huß (2001), 258. Hazzard (2000), 84, sieht hingegen die Ehe zwischen Keraunos und Arsinoë als Basis für den Friedensschluss an. De Sanctis (1966), 276, Anm. 2 sieht auch Antigonos Gonatas als einen Faktor, zugleich aber eine „*politica tradizionale dei Tolemei*". Volkmann (1959a), 1646 betrachtet den Brief als Eingeständnis von Keraunos, dass sein Halbbruder einflussreicher gewesen sei als er. Krug (1992), 195 zufolge habe er ihm mitteilen wollen, dass er „*auf ehrenvolle Weise ein Reich von seinem Feind gewonnen habe*" und Ägypten daher aufgebe. Das eine schließt jedoch das andere nicht aus.

342 Vgl. Welles (1970a), 69-70. Ptolemaios II. habe ihm ohnehin kein Wort geglaubt.

343 Grainger (2002), 6 spricht von „*his stolen kingdom*".

344 Just. 17,2,10-13.

345 Vgl. Richter (1987), 118-119, 118, Anm. 2; Hammond/Walbank (1988), 247, Anm. 2. Heinen (1972a), 77, erklärt die zwei unterschiedlichen Versionen damit, dass Justin die Vorlage des Trogus stark verkürzt und das Hauptthema von Buch 24 dramatisiert habe. Es könne sich aber auch um zwei verschiedene Überlieferungen oder um eine progressive Entwicklung des Konflikts zwischen Arsinoë und Keraunos gehandelt haben, der erst im Zuge der Heirat ausgebrochen sei.

gewinnen, indem er sich Arsinoës Söhne annäherte und ihr versprach, sie nach der Hochzeit zu adoptieren.[346] In der zweiten Version wird nur stärker hervorgehoben, dass es sich um ein hinterhältiges Manöver handelt. Er bot Arsinoë eine monogame Ehe an, keine andere Adoption als die ihrer Söhne, deren Koregentschaft und die Rückgabe des verlorenen makedonischen Herrschertums. Dies alles lief darauf hinaus, dass er sich der Neffen entledigen wollte.[347]

Für Keraunos war Arsinoë Mittel zum Zweck, um seine Herrschaft zu konsolidieren, solange ihm Lysimachos' Söhne noch den Rang ablaufen konnten. Die Phase des Aufbaus einer Herrschaft war immer besonders kritisch, vor allem, wenn der neue König sich wie Keraunos nicht auf die Zugehörigkeit zur vorangegangenen Herrscherfamilie oder auf eine Designation des Amtsvorgängers berufen konnte, sondern in ein „Prisma der Macht" vorgestoßen war. Eine zusätzliche Überlegung wird gewesen sein, dass er Arsinoë als heiratspolitischen Machtfaktor neutralisierte, indem er möglichen Konkurrenten um ihre Hand zuvorkam.[348]

Als drittes Motiv nennt Trogus im Prolog Keraunos' Übernahme der Städte, die von Arsinoë kontrolliert wurden, Kassandreia, Herakleia, Tios und Amastris:[349] *„utque Arsinoën sororem suam imperio Macedonicarum urbium exuit"*.[350] Was der Begriff *imperium* in diesem Kontext meint und was sich die römischen Autoren darunter vorstellten, wenn sie ihn auf die makedonischen Städte anwandten, ist ein Problem für sich. Was Arsinoë wohl kontrollierte, waren wie erwähnt die städtischen Einnahmen. Keraunos wollte vermutlich verhindern, dass sie diese Einkünfte gegen ihn einsetzte und etwa wie Eurydike I. ein Söldnerheer engagierte, das ihn vertreiben und ihren Söhnen die Nachfolge sichern sollte. Justin zufolge spielte die Festungsstadt Kassandreia als Bollwerk des Einflusses von Lysimachos' Hinterbliebenen für Keraunos eine Schlüsselrolle.[351] Aus diesem Grund

346 Just. 17,2,6-9.

347 Just. 24,2,1-5. Vgl. Richter (1987), 128; Ager (2003), 36; Ogden (1999), 77.

348 Green (1990), 160 zieht eine Parallele zu ihrer Heirat mit Ptolemaios II. Dagegen vgl. Hazzard (2000), 87: Der Verwandtschaftsgrad als Onkel von Ptolemaios Lysimachou und Bruder Arsinoës habe genügt, um die Hoheit zu übernehmen, eine Heirat sei nicht nötig gewesen.

349 Memnon, FGrHist. 434, F 5,5.

350 Trog. Prol. 24: *„wie er seiner Schwester Arsinoë das imperium über die makedonischen Städte wegnahm"*. Vgl. schon Droysen (1877^2), 268; Carney (1994a), 127; Granier (1931), 120; Hammond/Walbank (1988), 248. Gegen Droysen: Mahaffy (1895), 141. Krug (1992), 196, Anm. 25 spielt diesen Aspekt zu sehr herunter.

351 Just. 24,2,1-2. 3,3-4.

setzte er offenbar nach der Vertreibung von Arsinoë eine Person ein, der er unbedingt vertraute: seine Mutter Eurydike.[352]

Keraunos' Strategie war demnach, Arsinoë und ihre Söhne durch die Einbindung in seine Familie daran zu hindern, etwas gegen ihn zu unternehmen.[353] Seine Bedenken scheinen berechtigt; der Älteste, Ptolemaios, operierte selbständig und war nach der Schlacht von Kurupedion als Thronprätendent aktiv.[354]

Justin zufolge durchschaute Arsinoë jedoch seine Absicht und bestand darauf, dass er sein Versprechen, ihre Söhne zu Mitregenten zu machen, in Anwesenheit eines ihrer *philoi* beeidete, bevor sie die Ehe mit ihm einging.[355] „*Itaque plus liberis quam sibi timens, quos matrimonio suo protecturam se arbitrabatur, mittit ex amicis suis Dionem; quo perducto in sanctissimum Iovis templum veterrimae Macedonum religionis Ptolomeus sumptis in manus altaribus*" berichtet Justin,[356] ohne das Heiligtum zu lokalisieren.[357] Die Erwähnung, dass es sich um den Zeustempel handelte, der im ältesten Ansehen bei den Makedonen stand, scheint auf Dion am Fuß des Olymp im makedonischen Stammland Pierien hinzuweisen, wo sich der Gründungslegende des

352 Dies wird aus der Bemerkung von Polyain. 6,7,2 geschlossen, die Bewohner von Kassandreia hätten ein Fest namens Eurydikeia zum Gedenken an die Wiederherstellung ihrer Freiheit eingerichtet. Vgl. Welles (1970a), 70; Macurdy (1932), 103; Carney (2004), 190, m. Anm. 31. Weit reichende militärische Aktivitäten Eurydikes, wie sie Macurdy (1932), 103 und Loman (2004), 45 annehmen, lassen sich nicht aus der Passage ableiten. Lomans Formulierung, Eurydike habe Kassandreia wieder unter ptolemäischen Einfluss gebracht, ist zudem problematisch, geht man davon aus, dass die Stadt bereits zuvor Residenz der Ptolemäerin Arsinoë und ihrer Söhnen gewesen war.

353 Just. 17,2,6-9.

354 Trog. Prol. 24; Euseb. Chron. 1,236. Besonders wird dies auch bei Just. 17,1,4-5 deutlich. Vgl. Heinen (1972a), 82-83. Mehl (1986), 299 weist zu Recht darauf hin, dass nach der Schlacht bei Kurupedion bereits für Seleukos die Gefahr bestanden hatte, dass Arsinoë und ihre Söhne Lysimachos' Flotte und das in Thrakien-Makedonien stationierte Heer nutzten, um ihre Erbansprüche durchzusetzen.

355 Just. 24,2,7-8. Vgl. Carney (1994a), 128 zur Authentizität der Eide.

356 Just. 24,2,7. „*Da sie mehr um ihre Kinder als um sich selbst fürchtete und der Meinung war, sie könne sie durch ihre Ehe schützen, schickte sie Dion aus dem Kreis ihrer Freunde. Ihn führte Ptolemaios in den heiligen Jupitertempel, der bei den Makedonen in ältestem Ansehen stand*". Ryan (2000), 192-194 zieht aus der Erwähnung einer „*Dionis legatio*" bei Cicero (Att. 15,10) den Schluss, dieser Ausdruck leite sich von der Gesandtschaft des ansonsten unbekannten Dion als Arsinoës Gewährsmann ab und sei eine Umschreibung für eine von vorneherein zum Scheitern verurteilte Angelegenheit. Dies ist nicht unbedingt nahe liegend.

357 Die Lokalisierung des Zeustempels ist unsicher. In Berufung auf Niese nennt Heinen (1972a), 78, Anm. 295 den Tempel des Zeus Bottidaios in Pella als unbewiesene Möglichkeit. Ebenso Ryan (2000), 193, Anm. 9.

Herrscherhauses zufolge die argivischen Temeniden angesiedelt hatten.[358] In Dion pflegten die Argeaden ihrem mythologischen Stammvater zu opfern und offizielle Dokumente wie Friedensverträge zu publizieren;[359] die Stadt war Veranstaltungsort der von Archelaos eingerichteten isolympischen Spiele zu Ehren des Zeus und der neun Musen[360] und Aufstellungsort für Statuen der Argeaden und Antigoniden auf dem Platz vor dem *temenos*,[361] wo die größtmögliche Effektivität der herrschaftlichen Inszenierung gewährleistet war.[362]

Keraunos bot ein Eid im Zeustempel von Dion mit seinen symbolischen Dimensionen die Möglichkeit, sich in die argeadische Tradition zu stellen.[363] Justin zufolge zerstreuten sich Arsinoës Befürchtungen nach einer weiteren persönlichen Unterredung mit Keraunos und sie ging die Ehe mit ihm ein, obwohl ihr ältester Sohn Ptolemaios sie vor seinen Bestrebungen warnte und aus Kassandreia floh.[364] Ihr Verlangen, das

358 Hdt. 8,137-139; Just. 7,1; Plin. n.h. 4,33; Thuk. 4,78,6; Hesiod Catal. F 7; Polyb. 4,62. Vgl. Kleinknecht (1966); Rosen (1978), 11-12; Dascalakis (1970), 155-161; Iliadou (1998), 16-19. Arr. an. 1,11,1 siedelt das Heiligtum irrtümlich in Aigai an. Granier (1931), 23-24 glaubt daher an zwei verschiedene Spiele in Dion und Aigai, die Archelaos installiert habe, was jedoch unwahrscheinlich ist.

359 Vgl. LeBohec-Bouhet (2002), 45-50; Anson (2003), 124; Ritter (2002), 136; Geyer (1930), 40.

360 Diod. 17,16,3-4; Arr. an. 1,11,1; Dem. 19,192-193; Dion Chrys. 2,2. Vgl. Ritter (2002), 136; Kremydi-Sicilianou (2004), 19-20; Greenwalt (1999), 172; Mari (2002), 59-60; dies. (1998), 137-169.

361 Plin. n.h. 34,64; Arr. an. 1,16,4; Plut. Alex. 16,8; Just. 11,6,13; Vell. 1,11,1-4; Polyb. 4,62,2-3; Liv. 44,6,3. Vgl. Kremydi-Sicilianou (2004), 19.

362 Vgl. Müller (2006a), 273; Stewart (1993), 129. Vgl. Hölscher (2003), 15: Kriegsmonumente „*that perpetuate victory and glory are another means of converting military achievements into political power*".

363 Gemäß Justins Zeugnis – „*mittit ex amicis suis Dionem*" (24,2,7) – hieß der zum Tempel gesandte Freund Dion. Da Justin den makedonischen Ortsnamen Dion – lateinisch Dium – an keiner Stelle seines Werks erwähnt, auch nicht als Aufstellungsort der Granikosgruppe (11,6,13), kannte er ihn wohl nicht. Von Arsinoës *philos* Dion ist weiterhin auch nichts bekannt, in makedonischen Prosopographielisten erscheint kein Dion. Dies deutet auf eine Verwechslung hin, die bei der Abfassung oder Übertragung des Textes unterlaufen sein kann und aus der Ortsangabe Dion den *philos* Dion machte, der zum Tempel geschickt wurde. Vgl. Tataki (1998), 303, Nr. 83; Willrich, H. (1905): RE 5, 847, Nr. 8: „*Gesandter der Arsinoë an Ptolemaios Keraunos, nimmt dessen Eide entgegen, Iust. XXIV 2*". Voss und andere frühere Editoren lasen statt „*Dionem*" „*Chodionem*" (vgl. Seel (1972), 193, Anm. 29). Dieser Namen taucht jedoch weder in makedonischen Prosopographien noch in einem Überblick griechischer Eigennamen auf, vgl. Pape, W./Benseler, G. (1959³): Wörterbuch der griechischen Eigennamen, II, Graz.

364 Just. 24,2,10.

Diadem erneut zu tragen, das sie bei Lysimachos' Tod verloren hatte, sei stärker gewesen.[365] Entgegen der Tendenz in der Forschung, dieses Streben nach dem Diadem zur Triebfeder von Arsinoës Handeln zu stilisieren,[366] scheint die Heirat mit Keraunos zu jenem Zeitpunkt für beide Seiten das einzige Mittel gewesen zu sein, einen Modus operandi für eine Koexistenz in Thrakien-Makedonien zu finden, die Keraunos' Position nicht antastete und zugleich Optionen für eine Herrschaft seiner Neffen bot. Die Heirat erfolgte unter der Bedingung, dass Keraunos sie mit der Adoption als Thronerben kennzeichnete.[367] Die Zweckgemeinschaft scheiterte, als Ptolemaios Lysimachou floh und im Bund mit dem illyrischen Herrscher Monunios im Frühjahr 280 v. Chr. eine Revolte initiierte.[368] Über den Verlauf des Aufstands schweigen die Quellen. Zu seiner Inthronisation kam es wohl nicht.[369] Porphyrios und Eusebios nennen für

365 Just. 24,3,3.

366 Vgl. exemplarisch Mahaffy (1895), 137; Wilcken (1896b), 1283; Seibert (1967), 82; Green (1990), 145; Huß (2001), 306-307. Zur Gegenposition vgl. Carney (1994a), 128; dies. (2000a), 227-228.

367 Das Argument von Carney (1994a), 128, 130, Arsinoë habe in den Bund eingewilligt, weil er ihr eine Garantie gegen die Polygamie und die daraus resultierenden Thronrivalitäten geboten habe (in Bezug auf Just. 24,2,1-5), reiht sich in den Kanon der Motive ein, die auf das Ziel der Sicherung der Thronfolge für die Söhne hinweisen. Zur Abhängigkeit der politischen Position der Herrscherin von dem Sohn als Thronfolger vgl. Carney (1994b), 360.

368 Trog. Prol. 24. Zur Datierung seiner Verbindung zu Illyrien und der Problematik der Lokalisierung von Monunios' Herrschaftsgebiet vgl. Heinen (1972a), 85; Wörrle (1978), 217; Hammond/Walbank (1988), 248, Anm. 5. Ptolemaios' Aktionen stehen im Widerspruch zum Urteil von Bengtson (1975), 114. „*an die Krönung ihres ältesten Sohnes Ptolemaios von Lysimachos konnte nicht im Ernst gedacht werden, da er zu jung war, um mit den Schwierigkeiten fertig zu werden*". Dagegen siehe Heinen (1972a), 81: Der Kompromiss der Heirat sei auf seine Kosten gegangen, was ihn zu einer Revolte gegen Keraunos veranlasst habe. Vgl. Welles (1970a), 70-71, dessen Rekonstruktion allerdings im Widerspruch zu Justins Bericht steht: Keraunos habe die drei Söhne adoptiert und sei nach der Einsetzung seiner Mutter Eurydike in Kassandreia mit ihnen und Arsinoë nach Pella gegangen. Erst von dort aus sei Ptolemaios Lysimachou geflohen.

369 Dies ist allerdings umstritten. Vgl. Hammond/Walbank (1988), 242. Den einzigen Hinweis überliefert Just. 24,2,2, dessen Zeugnis jedoch kritisch zu betrachten ist. Entgegen Huß (2001), 259, 311 der vermutet, dass Ptolemaios Lysimachou zum König von Makedonien ausgerufen wurde. Vgl. ders. (1998), 237. Heinen (1972a), 80, deutet die Justinpassage so, dass die Söhne ein *regnum* besessen hätten.

die Zeit der makedonischen Anarchie allerdings einen Ptolemaios als Reichverwalter neben Arrhidaios, bei dem es sich um ihn handeln wird.[370]

Diadem und *basilissa*-Titel

Über die Eheschließung der beiden Halbgeschwister, die teilweise in Pella lokalisiert wird,[371] berichtet Justin: „*Nuptiae magno apparatu laetitiaque omnium celebrantur. Ad contionem quoque vocato exercitu capiti sororis diadema inponit reginamque eam apellat. Quo nomine in laetitiam effusa Arsinoë, quia quod morte Lysimachi, prioris mariti, amiserat recepisset*".[372]

In der älteren Forschung galt die Akklamation und Verleihung des Diadems an Arsinoë als Präzedenzfall von besonderer Bedeutung.[373] In seiner Untersuchung zur makedonischen Heeresversammlung von 1931 deutete Friedrich Granier sie als Übertragung der Mitregentschaft an Arsinoë.[374] Dagegen argumentierte Hans-Werner Ritter 1965: Aus Justins Formulierung, sie habe das Diadem zurückbekommen, sei abzuleiten, dass sie es schon als Lysimachos' Gattin getragen habe, ohne Mitregentin gewesen zu sein.[375] Daher seien der Titel *basilissa* und das Diadem allen hellenistischen Königinnen zugekommen und hätten keine Mitregentschaft impliziert. Die Verleihung des Diadems an Arsinoë durch Keraunos belege klar, dass sie ihm untergeordnet gewesen sei und mit dem Tod des Gatten oder ihrer Abschiebung Status und Insignie habe verlieren können.[376]

---

370 Porphyrios FGrHist. 260 F 3,11; Euseb. Chron. 1,236. Vgl. Heinen (1972a), 82; Hammond/Walbank (1988), 253-254; Huß (2001), 311. Datiert um 277/76 v. Chr.

371 Vgl. Hammond/Walbank (1988), 248. Welles (1970a), 70 sieht Pella in jedem Fall als eine Station an.

372 Just. 24,3,2-3. „*Die Hochzeit wurde sehr aufwändig und unter allgemeinem Jubel gefeiert. Auch beruft er die Heeresversammlung ein, setzt darin seiner Schwester das Diadem auf und nennt sie Königin. Über diesen Titel war Arsinoë überglücklich, denn nun habe sie das, was sie durch den Tod ihres früheren Mannes Lysimachos verloren habe, wiedergewonnen*". Heinen (1972a), 81 zufolge habe weniger das Diadem als der Machtzuwachs für sie gezählt.

373 Vgl. Ritter (1965), 114.

374 Vgl. Granier (1931), 120-121: „*Sicher gab für diese Mitwirkung der Heeresversammlung die Stellung der Arsinoë als Mitregentin den Ausschlag, denn nur als Herrscherin gebührte ihr das Diadem*". Ebenso: Kornemann (1998³), 122.

375 Vgl. Ritter (1965), 117. Zögernder: Krug (1992), 194.

376 Vgl. Ritter (1965), 121. Siehe auch Heinen (1972a), 79; Bengtson (1975), 116. Allerdings hing es wohl von der Stellung der Königin ab, inwieweit sie sich auch nach dem Tod des Königs behaupten konnte. Ein Automatismus liegt nicht vor.

Hans-Werner Ritters These wird durch die Schilderung der Ereignisse nach Keraunos' Einnahme von Kassandreia durch Justin bestätigt.[377] Belege für eine Mitregentschaft Arsinoës fehlen. Auch Stratonike, die Frau Seleukos' I., die im Zuge der Nachfolgesicherung als Hüterin des herrschaftsrechtlichen Prestiges an seinen Sohn und Mitregenten Antiochos I. übergeben wurde, wurde vor der Heeresversammlung als neue Gattin des Erben vorgestellt, ohne seine Mitregentin zu werden.[378]

Ritters Ausführungen zur Abhängigkeit des Empfängers vom Verleiher des Diadems können indes revidiert werden. Als Gegenbeispiel wäre Demetrios Poliorketes anzuführen, der das Diadem von seinem Vater Antigonos I. geschickt bekam, ohne dass er es durch dessen Tod verlor oder ihm untergeordnet gewesen war.[379] Antigonos selbst hatte nach Plutarchs Zeugnis überdies von seinen *philoi* das Diadem erhalten.[380] Die Form der Verleihung scheint weniger bedeutend gewesen zu sein als der Status und das Geschlecht des Empfängers. Die Diademannahme an sich – nicht eine Thronbesteigung – bedeutete in Makedonien den Erhalt der Herrscherwürde – ebenso wie das Ablegen des Diadems den Verlust bedeutete,[381] allerdings galt dies nur für den Monarchen, nicht für seine Frau.

Gegen Graniers These ist außerdem einzuwenden, dass Ptolemaios Keraunos gemäß Justins Zeugnis eine Mitregentschaft der *Söhne* in Aussicht gestellt hatte – „*cum filiis eius regni consortium iungere*" –,[382] nicht eine Mitregentschaft Arsinoës.[383] Überdies wurden auch andere weibliche Mitglieder der Königsfamilie *basilissa* genannt.[384] Im Gegensatz dazu hieß

Heinen (1972a), 80-81, weist darauf hin, dass unbekannt sei, welchen Titel sie in der Zwischenzeit geführt habe, wahrscheinlich aber den auch für Prinzessinnen üblichen *basilissa*-Titel.

377 Just. 24,2,6-10.

378 Plut. Demetr. 38; App. Syr. 309-327. Zudem wurde verhindert, dass Stratonike nach Seleukos' Tod in ein konkurrierendes Königshaus einheiratete und Thronansprüche gleichsam als Mitgift einbrachte.

379 Plut. Demetr. 18,1. Zudem in Abwesenheit.

380 Plut. Demetr. 18,1.

381 Just. 28,3,12. Einer Anekdote zufolge soll Antigonos Gonatas sein Diadem in die revoltierende Menge geschleudert und ihr mitgeteilt haben, die Makedonen sollten sich einen anderen Herrscher suchen, ihm sei die Königswürde verleidet. Daraufhin sollen sie ihm das Amt erneut übertragen haben.

382 Just. 24,2,4: „*mit ihren Söhnen zu einer gemeinsamen Regierung zu verbinden*".

383 Selbst die These, das Diadem habe „*die Teilnahme an der Herrschaft des Königs*" sichtbar ausgedrückt (Krug (1992), 198), ist zu weitgehend.

384 So etwa für Philotera, die unverheiratete Tochter Ptolemaios' I.: „Βασίλισσαν Φιλωτέραν βασίλέως Πτολεμαίου" (OGIS 35). Vgl. auch IG IX^2 I 1,56. Vgl. Koch (1924), 79, Anm. 3; Carney (2000a), 226; Savalli-Lestrade (2003), 62; Krug

nur der König *basileus*. Auch seine Söhne durften sich nicht so nennen, was auf eine unterschiedliche Wertigkeit des männlichen und weiblichen Titels hindeutet.

Elizabeth Carney zufolge sei Arsinoë als Tochter Ptolemaios' I. per se schon *basilissa* genannt worden, was lediglich ihren Status als *royal woman* angezeigt habe.[385] Bei der Hochzeit habe sie daher nicht, wie Justin aufgrund eines Missverständnisses bezüglich des Terminus *regina* kolportiere, Titel und Diadem angestrebt, sondern die Bindung an den König als Garanten für politischen Einfluss.[386]

Die neuere Forschung hat die Annahme, dass Arsinoë als erste hellenistische Königsgemahlin den Titel *basilissa* trug, zudem relativiert.[387] Als Pionierin gilt vielmehr Demetrios Poliorketes' Frau Phila, die in einer samischen Inschrift um 306 v. Chr. – nachdem er Diadem und *basileus*-Titel angenommen hatte – so genannt wird.[388] Für Seleukos' Frau Apame und für Ptolemaios' I. Frau Berenike wird der Titel ebenfalls angenommen.[389]

Eines der frühesten Beispiele fällt in die Jahre 326/25 v. Chr. Alexanders Schatzmeister Harpalos frönte in Babylon einem luxuriösen Lebensstil und inszenierte seinen hochadligen Status unter Zuhilfenahme von herrschaftlichen Repräsentationsmitteln. Gemäß Theopomp ließ er die athenische Hetäre Glykera im Palast von Tarsos residieren, von der Bevölkerung mit der Proskynese begrüßen, bekränzen und *basilissa* nennen.[390] Aus einer Erwähnung des Philomenon kann vielleicht geschlossen werden, dass auch seine zuvor verstorbene Geliebte Pythionike schon als *basilissa* bezeichnet worden war.[391] Die Überlieferung ist problematisch, doch die hohen Ehren, die Harpalos seinen Hetären zukommen ließ,

---

(1992), 197; Quaegebeur (1970), 204; Thissen (1966), 67; Kosmetatou (2004c), 21; dies. (2002), 110; Bingen (2002), 57. Die These von Longega (1968), 66, Arsinoë habe den Titel *basilissa* „*come signora e padrona di Cassandreia*" getragen, wirkt wenig schlüssig.

385 Vgl. Carney (2000a), 227.

386 Vgl. ebda, 227-228. Für den König wiederum habe der Titel *basilissa* zu seiner eigenen Legimitation beigetragen, da der Gemahlin damit ein öffentliches Profil verliehen worden sei.

387 Vgl. Carney (2000a), 225-226.

388 SIG³ 333. Vgl. Ogden (1999), 174; Macurdy (1932), 58-69; Hornblower (1981), 226-232.

389 Vgl. Carney (2000a), 225, 326, Anm. 118. Für Philipps II. letzte Frau, Kleopatra, wird der Titel hingegen von Carney nicht angenommen, vgl. dies. (2000c), 19.

390 Athen. 13,586 C-D. 595 D. Vgl. Müller (2003b), 203-204, Anm. 1204; dies. (2006f), 79-85; Wheatley (2003), 33, Anm. 22.

391 Athen. 13,595 C.

werden von mehreren Quellen bezeugt[392] und müssen ernst genommen werden. Theopomp kommentiert in einem Brief an Alexander, dass Glykera Ehren erfuhr, wie sie allenfalls für Alexanders Mutter und seine Ehefrau adäquat gewesen seien.[393] Inwiefern diese Passage als Beleg dafür dienen kann, dass bereits Olympias, Roxane, Parysatis und Stateira den Titel *basilissa* getragen hatten, ist zu hinterfragen.[394] Die in Vergina gefundenen Weihinschriften Eurydikes I. weisen nur ihren Vornamen und das Patronym auf.[395] Da sie in die Regierungszeit ihres Sohns datiert werden,[396] war der Königinnentitel unter Philipp II. wohl noch nicht gebräuchlich gewesen. Der Wandel in der Präsentation der argeadischen Frauen müsste danach eingetreten sein. Das Fehlen des Titels *basilissa* korrespondiert damit, dass Philipp und seine Vorgänger sich nicht *basileus* nannten. Zur traditionellen Rolle des *primus inter pares*, auf deren Einhaltung der makedonische Adel wachsam achtete, passte kein Titel, der den Herrscher zu sehr aus den Reihen des Adels herausgehoben hätte. Allerdings gilt dies auch noch für Alexander. Dagegen, dass er den Präzedenzfall für die Verleihung des Titels *basilissa* schuf, spricht überdies seine egozentrische Herrschaftsrepräsentation, die keinen Raum für jemanden an seiner Seite ließ. Eher ist eine solche Maßnahme in den ausbrechenden Wirren nach seinem Tod wahrscheinlich, in denen die Argeadinnen Olympias, Kleopatra und Adea als Bindeglieder an die herrschaftsfähige Linie und politische Galionsfiguren eine exponierte Rolle spielten. Da der Titel aber erst in den Quellen fassbar wird, nachdem die Diadochen sich zu Königen ausgerufen hatten, kann kein sicherer Schluss gezogen werden. Das aktive Hervortreten der Argeadinnen wird die Entwicklung hin

392 Diod. 17,108,5; Paus. 1,37,5; Plut. Phok. 21,1-2. Athen. 13,586 D. 595 B-F zitiert zudem Theopomp, Kleitarch, Philemon von Sizilien, Alexis von Thurioi und den Verfasser des Satyrdramas *Agen*, Python (vermutlich entweder von Katane oder von Byzantion).

393 Athen. 13,595 E.

394 Angenommen von Flower (1997), 261. Dagegen vgl. Carney (2000a), 320, Anm. 75; dies. (2006), 23; dies. (1987b), 38; dies. (1991), What's in a name? The emergence of a title for royal women in the Hellenistic period, in: Pomeroy, S.B. (Hg.), Women's history and ancient history, Chapel Hill, 154-172, hier. 158. Ebenso skeptisch: Schmitt (2005³g), 650. Funke (2000), 164 sieht die Polygamie Philipps als einen Hauptgrund für das Fehlen des Titels an, was jedoch nicht einsichtig ist, da er im Hellenismus für Mütter, Ehefrauen, Schwestern und Töchter eines Monarchen gleichermaßen gebraucht, also nicht monopolisiert wurde. Zudem trug auch Phila den Titel, obwohl ihr Mann Demetrios Poliorketes polygam lebte. Das Fehlen des Titels für weibliche – und männliche Argeaden – zur Zeit Philipps hing mit den politischen Strukturen Makedoniens zusammen.

395 Vgl. Saatsoglou-Paliadeli (2000), 287-297.

396 Vgl. Carney (2007).

zur Bezeichnung königlicher Frauen als *basilissa* zumindest vorangetrieben haben. In Folge wurden Titel und Diadem als prestigeträchtige Symbole ihrer Zugehörigkeit zu Herrscherhäusern Standard bei königlichen Frauen.

War der Titel in Arsinoës Fall kein Präzedenzfall, ist jedoch ihre Vorstellung als Königin vor der Versammlung der freien waffenfähigen Makedonen[397] der erste Fall, der für Makedonien bekannt ist. Im Kontext von Keraunos' Usurpation wollte er wohl Lysimachos' Witwe als Legitimationsgenerator an seiner Seite dem traditionellen Forum der makedonischen Herrscherwahl öffentlich vorführen und als wichtigen Bestandteil seines politischen Programms präsentieren.[398] Auf die makedonische Heeresversammlung hatte er bereits bei seiner Diademannahme in Lysimacheia als Legitimationsstätte zurückgegriffen und sich als traditionsbewusster König hingestellt, der den makedonischen *nomos* achtete und dem Land Stabilität zurückbringen wollte.[399]

Bezüglich Arsinoës Rolle in seiner Herrschaftsrepräsentation ist zu sagen, dass Keraunos sie sichtbar machte, weil sie das Bindeglied zur Herrschaft des Lysimachos als seines „ideellen Amtsvorgängers" war. Obwohl ihre Relevanz für seine Selbstdarstellung aus seiner individuellen politischen Situation resultierte, folgte er dabei dem immer stärker werdenden Trend zur dualen Herrschaftsrepräsentation. Indes kann Arsinoë nicht als Herrschaftsüberträgerin bezeichnet werden; Keraunos' Königserhebung war *vor* der Heirat erfolgt, gestützt auf seine militärische Leistung, die ihm die Akzeptanz des Heers eingebracht hatte, und wohl auch auf seine Zugehörigkeit zum Ptolemäerhaus. Arsinoë war hingegen sein Symbol für eine Rückkehr zu den politischen Verhältnissen vor den Kriegswirren und stand für eine fiktive Herrschaftskontinuität. Da Keraunos seinen Herrschaftsantritt nachträglich mit der Bindung an Lysimachos' Haus rechtfertigte, dienten auch der Titel *basilissa* und das Diadem für Arsinoë vor allem der Erinnerung an ihre Vergangenheit: daran, was sie gewesen war – Lysimachos' Königin – und was sie unter Keraunos' Herrschaft repräsentieren sollte: die Illusion einer bruchlosen Amtsnachfolge.

---

397 Vgl. Granier (1931), 4-5.

398 Ritter (1965), 121-122 geht davon aus, dass die Einberufung der Heeresversammlung auf eine Forderung Arsinoës zurückzuführen sei, die sich gegen Keraunos' Intrigen habe absichern wollen. Ebenso: Burton (1995), 3. Diese Vermutungen sind indes spekulativ. Zur Heeresversammlung als eines wichtigen Machtfaktors im Frühhellenismus vgl. Weber (1997), 68-69; Hammond (1999), 486.

399 Memnon FGrHist. 434 F 8,1-3; Trog. Prol. 17. Vgl. Ritter (1965), 109. Lysimachos' Veteranen seien die maßgeblichen Truppenteile gewesen, die ihn akklamiert hätten. Es seien aber auch Truppen des ermordeten Seleukos dabei gewesen.

Die öffentliche Vorstellung der Königin nach der Heirat, *anadeixis*, ist im Hellenismus für weitere Fälle überliefert,[400] die ebenso aus Reichskrisen und Legitimationsnöten resultierten. Sie wurde daher keine Regel, sondern war ein von der politischen Situation abhängiges „*Ritual der dynastischen Ideologie*".[401]

Herrschaftskonsolidierung durch Konkurrenzbeseitigung

Da Keraunos' Plan, die Thronkonkurrenz an sich zu binden, nicht erfolgreich gewesen war, griff er zu einem anderen Mittel, das als das bewährteste in der makedonischen Herrschaftssicherung gelten muss: die Ermordung der störenden Verwandtschaft. Nach der Einnahme von Kassandreia ließ er den sechzehnjährigen Lysimachos und den dreizehnjährigen Philipp töten.[402] Weswegen er Arsinoë verschonte,[403] ist umstritten.

---

400 Polyb. 5,43,4; Plut. Demetr. 38,1; Luc. 18,3 (Mithridates VI. sandte seiner Gemahlin Monime ein Diadem und erklärte sie damit zur Königin); Sallust. Hist. Fr. 4, 69,9.

401 Schmitt, H.H. (2005³): Staat, hellenistischer, in: Ders./Vogt, E., Lexikon des Hellenismus, Wiesbaden, 1010-1017, bes. 1014. Vgl. auch ders. (2005³f), 559.

402 Just. 24,3,3-10. Vgl. Heinen (1972a), 78. Ager (2003), 36 sieht Ptolemaios' Revolte als Auslöser für die Ermordung seiner Brüder an. Zuvor schon: Heinen (1972a), 82-88, 93; Huß (2001), 259. Die Gründe für die passive Haltung Ptolemaios' II. angesichts der Ermordung seiner Neffen sind ungeklärt. Teilweise gilt der Geheimpakt mit Keraunos als Motiv: Hölbl (1994), 33; Huß (2001), 259. Geyer (1928), 22 glaubt allerdings, dass die Ereignisse so rasch vor sich gegangen seien, dass Ptolemaios II. keine Zeit zum Eingreifen geblieben sei. Huß (2001), 257 hält dies für eine ungenügende Erklärung. Ma (2002), 39-40 vertritt die alternative These, Ptolemaios II. sei mit einem Angriff auf die Seleukiden und der Annektion von Lysimachos' einstigem Einflussbereich in Kleinasien beschäftigt gewesen. Vgl. Volkmann (1959a), 1647. Theokr. 17,88-89 bezeugt die ptolemäische Hoheit über Pamphylien, Kilikien, Lykien und Karien. Als authentisch bestätigt von Ma (2002), 40. Vgl. Volkmann (1959a), 1647; Bagnall (1981), 6; Hölbl (1994), 35. Milet, Marathos und Samos gerieten zu diesem Zeitpunkt auch unter ptolemäischen Einfluss. Ptolemaios III. zählt in der Adulitana Lykien und Karien zu den Gebieten unter ptolemäischer Hoheit, die er von seinem Vater geerbt hatte (OGIS 54, Z. 7). Pamphylien und Kilikien waren wieder an die Seleukiden gefallen, doch Ptolemaios III. eroberte die Gebiete zurück (Z. 14). Da allerdings nicht gesichert ist, wann die Ptolemäer die Kontrolle über die kleinasiatischen Gebiete übernahmen (vgl. Ma (2002), 39), muss Mas Überlegung hypothetisch bleiben. Es ist zumindest wahrscheinlich, dass Ptolemaios II. den Tod Seleukos' I. nutzte, um sich in Kleinasien zu saturieren, da Seleukos' Heer unter Keraunos' Befehl in Makedonien beschäftigt war. Vgl. Hölbl (1994), 35.

403 Just. 17,2,9-10.

Die These, sie sei nach der Übergabe von Kassandreia für ihn völlig bedeutungslos geworden,[404] kann nicht überzeugen, da ihr dynastisches Prestige nicht einfach erloschen war. Vielmehr mag eine Rolle gespielt haben, dass sie ihren Witwenstatus nicht mehr besaß, der sie einst gefährlich gemacht hatte, als sie noch für Ehen mit der Thronkonkurrenz frei gewesen war.[405] Keraunos glaubte eventuell, sie als politischen Faktor neutralisiert zu haben, da sie noch immer mit ihm verheiratet war. Ob auch Ptolemaios Lysimachou ein Faktor im Hintergrund war, dem sie verdankte, dass sie am Leben blieb, ist ungewiss. Ihre Flucht führte sie nach Samothrake.[406] Vielleicht suchte sie gezielt dort Zuflucht, wo sie sich zuvor, in ihrer Zeit als Königin des Lysimachos, mit der Stiftung der Tholos großzügig gezeigt hatte.[407] Sollte dies zutreffen, garantierte ihre gute Reputation als Stifterin für eine wohlwollende Aufnahme.

In Justins dramatischer Schilderung wird Arsinoë, die ihre Söhne weder schützen noch begraben konnte,[408] zur tragischen Heldin stilisiert,[409] deren ruchloser Gegenpart, Keraunos, nicht lange vom Schicksal verschont blieb. Die Götter bestraften seinen Meineid im Zeustempel: „*Sed nec Ptolomeo inulta scelera fuerunt; quippe diis inmortalibus tot periuria et tam cruenta parricidia vindicantibus brevi post a Gallis spoliatus regno captusque vitam ferro, ut meruerat, amisit*".[410]

Der Tendenz zum Moralisieren in der Überlieferung fiel womöglich auch der Bericht über den Aufstand des Ptolemaios Lysimachou zum Opfer, der aufgrund seiner Erfolglosigkeit in dramaturgischer Hinsicht nicht zum Vergeltungsschlag taugte. Erst die Invasion der Kelten brachte Keraunos um die Wende 280/79 v. Chr. den Tod. Daher wurde das dynastische Intermezzo ausgeblendet und der Ermordung seiner Neffen unmittelbar der Bericht über sein Schlachtenunglück angeschlossen. Die

404 Vgl. Krug (1992), 197.

405 Daher hatte Seleukos auch versucht, sie nach Lysimachos' Tod ermorden zu lassen (Polyain. 8,57). Zum Status der Witwe vgl. Pomeroy (1996), 247.

406 Just. 24,3,9.

407 Vgl. Fraser (1960), 8-9.

408 Just. 24,3,9-10.

409 Zur Verzerrung der Ereignisse durch Justin vgl. Hazzard (2000), 84; Carney (1994a), 123. Allgemein zu Justins Hang zur Dramatik auf Kosten von Chronologie und Historizität vgl. Holt (1999), 57. Macurdy (1932), 156 zufolge seien Kinder, die in den Armen der Mütter ermordet wurden, Standard bei Justin und als literarisches Stilmittel zu betrachten. Ein mögliches Vorbild dafür, dass sie ihre Kinder nicht begraben durfte, mag Soph. Ant. 21-38 gewesen sein.

410 Just. 24,3,10. „*Bald darauf wurde ihm von den Galliern sein Königreich genommen, er geriet in Gefangenschaft und verlor auf die Weise, in der er es verdient hatte, sein Leben durch das Schwert*".

Moral von der Geschichte, die damit endete, dass den fliehenden Makedonen sein abgeschlagener Kopf auf einer Lanze präsentiert wurde,[411] ließ sich auf diese Weise schlüssiger darbieten. Es wird vermutet, dass es sich bei Trogus' Quellen um Phylarch oder Duris von Samos handelt.[412] Beide, Phylarch und Duris, Sohn des Tyrannen Kaios von Samos und selbst – vermutlich bis zur Schlacht von Kurupedion – im samischen Tyrannenamt,[413] schrieben mit einer makedonienfeindlichen Grundhaltung, die sich besondere in der Kritik am ausschweifenden, maßlosen Luxusleben der Diadochen äußerte.[414]

Keraunos folgte sein Bruder Meleagros auf den makedonischen Thron, wurde aber zwei Monate später schon wieder abgesetzt.[415] Ptolemaios Lysimachou gelang es nicht, seine Herrschaftsansprüche geltend zu machen.[416] Ob er noch gegen Demetrios Poliorketes' Sohn Antigonos Gonatas kämpfte, der 276 v. Chr. die Herrschaft über Makedonien übernahm, ist ungewiss.[417]

---

411 Just. 24,5,6-8.

412 Vgl. Richter (1987), 119, der Duris von Samos als Quelle vermutet. Zu Duris als Vertreter der tragischen Geschichtsschreibung vgl. Kebric (1977), 15-16; Luce (1997), 119-120. Bengtson (1975), 116 glaubt hingegen an Phylarch. Zu Phylarch vgl. Luce (1997), 120.

413 Vgl. Longega (1968), 50; Barron, J. (1962): The tyranny of Duris of Samos, CR 12, 189-192.

414 Vgl. Kebric (1977), 2, 6, 9, 20-23, 47, 74. Er erklärt Duris' Diadochenfeindlichkeit einerseits mit seiner peripatetischen Schulung, andererseits mit politischen Motiven: „*it was important for Duris, as a governmental head, to produce a work with ‚nationalistic' overtones to rally his people*". Die keraunosfeindliche Tendenz wurde teilweise auch von der Forschung unkritisch übernommen. So bezeichnet Macurdy (1932), 112 ihn als „*madman*".

415 Euseb. Chron. 1,235. Vgl. Hammond/Walbank (1988), 253; Granier (1931), 121; Donderer (1988), 796.

416 Angenommen jedoch von Huß (2001), 259. Vgl. Heinen (1972a), 80-82.

417 Vgl. Hammond/Walbank (1988), 258, Anm. 1; Granier (1931), 122. Arsinoë konnte ihrem Sohn offenbar nicht helfen. Es spricht für sich, dass er sie nicht als Leitfigur zu sich ins Heerlager holte wie etwa Polyperchon Olympias, sondern dass sie im Exil auf Samothrake blieb. Nicht zu belegen ist, dass sie dort in irgendeiner Weise in der Lage gewesen sei, auf die makedonische Politik Einfluss zu nehmen. Die These von Rice (1983), 41, „*she had been in Samothrace directing the claims of her son by Lysimachus to the Macedonian throne*", kann bezweifelt werden. Der Vergleich von Olympias, Kynnane und Adea-Eurydike mit Arsinoë, den Burton (1995), 124 zieht, erscheint ebenfalls zu undifferenziert.

Endogamie als „Nebensache"

Die Fokussierung auf Arsinoës Status als Witwe des Lysimachos und Mutter seiner Kinder ließ in Ptolemaios Keraunos' Politik völlig in den Hintergrund treten, dass sie auch seine Halbschwester war. Die Endogamie war für ihn ohne Relevanz für seine Repräsentation; Keraunos machte kein Thema daraus, während Ptolemaios II. die Endogamie später zum Hauptthema seiner dynastischen Inszenierung erhob und keine Gelegenheit versäumte, sie als königliches Privileg zu propagieren. Für Keraunos war hingegen nicht die Zugehörigkeit von Arsinoë zum Ptolemäerhaus wichtig, die er selbst besaß und die ihm als Usurpator in Thrakien-Makedonien nicht genug nützte – obwohl er sich auch darauf berufen haben soll –,[418] sondern ihre Zugehörigkeit zu Lysimachos' erloschenem Haus. Die Heirat war für ihn ein Mittel der Herrschaftskonsolidierung in Makedonien, Teil seiner Inszenierung, Lysimachos gerächt und die Schutzpflicht über dessen Reichsbevölkerung übernommen zu haben.

Diese Marginalisierung des Geschwisterstatus in Keraunos' Selbstdarstellung erklärt auch, weshalb der endogame Aspekt in der Überlieferung keine besondere Rolle spielt. Weitere Gründe sind vermutlich, dass der gewaltsame Schlussstrich unter der Verbindung den Aspekt der Endogamie ebenso überlagerte wie Arsinoës spätere Hochzeit mit ihrem Vollbruder, die im kulturellen Gedächtnis in den Vordergrund trat.[419] Zudem war in der griechischen Welt eine Ehe zwischen Halbgeschwistern, die nicht dieselbe Mutter hatten, als Maßnahme gegen die Zersplitterung des Erbes erlaubt.[420]

In summa zeigt die Ehe zwischen Keraunos und Arsinoë, wie relevant die verbliebene Frau eines Diadochen in Situationen des Kontinuitätsbruchs als „*Witwe und Hüterin königlichen und dynastischen Erbes*"[421] werden konnte. Da sie die Erinnerung an den König repräsentierte, war eine Heirat mit ihr Legitimationsmittel und implizierte Herrschaftskontinuität.

418 Just. 17,2,6.
419 Vgl. Ager (2005), 4.
420 Vgl. Hopkins (1980), 311; Modrzejewski (1964), 59.
421 Schulte (2002), 11.

III. Endogame Heiratspolitik

Das Paradebeispiel und Mustermodell für die Erhebung der Endogamie zum königlichen Privileg und Leitmotiv der Herrschaftsrepräsentation ist die erste ptolemäische Geschwisterehe zwischen Ptolemaios II. und Arsinoë II. Die Heirat resultierte aus den Problemen, welche die polygame und exogame Heiratspolitik Ptolemaios' I. seinem Nachfolger bereiteten, ist als Teil seiner Konsolidierungspolitik nach seinem Herrschaftsantritt zu betrachten und wirft ein Schlaglicht auf die Bedeutung der Königsgemahlin bei der Regelung und Absicherung der Thronfolge. Der Präzedenzfall der Geschwisterehe hatte sich bis zur nächsten Generation zum ptolemäischen Markenzeichen entwickelt, das über die Reichsgrenzen hinaus Wirkung zeigte. So adaptierten auch die Seleukiden das Modell des endogamen Königspaars.[1]

1. Monogamie und Endogamie

Inzest wird kulturell unterschiedlich definiert.[2] Für das Inzesttabu als „*one of the oldest and firmest*"[3] existieren in der soziologischen Forschung verschiedene Erklärungsansätze. Die demographische Theorie argumentiert mit der hohen Sterblichkeitsrate, die das Streben nach exogamen Heiraten bedinge.[4] Durch Inzucht würden die Nachwuchsrate instabil und die Überlebenschancen der Bevölkerung beeinträchtigt; Inzest werde deswegen durch einen genetischen Mechanismus vermieden.[5] Die psychoanalytische *indifference theory* geht davon aus, dass keine sexuelle Attraktion zwi-

---

1 Vgl. Thierfelder (1960), 10, Anm. 20; Lehmann (1988c), 84; Gehrke (2003³), 50; Schuller (1995), 92. Noch Mithradates VI. von Pontos folgte Ende des 2. Jh. v. Chr. dem Vorbild und heiratete seine Schwester Laodike (Just. 37,3). Vgl. Schmitt, H.H. (2005³): Pontos, in: Ders./Vogt, E. (Hg.), Lexikon des Hellenismus, Wiesbaden, 845-850, hier 848.

2 Vgl. Hopkins (1980), 306; Wenig (1969), 21; Seymour-Smith (1986), 147; Ager (2005), 1-2. Vgl. Shaw (1992), 267-268 zur Definition und Typologie.

3 Shaw (1992), 267.

4 Vgl. Hopkins (1980), 307.

5 Vgl. ebda., 309; Bixler (1982), 279; Barnard/Spencer (1997), 295.

schen Personen bestehe, die miteinander aufgewachsen sind.[6] Die Freudianische Gegenposition geht dagegen davon aus, dass der Mensch grundsätzlich inzestuöse Tendenzen habe, die jedoch unterdrückt würden, weil sie nicht anerkannt seien.[7] Diese Modelle, die oft im Kontext mit ptolemäischen Geschwisterehen diskutiert werden, berücksichtigen zwar den soziologischen Hintergrund, nicht aber die politische Motivation.[8] Der Psychologe Ray Bixler schreibt als Reaktion auf Middletons Besprechung der ptolemäischen Endogamie: „*It is important to remember that he* [Middleton] *is discussing marriage not sexual behaviour*".[9] Ebenso mahnt die Anthropologin Charlotte Seymour-Smith eine Unterscheidung zwischen sexuellen inzestuösen Beziehungen und Heiraten an: „*In order to avoid confusion when dealing with the topic of incest, we should be careful to clarify the distinction between sexual relations and marriage; the range of relations defined as incestuous is not necessarily coterminous with the range of persons who are prohibited sexual relations which are prohibited or inappropriate for reasons others than their classification as incestuous*".[10] Aktuell steht das Erklärungsmodell der sozialen und ökonomischen Vorteile aus der Endogamie im Zentrum der ethnologischen Forschung.[11] Die Ehe wird nicht mehr nur als Faktor der Kontrolle über sexuelle Aktivitäten oder der Legitimation von Kindern, sondern der Etablierung sozio-politischer und ökonomischer Beziehungen gesehen.[12]

Das Inzesttabu spielte bei der Behandlung der ersten ptolemäischen Geschwisterehe in der älteren Forschung eine Schlüsselrolle und führte zu einer Abwertung Arsinoës auf moralischer Ebene, die auf den politischen Bereich übertragen wurde.[13] Ihr wurde ihr ein Streben nach Diadem und Titel zugeschrieben, das sie dazu getrieben habe, sich über moralische Normen hinwegzusetzen.[14] Ulrich Wilcken setzte 1896 mit der These

---

6 Vgl. Seymour-Smith (1986), 148; Hopkins (1980), 308, der gegen diese Theorie argumentiert.

7 Vgl. Hopkins (1980), 308.

8 Vgl. Shaw (1992), 276.

9 Vgl. Bixler (1982), 270. Vgl. Middleton, R. (1962): Brother-sister and father-daughter marriage in ancient Egypt, American Sociological Review 27, 603-611. Auch betont von Ager (2005), 15: „*royal marriage is not – and never has been – primarily sexual*".

10 Vgl. Seymour-Smith (1986), 147.

11 Vgl. ebda., 148.

12 Vgl. ebda., 179-180; Barnard/Spencer (1997), 351-352.

13 „*Our word ‚incest', and its conception, is closely linked to moral, social and legal norms established in Graeco-Roman antiquity*" (Shaw (1992), 269).

14 Vgl. Luce (1997), 59; Bengtson (1975), 116-117; Mahaffy (1895), 137; Macurdy (1932), 118-119; Bouché-Leclercq (1903), 160. In der neueren Forschung aufgegriffen von Huß (2001), 307; Albersmeier (2002b), 175; Burton (1995), 136;

nachhaltige Akzente, dass „*die herrschsüchtige Frau durch grosse Überlegenheit und Energie des Willens den jüngeren Bruder zu diesem Schritt genötigt hat*", um das Diadem tragen zu können.[15] Ein deutlicher Beleg sei der Altersunterschied zwischen ihnen gewesen – Arsinoë war acht Jahre älter als ihr Bruder, was gegen das normative Paarmodell Ende des 19. Jahrhunderts verstieß.[16] Die Thematisierung der Kinderlosigkeit der Geschwisterehe[17] unterstreicht die Tendenz, Heirat und Sexualität nicht getrennt zu sehen: „*Eine glückliche Ehe konnte aus diesem unnatürlichen Bunde nicht hervorgehen, und das bezeugt auch, entgegen den Versicherungen der Hofpoeten ..., die große Zahl der Mätressen, die der König sich hielt*".[18] Mit einer solchen Definition von Eheglück legte man jedoch Maßstäbe an die ptolemäische Endogamie an, die gar nicht passten.[19] Es handelte sich nicht um eine emotionale Angelegenheit, sondern um ein Politikum, bei dem sexuelle Attraktion und moralische Skrupel keine Rolle spielten. Die Produktion von Nachkommen fiel in diesem speziellen Fall ebenfalls weg, wie noch zu erläutern sein wird.

Der Bruch des Inzesttabus belastete auch die Wahrnehmung von Ptolemaios II., der als Arsinoës willfährige Marionette, „*indolent, voluptueux et vaniteux*",[20] abqualifiziert wurde.[21] Dabei ist jedoch zu beachten, dass das antike Porträt Ptolemaios' II. als eines dekadenten politischen Versagers,

---

Hölbl (1994), 33: „*Hier betrieb sie ihr altgewohntes Intrigenspiel gegen die jetzt zu ihrer Rivalin gewordenen Arsinoë I. mit dem Ziel, zum dritten Mal Königin zu werden*".

15 Vgl. Wilcken (1896b), 1283-1284; Seibert (1967), 82; Green (1990), 145; Huß (2001), 306-307; Sauneron (1966), 93. Besonders deutlich: Bengtson (1975), 117: „*Allein schon der ungewöhnliche Altersunterschied zeigt jedermann, dass von einer Neigungsehe nicht die Rede sein kann ... Arsinoe II. wollte wieder eine Königskrone und ihrem Streben hat sich der an Jahren jüngere Bruder nicht zu widersetzen vermocht*". Vgl. ders. (1988), 87.

16 Vgl. Müller (2005a), 45.

17 Paus. 1,7,3. Vgl. Luce (1997), 61; Seibert (1967), 82; Wilcken (1896b), 1284; Kornemann (1998³), 126. Schuller (1995), 88 stellt Überlegungen an, ob die Ehe vollzogen worden sei. Ebenso Seibert (1967), 82, der Arsinoës Wechseljahre thematisiert.

18 Vgl. Wilcken (1896b), 1284. Zu Ptolemaios' Hetären vgl. Athen. 10,425 E; 13,576 D-F; Polyb. 14,11,2. Ptolemaios III. Euergetes bzw. sein Sohn soll darüber geschrieben haben. Vgl. Cameron (1991), 287-291. Kosmetatou (2004c), 34-36 vermutet, die Hetären seien erst nach Arsinoës Tod in sein Leben getreten. Zwingend ist das allerdings nicht.

19 Ähnlich: Ager (2005), 20-22. Vgl. Müller (2005a), 41-48.

20 Bouché-Leclercq (1903), 161. Vgl. Macurdy (1932), 120.

21 Vgl. Pfeiffer (1926), 165; Tarn (1926), 161; Gow (1952), 335; Longega (1968), 73-74; Thompson (1973), 4; Seibert (1983), 201; Vatin Vatin (1970), 61: „*Le seul moyen d'éviter l'inceste était de devenir Dieu et de faire d'Arsinoé une Déesse*". Anders: Heinen (1972a), 99, Anm. 14. Pomeroy (1984), 17 hält es im Umkehrschluss der Königin zugute, dass sie ihn als starke Frau dominiert habe.

etwa bei Phylarch,[22] nur eine vermeintliche Bestätigung ist. Dieses Negativbild ist vor dem Hintergrund seiner plakativen Stilisierung zum Gegensatz seines Konkurrenten im Chremonideischen Krieg, Antigonos Gonatas, zu sehen. Antigonos galt als Anhänger der stoischen Philosophie, Ptolemaios II. als Anhänger der *tryphe*.[23]

Auch in der neueren Forschung zur ptolemäischen Geschwisterehe dominiert ein moralischer Ansatz.[24] So bezeichnet Michael Pfrommer die ptolemäischen Königinnen als „*Frauen, die ohne Scham ihre Brüder heirateten*".[25] Als Gegenstimmen verweisen Sheila Ager, Elizabeth Carney, Stanley Burstein und Charlotte Wikander auf die dynastiepolitischen Hintergründe der Geschwisterehe.[26]

Besonders für die Frage von Arsinoës politischem Einfluss ist eine Revision des Urteils, Ptolemaios II. sei ein schwacher Herrscher gewesen, weil er sich von seiner Schwester zur Ehe nötigen ließ, wichtig. Ein Blick in die Quellen zeigt, dass Pausanias die Initiative zur Eheschließung explizit auf Ptolemaios II. zurückführt.[27] Da er sich politische Vorteile davon erhoffte, besteht kein Grund, an der Aussage zu zweifeln.

Wie die Ehe zustande kam, ist schwer zu rekonstruieren, da zwischen Arsinoës Exil auf Samothrake um 280 v. Chr. und ihrem Auftreten als „*Gattin des Königs*" 275/74 v. (Pithomstele) in der Überlieferung eine Lü-

---

22 Vgl. Carney (1996), 566-567; Sancisi-Weerdenburg (1983), 21-22.

23 Vgl. Ager (2003), 37; LeBohec-Bouhet (2005), 63-64. Im Gegensatz zu Antigonos Gonatas gelte Ptolemaios II. als „*unwarlike, and downright un-Macedonian monarch*". Gegen die Theorie, Endogamie sei ein vermeintliches Symptom der *tryphe*, vgl. Ager (2005), 22-27.

24 Signifikant: Badian (1964), 182 zur Geschwisterehe: „*an Egyptian custom as abhorrent to Greek passion as to ours*". Vgl. Lelli (2002), 7; Burton (1995), 3. Seibert (1967), 78, 82, verweist einerseits zwar darauf, dass Ptolemaios II. mit seinen Heiraten im Vergleich zu seinem Vater mehr politischen Einfluss habe erreichen wollen, sieht aber bezüglich der Geschwisterehe wiederum Arsinoë und ihr topisches Streben nach dem dritten Diadem als ausschlaggebend an. Vgl. Pfrommer (1998a), 59: „*die spätere Arsinoë II. wäre nicht Arsinoë gewesen, wenn es ihr nicht gelungen wäre, die Rivalin aus dem Wege zu schlagen und den Bruder zu einer blutschänderischen Ehe zu bewegen*".

25 Vgl. Pfrommer (2002), 34.

26 Vgl. Carney (1994a), 130; dies. (1987c), 428-439; Burstein (1982), 211; Wikander (2002), 186-187; Ager (2005), 3-28. Zu weit geht Ager indes mit der These, Dionysos-Osiris sei „*a god of incest*" gewesen (25) und Endogamie und *tryphe* seien „*twin pillars of the Ptolemaic royal programme*". Die politische Motiven der Endogamie sollten vielmehr für den Einzelfall betrachtet und die Elemente der Herrschaftsrepräsentation davon unterschieden werden.

27 Paus. 1,7,1. Allerdings schreibt er ihm Verliebtheit zu. Vgl. Burstein (1982), 210.

cke klafft.[28] Die ältere Forschung ging von einer Heirat um 279/78 v. Chr. aus,[29] die neuere Forschung befürwortet zumeist ein späteres Datum.[30] Unter welchen Umständen Arsinoë nach Ägypten kam, ob sie eingeladen worden war oder auf eigene Initiative hin anreiste, ist unbekannt.[31] Auch weiß man nicht, ob ihr Sohn Ptolemaios sie begleitete.[32] Falls er identisch mit dem makedonischen Reichsverwalter während der Anarchie war, befand er sich um 277/76 v. Chr. noch in Makedonien und kam erst, nachdem Antigonos Gonatas 276 den Thron bestiegen hatte.[33] John Graingers These, die Geschwisterehe sei ein von Arsinoë initiierter politischer Schlag gegen Antigonos gewesen, weil er ihrem Sohn den makedonischen Thron weggenommen hatte,[34] beruht auf der problematischen Prämisse, sie habe in Alexandria die Politik gelenkt,[35] und ist kritisch zu sehen.

Wann sich Ptolemaios II. und seine Schwester zuletzt begegnet waren, ist ebenfalls ungeklärt. Athenaios erwähnt, dass der griechische Dichter

28 Pithomstele, Z. 16. Vgl. Tunny (2000), 83; Longega (1968), 75. Auf der Mendesstele, Z. 10-11 wird nur die Hochzeit an sich erwähnt. Vgl. Paus. 1,7,1; 9,31,1; Strab. 10,2,22; Theokr. Schol. 17,128. Zur Datierungsproblematik allgemein vgl. Wörrle (1978), 217-218; Hammond/Walbank (1988), 248, Anm. 4.

29 Vgl. Wilcken (1896b), 1283; Mahaffy (1895), 137-138. Bestätigt von Huß (2001), 307. Tarn (1926), 161, plädiert für den Winter 276/75 als Heiratstermin, da der Syrische Krieg Probleme bereitet habe: „*he needed her strength and brains to manage the war which he was going to lose*". Bekräftigt in ders. (1933), 59. Longega (1968), 76-79 bezeichnet dies als den spätesten Termin. Ameling (1997), 28 geht von einer Zeitspanne zwischen 279-274 aus, vgl. Hauben (1970), 35. Buraselis (1982), 157 scheint die Hochzeit mit Arsinoës zweiter Ehe mit Keraunos zu verwechseln, wenn er sie auf 281 v. Chr. datiert, was chronologisch nicht möglich ist. Zu einem Überblick vgl. Hauben (1970), 35, Anm. 3.

30 Vgl. Hazzard (2000), 90.

31 Vgl. Müller (2005a), 43. Hauben (2004), 36 geht von 279 v. Chr. aus.

32 Thompson (1955), 199 nimmt an, er habe seine Mutter begleitet. Vgl. Bielman (2002), 75, die dies ohne Begründung als Faktum vorstellt.

33 Vgl. Huß (1994), 311.

34 Vgl. Grainger (1990), 207. Ähnlich argumentiert Buraselis (1982), 157. Ebenso problematisch ist die These, Ptolemaios II. habe auf ihr Betreiben hin Pyrrhos bei seiner Invasion in Makedonien unterstützt. Vgl. Tarn (1969), 263, 445. Wie schon Lévêque (1957), 560-561 einwandte, überzeugt dies vor allem deswegen nicht, da Pyrrhos 288 selbst von den Makedonen zum Herrscher akklamiert worden war (Plut. Pyrrh. 8,1; 11,2. Vgl. Sonnabend (1989), 327, 338; Weber (1995), 14, Anm. 48). Er hätte sich kaum zum Königsmacher für einen anderen gemacht hätte, da er eigene Ansprüche hatte (Plut. Pyrrh. 11,6; 22,1-2), schon gar nicht für einen Sohn des Lysimachos, durch den er Makedonien verloren hatte (Plut. Pyrrh. 12,5-7).

35 Wie sie auch Schuller (1995), 96 und Kornemann (1998[3]), 124-125 vertreten.

Sotades sich einmal in Lysimachos' Gegenwart über Ptolemaios II. lustig gemacht habe.[36] Dies mag auf einen Aufenthalt Ptolemaios' II. in Lysimacheia hinweisen, aber zu welchem Zeitpunkt, ist ungewiss.

Bezieht man die höfischen Strukturen in die Überlegung ein, ist unwahrscheinlich, dass Arsinoë und ihr Sohn mehrere Jahre an der Seite von Ptolemaios II. und seiner ersten Frau Arsinoë I. lebten; ihr Eintreffen musste das höfische politische Gefüge zu stark verschieben. Zudem weisen die Neuerungen in der Herrschaftsrepräsentation, die Ptolemaios II. auf Basis der Geschwisterehe zugunsten seiner Legitimation initiierte, darauf hin, dass sein Interesse dahin gegangen sein wird, Arsinoë möglichst rasch zu heiraten. Plausibel erscheint daher, dass die Ehe kurz nach ihrer Ankunft, wohl um 278 v. Chr., geschlossen wurde,[37] vermutlich nach der Reise Ptolemaios' II. nach Pithom, da er 279/78 v. Chr. noch alleine unterwegs war, bei seiner zweiten Fahrt zum Nilkanal 274/73 v. Chr. dann aber von Arsinoë II. begleitet wurde.[38]

Wie erwähnt war es nicht die erste Heirat Ptolemaios II. Vermutlich kurz nach Antritt seiner Mitregentschaft 285 v. Chr. hatte er im Zuge eines Bündnisschlusses zwischen seinem Vater und Lysimachos dessen Tochter, die auch Arsinoë hieß, zur Frau genommen[39] und drei Kinder mit ihr gezeugt.[40] Gemäß *communis opinio* stammte Arsinoë I. aus Lysima-

---

36 Athen. 14, 620 F- 621 A.

37 Ebenso Vössing (2004), 155; Huß (2001), 307. Vgl. Gigante Lanzara (1994), 115, wenn auch ohne Begründung. Die Einwände von Bennett (2005), 94; ders. (2003), 69-70 sind nicht recht nachvollziehbar. Er beruft sich auf epigraphische Zeugnisse aus Zypern (KAI 43), aus denen er auf das Jahr 275/74 als Terminus ante quem von Arsinoës Verbannung schließt. Indes ist umstritten, welcher Ptolemaios in der Inschrift überhaupt gemeint ist: Ptolemaios II., Ptolemaios VI., Ptolemaios VIII., Ptolemaios IX. oder Ptolemaios X. Bennetts Referenz, Teixidor (1988), 189, m. Anm. 3, bezieht die Passage zwar auf Ptolemaios II., kommt aber zu einer gänzlich anderen Schlussfolgerung: „*As for Ptolemy's wife in 281, Yatonbaal* [der Magistrat, für den die Statue mit der Inschrift errichtet wurde] *preferred not to mention her name when he wrote the inscription in 274: by then Arsinoe had taken Arsinoe I's place probably since 279*". 275/74 kann daher nicht, wie Bennett ausführt, auf dieser Grundlage als Jahr von Arsinoës Verbannung gelten. Sein Argument, Yatonbaal habe noch nichts von ihrer Verbannung gewusst, widerspricht zudem seiner eigenen These, sie sei zu diesem Zeitpunkt noch die legitime Ehefrau gewesen.

38 Siehe Kap. 9.

39 Paus. 1,7,3.

40 Vgl. Tunny (2000), 83; Seibert (1967), 78-79; Wilcken (1896a), 1281; Bennett (2003), 65. Das Alternativdatum der Heirat, 282 v. Chr., gilt als weniger wahrscheinlich, da sie, setzt man ihre Verbannung in das Jahr 279 v. Chr., ihre drei

chos' Ehe mit Nikaia.[41] Eine Tochter von Arsinoë II. kann sie allerdings kaum gewesen sein. Sie heiratete Lysimachos um 300/299 v. Chr. und bekam von ihm um 299/98 Ptolemaios, um 297/96 Lysimachos und um 294/93 v. Chr. Philipp.[42] Geht man davon aus, dass Arsinoë I. zum Zeitpunkt ihrer Hochzeit mit Ptolemaios II. im gängigen Heiratsalter – mindestens 13 oder 14 Jahre alt, bei Argeadinnen auch älter – gewesen war,[43] wird die Zeit zu knapp. Macurdys Argument, dass keine Quelle erwähnt, dass Arsinoë II. nicht nur ihren Bruder, sondern zugleich ihren Schwiegersohn heiratete, ist auch nicht von der Hand zu weisen.[44] Hätte die Konstellation so ausgesehen, wäre dies zumindest von den Autoren, die von befremdeten Reaktionen auf die Geschwisterehe berichteten,[45] nicht verschwiegen worden.

Aus ungenannten Gründen soll sich Arsinoë I. mit dem Leibarzt Chrysippos[46] und einer weiteren Person namens Amyntas gegen Ptolemaios II. verschworen haben.[47] Auf ihre Komplizen wartete die Hinrichtung, Arsinoë wurde nach Aussage eines Theokritscholiasten in das rund 40 Kilometer nördlich von Luxor gelegene Koptos verbannt.[48] Der Zeitpunkt ihres Exils, der etwas über die Hintergründe der Ereignisse aussagen könnte, ist in den Quellen nicht dokumentiert. Als frühester Termin gilt der Tod ihres Vaters Lysimachos 281 v. Chr.,[49] als spätester Termin der Beleg für die Geschwisterehe 275/74 v. Chr.[50] Ein gewichtiges Argument für den frühen Termin ist, dass sie mit dem Tod ihres Vaters ihre

Kinder innerhalb von drei Jahren hätte bekommen müssen, vgl. Huß (2001), 307, Anm. 19. Möglich ist es dennoch.

41 Vgl. Wilcken (1896a), 1281; Ogden (1999), 58. Auch Amastris gilt als Kandidaten. Vgl. Bennett (2003), 65-66.

42 Just. 24,3,5. Vgl. Bennett (2003), 65.

43 Vgl. ebda., 65; Greenwalt (1988b), 95-97. Die männlichen Argeaden heirateten meist Anfang zwanzig.

44 Vgl. Macurdy (1932), 109. Gegen ihr zweites Argument, die älteste Tochter hätte auf den Namen von Arsinoës Mutter Berenike hören müssen, wendet sich Bennett (2003), 65.

45 Plut. mor. 736 E. 11 A; Athen. 14,621 A.

46 Diog. Laert. 7,186 erwähnt ihn im Kontext von bestraften Verleumdungen.

47 Theokr. Schol. 17,128.

48 Theokr. Schol. 17,128. Zur Lage von Koptos: Hölbl (2005), III, 10. Gow (1952), 332, Anm. 1 hält für möglich, dass sie auch nach der Hochzeit Ptolemaios' II. mit seiner Schwester seine Frau blieb. Dagegen: Bennett (2003), 68. Es mag sein, dass sie seine Frau blieb, aber in der Repräsentation spielte sie keine Rolle mehr.

49 Vgl. Tarn (1933), 60; Rice (1983), 39. Zwischen 279-277 datiert von: Huß (2001), 266; Luce (1997), 59; Wilcken (1896a), 1282.

50 Vgl. Bennett (2005), 94.

politische Bedeutung für Ptolemaios II. eingebüßt hatte.[51] Als Trägerin seines Prestiges und Vermittlerin von Ansprüchen auf seinen einstigen Thron wurde sie ohnehin durch Ptolemaios Lysimachou überflügelt, der spätestens 276 v. Chr. in Alexandria eintraf. Er konnte als verdrängter Erbe unmittelbarere Thronrechte geltend machen als sie.

In Folge ihrer Verbannung verschwand Arsinoë I. aus den offiziellen Dokumenten und wurde zur „*least visible of the Ptolemaic queens*".[52] Ihr Exil, Koptos, entwickelte sich unter Ptolemaios II. zur zentralen Stadt im Niltal,[53] über die eine der wichtigsten Handelsstraßen, der sogenannte ὁδὸς Μυσορμιτκή,[54] ostwärts durch das Wadi Hammamat zu den Küstenstützpunkten Myos Hormos und Berenike Trogodytike am Roten Meer verlief.[55] Von daher war mit einer starken ptolemäischen Truppenpräsenz in Koptos zu rechnen, die auch erklären kann, weshalb Arsinoë I. gerade dorthin verbannt wurde: Protestmaßnahmen ließen sich hier nur schwer umsetzen. Auch ein Statuenfund aus Koptos wird teils als Beleg gesehen, dass Ptolemaios II. sie überwachen ließ, damit sie nicht in seine Dynastiepolitik eingreifen konnte.[56] Es handelt sich um das Bildnis des Offiziers Senenshepsu, offiziell damit beauftragt, für die Ausstattung der Tempel von Isis und dem Stadtgott Min, Beschützer der Wüstenstraßen, zu sor-

51 Vgl. Tarn (1933), 60. Rice (1983), 39 zufolge signalisierte die Passage des Pithomstelentexts, Ptolemaios II. sei 279 alleine nach Pithom gereist (Z. 7), dass er ohne eine Gemahlin gewesen und Arsinoë I. zu dem Zeitpunkt schon verbannt gewesen sei. Dies ist jedoch spekulativ.

52 Bennett (2003), 64. Vgl. auch Quaegebeur (1978), 249. Eine ptolemäische Frauenstatue aus Koptos (CCG 70031, Basalt oder Granit, H. 107 cm) wird ihr teilweise zugeschrieben, da der Name Arsinoë ohne Kartusche geschrieben ist. Vgl. Albersmeier (2002b), 175-176; Bennett (2003), 64, 68; Lloyd (2002a), 126, Fig. 1-5. Dagegen: Quaegebeur (1970), 191, 215-216, Anm. 47.

53 Vgl. Hölbl (2005), III, 10; Bowman (1986), 170; Stanwick (2002), 24-25.

54 Vgl. Hölbl (2005), III, 10; Bülowsen/Cuvigny/Fournet (1994), 27; Murray (1967), 30.

55 Strab. 17,1,45. Vgl. Raschke (1978), 657; Casson (1994), 249. Volkmann (1959a), 1649 weist auf die vielen Bauten in Koptos hin, die Ptolemaios II. gestiftet hatte, und vermutet darin einen Beleg, dass Koptos vom Exil der Königin profitiert habe.

56 Roy (1998), 122 vermutet, dass Arsinoë I. versucht habe, Rache für ihre Verbannung zu nehmen. Für die römische Zeit sind Beobachtungstürme an der Handelsstraße überliefert (vgl. Hölbl (2005), III, 10), die möglicherweise schon zuvor existierten. In jedem Fall ist bekannt, dass Ptolemaios II. Zisternen entlang der Route anlegen ließ. Vgl. Murray (1967), 28-29.

gen,[57] nach Meinung von Lloyd inoffiziell dazu angehalten, Arsinoë I. im Auge zu behalten.[58]

Zur Diskussion steht, ob es die vorangegangene Verschwörung Arsinoës I. überhaupt gegeben hat oder ob sie nicht vielmehr als propagandistische Rechtfertigung für ihre Abschiebung nach Koptos zu bewerten ist. Letztere Annahme dominiert; gemäß *communis opinio* fand eher eine Verschwörung *gegen* Arsinoë I. statt, initiiert von Arsinoë II., die sie – getreu dem Rollenklischee der bösen Stiefmutter[59] und dem Topos eines stets feindseligen Verhaltens königlicher Frauen untereinander –[60] hinterrücks vom Thron verdrängt habe.[61]

Es ist jedoch gar nicht erwiesen, ob sich Arsinoë I. überhaupt noch in Alexandria befand, als Arsinoë II. eintraf. In der Überlieferung finden sich zudem keine Berichte über Intrigen Arsinoës II. gegen ihre Schwägerin. Somit ist ihre Verbannung primär als eine Entscheidung Ptolemaios' II. zu behandeln und zu überlegen, ob hinter der Meldung über ihre Verschwörung nicht doch mehr steckt als eine Rechtfertigungskampagne.

So könnte Arsinoë I. auf einen Kontakt zwischen Ptolemaios II. und Arsinoë in ihrem samothrakischen Exil reagiert haben. Sicherlich waren Arsinoës Ankunft in Alexandria diplomatische Kontakte vorausgegangen, die eventuell auch den Eheschluss zur Verhandlung gehabt hatten. Davon

---

57 Vgl. Hölbl (2005), III, 11, 108.

58 Vgl. Lloyd (2002a), 124-127. Er geht sogar davon aus, dass die Anwesenheit des Senenshepsu in Koptos der eigentliche Grund gewesen sei, weswegen Arsinoë I. dorthin verbannt wurde. Bianchi (1980), 21 sieht hingegen die ptolemäerfeindliche Einstellung der Bewohner als Motiv, da sie sie nicht unterstützt hätten. Dagegen argumentiert Ogden (1999), 74 für ein angenehmes Leben Arsinoës I. in Koptos, wo sie viel Einfluss gehabt habe. Dies ist fraglich.

59 Vgl. Huß (2001), 307: Auch „*äußerliche' Momente*", konkret der Altersunterschied zwischen den beiden Frauen, habe zum Konflikt zwischen ihnen geführt.

60 Vgl. Späth (1995), 123-127.

61 Vertreten von: Albersmeier (2002b), 175; Burton (1995), 136; Sauneron (1966), 93; Bielman (2002), 74-75; Green (1990), 145; Bengtson (1988), 87; ders. (1975), 116-117; Buraselis (2005), 95; Kornemann (1998[3]), 123; Huß (2001), 265-266, 307; Thompson (1973), 4; Mattingly (1950), 127; Schneider (1996[2]), 323; Mori (2001), 88, Anm. 8. Angedeutet von Schmitt (2005[3]h), 884; Ogden (1999), 74; Krug (1992), 198; Longega (1968), 72; Ghissellini (1998), 214. Vgl. Wilcken(1896b), 1283: „*Wenn es auch nicht ausdrücklich überliefert wird, so ist es doch mehr als wahrscheinlich, dass ihre Intrigen es waren, die die Königin Arsinoë I. vom Throne verdrängten.*" Ebenso Hölbl (1994), 33: „*Hier betrieb sie ihr altgewohntes Intrigenspiel gegen die jetzt zu ihrer Rivalin gewordenen Arsinoë I. mit dem Ziel, zum dritten Mal Königin zu werden*". Möglich ist, dass eine Parallele zu Kleopatras Verfolgung ihrer jüngeren Schwester Arsinoë (IV.) gezogen wurde (Dio 42,39,1; 43,19,3; Dio 48,42,2; App. bell. civ. 5,9,34). Vgl. Heinen (1966), 106-120; Huß (2001), 716-718, 730-731.

konnte sich Arsinoë I. bedroht fühlen; eine neue Hochzeit Ptolemaios' II. konnte aufgrund seiner bisherigen monogamen Heiratspraxis mit dem Verlust ihrer Position einhergehen. Ein zusätzlicher Unsicherheitsfaktor mag in ihren Überlegungen Ptolemaios Lysimachou gewesen sein, der militärische Erfahrungen und Thronrechte in Makedonien vorweisen konnte.[62] Vielleicht argwöhnten Arsinoë I. und ihre *philoi* am Hof, dass er auch in Ägypten als Nachfolger lanciert werden und ihre Söhne verdrängen könnte. So vermutet auch Bennett, dass die Sorge um die Zukunft ihres ältesten Sohns Arsinoë I. zu subversiven Handlungen veranlasst habe.[63] Besonderer Handlungsbedarf hätte sich in jedem Fall für sie ergeben, wenn die umstrittene These zutreffen würde, dass Ptolemaios II. seinen Neffen sogar als Mitregenten eingesetzt habe.[64]

Gemeint ist der Mitregent, der unter der Bezeichnung „Ptolemaios der Sohn" zwischen 266/67 und 259 v. Chr. in ägyptischen Urkunden auftaucht.[65] Sein Verschwinden nach 259 wird damit erklärt, dass er gegen seinen Vater revoltiert hatte.[66] Nun ist aber höchst unsicher, ob dieser Mitregent mit Ptolemaios Lysimachou identisch war; vielmehr zählt seine Identität zu den großen Rätseln der frühptolemäischen Geschichte.

Auf der Mendesstele erscheint er als königlicher Stellvertreter, der im 21. Regierungsjahr Ptolemaios' II. das Fest des neu eingesetzten Mendesbocks leitet.[67] Auf dem Bildfeld wird er neben Ptolemaios II. und Arsinoë

---

62 Trog. Prol. 24; Porphyrios, FGrHist. 260 F3,11. Vgl. Wörrle (1978), 217; Heinen (1972a), 83.

63 Vgl. Bennett (2005), 96. Diesen Sohn identifiziert er mit dem späteren Ptolemaios III., was jedoch ungewiss ist.

64 Vgl. Huß (2001) (1998), 238. Bekräftigt in ders. (2001), 311-312.

65 P. Hibeh. 100; P. Cairo Zenon 59003. Vgl. Ravazzolo (1996), 123; Huß (2001), 236; Ma (2002), 41; Holleaux (1921), 183; Walbank (1984b), 237; Hammond/Walbank (1988), 589-592; Ager (2003), 42. Zuletzt wurde er in P. Cair. Zen. 59003, datiert auf April/Mai 259 v. Chr., erwähnt.

66 Trog. Prol. 26; Polyain. 5,25; Front. 3,2,11; App. Syr. 65, 344. Vgl. Buraselis (2005), 96. Er wurde um 259/258 von Antiochos II. vertrieben, vgl. App. Syr. 65. Vgl. Hammond/Walbank (1988), 589-590; Heuß (1975), 405; Hauben (1970), 64; Heinen (1984), 419; Ager (2003), 42; Huß (2001), 282, 312; Ravazzolo (1996), 126-128; Ma (2002), 41. Ptolemaios der Mitregent hielt sich zusammen mit Kallikrates von Samos, Patroklos und anderen *philoi* zu Beginn des Chremonideischen Krieges 264 v. Chr. in Milet auf, wie ein Brief Ptolemaios' II an die Milesier von 262/61 v. Chr. bezeugt: Burstein (1985), Nr. 95. Vgl. Hammond/Walbank (1988), 590; Tunny (2000), 84; Holleaux (1921), 183; Huß (2001), 282; Ravazzolo (1996), 126-127. Zu den Beziehungen zwischen Ptolemaios II. und Milet vgl. Günther (2001), 196. Hauben (1970), 53, 56, 65, der Kallikrates in der Funktion des Vormunds für Ptolemaios den Sohn in Milet sieht.

67 Mendesstele, Z. 19-27.

II. beim gemeinsamen Opferritual und mit identischer Kartusche wie der König dargestellt.[68] Da Ptolemaios III. weder denselben Krönungsnamen wie sein Vater hatte noch sein Mitregent gewesen war, gilt als unwahrscheinlich, dass er der gesuchte Sohn ist.[69] Ebenfalls auszuschließen ist, dass es sich um ein früh verstorbenes Kind aus der Geschwisterehe Ptolemaios' II. handelt.[70] Die Kinderlosigkeit dieser Verbindung wird von zwei Quellen attestiert.[71] Folgende drei Hauptthesen werden diskutiert: entweder war Ptolemaios der Sohn der ältere, früh verstorbene Bruder von Ptolemaios III.[72] oder sein jüngerer Bruder, der zu seinen Gunsten zurückgesetzt wurde,[73] oder ein illegitimes Kind Ptolemaios' II.[74] Marc Domingo Gygax ergänzt letztere These um den Zusatz, der Sohn habe in der Zeit des Chremonideischen Kriegs als Zwischenlösung und „Platzhalter" für den noch unmündigen Ptolemaios III. die politische Lücke füllen müssen, welche die verstorbene Arsinoë hinterlassen hatte.[75]

Diese Annahme stützt sich auf Arsinoës umstrittenes Todesdatum und die ungesicherte Prämisse, dass sie maßgeblichen Einfluss auf die Politik ihres Bruders ausgeübt habe. Problematisch ist überdies, dass die

---

68 Vgl. Gygax (2002), 53, Anm. 35; Derchain (1985), 35; Huß (2001) (1998), 236; Tunny (2000), 84. Zur identischen Kartusche vgl. Derchain (1985), 36: „*on peut se demander pourquoi ce malheureux jeune homme n'a pas eu droit, en Egypte, d'un authentique nom personnel, mais a dû se contenter de n'être qu'un doublet de son père*".

69 Vgl. Gygax (2002), 53, Anm. 35. Dagegen vgl. Buraselis (2005), 97-98, der diese Möglichkeit wieder vertritt und gegen den Einwand, der Sohn hätte sicherlich wie Ptolemaios II. auch die Jahre seiner Mitregentschaft als Alleinherrschaft mitgezählt (vgl. Ravazzolo (1996), 125) argumentiert, er habe die Rebellion ausblenden wollen. Erst die Heirat mit Berenike II. habe ihn wieder auf den Weg zum Thron geführt, zuvor sei er nach der Vergebung durch den Vater „*ein Kronprinz auf Probe*" gewesen (Buraselis (2005), 98).

70 Vgl. Wilcken (1896b), 1286; Luce (1997), 69; Bengtson (1988), 87.

71 Paus. 1,7,3: „ἄπαις"; Schol. Theokr. 17,128: „ἄτεκνος".

72 Vgl. Derchain (1985), 35-36; Tunny (2000), 84; Hölbl (1994), 32.

73 Vgl. Hazzard (1987), 152. Falls dies zutrifft und die Revolte gegen seinen Vater eine Reaktion auf einen Bedeutungsverlust in dessen Nachfolgepolitik war, bietet sich das Leistungsprinzip als Erklärung an. Eventuell hatte Ptolemaios der Sohn sich nicht ausreichend oder Ptolemaios III. sich mehr bewährt und war daher in eine vorrangige Position gerückt worden. Ptolemaios II. hätte dann ebenso wie sein Vater nach Leistung entschieden.

74 Dagegen vgl. schon Macurdy (1932), 122: Der „Sohn" könne kein illegitimes Kind gewesen sein, da der dynastische Name Ptolemaios nur an legitime Kinder der Ptolemäer vergeben worden sei. Ebenso: Tunny (2000), 84-86, 84, Anm. 7. Die Krone auf dem Bildfeld der Mendesstele symbolisiere zudem eine legitime Nachfolge.

75 Vgl. Gygax (2002), 53-54. Den Tod Arsinoës II. datiert er auf 269 v. Chr.

Rekonstruktion unberücksichtigt lässt, was mit einem „provisorischen" Mitregenten hätte geschehen sollen, wenn Ptolemaios III. in das geeignete Alter gekommen wäre, um den Posten zu übernehmen. Eine so riskante Konstellation kann nicht im Sinne Ptolemaios' II. gewesen sein.

Die Suche nach der Identität des Sohns gestaltet sich indes noch komplexer, da ein weiterer Kandidat hinzukommt. Auf dem Kopenhagener Papyrus Hauniensis 6 finden sich Mitglieder des ptolemäischen Königshauses in prosopographischen Artikeln genealogisch aufgelistet,[76] darunter auch ein „Πτολεμαῖος ἐπίκλησιν Ἀνδρομάχου" oder „Ἀνδρομάχος" – die Ergänzung ist umstritten – mit dem Zusatz: „ναυμαρχήσας απ.[...] ανδρον".[77]

Ob der Beiname sich auf eine Teilnahme an der Seeschlacht bei Andros gegen Antigonos Gonatas oder auf den Namen seines Vaters bezieht, ist ungewiss,[78] ebenso wie die Lesart als „angeblich der Sohn des Andromachos", da kein Ptolemäer namens Andromachos bekannt ist.[79] Es dominiert die Vermutung, es handle sich um einen illegitimen Sohn Ptolemaios' II.,[80] vielleicht um jenen Andromachos, der als Besitzer einer großen Domäne in ägyptischen Papyri auftaucht,[81] und zugleich identisch mit dem Ptolemaios Andromachou sein soll, der 251/50 v. Chr. den hohen Posten des eponymen Priesters von Alexander und den *theoi Adelphoi* bekleidete.[82] Da zeitgleich eine Belistiche im Priesterinnenamt der Kanephore bezeugt ist, die mit Ptolemaios' II. namensgleicher Geliebten identifiziert wird,[83] wird gefolgert, dass sie die Mutter von Ptolemaios Andromachou sei.[84] Als General habe er im Auftrag Ptolemaios' III. bei

76 P. Haun. 6. Siehe Bülow-Jacobsen (1979), 91-100; Habicht (1980), 1-5; Buraselis (1982), 124-125; Ravazzolo (1996), 131; Lehmann (1988c), 93.

77 Vgl. Buraselis (1982), 125.

78 Vgl. Hammond/Walbank (1988), 589; Buraselis (1982), 129, der darauf hinweist, dass einen solchen Beinamen meist nur die Sieger trugen, die Schlacht bei Andros aber von Antigonos Gonatas gewonnen wurde. Ebenso Gygax (2000), 356.

79 Vgl. Buraselis (1982), 130-131, der eine Parallele zur Kindheitsgeschichte Kyros' II. und Ptolemaios' I. als angeblichem Sohn Philipps II. (Paus. 1,6,2) zieht. Allerdings liegt der Fall bei Kyros anders. Er war kein illegitimes Kind, sondern gemäß Herodots Version (1,107-108) der einzige Enkel des medischen Herrschers Astyages und damit rechtmäßiger Thronanwärter.

80 Vgl. Gygax (2000), 362; Ravazzolo (1996), 133; Lehmann (1988c), 93.

81 Vgl. Ravazzolo (1996), 132, Anm. 30.

82 Ebda., 133.

83 Vgl. Bingen (2002), 50, Anm. 6; Grimm (1998), 90; Bailey (1999), 157. Diese Identifikation ist allerdings nicht unumstritten, vgl. Kosmetatou (2004c), 20; Criscuolo (2003), 320.

84 Vgl. Hammond/Walbank (1988), 589-591. Ebenso: Buraselis (1982), 133; Gygax (2000), 356; Bennett (2005), 95, Anm. 31. Das illegitime Kind sei mit einer δωρέα

Andros und in Thrakien gekämpft,[85] bis er vermutlich – dies ist umstritten –[86] bei einer Meuterei seiner thrakischen Söldner in Ephesos getötet wurde.[87] Die Meinungen darüber, ob Ptolemaios Andromachou mit Ptolemaios dem Sohn identisch ist, gehen auseinander.[88]

Aktuell steht wieder die These zur Diskussion, dass der Mitregent kein anderer als Ptolemaios Lysimachou gewesen sei. Huß zufolge habe Ptolemaios II. ihm damit eine bessere Ausgangsposition für den makedonischen Thron verschaffen[89] und ihn zugleich geschickt von der ägyptischen Nachfolge ablenken wollen.[90] Als mit Ende des Chremonideischen Kriegs seine Hoffnungen auf die makedonische Herrschaft erloschen seien, habe er gegen seine Entsetzung als ägyptischer Mitregent rebelliert, danach sei jedoch eine Aussöhnung erfolgt.[91] In den Zeiten der Rebellion sei aus „Ptolemaios dem Sohn" wieder „Ptolemaios, Sohn des Lysimachos" geworden.[92] Als Gegenargument gilt, dass es zu riskant gewesen sei, erst

---

ausgestattet und in das privilegierte Priesteramt berufen worden. Ein weiteres Zeugnis für ihn soll die Erwähnung eines Ptolemaios, „Bruder des Königs Ptolemaios", in der Inschrift von Labraunda sein, die den Anfang eines Briefs des späteren karischen Dynasten Olympichos an Mylasa wiedergibt. Vgl. Heuß (1975), 405; Gygax (2000), 353; Ravazzolo (1996), 129. Ptolemaios und Sophron hätten sich um die Belange von Mylasa gekümmert. In Sophron wird der seleukidische Gouverneur von Ephesos vermutet, der vor oder kurz nach Ausbruch des Laodike-Krieges 246-241 v. Chr. von den Seleukiden abfiel und sich mutmaßlich der ptolemäischen Seite anschloss. Eine Gegenthese identifiziert den in der Inschrift genannten „Bruder" allerdings mit Ptolemaios dem Sohn. Vgl. Ma (2002), 41, Anm. 55; Ravazzolo (1996), 128; Gygax (2000), 353-366 mit der Gleichung: *„Der Bruder' = ‚der Sohn' ≠ Ptolemaios Andromachou = Ptolemaios von Ephesos"*.

85 Vgl. Gygax (2000), 363.

86 Walbank (1984b), 237 sieht in dem Mordopfer Ptolemaios den Mitregenten und Sohn. Vgl. Gygax (2002), 50-51; ders. (2000), 357; Ravazzolo (1996), 129-130. Zur Gegenargumentation vgl. Ma (2002), 41, Anm. 55.

87 Athen. 13,593 A-B: „Πτολεμαῖος τε ὁ τὴν ἐν Ἐφέσῳ διέπων φρουρὰν υἱὸς ὢν τοῦ Φιλαδέλφου βασίλέως Εἰρήνην εἶχε τὴν ἑταίραν". Vgl. Front. 3,9,10.

88 Dagegen argumentieren: Hammond/Walbank (1988), 588-592. Dafür argumentieren: Oikonomides (1984), 148-150; Ager (2003), 42; Ravazzolo (1996), 129. Er habe sich nach der Revolte mit seinem Vater ausgesöhnt, der ihm daraufhin die Operationen in Thrakien übertragen habe.

89 Vgl. Huß (2001) (1998), 238. Bekräftigt in ders. (2001), 311-312.

90 Vgl. Huß (2001) (1998), 238; ders. (2001), 306-307. Für den Plan, ihn auf den makedonischen Thron zu setzen, um einen dynastischen Streit in Alexandria zu vermeiden, spricht sich auch Heinen (1972a), 98 aus. Vgl. schon Macurdy (1932), 121-122.

91 Vgl. Huß (2001) (1998), 238, 240.

92 Vgl. Huß (2001), 312.

einen Mitregenten zu ernennen und ihn dann wieder von der Erbfolge auszuschließen.[93]

Bennett sieht im Mitregenten auch Ptolemaios Lysimachou, verfolgt aber eine andere Argumentationslinie: Er sei von Ptolemaios II. adoptiert worden. Später habe er sich bedroht gefühlt, weil Ptolemaios II. seine Kinder von Arsinoë I. postum um 260 v. Chr. von der verstorbenen und vergöttlichten Arsinoë II. habe adoptieren lassen. Dagegen habe Ptolemaios Lysimachou rebelliert.[94] Da die späte Datierung der Adoption nicht überzeugt, erscheint die These insgesamt als sehr konstruiert.

Gemäß *communis opinio* bot sich Ptolemaios Lysimachou gar keine Chance auf eine Mitregentschaft in Ägypten, sondern nur auf eine Hoheit über das lykische Telmessos,[95] wie eine telmessische Ehreninschrift für 240 v. Chr. bezeugt:[96] „παραλαβὼν τὴν πόλιν παρὰ βασιλέως Πτολε]μαῖος του Πτολεμαίου".[97] Um 220 v. Chr. folgte ihm sein Sohn Lysimachos nach, mit dessen Sohn Ptolemaios die „*telmessische ‚Dynastie'*" der „*Lysimachiden*" endete.[98]

---

93 Vgl. Tunny (2000), 86-88. Siehe auch Burstein (1982), 205; Walbank (1984b), 237.

94 Vgl. Bennett (2005), 95-96.

95 OGIS 55. Vgl. Heinen (1972a), 82, Anm. 314; Bagnall (1976), 106-107; Wörrle (1978), 217-221; ders. (1979), 84-85; Gygax (1991), 120-123; Grainger (1990), 187, der davon ausgeht, dass Ptolemaios Lysimachou kurz nach der Aufgabe seiner makedonischen Ambitionen von seinem Onkel in Telmessos eingesetzt worden sei. Beyer-Rotthoff (1993), 44 geht von einer Verleihung im Jahre 240 v. Chr. aus. Bennett (2005), 95-96 zufolge sei die Degradierung vom Mitregenten zum Gouverneur die Strafe für die Revolte gewesen. Die Identifikation des Ptolemaios von Telmessos war in der älteren Forschung umstritten. Vgl. Tarn (1910), 222; Pridik (1932), 75-79, 85, die sich dagegen wandten. Die Gleichsetzung stützte sich vor allem auf die Münzprägung von Telmessos. Das Avers der Münzen zeigte das für Lysimachos' Prägungen typische Alexanderporträt mit Ammonshorn, das Revers einen laufenden Löwen. Vgl. auch Dahmen (2007), 11, 50. Sie galten als Nachbildungen seines Sohns. Dagegen argumentierte Pridik, ptolemäische Stilelemente (Elefantenexuvie; Ptolemäerauge) würden darauf hinweisen, dass Ptolemaios von Telmessos ein unbekannter Sohn vom Bruder Ptolemaios' III., Lysimachos, gewesen sei. Gerade das große Auge ist aber schon bei Lysimachos' Alexandermünzporträt zu sehen. Alternativ wurde er als Sohn von Arsinoë II. und ihrem Bruder betrachtet. Vgl. Hauben (1970), 56; Volkmann (1959d), 1667. Aus dieser Ehe entstanden aber keine Kinder.

96 Vgl. Holleaux (1921), 183. Wörrle (1978), 218-219 deutet die Aussage als Beleg für eine δωρέα.

97 OGIS 55; Burstein (1985), Nr. 100: „*die Polis wurde ihm von König Ptolemaios Sohn des Ptolemaios übergeben*". Welche Kompetenzen er hatte, ist nicht geklärt.

98 Vgl. Wörrle (1978), 219-220; ders. (1979), 85; Huß (1976), 192-193; Bagnall (1976), 107.

Eventuell bekam Ptolemaios Lysimachou die telmessische Statthalterschaft bereits von Ptolemaios II. zugewiesen[99] und später von Ptolemaios III. noch einmal bestätigt.[100] Wann sich die Lösung, Ptolemaios Lysimachou mit der Domäne zu betrauen, abzeichnete, ob sie ein – allerdings schwacher – Trost für die verlorene Herrschaft über Makedonien war, ist ungewiss.[101]

Es lässt sich nicht klären, welche Position ihm im politischen Gefüge von Alexandria bei seiner Ankunft in Ägypten zugedacht gewesen war. Ptolemaios II. konnte sich von ihm als makedonischen Thronprätendenten eine Stärkung der ptolemäischen Stellung insbesondere gegenüber den Antigoniden erhoffen.[102] Inwieweit er den Plan hegte, die Inthronisierung seines Neffen tatkräftig durchzusetzen und Ägypten mit Thrakien-Makedonien zu verbinden, lässt sich von seiner Politik nicht gesichert ablesen. Eventuell wollte er auch die Ansprüche seines Neffen auf die kleinasiatischen Gebiete, die ehemals Lysimachos unterstanden hatten, gegen die Seleukiden geltend machen.

Was Arsinoë I. betrifft, war entweder ihr Wunschkandidat ein anderer als der von Ptolemaios II. oder sie nahm zumindest an, dass die Aufnahme von Ptolemaios Lysimachou am Hof die Nachfolgeregelung zu Ungunsten ihrer Söhne beeinflusste. Es wäre eine Erklärung, warum sie versuchte, gegen die Heirats- und Nachfolgepolitik Ptolemaios' II. zu intervenieren. Ihre Komplizen, Amyntas und Chrysippos, gehörten offenbar zu ihren *philoi*, jenen Hofkreisen, die sie und ihre Söhne unterstützten und dabei nicht unbedingt mit den Gewährsleuten Ptolemaios' II. identisch waren. Durch einen Wechsel der Königin an seiner Seite mussten sie auch die Einbuße ihres Rangs befürchten.

Dazu ist zu sagen, dass die *philoi*, der *inner circle* am hellenistischen Hof, einen bedeutenden politischen Faktor und ein wichtiges Strukturelement im monarchischen System, das auf persönlichen Bindungen beruhte,

---

99 Vgl. Hammond/Walbank (1988), 258, Anm. 1; Huß (1976), 192; ders. (2001), 312. Dagegen spricht sich Wörrle (1978), 220-221 aus. Bestätigt in: ders. (1979), 84. Der Kompromiss lautet, Ptolemaios Lysimachou habe um 258/56 Gebiete bei Telmessos als δωρέα erhalten, kurz vor 240 dann die Stadt, vgl. Hauben (2004), 37, Anm. 57.

100 Vgl. Hölbl (1994), 35.

101 Zu den Beziehungen von Telmessos und Ptolemaios II. zu Beginn seiner Regierung sowie zu Telmessos' möglichen Beziehungen zu Ptolemaios Keraunos und Eurydike vgl. Hauben (2004), 37-38.

102 Eine Parallele ist in der Aufnahme des vertriebenen Antipatros Ephesias am Hof von Alexandria zu sehen, vgl. Hammond/Walbank (1988), 257. Er war ein Konkurrent von Antigonos Gonatas.

darstellten.[103] Die πάρεδροι καὶ σύμβουλοι[104] des Herrschers waren seine höchsten Funktionäre mit vielfältigen militärischen, politischen, administrativen, repräsentativen und diplomatischen Aufgaben.[105] Wie erwähnt hatten auch hellenistische Königinnen *philoi*.[106] Man kann davon ausgehen, dass es sich bei den *philoi* Arsinoës II. um hochrangige Vertreter des makedonisch-thrakischen Adels gehandelt haben wird, die sicherlich auch im Vorfeld der Geschwisterehe zu den diplomatischen Kontakten zwischen Samothrake und Alexandria beigetragen haben. Ihre Rückkehr nach Ägypten war ein Politikum; ihr Aufenthalt in Samothrake mag andeuten, dass es Vorbereitungen zu treffen gab, sonst hätte sie auch direkt an den Hof ihres Bruders reisen können.[107]

Eventuell sah Ptolemaios II. in den *factions* von Arsinoë I. auch ein Problem und hoffte, mit Arsinoë II. in punkto *philoi* eher auf einen gemeinsamen Nenner zu kommen. Dies sind indes Hypothesen.

Die gemeinsamen Söhne von Ptolemaios II. und Arsinoë I. blieben am Hof und sollen laut einem Theokritscholiasten von Arsinoë II. adoptiert worden sein.[108] Ptolemaios III., der seinem Vater 246 v. Chr. auf den Thron folgte,[109] bezeichnete in Folge stets Arsinoë II. als seine Mutter,[110] wie die Eingangsformel der Inschrift von Adulis illustriert: „Βασιλεὺς

---

103 Vgl. Völcker-Janssen (1993), 3; Ehling (2002), 41; Savalli-Lestrade (2001), 263-269; Austin (2000), 132, 156; Mooren (1978), 51; ders. (1977), 45; Mehl (2003), 149; Herman (1997), 214.

104 Savalli-Lestrade (2001), 264.

105 In den griechischen Quellen werden die Angehörigen des engsten aristokratischen Kreises des achaimenidischen Großkönigs ebenfalls als *philoi* bezeichnet. Vgl. Wiesehöfer (2005³), 65. In diesem Kontext bedeutete dies nicht Freundschaft im emotionalen Sinne, sondern eine reziproke Bindung.

106 Vgl. Savalli-Lestrade (2003), 63-66. Vgl. Just. 24,2,7; Plut. mor. 111 F-112 A für Arsinoë II. Für Adea-Eurydike überliefert Diod. 19,11,3 eigene Berater.

107 Als ein möglicher *philos* kann nach Hauben (1970), 67 Kallikrates von Samos gelten, in dem er ihren Reisebegleiter auf dem Weg nach Alexandria vermutet.

108 Schol. Theokr. 17,128: „Καὶ εἰσεποιήσατο αὔτῃ τοὺς ἐκ τῆς προτέρας Ἀρσινόης γεννηθέντας παῖδας. ἡ γὰρ ἀδελφὴ καὶ γυνὴ αὐτοῦ ἄτεκνος ἀπέθανεν". „*Und sie adoptierte selbst die Kinder der vorangegangenen Arsinoë. Denn die Schwester und Gattin selbst starb kinderlos*". Vgl. Ameling (1997), 38; Longega (1968), 75, Anm. 20.

109 Gesichert ist des Weiteren die gemeinsame Tochter Berenike (Paus. 1,7,3), die in das Seleukidenhaus einheiratete.

110 OGIS 54, Z. 1-2; OGIS 55, Z. 2-3; OGIS 56, Z. 1. Zur Inschrift zur Neugründung der kilikischen Stadt Arsinoë (Z. 20) vgl. Petzl (2002), 85.

μέγας Πτολε]μαῖος, υἱὸς βασίλέως, Πτολεμαίου καὶ βασίλισσης Ἀρσινόης θεῶν Ἀδελφῶν".[111]

Kallimachos stilisierte auch gleich noch dessen Frau Berenike II. zu seiner Schwester und Tochter Arsinoës II.[112] Tatsächlich war sie seine Cousine gewesen; dass dennoch die Illusion einer Geschwisterehe erzeugt wurde, zeigt, wie rasch sich das Modell als Element der dynastischen Repräsentation etablierte. Die These, Ptolemaios III. habe teilweise bewusst das öffentliche Andenken an Arsinoë II. unterdrückt, weil sie seine leibliche Mutter verdrängt hatte,[113] findet somit keine Bestätigung in den Quellen. Chris Bennett interpretiert die Adoption als Akt, um die Söhne der verbannten Arsinoë I., die durch das Exil ihrer Mutter an Prestige verloren hatten, dynastisch wieder aufzuwerten.[114] Ob sie das nötig hatten, ist allerdings fraglich, da das Prestige ihres Vaters, des regierenden Königs, mehr zählte.

Vielmehr war es eine logische Konsequenz aus der Geschwisterehe, dass Arsinoë II. als Frau von Ptolemaios II. auch die Rolle der Königinmutter in seiner Herrschaftsrepräsentation übernahm. Dies gehörte zu ihren repräsentativen Aufgaben als *basilissa* und war ein Teilaspekt ihrer Position. In einer polygamen Struktur wäre dies eventuell anders gewesen; da aber Ptolemaios II. monogam lebte, war sie formal in die Position der Mutter der Thronerben gerückt und ersetzte Arsinoë I.

Es wäre interessant, zu wissen, was mit Berenike, der Tochter von Ptolemaios II., geschah: ob Arsinoë II. sie ebenfalls adoptierte, oder nur die männlichen potentiellen Thronerben. Es ist auch möglich, dass die Quellen es nicht für nötig befanden, darüber zu berichten.[115]

Ein Vergleich mit einem Fall im Achaimenidenreich könnte Arsinoës Funktion für Ptolemaios II. und seine Söhne verdeutlichen. Von Artaxerxes II. wird berichtet, dass er nach dem Tod seiner Frau und Mutter seiner Kinder, Parysatis, seine Tochter Atossa geheiratet habe. Falls die Ehe als

111 OGIS 54, Z. 1-2: „*Der große König Ptolemaios, Sohn des Königs Ptolemaios und der Königin Arsinoë, der Geschwistergötter*".

112 Kallim. Ait. 4,126, Z. 3 Asp. (110,43-78 Pf.); vgl. Ait. 3, fr. 58,2 Asp. (SH 254 + 383 Pf.). Aufgegriffen von Hyg. astron. 2,24. Vgl. Beyer-Rotthoff (1993), 287, Anm. 118; Stephens (2005), 233. Im ägyptischen Kontext wurde diese Fiktion ebenfalls aufrechterhalten. Ein Beispiel ist das Euergetestor, vgl. Minas (2005), 135.

113 Vertreten von Ghissellini (1998), 214 in Bezug auf das Arsinoeion in Alexandria.

114 Vgl. Bennett (2005), 95.

115 Für Berenike II., die Frau Ptolemaios III., ist jedenfalls bezeugt, dass sie zumindest in der höfischen Dichtung gemäß des Prinzips der Geschwisterehe nicht nur als seine Schwester, sondern auch als Tochter von Ptolemaios II. und Arsinoë II. beschrieben wurde (Kallim. Ait. 3, fr. 58 Asp. (SH 254 + 383 Pf.), Z. 2-3).

historisch zu betrachten ist, hatte sie einen primär formalen Charakter; Artaxerxes II. übertrug die hohe Stellung der „Frau des Königs"[116] der vertrauenswürdigsten Person aus der Kernfamilie.[117] Ähnlich verhielt es sich mit Arsinoë II., die eine „ideologische" oder „symbolische Mutterschaft" für ihre Neffen übernahm.

Dazu kommt, dass die Selbstdarstellung Ptolemaios' II. darauf ausgerichtet wurde, dass nur Nachfahren von Ptolemaios I. und Berenike I. die herrschaftsfähige Linie vertraten. Die Botschaft lautete: Doppelte Legitimation bringt doppelten Segen für das Reich. Seine Abkunft präsentierte er als exklusiven persönlichen Vorteil gegenüber Prätendenten, die nur von einem Teil der Rettergötter abstammten. Da das Prinzip der Doppelung für diese Argumentation grundlegend war, musste der Eindruck erweckt werden, seine Söhne würden ebenfalls väterlicherseits *und* mütterlicherseits von den Rettergöttern abstammen. Arsinoë I. als Tochter von Lysimachos und vermutlich Nikaia konnte dies nicht gewährleisten. Sie war ein überkommenes Relikt aus der Zeit, in der noch Ptolemaios I. über Heiratspolitik und dynastisches Image im Ptolemäerreich entschieden hatte. Diese Zeiten waren vorbei; die Folgen der väterlichen Heiraten waren für Ptolemaios II. aber noch gegenwärtig und er musste Maßnahmen treffen, zu denen auch die Umgestaltung des Repräsentationskonzepts gehörte.

Arsinoë I. passte nicht mehr in die neue Herrschaftsinszenierung und musste von Arsinoë II. ersetzt werden. Für sie gab es schlichtweg keinen Raum mehr am Hof, sie störte das neue Image sogar. Da sie nicht von den Rettergöttern abstammte, machte sie diese Illusion bezüglich ihrer Söhne zunichte. Es verwundert daher nicht, dass sie aus den Quellen verschwindet.

Dagegen behielt Arsinoë II. sogar nach ihrem Tod die Rolle der Beschützerin der Thronfolge bei. Es ist ebenso ungewöhnlich wie bezeichnend, dass Ptolemaios' II. keine neue Ehe einging und von 270 v. Chr. bis zu seinem Tod 246 v. Chr. Witwer blieb. Üblicherweise war für einen makedonischen Herrscher die Heirat ein gängiges diplomatisches Instrument, auch im fortgeschrittenen Alter – und Ptolemaios II. war zum Zeitpunkt von Arsinoës Tod mit Ende dreißig noch verhältnismäßig jung.

Dennoch zog er es vor, die repräsentative Aufgabe der *basilissa* nicht an eine andere Frau zu übergeben. Stattdessen überbrückte er die lange Zeitspanne bis zu seinem Tod, indem er die Illusion kreierte, sie sei als

---

116 Vgl. Brosius (2006a), 89. Der Titel bezeichnete eigentlich die Mutter des Thronfolgers.

117 Vgl. Wiesehöfer (2005^3), 127. Zur Rolle der Mutter als Symbol der Eintracht des attalidischen Hauses vgl. La Rocca (1998), 18-23.

Göttin unsichtbar – beziehungsweise durch Kultbilder präsent – an seiner Seite. Für seine spezielle Herrschaftsrepräsentation kam demnach einzig Arsinoë II. in Frage. Ihr besonderes symbolisches Kapital wurde durch ihre kultische Verehrung beschworen; als tote *thea Philadelphos* spielte sie vermutlich sogar eine größere Rolle als zu Lebzeiten.[118] Der Vorteil einer dem Irdischen entbundenen Göttin liegt auf der Hand: Nunmehr omnipräsent, konnte sie in ihrer Schutzfunktion für König, Königtum, Reichsbevölkerung und Verbündeter jederzeit und überall angerufen werden.

Die Motive Ptolemaios' II. für die Geschwisterehe gingen mithin über die Sicherung der Thronfolge durch eine loyale Frau an seiner Seite hinaus, die keine neuen Rivalitäten heraufbeschwor. Ziel war die Konzentration von politischem Einfluss auf einen Familienzweig und seine öffentliche Darstellung als die einzig „richtige", herrschaftsfähige Linie.[119] In der von Ptolemaios II. gewählten Form war dies nur mit Arsinoë II. möglich. Das symbolische Kapital, das sie ihrer Vorgängerin voraushatte, war, dass sie seine Vollschwester war. Königliche Endogamie war in vielen Kulturen ein Medium der sakralen Überhöhung.[120] Nun hätte sich dafür auch Ptolemaios' zweite, wohl jüngere Vollschwester Philotera angeboten. Ihr hatte Arsinoë II. jedoch nicht nur das Prestige aus ihren zwei Ehen mit Königen von Makedonien voraus, sondern auch, dass sie wohl nicht mehr im gebärfähigen Alter war und die höfische Nachfolgepolitik nicht durch weitere Kinder destabilisieren konnte.

Philotera wurde allerdings auch in das dynastische Image einbezogen.[121] Charlotte Wikander vermutet, dass sie beim Tod Ptolemaios' I. noch nicht im heiratsfähigen Alter gewesen war, weil sie nicht wie seine

---

118 Jedenfalls zeigt die Mehrzahl der Zeugnisse ihre postume Repräsentation.

119 Vgl. Wikander (2002), 187: „*the wish to establish a royal nuclear family of parents and children*". Sie weist auch auf die Neuerung beim Procedere der Adoption hin: Üblicherweise habe die väterliche Anerkennung des Kindes genügt. Zu überlegen ist, inwiefern die Adoption zeigte, dass Arsinoë II. begrenzte Handlungsmöglichkeiten hatte und sich den Plänen ihres Bruders unterordnen musste, der ihr seine Kinder aufzwang und ihrem eigenen Sohn eine mögliche Thronfolge in Ägypten verbaute.

120 Für den Adel auf Hawaii und die Inka vgl. Hopkins (1980), 307. Für die Pharaonen vgl. Robins (1986), 14. Für die Ptolemäer vgl. Chauveau (2000), 31; Carney (1993b), 320.

121 OGIS 35. Die Inschrift befindet sich auf der Basis einer nicht erhaltenen Statue Philoteras im milesischen Apollonheiligtum von Didyma mit einer Weihung für Artemis. Vermutlich gehörte sie zu einer Gruppe mit Statuen ihrer Geschwister Arsinoë und Ptolemaios II. Vgl. Regner (1941), 1286-1287.

anderen Töchter Instrument seiner Bündnispolitik geworden war.[122] Als sie unter der Regierung Ptolemaios' II. ins geeignete Alter kam, arrangierte er jedoch keine Heirat für sie. Dies entsprach seiner politischen Linie der Familienkonsolidierung in seiner frühen Herrschaftszeit durch eine Vermeidung von Exogamie. Eine Ehe Philoteras hätte bedeutet, dass über sie auswärtige Herrschaftsansprüche auf den ägyptischen Thron hätten konstruiert werden können. War sie jünger als Arsinoë, bestand zudem die Gefahr, dass sie Kinder zur Welt brachte, die als Thronprätendenten auftreten konnten. Die These, Philoteras „*fast rigorose Sittsamkeit*", „*Prüderie*" und „*bigott moralische Ängstlichkeit*"[123] seien die Gründe für ihre Ledigkeit gewesen, ist unhaltbar.[124] Es handelte sich um eine politische Sicherheitsmaßnahme ihres Bruders.

Ptolemaios II. hätte sie höchstens zusätzlich neben Arsinoë II. selbst zur Frau nehmen können, doch vermied er die Polygamie. So band er Philotera an seinen Hof und bezog sie in die Herrschaftsinszenierung ein. Zwei Dörfer Philoteris im Gau Arsinoites, ein Demos Philotereios in Ptolemais und die Städte Philotera am Roten Meer und in Palästina wurden nach ihr benannt.[125] Von ihrer postumen kultischen Verehrung[126] zeugt ein Gedicht des Kallimachos, in dem sie als Göttin erscheint.[127] Philotera ergänzte zu Lebzeiten und postum die Darstellung dynastischer Einheit – in diesem Falle einer besonderen Dreieinigkeit. Gegenüber den Ägyptern mag eine Parallele zum Schwesternpaar Isis und Nephthys

---

122 Vgl. Wikander (2002), 189. Zu Bedenken vgl. Regner (1941), 1285-1286.

123 Regner (1941), 1286.

124 Ebenso: Wikander (2002), 189.

125 Strab. 16,4,5. Vgl. Mahaffy (1895), 115-116; Hölbl (1994), 97; Wörrle (1979), 104, m. Anm. 127; Regner (1941), 1293. Bei einem weiteren Philotera in Lykien ist nicht völlig sicher, ob es sich um eine Gründung von Ptolemaios II. handelt. Huß (2001), 288, Anm. 283 vermutet, dass die Stadt am Roten Meer den Namen Philotera bekam, weil Arsinoë II. damals noch nicht in Ägypten residierte. Die genauen Gründungsdaten sind bei keiner der Städte überliefert. Hölbl (2005), III, 22 situiert Philotera am Roten Meer südlich des Port Safâga. Vgl. Bülowsen/Cuvigny/Fournet (1994), 31, Anm. 8: am nördlichen Ende des Golfs von Suez.

126 Vgl. Quaegebeur (1971), 246.

127 Kallim. fr. 181 Asp. (228 Pf.) Vgl. Gow (1952), 332, Anm. 2. Dagegen: Beyer-Rotthoff (1993), 286. Ein Bildnis ist für sie nicht gesichert, vgl. Albersmeier (2002b), 175. Angenommen wird von Huß (1994), 98-99, Anm. 115, dass sie in der Statuengruppe aus Heliopolis in den Vatikanischen Museen in einer Dreiheit mit dem Geschwisterehepaar dargestellt worden sei. Ebenso schon: Mahaffy (1895), 100; Regner (1941), 1288. Gegen die ältere These, Philotera sei als Hathor neben der divinisierten Arsinoë II. auf dem Bildfeld der Pithomstele dargestellt, vgl. ebda.

gezogen worden sein. Ihre gegensätzliche Bewertung im Vergleich zu Arsinoë II. – schwach und zurückhaltend statt herrschsüchtig und intrigant –[128] resultiert aus ihrer anderen Einbindung in die politischen Strukturen, die sich auf den Grad ihrer Sichtbarkeit auswirkte. Philotera trat weder als Gattin eines Königs noch als Mutter eines Erben auf den Plan; ihr dynastisches Prestige wurde keinem anderen Herrscherhaus zuteil als dem eigenen. Sie war zwar Trägerin und Hüterin, aber keine Vermittlerin ihres symbolischen Kapitals. In Alexandria war ihre repräsentative Aufgabe, die Propaganda Ptolemaios' II. zu bekräftigen, dass nur seine Linie herrschaftsfähig sei.

Die Nachfolge Ptolemaios' II.

Um zu verstehen, weshalb Ptolemaios II. so großen Wert darauf legte, einzig seine Linie als herrschaftsfähig zu propagieren, muss man die Probleme berücksichtigen, die er trotz aller Sicherheitsmaßnahmen seines Vaters mit seiner Nachfolge gehabt hatte.

Seine Designation war wie erwähnt am Hof nicht unumstritten gewesen. Diogenes Laertios zitiert einen Bericht des Herakleides, wonach Demetrios von Phaleron Ptolemaios I. davon abgeraten habe, die Macht an Ptolemaios II. zu übergeben. In einer Variante heißt es, Demetrios habe sich als Befürworter von Eurydikes Söhnen hervorgetan, Ptolemaios I. habe sich aber nicht beeindrucken lassen.[129] Mit Demetrios von Phaleron ist nur die Spitze eines Eisbergs der höfischen Fürsprecher von Ptolemaios Keraunos genannt; der Hof war sicherlich gespalten. Ptolemaios I. setzte sich zwar mit seinem Wunsch durch, Ptolemaios II. auf dem Thron

---

128 Vgl. Mahaffy (1895), 113; Bouché-Leclercq (1903), 145; Macurdy (1932), 113; Bengtson (1987), 133-34; ders. (1985), 114; Lévêque (1957), 260; Wörrle (1978), 217; Heinen (1972a), 6; Hölbl (1994), 32; Gehrke (2003^3), 43; Schneider (1996^2), 323; Schmitt (2005^{3}h), 883

129 Diog. Laert. 5,78-79. Die Variante fand Diogenes Laertios bei Hermippos. Zu Demetrios als Ratgeber Ptolemaios' I.: Plut. mor. 189 D; Ael. v.h. 3,17 (Ratgeber bei der Gesetzgebung). Überschätzt von Miller (1995), 463. Pomeroy (1996), 245 nimmt an, er sei für das ptolemäische Verwaltungssystem verantwortlich gewesen. Auch als „πρῶτος τῶν Πτολεμαίου φίλων" (Plut. mor. 601 F) war seine Funktion als Ratgeber begrenzt und vielleicht – trotz Aelians Aussage – auf kulturelle Aspekte konzentriert, vgl. Meißner (1992), 468; Thrams (2001), 97-98; Austin (2000), 130. Wirth (1989), 203, Anm. 42 sieht seine Aufnahme im Ptolemäerreich als einen Freundschaftsdienst Ptolemaios' I. gegenüber dem toten Kassander an. Dieser hatte Demetrios schon bei seiner Karriere in Athen protegiert, vgl. Dreyer (2000), 56.

zu sehen, doch dessen Nachfolge ging eben nicht „*safely … with minimal succession trauma*“ vonstatten.[130]

Nicht nur Keraunos' Fürsprecher am Hof werden ihm Probleme bereitet haben, sondern vermutlich auch die Erwartungshaltung, dass der älteste Sohn nachfolgen sollte.[131] Eine Statuengruppe aus der Zeit des Nachfolgers von Ptolemaios II. mag dafür als Beleg gelten. Es handelt sich um die ptolemäische Familiengruppe von Thermos, die vom Ätolischen Bund errichtet wurde und Ptolemaios III. mit seiner Frau und seinen Kindern zeigte.[132] Gemäß der Rekonstruktion der Exedra stand die Statue des späteren Nachfolgers, Ptolemaios Philopator, zwischen dem König und seiner Gattin, Berenike II. „*Es ist also klar, dass die Statue des erstgeborenen Sohn besonders ausgezeichnet wurde. Der Stifter des Monuments … hat somit dem späteren Philopator schon eine – zweifellos auch sonst geglaubte – Kronprinzenfunktion zugeteilt.*“[133] Nun war die Primogenitur durchaus keine feste Regel, sondern ein Kriterium neben anderen wie persönlicher Qualifikation und Zahl der Fürsprecher,[134] zugleich aber im kollektiven Horizont verankert und daher von erstgeborenen Söhnen als Argument für ihren Herrschaftsanspruch instrumentalisierbar.

Ptolemaios II. hatte somit ein Imageproblem, das vermutlich durch die Propaganda des konkurrierenden Familienzweigs verschärft wurde. Womöglich zeigt ein bei Nepos erwähntes Gerücht, welche Geschütze aufgefahren wurden: „*ipse autem Ptolemaeus, cum vivus filio regnum tradidisset, ab*

130 Wie Ager (2003), 35 meint. Zu optimistisch auch: Buraselis (2005), 94. Zu den Problemen Ptolemaios' II. vgl. auch Teixidor (1988), 189.

131 Vgl. Ehling (2003), 307, Anm. 32: „*Die Bevölkerung der hellenistischen Zeit favorisierte in der Regel den ältesten Sohn*“, mit dem seleukidischen Beispiel Seleukos' II. (Polyain. 8,50) und dem ptolemäischen Beispiel Kleopatras III., die von der Bevölkerung Alexandrias gezwungen wurde, ihren ältesten Sohn als Mitregenten einzusetzen (Just. 39,3,2). Zu den Antigoniden: Le Bohec-Bouhet (2005), 59.

132 IG IX 1^2. 1,56.

133 Buraselis (2005), 99. Dass diese ungeschriebene Regel in der griechischen Welt präsent war, beweist auch die Überlieferung, Dareios I. habe sich dafür rechtfertigen müssen, dass er seinen jüngeren Sohn Xerxes für die Nachfolge vorsah (Hdt. 7,3; Just. 2,10). Xerxes' auffälliger Hinweis in der nach ihrem Fundort benannten „Haremsinschrift“ von Persepolis – korrekter den Frauengemächern – (vgl. Lecoq (1997), 254), dass sein Vater – neben Auramazdah die Schlüsselfigur seiner Legitimation – gerade ihn im Einklang mit dem göttlichen Willen unter seinen Söhnen als Nachfolger ausgewählt hatte (XPf § 4,27-32), mag andeuten, dass dies auch im Achaimenidenreich problematisiert wurde. Vor allem war es aber in der griechischen Tradition Thema.

134 Vgl. Buraselis (2005), 101; LeBohec-Bouhet (2005), 59.

illo eodem vita privatus dicitur."[135] Ptolemaios II. figuriert als undankbarer Sohn, Vatermörder und von Macht korrumpierter Tyrann. Wenn seine höfischen Gegner solche Kampagnen gegen ihn initiiert haben sollten, wird klar, weshalb Ptolemaios II. als Reaktion seinem verstorbenen Vater besondere Ehren erwies: die kultische Verehrung als Reichsgott, die Einrichtung des Fests der Ptolemaia und die Beibehaltung seines Münzaversporträts auf den Silberprägungen als Symbol der politischen Kontinuität.[136]

Aber auch rigidere Maßnahmen standen an. So wurde Demetrios von Phaleron gefangen genommen und soll in der Haft an einem Schlangenbiss gestorben sein.[137] Inwieweit sein Tod forciert war, lässt sich nur vermuten, ist aber wahrscheinlich.[138] Gegen den Familienzweig um Keraunos, der seine Zurücksetzung offenbar nicht widerstandslos hinnahm, wurde ebenfalls in dem Stil vorgegangen, den Plutarch als für hellenistische Thronfolger üblich beklagt.[139] Kurz nach seinem Regierungsbeginn ließ Ptolemaios II. seinen Halbbruder Argaios wegen Hochverrats hinrichten.[140] Vielleicht hatte Argaios in Verbindung zu seinem Vollbruder gestanden, der auf Zypern eine Revolte gegen Ptolemaios II. zu entfachen versucht hatte und ebenfalls beseitigt wurde.[141] Sein Name ist nicht überliefert. Das athenische Ehrendekret für Kallias von Sphettos gilt als indirekte Bestätigung für diese Revolte, da es erwähnt, dass Ptolemaios II. in seinem ersten Regierungsjahr nach Zypern reiste und Kallias dort traf.[142] Es wird vermutet, dass diese Fahrt auch mit der Revolte zu tun hatte. Ein

---

135 Nep. 21,3,4. „*Man sagt, dass Ptolemaios selbst aber, obwohl er seinem Sohn noch zu seinen Lebzeiten die Königsherrschaft übergeben hatte, von eben diesem ums Leben gebracht wurde*".

136 Vgl. Mørkholm (1991), 67, 101. Zudem führte er erst die Münzprägungen seines Vaters fort. Wann er sie durch eine eigene ersetzte, ist ungewiss, laut Hazzard (2000), 5 ab 261/260 mit der neuen Legende ΠΤΟΛΕΜΑΙΟΥ ΣΩΤΗΡΟΣ.

137 Diog. Laert. 5,78. Vgl. Ellis (2002^2), 60; Fraser (1972) I, 322-323.

138 Vgl. Badian (1964), 184: „*Demetrius' own fate was a clear warning*". Ähnlich: Huß (2001), 253: Er sei zum Selbstmord gezwungen worden. Meißner (1992), 368-389 und in seiner Folge Thrams (2001), 99-100 behandeln seinen Fall als Paradigma dafür, dass die Stellung eines *philos* am hellenistischen Hof auf den jeweiligen Herrscher zugeschnitten war, erörtern aber leider die Todesumstände nicht. Meißner (1992), 468, Anm. 291 geht nur darauf ein, dass Cicero Ptolemaios II. nicht als Verantwortlichen hinstellt.

139 Plut. Demetr. 3,1-4.

140 Paus. 1,7,1.

141 Paus. 1,7,1. Bouché-Leclercq (1903), 166 vermutet, Ptolemaios II. habe dem Anonymus die Leitung Zyperns unterstellt, was jedoch angesichts seiner Politik, den konkurrierenden Familienzweig von den Regierungsgeschäften fern zu halten, unwahrscheinlich ist.

142 Vgl. Shear (1978), 26; Hazzard (1987), 149, Anm. 32; Huß (2001), 253.

dritter Halbbruder, Meleagros, befand sich zum Zeitpunkt von Keraunos' Tod in Makedonien und folgte ihm für zwei Monate auf den Thron nach.[143] Wann er Ägypten verlassen hatte, wie er zur Nachfolge von Ptolemaios II. stand, ob er freiwillig gegangen oder vertrieben worden war, ist unbekannt.

Hazzards These, zum Zeitpunkt der Geschwisterehe sei Eurydikes Familienzweig ausgelöscht gewesen,[144] verdient eine Überprüfung. Ptolemaios Keraunos war gegen die Kelten gefallen, Argaios und sein Bruder beseitigt worden,[145] doch Justin erwähnt noch eine Tochter von Keraunos, die mit Pyrrhos verheiratet gewesen sei.[146] Allerdings wird vermutet, dass eine Verwechslung mit Antigone vorliegt, Berenikes Tochter und Ziehtochter Ptolemaios' I., die Pyrrhos' Frau geworden war.[147] Ungeklärt ist zudem, was aus Lysandra und ihren Kindern geworden war, falls sie nicht in den makedonischen Wirren nach dem Tod des Seleukos umgekommen waren.[148]

Ein weiterer militärischer Konflikt mit einem anderen Halbbruder stand überdies an: Magas, einem Sohn aus Berenikes erster Ehe.[149] Er war von seinem Stiefvater Ptolemaios I. um 300 v. Chr. zum Statthalter der Kyrene bestimmt worden.[150] 312 v. Chr. hatte Ptolemaios die Kontrolle

---

143 Euseb. Chron. 1,235. Vgl. Hammond/Walbank (1988), 253; Granier (1931) 121; Donderer (1988), 796. Die Heeresversammlung akklamierte stattdessen Antipatros, den Neffen von Kassander, der von Sosthenes abgesetzt wurde.

144 Vgl. Hazzard (2000), 88.

145 Just. 24,5,6-8; Paus. 1,7,1. Von Meleagros und seiner Schwester Ptolemais ist nichts mehr zu hören. Theoxene war um 289 v. Chr. mit ihren Kindern nach Ägypten zurückgekehrt (Just. 23,3,6), trat aber nicht in Erscheinung. Vgl. Huß (2001), 305.

146 Just. 17,2,15: „*Ob haec Pyrrus filia Ptolomei in matrimonium accepta vindicem eum regni reliquit, pacificatus cum omnibus finitimis*". „*Dafür ließ Pyrrhos, der die Tochter des Ptolemaios geheiratet hatte, diesen als Beschützer seines Königreiches zurück, nachdem er mit allen Nachbarn Frieden geschlossen hatte*".

147 Plut. Pyrrh. 4,4. Vgl. Hammond (1988), 407; Lévêque (1957), 678. Anders: Seibert (1967), 102; Heinen (1972a), 70-72.

148 Vgl. Hammond/Walbank (1988), 244.

149 Paus. 1,6,6. 7,1-3. Vgl. Heckel (1989), 34. Ob die Vermutung zutrifft, Antigonos Gonatas habe zur Zeit der Magasrevolte auf Seiten von Ptolemaios II. gestanden, ist unsicher und eher fragwürdig, vgl. Buraselis (1982), 156.

150 Paus. 1,7,1. Ihm zufolge habe Berenike Magas zum Gouverneur ernannt, was nicht wörtlich zu nehmen ist, aber verdeutlicht, dass Ptolemaios an der Stärkung ihres Familienzweigs interessiert war. Vgl. Hölbl (1994), 33; Hazzard (1987), 148; Bowman (1986), 27; Criscuolo (2001), 143. Zur Chronologie vgl. Mørkholm (1980), 146-155. Die Datierung, die sich auf Pausanias, nicht auf Eusebios stützt, hat sich in der Forschung seit längerem durchgesetzt. Zur Unsicherheit über Ma-

über das ökonomisch bedeutende Gebiet übernommen,[151] durch das Fernhandelswege von der Küste über Siwa führten, die einen Warentransport unabhängig von der Nilschwemme garantierten.[152] Da Kyrene als aufstandsgefährdet galt, musste der Statthalter loyal gegenüber Alexandria sein,[153] was Magas unter der Regierung seines Stiefvaters auch war. Probleme bereitete er erst seinem Halbbruder. Pausanias zufolge wollte er die Autonomie seines Verwaltungsgebiets und die kyrenische Königswürde erzwingen. Besondere Brisanz erhielt der Krieg durch Magas' Verbindung mit den Seleukiden: Er war mit Antiochos' Tochter Apame verheiratet.[154] Aufgrund des ungewissen Datums der Hochzeit ist unsicher,[155] ob sie im Kontext der Allianz gegen Ptolemaios II. stand oder schon zuvor geschlossen worden war.[156]

Es entspricht dem schlechten Image Arsinoës II. in der Forschung, dass Magas' Revolte teils auf ihren negativen Einfluss am ptolemäischen Hof zurückgeführt wird.[157] Da „*durchaus denkbar*" sei, „*dass auch Magas ... sich in den Jahren 279 ... den Machenschaften seiner Halbschwester ausgesetzt sah*",[158] habe er sich mit Antiochos I. verbündet, um die ptolemäische Regierung abzusetzen.[159] Magas' schlechte Taktik – der verfrühte Angriff ohne seleukidische Unterstützung, den Ptolemaios II. abfangen konnte –[160] und eine Revolte der libyschen Nomaden hätten ihn jedoch zur Rück-

gas' Status in der Kyrene unter Ptolemaios I. vgl. Bagnall (1976), 26, 33. Auch nach der Annahme des Königstitels wurde die Kyrene als *eparchia* bezeichnet. Magas ließ als Legitimationsmedium Münzen nach dem Typus seines Stiefvaters Ptolemaios I. prägen, vgl. Bagnall (1976), 185.

151 Diod. 19,79,1; Arr. Succ. 16-19. Vgl. Wirth (1959), 1609, 1614, 1620; Mørkholm (1980), 149; Ellis (2002²), 34; Laronde (1987), 85-91; Koulakiotis (2006), 227. Zur Chronologie vgl. Criscuolo (2001), 152-153.

152 Vgl. Hölbl (2005), III, 7.

153 Vgl. Bowman (1986), 27.

154 Paus. 1,7,3.

155 Sie wird auf die Jahre 280-275 v. Chr. datiert. Vgl. Bennett (2003), 66. Seibert (1967), 51-53 befürwortet 278/77 v. Chr.

156 Seibert (1967), 51-53 führt an, dass Magas Antiochos I. um Hilfe ersucht haben mochte, *weil* er sein Schwiegervater war.

157 Vgl. Hölbl (1994), 33; Seibert (1967), 53; Huß (2001), 266; Grainger (1990), 208; Lelli (2002), 9; Wilcken (1896a), 1282; Bouché-Leclercq (1903), 165-166. Mahaffy (1895), 119 vermutet eine Intrige des Keraunos wegen der missglückten Thronfolge hinter der Revolte.

158 Huß (2001), 266.

159 Ebda. Vgl. Hölbl (1994), 36; Volkmann (1959a), 1650, der auch Magas' Adaption des Königstitels als Gegenreaktion auf Arsinoës Erscheinen in Alexandria deutet. Siehe auch Heinen (1984), 416.

160 Vgl. Gehrke (2003³), 103.

kehr gezwungen.[161] Diesen Zusammenhang zwischen dem Magas-Krieg und Arsinoës Rückkehr nach Alexandria sieht Pausanias indes nicht.

Die Begründung, Magas habe angesichts ihres Erscheinens und der Ermordung von Angehörigen anderer Familienzweige um sein eigenes Leben gefürchtet,[162] geht von einer ungesicherten Chronologie aus. Es ist ungewiss, wann Arsinoë an den Hof kam, während Ptolemaios II. wahrscheinlich kurz nach Antritt seiner Alleinherrschaft Maßnahmen gegen die Thronkonkurrenz traf, als sie sich noch an Lysimachos' Hof aufhielt. Zumindest ist dies für sein Vorgehen gegen den Anonymos auf Zypern recht sicher.[163]

Longegas Annahme, Ptolemaios II. habe seine Schwester unter anderem geheiratet, weil er mit der Niederschlagung der Revolte nicht alleine zurechtgekommen sei,[164] ist ebenso ein Konstrukt, das auf einem fiktiven Persönlichkeitsbild beruht, wie die These, Arsinoë I. habe Magas aus Rachsucht von ihrem Exil aus zum Krieg angestachelt.[165] Unwahrscheinlich auch die ältere These, Arsinoë I. sei identisch mit der Arsinoë, die Justin als Mutter Berenikes II. nennt,[166] somit die Ehefrau des Magas von Kyrene.[167] Zu Recht ist dagegen eingewendet worden, dass Ptolemaios II. weder zwei Konfliktträger wie seine verbannte Ex-Frau und seinen rebellischen Halbbruder miteinander verbunden noch Arsinoës Flucht von Koptos in die Kyrene tatenlos zugesehen hätte.[168] Auch die alternative These, Magas' Frau Arsinoë sei eine Tochter von Ptolemaios Soters Bruder Menelaos gewesen, wirkt nicht überzeugend. Gemäß *communis opinio* liegt in Justins Bericht einfach eine Verwechslung mit Magas' Frau Apame, Tochter Antiochos' I., vor.[169]

Schaut man auf die politische Situation, hatte Magas solange stillgehalten, wie Ägypten noch unter der gefestigten Herrschaft Ptolemaios' I. gestanden hatte. Bei den ersten Anzeichen einer Krise in Alexandria – den Problemen Ptolemaios' II. mit seiner Nachfolge, zu der sich außenpolitisch der schwelende Konflikt mit den Seleukiden gesellte – hatte er die günstige Gelegenheit ergriffen, um seinen Status zu verbessern. Anschei-

161 Vgl. Hölbl (1994), 36.

162 Vgl. Seibert (1967), 53; Huß (2001), 266.

163 Vgl. Shear (1978), 26; Hazzard (1987), 149, Anm. 32; Huß (2001), 253.

164 Vgl. Longega (1968), 78.

165 Vgl. Wilcken (1896a), 1282.

166 Just. 26,3,3.

167 Vgl. Niebuhr, B.G. (1828): Kleine historische und philologische Schriften I, Bonn, 229-230, m. Anm. 40.

168 Vgl. Bennett (2003), 68.

169 Paus. 1,7,3.

nend zog er seine Truppen noch vor dem Ausbruch des Ersten Syrischen Krieges 274-271 v. Chr. zurück und unterstützte Antiochos I. nicht.[170] Folgt man Mørkholms Chronologie, hatte er dazu auch keinen Grund: 277 v. Chr. hatte er sein Ziel erreicht und Kyrene als autonomen Herrschaftsraum etabliert.[171] Eine Versöhnung zwischen Magas und Ptolemaios II. setzt Justin erst in Magas' letzte Lebensjahre,[172] dessen Tod auf 250/49 v. Chr. datiert wird.[173] Wie gespannt ihre Beziehung zuvor gewesen ist, lässt sich schwer einschätzen. Vermutungen, sie hätten sich früher versöhnt, könnten zutreffen,[174] da es nach Magas' missglücktem Ägyptenzug zu keinem weiteren militärischen Konflikt zwischen ihnen kam. Die Kyrene wurde erst 246 v. Chr. mit der Hochzeit zwischen seiner Tochter Berenike und Ptolemaios III. ins Ptolemäerreich eingegliedert.[175]

Geschwisterehen bei Achaimeniden, Hekatomniden und Pharaonen

Einen festen Begriff wie „Inzest" gab es in der griechisch-makedonischen Kultur für Ehen zwischen Bruder und Schwester nicht,[176] doch tauchen

170 Vgl. Heinen (1984), 416.

171 Vgl. Mørkholm (1980), 146-147. Siehe Athen. 12,550 B-C. Vgl. Hazzard (1995), 3; Bagnall (1976), 234; Hölbl (1994), 33; Bouché-Leclercq (1903), 164-165: Magas sei von Seiten der kyrenischen Führungsschicht unter Druck gesetzt worden. Seine Frau Apame trat nach seinem Tod für die Autonomie der Kyrene ein und soll die Heirat ihrer Tochter Berenike mit Ptolemaios III., die den Anschluss ans Ptolemäerreich bringen sollte, boykottiert haben, indem sie Berenike mit Antigonos Gonatas' Bruder Demetrios zusammenbringen wollte (Just. 26,3,2-8). Vgl. Seibert (1967), 53, 81, m. Anm. 31; Hölbl (1994), 44. Die Tradition über Apame ist allerdings tendenziös. Erst nach ihrem Tod und der Überwindung einer politischen Gruppierung unter Ekdelos und Demophanes, die für die Autonomie eintrat, verlor die Kyrene diesen Status wieder (Polyb. 10,22,3; Plut. Philop. 1,4). Vgl. Hölbl (1994), 44.

172 Just. 26,3,2. Vgl. Seibert (1967), 81. Auch das Lob auf Magas und Berenike vonseiten des kyrenischen Dichters Kallimachos (fr. 365 Asp. (388 Pf.)) stammt wohl aus der Spätzeit, als die Verlobungspläne bereits Form angenommen hatten oder Berenike schon mit Ptolemaios III. verheiratet war. Vgl. Hölbl (1994), 36.

173 Vgl. Bennett (2003), 67. Eine um 260 v. Chr. geschlossene Symmachie von Magas mit den kretischen Oreiern gilt allerdings als Maßnahme gegen Ptolemaios II. Vgl. Huß (1976), 134; ders. (2001), 298-299. Volkmann (1959a), 1650 datiert diesen Bund mit dem *koinon* hingegen in die Zeit von Magas' Revolte.

174 Vgl. Bennett (2003), 67.

175 Just. 26,3,3-8; Catull 66,25-28.

176 Zur Unüblichkeit: Diod. 1,27,1; Plat. Nom. 8,6,838 B; Xen. mem. 4,4,20; Aristoph. Wolken 1354; Eur. Andromache 168-177; Paus. 1,7,1. Zur römischen

wertende und moralisierende Beurteilungen wie ἀνόσιος und ἄναγνος συνουσία, παρανόμος oder γάμος ἀσεβής auf.[177]

Erst mit der Christianisierung ging endgültig die moralische Verdammung einher, für die exemplarisch die eigenwillige christliche Rezeption des ägyptischen Osirismythos und der Heiligen Hochzeit von Zeus und Hera durch Julius Firmicus Maternus herangezogen werden kann. In seiner Schrift *De errore profanarum religionum* von 346 n. Chr., die er Konstantins Söhnen Constantius II. und Constans widmete, kriminalisiert er Zeus und Hera als Vertreter von Blutschande[178] und begründet Osiris' Ermordung durch Seth damit, dass Isis Seths Frau gewesen und von ihrem Bruder Osiris durch Inzest entehrt worden sei.[179] Diese Verurteilung paganer Mythen fällt in den Kontext der Auseinandersetzung der christlichen Autoren vornehmlich mit Fehltritten und Exzessen der Götter, „*um so deren dämonischen Charakter zu entlarven*".[180]

Für die griechische Tradition ist Platon zu nennen, der Inzest als symptomatisch für den Mangel an σωφροσύνη betrachtet. Wilde Triebe wie der Wunsch, sich mit der Mutter zu vereinigen, würden von Gesetzen und der Vernunft im Zaum gehalten.[181] In den *Nomoi* spricht Platon von einem ungeschriebenen Gesetz, das verbiete, dass ein Vater mit seinen Kinder und dass Geschwister untereinander Liebesbeziehungen eingingen. Das Verlangen würde sich bei den meisten ohnehin gar nicht erst einstellen, da es schändlich und den Göttern ein Greuel sei.[182]

Diodor setzt die Geschwisterehe zwischen Ptolemaios VIII. Euergetes II. und Kleopatra II. als παρανομίας, eine der zahlreichen ungesetzlichen Taten des Königs neben Verleumdungen, Morden und ungerechten Ver-

---

Ablehnung als *nefas*: Nep. praef. 4. Vgl. Schenk (2004), 170-171; Strong (2005), 31.

177 Vgl. Ager (2005), 2.

178 Firm. err. 2,4.

179 Firm. err. 2,2. Firmicus Maternus' Gesamturteil über Osiris lautet, er sei rechtschaffen gewesen, von der Freveltat an seiner Schwester abgesehen (2,3).

180 Vgl. von Haehling, R. (2006): Mythenkritik und Mythendeutung frühchristlicher Autoren im Rahmen der heidnisch-christlichen Auseinandersetzung, in: Lica, V. (Hg.), Historiae diversitas. FS V. Iliescu, Galatzi, 129-146, hier 134.

181 Plat. Pol. 571 B-D.

182 Plat. Nom. 838 A-C: „ἀλλ' οὐδ' ἐπιθυμία ταύτης τῆς συνουσίας τὸ παράπαν εἰσέρχεται τοὺς πολλούς... Τὸ ταῦτα εἶναι φάναι μηδαμῶς ὅσια, θεσμισῆ δὲ καὶ αἴσχρων αἴσχιστα". „*Denn die meisten überkommt nicht einmal das Verlangen nach einem solchen Zusammensein ... Vor der Behauptung, dass so etwas alles andere als gottgerecht zu sein scheint, sondern den Göttern ein Greuel und von allem, was schändlich ist, das Schändlichste ist*".

bannungen auf seine Verbrechensliste.[183] Plutarch bezeichnet die Eheschließung Arsinoës II. mit Ptolemaios II. als „πραγμᾶ δρᾶν ἀλλόκοτον ... καὶ ἄθεσμον“, [184] als einen sitten- und gesetzeswidrigen Akt. Der kaiserzeitliche römische Autor Herodian spricht von den Negativbeispielen der hellenistischen Herrscher, die in jungen Jahren an die Herrschaft gelangten und ihre Regierung durch fragwürdige Aktionen in Verruf brachten; Ptolemaios II. wird gleich als erster genannt, da er „παρὰ [τε] τοὺς Μακεδόνων καὶ Ἑλλήνων νόμους“ seine Schwester geheiratet hatte.[185] Eine Negativkonnotation des Ungehörigen und Verbotenen kommt der Geschwisterehe auch in Lukians *Ikaromenippos* zu. Darin bietet sich dem Protagonisten Menippos, der fliegen kann, die Gelegenheit, durch die Fenster zu spähen und zu sehen, was die hohen Herrschaften so tun, wenn sie sich unbeobachtet glauben. Prompt gewinnt er Einblicke in vielfältige moralische Verfehlungen und Verbrechen von Diebstahl bis Mord. An erster Stelle steht gleich der Besuch, den König Ptolemaios seiner Schwester im Schlafgemach abstattete.[186] Der unhistorische Zug der Heimlichkeit, der ihrer Beziehung beigelegt wird, signalisiert, dass etwas Anrüchiges und Verbotenes geschieht. Zudem weist die knappe Anspielung ohne erläuternden Zusatz darauf hin, dass dem Publikum bekannt war, worum es ging, die ptolemäische Geschwisterehe also noch im kulturellen Gedächtnis präsent war.[187] Lukians satirische Schrift mit ihrem hohen Grad an Stilisierung und Übertreibung kann indes nicht als repräsentativ für die Reaktionen der hellenischen Öffentlichkeit auf die ptolemäische Endogamie gelten.

Da in der griechischen Welt das Prinzip der Realteilung galt, wonach Söhne den elterlichen Besitz und Töchter ihren Anteil in Form einer Mitgift erbten,[188] war die Ehe zwischen Halbgeschwistern mit demselben Vater, ὁμοπάτριοι, erlaubt, um der Zersplitterung des Familienbesitzes und einem Statusverlust vorzubeugen.[189] Dagegen war die Heirat zwischen

183 Diod. 33,6 a.

184 Plut. mor. 736 E: „*eine unnatürliche und ungesetzliche Tat*“.

185 Herod. 1,3,3: „*gegen die Sitten der Makedonen und Griechen*“.

186 Lukian Ikaromenipp. 15.

187 Angedeutet auch von Plut. mor. 736 E, der eine ganze Bankettgesellschaft spontan darüber reden lässt.

188 Vgl. Cox (1998), 116-120.

189 Nep. praef. 4; 5,1,2; Plut. Themist. 32,2; Demosth. 75,20; Philo spec. leg. 3,23. Vgl. Erdmann (1934), 185; Hopkins (1980), 311; Schenk (2004), 170; Strong (2005), 34; Cox (1998), 116, m. Anm. 42; Shaw (1992), 270-272, der von einer griechischen Ambivalenz gegenüber Geschwisterehen ausgeht. Zu endogamen Ehen im frühen Athen, die aus dem Fehlen eines männlichen Erben resultierten: Plut. Solon 20.

Vollgeschwistern verpönt.[190] In ihrer Studie zu athenischen Heirats- und Erbstrategien führt Cheryl Cox aus, dass Heiratsverhalten, Beziehungen zwischen Ehepaaren, zwischen Eltern und Kindern und zwischen Geschwistern primär von ökonomischen Interessen bestimmt gewesen seien. Die enge Bindung zwischen Bruder und Schwester habe vor allem dem Schutz des Erbes nach dem Tod des Vaters gedient.[191] Cheryl Cox weist neben der sozialen zudem auf die politische Bindung der Geschwister hin, die sich beispielsweise darin ausgedrückt habe, dass Elpinike, Schwester des athenischen Feldherrn Kimon, bei Perikles Fürbitte für ihren Bruder einlegte, als er wegen Bestechung belangt werden sollte.[192]

---

190 Hdt. 3,31,1-2. Vgl. Erdmann (1934), 185; Luce (1997), 59-60; Seibert (1967), 82-83; Modrzejewski (1964), 59, 70; Koenen (1993), 62; Longega (1968), 73-74; Shaw (1992), 271; Adamson (1982), 88. Zu einer Relativierung vgl. Weber (1993), 273.

191 Vgl. Cox (1998), 132-136. Sie definiert *oikos* als instabile Konstruktion, der nicht nur als Kernfamilie, sondern auch die Geliebten des Hausherrn angehörten. Zudem weist sie auf Unterschiede zwischen ländlicher Endogamie und städtischer Heterogamie hin.

192 Plut. Per. 10,4-5. Vgl. Cox (1998), 114. Die Beziehung zwischen Kimon und Elpinike ist ein problematischer Fall: Plut. Kim. 4,5-7, 15,3; Suda s.v. Κίμων; Nep. Praef. 4; 5,1,2: „*Habebat autem in matrimonio sororem germanam suam, nomine Elpinicen*". „*Er hatte auch seine Schwester namens Elpinike, die von denselben Eltern stammte,* geheiratet". Ähnlich Athen. 13,589 E: „καὶ Κίμωνος δ' Ἐλπινίκῃ τῇ ἀδλφῇ παρανόμως συνόντος". „*Und Kimon war mit seiner Schwester in sittenwidriger Weise zusammen*"). Vgl. Schenk (2004), 168, Anm. 13; Erdmann (1934), 183. Während Nepos Tradition und Zuneigung als Motive für die endogame Ehe nennt, führt Plut. Kim. 4,5-7 einen finanziellen Grund an: Elpinike habe aufgrund der Armut keinen anderen Verehrer gefunden als den eigenen Bruder. Indes ist erstens unsicher, ob die Heirat stattfand, und zweitens ungewiss, ob Elpinike seine Voll- oder Halbschwester war. Vgl. Schenk (2004), 170, m. Anm. 17; Taylor, J. (1998): Oinoe and the painted stoa: Ancient and modern misunderstandings? AJP 119, 223-243, bes. 238. Zögernd: Erdmann (1934), 186. Sicher dagegen für die Halbgeschwisterehe: Strong (2005), 34-35. Ein psychologisches Motiv nennt Walcot (1987), 29: Der Sturz ihres Vaters Miltiades habe die Geschwister so eng aneinandergeschweißt, dass Gerüchte um Inzest aufgekommen seien. Die bei Plut. Kim, 4,5-7 überlieferten Gerüchte, Elpinike sei vor der Heirat schon Kimons heimliche Geliebte gewesen und habe keinen sittsamen Lebenswandel geführt, können der Tyrannentopik geschuldet sein. Dies vermutet auch Kistler (2006), 123-124: Der topische Vorwurf des Inzests als Symptom tyrannischer Gesinnung, in Kombination mit Vorhaltungen, Kimon sei ein Trinker, habe den Weg für seine Ostrakisierung 461 v. Chr. bereitet, nachdem er kurz zuvor noch hoch angesehen gewesen sei. Siehe ferner Stein-Hölkeskamp (1999), 145-164; dies. (1989), 220. Auch wenn demnach wohl nicht zutreffend ist, dass Kimon wegen der Geschwisterehe ostrakisiert wurde, wie Ps.-Andokides ca. Alcibiadem 37 behauptet (vgl. Erdmann (1934), 186), zeugt ein Ostrakon von der Aversion zu-

Von Ehen zwischen Vollgeschwistern im argeadischen Makedonien oder unter den Argeaden selbst ist nichts bekannt. An welches kulturelle Vorbild die erste ptolemäische Geschwisterehe angelehnt war, ob Anleihen an die vereinzelten Fälle im Pharaonenhaus oder bei den persischen Großkönigen oder an die karische Satrapendynastie der Hekatomniden genommen wurden, ist umstritten.[193]

Angesichts des persischen Einflusses auf makedonische Strukturen seit der Regierung Amyntas' I. und Alexanders I. wäre die Orientierung an diesem Modell nahe liegend.[194]

Allerdings gestaltet das Quellenmaterial – entweder griechische oder spätpersische Zeugnisse –[195] es schwierig, ein solches Modell überhaupt festzustellen. Eine reguläre endogame Heiratspraxis gab es im Perserreich

---

mindest eines Atheners gegen die Verbindung. Kimons Name ist zu lesen, ergänzt von dem Kommentar, er solle Elpinike gleich mitnehmen. Frdl. Hinweis durch Johannes Heinrichs. Vgl. Holladay, J. (1978): Medism in Athens 504-480 B.C., G&R 25, 174-191, bes. 186; Cox (1998), 114; Brenne, S. (2002): Die Ostraka (487-ca. 416) als Testimonien, in: Siewert, P. (Hg.), Ostrakismos-Testimonien I., Stuttgart, 36-166, bes. 92-93, T 1/67 (Ostrakon Kerameikon = 6874).

193 Zur Anlehnung an das ägyptische Modell vgl. Stephens (2002), 255; dies. (1998), 169-170; Bielman (2002), 75; Macurdy (1932), 118; Longega (1968), 73; Badian (1964), 182; Gow (1952), 345; Green (1990), 145; Ager (2005), 17; Wikander (1996), 187; Beyer-Rotthoff (1993), 273; Burstein (1982), 210; Cheshire (1982), 110; Luce (1997), 59-60; Savalli-Lestrade (2003), 62; Hopkins (1980), 312; Adamson (1982), 86. Hopfner (1967), I, 31, geht sogar davon aus, dass die Ptolemäer es tun „*mussten*". Vgl. Burstein (1982), 210: Ptolemaios' II. Entscheidung zur Geschwisterehe „*suggests a hope that the marriage would be popular with the native Egyptians, even through such popularity would be gained only at the price of shocking and outraging his Macedonian and Greek subjects*". Anders: Huß (2001), 309; Schuller (1995), 96, Hazzard (2000), 86; Welles (1970a), 83; Modrzejewski (1964), 80; Bowman (1986), 24; Vatin (1970), 58. Zur Anlehung an das persische Modell vgl. Bengtson (1988), 87; ders. (1975), 117; Schmitt (2005^3a), 374. Dagegen vgl. Ager (2005), 26; Brosius (1998), 4-5.

194 Zur makedonischen Unterwerfung unter die persische Hoheit: Hdt. 5,17-21; 8,126. 136. 140-143; 9,44. Vgl. Heinrichs/Müller (2008), 283-295; Geyer (1930), 42; Rosen (1987), 30-31; ders. (1978), 7; Wiesehöfer (1999), 30; Kienast (1973), 269-270; Zahrnt (1992), 245-249; Fredricksmeyer (1981), 333-334; Walser (1984), 123-124; Whitehorne (2001^2), 6-7. Es bestand zudem eine Heiratsverbindung zwischen Achaimeniden und Argeaden durch Amyntas' Tochter Gygaia: Hdt. 8,136,1-2. Carney (1993b), 318-319; dies. (2003b), 52; dies. (2000a) 15; dies. (1996), 565-566. Zu archäologischen Funden vgl. Paspalas (2000), 531-560; Boardman (2003), 241.

195 Vgl. Carney (2005), 79, m. Anm. 92.

kaum, es handelt sich um Einzelfälle,[196] und dabei vermutlich nicht um Ehen zwischen Vollgeschwistern, sondern zwischen Halbgeschwistern.[197]

Laut Herodot soll Kambyses, Sohn und Nachfolger des Reichsgründers Kyros ab 530 v. Chr., die erste persische Geschwisterehe – mit seiner Schwester Atossa –[198] eingegangen sein.[199] Die Überlieferung ist jedoch von der Tendenz geprägt, Kambyses als Tyrannen zu schildern und das literarische Modell des degenerierten Sohns eines großen Vaters auf ihn zu übertragen.[200] Über den politischen Hintergrund der Geschwisterehe

196 Vgl. Brosius (1998), 45-46, 66-67.

197 Vgl. Wiesehöfer (2005³), 126-127; Brosius (2006a), 92-93; dies. (1998), 46.

198 Atossa ist die prominenteste Achaimenidin in der griechischen Tradition. Ihre Kunstfigur war entscheidend durch Aischylos geprägt, der sie als einflussreiche graue Eminenz am persischen Hof schildert (Aischyl. Pers. 150-851). Vgl. Bickermann/Tadmor (1978), 242-243; Tourraix (1984), 124-127; Sancisi-Weerdenburg (1983), 22-27. Hdt. 3,134 bestätigt diesen Eindruck. Während ihrer Ehe mit ihrem Brudergemahl Kambyses schreibt er ihr keinen politischen Einfluss auf seine Politik zu (Hdt. 3,31,1-4). Erst in ihrer Ehe mit Dareios wird sie als Tochter von Kyros II. zur Schlüsselfigur für die Thronbesteigung ihres Sohns Xerxes (Hdt. 7,2,3. 3,4). Vgl. Avery (1972), 535. Dagegen berief sich Xerxes in einer Inschrift in Persepolis nicht auf sie, um seine Erwählung zum König zu rechtfertigen, sondern auf seinen Vater und auf die Gunst Auramazdahs (XPf § 4,27-32). In den achaimenidischen Inschriften, Reliefs von Persepolis und Münzbildern sucht man ohnehin vergeblich nach der Darstellung königlicher Frauen. Vgl. Bigwood (1995), 137; Kuhrt/Sherwin-White (1991), 83; Carney (1996), 565. Auf dem Apadana in Persepolis ist als einzige weibliche Figur eine Löwin als Geschenk einer elamischen Gesandtschaft dargestellt. Vgl. Cool Root (2003), 11, 20-28. Dennoch waren sie durchaus präsent. Für sie sind Teilnahmen an höfischen Festen und Audienzen, die Begleitung des Großkönigs in den Krieg und zu Auftritten sowie die Verwaltung eigener Güter bezeugt (Athen. 13,557 E; Xen. Kyr. 6,3,30; Plut. mor. 140 B; Plut. Artax. 5,5; Curt. 3,3,22-23). Vgl. Wiesehöfer (2005³), 127-128; Brosius (2006a), 93-96; Bigwood (1995), 137; Cool Root (2003), 28; Sancisi-Weerdenburg (1983), 23. Die komplementäre Funktion der Königin im Osten zeigt sich auch in den Ersatzkönigriten, in denen dem Ersatzkönig für die Zeit seiner Intermezzoregierung extra eine Gattin an die Seite gestellt wurde. Vgl. Huber (2005), 157.

199 Hdt. 3,31,2-4. Vgl. dagegen die Aussage von Xanthos FGrHist. 765 F31 zur Endogamie in Persien. Dem Topos der „barbarischen“ Sitte des Inzests folgt auch Strab. 15,3,20 mit dem Bericht, die persischen Magoi würden nach altem Brauch mit ihren Müttern verkehren. Vgl. Strong (2005), 34.

200 Vgl. Metzler (1975), 449. Siehe auch Tuplin (1996), 138-139, 162. Allerdings ist auch das griechische Kyrosbild nicht durchweg positiv. Bereits bei Herodot trägt es ambivalente Züge (1,212-214). So wird Kyros vom einst maßvollen Herrscher, der es ablehnte, vom kargen Persien in fruchtbare Ebenen umzusiedeln (Hdt. 9,122,3-4), zum imperialistischen Eroberer, dessen Maßlosigkeit im Krieg gegen

erfährt man kaum etwas, über ihre Darstellung in den königlichen Repräsentationsmedien gar nichts; stattdessen behandelt Herodot die Endogamie als eines der Symptome von Kambyses' willkürlichen Verstößen gegen *nomos* und Ausdruck seiner *hybris*.[201] Der Bericht, dass Kambyses wenig später eine zweite endogame Verbindung mit seiner jüngeren Schwester Roxane einging, wird noch stärker von Tyrannentopik überlagert, da Kambyses sie auch noch ermordet haben soll.[202] Seine politischen Motive für die Ehen mit seinen – vermutlich – Halbschwestern, die bei Herodots Bericht keine Rolle spielen, werden damit zusammenhängen, dass er ab 525 v. Chr. für den Ägyptenfeldzug das Reich verließ und seinen Bruder Bardiya zurückließ, dem er offenbar nicht vertraute. Um Bardiyas Chancen, seine Abwesenheit für eine Usurpation zu nutzen, zu minimieren, wollte Kambyses, der kinderlos war, anscheinend sein eigenes Prestige durch die Heirat von weiteren Kindern des väterlichen Reichsgründers aufwerten, die dynastischen *factions* am Hof bündeln und Bardiya isolieren.[203] Wenn es sich um diesen Bardiya handelte, der während seiner Eroberung Ägyptens den persischen Thron okkupierte,[204] waren Kambyses' Bedenken begründet gewesen.

Die Heiratspolitik Dareios' I., unter dessen Herrschaft das Reich und seine Strukturen eine neue Gestalt bekamen, spiegelt die Legitimationszwänge wider, denen er zu Beginn seiner Regierung unterworfen gewesen

---

die Massageten ihm den Tod bringt. Vgl. Johnson (2005), 177-207; Nadon (1996), 367-274.

201 Hdt. 3,31,1-4. Vgl. Lateiner (1989), 153. Weitere Verstöße gegen *nomoi*: Hdt. 3,16,2-4. 35,5. 33. 37,1. Vgl. Evans (1961), 110; Evans (1965), 146-147; Christ (1994), 187; Munson (1991), 45-47; Lateiner (1977), 177; ders. (1989), 145-155; Gammie (1986), 180-182; Tuplin (2004), 314.

202 Hdt. 3,31,6-32,4. Die Historizität des Mordes ist umstritten. Vgl. Brosius (1998), 46-47: Dies sei Negativpropaganda der ägyptischen Priester, abzulesen davon, dass Ktesias (FGrHist. 688 F 13 (12)) den Mord nicht erwähnt, weil ihm eine andere – persische – Quelle vorgelegen habe. Zudem sei Roxane gar nicht seine Schwester gewesen. Ein ägyptisches Modell für Kambyses' Geschwisterehe wird nicht erwähnt. Vgl. Atkinson (1956), 176-177. Anders: Dillery (2005), 395.

203 Vgl. Wiesehöfer (2005³), 126. Er sieht in der Kinderlosigkeit von Kambyses' Ehe mit Phaidymie das Motiv, eine Ehe mit seiner Schwester einzugehen, da er Bardiya und dessen Nachkommen nicht den Thron habe überlassen wollen. Siehe auch Adamson (1982), 88.

204 Vielleicht deutet Hdt. 3,32,1-4 darauf hin, dass Kambyses' Schwestern zu Bardiya neigten. Vgl. Wiesehöfer (2006), 22. Die Überlieferung ist widersprüchlich und durch die Propaganda Dareios' I. geprägt, so dass ungewiss ist, ob Kambyses ihn vor seiner Abreise nach Ägypten als Regent eingesetzt hatte, wie Brosius (1998), 57 vermutet.

war.[205] Er kam nach einer Revolte und dem Sturz des Amtsinhabers auf den Thron. Es ist umstritten,[206] ob es sich bei diesem ermordeten Herrscher um den legitimen Erben aus Kyros' Linie, Kambyses' Bruder Bardiya, gehandelt hatte,[207] oder, wie Dareios in der Behistun-Inschrift behauptet, um einen betrügerischen Usurpator aus den Reihen der medischen Priester der Magoi, der sich nur für Bardiya ausgegeben hatte.[208] Dafür, dass es der „echte" Bardiya gewesen war, mag sprechen, dass nach Dareios' Thronbesteigung im Reich Aufstände gegen seine Herrschaft ausbrachen, was bei Bardiya nicht der Fall gewesen war. [209] Man könnte dies damit erklären, dass der Reichsadel sich an ihn als Vertreter der herrschenden Familie des Kyros gebunden gefühlt hatte, weil sie mit ihr personelle Bindungen eingegangen war, die für Loyalität hatte garantieren sollen. Mit dem Tod aller männlichen Vertreter von Kyros' Linie waren diese Bindungen hinfällig geworden und ließen sich auch nicht auf Dareios übertragen,[210] weil er nicht zu dieser Linie gehörte.[211] Er musste die

205 Vgl. Rollinger (2006), 48; Wiesehöfer (2005³), 63.

206 Zum Überblick über die Positionen vgl. Rollinger (2006), 51-53.

207 Vgl. Balcer (1987), 89; Kuhrt (1995), II, 665; dies. (2002), 488; Demandt (1996), 11-20; Cook (1996), 216; Bickermann/Tadmor (1978), 239-261; van de Mieroop (2004), 271; Dandamaev (1976), 108-127; Brosius (1998), 57; dies. (2006b), 17; Lang (1992), 207. Kambyses soll seinen Bruder vor dem Aufbruch nach Ägypten ermordet haben (DB I 10). Problematisch erscheint unter anderem, dass Bardiyas Tod dann so lange geheimgehalten worden wäre. Vgl. Dandamaev (1976), 116; Lang (1992), 207.

208 DB I 10. Vgl. Briant (1996), 113-114 mit der Alternative, Bardiya sei während Kambyses' Ägyptenaufenthalt gestorben und Gaumata habe den Thron okkupiert. Zur Gegenposition vgl. Brown (1982), 402, m. Anm. 46; Hinz (1976), 132. Wiesehöfer (1978), 166 vermutet, dass Gaumata ein Vertrauter des Kambyses gewesen sei.

209 DB II 21-35; DB III 38-50. Vgl. Cook (1996), 218; Briant (1996), 127-128; Wiesehöfer (2006), 23. Zu Gaumata-Smerdis' Regierung: Hdt. 3,67,2-3. Sie sei mild und gütig gewesen. Vgl. Balcer (1987), 58; Olmstead (1938), 396, 399; Lang (1992), 207.

210 Frdl. Hinweis durch Johannes Heinrichs. Vgl. Müller (2009a), 48.

211 Er nennt zwar auch einen Teispes als Ahnherrn wie Kyros im Kyroszylinder (Z. 20-22: „*Ich, Kyros, der König des Weltreichs … Sohn des Kambyses, des großen Königs … Enkel des Kyros … Nachkomme des Teispes, des großen Königs*" (Übers. R. Borger/W. Hinz). Vgl. Wiesehöfer (1978), 179; Missiou (1993), 388), doch ist umstritten, ob dieser Teispes mit Dareios' Teispes identisch sind. Vgl. Wiederhöfer (1987), 179-212; Briant (1996), 122-124; Heinrichs (1987), 504-505; Balcer (1984), 158-160. Anders: Frye (1993), 97.

Bindungen erst neu etablieren, teils gewaltsam, in neunzehn Schlachten gegen neun „Lügenkönige", wie es in der Behistun-Inschrift heißt.[212]

In jedem Fall hatte Dareios Rechtfertigungsbedarf und berief sich auf drei Hauptlegitimationsfaktoren: seine göttliche Auserwählung durch Auramazdah,[213] seine persönliche Exzellenz, die er durch die Wiederherstellung der göttlichen Ordnung als Heilskönig nach Bardiyas' angeblicher Unheils- und Chaosherrschaft bewiesen hatte,[214] und seine königliche Abstammung. Die vorherrschenden Zweifel an Dareios' Aussage,[215] sein Familienzweig, die Achaimeniden, habe acht Könige vor ihm gestellt und er sei der neunte gewesen,[216] scheinen wenig angebracht, bedenkt man, dass die persische Adelsgesellschaft eine *face-to-face-society* war, in der Dareios es sich nicht leisten konnte, eine herrschaftliche Genealogie zu erschwindeln, um darauf Herrschaftsansprüche aufzubauen und dafür auch noch einen Konsens der sechs Vertreter der höchsten persischen Adelsfamilien erreichen zu wollen, die laut Herodot ebenbürtige Herrschaftsansprüche anmelden konnten.[217] Nicht die Berufung auf seine Exzellenz

---

212 DB II 21-35; DB III 38-50; DB IV 52-53; 57; 59; 62. Nach Zählung von Olmstead, A.T. (1959): A history of the Persian empire, Chicago, 120 bezeichnete Dareios seine Gegner insgesamt 34 Mal als Lügner.

213 „*Diese Länder, die abtrünnig wurden, die Lüge hat sie abtrünnig gemacht, so dass diese (Männer) das Volk belogen. Daraufhin hat Auramazdah sie in meine Hände gegeben*" (DB IV 54) (Übers. R. Borger/W. Hinz). Auf Auramazdah weist er über sechzig Mal hin, vgl. Balcer (1987), 42. Exakt sind es 66 Mal. Vgl. Rollinger (2006), 48; Missiou (1993), 384; Gerstenberger (2005), 45-46.

214 „*Das Volk hatte gewaltig vor ihm Angst, weil er viele Leute umbrachte … Ich errichtete die Heiligtümer wieder, die Gaumata der Magier zerstört hatte. Ich gab dem Volk zurück die Gehöfte, das Vieh und das Gesinde …, die Gaumata … ihnen geraubt hatte. Ich setzte das Volk wieder an seinen Platz … So wie (es) vorher (gewesen war), schaffte ich wieder herbei, was weggenommen worden war … Deswegen stand Auramazdah mir bei, sowie die anderen Götter …, weil ich nicht treulos war, kein Lügenknecht, kein Gewalttäter … Nach Gerechtigkeit bin ich verfahren. Weder einem Schwachen noch einem Mächtigen habe ich Gewalt angetan*" (DB I 13-14; IV 63) (Übers. R. Borger/W. Hinz).

215 Vgl. Metzler (1975), 458; Brosius (1998), 58-59; dies. (2006b), 17-18.

216 DB I 3-4. Vgl. DB I 14: „*Die Königsherrschaft, die unserem Geschlecht entrissen worden war, holte ich zurück und setzte sie an ihren Platz so wie früher*" (Übers. R. Borger/W. Hinz).

217 Hdt. 3,80-87. Vgl. Heinrichs (1987), 502-505; Wiesehöfer (1978), 199-225. Die Verfassungsdebatte um Demokratie, Monarchie oder Oligarchie (Hdt. 3,80-82) ist allerdings als ein sophistisches Konstrukt aus dem perikleischen Athen zu betrachten. Die monarchische Ausrichtung des Perserreichs stand nicht zur Disposition. Vgl. Bringmann (1976), 266-279; Walter (2004), 76-78; Myers (1991), 541-555; Gammie (1986), 172. Dagegen wendet Metzler (2006), 168-169 ein, dass die Tradition einen ostiranischen Kern mit griechischer Schale habe; da im Persischen Debatten bezeugt seien. Dareios und seine Mitstreiter hätten diskutiert, ob

oder auf Auramazdahs Schutz wird den Ausschlag gegeben haben, dass er sich durchsetzen konnte, sondern seine Abkunft. Will man deren Vorgeschichte rekonstruieren, ist anzunehmen, dass er aus der Familie kam, die einst die herrschenden Dynasten in Anšan gestellt hatte,[218] dem Gebiet um Pasargadai und Persepolis, nordwestlich des heutigen Shiraz,[219] von dem aus Kyros seinen Eroberungszug gestartet hatte. Wie bereits Kent vermutete, waren die Achaimeniden jedoch wahrscheinlich von Kyros' Zweig, den Teispiden, verdrängt worden.[220] Diese Linie hatte in dem von Kyros eroberten Reich geherrscht. Dareios war ein Usurpator, weil die Tradition, auf die er sich berief, nicht für das Reich, das er 522/21 v. Chr. übernahm, galt, sondern sich auf ein politisches Gebilde der Vergangenheit vor Kyros' Eroberungen bezog.

Im Rechtfertigungsbericht in Behistun sieht Dareios' Rekonstruktion aus gutem Grund anders aus: Demnach erfolgte der Kontinuitätsbruch nicht erst mit seinem Regierungsbeginn, sondern mit der Thronbesteigung seines Vorgängers Gaumata-Bardiya. Dareios' Herrschaftsantritt kittete diesen Bruch, weil Auramazdah ihm die Aufgabe übertrug, die göttliche Ordnung wiederherzustellen.[221]

Unterstützung fand er bei den sechs großen Familien seines Stammlands, der Persis, denen er im Gegenzug Konzessionen gewähren und ihren besonderen Status inschriftlich in Behistun verbriefen musste.[222] Eins der Privilegien war die Verpflichtung, eine Frau aus ihren Reihen zu heiraten.[223] Diese Ehe – mit Phaidymie, Tochter des Otanes, – war demnach Konsequenz aus der Unsicherheit seiner Anfangszeiten und Gegenleistung dafür, dass die Adligen seiner Thronfolge zugestimmt hatten. Ebenso sind seine Heiraten mit den verbliebenen Vertreterinnen von

man eine Königs- oder eine Adelsherrschaft wollte. Dagegen ist jedoch einzuwenden, dass Debatten nicht gleichbedeutend mit Diskussionen um eine Verfassungsänderung sind. Die Überlieferung zur Königswahl durch ein Pferdeorakel (Hdt. 3,85-86) ist in ihrem Ursprung umstritten. Zum persischen Hintergrund vgl. Dandamaev (1976), 166; Merkelbach (1984), 36; Balcer (1987), 38; Brosius (1998), 58-59; Hollmann (2005), 285; Evans (1961), 111; Dillery (1992), 38, m. Anm. 34; Dumézil, G. (1984): L'intronisation de Darius, AI 23, 143-149; Metzler (2006), 169. Zu einem griechischen Hintergrund siehe Walter (2004), 88.

218 Vgl. Müller (2008c), 64-65; dies. (2009a), 43-49.

219 Vgl. Rollinger (2006), 41.

220 Vgl. Kent (1946), 208-211.

221 DNa 4.

222 DB IV 68-69; Hdt. 3,70,2. Dareios nennt seine sechs Mitverschwörer sogar namentlich in Behistun. Vgl. Wiesehöfer (2005³), 63, der vermutet, dass dies nicht aus freiem Entschluss geschehen sei.

223 Hdt. 3,84,2. Vgl. Wiesehöfer (2005³), 63; Brosius (1998), 47; dies. (2006b), 18; Briant (1996), 144-145; Atkinson (1956), 172, m. Anm. 47.

Kyros' Linie, dessen Töchtern Atossa und Artystone sowie Bardiyas Tochter Parmys, zu verstehen.[224] Zudem heiratete Dareios noch seine Nichte Phratagoune, Tochter seines Bruders Artanes.[225] Diese Verbindungen sollten den Bruch der Herrschaftskontinuität neutralisieren, die neuen Bindungen an die einflussreichen Familien erleichtern und verhindern, dass Konkurrenten einheirateten und sich als Prätendenten legitimierten.[226]

Die endogamen Ehen, die seine Nachfolger schlossen, sind teils als Mittel zu verstehen, dem adligen Einfluss entgegenzuwirken,[227] der durch die von Dareios eingegangene Verpflichtung gegeben war, eine Frau aus ihrer Mitte zu nehmen.[228]

Das Konzept der Geschwisterehe war in Makedonien überdies sicherlich durch die diplomatischen Kontakte mit den Hekatomniden aus Kleinasien bekannt.[229] Hekatomnos aus Mylasa war 392/91 v. Chr. von Artaxerxes II. als Satrap in Karien eingesetzt worden.[230] Seine ältesten Kinder, die Geschwister Artemisia und Maussolos, waren miteinander verheiratet.[231] Artemisia war vielleicht Mausollos' Mitregentin[232] und übernahm nach seinem Tod 353/52 v. Chr. die Regierung.[233] Ihr folgten 351/50 v.

---

224 Vgl. Brosius (2006a), 90.

225 Hdt. 7,224,2. Vor der Thronbesteigung hatte er bereits eine Tochter des Gobryas geheiratet. Vgl. Wiesehöfer (2005^3), 63. Insgesamt sind für ihn demnach sechs Ehen überliefert.

226 Hdt. 7,224,2. Vgl. Sancisi-Weerdenburg (1983), 24: „*It looks as if he wanted to leave no loose ends*".

227 Vgl. Wiesehöfer (1999), 55; ders. (1998^2), 126; Brosius (2006a), 92; Sancisi-Weerdenburg (1983), 26. Zum Kunstgriff der sakralen Überhöhung vgl. Wiesehöfer (2005^3), 127; Carney (1993b), 320.

228 Vgl. Wiesehöfer (2005^3), 64.

229 Arr. an. 1,23,7; Plut. Alex. 10,1; Arr. an. 1,23,7-8; Diod. 17,24,1-3; Strab. 14,2,17. Vgl. Carney (2000a), 214; Schmitt (2005^3a), 373; Walser (1984), 125; Adamson (1982), 86.

230 Vgl. Schmitt (2005^3e), 523.

231 Arr. an. 1,23,7; Diod. 16,45,7. 69,2. Vgl. Carney (2005), 74-75 zur These, die ältere Artemisia sei eine Ahnin der Hekatomniden gewesen oder Hekatomnos habe seiner ältesten Tochter in bewusster ideeller Ansippung diesen Namen gegeben. Eine Verwandtschaft zwischen den beiden Familien ist indes nicht gesichert, vgl. Bockisch (1969), 136-137

232 Vgl. Ruzicka, S. (1992): Politics of a Persian dynasty. The Hekatomnids in the fourth century B.C., Norman/London; Hornblower, S. (1982): Mausolus, Oxford.

233 Vgl. Carney (2005), 66; Bockisch (1969), 162. In griechischer Perspektive war weibliche Regierung ein Charakteristikum von „Barbaren". Vgl. Heckel (2009), 3, 223; Bockisch (1969), 167-169; Wyke (1992), 213: „*In the narrative patterns of fifth-*

Chr.[234] ihre jüngeren Geschwister Idrieus und Ada, die ebenfalls miteinander verheiratet waren.[235] Wiederum war Ada nach Idrieus' Tod 344 Regentin, bis sie vier Jahre später von ihrem Bruder Pixodaros verdrängt wurde.[236] Im Gegensatz zu seinen Geschwistern heiratete Pixodaros exogam und nahm Aphenis aus Kappadokien zur Frau,[237] die weniger sichtbar in der Repräsentation erschien als seine Schwestern zuvor.[238] Gerade Artemisia hatte als Erbauerin des Mausoleums, Grabmal für Maussolos, das als eines der sieben Weltwunder galt, Berühmtheit erlangt.[239] Für seine Tochter Ada versuchte Pixodaros einen Ehemann aus dem Argeadenhaus zu gewinnen, was jedoch nicht zustande kam.[240]

Die ersten beiden weiblichen Hekatomniden waren demnach integraler Teil des dynastischen Images gewesen, das unter dem Leitsatz der familiären Einheit durch Endogamie stand. Die Nachfolgeregelung war ungewöhnlich; die Geschwisterehen blieben kinderlos, statt des jüngeren Bruders folgte jeweils die überlebende Gattin als Regentin nach.[241] Elizabeth Carney erklärt dies mit der politisch ambivalenten Situation der Hekatomniden. Sie bekleideten eine Zwischenposition aus Satrap und

---

century tragic drama the barbarian is shaped as an inversion of Athenian civic ideals and is associated, therefore, with tyranny and female power. Societies that marginalize women in the political arena locate female rulers outside their own political structures in an alien social order, as a means of high-lighting that order's perceived peculiarity and their own 'normality'. In Athenian drama, women are ascribed political authority in proportion to the perceived barbarity of the community to which they belong and Athens is being opposed'. Die makedonische Sicht der Dinge kann nicht so harsch ausgefallen sein. Nach der Eroberung Kariens 334 v. Chr. setzte Alexander III. die abgesetzte Regentin Ada wieder in ihre Position ein und ließ sich von ihr adoptieren. Sie durfte sogar karische Truppen befehligen (Strab. 14,2,17). Vgl. Wiesehöfer (2005³), 120, 125; Brosius (2006a), 89; Bichler (2004), 502.

234 Vgl. Bockisch (1969), 164. Zur Legendenbildung: Val. Max. 4,6,5.

235 Arr. an. 1,23,7; Diod. 16,45,7. 69,2.

236 Arr. an. 1,23,7; Strab. 14,2,17; Diod. 16,69,2. Vgl. Bockisch (1969), 166. Alexander setzte sie 334 v. Chr. wieder sein; sie blieb in der dieser Position bis zu ihrem Tod um 326 v. Chr.

237 Strab. 14,2,17.

238 Vgl. Carney (2005), 69.

239 Strab. 14,2,16; Cic. Tusc. 3,31,75; Plin. n.h. 36,30 ; Polyain. 8,53; Vitruv 2,14-15; Dem. 15,11. Vgl. Tuplin (1996), 165; Lateiner (1989), 140; Sismondo Ridgway (1987), 406-407; Bockisch (1969), 146-148. Es repräsentierte die „*public identity*" (Carney (2002), 406) der Hekatomnidendynastie.

240 Plut. Alex. 10,1-3. Arrhidaios war als Bräutigam vorgesehen gewesen, doch innerhöfische Konflikten führten dazu, dass sich an seiner Stelle Alexander anbot. Dies geschah gegen den Willen von Philipp, der anscheinend mit ihm heiratspolitisch anderes vorhatte. Die karische Eheverbindung unterblieb dann ganz.

241 Vgl. Carney (2005), 81, 83.

Dynast und waren dem Großkönig unterstellt: „*In such circumstances, it may have seemed pointless to think in the long term, dynastically, to have any realistic expectation that many generations of Hecatomnids would rule Caria*".[242]

Als drittes mögliches Vorbild für die ptolemäischen Geschwisterehen gilt das ägyptische Königshaus. Endogamie war bei den Pharaonen ein vereinzeltes, spärlich bezeugtes Prärogativ,[243] das sich vermutlich auf Ehen zwischen Halbgeschwistern bezog.[244] Die griechische Wahrnehmung und Deutung war jedoch eine andere: Diodor zufolge sagte man den Ägyptern nach, sie hätten im Gegensatz zur übrigen Menschheit ein Gesetz erlassen, das den Männern gestattete, ihre Schwestern zu heiraten. Vorbild sei die Götterehe zwischen Isis und ihrem Bruder Osiris gewesen.[245] Für die Griechen galten Vollgeschwisterehen also als ägyptische Tradition. Daher verwundert nicht, dass Memnon die Heirat zwischen Ptolemaios Keraunos und Arsinoë II., die er offenbar mit ihrer Vollgeschwisterehe verwechselt, als „ὡς πάτριον τοῦτο τοῖς Αἰγυπτίοις" charakterisiert.[246] Dies ist kaum eine wertneutrale Bemerkung, sondern wohl eher kritisch gemeint gewesen. Zwar war die generelle griechische Haltung zu Ägypten ambivalent und das Land galt als uralte Quelle der Weisheit,[247] doch in kultureller und politischer Hinsicht den Griechen unterlegen.[248] Wie negativ die Bewertung ausfallen konnte, zeigt eine

242 Ebda., 84.

243 Vgl. Feucht (2004), 371; Carney (1987c), 423; Hopkins (1980), 311; Allam (1977), 569; Dillery (2005), 395.

244 Besonders in der 18. Dynastie. Vgl. Hölbl (1994), 106; Roux (1992), 238; Cerny (1954), 29; Scheidel (1996a), 321; Wenig (1969), 22; Robins (1983), 66-69; Carney (1987c), 423; dies. (2005), 82; Adamson (1982), 86.

245 Diod. 1,27,1. Vgl. Philo, de spec. leg. 3,13: Das ägyptische Gesetz erlaube es, dass Voll- und Halbgeschwister heirateten.

246 Memnon, FGrHist. 434, F 8,7: „*wie es bei den Ägyptern von alters hergebrachte Sitte war*". Vgl. Paus. 1,7,1. Vgl. Heinen (1972a), 75; Weber (1993), 273; Criscuolo (1990), 93.

247 Vgl. Dihle (1994), 72.

248 Vgl. Paus. 3,6,5; Polyb. 34,14,6; Dio 39,58,1-2. Vgl. Curt. 4,1,30; Liv. 38,17,11. Vgl. Hammond (1993), 12; Goudriaan (1988), 107; Ellis (2002^2), 28; Hazzard (2000), 86-87; Blomqvist (1992), 66; Hartog (2002), 215, 228; Hadley (1965), 74; Eddy (1961), 260; Gauger (2002), 189; Burton (1995), 129; Shipley (1993), 282; Shaw (1992), 284; Backhaus (1976), 175; Lateiner (1989), 147-152. Die Ägypter seien demnach besondere Fremde, aufgrund der monarchischen Verfassungsform aber dennoch „Barbaren" gewesen. Relativierend äußert sich Bagnall (1997), 230. Zum Spott der Römer über den ägyptischen Tierkult vgl. Juv. Sat. 15,1-3; Cic. rep. 3,9; tusc. 1,45,108; 5,27,78; Tac. hist. 1,11,1. Bis in die Spätantike wurden die Klischees tradiert: Ammian. 22,6,1-5. Allgemein zu römischen Vorurteilen gegenüber den Ägyptern vgl. Isaac (2004), 352-370.

Passage von Theokritos' *Adoniazusen*, in der es um die Zustände auf Alexandrias Straßen geht: Auf „ägyptische Art" sei geraubt und betrogen worden, bis Ptolemaios II. gekommen sei und für Ordnung gesorgt habe.[249]

Abgesehen davon stellt sich allerdings die Frage, ob der makedonische Adel, der die Beispiele für Geschwisterehen aus dem Perserreich oder aus Karien vor Augen haben mochte, auch glaubte, es mit einer ägyptischen Tradition zu tun zu haben.

Teile der älteren ebenso wie der neueren Forschung halten eine ptolemäische Anlehnung an das ägyptische Modell für unwahrscheinlich. Dies wurde in der älteren Forschung häufig damit begründet, dass sich die vermeintlich kulturell überlegenen Makedonen niemals ägyptische Traditionen eingelassen hätten.[250] Diese ideologisch überlagerte These ist von eurozentrischen Vorstellungen vom Osten geprägt, die Edward Said unter dem Terminus „Orientalismus" gefasst hat.[251] Gemeint sind die symbolisch codierten westlichen Konstruktionen des Ostens als einer unterlegenen Gegenwelt, die im 19. und 20. Jahrhundert als Teil eines Herrschaftsdiskurses zur kulturellen Hegemonie des Westens entstanden waren. In diesem Kontext wurden seit der Antike bekannte „Barbaren"-Topoi zum dekadenten, grausamen und ruchlosen Osten wieder aktuell.[252]

Die neuere Forschung zweifelt hauptsächlich deswegen daran, dass Ägypten das Vorbild war, weil es sich als Mythos herausgestellt hat, dass Geschwisterehen bei Pharaonen und Reichsbevölkerung zur Tradition

---

249 Theokr. 15,46-50: „πολλά τοι, ὦ Πτολεμαῖε, πεποίητε καλὰ ἔργα, ἐξ ὦ ἐν ἀθανάτοις ὁ τεκών. οὐδεὶς κακοεργός δαλεῖται τὸν ἰόντα παρέρπων Αἰγυπτιστί, οἷα πρὶν ἐξ ἀπατας κεκροτημένοι ἄνδρες ἔπαισδον, ἀλλάλοις ὁμαλοί κακὰ παίγνια, πάντες ἐπειοί". „*Viel Gutes ist von dir getan worden, oh Ptolemaios, seit dein Vater bei den Unsterblichen weilt. Keine Räuber schaden uns mehr auf offener Straße, die sich uns listig auf die ägyptische Art nähern, wie einst die Menschen es trieben, die durch Lug und Betrug sich verbunden hatten, alle einander gleich, gefährliche Bösewichte, eine schlimme Bande*". Vgl. Whitehorne (1995), 72. Die verwahrloste alexandrinische Lebensart prangert später auch Caesar an (Bell. Civ. 3,110,2).

250 So Kornemann (1923), 22-23; ders. (1998^3), 114, 124: Das Hellenentum habe sich „*den einheimischen Fellachen längst überlegen gezeigt*". Vgl. ders. (1925), 355-361; Bengtson (1988), 87; ders. (1975), 117. Gegen Kornemann vgl. Thierfelder (1960), 93; Vatin (1970), 58-59.

251 Vgl. Said 1994^2, 1-7: „Orientalism is a sign of European-Atlantic power over the Orient".

252 Vgl. Said 1994^2, 59. Vgl. Heinen (1989), 115-119. Wiesehöfer (2003), 205-206 entschlüsselt die Hauptelemente des „Orientalen"-Bilds, wie es etwa der Althistoriker Barthold Georg Niebuhr in seinen Vorlesungen vertrat: Trunksucht, Grausamkeit, Niedertracht, Unbeholfenheit, Indolenz, Trägheit, Einfalt, Fatalismus und Stolz darauf, Sklave des Königs zu sein.

gehört hatten.[253] So werden Ehepartner in ägyptischer Literatur und auf ägyptischen Urkunden als „Bruder" und „Schwester" bezeichnet, weil die Begriffe sich nicht ausschließlich auf den Verwandtschaftsgrad beziehen, sondern eine enge und vertraute Beziehung meinen, in diesem Sinne Koseworte sind.[254] Dieses Phänomen ist durchaus nicht nur für Ägypten bekannt, es gibt auch römische Beispiele.[255]

Anhand von Zensuslisten aus dem 1.-3. Jh. n. Chr., die einzelne Haushalte für die Besteuerung registrieren, wurde festgestellt, dass sich Geschwisterehen als verbreitete Sitte zudem erst unter römischer Herrschaft fassen lassen.[256] Der Verbreitungsgrad ist allerdings ebenso umstritten[257] wie der faktische Verwandtschaftsgrad zwischen den Ehepartnern – gemäß Hübner handelte es sich um jeweils ein adoptiertes und ein leibli-

253 Vgl. Schuller (1995), 96; Bowman (1986), 24; Hopkins (1980), 311; Assmann (1991), 99; Heinen (1972a), 75; Criscuolo (1990), 92.

254 Vgl. Bagnall (1993), 205; Troy (1986), 3; Thierfelder (1960), 6-7, Anm. 9; Modrzejewski (1964), 55; Wenig (1969), 22; Carney (1987c), 421; Koenen (1983), 160; Assmann (1991), 99; Hopkins (1980), 311; Shaw (1992), 274-275; Allam (1977), 569. Neben der ägyptischen Lyrik wurden die Bezeichnungen als Bruder und Schwester für den Ehepartner auch in Grabinschriften verwendet. Vgl. Allam (1977), 569. Dagegen wird die alte These weiterhin tradiert durch Cerny (1954), 23; Gehrke (2003³), 50. Auch die Griechen in Ägypten übernahmen diese Bezeichnung für ihre Ehepartner. Vgl. Allam (1977), 570, Anm. 4. Auch in Peru und auf Hawaii gibt es Analogien, vgl. Bixler (1982), 267; Hopkins (1980), 306-307. Nicht zuletzt ist auf Petrons *Satyrica* zu verweisen: Giton, Lustknabe der Hauptperson Encolpius, wird von ihm als „Brüderchen" bezeichnet.

255 Petron Sat. 9,2-4; 11,3.

256 Vgl. Modrzejewski (1964), 58, 68-70, 76, 80; Scheidel (1996a) 321; ders. (1996b), 9-51; ders. (1997), 362; Gonis (2000), 197; Shaw (1992), 274; Allam (1977), 568-569; Yiftach-Firanko (2003), 100; Carney (1987c), 421-422; Hopkins (1980), 303-304; Bixler (1982), 273; Wenig (1969), 22; Strong (2005), 32; Bagnall, R./Frier, B.W. (1994): The demography of Roman Egypt, Cambridge; Wallace, S.L.R. (1969): Taxation in Egypt from Augustus to Diocletian, ND New York, 101-102. Zu politischen Gründen für Roms Tolerierung der ägyptischen Endogamie vgl. Strong (2005), 31: „*By permitting incestuous marriages among non-Romans in Egypt, the Roman governors simultaneously pleased the local population while causing Jews and Non-Africans to hold their neighbours in content*".

257 Vgl. Scheidel (1997), 365; ders. (1995), 143-155. Dagegen vgl. Yiftach-Firanko (2003), 99-104: Die Geschwisterehen seien in den Dokumenten noch unterrepräsentiert, da ihre feste Institution zu undokumentierten Ehen geführt habe. Gemäß *communis opinio* ist die Zahl der Verbindungen zwischen Vollgeschwistern auf 20 % der Bevölkerung, die Endogamie allgemein auf ein Drittel zu veranschlagen, vgl. Strong (2005), 31.

ches Kind –[258] und das Motiv für den Trend zur Endogamie.[259] Zur Diskussion stehen erstens das ökonomische Motiv der Verhinderung von Erbteilung[260] und der Einsparung der Mitgift,[261] was in der wirtschaftlichen Krise des späten 1. Jahrhunderts v. Chr. besonders dringlich geworden sei,[262] zweitens das soziale Motiv des elitären Gruppenbewusstseins der griechisch-makedonischen Siedler, die sich von der einheimischen Bevölkerung hätten abgrenzen wollen,[263] und drittens das kulturelle Motiv der Geschwisterehe als eines romantischen Ideals.[264]

Da diese Form der Endogamie für Römer verboten war, endete das *laissez faire* gegenüber den ägyptischen Geschwisterehen mit dem Erlass der Constitutio Antoniniana im Jahr 212 n. Chr., durch die alle Bewohner der Ostprovinzen zu römischen Bürgern erklärt wurden.[265]

Es bleibt zu überlegen, ob es überhaupt ein kulturelles Vorbild für die Ehe zwischen Ptolemaios II. und seiner Schwester gab. Betrachtet man die Überlieferungsgeschichte des persischen Modells in der griechischen Welt, ist dessen Negativkonnotierung zu bedenken. Es war politisch wenig opportun, sich ausgerechnet an Kambyses zu orientieren, sowohl gegenüber dem griechischen Kulturkreis als auch gegenüber den Ägyptern. Gerade aus Kreisen der ägyptischen Priester hatte Herodot gehört, dass Kambyses ein größenwahnsinniger Mörder und Tempelschänder gewesen sei.[266] Eine offizielle Vorbildfunktion der persischen Endogamie ist demnach unwahrscheinlich, eine inoffizielle nicht ganz auszuschließen.

Elizabeth Carney argumentiert für eine ptolemäische Orientierung am Beispiel der Hekatomniden, von dem sich auch die Mitregentschaft der

---

258 Vgl. Hübner (2007), 21-49. Siehe auch Remijsen, S./Clarysse, W. (2008): Incest or adoption? Brother-sister marriage in Roman Egypt revisited, JRS 98, 53-61.

259 Vgl. Scheidel (1997), 363: „*the origin of brother-sister marriage remains obscure*". Vgl. Allam (1977), 570; Strong (2005), 32.

260 Analog für die Spätantike vgl. O'Roark (1996), 410. Kritisiert von Allam (1977), 570.

261 Vgl. Wenig (1969), 22; Scheidel (1996a), 334. Abgelehnt von Shaw (1992), 276; Hopkins (1980), 322.

262 Vgl. Parker (1996), 362-376.

263 Vgl. Shaw (1992), 277-293. Demnach seien die griechisch-makedonischen Siedler großem sozialen Druck ausgesetzt gewesen und hätten mit endogamer Abschottung nach dem Vorbild des ptolemäischen Königshauses reagiert. Vgl. Lund (2005), 15 analog für die alexandrinische Oberschicht. Angefochten von Scheidel (1996a), 333; ders. (1995), 155. Die verheirateten Geschwister hätten meist ägyptische Namen getragen.

264 Vgl. Hopkins (1980), 353.

265 Vgl. Thierfelder (1960), 90; Modrzejewski (1964), 73; Allam (1977), 569-570; Bagnall (1993), 204, Anm. 120; Scheidel (1997), 368.

266 Hdt. 3,30-37. Just. 1,9,1-4.

ptolemäischen Königinnen ableitet habe.[267] Dagegen ist allerdings einzuwenden, dass weibliche Koregentschaften keine Regel bei den Ptolemäern waren, sondern von den jeweiligen politischen Umständen abhingen. Eine „*Erhebung der Königin zur ‚Schwester' mit einer zumindest prinzipiellen Teilhabe am Königtum*"[268] war kein Automatismus der Endogamie im Ptolemäerreich.

Betrachtet man die Situation, in der Ptolemaios II. die Geschwisterehe einging – die Notwendigkeit, die Konsequenzen von Ptolemaios' I. Heiratspolitik zu neutralisieren – ist festzustellen, dass die Frage der Abhängigkeit von kulturellen Modellen wenig relevant ist. Es ging nicht primär darum, sich in eine bestimmte Tradition der Endogamie zu stellen und darüber zu legitimieren. Vielmehr wurde eine neue Form der monarchischen Repräsentation entwickelt, die als zentralen Programmpunkt hatte, die eigene Linie als die einzig herrschaftsfähige darzustellen. Erreicht wurde dies durch eine sakrale Überhöhung, die Darstellung der Ehe als Heilige Hochzeit zwischen zwei Götterkindern.[269] Für diese Inszenierung der Endogamie als königliches Privileg – und zwar spezielles Privileg der Abkömmlinge des Dynastiegründers und seiner Frau Berenike – standen nun durchaus Modelle zur Verfügung, nicht aus realen Königshäusern, sondern aus der griechischen und ägyptischen Götterwelt.

Der Vergleich zwischen endogamen Götterpaaren und dem Ptolemäerpaar betonte die besondere, sakral überhöhte Position und hob die ptolemäische Führungsspitze zudem von Königspaaren aus anderen hellenistischen Reichen ab. Zu beachten ist, dass die mythologische Parallele wohl nicht den Akt der Heirat selbst rechtfertigen sollte, wie teils vermutet wird,[270] sondern die besondere Bedeutung des Familienzweigs Ptolemaios' II. für das Ptolemäerreich.

Gegenüber der ägyptischen Bevölkerung bot es sich an, sich ähnlich wie die endogamen Paare im Pharaonenhaus an das mythische Vorbild der verheirateten Göttergeschwister Isis und Osiris, sekundär auch an Schu und Tefnut anzulehnen.[271] Es wird sich als günstig erwiesen haben, dass in Ägypten bereits eine literarische Tradition existierte, welche die Endogamie zu einem „*ideal of romantic love, legitimated by custom and by religion*"[272]

267 Vgl. Carney (2005), 86-87.

268 Lehmann (1988c), 84.

269 Vgl. Chauveau (2000), 31; Ager (2005), 17; Gehrke (2003^3), 173; Vatin (1970), 60-61; Heinen (1978), 186; Schmitt (2005^{3}a), 373-374; Seibert (1967), 83-84.

270 Vgl. Rossi (1989), 184, 186.

271 Vgl. Hopkins (1980), 343-344; Ameling (1997), 38; Hölbl (1994), 106.

272 Hopkins (1980), 345-346, 353.

verklärte, auf die man zurückgreifen konnte.[273] Bei diesem Modell war die familiäre Einheit zentral,[274] auf die es Ptolemaios II. in seiner dynastischen Imagepolitik gerade ankam.

Gegenüber den Makedonen und Griechen – innerhalb der Reichsgrenzen und darüber hinaus – bezogen sich die ptolemäischen Geschwister auf verheiratete Geschwisterpaare der olympischen Götter. In erster Linie waren Zeus und Hera Referenzmodell,[275] sekundär vielleicht die Halbgeschwister Herakles und Hebe.[276] Ob auch Arete und Alkinoos, die ein alexandrinischer Hesiod-Scholiast als verheiratete Geschwister nennt,[277] Vorbildcharakter hatten, sei dahingestellt.

Im Zentrum der Inszenierung der ersten ptolemäischen Geschwisterehe im griechisch-makedonischen Kontext stand demnach der Vergleich mit dem *hieros gamos* von Zeus und Hera.[278] Angesichts der Rolle der

---

273 Vgl. Zecchi (2004), 151-152. Im Mythos bewirkte Isis' Liebe zu Osiris, dass er sein jenseitiges Leben als Herrscher des Totenreichs antreten konnte. In einem Klagelied wird ihre unverbrüchliche Treue beschrieben: „*Ich bin die Frau, die ihrem Bruder wohlgesinnt ist, deine Gattin, Schwester von deiner Mutter her. Mögest du eilig zu mir kommen … Oh Gatte, mein Bruder, Herr der Liebe, mögest du in Frieden zu deiner Stätte zurückkehren!*" (Zit. n. Roeder (1960), II, 198-200). Auch Horus beging einen Akt der Liebe, als er mit dem Sieg über Seth seinen Vater rächte, vgl. Koenen (1983), 166-167; ders. (1993), 63 ; Assmann (2004), 22-23. Das Epithet „*geliebt von einer Gottheit*" gehört zu den häufigsten Beischriften des Pharao und stand für die Rechtmäßigkeit seiner Herrschaft. Vgl. Brunner (1989^3), 72; Koenen (1983), 163; ders. (1993), 62, Anm. 86; Minas (2000), 55; Assmann (2000a), 35: „*Da ‚wollen' und ‚lieben' im Ägyptischen durch dasselbe Wort bezeichnet werden und da es undenkbar erscheint, dass ein Herrscher das Böse lieben kann, ist der Wille = Liebe des Königs auf das Gute festgelegt*". Die Liebe des ptolemäischen Königspaars galt dem Erhalt des Königtums und war Teil der öffentlichen Inszenierung. Vgl. Koenen (1983), 165; ders. (1993), 62; Wikander (1996), 187; Schmitt (1991), 79-80; Bowman (1986), 23; Beyer-Rotthoff (1993), 285.

274 Vgl. Clauss (2001), 103. In ägyptischen Mythen drückt sich dies durch die Einteilung der Götter in Paare oder Triaden aus.

275 Vgl. Gigante Lanzara (1994), 92; Ager (2005), 17-18; Schuller (1995), 96; Green (1990), 145-146; Lelli (2002), 11; Burton (1995), 149; Chauveau (2000), 31; Hopfner (1967), I, 31; Roux (1992), 238; Seibert (1967), 83; Koenen (1983), 158; ders. (1993), 56; Burton (1995), 4; Müller (2005a), 43; Gutzwiller (2007), 191. Pfeiffer (2004), 166, führt auch noch Tethys und Okeanos an, Gutzwiller (2007), 70, 190 Helena und Menelaos sowie Apollon und Artemis, die jedoch keine Geschwisterehe führten.

276 Theokr. 17,32-33. Vgl. Stephens (2003), 126-127.

277 Vgl. Hunter (1993), 161-162; Mori (2001), 90. In Od. 7,53-68 sind sie Nichte und Onkel.

278 Vgl. Griffith (1979), 54; Bielman (2002), 75. Zweifel an der Effektivität der Parallele äußert Müller (1968), 5. Huwendiek (1996), 156 verkennt die Bedeutung

homerischen Epen in der makedonischen Kultur war dies naheliegend. Bereits bei der Hochzeitsfeier soll ein höfischer Künstler die ptolemäische Endogamie zur irdischen Parallele stilisiert haben.[279] Wie diese Verklärung ausgesehen haben kann, mag Theokritos' *Idyll* 17 veranschaulichen, in dem er die Hochzeitsnacht in Alexandria mit der Hochzeitsnacht von Hera und Zeus vergleicht.[280] Von dem Gedicht, das Kallimachos anlässlich der Hochzeit verfasst haben soll, ist leider nur der Anfangssatz überliefert, so dass ungewiss bleiben muss, ob er darin auch auf Zeus und Hera anspielt.[281] In den *Aitia* nennt er jedoch Berenike II. „κα[σιγνή]των ἱερὸν αἷμα θεῶν",[282] was vermuten lässt, dass auch er den Vergleich zwischen den ptolemäischen und den olympischen Geschwistern zog.[283]

Susan Stephens argumentiert gegen die Modellfunktion des olympischen Paars, weil die Figur der Hera aufgrund ihres streitbaren, zornigen Wesens und die Gestalt des Zeus wegen seiner notorischen Untreue als Vorbild ungeeignet gewesen seien. Vielmehr hätten Isis und Osiris Pate gestanden, weil ihr Image besser gewesen sei.[284]

Dagegen ist einzuwenden, dass man berücksichtigen muss, wer die Rezipienten der höfischen Inszenierung, wie sie die Gedichte reflektieren, waren. Es handelte sich um die gebildete Führungsschicht, die primär aus

---

des *hieros gamos* bei Zeus und Hera. Lelli (2002), 11-13, 20 sieht in dem sehr verstümmelten Poseidippos-Fragment Ep. 114 A.-B. (SH 961) ebenfalls einen Vergleich der ptolemäischen Hochzeit mit der Heiligen Hochzeit von Zeus und Hera.

279 Plut. mor. 736 E. Ein Rhapsode soll seinen Vortrag mit den Versen aus der *Ilias* begonnen haben: „Ζεὺς δ' Ἥρην ἐκάλεσσε κασιγνήτην ἄλοχόν τε". „*Dann hob Zeus an, zu Hera, seiner Frau und Schwester, zu sprechen*" (vgl. Il. 18,356).

280 Theokr. 17,128-134. Weber (1993), 274 betrachtet Theokritos' Beschreibung der Liebe zwischen den Geschwistern allerdings im Gegensatz zur Liebe zwischen ihren Eltern als „*auffallend defizitär*".

281 Vgl. Stephens (2005), 243. Das Epigramm habe sich an Pindar angelehnt. Zu Zweifeln an der Zuschreibung vgl. Weber (1993), 261: Das Gedicht ist nicht im Titelverzeichnis von Kallimachos in der *Suda* aufgeführt.

282 Kallim. Ait. 3,58, Z. 2-3 Asp. (SH 254 + 383 Pf.): „*heiliges Blut der Geschwistergötter*".

283 Vgl. Rossi (1989), 183-189; Ager (2005), 5. Weber (1993), 274 zufolge sei diese mythische Parallele eine Erfindung von Theokritos und fände sich nur bei ihm und Kallimachos erwähnt. Die These ist problematisch, weil Weber die bildlichen Zeugnisse bewusst nicht berücksichtigt (Anm. 2). Gow (1952), 346 bezeichnet die Parallele zur Götterhochzeit als „*both blasphemous and sycophantic*", nur damit zu erklären, dass sie mit ihrer gemeinsamen Apotheose aktuell geworden sei. Taeger (1957), I, 376 konstatiert eine feine Ironie vonseiten Theokritos'. Inwiefern dies vor allem der modernen Perspektive entspricht, ist zu überlegen.

284 Vgl. Stephens (2003), 168; ähnlich Carney (2000a), 221-224 zu Hera. Deren Vorbildfunktion für das Image Arsinoës II. ist aber auch in bildlicher Darstellung fassbar.

Makedonen und Griechen bestand und in deren Augen Isis und Osiris sicherlich kein besseres Image gehabt hatten als Götterkönig Zeus und seine Frau. Gerade die komplexe Dichtung von Kallimachos und Theokritos mit ihren anspruchsvollen Verweisen auf die griechische literarische Tradition und auf argeadische Codes der Repräsentation zeigt, dass sie sich an ein Publikum richtete, das sehr mit griechisch-makedonischer Kultur vertraut war. In ihren Werken werden ägyptische Traditionen höchstens *en passant* gestreift – und dies dann auch noch aus griechischer Perspektive. Daher erscheint mehr als fragwürdig, dass zwar Zeus und Hera genannt werden, aber eigentlich Isis und Osiris gemeint sein sollen.

Gerade die Figur der Hera in den Epen bot sich als Modell für die öffentliche Rolle Arsinoës an: Hera erklärt ihre herausgehobene Stellung als Erste unter den Göttinnen mit ihrer Geburt und mit ihrer Ehe.[285]

Das olympische Referenzmodell Zeus und Hera bot weitere Vorteile; es existierte eine lange Tradition ihrer literarischen und bildlichen Darstellung, die funktionalisiert werden konnte. Die ptolemäischen Geschwister konnten auf ihre Ikonographie zurückgreifen, schlagkräftige Codes mit hohem Wiedererkennungswert für ihre Selbstinszenierung adaptieren und somit erreichen, dass die Adressaten unmittelbar über die implizierten Botschaften im Bilde waren. Zeus und Hera erscheinen daher als ein Hilfsmittel, eine Art Schablone, nach der das neue Image des ptolemäischen Königspaars geformt wurde, um es zum Kern des dynastischen Images zu machen. Um die Neuerung in der makedonischen Heiratspraxis in der Inszenierung mit verständlichen Formeln zu vermitteln, wurde auf lange bestehende Traditionen zurückgegriffen. Die bekannteste Geschwisterehe in der griechisch-makedonischen Kultur wird die von Zeus und Hera gewesen sein. Überdies gewährleistete der Transfer auf die mythische Ebene eine sakral überhöhte Distanz des Herrscherpaars von der Hofgesellschaft.

Insofern mag zutreffen, dass die Propagierung der Geschwisterehe als königliches Privileg einer von mehreren Aspekten war, die den Weg zur kultischen Verehrung des Geschwisterpaars bereiteten.[286] Der Umkehrschluss jedoch, die Vergöttlichung sei der Heirat vorangegangen, weil die Geschwister ohne diese prestigiöse Maßnahme den polarisierenden Akt nicht hätten durchsetzen können,[287] ist schon aufgrund der Chronologie nicht haltbar. Die Apotheose der Geschwistergötter erfolgte 272/71 v. Chr., während Arsinoë bereits 275/74 v. Chr. als Gattin des Königs be-

285 Il. 18,356,360-366.

286 Vgl. Carney (1987c), 430-431; Hazzard (2000), 89-90; Gigante Lanzara (1994), 115; Griffith (1979), 54, 58.

287 Vertreten von Hintzen-Bohlen (1992), 79.

zeugt ist.[288] Die mythische Umkleidung war demnach die Folge der Heirat, nicht die Voraussetzung.

Es ist überdies umstritten, wie die Reaktion der Griechen und Makedonen ausfiel.[289] Einer These zufolge hielt sich die moralische Entrüstung in Grenzen,[290] die Gegenrichtung geht von einem nachhaltigen Skandal zumindest in Griechenland aus.[291] Teils wird gefolgert, die Empörung sei so groß gewesen, dass die Geschwister gezwungen gewesen seien, ihre Ehe möglichst diskret zu behandeln.[292] Bei größeren Anlässen nach Arsinoës Tod habe Ptolemaios II. sogar die Erinnerung an sie bewusst unterdrückt.[293] Dies lässt sich nicht mit den Zeugnissen in Einklang bringen, die belegen, dass die Geschwisterehe während der gesamten Regierungszeit von Ptolemaios II. Dreh- und Angelpunkt seiner Repräsentation war und keineswegs marginalisiert oder vertuscht wurde.

Wie die ptolemäische Hofgesellschaft auf die Geschwisterehe reagierte, ist schwierig zu rekonstruieren. Als Schlüsselbeleg gilt ein Fragment von Hegesander bei Athenaios, das den Kommentar eines Dichters, Sotades aus Maroneia,[294] zitiert: „εἰς οὐχ ὁσίην τρυμαλιὴν τὸ κέντρον ὠθεῖς".[295] In welchem Kontext Sotades sich so äußerte, etwa bei einem Bankett als Replik auf eine dichterische Glorifizierung der Ehe,[296] ist

---

288 Pithomstele, Z. 16.

289 Vgl. Hauben (1970), 38; Muccioli (1994), 411.

290 Vgl. Weber (1993), 273; Fraser (1972), I, 117-118; Carney (1987c), 428-429.

291 Vgl. Bielman (2002), 75; Mori (2001), 90; Roux (1992), 238-239; Modrzejewski (1964), 70; Pfeiffer (2004), 166; Seibert (1983), 201; Bengtson (1975), 117; Bowman (1986), 24; Vössing (2004), 155; Geus (2002), 64; Lelli (2002), 8; Ager (2003), 39; dies. (2005), 4-5; Hintzen-Bohlen (1992), 78-79.

292 Vgl. Fraser (1972), I, 217, II, 366, Anm. 223; Hölbl (1994), 106; Roux (1992), 238-239; Thompson (1973), 55. Leicht revidiert von Muccioli (1994), 403-404, 421-422; Ager (2005), 26; Criscuolo (1990), 94-95, die auf die aristotelische Prägung von Arsinoës Beinamen Philadelphos (Xen. Mem. 2,3,27) hinweist, der ihre einzigartigen moralischen Qualitäten habe betonen sollen.

293 Vgl. Hazzard (2000), 39, 67, 93. Als Beleg gilt ihm insbesondere, dass sie im Chremonideischen Dekret nur als Schwester, nicht als Frau Ptolemaios' II. bezeichnet wird. Dagegen vgl. Ager (2005), 26.

294 Zu Sotades vgl. Reed (2000), 341: „*both insider and ironist at the Alexandrian court*".

295 Athen. 14,621 A; Plut. mor. 11 A. „*Den Stachel stößt du in ein unheiliges Loch*".

296 Vgl. Vössing (2004), 155. Cameron (1995), 18-22 zufolge habe Sotades das Ptolemäerpaar und ihr mythisches Vorbild Zeus und Hera verspottet. Kallimachos habe mit seinem Lobgedicht reagiert. Laut Kosmetatou (2004c), 24 war es Theokritos, der in die Bresche gesprungen sei. Dagegen sieht Weber (1993), 273, Anm. 7 wiederum bei Theokritos ironische Züge. Dagegen wendet sich Burton (1995), 137-138. Es erscheint nicht einsichtig, weshalb eine Lobrede auf den Herrscher dessen Ehe verspotten sollte.

ungewiss. In jedem Fall ist seine Meinung nicht repräsentativ für die ptolemäische Hofgesellschaft oder für die griechische Welt allgemein.[297] Hegesander zufolge war Sotades nämlich für seinen Hang zu „ἄκαιρον παρρησίαν“, freimütiger Rede zur Unzeit, bekannt und hatte nicht nur Ptolemaios II., sondern auch schon Lysimachos und andere Herrscher brüskiert.[298] Entsprechend wird sein Kommentar nicht nur als Seitenhieb gegen den Inzest gedeutet, sondern vor allem als Kritik am Herrschaftsstil Ptolemaios' II.: κέντρον sei nicht nur als Zeichen für „Phallos“, sondern auch als Symbol für Tyrannei zu verstehen.[299] Dazu würde passen, dass *parrhesia*, die freie Rede, für die Sotades berüchtigt war, in Makedonien traditionell politische Mitsprache implizierte.[300]

Aufgrund seiner verbalen Entgleisungen musste Sotades aus Alexandria fliehen[301] und wurde einige Zeit später, gemäß Marcel Launey um 266/65 v. Chr.,[302] – laut Plutarch nach einem Gefängnisaufenthalt –[303] vom ptolemäischen Nauarchen Patroklos bei der Insel Kaunos gefasst und in einem Bleifass im Meer ertränkt.[304] Alan Cameron und Gregor

297 Vgl. Weber (1993), 273.

298 Athen. 14,620 F. Vgl. Weber (1998/99), 162-165; ders. (1993), 273. Lelli (2002), 14 zufolge sei Arsinoë die Zielscheibe seines Spotts über Lysimachos und Ptolemaios II. gewesen, weswegen sie für eine harte Strafe plädiert habe. Dies ist indes unbewiesen.

299 Vgl. Weber (1998/99), 163; Pretagostini, R. (1991): La duplice valenza metaforica di *kentron* in Sotade fr. 1 Powell, QUCC 39, 111-114.

300 Vgl. Müller (2003b), 259-260.

301 Vgl. Weber (1993), 273; ders. (1995), 294, Anm. 51; ders. (1998/99), 165; Vössing (2004), 155. Die Reaktion Ptolemaios' II. sei daher kein Paradigma für tyrannisches Verhalten gewesen. Zur Gegenposition vgl. Burton (1995), 4; Gow (1952), 346 mit der Schlussfolgerung, die harte Bestrafung habe gezeigt, „*that he* [Ptolemaios II.] *was touchy on the subject.*“ Ähnlich: Ager (2005), 5. Anscheinend mochte Ptolemaios II. generell grobe Anzüglichkeiten in der Dichtung nicht; jedenfalls wird dies einer der Gründe gewesen sein, weswegen Herondas keinen Erfolg bei ihm hatte. Vgl. Herzog (1924), 432.

302 Vgl. Launey (1945), 43. Bestätigt von Cameron (1995), 19; Hazzard (2000), 42.

303 Plut. mor. 11 A. Zur Kombination der beiden Versionen: Launey (1945), 33-34; Luce (1997), 60, Anm. 1. Vössing (2004), 155 sieht die Gefängnisstrafe als Alternative zur Todesstrafe an.

304 Athen. 14,620 F-621 A. Plut. mor. 11 A spricht nur von einer strengen Strafe und Buße für seine Worte. Die bei Athenaios genannte Insel ist umstritten. Der Übersetzer, C.B. Gulick, 345, Anm. f, merkt an, dass es eine Insel namens Kaunos nicht gab, nur eine karische Stadt, und dass Dionys gemeint gewesen sei. Launey (1945), 34, 41 glaubt hingegen an einen Kopierfehler; gemeint sei die Insel Kaudos. Dass Sotades nach so langer Zeit noch hingerichtet wurde, erklärt er (ebda., 44-45) mit einem Gedenkakt Ptolemaios' II. für seine tote Schwester. Ähnlich: Hauben (1970), 53, 56, 66. Green (1990), 82 bezeichnet die Hinrichtungsmethode

Weber vermuten, dass es keine späte Rache war und nicht sein Affront gegen die Geschwisterehe bestraft wurde, sondern ein in der *Suda* erwähntes Gedicht über Ptolemaios' II. Geliebte Belistiche, in dem er gemäß Elizabeths Kosmetatous Vermutung ihre erfundene argivische Abkunft aufs Korn genommen hatte.[305] Damit sei das Maß endgültig voll gewesen.[306]

Als zweiter Beleg für eine missbilligende Haltung der ptolemäischen Hofgesellschaft zur ersten Geschwisterehe gilt eine Bemerkung bei Plutarch. Im thematischen Kontext der Nützlichkeit von Dichterzitaten zur rechten Zeit erwähnt er, dass ein Rhapsode bei der Hochzeitsfeier den Vergleich zu Zeus und Hera gezogen habe, und macht klar, dass damit die Sittenwidrigkeit des Ehebunds überspielt werden sollte.[307] Offenbar stellte er sich vor, dass der Rhapsode geradezu die Situation vor dem Kippen rettete, indem er aus der *Ilias* zitierte.

Als Zwischenbilanz ist festzustellen, dass sich aus der vereinzelten Bemerkung des Sotades und den verstreuten moralischen Wertungen späterer griechischer Autoren wie des Moralphilosophen Plutarch nicht schließen lässt, wie die griechische Welt oder der ptolemäische Hof auf die ungewöhnliche Ehekonstellation reagierte. Weder lässt sich fassen, ob Anstoß genommen wurde noch in welchen Bevölkerungsgruppen oder in welcher Form.

Für die ptolemäische Regierung überwogen offenkundig die Vorteile der Endogamie. Mittels Gedenkmünzprägungen, Skulpturen oder höfischer Dichtung wurde die königliche Geschwisterehe als das Maß aller Dinge zelebriert.[308] Die außenpolitischen Beziehungen Ptolemaios' II. belegen, dass ihm durch die Endogamie kein Imageproblem entstand, auch in Griechenland nicht. Dafür zeugt gerade sein Bündnis mit Athen und Sparta gegen Antigonos Gonatas,[309] der nicht seine Schwester geheiratet hatte und trotzdem in keinem guten Ruf bei den Athenern stand. Moralische Bedenken bezüglich des Heiratsverhaltens spielten bei politischen Bündnissen keine Rolle. Eine Parallele lässt sich zu Philipp II.

---

als „exotisch", nennt aber keine Erklärung für die Zeitspanne zwischen Affront und Tötung.

305 Kosmetatou (2004c), 22, 31-32.

306 Vgl. Cameron (1995), 243, 257. Ebenso: Weber (1998/99), 164; Ravazzolo (1996), 142-143. Die Gefängnisstrafe wird in dieser Interpretation nicht thematisiert. Hazzard (2000), 41 löst das Problem, indem er davon ausgeht, dass Sotades aus dem Gefängnis heraus gegen Belistiche polemisiert habe, was allerdings nicht wirklich überzeugt.

307 Plut. mor. 736 E.

308 Theokr. 17,128-134

309 Syll.^{3} 434/5.

ziehen, dessen Polygamie mit sieben Frauen in der griechischen Welt zwar nicht positiv bewertet wurde,[310] aber keine Auswirkungen auf seine politische Handlungsfähigkeit hatte.

Endogamie als königliches Privileg

Um zu verstehen, wieso Ptolemaios II. die Endogamie einsetzte, um die Thronfolge auf einen herrschaftsfähigen Familienzweig zu verengen und diesen sakral zu überhöhen, ist noch einmal auf seine Erfahrungen zu verweisen, welche Probleme ihm die Heiratspolitik seines Vaters beschert hatte. Die Polygamie hatte für interne Konkurrenz um den Thron gesorgt, die Exogamie für die Gefahr, dass Gegner von außen eingriffen. Beide Unsicherheitsfaktoren wollte er im Rahmen seiner Nachfolgeregelung ausschalten. Als Lösung wählte er die Endogamie.

Ptolemaios II. musste vor allem auch deshalb eine möglichst gesicherte Nachfolgeregelung und eine stabile Position seines Erben anstreben, weil er für die Verheiratung seiner Kinder teils wieder den Risikofaktor der Exogamie in Kauf nahm. Seine Tochter Berenike wurde 252 v. Chr. ins Seleukidenhaus verheiratet.[311] Um zu verhindern, dass die Seleukiden dies nicht als Chance nutzten, um in die ägyptische Thronfolge eingreifen, musste das Ptolemäerhaus geeint und gesichert dastehen. Erst auf dieser Grundlage war es wiederum auch möglich, dass die Ptolemäer selbst Ansprüche auf den seleukidischen Thron anmelden konnten.

Als Garantin der Pläne Ptolemaios' II. für die innerdynastische Konsolidierung kam nur seine Schwester Arsinoë in Frage, weil sie alle relevanten Faktoren mitbrachte:[312] Sie war wie er ein Kind von Ptolemaios I. und Berenike I. und dazu in einem Alter, das weitere Nachkommen von ihr, die Konkurrenz und Streitfaktoren bedeutet hätten, unwahrscheinlich machte.[313]

---

310 Plut. Alex. 9,3. 6. Vgl. Carney (2007).

311 App. Syr. 65. Vgl. Beyer-Rotthoff (1993), 17-35.

312 Der Aspekt, dass Arsinoë, nun wieder Witwe und frei für Heiraten, und ihr Sohn Ptolemaios für die Konkurrenz neutralisiert werden sollten, spielt eine untergeordnete Rolle.

313 Die These, die Endogamie habe dazu gedient, eine makedonische Elite künstlich zu erhalten (vgl. Green (1990), 160; Gow (1952), 345; ansatzweise Bengtson (1975), 117; differenzierter: Ager (2005), 18-19), ist abzulehnen. Die Geschwisterehe richtete sich auch gegen andere makedonische Thronprätendenten, sogar aus dem eigenen Haus.

Dies lief der traditionellen griechischen Auffassung vom Zweck der Ehe zuwider, die hauptsächlich dazu diente, Kinder zu zeugen, nicht, Kinder zu vermeiden.[314] Mangelndes Verständnis und Befremdung vonseiten der griechischen Autoren ist daher nicht verwunderlich. Der politische Aspekt der Attraktivität Arsinoës II. als einer Braut, die keine Kinder mehr bekommen kann, wurde verkannt.

Wie erwähnt war der zweite Faktor, der ihre Attraktivität im dynastiepolitischen Konzept Ptolemaios' II. ausmachte, ihr Prestige als Tochter von Ptolemaios I. und Berenike I.

Diese Politik der Überhöhung eines Familienzweigs zeigt, dass Ptolemaios II. nicht daran gelegen war, die Geschwisterehe als Heiratsmuster für seine Hofgesellschaft zu propagieren, sondern als königliches Privileg, das die übergeordnete Position des Herrscherpaars unterstrich.[315] Aus der Verbreitung von Geschwisterehen in der ägyptischen Bevölkerung unter römischer Herrschaft kann nicht geschlossen werden, dass Ptolemaios II. die Geschwisterehe reichsweit angeregt oder sogar vorgeschrieben hatte. Weder ist über eine solche Kampagne etwas bekannt[316] noch sind Geschwisterehen in der Bevölkerung unter den Ptolemäern belegt.[317] Konkrete Angaben, wann die Geschwisterehe sich in Ägypten auszubreiten begann, lassen sich nicht finden, aber die Befunde sprechen dafür, dass es erst nach dem Untergang des Ptolemäerreichs geschah.[318] Auch wenn sich die Ehepaare das Heiratsverhalten der einstigen Königsfamilie zum Vorbild genommen haben sollten, handelt es sich um die Nachwirkung eines Modells aus der Vergangenheit, für die Ptolemaios II. nicht verantwortlich zeichnen kann. Selbst im Königshaus wurde die Geschwisterehe nicht zur Regel;[319] nur die offizielle Bezeichnung des Herrscherpaars als „Bruder" und „Schwester" – auch für nicht verschwis-

---

314 Vgl. Carney (2000a), 18-22; Pomeroy (1996), 246.

315 Vgl. Lehmann (1988c), 84: ein „*Anspruch auf charismatisch-dynastische Exklusivität*". Von einer Selbstdarstellung als „*rex inter pares*", die Beyer-Rotthoff (1993), 273 für Ptolemaios III. annimmt, kann weder bei ihm noch bei seinem Vater die Rede sein. Ein „*rex inter pares*" scheint vielmehr angesichts der ptolemäischen Überhöhung des Herrscherpaars ein Widerspruch in sich zu sein. Gerade die Selbstdarstellung Ptolemaios' III. (vgl. OGIS 54) spricht dagegen.

316 Vgl. Wenig (1969), 22; Scheidel (1996a), 321.

317 Vgl. Scheidel (1996a), 321; Thompson (2002), 153.

318 Vgl. Scheidel (1997), 362-363. Thompson (2002), 153 fand in ägyptischen Steuerregistern aus ptolemäischer Zeit keine Belege für Geschwisterehen, dagegen für andere Formen von Endogamie sowie für Polygamie. Wenig (1969), 22 berichtet jedoch von einem gesicherten Fall in ägyptischen Privatkreisen.

319 Vgl. Ager (2005), 3-28: Bei ptolemäischen Geschwisterehen seien keine gesundheitlichen Schäden durch Inzest belegbar. Dagegen vgl. Ogden (1999), 67-116.

terte Ptolemäerpaare –[320] und der Königin als ἀδελφὴ καὶ γυνὴ setzte sich durch.[321]

Neu war das Konzept in seinen Grundzügen nicht; die familiäre Einheit und harmonische Verbundenheit war bereits in den Diadochenreichen ein Element der Herrschaftsrepräsentation gewesen und öffentlich zelebriert worden.[322] Ptolemaios II. verlieh dem Modell jedoch einen besonderen zusätzlichen Aspekt: den endogamen Anstrich. Seit er das dynastische Image auf die Überhöhung seines Familienzweigs ausrichtete, begann die Kernfamilie eine besondere Rolle zu spielen. Dies wird in der höfischen Enkomiastik fassbar, die neben den Münzprägungen zur Seltenheit der zeitgenössischen Quellen zählt und daher zumindest reflektiert, wie die Ptolemäer von den Dichtern der höfischen Gesellschaft vorgestellt wurden.

Theokritos' Enkomion auf Ptolemaios II. feiert ebenso dessen Liebe zu seiner Schwestergemahlin[323] wie die Zuneigung zwischen seinen Eltern.[324] Das Brautbett nimmt dabei eine zentrale Rolle ein. Den Zuhörern am Hof von Alexandria wurden artifizielle Einblicke in die herrschaftlichen Schlafgemächer gewährt, die zum öffentlichen Raum und zu einem Teil der Bühne für die monarchische Inszenierung.[325] So thematisierte Theokritos, welches Vergnügen das erste Ptolemäerpaar miteinander hatte

---

320 Vgl. Koenen (1993), 62; ders. (1983), 161; Wikander (1996), 187; Roy (1998), 119, 131, Anm. 62; Beyer-Rotthoff (1993), 281; Thissen (1966), 67.

321 Vgl. Vatin (1970), 59-62; Hoffmann (2000), 173; Albersmeier (2002b), 175; Pfeiffer (2004), 16; Beyer-Rotthoff (1993), 287-288. Zum Titel „Schwester" vgl. Huß (1976), 260-261; Clauss (1995), 22; Heinen (1974), 147-149.

322 Vgl. Koenen (1993), 62.

323 Theokrit. 17,38-40, 128-130. Vgl. Weber (1993), 234; Burton (1995), 138, 151; Lelli (2002), 13; Rossi (1989), 79: „*The motif of* ἀντιφιλεῖν *is very common in Hellenistic times... Obligation to love one's wife, oligation on her part to reciprocate her husband's love, and the production of children issuing from such reciprocal love are obligatory themes in epic epithalamia of the Hellenistic period*". Vgl. Koenen (1993), 61-62.

324 Theokr. 17,39-42. Rossi (1989), 71 weist auf Theokritos' ungewöhnliche Darstellung von Berenike I. hin: Mit der Bezeichnung als „ὄφελος μέγα" (Z. 35), die er üblicherweise nur für junge Männer verwendet (Id. 13,18), habe er ihre Werte sehr stark betont

325 Ebenso verhielt es sich in der Frühen Neuzeit. Vgl. Weil, R. (2002), 100-103; dies. (1993): „Sometimes a sceptre is only a sceptre: Pornography and politics in Restoration England, in: Hunt. L. (HG.), The invention of pornography, New York; dies. (1999): Political passions. Gender, the family and political argument in England 1680-1714, Manchester/New York; Zanger, A.E. (1997): Scenes from the marriages of Louis XIV. Nuptial fiction and the making of absolutist power, Stanford; dies. (1994): Making sweat: Sex and the gender of national reproduction in the marriage of Louis XIII, Yale French Studies 86, 187-205.

und und wie innig die Umarmung zwischen Ptolemaios II. und seiner Schwester in der Hochzeitsnacht ausfiel.[326] Auch die Folgen der Liebe von Ptolemaios I. und Berenike I. sind Gegenstand der Dichtung: die Qualen Berenikes bei der Niederkunft und die Geburt von Ptolemaios II. auf Kos.[327] Da die Geburtsgeschichte einer Gottheit zu den festen Bestandteilen eines Hymnos gehört,[328] wird die überhöhende Funktion dieses Strukturelements deutlich. Eine Generation später widmete sich Kallimachos in der *Locke der Berenike* der Hochzeitsnacht von Ptolemaios III. und Berenike II.[329] und zeichnete ein Bild Berenikes als widerspenstige Jungfrau im Schlafzimmer[330] und treue Ehefrau, die sehnsüchtig auf die Rückkehr ihres Mannes aus dem Krieg wartet.[331]

Liebe, Treue, Beischlaf und Niederkunft sind dabei als Codes für dynastische Einheit zu verstehen, die weniger mit den Ptolemäern als Person zu tun hatten als mit ihrer jeweiligen *Persona* im Rahmen von Dynastiepolitik und Repräsentation. Die Einladung der Dichter an das höfische Publikum, einen Blick in die königlichen Schlafgemächer zu werfen, bedeutete einen Blick auf die inszenierte Stätte der Legitimation und Kontinuitätssicherung. Zuneigung und Treue garantierten für eine legitime Nachfolge, die wiederum das Wohlergehen von Reich und Bevölkerung gewährleistete. Was die Dichter von dem vermeintlichen Intim- und Familienleben der Ptolemäer berichten, sind artifizielle, ideologisch codierte *tableaux vivants*.

Es war zu sehen, dass die Freuden und Folgen des Brautbetts zwar in der Dichtung eine Rolle spielten, jedoch kein Motiv für die Geschwisterehe gewesen waren, da aus der Verbindung mit Arsinoë II. gerade keine Kinder hervorgingen und hervorgehen sollten. Theokritos beschrieb ihre symbolische Mutterrolle für den künftigen Thronfolger, die er wörtlich nahm. Es handelt sich sozusagen um eine Rückprojizierung des legitimen Zeugungsakts auf literarischer Ebene.

---

326 Theokr. 17,34-42. 128-130. Vgl. Rossi (1989), 186; Burton (1995), 80. Lelli (2002), 15 führt die erotische Tendenz auf ein Bestreben Theokritos' zurück, die „private" Seite Arsinoës darzustellen. Da diese Seite aus den Quellen jedoch nicht zu rekonstruieren ist und zudem die Repräsentation immer ein Image zeigt, ist dies unplausibel.

327 Theokr. 17,58-64.

328 Vgl. Ambühl (2005), 226. Entweder wird dieser Aspekt als kurze Anspielung in der einleitenden Anrufung oder ausführlicher als Teil der narrativen *pars epica* behandelt.

329 Kallim. fr. 122-127 Asp. (110 Pf.); Catull 66,15-25. Vgl. Rossi (2000), 300-303. Das Gedicht ist nur vollständig in der Verarbeitung durch Catull erhalten. Vgl. Fordyce (1973^5), 328.

330 Catull 66,11-14.

331 Catull 66,83-88.

Diese Illusion, Arsinoë II. sei die leibliche Mutter ihrer Neffen, und der Fokus auf das Brautbett mögen Unverständnis geweckt haben. Pausanias' Bemerkung, Ptolemaios habe seine Schwester geheiratet, weil er sich in sie verliebt habe, ist ein Nachhall der ptolemäischen Selbstdarstellung und wäre noch durchaus im Interesse des Hofs gewesen.[332] Mit Sotades' rüdem Kommentar, Ptolemaios II. stecke seinen Stachel in ein verbotenes Loch,[333] wird es sich anders verhalten haben. Er ist zwar kein Beleg für eine allgemeine Entrüstung am Hof, aber vielleicht dafür, dass der ptolemäische *gamos* zumindest von einigen überhaupt nicht als *hieros* wahrgenommen wurde. Auch die Passage in Lukians *Ikaromenippos*, in der das Geschwisterpaar beim heimlichen Schäferstündchen bespitzelt wird,[334] scheint zu zeigen, auf welcher Ebene die Verbindung im literarischen Diskurs behandelt wurde. Das Motiv der Liebe als Teil der ptolemäischen Herrschaftsinszenierung wurde offenbar teils missverstanden oder bewusst verfremdet.

Effekte auf den Erfolg des von Ptolemaios II. initiierten Modells der Repräsentation – „*unification of the royal family – past, present and future – around himself*" –[335] hatte dies nicht. Das Programm der in Liebe verbundenen Kernfamilie mit dualer Führungsspitze wirkte nachhaltig und entwickelte sich rasch zum ptolemäischen Standardmodell. Entstanden war es aufgrund der individuellen Probleme Ptolemaios' II., der im Zuge seiner Politik der Herrschaftskonsolidierung Interventionen von Nebenzweigen der Familie und Gegnern von außen ausschließen wollte. Dies versuchte er mittels der Endogamie, der eine sakral überhöhte Neugestaltung des dynastischen Images folgte. Die Codes erwiesen sich als schlagkräftig; über die Reichsgrenzen hinaus wurde die Geschwisterehe zum Markenzeichen, einer Art von Branding der Ptolemäer mit hohem Wiedererkennungswert.

---

332 Paus. 1,7,1. Obgleich die Parallele zu Kambyses bei Herodot naheliegt.

333 Athen. 14,621 A; Plut. mor. 11 A.

334 Lukian Ikaromenipp. 15.

335 Vgl. Burstein (1982), 211. Vgl. Hazzard (1987), 150; Carney (1994a), 130; dies (1987c), 429; Gehrke (2003³), 50; Wikander (2002), 187; Bixler (1982), 272; Weber (1993), 138, 149; Müller (2005a), 47-48; Burton (1995), 148: „*a dialogue between male and female*". Zur Kritik an der These von Carney (1987c), 434-435 Ptolemaios II. habe seine Schwester aufgrund seiner politischen Isolation heiraten müssen: Weber (1993), 272, Anm. 4.

Endogamie als ptolemäisches „Markenzeichen" im Chremonideischen Dekret

Auch in Griechenland zeigte sich die Wirkung der ptolemäischen Selbstdarstellung; die ägyptische Reichsspitze wurde relativ schnell als der König und seine Schwester wahrgenommen. Ein Zeugnis dafür ist das Chremonideische Dekret aus den Jahren 268-265 v. Chr.,[336] benannt nach dem Antragsteller in der Volksversammlung, dem athenischen Politiker Chremonides.[337] Inhalt ist ein Zusammenschluss von Athen und Sparta mit seinen Verbündeten gegen Antigonos Gonatas und dessen Bündnern in der Peloponnes.[338] Vorausgegangen waren Bündnisse von Athen und Sparta mit Ptolemaios II., der ihr Interesse teilte, die antigonidische Hegemonie über Hellas zu beenden.[339] Im Chremonideischen Krieg (268/267-262 v. Chr.) konnte sich jedoch Antigonos Gonatas durchsetzen.[340]

Stilistisch ist das Psephisma an die im 4. Jh. v. Chr. aktualisierte[341] Rhetorik der Perserkriegsepoche mit dem topischen Gegensatz hellenische Freiheit – drohende Versklavung[342] angelehnt.[343] Dabei erwiesen sich

---

336 Syll.^{3} 434/5; IG II^2 687; StV III, Nr. 476; Burstein (1985), Nr. 56; Austin (1981) Nr. 49; Tracy (2003), 56. Die Datierung ist umstritten. Schmitt zufolge *„267, 266 oder 265, Sommer"* (StV III, Nr. 476, S. 129, 132). Dittenberger datiert das Psephisma auf 266/65 v. Chr. Vgl. auch Heinen (1972a), 101-110. Hammond/Walbank (1988), 277 votieren für 268/67. Wann das im Dekret genannte Archontat des Peithidemos war, ist umstritten. Vgl. Huß (2001), 271.

337 Zu seiner Person vgl. Heinen (1972a), 123-125; Erskine (1990), 93-99; Walbank (1984b), 236; Pouilloux (1975), 376; Étienne/Piérart (1975), 57.

338 Vgl. Lehmann (1988b), 145, Anm. 50; ders. (1988c), 762-763.

339 Vgl. Kralli (2000), 118.

340 Vgl. Heinen (1972a), 95-213. Zur Datierungsproblematik vgl. ebda., 188. Er setzt das Kriegsende entgegen der traditionellen Datierung (263/62) in 262/61 v. Chr.

341 Vgl. Heinen (1972a), 138; Walbank (1984b), 236; Lehmann (1988b), 145; Green (1990), 147; Huß (2001), 272; Timpe (1996), 35-36; Hauben (1983), 115; Erskine (1990), 92; Hadley (1965), 137-138; Thrams (2001), 190-291; Gehrke (2003^3), 94; West (1977), 307-319; Pouilloux (1975), 377; Lawton (2003), 127.

342 Vgl. Raaflaub (1985), 72-81.

343 Vgl. Huß (2001), 272; Lund (1992), 109; Gehrke (2003^3), 215; Lehmann (1988c), 762; Walbank (1984b), 236; Thrams (2001), 136; Hauben (1983), 115; West (1977), 319; Chaniotis (2005), 220-230; Habicht (1979), 111. Vgl. Erskine (1990), 88-91, 93-95: Die stoischen Spuren innerhalb des Chremonideischen und des Dekrets für Glaukon würden den Kontakt zwischen Chremonides und Zenon belegen (Diog. Laert. 7,17). Es seien zwar keine philosophischen Manifeste, würden aber wie die stoischen Lehren die Konzepte von *eleutheria, homonoia* und *douleia* betonen. Ähnlich schon: Tarn (1969), 295. Dagegen vgl. Sonnabend (1996),

nicht nur panhellenische Parolen, sondern auch Sprachregelungen der makedonienfeindlichen Polemik, besonders aus dem Lamischen Krieg,[344] als kompatibel mit der Propaganda.[345] In ähnlichem Stil ist ein Ehrendekret für Chremonides' Bruder Glaukon gehalten,[346] der auch zu den führenden anti-antigonidischen Politikern Athens gehörte.[347] Die Inschrift entstand nach Kriegsende noch ganz unter dem Einfluss der Kriegspropaganda und befand sich passenderweise im symbolträchtigen Zeusheiligtum von Plataiai, jenem Schlüsselort, wo Hellas laut Thukydides 479 v. Chr. frei wurde und die Griechen vor ihrem Sieg gegen die Perser zu den Göttern gebetet hatten.[348] Das Dekret berichtet von Glaukons Stiftungen

---

256-263: Dies seien schlichtweg Reflexionen der zeitgenössischen Ideologie. Vgl. Thrams (2001), 137-138; Aalders (1975), 78.

344 Vgl. Lehmann (1988c), 760; Walbank (1984b), 236. Zu Hypereides' Rhetorik vgl. Heinrichs (1989), 127; Wirth (1999), 10-12.

345 Vgl. Bagnall (1981), 8: Dieser Kontrast habe überzeugt, da von Antigonos Gonatas die Bedrohung einer faktischen Herrschaft über die griechischen Poleis ausgegangen sei, von Ptolemaios II. nur die Bedrohung einer indirekten.

346 Die Inschrift wurde 1971 entdeckt und 1973 publiziert. Vgl. Spyropoulos, T. (1973): ArchAnAth 6, 375-377; Étienne/Piérart (1975), 51. Von wann sie datiert, ist umstritten. Aus dem Inhalt geht hervor, dass sich Glaukon zur Entstehungszeit im Asyl am Hof Ptolemaios' II. befand (Z. 10-11). Vgl. Pouilloux (1975), 381; Hammond/Walbank (1988), 277, Anm. 7; Étienne/Piérart (1975), 62. Da er zusammen mit Chremonides nach Kriegsende nach Ägypten floh, gilt als Terminus ante quem 261/60 (nach der Chronologie von Heinen (1972a), 213). Als Terminus post quem ist entweder Glaukons Tod zwischen 250-245 anzunehmen, da das letzte Dokument seiner Laufbahn die Inschrift seiner Statue in Olympia um 246 ist (Syll.^{3} 462), andererseits der Tod Ptolemaios' II. im selben Jahr.

347 Syll.^{3} 365. Vgl. Étienne/Piérart (1975), 57; Erskine (1990), 92; Pouilloux (1975), 378. In Glaukon wird meist der jüngere Bruder gesehen. Er hatte sich insbesondere für die innergriechische Allianz engagiert und auf einer diplomatischen Reise durch die Peloponnes Verbündete angeworben. Zu Glaukon und seiner Laufbahn vgl. Habicht (1976), 9; ders. (1956), 32, Anm. 20; Heinen (1972a), 125-126; Lehmann (1988c), 761; Pouilloux (1975), 376-382; Meritt (1968), 284, Nr. 21,6. Ihm wurde 280 v. Chr. in Delphi die Proxenie verliehen, ebenso in Rhodos. In Athen war er Agonothet, Phylarch und zweimal Stratege des Hoplitenkorps.

348 Thuk. 3,58,5. Vgl. Diod. 11,29,1-2. Die Formulierungen des Glaukon-Dekrets werden mit dem Themistoklesdekret von Troizen verglichen. Vgl. Étienne/Piérart (1975), 62. (Das Dekret von Troizen gilt als Fälschung aus der Zeit der panhellenischen Politik Philipps II. Vgl. Meister, K. (1997): Einführung in die Interpretation historischer Quellen. Schwerpunkt: Antike, 1, Paderborn u.a., 104-111.) Étienne/Piérart erklären den Rückgriff in die Geschichte damit, dass es keine Kooperation zwischen Athen und Sparta beim Korinthischen Bund oder im Lamischen Krieg gegeben hatte. Vgl. Gehrke (2003^3), 94. Die Geschichtskonstruktion war den zeitpolitischen Notwendigkeiten angepasst, doch die These, „*on a récrit l'histoire des guerres médiques*" (Étienne/Piérart (1975), 70), wirkt etwas über-

für den Doppelkult von Zeus Eleutherios und Homonoia,[349] der an dieser Stelle erstmals bezeugt ist,[350] und erwähnt zudem die athletischen Wettkämpfe der Eleutheria und den Grabkult für die Gefallenen von Plataia.[351] Der Kult gilt als hellenistische Einrichtung,[352] die entweder in die Zeit der panhellenischen Propaganda Philipps II. und Alexanders[353] oder der Gründung des Griechenbunds gegen Antigonos Gonatas datiert wird.[354] Auch bei den Eleutheria in Plataia, deren Stiftung von Plutarch und Dio-

---

spitzt. Die wirkungsvollsten Schlagworte der griechischen Tradition des Freiheitskampfes wurden in einen neuen Zusammenhang gebracht.

349 Z. 7-20. Zit. n. Étienne/Piérart (1975), 53. Vgl. Jones (1974), 179; Roesch (1974), 180-181.

350 Vgl. West (1977), 307-308. Vor der Entdeckung der Inschrift gab es nur Zeugnisse aus dem 2./3. Jh. n. Chr. (IG VII 2510). Die Göttin Homonoia war aus Weihinschriften des 3. Jh. v. Chr. in Thera bekannt (IG XII.3 1336, 1341, 1342), nicht aber die Homonoia der Hellenen speziell. Das älteste Zeugnis für den Kult des Zeus Eleutherios in Plataiai ohne die synkretistische Verbindung mit Homonoia ist Thuk. 2,71,2, der die Installierung des Kults durch Pausanias unmittelbar nach der gewonnenen Schlacht ansetzt. Vgl. Plut. Arist. 20,4. Zu Zweifeln an dieser frühen Datierung vgl. Raaflaub (1985), 72, 126-128. Skepsis besteht vor allem deswegen, weil Herodot als Hauptquelle zu den Perserkriegen den Kult an keiner Stelle erwähnt. Dagegen vgl. Kienast (1995), 133; Meier (2004), 44.

351 Z. 19-24. Der Text gilt als die einzige Quelle „*à mentionner dans un même contexte Zeus Éleutherios, la Concorde, le sacrifice aux Héros de Platées, les Éleutheria et la Confédération des Grecs*“ (Étienne/Piérart (1975), 63). Vgl. Chaniotis (2005), 230.

352 Vgl. Kienast (1995), 133

353 Vgl. Étienne/Piérart (1975), 67-68; West (1977), 309-319. Erskine (1990), 92 zufolge war es vielleicht nur der Zeus Eleutherios-Kult, der von ihnen gestiftet wurde. Dagegen hält Meier (2004), 41-42 Plutarchs Datierung für historisch. Trifft die Datierung des Doppelkults in die Argeadenzeit zu, ließe sich die Formel κοινὸν συνέδριον τῶν Ἑλλήνων im Dekret als Reminiszenz an den Korinthischen Bund verstehen. Vgl. Robert (1946), 20-26; Étienne/Piérart (1975), 56. Damit wäre zugleich die Illusion großer Dienste der argeadischen Herakliden für Hellas verbunden (Isok. Phil. 127; Athen. 15,696 B-D; Speusippos 3,18; 5-14). Vgl. Natoli, A.F. (2004): The letter of Speusippus to Philip II. Introduction, text, translation and commentary, Stuttgart; Markle, M.M. (1976): Support of Athenian intellectuals for Philip. A study of Isocrates *Philippus* and Speusippus' letter to Philip, JHS 96, 80-99, hier 92-97. Die Echtheit des Briefs an Philipp aus dem Jahr 343/42 ist trotz aktueller Bekräftigung (vgl. Natoli (2004), 23-31) noch immer umstritten, vgl. Stanzel, K.-H. (2001): Speusippos, DNP 11, 812-815, hier 812.

354 Vgl. Étienne/Piérart (1975), 71-74. Beweis sei Athen. 11,502 B-C: Der Komödienschreiber Alexis, der um die Zeit des Chremonideischen Kriegs lebte, trank auf Ptolemaios II., seine Schwester und die Homonoia. Dabei habe es sich um die göttliche Personifikation und eine Anspielung auf den Chremonideischen Krieg gehandelt. Dagegen vgl. West (1977), 315.

dor unmittelbar nach dem Sieg über die Perser angesetzt wird,[355] geht die Forschung mehrheitlich davon aus, dass sie ins 4. Jh v. Chr. gehören.[356]

Im Chremonideischen Dekret wird Antigonos Gonatas stereotyp als tyrannischer Feind von griechischer *eleutheria* und *nomos* darstellt.[357] Gegen ihn steht die Allianz, programmatisch als Bund der Hellenen bezeichnet, unterstützt von Ptolemaios II.,[358] der zum idealen Bündnispartner stilisiert wird, da er angeblich aus einer Familie von Philhellenen kommt, die sich traditionell für Freiheit und Autonomie der Poleis eingesetzt habe.[359] Anscheinend mussten die Politiker um Chremonides das Bündnis mit Ptolemaios II. gegenüber den Griechen rechtfertigen, denen ein makedonischer König kaum besser erscheinen mochte als der andere. Die Schwarzweißmalerei wird daher auch die Bemühung widerspiegeln, Antigonos Gonatas' Propaganda, selbst der Befreier der Griechen zu sein, wie sie sich seit den Diadochen als festes Element der hellenistischen Hellaspolitik eingebürgert hatte, zu widerlegen und Ptolemaios II. als „wahren" Philhellenen hinzustellen.[360] Dies erwies sich als schwierig; die Propaganda der ptolemäischen und antigonidischen Griechenlandpolitik klang ziemlich gleich und Antigonos Gonatas' Vorfahren waren in Hellas auch noch erfolgreicher gewesen als der Vater von Ptolemaios II.

Die „*Hellenic persona*" der Ptolemäer,[361] ihr Image als Philhellenen, entsprach ihren politischen Motiven ebenso wenig wie denen der Antigoniden. Die *eleutheria* der Griechen war als Schlagwort erstmals 319 v. Chr. von Polyperchon als Reichsverwalter im Namen von Philipp III. und

---

355 Plut. Arist. 19,7; 21,1-2; Diod. 11,29,1-2. Zu Widersprüchen in den Quellenaussagen vgl. Étienne/Piérart (1975), 65-66.

356 Vgl. Pouilloux (1975), 380, Anm. 3; Étienne/Piérart (1975), 67-68. Interessant erscheint in diesem Kontext, dass Apollonios Rhodios in den *Argonautica* seinen Protagonisten die Verehrung der Homonoia zuschreibt. Vgl. Mori (2001), 89; Hunter, R.L. (1995): The devine and human map of the *Argonautica*, SyllClass 6, 13-27, bes. 19, Anm. 28.

357 Zur Tyrannentopik: Aischyl. Pers. 584-590; Hdt. 7,104,4-5; Arr. an. 4,11,6-7. Als Prototyp des Tyrannen galt in griechischer Sicht der Großkönig: Aristot. pol. 4,8,1-3,1295 A; 5,8,6,1311 A; Xen. Mem. 4,6,12; Plat. rep. 1,342 E.

358 Syll.[3] 434/5, Z. 9-43.

359 Syll.[3] 434/5, Z. 32-34. Schon sein Vater Ptolemaios I. habe sich diesbezüglich hervorgetan.

360 Wie die Parolen aus den Tagen des Chremonideischen Kriegs in Sparta nachwirkten, zeigt Polyb. 9,28,1-12. Er überliefert eine 211 v. Chr. gehaltene Rede, in der die Antigoniden beschuldigt werden, Hellas versklavt zu haben. Besonders Antigonos Gonatas gilt dabei als Feind der griechischen Freiheit.

361 Bagnall (1981), 15.

Alexander IV. funktionalisiert worden.[362] Gemeint war, dass nach dem Sturz der von Antipatros und Kassander eingesetzten Oligarchien nunmehr Polyperchons Garnisonen in den Poleis lagen,[363] und die Griechen ihm gemäß seiner Weisung zu gehorchen und Frieden zu halten hatten.[364] Anders klang das bei Antigonos I., dessen Griechenlandpolitik so erfolgreich war, dass sie modellhaft für seine Gegner wurde.[365] 315 v. Chr. führte er einen politischen Schlag gegen Kassander, [366] der sich mit der Einsetzung von Oligarchen in den Poleis wenig Freunde bei den Griechen gemacht hatte,[367] und versprach in der Proklamation von Tyros Freiheit, Garnisonsfreiheit und Autonomie für alle Griechen.[368] Die Aufnahme der hellenischen Freiheit in den Frieden von 311 v. Chr. zwischen ihm und Kassander, Ptolemaios und Lysimachos 311 v. Chr.[369] schrieb sich Antigonos auf die eigene Fahne und verkündete dies den Poleis auch schriftlich, wie das Dokument seines Briefs an Skepsis bezeugt.[370] Die Skepsier

---

362 Diod. 18,55,1-4. Es war eine Abwertung der Regentschaft Antipatros' und indirekt auch Kassanders als tyrannische Unterdrückung.

363 Diod. 18,55,2-3.

364 Diod. 18,56,7-8. Vgl. Simpson (1959), 388-389 Koehn (2007), 48; Shipley (2000), 74; Simpson (1959), 385-386. Will (1984a), 43 betrachtet daher Polyperchons Dekret nicht als Vorläufer für Antigonos' Proklamation, sondern als Amnesie für den Lamischen Krieg. Zur Gegenposition: Granier (1931), 94; Poddighe (2001), 95, 101.

365 Vgl. Seager (1981), 107; Orth (1977), 75-76, 180; Heinen (1972a), 138; Billows (1990), 230-236; Gehrke (1982), 264: „*Höchstes Prestige bringt die ‚Befreiung' … und in Griechenland war immer irgendjemand zu befreien*". Siehe ferner Simpson (1959), 409: „*We can only wonder that he had succeeded in keeping faith with the cities for so long*".

366 Diod. 19,61,1-3. Überdies ließ Antigonos ihn vor der Heeresversammlung zum Feind erklären, unter anderem, weil er Olynth und Theben wieder aufgebaut hatte. Vgl. Walbank (1994^{4}), 215; Simpson (1957), 372-373; Mehl (1986), 74-75; Müller (1973), 37; Billows (1990), 314; Lund (1992), 61, 115; Gehrke (2003^{3}), 165-166; Will (1984a), 47.

367 Diod. 18,57,1 (Argos); 18,68,3 (Megalopolis); 18,69,3 (weitere Städte auf der Peloponnes). Sichtbar besonders bei Polyb. 9,29,1-30,4. Vgl. Billows (1990), 196; Heisserer (1971), 157. Will (1984a), 47 nennt es psychologische Kriegsführung.

368 Diod. 19,61,1-4. Vgl. Koehn (2007), 48-49.

369 Diod. 19,105,1. Vgl. Müller (1973), 38; Mehl (1986), 75; Kralli (2000), 117.

370 OGIS 5; Austin (1981), Nr. 31. Antigonos ließ durchblicken, dass Kassander schon während der Verhandlungen 313 v. Chr. die Garantie der griechischen *eleutheria* boykottiert und dies 311 fortgesetzt habe, so dass er ihn nur mit gro0en Zugeständnissen dazu habe bewegen können. Vgl. Müller (1973), 40; Simpson (1954), 28-29; Lund (1992), 61; Billows (1990), 311 geht davon aus, dass die Klausel wirklich Antigonos' Initiative gewesen sei, ebenso Simpson (1959), 394. Vgl. Buraselis (1982), 18 mit der Vermutung, Kassander habe Karien oder Teile Kariens von ihm gefordert, um sie in der Funktion einer Wachstation als *dunasteia*

reagierten mit kultischen Ehren für Antigonos in Gestalt eines *temenos* mit Altar und *agalma*.[371]

Ptolemaios I. sah sich 308 v. Chr. gezwungen, nach Antigonos' Vorbild einen eigene „Befreiungs"-Kampagne zu beginnen, um in Griechenland nicht ins Hintertreffen zu geraten. Er nahm Sikyon und Korinth ein,[372] stieß jedoch auf wenig Echo,[373] ließ daraufhin die Städte mit Garnisonen besetzen und verbündete sich mit Kassander.[374] Im Kontrast dazu steht die Resonanz der Athener auf die Intervention von Demetrios Poliorketes, der 307 v. Chr. die Demokratie wiederherstellte und als Dank zusammen mit seinem Vater Antigonos kultische Ehren erhielt.[375] Der Glaube an eine selbstbestimmte Polis hatte Bestand,[376] obwohl dieses

von einem Gewährsmann kontrollieren zu lassen. Das mag der Fall gewesen sein, doch ist kaum von der Hand zu weisen, dass Antigonos seine Leistung übertrieb. Verankert wurde in den Friedensvertrag zudem ein Eid, den die Poleis auf die Freiheitsklausel schwören sollten, um den dauerhaften Zustand der *eleutheria* zu garantieren. Will (1984a), 51-52 weist allerdings auf die Möglichkeit hin, dass die Eidklausel nur „*great show*" war, ausschließlich für Antigonos' Einflussgebiet galt und auch dort nur propagandistischen Charakter hatte.

371 OGIS 6; Austin (1981), Nr. 32. Wie dieses Antwortschreiben der Skepsier besagt, wurde ein bereits existenter Kult für Antigonos intensiviert. Vgl. Scott (1928), 144.

372 Diod. 20,37,1-2. Will (1984a), 47 weist auf die Allianz zwischen Kassander und Ptolemaios hin, die es Ptolemaios dringlich habe erscheinen lassen, auf Antigonos' griechische Freiheitspolitik zu reagieren. Vgl. Adams (1997), 241-243. Gemäß Suda s.v. Δημήτριος ὁ Ἀντιγόνου lud Ptolemaios alle Griechenstädte an den Isthmos ein. Es ist umstritten, ob er eine Erneuerung des Korinthischen Bunds plante. Davon gehen aus: Gruen (1985), 261; Seibert (1967), 19, 23; Rice (1983), 106; Will (1984a), 55; Buraselis (1982), 51 (abschwächender jedoch auf S. 49); Tarn (1910), 219; Shipley (2000), 138; Svenson (1995), 258; Adams (1997), 243. Dagegen vgl. Simpson (1959), 391. Abwägend: Hadley (1965), 95; Wirth (1959), 1619. Daher ist die These, diese Aktion enthülle seine Ambitionen auf den makedonischen Thron (Buraselis (1982), 51), kritisch zu sehen.

373 Vgl. Simpson (1959), 390; Rice (1983), 106, Anm. 215; Lehmann (1988b), 137, Anm. 34; Billows (1990), 314; Lund (1992), 118; Seibert (1967), 24; Ellis (2002^2), 43; Wirth (1959), 1619; Will (1984a), 55.

374 Diod. 20,37,1-2; Polyain. 8,58; Diog. Laert. 2,115; Plut. Demetr. 15,1. Vgl. Dreyer (2000), 57.

375 Plut. Demetr. 8,1-12,2; Athen. 12,536 A. Vgl. Müller (1973), 52; Taeger (1957) I, 264-272; Macurdy (1929), 274; Kralli (2000), 117. Von Lund (1992), 93 als Produkt einer apologetischen Quelle bezeichnet, die kaschiert habe, dass er eine Oligarchie installiert und den Piräus besetzt habe. Ähnlich: Thonemann (2005), 71-72.

376 Diod. 5,42,5. Vgl. Orth (1977), 179; Aalders (1975), 66-69. Aus diesem Grund bezeichnet Simpson (1959), 387 die griechischen Poleis als „*unadaptable constituents*" der hellenistischen Königreiche.

Ideal von der politischen Realität längst überholt worden war[377] und der Code der Freiheit und Autonomie zur reinen Oberfläche geworden war.[378]

Erst in der Selbstdarstellung Ptolemaios' II. wurde sein Vater nachträglich zum Retter und Befreier der Griechen. So gehörten die Verdienste Ptolemaios' I. um die griechische Freiheit zu den Themen seiner großen *pompe* in Alexandria.[379] Seinem diplomatischen Einsatz wird auch zu verdanken sein, dass sein Vater in einem Dekret des Nesiotenbunds 280 v. Chr. als Befreier der griechischen Städte und Bewahrer des *nomos* gepriesen wird.[380]

---

377 Vgl. Wirth (2004), 24: „*So sind denn etwa unsere Schlagworte von ἐλευθερία … und auch αὐτονομία als ethische Postulate ebenso blass, vage und unwirksam wie zu aller Zeit mit deren jeweiligen Theoremen*". Siehe ferner Orth (1977), 186: Die Poleis hätten Mitschuld an der Entwicklung, da sie „*ohne Skrupel einer Art von Falschmünzerei in der politischen Phraseologie Vorschub geleistet*" hätten. Vgl. Shipley (2000), 74; Müller (1973), 38; Mehl (1986), 74; Heinen (1972a), 138; Préaux (1978), II, 410-412; Adams (1996), 33; Hadley (1965), 103; Wirth (1959), 1613; Will (1984a), 48; Granier (1931), 94. Billows (1990), 195-196; Thrams (2001), 439-441. Dagegen: Seager (1981), 107: „*the Greeks … were well aware of ways in which the theme of their liberation from one foreign power by another could be turned to their own advantage*". Zur Vieldeutigkeit des hellenistischen Freiheitsbegriffs: Heuß (1975), 403, 408-415. Walbank (1987), 375-376 führt aus, dass die kultischen Ehrungen der griechischen Poleis zugunsten hellenistischer Herrscher schon unter Ptolemaios III. Euergetes stereotype Formalität geworden seien: Ihm und seiner Gattin Berenike seien vonseiten der Stadt Itanos auf Kreta Ehren zuteil geworden, die darauf basiert hätten, dass er die Freiheit weiterhin bewahrte, in Walbanks Auslegung „*also überhaupt nichts getan hatte*".

378 Vgl. Lehmann (1988b), 137 zu Ptolemaios' Hellaspolitik: ein übertrieben opportunistisches Konkurrenzunternehmen zu Antigonos mit durchsichtigen Motiven. Vgl. Billows (1990), 314: „*a cheap piece of propaganda*"; Simpson (1959), 390; Seibert (1967), 24; Gehrke (2003^3), 166. Welles (1970a), 82 sieht die Politik der griechischen Freiheit der Ptolemäer darin erschöpft, die makedonischen Gegner zu unterstützen. Dagegen vgl. Bagnall (1981), 7-9. Siehe auch Hadley (1965), 96-99 zur Athena als Reversbild von Ptolemaios' Münzprägung als Propagandaelement. Dagegen: Lund (1992), 163.

379 Athen. 5,201 D. Eine goldbekränzte Personifikation Korinths wurde neben seiner Statue auf einem Festwagen gezeigt. Vgl. Rice (1983), 102-107. Korinth wird nicht nur als Handels- und Hafenstadt der Antigoniden angesprochen gewesen sein, wie Lehmann (1988b), 147 meint (zur Lage vgl. Tarn (1910), 219; Gehrke (2003^3), 94), sondern zugleich als Sinnbild des Korinthischen Bunds, der in Diadochenideologie für die von Philipp II. eingesetzte Friedensordnung in Hellas stand. Vgl. Hölbl (1994), 37; Chaniotis (1995), 162; Tarn (1933), 60-61; ders. (1910), 220; Thompson (2000b), 375; Lehmann (1988c), 763. Gesandte aus allen griechischen Städten werden dieser Vorführung zugesehen haben.

380 Syll.^{3} 390, Z. 4-8; HGI II, Nr. 312; Austin (1981) Nr. 218 „ἐπειδὴ ὁ βασίλέυς καὶ σωτήρ Πτολεμαίος πολλῶν καὶ μέγάλων ἀγαθῶν αἵτιος ἐγενετο τοῖς τε Νησιώταις καὶ τοῖς αλλοῖς Ἕλλησιν, τάς τε πόλεις ἐλευθερώσας καὶ τοὺς

Hilfreich für die philhellenische Schaupolitik Ptolemaios' II. kann auch der Beiname seines Vaters, Soter, gewesen sein. Die Kontroverse um seine Datierung, Funktion und Kontext spiegelt wider, wie sehr die Tradition geformt wurde. Einer Version zufolge spielte er darauf an, dass Ptolemaios Alexander bei der desaströsen Belagerung der indischen Mallerstadt 325 v. Chr. das Leben rettete.[381] Diodor und Pausanias berichten hingegen von einer Verleihung durch die Rhodier als Dank für Ptolemaios' Hilfe gegen die Antigoniden.[382] Richard Hazzard zufolge handelt es sich dabei um eine Legende, die erst Ptolemaios II. initiiert und von Kleitarch habe verbreiten lassen.[383] Er habe seinem Vater Prestige als Griechenfreund verleihen wollen, um seine antigonidische Konkurrenz mit ihrem ungleich erfolgreicheren Ahnherrn Antigonos I. im kulturellen Gedächtnis auszustechen.[384] Als Beleg führt Hazzard an, dass der Beiname Soter erst ab 263/62 v. Chr. in den ptolemäischen Urkunden und ab 262 v. Chr. auf den Legenden der Tetradrachmen erscheint.[385] Zu diesem Zeitpunkt sei der Mythos erst vom Hof in die Welt gesetzt worden. Dagegen ist einzuwenden, dass zwischen Bei- und Kultname zu differenzieren ist. Auch wenn Soter nach Ptolemaios' postumer Apotheose zu seinem Kultnamen wurde, wurde das Epithet inoffiziell schon vorher verwendet

---

νόμους ἀποδοὺς καὶ τημ πάτριομ πολιτείαμ πᾶσιγ". *„nachdem der König und Retter Ptolemaios für viele und große Segenstaten zugunsten der Nesioten und der anderen Griechen verantwortlich gewesen ist, indem er die Städte befreite, ihnen ihre Gesetze zurückgab, die Verfassung ihrer Väter wieder einsetzte*". Die „Befreiung" umschrieb dabei Demetrios Poliorketes' Vertreibung aus der Ägäis 287/86 v. Chr. Vgl. Walbank (1987), 375; Volkmann (1959a), 1648. Zur Auflösung des Bunds durch Antigonos Gonatas vgl. Lehmann (1988c), 764.

381 Arr. an. 6,11,8. Ptolemaios selbst behauptete jedoch, gar nicht dabei gewesen zu sein.

382 Diod. 20,100,3-4; Paus. 1,8,6. Die Rhodier hätten das Ammonsorakel befragt, ob sie ihn göttlich verehren durften, und ihm nach dem positiven Bescheid einen heiligen Bezirk, das Ptolemaion, eingerichtet. Vgl. Orth (1993), 2; Habicht (1956), 109; Koch (1924), 69, m. Anm. 1; Nock (1928), 39; Gow (1952), 345; Kahrstedt (1910), 261-262; Grimm (1998), 63; Wilcken (1938), 311; Hauben (1989), 461; Hölbl (1994), 86; Bowman (1986), 23; Chauveau (2000), 35; Turner (1984), 168; Walbank (1994[4]), 219-220; Johnson (2000), 102-103; Gigante Lanzara (1994), 99. Longega (1968), 98 vermutet eine Verleihung zu Lebzeiten ohne weitere Angaben.

383 Vgl. Hazzard (2000), 6-8, 31-73.

384 Ebda.

385 Vgl. Hazzard (2000), 6-7, 16-17; Queyrel (2006), 158. Früher schon festgestellt von Wirth (1959), 1638 (ab 269 v. Chr.). Vgl. Minas (2000), 90-91: In den Dokumenten löste Soter die Nennung von Ptolemaios dem Sohn ab.

und stand nicht zwingend für Göttlichkeit.[386] Die plakativen Maßnahmen, mit denen die Rhodier den Sieg gegen Demetrios mit Ptolemaios' Hilfe für die Nachwelt festhielten, macht auch seine Ehrung als Soter plausibel.[387]

In philhellenischer Tradition steht auch Ptolemaios II. im Chremonideischen Dekret, das seinen Einsatz in insgesamt fünfzehn Zeilen (14-28), etwa der Hälfte des Texts, lobt.[388] Signifikant ist die Passage:

> ὁ τε βασίλέυς Πτολεμαῖος ἀκολούτως τεῖ τῶν προγόνων καὶ τεῖ τῆς ἀδελφῆς πο(α)ιπέσει φανέρος ἔστιν σπουδάζων ὑπερ τῆς κοινῆς τ(ῶν) Ἑλλήνων ἐλευθερίας.[389]

Mit seinen *progonoi* waren nach ptolemäischer Vorgabe im Rahmen einer „intentionalen" Geschichte, die legitimitätsstiftend wirkt,[390] vermutlich Ptolemaios I. und Berenike I., in noch weiterem Rückgriff Alexander, Philipp und die anderen Argeaden sowie Herakles als ihr Urahn gemeint.[391] Ioanna Krallis These, es sei im Dekret nur auf Ptolemaios I. Bezug genommen worden,[392] erklärt den Plural *progonoi* nicht und berücksichtigt auch nicht die im Hellenismus übliche personelle Aufstockung der Genealogie.[393]

Die griechischen Verfasser des Dekrets orientierten sich wohl an den offiziellen Vorgaben des Ptolemäerhauses. Dieses Modell sah aber nicht nur die Berufung auf die ruhmreichen Vorfahren vor, sondern auch auf das Prinzip der Dualität an der Spitze. Aus diesem Grund kommt an

---

386 Vgl. Johnson (2000), 103-106; Hauben (2004), 40; Burstein, S.M. (2002): Rezension zu Hazzard, Imagination of a monarchy, Phoenix 56, 185-187, hier 187.

387 Sie bauten aus Demetrios' Kriegsmaschinerie ein Siegesdenkmal, verkauften den Rest des Materials und finanzierten aus den Einnahmen eine Heliosstatue: Plin. n.h. 34,41-42; Plut. Demetr. 20,9; mor. 183 B; Strab. 14,2,5. Vgl. Meißner, B. (2005): Politik, Strategie und Kriegführung. Anmerkungen zum klassischen und hellenistischen Griechenland, in: Ders. u.a. (Hg.), Krieg – Gesellschaft – Institutionen. Beiträge zu einer vergleichenden Kriegsgeschichte, Berlin, 289-315, hier 307.

388 Vgl. Kralli (2000), 120.

389 Syll.^{3} 434/5, Z. 16-19. *„Der König Ptolemaios zeigte im Einklang mit der Haltung seiner Vorfahren und seiner Schwester klar sein Engagement für die allgemeine Freiheit der Griechen"*.

390 Vgl. Hölkeskamp (2004a), 200.

391 Herakles als Urahn: OGIS 54, Z. 4-5; Theokr. 17,27; P. Oxy. 27,2465. Vgl. Beyer-Rotthoff (1993), 44, 278; Walbank, (1994^4), 217; Heinen (1983), 123; Rice (1983), 42-43; Huttner (1997), 124-30.

392 Vgl. Kralli (2000), 120.

393 Auch Antiochos I. verhalf seiner Ahnengalerie durch prestigiöse „Neu-Mitglieder" zu mehr Substanz, vgl. Rostovtzeff (1935), 65.

dieser Stelle die zu diesem Zeitpunkt bereits verstorbene Arsinoë II. ins Spiel.

In der Forschung gilt ihre Erwähnung indes traditionell als Beleg für ihre maßgebliche Beteiligung an der ptolemäischen Politik als Mitregentin oder Regentin.[394] Dies führte sogar zur irrtümlichen Deutung des Dekrets als postume Ehreninschrift, die Arsinoës Leistungen in den Syrischen Kriegen gewürdigt habe und von Ptolemaios II. in Auftrag gegeben worden sei.[395] Auch wird argumentiert, es handle sich um den Beleg, dass sie den Chremonideischen Krieg geplant habe, um das Alexanderreich wiederherzustellen,[396] oder zumindest, um ihren Sohn Ptolemaios Lysimachou auf den makedonischen Thron zu bringen.[397] Daher könne man

---

394 Vgl. Rowlandson (1998), 26; Mori (2001), 89; Hauben (1983), 114, 116-117; Fraser (1954), 62; Ager (2003), 40; Mahaffy (1895), 161; Bevan (1927), 60-61; Thompson (1973), 120; Lelli (2002), 8; Huß (2001), 274, Anm. 160, 311; ders. (1998), 239, Anm. 43; Sauneron (1966), 94, Anm. 2; Lehmann (1988b), 146; ders. (1988c), 762; ders. (1998), 84; Gehrke (2003[3]), 215; Schuller (1995), 88; Hölbl (1994), 38; Wilcken (1896b), 1284; Kornemann (1998[3]), 125; Longega (1968), 93-94; Bengtson (1988), 87; Quaegebeur (1989b), 50; Volkmann (1959a), 1654; Burton (1995), 124-125; Stephens (2005), 241; Macurdy (1932), 124-125: ein Signal für den Anbruch einer neuen Ära mächtiger makedonischer Königinnen. Heinen (1972a), 97-100 führt eine Straße in Alexandria mit dem Namen Arsinoës und dem Epithet der Athena in Sparta als Beweis an. Widerlegt von Hammond/Walbank (1988), 276, Anm. 6. Siehe Bielman (2002), 75-76 zu einem Überblick über die Positionen. Interessanterweise geht Kralli in der Untersuchung der Beziehungen zwischen Athen und den hellenistischen Monarchen 338-261 v. Chr. anhand der Dekrete gar nicht auf die Erwähnung Arsinoës im Chremonideischen Dekret ein.

395 Vgl. Thompson (1955), 200.

396 Vgl. Longega (1968), 93; Lelli (2002), 9.

397 Wie Huß (2001), 274, Anm. 160 vermutet. Ebenso Hauben (1983), 118, der es weniger zögerlich formuliert. Vgl. Longega (1968), 93; Thompson (1955), 200; Hintzen-Bohlen (1992), 82; Gehrke (2003[3]), 215-216; Heinen (1972a), 98; Lehmann (1988b), 146. Aktuell übernommen von Lelli (2002), 8; Chaniotis (2005), 110. Dagegen vgl. Ager (2003), 40; Walbank (1984b), 237; Hammond/Walbank (1988), 278: „*This imaginative theory lost much of its attraction once it was realized that the Ptolemy who figures for a time as Philadelphus' co-regent was not the son of Lysimachus*". Vgl. Tunny (2000), 83-90. Zum Kriegsverlauf vgl. Habicht (1979), 112; Lehmann (1988b), 146, Anm. 51; De Sanctis (1966), 281-283; Huß (2001), 273; Hauben (1983), 116; Green (1990), 146-147; Hölbl (1994), 38-39; Walbank (1982), 219; Volkmann (1959a), 1654; Rodriguez (2000), 17-34.

auch vom „Arsinoë-Krieg“ sprechen,[398] eine offensichtliche Anlehnung an die Bezeichnung des Dritten Syrischen Kriegs als Laodike-Krieg.[399]

Hauptargument ist, dass bei offiziellen Dokumenten in der griechischen Welt zwar die Nennung der Vorfahren üblich gewesen sei, nicht aber die Schwester.[400]

Diese Perspektive ist allerdings eine gräkozentrische, die davon ausgeht, dass alles, was in Athen ungewöhnlich war, auch in den hellenistischen Monarchien ungewöhnlich gewesen sein muss.

Wichtiger ist in diesem Fall aber, dass das Chremonideische Dekret an dieser Stelle ptolemäische Repräsentationsformeln wiedergibt, die sich seit der Geschwisterehe entwickelt hatten. Stanley Burstein bezeichnet die Erwähnung Arsinoës im Chremonideischen Dekret daher als eine Höflichkeitsfloskel von griechischer Seite, die keinerlei Anhaltspunkte für ihre politische Beteiligung biete. Ptolemaios II. habe lange vor ihrer Rückkehr

398 Vgl. Tarn (1969), 313; Longega (1968), 95.

399 Zu Laodike vgl. Macurdy (1932), 82-87. Sie hatte zusammen mit ihren zwei Söhnen die Residenz Antiocheia verlassen müssen und war nach Ephesos gegangen, entweder bereits 254 v. Chr. (Lehmann (1998), 86) oder 253/52 (Ehling (2003), 305-306) nach der Heirat von Antiochos II. mit Ptolemaios' II. Tochter Berenike. Dann war er jedoch selbst nach Ephesos übergesiedelt (Phylarch FGrHist. 81, F 24; Trog. Prol. 26; Just. 27,1,1; Plin. n.h. 7,53; App. Syr. 65). Vgl. Lehmann (1998), 94; Meißner (2007), 46-48. Angesichts der Entwicklung in Ägypten unter dem neuen König Ptolemaios III., der sich beweisen musste, schien die Verbindung mit den Ptolemäern für die Seleukiden zum Problem zu werden. Dass seine Schwester Königin in Antiocheia und sein Neffe Thronanwärter war, eröffnete Ptolemaios III. Chancen, die Antiochos' Rückkehr zu Laodike und die Designation ihres gemeinsamen Sohns als Gegenreaktion verständlich erscheinen lassen. Als er im Sommer 246 starb, wurde Laodikes ältester Sohn Seleukos II. zum König ausgerufen (Polyain. 8,50). Im Gegenzug ließ Berenike ihren unmündigen Sohn Antiochos akklamieren, trat die Vormundschaftsregierung an und rief ihren Bruder Ptolemaios III. zu Hilfe, um die Ansprüche ihres Kindes – dessen Ermordung geheim gehalten wurde – gegen die Anhänger Seleukos' II. durchzusetzen (Polyain. 8,50). In Folge brach der Krieg aus (Polyb. 5,58,11). Vgl. Beyer-Rotthofer (1993), 17-20; Ehling (2003), 304-313; Lehmann (1998), 86-101. Laodike kam in der Überlieferung eine sinistre Rolle zu; es hieß, sie habe Antiochos II. vergiftet und den Krieg forciert (App. Syr. 65, 343), der trotz der zentralen Rolle Seleukos' II. als Laodike-Krieg in die Annalen einging (Inschr. von Priene Nr. 37, Z. 134). Ehling (2003), 305-307 relativiert ihr Negativbild. Dagegen vgl. Chaniotis (2005), 110: „*It is quite possible that, despite their reconciliation, Laodike murdered him. From that point onwards the war became 'her' war*“

400 Vgl. Ager (2003), 40. Dagegen vgl. Minas (2000), 178.

nach Alexandria eine erfolgreiche Griechenlandpolitik betrieben,[401] wie das Ehrendekret für Kallias von Sphettos bezeuge.[402] Ähnlich geht Frank William Walbank von einer griechischen Geste des Respekts aus.[403]

Als höflich könnte man Arsinoës Erwähnung insofern bezeichnen, als die Verfasser des Dekrets damit der ptolemäischen Herrschaftsrepräsentation Tribut zollten. Zu diesem Zeitpunkt war das Konzept der Zweieinigkeit des Königspaars, das seine Legitimität aus der Herrschaftsübertragung durch die vergöttlichten Vorfahren bezog, keine Neuerung mehr.[404]

In den athenischen politischen Kreisen um Chremonides und Glaukon wird man dieses Repräsentationsprinzip durch mehrere Medien vermittelt bekommen und gekannt haben: von den Formeln der diplomatischen Korrespondenz, von Besuchen am ptolemäischen Hof, vielleicht auch durch Ehrengeschenke in Gestalt der Münzprägungen mit dem Doppelporträt des zweiten Ptolemäerpaars,[405] von ihren Bronzeskulpturen als Teil des von Kallikrates gestifteten Ehrenmonuments in Olympia,[406]

---

401 Vgl. Burstein (1982), 210. Vgl. Will (1966), 199; Hazzard (2000), 44; Roy (1998), 133-134, Anm. 87, der herausstellt, dass den Vorfahren von Ptolemaios II. nicht minder viel Bedeutung zugemessen worden sei als der Schwester.

402 SEG 28,60; Austin (1981), Nr. 44. Ptolemaios II. hatte für die Panathenaien von 278 v. Chr. Gaben gespendet und Getreide- sowie Geldschenkungen gemacht. Schon ein Jahr zuvor hatte Kallias ihn dazu veranlasst, Taue für das Prozessionsschiff der Athena zu stiften, was zugleich symbolisch an die Befreiung Athens von der zweiten Herrschaft des Demetrios Poliorketes 287 v. Chr. durch Ptolemaios I. erinnerte und somit auf die enge Verbindung zwischen Athen und Alexandria verwies. Vgl. Shear (1978), 21, 62; Kralli (2000), 118; Habicht (1979), 85; Bringmann (2000), 94-95; Hölbl (1994), 38-39; Mari (2003), 91; Barringer (2003), 244; Osborne (1979), 183-185; Erskine (1990), 85-86.

403 Walbank (1984b), 236. Vgl. Hammond/Walbank (1988), 278. Dagegen: Heinen (1972a), 132-133.

404 Zum Motto: „*l'état, c'est la dynastie*", vgl. Schmitt (1991), 79-80; Hazzard (2000): „*The phrase likely reflects Ptolemaic rhetoric about 267 and shows the king combinig his reverence for his parents with that for his sister*". Vgl. Kosmetatou (2004b), 241; Walbank (1994^4), 22.

405 Die Formulierung des Dekrets, die Politik des Königs stehe im Einklang mit seinen Vorfahren und seiner Schwester, wirkt wie eine Beschreibung der Doppelporträtmünze. Vgl. auch Roy (1998), 133-134, Anm. 87.

406 OGIS 26, 27. Vgl. Hintzen-Bohlen (1992), 77-80. Falls Ptolemaios II. die Errichtung des Säulenmonuments für König Areus in Olympia in die Wege geleitet hatte, die in den zeitlichen Kontext des Chremonideischen Kriegs fiel (Syll.^{3} 433. Vgl. Hintzen-Bohlen (1992), 82-83; Hoepfner (1971), 52; Heinen (1972a), 130), könnte man davon ausgehen, dass er es auch getan hatte, um mehr Aufmerksamkeit auf das ptolemäische Doppelporträt des Ehrenmonuments zu lenken. Es be-

vielleicht auch durch ihre Statuen, die mutmaßlich zur Zeit des Chremonideischen Kriegs am Eingang des athenischen Theaters aufgestellt wurden.[407] Es gab genügend Hinweise darauf, wie der ptolemäische Herrscher dargestellt werden wollte,[408] und mit der besonderen Facette der endogamen Dualität bestand wenig Gefahr, in Vergessenheit zu geraten.

Darüber hinaus lässt die weitere Laufbahn von Chremonides und Glaukon erahnen, dass sie im Bild darüber waren, wie die höfische Inszenierung in Alexandria aussah. Nach der Kapitulation Athens 262 v. Chr. fanden sie Aufnahme in Alexandria,[409] wo Chremonides ein bedeutendes Flottenkommando erhielt[410] und Glaukon 255/54 v. Chr. eponymer Priester für Alexander und die *theoi Adelphoi* war,[411] somit das höchste und ehrenvollste Priesteramt im Reich bekleidete.[412] Der Philosoph Teles bezeichnet die Brüder in seiner Schrift Περί φυγῆς als πάρεδροι καὶ σύμβουλοι, Beisitzer und Berater Ptolemaios' II. – die Definition für Königsfreunde –; sie seien Beispiele für Flüchtlinge und Verbannte, die ihre Karriere im Exil fortsetzen konnten.[413] In Olympia, wo Glaukon beim Wagenrennen gewann,[414] wurde die Inschrift einer Ehrenstatue

---

fand sich vermutlich in der Nähe des Areus-Monuments im östlichen Bereich des Zeusheiligtums. Vgl. Hintzen-Bohlen (1992), 83.

407 Paus. 1,8,6. Vgl. Huß (2001), 271, Anm. 132.

408 Vgl. Roy (1998), 122. Dem Willen Ptolemaios' II. sei mit ihrer Nennung entsprochen worden. Vgl. Shipley (2000), 72: „*in actuality, while early queens like Arsinoë may have been influential in private, their public roles served mainly to reinforce the actions and status of their menfolk*". Ähnlich: Hazzard (2000), 44, 95. Dies habe aber zu Fehlschlüssen geführt: „*To those outside the Ptolemaic court, he gave the impression of Arsinoe having power*" (ebda., 39). Die Intention Ptolemaios' II. wird gewesen sein, die Vorstellung einer politisch fruchtbaren Symbiose zu vermitteln.

409 Vgl. Étienne/Piérart (1975), 58.

410 Polyain. 5,18. Chremonides befahl die Flotte gegen Rhodos. Vgl. Habicht (1956), 32, Anm. 20; Volkmann (1959a), 1653; Hazzard (2000), 71; Thrams (2001), 137; Étienne/Piérart (1975), 47. Zum Amt des Nauarchen vgl. Tarn (1911), 251-259.

411 P. Cair. Zen. II, 59173; Ijsewijn (1961), 70-71, Nr. 31. Vgl. Lehmann (1988b), 145, Anm. 48; Heinen (1972a), 121-122; Volkmann (1959a), 1653; Hazzard (2000), 71; Criscuolo (2003), 321; Pouilloux (1975), 378; Étienne/Piérart (1975), 58.

412 Vgl. Peremans/van't Dack (1959), 166-170.

413 Teles, Περί φυγῆς: „Χρεμωνίδης καὶ Γλαύκων οἱ Ἀθηναῖοι οὐ πάρεδροι καὶ σύμβουλοι". „*Und waren die Athener Chremonides und Glaukon nicht Beisitzer und Berater?*" Vgl. Savalli-Lestrade (2001), 264 m. Anm. 4; Habicht (1956), 32, Anm. 20; Pouilloux (1975), 376; Étienne/Piérart (1975), 55.

414 Paus. 6,16,9. Vgl. Pouilloux (1975), 378; Étienne/Piérart (1975), 58, die den Sieg in eine frühe Phase seiner Karriere am ptolemäischen Hof datieren.

gefunden, nach der traditionellen Rekonstruktion, die Ptolemaios III. als Auftraggeber vorsieht, mit dem Wortlaut:

> [βασiλέυς Πτολεμ]αῖος βασ[iλέως, Πτολέμαίου καὶ βα]σίλισσης [Ἀρσινόης Γλαύκω]να Ἐτεοκλέους [Ἀθηναῖων ἀρετῆ]ς ἕνεκεν [καὶ εὐνοίας τῆς] πρὸς τὸν πατέρα [Πτολεμαῖον καὶ τὴν ἀδελφὴν [καὶ τὸν] δῆμον. [415]

Gustav Adolf Lehmann schließt daraus, dass zwischen Glaukon und Arsinoë II. „*schon lange zuvor*" eine Verbindung bestanden habe.[416] Allerdings lässt sich das kaum daraus ablesen. Die in sehr allgemeiner Form erwähnte *eunoia*, die Glaukon den Geschwistern erwiesen hatte, impliziert keine persönliche Bindung an Arsinoë.[417] Vielmehr ist anzunehmen, dass Glaukon dem Königspaar seinen olympischen Sieg gewidmet hatte, wie es etwa Kallikrates von Samos mit seinem Sieg bei den Pythien getan hatte,[418] oder dass seine Tätigkeit als eponymer Priester der *theoi adelphoi* gewürdigt wurde. Zudem fiel die Inschrift in die Regierungszeit Ptolemaios' III., in eine Zeit, als die Nennung der Königspaare als einander ergänzende Einheit zur festen offiziellen Formel geworden war.[419] Reflektiert wird daher keine besondere Beziehung Glaukons zur verstorbenen Königin, sondern die offizielle ptolemäische Selbstdarstellung – wie schon im Chremonideischen Dekret.

---

415 Syll.³ 462, Z. 6-7: „*König Ptolemaios, Sohn des Königs Ptolemaios und der Königin Arsinoë, für Glaukon, Sohn des Atheners Eteokles, wegen seiner Tüchtigkeit und der Wohltaten gegenüber dem Vater Ptolemaios und der Schwester und dem Volk*". Zur traditionellen Zuschreibung an Ptolemaios III. als Auftraggeber vgl. Hintzen-Bohlen (1992), 102. Eine Weihung eines Königs für einen Höfling ist eher selten, vgl. Weber (1997), 59.

416 Vgl. Lehmann (1988b), 145, Anm. 48. Pouilloux (1975), 378-379 dagegen erwähnt Arsinoë in diesem Zusammenhang gar nicht, ebenso wie Étienne/Piérart (1975), 58, die von einer Stiftung der Statue durch Ptolemaios III. als „*souvenir du dévouement de Glaucon envers Ptolémée II.*" sprechen. Vgl. Schmidt-Dounas (2004), 100.

417 Vgl. Wörrle (1995), 241-249 zu klischeehaften Formulierungen hellenistischer Ehrendekrete mit stereotypen Elementen der Würdigung. Vgl. Orth (1977), 21; Habicht (1976), 7 zu Phrasen „*blasser Formelhaftigkeit*".

418 Poseidipp. Ep. 74 A.-B. (= col. XI 33- XII 7). Vgl. Bingen (2002), 49-50; Criscuolo (2003), 324; Bing (2002/03), 244-251.

419 OGIS 54, Z. 1-6; Burstein (1985), Nr. 99: „Βασίλευὺς μέγας Πτολεμαῖος, υἱὸς βασίλέως Πτολέμαίου καὶ βασίλισσης Ἀρσινόης θεῶν Ἀδελφῶν, τῶν βασίλέω(ς) Πτολέμαίου καὶ βα]σίλισσης Βερενίκης θεῶν Σωτήρων, ἀπόγονος τὰ μὲν ἀπὸ πατρὸς Ἡραλέους τοῦ Διός τὰ δὲ ἀπὸ μητρὸς Διονύσου τοῦ Διός". „*Der große König Ptolemaios, Sohn des Königs Ptolemaios und der Königin Arsinoë, der Geschwistergötter, Kinder des Königs Ptolemaios und der Königin Berenike, der Rettergötter, väterlicherseits von Herakles, Sohn des Zeus, abstammend, mütterlicherseits von Dionysos, Sohn des Zeus, abstammend*".

Lucia Criscuolo hat 2003 die traditionelle Rekonstruktion, die auf dem Faksimile von Purgold basiert, in Frage gestellt und Ptolemaios II. als Auftraggeber der Statue vorgeschlagen.[420] Ihre Rekonstruktion der Inschrift lautet: „[βασίλέυς Πτολεμ]αῖος βασ[ίλέως] [Πτολέμαίου καὶ βα]σίλισσης [Βερενίκης Γλαύκω]να Ἐτεοκλέους [Ἀθηναῖων ἀρετῆ]ς ἕνεκα [καὶ εὐνοίας τῆς] πρὸς τὸν πατέρα [καὶ Ἀρσινόην τὴν ἀδελφὴν [καὶ τὸν] Ἠλείων vel Ἀθηναίων] τὸν δῆμον“.[421]

Dies würde bedeuten, dass sich „πρὸς τὸν πατέρα“ auf Ptolemaios I. beziehen würde und Glaukon bereits mit ihm in seinen letzten Regierungsjahren in diplomatischem Kontakt gestanden hätte. Eine definitive Entscheidung lässt sich nicht fällen.

Fasst man zusammen, folgt Arsinoës Erwähnung im Chremonideischen Dekret den offiziellen ptolemäischen Vorgaben und unterstreicht, dass die Geschwisterehe zu einem dynastischen Etikett geworden war.

2. Zusammenfassung

Die erste Aufgabe der Diadochen in ihren neu gegründeten Reichen war die Legitimation ihrer Herrschaft, die sie über verschiedene Methoden zu erreichen versuchten, etwa durch die Berufung auf den Speererwerb und auf ihre kriegerische Exzellenz, durch die Verbindung mit den Argeaden – entweder faktisch durch Einheiraten oder mittels ideeller Ansippung –, durch sakrale Überhöhung und Euergetismus.

Die zweite Aufgabe, die sich ihnen stellte, war, ihr Reich über die Klippe von der ersten zur zweiten Generation zu retten, und die Nachfolge entsprechend frühzeitig zu sichern. Dies wurde ihnen durch ihre Heiratpolitik erschwert. In der ersten Zeit der Kriege hatten die Diadochen polygam gelebt. Ihre Ehen hatten meist unmittelbar aus ihrer politischen Situation resultiert; die Bedeutung der Braut war von den schnelllebigen Bündnissen ihrer Väter und Gatten abhängig gewesen. Doch auch wenn sie nur zeitlich begrenzt politische Relevanz gehabt hatten, stellte der

---

420 Vgl. Criscuolo (2003), 322. Ihre Zweifel an der traditionellen Konstruktion begründet sie damit, dass die Formulierung „πρὸς τὸν πατέρα [Πτολεμαῖον“ überflüssigerweise den Namen des Herrschers wiederhole, die Schwester aber nicht spezifiziere. So bleibe offen, ob Arsinoë II. gemeint sei oder die Schwester von Ptolemaios III., Berenike. Zudem weise die Gestaltung des Texts ungewöhnlich asymmetrische Formen auf.

421 Vgl. Criscuolo (2003), 322: „*König Ptolemaios, Sohn des Königs Ptolemaios und der Königin Berenike, für Glaukon, Sohn des Atheners Eteokles, wegen seiner Tüchtigkeit und der Wohltaten gegenüber dem Vater und Arsinoë, der Schwester und dem Eleiischen oder dem Athenischen Volk.*“

Nachwuchs aus diesen Ehen einen Faktor dar, der längerfristig die Hofpolitik prägte.

Wie die Argeaden bekamen auch die Diadochen die Probleme einer polygamen Hofstruktur zu spüren. Der Vorteil, dass der durch Kindstod, Schlachtenunglück und hofinterne Konflikte gefährdete Nachwuchs zahlenmäßig möglichst groß war,[422] bedeutete zugleich auch den Nachteil. Statt Stabilität erzeugten die Rivalitäten der verschiedenen Thronanwärter Instabilität. Auch die Abkehr der Diadochen von der polygamen Praxis bedeutete nicht, dass das Problem eines „Erbenüberschusses" gelöst war. Die Monogamie barg in der Form, in der sie Teile der Diadochen und ihrer Söhne praktizierten, nicht minder Zündstoff: als serielle Monogamie.[423] Zwar führten sie ihre Ehen nicht mehr gleichzeitig, das Problem war jedoch nur auf eine andere Ebene verlagert worden.

Bei der Bevorzugung eines Thronfolgers scheint gerade bei den Diadochen das Leistungsprinzip eine große Bedeutung besessen zu haben. Dennoch kam es zu Streitigkeiten, die das Überleben der Reiche gefährdeten. Erbfolgekonflikte zogen weite Kreise am Hof, da die Mütter und *philoi* der Anwärter zwangsläufig involviert waren, und drohten, sich über den familiären Rahmen hinaus auszuweiten. Eine Folge war, dass die Mütter in der Überlieferung sichtbar wurden, allerdings im konfliktreichen Spannungsfeld stereotyp als skrupellose und herrschsüchtige Intrigantinnen geschildert wurden.

Lysimachos' gescheiterte Dynastiebildung zeigt die Brisanz des ersten Thronwechsels. Was er im Gegensatz zu Ptolemaios I., Antigonos I. und Seleukos I. versäumt hatte, waren die Designation eines Prätendenten mittels einer Mitregentschaft und der deutlichen Einbeziehung in die monarchische Inszenierung inklusive der Demonstration harmonischer Einigkeit, die Kontrolle der Erbfolgekonflikte am Hof und die Vermeidung von Interventionen von außen.[424] Nicht zuletzt die Verquickung der lysimacheischen Erbfolgekonflikte mit Seleukos' expansiven Interessen hatte Lysimachos' Dynastiegründung verhindert.

Diese Bedrohung durch Prätendenten von außen stellte ein weiteres Problem dar, das durch die Heiratspolitik der Diadochen aufgetreten war. Aufgrund der Querverbindungen zwischen den Häusern besaßen die konkurrierenden Reiche Ansprüche auf gegnerische Herrscherwürden.

---

422 Vgl. Carney (1988a), 385-404; Greenwalt (1989), 19-43; Hatzopoulos (1986), 272-292.

423 Vgl. Seymour-Smith (1986), 199.

424 Ähnlich Gehrke (2005), 104: „*Die größten Schwierigkeiten für die monarchische Etablierung zeigten sich regelmäßig beim Tode eines Herrschers. Wir können beobachten, dass solche Konstellationen immer als Momente der Schwäche und damit als Chancen zum Zuschlagen seitens der Gegner angesehen wurden*".

War der Thronwechsel gelungen, musste sich die zweite Generation der hellenistischen Könige dieser Konsequenz stellen und sich gegen den Zugriff von außen abschotten. Ihre Heiratspolitik war somit teils die Konsequenz aus den Problemen, die das Heiratsverhalten ihrer Väter mit sich gebracht hatte.

Als ein Mittel der Abschottung wurde neben der Monogamie die Endogamie gewählt. Während Antiochos I. die Mutter seines Vaters zur Frau nahm, schloss Ptolemaios II. den Kreis noch enger, heiratete seine Vollschwester und behielt sie auch nach ihrem Tod als göttliche Kunstfigur an seiner Seite. Während seine erste Ehe noch im Kontext der Bündnispolitik seines Vaters Ptolemaios I. gestanden hatte, arbeitete er nach Antritt seiner Alleinherrschaft auf den Ausschluss sowohl externer als auch interner Prätendenten aus Nebenlinien hin.

Die erste ptolemäische Geschwisterehe wurde mit einem auf mehrere Lesarten hin angelegten ausgefeilten ideologischen Überbau versehen, das sie modellhaft für die monarchische Inszenierung der Nachfolger gestaltete. Das endogame Etikett verlieh den Ptolemäern ein öffentliches Profil von hohem Wiedererkennungswert.

Den Fall der Heirat zwischen Ptolemaios Keraunos, dem Leidtragenden der Thronkonflikte in Alexandria, und seiner Halbschwester Arsinoë kann man wohl nicht in diese Kategorie der Endogamie als Maßnahme der Nachfolgesicherung einordnen. Es spielte eine untergeordnete Rolle für ihn, dass sie seine Halbschwester war. Von Bedeutung war hingegen ihr Prestige als Witwe des Lysimachos. Da er dessen Thron usurpiert und die Erben verdrängt hatte, wollte er mit ihrem symbolischen Kapital, dem Prestige als Lysimachos' Witwe, den Bruch der Herrschaftskontinuität neutralisieren.

Interessant ist indes, dass er Arsinoë gemäß Justins Bericht versprochen haben soll, monogam zu leben, ihre Söhne zu adoptieren und als Mitregenten einzusetzen.[425] Wie ernst es ihm damit war, lässt sich kaum entscheiden. Deutlich wird jedoch, dass die Faktoren Monogamie, Koregentschaft und Begrenzung der Anzahl der Thronanwärter sich zu diesem Zeitpunkt als Maßnahmen der dynastischen Stabilisierung und Nachfolgesicherung eingebürgert hatten.

Zugleich zeigt der Fall von Ptolemaios Keraunos und seinen Neffen auch, dass eine andere bewährte Methode, um die Zahl der Prätendenten zu verringern, nichts an Aktualität eingebüßt hatte: ihre Beseitigung.

425 Just. 24,2,1-5.

IV. Die mediale Inszenierung des Ptolemäerpaars

1. Aspekte der ptolemäischen Hofkultur

Höfische Strukturen

Der hellenistische Hof war das „*erweiterte Haus*“[1] des Monarchen, das administrative, herrschaftliche, gesellschaftliche und kulturelle Zentrum seines Reichs.[2] Die Quellen bezeichnen den Hof als αὐλή, βασίλειον oder βασιλεία.[3] Ein herrscherlicher *oikos* meint genealogisch die regierende Dynastie, praktisch die Hofhaltung und topographisch den Palastkomplex oder bei Feldzügen die Zelte des reisenden Hofs. Während die Ptolemäer nur eine Residenz hatten, gab es bei den Antigoniden und Seleukiden mehrere höfische Zentren.[4] Im komplexen Terminus *oikos* inbegriffen waren zudem das interne Beziehungsgeflecht und die externen politischen Verbindungen der Dynastie. Personell setzte sich der Hof aus herrschaftlicher Familie, Dienerschaft und Hofgesellschaft zusammen, die in der Antike οἱ αὐλικοί, οἱ περί τὴν αὐλήν, οἱ βασιλικοί oder οἱ βασιλεῖοι genannt wurden.[5] Der „weitere oder äußere Hof“ umfasste Gäste, Gesandte und zeitweilige Funktionäre.[6] Wie in den Strukturen seines Reichs musste sich der Herrscher auch in den Strukturen des Hofs etablieren und die „*Prozesse der Verdichtung, Regulierung und Institutionalisierung*“[7] zur Stabilisierung seiner Position nutzen.[8]

---

1 Winterling (1997a), 2. Vgl. Weber (1997), 38; ders. (2007), 104; Rowlandson (1998),7.

2 Weber (1997), 33, Anm. 23 leitet den hellenistischen königlichen *oikos* aus der Verbindung der erweiterten Häuser der griechischen Aristokraten und der Tyrannenhöfe mit der auf Gefolgschaft basierenden makedonischen Monarchie und ihrer Konzentration auf Pella ab. Indes stellt sich die Frage, ob nicht auch die persischen Einflüsse auf Makedonien (vgl. Kienast (1973), 243-294) eine stärkere Berücksichtigung finden müssen.

3 Vgl. Funck (1996b), 53; Weber (1995), 286-292; ders. (1997), 31.

4 Vgl. Weber (1997), 32, 36; ders. (2007), 110-111.

5 Polyb. 5,61,3-8. 81,2. Vgl. Savalli-Lestrade (2003), 61.

6 Vgl. Weber (1997), 37.

7 Gehrke (2005), 103.

8 Vgl. ebda.

Die führenden Höflinge waren die heterogenen *philoi*, „Freunde" des Herrschers, Offiziere, Rechtsgelehrte, Philosophen, Diplomaten, Künstler und Wissenschaftler,[9] deren politischer oder sozialer Status sie dazu qualifizierte, Teil seines *inner circle* zu sein. Durch die Versammlung von einflussreichen Männern an seinem Hof, die als wissenschaftliche, philosophische oder politische Koryphäen galten, konnte der Monarch sein Ansehen in der hellenistischen Welt steigern.[10] Seine *philoi* fungierten als Medien der herrschaftlichen Repräsentation und demonstrierten seinen Einfluss. „Wahre" *philoi*, dem Herrscher auch emotional verbunden, waren nur die wenigsten. Seneca bringt es überspitzt auf den Punkt: Die hellenistischen Könige hätten es sich zur Gewohnheit gemacht, ihre Freunde in Ränge abzustufen, und ihre römischen Nachahmer hätten seitdem erste und zweite Freunde, aber keine echten mehr gehabt.[11] Einfluss, Herkunft und Status innerhalb des Reichs definierten den Rang des *philos*, so dass ein neuer König sich mit den *philoi* seines Vorgängers konfrontiert sehen konnte, die als ererbte „Altlasten" ihre Position verteidigten.[12] Je konsolidierter die Position des Herrschers, umso weniger selbstverständlich war die Übernahme der *philoi*.[13]

Als wichtige Herrschaftsstütze beruhte die Beziehung zwischen den – im ptolemäischen und seleukidischen Reich hierarchisch gestuften *philoi* – [14] auf Reziprozität.[15] Loyalität wurde mit vielfältigen Vergünstigungen

9 Vgl. Weber (2007), 102; Völcker-Janssen (1993), 3; Ehling (2002), 41; Herman (1997), 214; ders. (1980/81), 103; Holt (1999), 6; Savalli-Lestrade (1996), 149; dies. (2001), 265-26; dies. (1998): Les „Philoi" royaux dans l'Asie hellénistique, Genf; Austin (2000), 132, 156; Mooren (1978), 51; ders. (1977), 45; Mehl (2003), 149; Le Bohec, S. (1985): Les philoi des rois Antigonids, REG 94, 93-124. Zum achaimenidischen Vorbild vgl. Fischer (1978), 38-43.

10 Vgl. Weber (1998/99), 149.

11 Sen. de ben. 6,34,2. Vgl. Winterling (1999), 119-122. Zu den hellenistischen Hofrängen vgl. auch Gehrke (2003³), 54. Zu den Freunden des römischen Kaisers vgl. Winterling, ebda., 161-194.

12 Zu Fallbeispielen vgl. Herman (1997), 218-220.

13 Vgl. Mehl (2003), 153; Fischer (1978), 39.

14 Vgl. Mooren, L. (1977): La hiérarchie de cour ptolémaique: Contribution à l'étude des institutions et des classes dirigeantes à l'époque hellénistique, Leuven; Buraselis, K. (1994): Des Königs Philoi und des Kaisers Amici, in: Ders. (Hg.), Unity and units of antiquity, Delphi/Athen, 19-33. Weber (1997), 40, 52 stellt für den ptolemäischen Hof heraus, dass indigene Führungsschichten erst nach ihrer Beteiligung an der Schlacht bei Raphia 217 v. Chr. in höhere höfische Positionen aufrückten. Es sei ein Wandel der höfischen Abhängigkeitsstrukturen eingetreten. Traditionell gilt das Raphiadekret als Wendepunkt der Beziehungen zwischen Makedonen und Ägyptern. Demnach habe es aufgrund politischer Zwänge eine verstärkte Annäherung an das ägyptische Element erkennen lassen. Vgl. Thissen

vom Herrscher belohnt. Aus der Sicht der griechischen, von Idealen der Poliswelt geprägten Autoren waren die hellenistischen *philoi* rückgratlose Schmeichler – korrumpierte, devote Schatten des Königs, die ihm nach dem Mund redeten, um die Freuden des Hoflebens genießen zu können.[16] Dies war Topik, denn eine so rückhaltlose Abhängigkeit hat es bei den einflussreichsten höfischen *factions* kaum gegeben. Stattdessen musste der Herrscher sie kontrollieren und verhindern, dass sie sich gegen ihn verbündeten. Zu diesem Zweck schürte er Konkurrenzen und spielte die *philoi* gegeneinander aus.[17]

Der *oikos* war Herrschaftsinstrument des Monarchen und diente ihm hauptsächlich dazu, seine Führungsschicht an sein Haus zu binden, durch Ämtervergabe in sein Netzwerk einzugliedern und zu kontrollieren,[18] seine

---

(1966), 27, 80; Hölbl (1994), 144; Grimm (1981), 21; Onasch (1976), 148, 153; Bonacasa (2004), 88. Festgemacht wird dies an drei Punkten: Veranstaltungsort der Synode war Memphis, das alte religiöse Zentrum Ägyptens; die fünfstellige ägyptische Titulatur des Ptolemäers wurde ins Griechische übersetzt und der Text war von ägyptischen Stilelementen durchsetzt. Ein Beispiel sei die Angleichung von Ptolemaios III. an Horus bei der Schilderung der Schlacht (Raphiadekret, 9-10: Die Götter Ägyptens prophezeiten ihm den Sieg im Traum; er bezwang die Gegner „*so, wie früher Horus, Sohn der Isis, seine Feinde getötet hat.*". Zit. n. Hoffmann (2000), 161). Als Ergänzung zeigt das Bildfeld der Raphiastele den reitenden König in makedonischer Soldatentracht mit Diadem, wie er seinen Feind mit der Lanze, die „*in seiner Hand ist wie die, die der siegreiche Pharao in der Schlacht hatte*", tötete (zit. n. Hoffmann (2000), 164). Vgl. Hölbl (1994), 144; Ashton (2001), 16; Thissen (1966), 2, 84; Peremans (1975), 393, 400; Bricault (1999), 337; Minas (2000), 111-112: „*Das Bemühen um Demonstration rechtmäßiger Königsmacht verlagerte sich also unter Ptolemaios IV. zunehmend auch auf das ägyptische Milieu … Unter Ptolemaios IV. waren sie* (die Ptolemäer) *vielmehr zu Königen Ägyptens geworden, die zwar makedonischer Abkunft waren und Griechisch sprachen, aber doch seit Generationen im Land lebten, außenpolitisch immer schwächer wurden und sich innenpolitisch immer stärker engagieren mussten, um sich an der Macht zu halten*". Die These einer „Ägyptisierung" der ptolemäischen Politik als Konsequenz der Raphiaschlacht wird teils abgeschwächt. Es sei vielmehr von einer stetigen Entwicklung der Anlehnung an pharaonische Vorgaben auszugehen, vgl. Heinen (1984), 439; Pfeiffer (2004), 11, 304-305. Ashton (2001), 16 schlägt vor, nicht von einer politischen Schwächephase, sondern von „*a different way of relating to Egyptian culture*" unter Ptolemaios IV. zu sprechen.

15 Diod. 18,50,4. Vgl. Völker-Janssen (1993), 13; Ehling (2002), 45; Herman (1997), 217; Weber (1997), 42; Winterling (1999), 13-24.

16 Vgl. Polyb. 15,25. 28,20-21. 34,4-5. Vgl. Vössing (2004), 94-97; Savalli-Lestrade (1996), 151; Weber (1997), 58; Herman (1980/81), 103; ders. (1997), 211. Gemäß McClure (2003), 270 stellte der Schmeichler, insbesondere bei Athenaios, den männlichen Gegenpart zur Hetäre dar.

17 Vgl. Müller (2003b), 252-255.

18 Vgl. Weber (1995), 288-292; ders. (1997), 70.

Selbstdarstellung auf der höfischen Bühne zu entfalten[19] und Höflinge um sich zu sammeln, deren Anwesenheit Prestige brachte.[20]

Christian Habichts Terminus der „*herrschenden Gesellschaft*"[21] von Griechen und Makedonen an den hellenistischen Höfen, der sich in weiten Teilen der Forschung durchgesetzt hat,[22] ist zuletzt von Andreas Mehl kritisiert worden, der argumentiert, dass neben dem absolut regierenden hellenistischen Monarchen kein Platz für eine herrschende Gesellschaft gewesen sei.[23] Indes kann man davon ausgehen, dass das Ausmaß der Beteiligung davon abhing, wie stark die Stellung des Königs war.

Dionysos und die *tryphe*

Eine wichtige Leitfigur der Herrschaftsrepräsentation der Ptolemäer war Dionysos,[24] ihr mythischer Stammvater.[25] Ein Fragment von Satyros aus dem 3. Jh. v. Chr. ist der früheste Beleg für diese Abkunft, die über Herakles' Frau Deianeira, Dionysos' Tochter, hergeleitet wurde.[26] Über Arsinoë, die Mutter Ptolemaios' I., die von Amyntas I. abstammte –[27] was

19 Vgl. Weber (1993), 32-36.

20 Vgl. Weber (1997), 66. So konnte er sich mit Gästen, die auch eine Polisidentität hatten, gegenüber den griechischen Städten profilieren.

21 Vgl. Habicht, C., Die herrschende Gesellschaft in den hellenistischen Monarchien, VSAWG 45 (1958), 1-16. Akzeptiert noch von Weber (1997), 31.

22 Vgl. Herman (1980/81), 113-114; Weber (1997), 31; Winterling (1999), 8.

23 Vgl. Mehl (2003), 153.

24 P. Oxy. 27,2465; Athen. 7,276 B. Vgl. Heinen (1983), 119; ders. (2003), 100; Huß (2001), 675; Smith (1991), 20; Tarn (1933), 60; Tondriau (1948d), 37; ders. (1948c), 132 146; Ager (2005), 24-25; Bianchi (1989), 66; Rice (1983), 32; Weber (1993), 343; Koenen (1993), 44; Perdrizet (1910), 228-29; Huttner (1997), 129; Thompson (2000b), 377; Pfrommer (2001), 100; ders. (1996), 97; Perpillou-Thomas (1991), 82; Dunand (1981), 18, 23; Eggermont (1993), 85-87; Gehrke (2003³), 172; Smith (1993), 207; Vössing (2004), 110, 141; Kunze (1998), 126-127; Bemmann (1995), 440; Hölbl (1994), 91: „*über ihn ließen sich Götterkult, Herrscherverehrung und Königideologie am besten verbinden*".

25 OGIS 54, Z. 1-6; Satyros FGrHist 631, F1; P. Oxy. 27,2465.

26 OGIS, 54, Z. 4-5; Theokr. 17,27; P. Oxy. 27,2465. Vgl. Beyer-Rotthoff (1993), 44, 278; Walbank, (1994⁴), 217; Heinen (1983), 123; Rice (1983), 42-43; Huttner (1997), 124-30; Gow (1952), 326, 331; Edson (1934), 224, Anm. 2; Whitehorne (2001²), 9-10.

27 Vgl. Edson (1934), 224, Anm. 2; Greenwalt (1996), 47. Arsinoës Vater Meleagros war demnach der Sohn des Bokros, dessen Vater Amyntas' I. gewesen war, also ihr Urgroßvater.

bezüglich der Historizität umstritten ist –[28] und/oder seinen angeblichen Vater Philipp II.[29] leiteten sich die Ptolemäer auch von den Argeaden ab,[30] wiederum Nachfahren des Herakles.[31]

Dionysos hatte schon bei den Argeaden eine Rolle gespielt – ab wann und wie prominent, ist allerdings nicht sicher. Teils werden schon die Sonnenflecken in der makedonischen Gründungslegende,[32] die die Sprachregelung unter Alexander I. wiedergibt,[33] als Zeichen dionysischen Wirkens gedeutet:[34] In seiner Manifestation als Helios habe Dionysos die Strahlen gesandt, die Perdikkas, der sie in sein Gewand schöpfte und mit sich nehmen konnte, als Herrscher auswiesen, an den sein makedonischer Dienstherr seinen göttlichen Schutz und sein Herrschaftsrecht abgetreten hatte.[35]

Konkretere Hinweise gibt es für Dionysos' Bedeutung in Makedonien unter Archelaos (413-399 v. Chr.). Als Anhaltspunkt gilt, dass Euripides, der seine letzten Jahre an seinem Hof verbrachte, dort die *Bakchai* über Dionysos' Wirken verfasste.[36] Da Euripides auch eine Tragödie über die

---

28 Als historisch eingeschätzt von: Edson (1934), 224-225, Anm. 2; Greenwalt (1996), 47; Wirth (1959), 1603-1604. Dagegen vgl. Tarn (1933), 57-61; Svenson (1995), 188.

29 Paus. 1,6,2; Curt. 9,8,22. Vgl. Ellis (2002²), 3; Heckel (1992), 222; ders. (1989), 33, 36, Anm. 12; Huttner (1997), 126-27; Svenson (1995), 188; LeBohec (1991), 32; Baynham (1998), 108; Pfrommer (2001), 94; Gow (1952), 331; Kosmetatou (2004b), 241-242; Wilcken (1938), 310, Anm. 2; Tarn (1933), 57-61; Müller (1973), 116. Chugg (2004/05), 52 nimmt hingegen an, die Behauptung sei historisch, da Ptolemaios' Mutter ansonsten desavouiert worden sei. Als Echo auf die Gerüchte ist wohl auch Ael. v.h. 13,13 zu deuten: „Πτολεμαῖόν φασι τὸν Λάγου". Im Umkreis Alexandrias wurde offenbar auch Spott mit dieser Behauptung getrieben (Plut. mor. 457 A-B).

30 Vgl. Huttner (1995), 108, 111; Bohm (1989), 130-152.

31 Vgl. Neuffer (1929), 47.

32 Hdt. 8,137-138,3.

33 Dessen Herrschaftsjahre zwischen ca. 498 v. Chr. und ca. 450 v. Chr. anzusetzen sind.

34 Die Deutung bezieht sich darauf, dass die Sonnenstrahlen den göttlichen Glücksglanz symbolisierten, der den Herrscher als Auserwählten der Götter kennzeichnete. Vgl. Kleinknecht (1966), 139-140. Insbesondere sein Kriegsglück als wichtigstes Legitimationsmittel sei damit gemeint gewesen, vgl. Rosen (1978), 11-12

35 Vgl. Fredricksmeyer (1997), 103; ders. (1966), 179-181; Greenwalt (1994b), 3-8. Auch die ausgeprägte Symposiumskultur am makedonischen Hof wird als Indiz für Dionysos' Bedeutung für die Argeaden angesehen.

36 Ael. v.h. 13,4. Vgl. Perdrizet (1910), 227; Barigazzi (1968), 197; Carney (2003b), 51; Fredricksmeyer, (1997), 103; ders. (1966), 179-181. Zu Euripides' Bedeutung in der argeadischen Hofkultur: Plut. Alex. 8,3. 10,4. 51,5. 53,2-3; Arr. an. 4,8,5;

makedonische Frühgeschichte geschrieben hatte, in der er den mythischen temenidischen Reichsgründer von Karanos in Archelaos umbenannt hatte – was dem Prestige seines Gastgebers sicherlich nicht schadete – ist anzunehmen, dass er mit dem Dionysosthema auch nichts aufgegriffen hatte, was fern von Archelaos' Interessen lag.[37]

Einen Problemfall stellt Alexanders Beziehung zu Dionysos dar. Zwar belegen die späteren Autoren seine Assoziation mit Dionysos im Kontext des Indienzugs,[38] – die angesichts der Notwendigkeit, in dieser Krisenzeit sein ramponiertes Prestige aufzupolieren und die Truppen zu motivieren, auch wahrscheinlich ist –, doch besteht keine Sicherheit, dass es keine postume Mythisierung ist – als deren Initiatoren die Ptolemäer gelten –,[39] da es nicht anhand von zeitgenössischen Zeugnissen überprüft werden

---

7,16,6; Athen. 12,537 D-E; Curt. 8,1,28-29; Plut. mor. 737 A. Vgl. Bosworth (1996), 142-43; Carney (2003b), 54.

37 Vgl. Wilamowitz-Moellendorff (1879), 119-120; Wirth (1985b), 22; Dascalakis (1970), 157; Bosworth (1998), 125. Vermutlich kam Archelaos diese Namensänderung politisch insofern gelegen, als er Legitimationsprobleme und Konflikte mit dem Adel hatte. Seine Stellung wurde aufgewertet, wenn er seine Linie auf einen namensgleichen Gründer zurückführen und sich überdies als neuer, zweiter Reichsgründer propagieren konnte. Karanos war im Zuge der späteren Entwicklung der Gründungslegende anstelle von Perdikkas beziehungsweise chronologisch vor ihn gesetzt worden. Vgl. Greenwalt, W.S., The introduction of Caranus into the Argead king list, GRBS 26 (1985), 43-49. Zur Verbindung zwischen Dionysos und Philipp II. vgl. Taeger (1957), I, 175-77; Schmitt (2005^3b), 445; Tarn (1968), 687.

38 Strab. 3,5,5; 16,1,11; Plut. Alex. 67; Diod. 17,72,4. 106,1; Just. 12,7,6-7; Curt. 3,12,18; 8,10,2-18; 9,4,21. 8,5. 10,24-29; Arr. an. 4,10,6; 7,10,6. 20,1; Ind. 5,8; Diog. Laert. 6,63; Plut. mor. 332 B; Liv. 9,17,17.

39 Vgl. Rice (1983), 83-85, 191-192; Anderson (1928), 25-26; Eggermont (1993), 85-86; Mossé (2004), 97-98; Pfrommer (1998a), 51-52; Kuschel (1961), 16; Nock (1928), 21-30; Donderer (1988), 788; Svenson (1995), 106, Nock (1928), 27. Hazzard (2000), 8-14 zufolge war Kleitarch der *spiritus rector* der Angleichung, die unter Ptolemaios II. aufgekommen und in der Folge zu einem festen Motiv in der hellenistischen Literatur, etwa bei Megasthenes, Apollonios von Rhodos, Phylarch, und in der Spätantike in Nonnos' *Dionysiaka*, geworden sei. Vgl. Dihle (1987), 47-48. Das Gegenargument lautet, den Ptolemäern sei es überhaupt nur möglich gewesen, Dionysos zu ihrer Leitfigur zu erheben, weil Alexander die Dionysosaemulatio vorgelebt hatte, vgl. Wirth (1985a), 253; ders. (1976), 188; ders. (1985a), 66; ders., (1993b), 8; Berve (1926), I, 94; Hadley (1965), 50-51; Hahn (2000), 16, 18; Thompson (2000b), 377; Neuffer (1929), 45-47; Perdrizet (1910), 227-228; Huttner (1997), 112; Perpillou-Thomas (1991), 82; Stewart (1993), 79, 98; Benne (2001), 77; Bunge (1975), 168; Vössing (2004), 184; Houghton (2002), 6, Anm. 47; Bosworth (1998), 125-127; ders. (2003), 159; Cartledge (2003), 186; Koulakiotis (2006), 92-93; Welles (1970a), 192; Dihle (1987), 47-48; ders. (1996), 8.

kann.[40] So ist etwa die Elefantenexuvie als Attribut, das gemäß *communis opinio* auf den an Dionysos angeglichenen Indiensieger Alexander verweist,[41] erst postum für seine Bildnisse bezeugt,[42] zuerst auf den Tetradrachmen Ptolemaios' I.[43]

Nach Alexanders Tod blühte die Mythenbildung; vor dem Hintergrund eines artifiziellen Indienbilds, geformt nach den Leitmotiven der hellenistischen Herrscher,[44] verschmolzen die Figuren von Dionysos und Alexander zu einer Legendengestalt des Eroberers und Zivilisators des Ostens, maßgeblich ausgestaltet von Megasthenes.[45] Eben diese spezielle

---

40 Vage Hinweise lassen sich finden: Arrians Quelle Eratosthenes von Kyrene kritisiert, dass Alexander in makedonischen Berichten mit Göttern verglichen wurde (Arr. an. 5,3,1-2), wobei ihm zeitgenössische Quellen zum Indienfeldzug vorgelegen haben können. Vgl. Dihle (1987), 48; Nock (1928), 24. Blomqvist (1992), 55 zufolge standen Eratosthenes als Leiter der Bibliothek in Alexandria die offiziellen Hoftagebücher Alexanders zur Verfügung. Zudem bezeugt Alexanders Zeitgenosse Theophrast seine Dionysosnachahmung und lässt seinen indischen Triumphzug am Berg Meros beginnen (Hist. plant. 4,4). Vgl. Gunderson (1980), 5-6, 121; ders. (1970), 356.

41 Vgl. Thomas (2002a), 57; Dahmen (2007), 113 (spezifisch auf Alexanders Sieg gegen Poros bezogen, was etwas zu speziell erscheint); Schwarzenberg (1975), 257; Smith (1991), 20; Stewart (1993), 233-236; Svenson (1995), 106-107. Indes gibt es Gegenpositionen. Malitz (2007), 29 geht von der Weltherrschaft aus. Alternativ gilt die Symbolik als regional begrenzt, vgl. Kuschel (1961), 15-17; Goukowsky (1972), 483: Sie verweise auf Ptolemaios' Sieg gegen Perdikkas bei Kastell Kamelon Teichos, als er den Leitelefanten mit der Sarisse verwundete (Diod. 18,34,2-5). Die These, die Elefantenexuvie beziehe sich auf Ägypten (vgl. Klose/Overbeck (1989), 4), wirkt nicht überzeugend, da die Jagd auf afrikanische Elefanten erst unter Ptolemaios II. in Gang gesetzt wurde. Ptolemaios I. zehrte noch von den Kriegselefanten, die er gegen Perdikkas erbeutet hatte. Gegen die Vermutung, Ptolemaios I. sei im Gegensatz zu Seleukos an der Nachwirkung des Indienfeldzugs nicht interessiert gewesen (vgl. Stewart (1993), 234), ist zu argumentieren, dass Ptolemaios im Rahmen dieser Kampagne als Heerführer hervorgetreten war. Vgl. Welles (1970b), 506; Heckel (1992), 223; Wirth (1959), 1605; Badian (1982), 110 (schätzt seine Leistung sehr negativ ein).

42 Vgl. Neuffer (1929), 45-47.

43 Vgl. Dahmen (2007), 42, 112-115. Auch erschien dann ein Alexanderkopf mit Elefantenexuvie auf Prägungen aus Ekbatana, Susa und Babylon, vereinzelten Bronze- und Goldmünzen, teils unter dem Namen Alexander, die Seleukos I. zugeschrieben werden. Vgl. ebda., 117-118. Der Elefant an sich war auch ein Münzbildmotiv der Prägungen Seleukos' I. Vgl. Pfrommer (1998a), 79.

44 Vgl. Dihle (1999), 9-20; Witzel (2003), 83-85.

45 Arr. Ind. 7,4-9. Siehe auch Arr. Ind. 1,4; 5,8; Curt. 9,8,5-6. Vgl. Plut. mor. 328 A-329 A über Alexander. Vgl. Bosworth (1998), 126; ders. (1999), 3; Eggermont (1993), 85-86; Asirvatham (2005), 109-119; Neuffer (1929), 45-46. Megasthenes war Gesandter Seleukos' I. am Hof des Chandragupta in Palimbothra im Maurya-

Form der Dionysosrezeption, die Verschmelzung mit Alexanders Kunstfigur, war im Ptolemäerreich vorherrschend. Die Frage, wie weit sich in der griechischen Tradition zurückverfolgen lässt, dass Dionysos als erster Eroberer des Ostens galt,[46] ist schwer zu beantworten. In Euripides' *Bakchai* werden seine Eroberungen von Lydien bis Baktrien und Arabien erwähnt,[47] doch gilt dies teils als hellenistische Interpolation.[48]

Ein zentrales Element von Dionysos' Wirken war die *tryphe*, der wohltätige Überfluss.[49] In der Umsetzung spielte die rauschhafte, festliche Facette zwar eine Rolle, doch nicht derart, dass Feiern, Rausch und Sinneslust die höchsten ptolemäischen Tugenden ausgemacht hätten und am Hof die ausschweifende Feier der höchste Wert gewesen wäre, wie teils angenommen wird.[50] Es ging vielmehr um Wohlleben, das sich an Festtagen ausdrücken konnte; der reine Sinnesrausch war kein Wertmaßstab und

---

Reich. Vgl. Eggermont (1993), 75; Schiwek (1962), 23; Dihle (1994), 73; Witzel (2003), 80; Koulakiotis (2006), 126, m. Anm. 521 u. 523.

46 Konkret wird dies erst im Hellenismus, Anspielungen gibt es vorher. So wird Dionysos schon im Epos mit weiträumigen Zügen in Verbindung gebracht (Il. 6,132-135). Dies belegen die Lokalisierungsversuche seiner Geburtsstätte Nysa. Vgl. Dihle (1987), 50-51. Strab. 14,1,43 lokalisiert Nysa in Kleinasien nahe des Mäanders; Hdt. 2,146,2 oberhalb von Ägypten in Äthiopien. Auf einem Berg Nysa würden die indischen Äthiopier zu Dionysos' Ehren Feste veranstalten (Hdt. 3,97,2. 101,2). Vgl. Dihle (1988), 43. Dionysos wurde demnach schon im 5. Jh. v. Chr. durch Herodots „*großräumige Verwendung des Indernamens*" (ebda., 52) damit in Zusammenhang gebracht.

47 Eur. Bacch. 13-19.

48 Vgl. Dihle (1987), 49. Zu Theokritos' Anlehnung an die *Bakchai* vgl. Burton (1995), 70.

49 Vgl. Heinen (1983), 119-127; ders. (1978), 188; Gruen (1996), 118; Wallace-Hadrill (1982), 34; Hölbl (1994), 84; Tondriau (1948b), 50-54; Bohm (1989), 151; Zanker (1995a), 262; Cain (1995), 117; Gehrke (2003³), 172; Beyer Rotthoff (1993) (1993), 264; Briant (2002), 208; Thompson (2000a), 83; Vössing (2004), 183-186; Kyrieleis (1975), 164; Ager (2005), 23-24. Vgl. Rossi (1989), 190: „*According to archaic morality, arete was not ‚unabhängig vom Reichtum', and this conception, although fought by social reformers like Solon, continued to be accepted in Hellenistic times, at least in the royal circles*". Zum Ideal des herrscherlichen Reichtums vgl. auch Clauss (1986), 167-168.

50 Vgl. Schneider (2000), 373. Ähnlich: Macurdy (1932), 139. Schneiders Deutung beruht primär auf der Auswertung archäologischer Quellen. Die bildlichen Aussagen als deckungsgleich mit der historischen Realität zu betrachten, ist problematisch. Die von Schneider konstatierte „*Rauschkultur hellenistischer Könige*" sollte nicht überbewertet werden. Sie war ein Mittel der Illustration von Werten, die ungleich komplexer waren. Vgl. Nock (1946), 155: Die griechische Philosophie hatte den rauschhaften Aspekt des Dionysos bereits in rationalisierte Bahnen gelenkt.

das Ideal des Feierns stand auch nicht für sich allein. Es ist daran zu erinnern, dass Dionysos' Bild ambivalent war: als Fruchtbarkeit und Wohlleben spendender Inbegriff von Festkultur, zugleich aber auch als kriegerischer Eroberer. So trug er als Krieger das Leoparden- oder Pantherfell, das auch auf dem Aversporträt von Prägungen Seleukos' I. mit dionysischer Symbolik erscheint,[51] das einen Mann mit umgeknoteten Pantherfell und pantherfellbezogenem Helm mit Stierhörnern und Stierohren zeigt,[52] dessen Identifikation – Seleukos als Alexander-Dionysos,[53] Alexander als Dionysos,[54] eine heroische Erobergestalt, die Assoziationen mit allen dreien zulasse –[55] jedoch umstritten ist.

Im Frieden war Dionysos in bunte Festgewänder gekleidet,[56] die bei dem Dichter Herondas, einem Zeitgenossen von Ptolemaios II., aus einem geschlitzten safrangelben Chiton besteht, der Blick auf seine jugendlich wohlgeformten Beine erlaubt, einem um die Brust gebundenen gefleckten Hirschfell, einem veilchenfarbenen Mantel, weichen Kothurnstiefeln mit wollenen Binden und einem Efeukranz auf dem Kopf.[57] Im Ptolemäerreich waren immer Dionysos' zwei Gesichter von

51 Vgl. Kroll (2007), 119; LeRider/Callataÿ (2006), 44; Klose (1992), 24; Mørkholm (1991), 72; Newell (1937), 26.

52 Die Deutung der Stierattribute ist umstritten. Die Hörner können einerseits als Attribute des Dionysos (Eur. Bacch. 920-921, 1018; Athen. 11,476 A; Diod. 4,4,2; Nonnos 5,559) gedeutet werden, vgl. Smith (1991), 20; Hadley (1974), 57; Schlesier (2001), 171; Ehling (2000), 155. Andererseits können sie auf die Legende anspielen, Seleukos habe Alexander vor einem wütenden Opferstier gerettet (App. Syr. 56). Vgl. Seyer (2007), 138-139. Nock (1928), 23, Anm. 11 deutet sie als östliches Symbol der Macht allgemein, Seyer (2007), 137, Anm. 761 verweist zudem auf den altbabylonischen Hörnerhelm als göttliches Attribut und Vorbild. Inwieweit dies bei dem Münzbild griechischen Stils eine Rolle spielte, ist indes fraglich.

53 Vgl. Newell (1937), 26; Seibert (1983), 66; Klose (1992), 24; Mørkholm (1991), 72; Nock (1928), 23, Anm. 11; Brown (1995), 27, 53.

54 Vgl. Mørkholm (1991), 72; Hadley (1965), 65; Stewart (1993), 234; Wiesehöfer (1994), 93; Brown (1995), 27, 53; Svenson (1995), 120 (alle Diadochen hätten Alexander auf ihre Münzen gesetzt); Hadley (1974), 53: „*the portrait's significance is twofold: it honours Alexander for his heroic deeds and victories and because he is the patron as well as the prototype of Seleucus' own achievements*".

55 Vgl. Houghton/Lorber (2002), 3, 7: „*a heroic helmeted head ... assimilating Dionysos, Alexander, and Seleucus in the roles as conquerors of the Orient*".

56 Diod. 4,4,4; Athen. 5,198 C. Siehe auch Plut. Demetr. 2,3.

57 Herondas, Mim. 8,26-33. Vgl. Herzog (1924), 382, 408-409; Rosen (1992), 211, 213; Fountoulakis (2002), 302-303; Rist (1998), 354. Zur hellenistischen Dionysosdarstellung vgl. Bemmann (1995), 439; Dover (1978), 72; Smith (1991), 127: „*From a bearded Classical deity of seasonal agriculture and vintage, he became the soft Apolline youth of abundance*".

Bedeutung, der Festgott ebenso wie der Krieger.[58] Beide Aspekte, üppiger Segen und militärischer Erfolg, bildeten im Zentrum der ptolemäischen Herrschaftsideologie eine untrennbare Einheit.

Im Ptolemäerreich spielte die Assoziation mit Dionysos für den Herrscher wohl von Beginn an eine Rolle. Ptolemaios I. soll ein Gemälde in Auftrag gegeben haben, das ihn neben Dionysos als neuen Meleager auf der Jagd nach dem kalydonischen Eber zeigte.[59] Auch versah er das Alexanderporträt auf dem Avers seiner Prägungen mit einem mitraförmigem Diadem und einer Elefantenexuvie.[60] Unter Ptolemaios II. erfuhr die Dionysos-Verehrung einen intensiven Aufschwung. Er gründete Feste und Opfer zu seinen Ehren, verherrlichte seinen mythischen Ahnherrn in seiner großen Festprozession in Alexandria[61] und adaptierte dionysische Attribute wie die Elefantenexuvie und die Stiefel für seine bildliche Darstellung.[62] Umstritten ist, ob er auch von seinem Zeitgenossen, dem Dichter Herondas aus seinem Geburtsort Kos, wo eine rege Dionysosverehrung herrschte,[63] in einem seiner Werke mit Dionysos gleichgesetzt wurde.[64] Die Berufung des Herrschers auf Dionysos erlebte in der Regierungszeit Ptolemaios' IV. einen weiteren Höhepunkt.[65] Er stiftete dionysi-

58 Athen. 5,199 A-B. 200 C-F.

59 Vgl. Donderer (1988), 793-796; Seyer (2007), 135-137. Eine Kopie wird in einem Mosaik aus Sitifis vermutet.

60 Vgl. Reden (2007a), 36-37; Klose (1992), 21; Brown (1995), 15, 22, 25, 48; Mørkholm (1991), 63; Schönert-Geiss (1978), 136; Kuschel (1961), 9, 15-18.

61 Athen. 12,536 D-E. Vgl. Fountoulakis (2002), 316; Köhler (1996), 39, 159. Gemäß Rossi (1989), 167 lag Dionysos' Bedeutung für ihn auch darin, dass er kurzzeitig Mitregent seines Vaters gewesen sei wie Ptolemaios II.

62 Vgl. Kyrieleis (1975), 43.

63 Vgl. Fountoulakis (2002), 316.

64 Herond. 8,26-33. Vgl. Herzog (1924), 431-432. Ebenso: Smotrytsch, A.P. (1961): „ὁ καλὸς νεανίας καὶ αἰπόλοι", Helikon 1, 118-126, hier 119. Dagegen wendet sich Rist (2002), 355, Anm. 7: „*The supposition is far-fetched and the notion of the King intervening in person in a rustic contest rather absurd*". Siehe ferner Gigante Lanzara (1993), 229-239. Zur Verherrlichung von Ptolemaios II. bei Herondas siehe auch Herond. 1,26-31. Es nützte ihm allerdings wenig, er wurde kein erfolgreicher Dichter am Hof in Alexandria und seine Nachwirkung blieb begrenzt. Vgl. Herzog (1924), 432.

65 Clem. Alex. Protrept. 4,54,2. Vgl. Fountoulakis (2002), 316; Tondriau (1948d), 37; ders. (1948c), 132; ders. (1946), 149-156; Heinen (2003), 104; Weber (1993), 345; Dunand (1981), 23; Pfrommer (1996), 97, 101; Kunze (1998), 126-127; Bemmann (1995), 440. Neos Dionysos impliziert nach Heinen (2003), 89, dass das göttliche Vorbild mit dem im Herrscherkult divinisierten König verschmilzt. *Neos* verheiße Jugend, Frische, Innovation. Vgl. Nock (1928), 35-36; Kyrieleis (2004), 111.

sche Feste und Zeremonien, benannte eine alexandrinische Phyle und Demen nach ihm und bemühte sich, den dionysischen Kult von Alexandria aus zu kontrollieren.[66] Seine Vorgänger hatten sich mit Attributen des Dionysos darstellen lassen; Ptolemaios IV. ging konsequent einen Schritt weiter und inszenierte sich nicht mehr nur als Nachkomme des Dionysos oder in Angleichung an ihn, sondern als irdische Verkörperung des Gottes selbst: als Neos Dionysos. Dies bot sich auch insofern an, als Dionysos selbst auf der Erde gewandelt und den Menschen erschienen war. Ptolemaios IV. ließ sich mit Efeukranz und Thyrsosstab darstellen und soll eine Efeulaubtätowierung getragen haben.[67] Da Dionysos' Kultstatue bei Prozessionen oft auf einem Schiffswagen in die Stadt geführt wurde,[68] zeigte sich Ptolemaios IV. auf einem prachtvollen Schiffspalast, dem so genannten „Gemächerträger",[69] der speziell für die Binnenschifffahrt konstruiert worden war.[70] In einem der Säle, der Dionysos geweiht war, befanden sich dreizehn Klinen und eine Höhle, die Dionysos' Geburtsstätte imitierte, aus Gold und Edelsteinen mit einer marmornen ptolemäischen Familiengruppe.[71] Gäste, die in dem Saal bewirtet wurden, fanden sich innerhalb einer suggestiven politischen Szenerie wieder und konnten sich der kul-

---

66 Vgl. Hölbl (1994), 152. Er installierte am Hof eine dionysische Kultgemeinde und verordnete, dass sich alle Teilnehmer am Dionysoskult in Alexandria registrieren lassen mussten. Ein Fragment von Eratosthenes (Athen. 7,276 B) aus einer Schrift namens *Arsinoë* gilt als Hinweis auf den intensivierten Dionysoskult unter Ptolemaios IV. Darin regt sich Arsinoë (nach dieser Deutung III.) über die Zustände bei den Lagynophorien in Alexandria auf. Vgl. Hazzard (2000), 118-119; Macurdy (1932), 138-139; Bevan (1927), 232-236; Wilcken (1895), 1287-1289; Blomqvist (1992), 54; Tondriau (1946), 150; Vössing (2004), 136. Dagegen identifizieren Mahaffy (1895), 161; Zecchini (1990), 229; Geus (2002), 64, 67-68 und Huß (2001), 463, Anm. 8 sie mit Arsinoë II. Geus zufolge war Eratosthenes' Schrift ein philosophisch-literarischer Dialog mit kritischer Haltung ihr gegenüber. Arsinoë II. habe sich beschwert, dass der *hieros gamos* als Bestandteil des Kannenfestes fehle, der für ihre Repräsentation elementar gewesen sei. Das könnte aber auch auf Arsinoë III. zutreffen, die ebenfalls ihren Vollbruder geheiratet hatte.

67 Vgl. Pfrommer (1998a), 113; Tondriau (1950), 294; Macurdy (1932), 139.

68 Vgl. Hedren (2004), 46.

69 Athen. 5,204 D.

70 Athen. 5,204 D-206 C; Plut. Demetr.43,4-5. Es war um die 100 Meter lang und hatte Platz für 4000 Ruderer. Vgl. Kutbay, B.L. (1998): Palaces and large residences of the Hellenistic age, New York, 49.

71 Athen. 5,205 E-F. Kunze (1998), 127 geht davon aus, dass sie beim Symposium als Götter angerufen wurden.

tisch aufgeladenen Atmosphäre zur Überhöhung der Ptolemäer kaum entziehen.[72]

Durch die Mobilität des schwimmenden Palasts war es darüber hinaus möglich, nicht nur die geladene Führungsschicht, sondern weite Kreise der Reichsbevölkerung zu erreichen,[73] die vom Ufer aus zuschauen konnte. Diese demonstrierte „Volksnähe" war angesichts der Regierungskrise zu Zeiten von Ptolemaios IV. auch ein notwendiger Schritt, um die Bevölkerung an die Krone zu binden.

Insgesamt stellt die königliche Inszenierung als Neos Dionysos ein Politikum dar, das herrschaftsstabilisierend wirken sollte und beide Seiten – König und Reichsbevölkerung – in die Pflicht nahm, den König als Garant für Wohlleben, die Reichsbevölkerung als Garant für die Pflege der kultischen Riten. Bei der verfeinerten höfischen Darstellung des Königs als Neos Dionysos fiel der Hofgesellschaft die Rolle der Kultdienerschaft zu.[74] Eine Episode aus der Regierungszeit von Ptolemaios XII. Auletes, dem Vater Kleopatras VII., der ebenfalls den Kultnamen Neos Dionysos trug,[75] macht dies deutlich und zeigt zugleich, wie ernst die Beteiligung des Hofs vonseiten des Herrschers genommen wurde.

Ein Philosoph namens Demetrios war auffällig geworden, weil er bei den höfischen Dionysien keinen Wein getrunken und als einziger keine Frauenkleider getragen hatte. Ptolemaios XII. soll ihn daraufhin unter Androhung der Todesstrafe gezwungen haben, den versäumten Loyalitätsbeweis und seine kultische Pflicht nachträglich vor dem versammelten Hof nachzuholen.[76] Dies lässt kaum Illusionen über die Freiwilligkeit zu, wie sie von den Ptolemäern offiziell propagiert wurde, und erinnert an einen bestimmten Aspekt der kultischen Verehrung von Dionysos: „*Der Dionysosdienst … unterscheidet sich … von den Diensten anderer olympischer Götter dadurch, daß die Gemeinde eine aktive Bedeutung erhält. Dionysos hat selbst auf*

72 Athen. 5,206 A-C. Adressaten werden Makedonen und Griechen gewesen sein, denn für ägyptische Ehrengäste war vermutlich ein weiterer Speisesaal in ägyptischem Stil gedacht. Zu Ptolemäerbildnissen als Dekoration von Festsälen vgl. Smith (1991), 9-10; Thomas (1992), 122 (zu Bronzestatuetten).

73 Vgl. von Hesberg (1996), 88.

74 Ähnlich Schneider (2000), 374: Die Höflinge wurden zur satyrischen Gefolgschaft des Neos Dionysos.

75 Huß (2001), 675-676 geht dabei von einer bewussten Anlehnung an Ptolemaios IV. aus. Zu einer Darstellung Ptolemaios' XII. als Stierdionysos vgl. Ehling (2000), 156-157.

76 Lukian Calumn. 16. Zudem musste er die Kymbale spielen und tanzen. Vgl. Tondriau (1946), 157; Müller (2007a), 143-145, 152-153. Zu den Riten der Dionysosverehrung: Eurip. Bacch. 105-106, 113-114, 152-159, 378-386, 416-429; Arr. Ind. 7,8-9.

Erden gewandelt … er fordert also von jedem einzelnen die Anerkennung seiner Göttlichkeit und eine persönliche Bestätigung seines Glaubens.“[77] Dies gilt ebenso für den ptolemäischen Neos Dionysos. Das höfische Kultfest diente auch zur Profilierung des Herrschers gegenüber Gesandten aus griechischen Poleis und Nachbarreichen. Daher wirkt die strenge Reaktion von Ptolemaios XII. glaubwürdig. Zwar wird Lukian wie gewohnt übertrieben haben, als er das Szenario entwarf, wie der Philosoph – auch noch aus platonischer Schule – am nächsten Morgen vor den versammelten Höflingen wie vor einem Tribunal antreten, im durchsichtigem Festgewand tanzen, die Kymbala spielen und Wein trinken musste, aber die Grundaussage, dass eine Missachtung der auf Reziprozität angelegten höfischen Riten im Ptolemäerreich als subversiv bewertet werden und üble Folgen nach sich ziehen konnte, ist als historisch zu betrachten. Ptolemaios XII. hatte ihm vorgeworfen, seine *tryphe* sabotiert zu haben.[78] Das bedeutete, dass Demetrios weder das Geschenk des Wohllebens, symbolisiert durch den Wein, das die Ptolemäerherrschaft spendete, angenommen noch sich an den Festriten beteiligt hatte, die den Fluss der Gaben in Gang halten sollte. Somit hatte er gegen einen Grundpfeiler des ptolemäischen Herrschaftskonzepts verstoßen und sich verdächtig gemacht.[79]

Während die *tryphe*, die sich als Ideal auch in ptolemäischen Epitheta wie Tryphon, Tryphaina[80] oder Physkon (Schmerbauch) widerspiegelt,[81] in den hellenistischen Reichen positiv konnotiert war, galt sie in der griechischen Welt als Gegenteil von σωφροσύνη und als Indikator dafür, dass der maßlose Herrscher früher oder später der Hybris verfiel.[82] Stereotypes

---

77 Wilamowitz-Moellendorff (1879), 57.

78 Lukian Calumn. 16.

79 Vgl. Müller (2007a), 155.

80 Dieser Beiname ist belegt für Ptolemaios III. (Trog. Prol. 27; 30), Ptolemaios IV. (Plin. n.h. 7,208) und Ptolemaios VIII. (Just. 39,1,3; Ael. v.h. 14,31). Vgl. Tondriau (1948b), 50-51: „*l'adaption du sobriquet Tryphon par un dynaste semble être le point culminant qui puisse être atteint en fait de manifestation de la Tryphè*". Siehe auch Bemmann (1995), 440.

81 Getragen von Ptolemaios VIII. und Ptolemaios IX. Vgl. Ashton (2001), 23; Kyrieleis (1975), 163-164; Ager (2005), 23. In den bildlichen Medien wurde die *tryphe* oft durch Korpulenz ausgedrückt, ein Wandel gegenüber dem auf Alexander zurückgehenden Ideal des gestählten, jugendlich-athletischen Herrschers.

82 Vgl. Tondriau (1948b), 49; Wallace-Hadrill (1982), 34; Wirth (1989), 200; Bernhardt (2003), 308, 324: Das Negativkonzept der *tryphe* habe sich seit der Mitte des 5. Jh. v. Chr. und verstärkt im 4. Jh. zum sittlichen Leitmotiv in Erziehung, politischer Theorie und Geschichtsschreibung entwickelt. Siehe ferner Briant (2002), 193-196.

Referenzmodell war der achaimenidische Tyrann,[83] für den meist Xerxes, der es in griechischer Perspektive an Reichtum, Prunk, Luxus, Sittenverfall und Gewalttätigkeit nicht mangeln ließ, als Paradebeispiel herhalten musste.[84]

Da Dekadenz nach antiker Vorstellung wie eine Seuche wirkte,[85] wurden auch die makedonischen Eroberer des Ostens von den Lastern befallen, zuerst Alexander, dann die Diadochen und ihre Erben.[86] Das *tryphe*-Ideal wurde gegen die Ptolemäer und auch Ptolemäerinnen gekehrt, die im literarischen Diskurs zu Sinnbildern östlicher Dekadenz gerieten.[87] Ihre Kritiker konzentrierten sich ausschließlich auf den äußerlichen Aspekt des festlichen Rauschs und warfen ihnen maßlose Genusssucht und fehlende Disziplin vor.[88] So wirft Phylarch Ptolemaios II. vor, dass sein unmäßig

83 Vgl. Murray (1996), 19; Briant (2002), 202-207; Funke (2005), 227-230; Vössing (2004), 106, 182-183, 185-186; Gruen (1996), 118-119; Wiesehöfer (1999), 41-43; ders. (1996): „King of kings“ and „Philhellên“: Kingship in Arsacid Iran, in: Bilde, P. u.a. (Hg.), Aspects of Hellenistic kingship, Aarhus, 55-66, bes. 58-59; Sancisi-Weerdenburg (1987b), 117-119. Zum Bild des meist mit Persien assoziierten *rex* in römischer Politik vgl. Erskine (1991), 119-120.

84 Hdt. 9,82. Vgl. Sancisi-Weerdenburg (2002), 587-589; dies. (1987b), 118-119; Wiesehöfer (2002), 212-216; ders. (1999a), 32-34; Müller (2007b), 14-34; Briant (2002), 193-210; Keaveney (1996), 23-48; Scheer (2003a), 76-77; Schmal (1995), 76; Heinrichs (1987), 535-538; Luce (1997), 34; Gammie (1986), 183-185; Avery (1964), 179-184; Laurot, B. (1981): Idéaux grecs et barbarie chez Hérodote, Ktema 6, 39-48; de Romilly, J. (1971): La vengeance comme explication historique dans l'ouevre d'Hérodote, REG 84, 314-337; Higginson, T. (1987): Greek attitudes to Persian kingship down to the time of Xenophon, Oxford; Jouanna, J. (1981): Les causes de la défaite des barbares chez Eschyle, Hérodote et Hippocrate, Ktèma 6, 3-15; Hutzfeldt, B. (1999): Das Bild der Perser in der griechischen Dichtung des 5. vorchristlichen Jahrhunderts, Wiesbaden. Xerxes' Negativdarstellung bei Herodot wird auch dem zeitpolitischen Hintergrund der Entstehung der letzten Bücher seiner *Historien* und dem Einfluss von Perikles und seinen Kreisen geschuldet gewesen sein, dem Herodot Tribut zollen musste.

85 Plut. Philopoim. 17,1-2; Liv. 36,11,1-4; Sall. Cat. 10,6; 11,4-8. Vgl. Swain (1990), 127 zu „*Romans' special fears about social and moral decay as the Greek disease.*“ Siehe auch Müller (2007b), 37-40. Dagegen steht die Sicht des Griechen Plutarch (Sull. 12,9-14).

86 Vgl. Müller (2007b), 34-36. Siehe etwa Athen. 12,537 D; 15,687 A.

87 Vgl. Beyer-Rotthoff (1993), 14, 288-289; Heinen (1983), 120-121; ders. (1978), 188; Gruen (1996), 118; Wallace-Hadrill (1982), 34; Kyrieleis (1975), 164; Tondriau (1948b), 49, 53; Ager (2005), 26-27; Schmitt-Pantel (1981), 93; Quet (1981), 44; Weber (1997), 28; Kebric (1977), 29; Thompson (2000a), 82-83; Bemmann (1995), 440. Beispiele sind: Strab. 17,1,11; Polyb. 39,7,7; Plut. mor. 56 E; 802 D; Lukan Phars. 10,109-171.

88 Vgl. Bernhardt (2003), 308, 324. Beispielsweise beschrieb Polyb. 5,34,3-6 Ptolemaios IV. als nachlässig, unbekümmert und gleichgültig gegenüber den Regie-

luxuriöser Lebensstil ihn trotz seiner Bildung fehlgeleitet habe.[89] Plutarch prangert die vielen Prozessionen und Theateraufführungen in seiner Regierungszeit an und fällt das Urteil, er sei nur aufgrund seines Glücks auf dem Thron alt geworden und habe sich im Gegensatz zu Ptolemaios I. oder Alexander nichts mit Tapferkeit erarbeitet.[90] Dahinter steht das topische Gegensatzpaar *tyche-fortuna* und *arete-virtus* im antiken Herrschaftsdiskurs.[91] Wer seine Position weniger seinen Leistungen als seinem Glück verdankte, galt nicht als positives Beispiel.[92]

Wie negativ sich die ptolemäische Inszenierung der *tryphe* auswirken konnte, wenn sie dem falschen Adressaten vorgeführt wurde, zeigt ein bekanntes Beispiel aus der Regierungszeit Ptolemaios' VIII. Euergetes II., der 140/39 v. Chr. eine römische Gesandtschaft unter Führung von Scipio Africanus empfing. Dabei prallten unterschiedliche gesellschaftliche Normen frontal aufeinander prallten; die Geister schieden sich an der Auffassung von *tryphe.*[93] Ptolemaios VIII. wollte einen guten Eindruck machen und sich als Verkörperung seines Reichs von der besten Seite präsentieren. Nach ptolemäischem Verständnis bedeutete das eine Präsentation des wohltätigen, blühenden Überflusses. Ptolemaios' Epithet Physkon (Schmerbauch) zeigt, worauf in der praktischen Umsetzung Augenmerk gelegt wurde.[94] Fettleibigkeit galt nicht nur in ptolemäischer

---

rungsgeschäften. Vgl. Minas (2000), 110; Weber (1997), 28. Vgl. Gwyn Morgan, M. (1990): The perils of schematism: Polybius, Antiochus Epiphanes and the ‚Day of Eleusis', Historia 39, 37-76, hier 39: „*When Polybius talks of the foreign policy implemented by a Ptolemaic or Seleucid ruler … he tends to regard that policy as a reflection of what he perceives as the monarch's personality*". Strab. 17,1,11 nimmt an, alle ptolemäischen Könige seit Ptolemaios III. wären der Politik gegenüber indifferent gewesen.

89 Athen. 12,536 E. Zudem habe er mit seiner Unsterblichkeit geprahlt.

90 Plut. mor. 341 A.

91 Sall. Cat. 1,5-7.

92 Stets musste die *arete* überwiegen: Plut. Sull. 6,2-3, 7; mor. 326 D-346 B. Differenzierter: Sall. Cat. 1,7: Beides sei nötig. Indes dominierte die Vorstellung, die *arete* einer Person sei Grundvoraussetzung für die schützende und unterstützende Hand der Götter, die zum Erfolg verhalf.

93 Vgl. Heinen (1983) 116-128; ders. (1978), 189-191. Siehe auch Günther (1990), 124, 128; Bernhardt (2003), 245; Ager (2005), 23; Wirth (2007), 47, 76-77; Müller (2007a), 150-152. Mittag (2003), 161, Anm. 4 nimmt an, dass Polybios Scipio nach Alexandria begleitet und dabei seinen schlechten Eindruck von Ägypten gewonnen hatte (Polyb. 34,14). Vgl. Strab. 17,1,12. Siehe auch Mittag (2000), 416. Zu den politischen Hintergründen der Gesandtschaft vgl. Olshausen (1963), 4.

94 Diod. 33,22,1. Zudem konnte es als Ausdruck „*politischen Schwergewichts*" gelten, vgl. Kistler (2006), 117-118, m. Anm. 59. In Ägypten werden wohlhabende Menschen in der Umgangssprache heute noch als „fette Katzen" bezeichnet.

Sprachregelung als Code für segensbringende Fruchtbarkeit, sondern auch bei den Ägyptern, die an die korpulente Gottheit Hapi denken konnten.[95] In Rom war Schmerbäuchigkeit jedoch kulturell anders codiert – als Zeichen der Dekadenz und Untüchtigkeit. Die Inszenierung des Auftritts von Ptolemaios VIII. war darauf angelegt, den Wert der *tryphe* zu versinnbildlichen. Er erschien als Dionysos Epiphanes,[96] der zu feierlichen Anlässen seine Kriegskleidung ablegte und weich fallende, luxuriöse Gewänder trug.[97] Seine römischen Gäste verstanden aber nicht, dass ihnen das Ptolemäerreich als idealer Bündnispartner vorgestellt wurde, als Ptolemaios VIII. sie im durchsichtigen Festgewand begrüßte und als Ausdruck segensreicher Fülle nicht nur seinen Leibesumfang, sondern offenbar auch noch seinen Phallos zur Schau stellte.

Da sie die Zeichen falsch lasen,[98] war ihr Eindruck folgender:

> *Erat enim et vultu deformis et statura brevis et sagina ventris non homini, sed beluae similis. Quam foeditatem nimia subtilitas perlucidae vestis augebat, prorsus quasi astu inspicienda praeberentur, quae omni studio occultanda pudibundo viro erant.* [99]

Der stoische Philosoph Panaitios, Verfechter des rechten Maßes, auf den wohl die Berichte zurückgehen,[100] stempelte Ptolemaios VIII. prompt zum „Modell der Depravation",[101] das sich vor ihnen unsittlich entblößt hatte.[102] Ptolemaios VIII. wurde mit dem Inbegriff römischer Tugenden, Scipio Africanus als Lichtgestalt, kontrastiert.[103] Dahinter steckt der Herr-

95 Zu Hapi vgl. Pfeiffer (2004), 273; Stephens (2002), 257; Hölbl (2005), III, 78. Zur ägyptischen Symbolik der ptolemäischen Korpulenz vgl. Koenen (1993), 27, Anm. 5; Bianchi (1980), 21; Heinen (1983), 120.

96 Vgl. Hedren (2004), 45.

97 Diod. 4,4,4; Athen. 5,198 C; Ael. v.h. 3,41. Eur. Bacch. 453-454 lässt Pentheus sagen, Dionysos sei nicht hässlich, aber ein halbes Weib. Vgl. Plut. Demetr. 2,3; Ant. 24,3-4. Vgl. Heinen (1983), 125-126.

98 Zur kulturbedingten Gebundenheit von Zeichen vgl. Giuliani (2003), 12-14.

99 Diod. 33,28 b; Just. 38,8,9-11: „*Er war nämlich missgestaltet und von kleinem Wuchs und durch seine Fettleibigkeit nicht einem Menschen, sondern einem Vieh ähnlich. Diese Hässlichkeit wurde noch durch sein dünnes, durchsichtiges Gewand gesteigert, ganz als ob alles zur Schau gestellt werden sollte, was ein Mann mit Schamgefühl unter allen Anstrengungen verbergen sollte*". Kommentiert von Whitehorne (2001^2), 107: „*Justin … invites us to imagine Ptolemy VIII dressed in a sort of see-through nightdress as he dragged his great weight, puffing and panting, toward's his brother's widow*". Allgemein zur Verachtung Roms für die Ptolemäer vgl. Sonnabend (1986), 20-24.

100 Vgl. Heinen (1983), 118; Wirth (2007), 47, Anm. 60.

101 Wirth (2007), 47. Vgl. ebda., 76-77, m. Anm. 111, wonach das Negativporträt auf Poseidonios (F 30J) zurückgehe und zudem einen Kontrast zur positiven Schilderung des Bruders von Ptolemaios VIII., Ptolemaios VI., gebildet habe.

102 Diod. 33,23,1.

103 Vgl. Günther (1990), 124; Wirth (2007), 47, Anm. 60.

schaftsdiskurs, der die schwindende Macht des Ostens und den Aufstieg Roms in kausalen Zusammenhang mit ihren unterschiedlichen kulturellen Normen setzte.[104]

Auch in der älteren Forschung wurde Ptolemaios VIII. der Auftritt vor der römischen Gesandtschaft teils angelastet. So drückt Grace Harriet Macurdy ihr Bedauern für seine Frau Kleopatra III. aus, die sich mit ihm und seinen vermeintlich exhibitionistischen Tendenzen arrangieren musste: „*Her new husband was described by Justin as a man of a very unpleasant contenance, and of abnormal fatness of body, which was revealed by his habit of wearing transparent robes*".[105]

Die Rolle der dionysischen Wirkkraft verlor allerdings nicht die Bedeutung für die ptolemäische Herrschaftsrepräsentation. In der letzten Phase des Reichs sah sich noch Marcus Antonius dazu veranlasst, sich an den entsprechenden Vorgaben für seine Selbstdarstellung im Osten zu orientieren.[106] Dass er es damit seinen Gegnern um Octavian in Rom erleichterte, ihn als „unrömischen" östlichen Tyrannen und Sklaven von Kleopatra zu diskreditieren,[107] steht auf einem anderen Blatt.

Polyvalenz der ptolemäischen Selbstdarstellung

Der spezielle Charakter des ptolemäischen Königtums wird von Ludwig Koenen als „*Janus-like character … officially seen as double-faced*" beschrieben.[108] Gemeint ist, dass es für die Ptolemäer galt, im „speergewonne-

---

104 Vgl. Swain (1990), 127.

105 Vgl. Macurdy (1932), 156. Zur Beziehung zwischen Kleopatra II., Kleopatra III. und Ptolemaios VIII. ausführlich: Whitehorne (2001²), 99-120.

106 Vgl. Kühnen, A. (2008): Die imitatio Alexandri in der römischen Politik (1. Jh. v. Chr. - 3. Jh. n. Chr.), Münster, 97-101.

107 Plut. Ant. 25,1. synk. 3,3; Dio 48,24,2; 49,34,1; 50,5,1; Hor. ep. 9,15-16; Prop. el. 3,11,17-20. 45. Vgl. Grimm (2006), 178-181; Gall (2006), 144-145; Pelling (2001), 294-297; Williams (2001), 192-193; Clauss (1995), 104-108; Maehler (2003), 213; Zanker (1997³), 67.

108 Koenen (1993), 25. Zuvor schon Taeger (1957), I, 288. Ebenso Adams (1996), 30; Ashton (2001), 14; Chauveau (2000), 33-34; Hölbl (2000) I, 9; Heinen (1984), 417; ders. (1978), 185; Manning (2003), 51; Bonacasa (2004), 89; Stephens (2003), 238-257. Vgl. Shipley (2000), 243: „*Tradition: innovation. Two words that in a way encapsulate the whole position of a Ptolemy: a new dynasty with a new capital, occupying an old kingship.*" Relativierend zur These, eine ptolemäische „Propagandamaschinerie" habe um die Ägypter geworben: Weber (1999), 285.

nen“[109] Ägypten[110] nicht nur die Unterstützung der Makedonen und Griechen, sondern auch der Ägypter, vor allem der einflussreichen Priesterschaft, gewinnen.[111] Nach dem Vorbild Alexanders, der als Ägyptens Befreier von der Perserherrschaft aufgetreten war, um Akzeptanz zu gewinnen, inszenierten sich die Ptolemäer nicht als Eroberer, sondern als Pharaonen.[112] Ab wann sie sich in Memphis nach ägyptischem Ritual im Ptahtempel krönen ließen, ist indes ungewiss. Das Problem stellt sich bereits bei Alexander, der sich 332/31 v. Chr. zwei Mal in Memphis aufhielt und auch dem heiligen Apisstier das Königsopfer darbrachte.[113] Von einer ägyptischen Inthronisation berichten die Hauptquellen zur Alexandergeschichte nichts, nur der Alexanderroman erwähnt sie.[114] Diese „*Mi-*

---

109 Vgl. Huß (2001), 257; Wiesehöfer (1994), 27; Austin (1993), 207; Wikander (1996), 187; Roy (1998), 113; Weber (1997), 37; Seibert (1991), 94; Davies (2002), 6.

110 Diod. 18,3,1; Curt. 10,10,1-2; Just. 13,4,10; Arr. Succ. 1,34-37.

111 Paus. 6,3,1; 10,7,8. Vgl. Huß (2001), 257; Austin (1993), 207; Hadley (1965), 75; Hölbl (2000), I, 9.

112 Vgl. Pestman (1989), 140; Beyer-Rotthoff (1993), 300-301; Stanwick (2002), 7-11. Sie entwickelten auch eine rege Bautätigkeit. Der Horustempel in Edfu, der Hathortempel in Dendera, der erweiterte Tempelkomplex auf der Insel Philai und das erneuerte Sanktuar im Luxortempel gelten als getreue Wiedergaben der traditionellen einheimischen Formen und Formeln. Vgl. Baines (2004), 33, 41; Goyon (1989), 43-44; Assmann (1992), 195; ders. (1998), 6; Mysliwiec (1998), 234; Huß (1994), 19; Bowman (1986), 169; Chauveau (2000), 102-104; Parlasca (1996), 240; Kurth (1994b), 211-216.

113 Arr. an. 3,5,2. Zugleich hatte er aber sportliche und musische Wettkämpfe mit griechischen Künstlern abgehalten. Nach seiner Rückkehr aus Siwa folgten ein Opfer für Zeus Basileus, eine militärische Prozession sowie abermals musische und gymnische Wettkämpfe (Arr. an. 3,1,4).

114 Ps-Kall. 1,34,1-2: „Ὁ δὲ Ἀλέξανδρος παραλᾶβὼν τὰ στρατεύματα ἐπείγετο εἰς τὴν Αἴγυπτον ἀπελθεῖν. καὶ ἐλθόντος αὐτοῦ εἰς Μέμφην τὴν πόλιν ἐνεθρονίασαν αὐτὸν οἱ Αἰγύπτιοι εἰς τὸ τοῦ Ἡφαίστου θρονιστήριον ὡς Αἰγύπτιον βασιλέα“. „*Alexander aber eilte mit seinem Heer nach Ägypten. Als er in die Stadt Memphis kam, setzten die Ägypter ihn als König von Ägypten auf den Thron des Hephaistos*“, die Interpretatio Graeca für Ptah. Curt. 4,7,5 kann nicht als Beleg für eine ägyptische Krönung Alexanders herangezogen werden, wie La'da (2003), 160 vorschlägt. Die Formulierung „*compositisque rebus ita ut nihil ex patrio Aegyptiorum more mutaret*“, „*er arrangierte die Dinge so, dass sie nicht den Sitten der Ägypter zuwiderliefen*“, ist zu vage und bezieht sich zudem auf die Fahrt ins Innere Ägyptens *nach* dem Besuch von Memphis. Im Alexandersanktuar des Luxortempels wird die Krönungsszene auf den Reliefs nicht dargestellt. Die Szenen der Einführung Alexanders in den Tempel und der Vollzug der Kultrituale vor den Göttern impliziert zwar eine Krönung, aber sie kann fiktiv sein. Vgl. abd el-Raziq (1984), 9-60; Badian (2003), 247; ders. (1995), 192.

schung aus romanhafter Biographie, Reiseroman und mythologischem Epos"[115] mit ihren Abenteuergeschichten und Einflüssen ägyptischen Gedankenguts ist allerdings ein höchst problematisches Zeugnis. Die Historizität von Alexanders ägyptischer Krönung wird daher kontrovers diskutiert.[116] Als Argument gilt: „*Such a striking and colourful event, had it taken place, could not be missing in the whole of our tradition*".[117] Verwunderlich ist in jedem Fall, dass Kleitarch mit seinem Bezug zu den Ptolemäern[118] ebenso schweigt wie Ptolemaios selbst, was wohl nicht mit einer Verkürzung durch Arrian zu erklären ist.[119]

Der erste Ptolemäer, für den eine ägyptische Krönung gesichert ist – im Dekret von Rosetta – ist Ptolemaios V.[120] Ob die vorherrschende

115 Koulakiotis (2006), 232. Vgl. Wirth (2005³), 513.

116 Für die Historizität sprechen sich aus: Bergmann (1968), 92-94; Anson (2003), 126; Chauveau (2000), 6, 37; Pfrommer (2001), 34; Huß (1994), 52; Grimm (1978), 103; ders. (2004), 375; Koenen (1993), 71; Mastrocinque (1987), 290; Hölbl (1994), 9; La'da (2003), 160; Takács (1995b), 264; van Voss (1997²), 72. Aus ägyptologischer Perspektive argumentiert Andreas Blasius, dass die Priester sich kaum die Chance hätten entgehen lassen, einen Pharao im eigenen Land zu inthronisieren und ihn in die Pflicht zu nehmen, ihre Tempel finanziell zu unterstützen (schriftl. Hinweis). Gegen eine Krönung: Burstein (1994), 382; ders. (1983), 140 (Alexanders Pharaonentitulatur sei kein Beleg); Funke (2005), 51 (die Titulatur sei der Ersatz für die Krönung gewesen); Badian (1995), 192; ders. (2003), 247, 250; Skeat (1954), 27, Anm. 1; Welles (1970b), 507; Jouanno (2002), 67; Le Rider (2003), 217; Krug (1978), 20; Baynham (1998), 109; Merkelbach (1954), 31; Monson (2000); Koulakiotis (2006), 216. Problematisch ist die Ungewissheit, wie lange eine reguläre ägyptische Krönung dauerte; daher weiß man nicht, ob Alexander genug Zeit für den Ritus blieb.

117 Badian (2003), 247.

118 Vgl. Lund (1992), 5; Wirth (1976), 182; Zahrnt (1996), 144; Schepens (1983), 365; Macuch (1989), 503-511; Schepens (1983), 360-365 ; Hazzard (2000), 8. Zur Datierung vgl. Nock (1928), 27 (in die Regierung Ptolemaios' II.); Eggermont (1975), 113 (unter Ptolemaios III.); Badian (1965), 5-11. Zur pro-ptolemäischen Haltung Kleitarchs vgl. Lund (1992), 5; Wirth (1976), 182; Zahrnt (1996), 144; Schepens (1983), 365; verhalten: Meißner (1992), 475-476; Zecchini (1990), 214-215 (keine große Abhängigkeit); Shipley (2000), 251.

119 Die These, die griechisch-makedonische Geschichtsschreibung habe die ägyptische Krönung aus Unbehagen stillschweigend übergangen (vgl. Seibert (2006), 108), wäre nur plausibel, wenn auch der sie noch befremdlichere Ritus der Verehrung eines heiligen Stiers, Ausdruck des für sie fremden Tierkults (vgl. Heinen (1994), 157-168), auch verschwiegen worden wäre, der jedoch Teil der griechisch-makedonischen Überlieferung ist.

120 OGIS 90.

Meinung zutrifft, dass sich auch seine Vorgänger ab Ptolemaios II. in Memphis inthronisieren ließen,[121] lässt sich nicht sagen.

Neben der Pflege der ägyptischen Schauseite ihres Images mussten die Ptolemäer berücksichtigen, dass sich ihre Führungsspitze aus Makedonen und Griechen zusammensetzte, die ihre eigene Kultur bewahren wollten. Die Hauptstadt, Alexandria, war politisch, gesellschaftlich und kulturell primär makedonisch-griechisch ausgerichtet: ihr Gründer und Namensgeber war Makedone gewesen, in den Palästen residierte eine makedonische Dynastie, deren Repräsentationsmedien das Stadtbild entsprechend prägten,[122] mit der Grablege Alexanders war sie Zentrum seines griechischen Kults und die Bibliothek und das Museion waren Stätten griechisch-makedonischer Kultur.[123]

Aus ptolemäischen Repräsentationsmedien wie Münzprägung, bildender Kunst, Literatur, Zeremoniellen und Prozessionen lässt sich ablesen, dass die ptolemäische Repräsentation – wie allgemein die hellenistische Herrschaftsinzenierung – stets vielschichtig operierte, auf verschiedenen Ebenen wirkte und auf mehrere Lesarten hin konzipiert war. Angesichts der heterogenen Zusammensetzung der Bevölkerung greift der Begriff der Janusgesichtigkeit, der nur die zwei Seiten einer Medaille umfasst, zu kurz: Es existieren mehr Lesarten als nur ägyptisch und griechisch.[124] Korrekter erscheint daher, von Komplexität, Vielschichtigkeit, Mehrgesichtigkeit oder Polyvalenz der ptolemäischen Herrschaftsrepräsentation zu sprechen.

---

121 Vgl. Huß (1994), 51; Grimm (1998), 35; Mooren (1975), 233; Koenen (1993), 71; Huß (2001), 252, Anm. 3 zu Ptolemaios II.; Thissen (1966), 81 zu Ptolemaios IV. Ptolemaios I. ist ein weiterer Streitfall. Will (1984a), 57 negiert seine ägyptische Krönung. Angenommen wird sie dagegen von: Hölbl (2000) I, 9; Huß (1994), 51; Minas (2000), 89; Legras (2004), 19; Koenen (1993), 71; Huß (2001), 252, Anm. 3.

122 Vgl. Weber (2007), 99-100, 108; Heinen (2003), 84; Pfrommer (2000), 297: *„Alexandria war vor allem ein steinernes Symbol der makedonischen Fremdherrschaft. Die jüngst im Großen Hafen entdeckten Monumente altägyptischen Stils waren nicht mehr als kulturelle Versatzstücke, mit deren Hilfe sich die zutiefst gräko-makedonische Königsstadt am Ende ein pharaonisches Mäntelchen überwarf"*.

123 Strab. 17,1,8. Vgl. Scholz (2007), 165; Vössing (2008), 226-227. Zur Entwicklung zur Metropole: Diod. 17,52,5-6.

124 Vgl. Borg (1998), 73.

2. Das Zeichensystem der *pompe* Ptolemaios' II.

„Repräsentation meint die Inszenierung der besonderen Stellung des Monarchen sowohl für den Hof selbst und für die Besucher verschiedenster Provenienz als auch durch Weisen des Transformierens von Zeichensystemen nach außen, in das eigene Herrschaftsgebiet, in konkurrierende Herrschaftssysteme und in neutrale Zonen hinein".[125] Ein Beispiel für die Inszenierung der Stellung Ptolemaios' II. durch ein komplexes Zeichensystem ist die pompe in Alexandria, die unter die Kategorie civic ritual fällt.[126] Der Festzug veranschaulicht die „Ausdrucksseite"[127] der politischen Kultur unter seiner Herrschaft; aus der Analyse der einzelnen Codes ergeben sich Rückschlüsse auf politische Normen und gesellschaftliche Wertvorstellungen im frühen Ptolemäerreich.

Kallixeinos' Bericht

Über die aufwändige *pompe* Ptolemaios' II. hat sich ein fragmentarischer Bericht bei Athenaios erhalten. Er gibt Kallixeinos von Rhodos wieder, der den Festzug im vierten Buch seiner Schrift *Über Alexandria* mit dem alexandrinischen Festkalender als Quelle schilderte.[128] Kallixeinos lebte unter der Herrschaft Ptolemaios IV.[129] Wenn er überhaupt Augenzeuge des Spektakels gewesen war,[130] dann höchstens als Kind.[131] Wie lang der Originalbericht im Festkalender war, wie viel Kallixeinos davon übernahm

---

125 Weber (1997), 32. Vgl. Zanker (1997²), 13.

126 Zur Etymologie von *pompe* vgl. Perpillou-Thomas (1991), 218. Zur Bedeutung vgl. Dunand (1981), 20 („*une pédagogie en action*"); Thompson (2000a), 78; Beyer-Rotthoff (1993), 264; Benne (2001), 76; Walbank (1996), 129; Erskine (1995), 43-44; Dillery (2004), 260; Gehrke (1982), 260.

127 Vgl. Hölkeskamp (2004b), 58-61; Dihle (1999), 9-20; Beyer-Rotthoff (1993), 306-307: „*Die Funktionstüchtigkeit war davon abhängig, ob die alexandrinische Zentralmacht glaubhaft machen konnte, was sie propagierte.*"

128 Athen. 5,197 D-E. Vgl. Rice (1983), 50, 135-136; Hazzard (2000), 4; Santucci (2005), 204; Köhler (1996), 35, 39; Foertmeyer (1988), 99; Dunand (1981), 13, 35-36, Anm. 6.

129 Vgl. Rice (1983), 134.

130 Vgl. Bouché-Leclercq (1903), 155, Anm. 2; Thompson (2000b), 368: Er sei kein Augenzeuge gewesen.

131 Vgl. Vössing (2004), 106.

und wie viel wiederum Athenaios von Kallixeinos' Text übrig ließ, ist ungewiss.[132]

Umstritten ist auch, zu welchem Fest in Alexandria die *pompe* überhaupt gehörte.[133] Gemäß *communis opinio* handelt es sich um die Ptolemaia, das vierjährliche Kultfest, das Ptolemaios II. zu Ehren seines Vaters nach dessen Tod 283 v. Chr. in Alexandria eingerichtet hatte,[134] und in das der postume Kult für Berenike I. um 279 v. Chr. integriert worden war.[135] Für eine Aufführung der *pompe* bei den Ptolemaia spricht die Ähnlichkeit der beschriebenen Festhandlungen mit der Ausgestaltung, die für das ptolemäische Kultfest belegt ist.[136] In Anlehnung an die Feste des griechischen Götterkults bestanden die Ptolemaia aus den zentralen Elementen von Opfer, Bankett, Prozession und Agon,[137] ergänzt um eine Militärparade.[138] Davon zeugt ein Dekret des Nesiotenbunds von 280 v. Chr., das das Fest als isolympischen Agon mit Opfern, athletischen, musischen und Reiterwettbewerben ausweist,[139] zu dem Theoren aus ganz Griechenland nach Alexandria reisten.[140]

---

132 Vgl. Rice (1983), 112, 136-137. Aufgrund der wechselnden Erzähler bei Athenaios herrscht überdies keine Einigkeit, bei welchen Passagen Kallixeinos' Bericht direkt als Zitat vorliegt und in welchen Teilen Athenaios' Figur Masurios spricht. Zudem ist Athenaios' Arbeitsweise umstritten. Hazzard (2000), 29: Er kopierte wortgetreu. Dagegen vgl. Tronson (1984), 125; Huttner (1997), 113: Er paraphrasierte mehr.

133 Vgl. Dunand (1981), 13.

134 Syll.^{3} 1080. Vgl. Santucci (2005), 202; Walbank (1987), 378; ders. (1984a), 97; ders. (1994^4), 152; Volkmann (1959b), 1578; Thiers (1999), 441; Brun (1991), 102, Anm. 13; Thompson (2000b), 367; Dunand (1981), 35, Anm. 1; Hölbl (1994), 87; Hazzard (2000), 31; Ellis (2002^2), 60; Fraser (1961), 142-145. Perpillou-Thomas (1991), 153-154 vermutet, dass das Fest auch in anderen ägyptischen Städten wie Memphis eingerichtet wurde. Walbank (1996), 121 nimmt an, dass vielleicht auch die Eltern Ptolemaios' I. in die feierliche Verehrung einbezogen worden seien. Bei Lagos erscheint diese These aufgrund des Gerüchts um die Vaterschaft Philipps, sollte Ptolemaios I. es selbst propagiert haben, problematisch.

135 Vgl. Rice (1983), 122; Weber (1993), 252; Gow (1952), 265, 344. Die Ptolemaia sind bis 211/10 v. Chr. in Ägypten bezeugt. Vgl. Perpillou-Thomas (1991), 154.

136 Vgl. Rice (1983), 182-184. Die Tatsache, dass die Prozession in einem Bericht erwähnt wurde, der Feste schilderte, die alle 4 Jahre stattfanden, sei ein weiterer Beleg (ebda., 50).

137 Vgl. Chaniotis (2003), 438; Walbank (1987), 376; Cain (1995), 121; Wikander (1996), 184; Rice (1983), 35; Dunand (1981), 14; Habicht (1956), 147-148.

138 Athen. 5,203 A-B. Vgl. auch Foertmeyer (1988), 94; Tondriau (1948d), 42; Weber (1993), 178; Ellis (2002^2), 60; Perpillou-Thomas (1991), 154; Chaniotis (1995), 155-158.

139 SIG^3 390; Burstein (1985), Nr. 92. Vgl. Musti (2005b), 164-165. Der isolympische Charakter drückte sich darin aus, dass die Wettkampfsieger die gleichen Ehrun-

Isolympische Spiele standen in argeadischer Tradition. So hatte Archelaos seine eigenen Spiele im makedonischen Stammland Pierien installiert,[141] die Ernst Badian als *„counter-Olympics"* bezeichnet.[142] Sie fanden zu Ehren von Zeus und den Musen unter deren ideeller Schirmherrschaft in Dion am Fuß des Olymps statt, wo sich das wichtigste makedonische Zeusheiligtum befand, und wurden zu besonderen Anlässen, etwa vor Alexanders Aufbruch nach Persien 334 v. Chr.,[143] mit erhöhtem Aufwand gefeiert.[144] Eine Anlehnung der Ptolemäer an die Argeaden bezüglich der Festkultur liegt nahe; vielleicht befand sich Ptolemaios II. auch zur Zeit der *pompe* in einem militärischen Konflikt und wollte suggerieren, dass er ähnlich erfolgreich wie Alexander sein werde, wenn er vor Aufbruch in den Krieg ein ähnlich großes Fest feierte.[145]

---

gen erfuhren wie bei den Olympischen Spielen. In den Epigrammen des Mailänder Papyrus werden die Wettkämpfe der Ptolemaia zudem als gleichrangig mit den Nemeischen, Pythischen und Isthmischen Spielen dargestellt (Poseidipp. Ep. 76 A.-B. (= col. XII 12-15; Ep. 88 A.-B. (= col. XIII 35- XIV 1)). Vgl. Musti (2005b), 149-172; Santucci (2005), 202-203.

140 SIG³ 390; Burstein (1985), Nr. 92. Zu den Wettkämpfen siehe auch SIG³ 1080. Vgl. Hintzen-Bohlen (1992), 75. Zur Datierung vgl. Hauben (2004), 38 (gegen Hazzards Neudatierung auf 263 v. Chr.). Die Beschreibung wird durch das Zeugnis eines Dekrets der Delphischen Amphiktionie (SEG 13, 351) und des athenischen Ehrendekret für Kallias von Sphettos von 270/69 v. Chr. bestätigt (Austin (1981), Nr. 44; Burstein (1985), Nr. 55; SEG 28, 60). Vgl. Fraser (1961), 142-144; Kralli (2000), 119. Kallias von Sphettos, der unter Ptolemaios II. Statthalter von Halikarnassos wurde, hatte als Diplomat die athenische Sache bereits unter Ptolemaios I. erfolgreich vertreten und wurde als Führer der Gesandtschaft Athens anlässlich der ersten Ptolemaia nach Alexandria geschickt.

141 Diod. 17,16,3-4; Arr. an. 1,11,1; Demosth. 19,192-193; Dion Chrys. 2,2. In den Epen gilt Pierien als der Boden, den die Götter auf dem Weg zum Olymp berührt hatten: Il 14,226; Od. 5,50.

142 Badian (1982b), 35. Abgeschwächt von Mari (2002), 55-58. Sie wendet sich gegen die These, es habe einen Ausschluss Archelaos' I. von den olympischen Spielen gegeben und als Reaktion habe er die Spiele in Dion gegründet. Stattdessen weist sie auf den Kompositcharakter der sportlichen und musischen Wettkämpfe hin, die keine bloße Kopie gewesen seien. Wirth (1985b), 22 sieht die Prägung neuer Münzen mit Heraklesemblem unter Archelaos im Zusammenhang mit der Installation der Spiele. Vgl. Greenwalt (2003), 132-148.

143 Diod. 17,16,3-4; Athen. 12,538 C. 539 D. Er ließ ein Zelt für hundert Klinen aufstellen und lud *philoi*, Offiziere und Gesandte zu einem prächtigen Bankett ein.

144 Arr. an. 1,11,1; Dem. 19,192-93; Dion Chrys. 2,2.

145 So gibt es Übereinstimmungen zwischen Alexanders Festbankett in Dion und dem Symposion Ptolemaios' II. (Diod. 17,16,3-4; Athen. 5,197 A-B; 12,538 C. 539 D).

Allerdings ist umstritten, ob es sich bei der *pompe*, die Kallixeinos schildert, um einen Teil der Ptolemaia handelt. Die Gegenthese lautet, es sei ein Dionysosfest gewesen,[146] weil die Prozession fast ausschließlich dionysische Themen zeige und Kulthandlungen für Ptolemaios I. fehlen würden.[147] Dagegen wird angeführt, dass möglicherweise Athenaios nur die Textpartien, die mit Dionysos zu tun hatten, übernommen und alles andere weggelassen habe, weil es nicht in sein Konzept gepasst habe.[148] Davon abgesehen gibt es durchaus Hinweise auf eine kultische Verehrung der *theoi Soteres* im Rahmen des Zugs. So endete die *pompe* am Heiligtum der vergöttlichten Berenike I., dem Berenikeion,[149] und der abschließende Akt bestand aus der Bekränzung des Portals.[150] Zudem wurden bei der Prozession chryselephantine Thronsessel, darunter auch der von Ptolemaios I., mitgeführt,[151] eine Kombination aus Sakral- und Herrschaftssymbolik, die auf den Herrscherkult hindeutet. Wenn sich auch eine endgültige Aussage nicht treffen lässt, spricht doch vieles für die Ptolemaia als Veranstaltungsrahmen.

Die *pompe* fand mitten im Winter statt,[152] begann mit dem Aufleuchten des Morgensterns[153] am Stadion und endete beim Erscheinen des Abend-

---

146 Vgl. Weber (1993), 174, 175, Anm. 1; Schefold (1990), 266; Visser (1938), 11; Dunand (1981), 30; Fraser (1972), I, 197-198; Beyer-Rotthoff (1993), 276 (ein Sarapisfest in Verbindung mit Ehren für Dionysos).

147 Vgl. Fraser (1972), I, 232, II, 381, Anm. 335; Rice (1983), 186: „*The burden of proof must still lie with those who maintain that the description of a procession belonging to a festival in honour of the deified founder of the Ptolemaic dynasty did not concern him ritually, thematically, or iconographically to any significant or identifiable extent*".

148 Vgl. Wikander (1996), 184; Tarn (1933), 60; Thompson (2000b), 378; Rice (1983), 67; Foertmeyer (1988), 99. Der Exzerptcharakter der Schilderung wird deutlich in Athen. 5,201 B. 203 A.

149 Theokrit. 17,123.

150 Athen. 5,202 D. Der Kranz bestand aus Gold und Edelsteinen. Vgl. Dunand (1981), 40, Anm. 48 (ein besonderer Kranz „*à valeur spécifiquement religieuse*"); Rice (1983), 121, 188-189 (verbunden mit dem Mysterienkult auf Samothrake); Jouanno (2002), 90 (eine Reminiszenz diamantenen Kranz, den Kandake Alexander im Alexanderroman (Ps-Kall. 3,23,7) schenkte). Zur griechischen Sitte des Bekränzens von Götterportalen: Athen. 15,670 D-E. Zugleich konnte es ein Zeichen für die Liebe zu einem Verstorbenen sein. Wikander (1996), 185 bezeichnet Berenike innerhalb des Zuges als „*one of the icons presented of the ruling house*".

151 Athen. 5,202 A-D. Vgl. Lapatin (2001), 120.

152 Athen. 5,196 D-E.

153 Athen. 5,197 D. Der Abend- und Morgenstern sind identisch (Manetho fr. 5), wurden aber in der antiken Literatur mitunter als zwei Sterne beschrieben, vgl. Rice (1983), 37; Huxley (1980a), 242.

sterns am Berenikeion.[154] Wie lange sie dauerte, ist ungewiss; die Schätzungen belaufen sich auf einen Tag oder auf mehrere.[155] Wann die *pompe* stattfand, wird ebenfalls kontrovers diskutiert, entweder bei den Ptolemaia von 279/78 v. Chr.,[156] 275/74,[157] 271/70, was mehrheitlich gefolgert wird,[158] oder später, Richard Hazzards umstrittener Vermutung zufolge „*in order to herald the dawn of a new era ... to proclaim the advent of a soter god*" 262 v. Chr.[159]

Als Anhaltspunkt für die Datierung gilt teils die Militärparade mit der Schau der Kriegselefanten, da sie als Indikator für die politische Lage zur Zeit der *pompe* betrachtet wird. Die Deutungen fallen jedoch unterschiedlich aus. So soll die *pompe* eine Siegesfeier nach dem Ersten Syrischen Krieg (274-271 v. Chr.) gewesen sein[160] oder eine Drohgebärde an die Adresse von Antiochos I., ein Triumph nach dem Sieg über Magas[161] oder eine Machtdemonstration im Kontext des Chremonideischen Kriegs.[162] Die Ungewissheit bleibt bestehen; überdies hat Frank William Walbank darauf verwiesen, dass der militärische Aspekt der Prozession ein allgemeines Charakteristikum einer hellenistischen *pompe* ist, das sich unter

154 Athen. 5,202 D.

155 Vgl. Rice (1983), 36; Thompson (2000b), 374; Dunand (1981), 14 (zwei Tage).

156 Vgl. Tarn (1933), 59-60; Volkmann (1959b), 1579-1580; Thompson (1997), 242; Longega (1968), 78.

157 Vgl. Cain (1995), 121; Lehmann (1988b), 147; Huß (2001), 292 (jedoch mit Einschränkung).

158 Vgl. Foertmeyer (1988), 93; Ager (2003), 38; Gauger (1984), 269; Austin (1981), 361; Dunand (1981), 13; Wirth (1959), 1620; Wilcken (1938), 311; Heinen (1984), 417; Goukowsky (1972), 498; Chauveau (2000), 35; Winnicki (1989), 221; Clauss (1995), 11. Vössing (2004), 106 spricht nur generell von den 270er Jahren. Vgl. Köhler (1996), 44. Kyrieleis (1975), 140 (die Bekränzung des Berenikeion setzt einen Zeitpunkt nach ihrem Tod 279 v. Chr. voraus).

159 Vgl. Hazzard (2000), 31-32. Eingegrenzt auf eine Zeitspanne zwischen 264/63 und 259 sei sie aufgrund des erwähnten Stands der Venus in den Januar 262 v. Chr. zu datieren. Gegen diese These, die sich vor allem auf das *argumentum ex silentio* stützt, Soter erscheine vor 263/62 v. Chr. nicht in den offiziellen ptolemäischen Dokumenten, wenden sich: Hauben (2004), 40; Burstein, S.M. (2002): Rezension zu Hazzard, Imagination of a monarchy, Phoenix 56, 185-187, hier 187.

160 Vgl. Tarn (1933), 59-60; Meißner (2007), 38; Dunand (1981), 13, 15, 21; Wilcken (1938), 311 (Beweis sei der Palmenzweig, Zeichen des Siegs, in der Hand der Festpersonifikation); Chauveau (2000), 35; Heinen (1984), 417; Volkmann (1959b), 1580; Ager (2003), 38; Goukowsky (1972), 498.

161 Vgl. Hölbl (1994), 36; Bouché-Leclercq (1903), 155; Taeger (1957), I, 290; Lehmann (1988b), 146-147; Grimm (1998), 57.

162 Vgl. Thiers (1999), 441.

Alexanders Kriegszügen entwickelt hatte, und daher gar nicht als Kriterium für die Datierungsfrage in Frage kommt.[163]

Die Symbolik des Festzelts

Das zur *pompe* gehörende Symposion fand in einem Zelt statt, das etwas abseits des Trubels innerhalb der *akra*, der inneren Palastanlage, lag. Auf hundertdreißig im Kreis angeordneten Klinen durften Ehrengäste und der *inner circle* des Königs Platz nehmen.[164]

Nach Kallixeinos' Beschreibung war die Ausstattung des Zelts sehr aufwändig und spiegelte zentrale Codes der ptolemäischen Repräsentation wider.[165] Hauptthemen waren der Ruhm der Argeaden als ideeller Herrschaftsüberträger, die ptolemäische Nahbeziehung zu Zeus und die erfolgreiche kriegerische Expansion der Ptolemäer. Als göttliche Leitfiguren nehmen Zeus, Dionysos und Apollon eine prominente Stellung ein. Sowohl von innen für die privilegierten Gäste als auch von außen für die Zuschauer bot der Zeltaufbau ein programmatisches Spektakel.

Auf die königliche Sphäre des Zelts verwies schon die Beschaffenheit des Baldachins in der Herrschaftsfarbe Purpur, mit weißen Säumen.[166] Er war über hölzerne Säulen gespannt, die wie dionysische Thyrsosstäbe und wie Palmen gestaltet waren. Im Symbol der Palme wird teils nach ägyptischer Sprachregelung das Zeichen des Osiris vermutet, das vom Sieg über den Tod und vom ewigen Leben gekündet habe.[167] Die Gegenthese lautet, es habe sich um das griechisch-makedonische Zeichen des Siegs in Wettkampf und Krieg gehandelt.[168] Diese Deutung würde zu den erwähnten

---

163 Vgl. Walbank (1996), 120.

164 Athen. 5,196 A-B. Vgl. Pfrommer (2002), 76 (ungefähr 25m hoch, 60m breit und 80 m tief). Zur Rekonstruktion der Einrichtung vgl. Vössing (2004), 107-110, 126-127.

165 Athen. 5, 196 A-197 C. Vgl. Pfrommer (2002), 78-79; Rice (1983), 30; Thompson (2000b), 368-371; Weber (1993), 167; Dunand (1981), 28; Vössing (2004), 110; von Hesberg (1996), 87; Volkmann (1959b), 1580. Zur herrschaftsstabilisierenden Funktion von Festen und Symposien vgl. auch Völcker-Janssen (1993), 31-32.

166 Athen. 5,196 B. Zur These, der Baldachin sei eine achaimenidische Anleihe, vgl. Paspalas (2005), 80; Nielsen (1996), 209-210. Der achaimenidische Thronbaldachin bestand aus golddurchwirktem Purpurstoff. Vgl. Walser (1965), 7. Gemäß Cool Root (1979), 286-289 war das Pendant des Baldachins bei königlichen Auftritten im Freien der Sonnenschirm, der auf Reliefs in Persepolis zu sehen ist.

167 Vgl. Perpillou-Thomas (1991), 188; Denkler (1982), 15.

168 Vgl. Santucci (2005), 205, Anm. 93.

Hauptthemen der Zeltausstattung passen und zudem mit der inneren Deckendekoration korrespondieren, die aus goldenen Adlern – entweder Webarbeiten oder Skulpturen –[169] bestand, die sich paarweise anschauten.[170]

Der Adler, Symbol- und Botentier des Zeus,[171] nahm eine ganz besondere Stellung in der ptolemäischen Zeichenwelt ein. So war er das Standardreversmotiv seit den Prägungen Ptolemaios' I.[172] In Verbindung mit der Siegespalme verwies er auf die von Zeus beschirmte erfolgreiche kriegerische Expansion der Ptolemäer ebenso wie auf ihre Wettkampfsiege bei panhellenischen Spielen. Auch die Reminiszenz an die makedonischen Spiele in Dion unter Zeus' Schutzherrschaft mag erneut eine Rolle gespielt haben.

Die Doppelung des Adlers entspricht dem seit Ptolemaios II. gültigen Prinzip der Dualität in der ptolemäischen Herrschaftsrepräsentation. Die Botschaft lautete, dass doppelte Legitimation, doppelte Wohltaten und doppelter Segen für das Reich zu erwarten waren.

Darüber hinaus war der Adler integraler Bestandteil der ptolemäischen Gründungslegende, die nach dem gängigen Schema des „Mythos von der Geburt des Helden" geformt war: Ein Thronerbe wurde im Kindesalter – meist noch als Säugling – ausgesetzt, von wilden Tieren versorgt, von einfachen Leuten aufgezogen und häufig in Tätigkeiten geschult, die symbolisch für das Königsamt stehen. Er erwies sich somit auch außerhalb der höfischen Sphäre als prädestiniert für die Herrschaft, zu der er trotz aller Widrigkeiten und Verfolgungen durch die göttliche Bestimmung gelangte.[173]

Archetypus ist die Akkadische Sargonlegende um den Aufstieg des mesopotamischen Herrschers Sargon als *„model of the world conqueror par*

---

169 Vgl. Pfrommer (2002), 71; Schefold (1990), 266 (Skulpturen); Möbius (1964), 24 (wachsame Adler mit gedrehten Köpfen).

170 Athen. 5,196 F-197 A.

171 Il. 12,201; 24,292-293. 310-311. 315; Kallim. Hymn. 1,68.

172 Vgl. Rice (1983), 120; Mørkholm (1991), 64, 66; Baldus (1987), 403; Klose (1992), 26; Ellis (2002^2), 58; Gow (1952), 337.

173 Vgl. Banaszkiewicz (1982), 280-283; Schmitt (2005^3c), 453; Binder (1964), 21-22; Huys (1995), 13; Müller (2009d). Der Freud-Schüler Otto Rank unterzog 1909 das universale Paradigma einer psycho-analytischen Deutung und hob als Grundelemente die Kindesaussetzung und Abkehr von der Familie in den frühen prägenden Jahren hervor, *„weil der Held keine Familie brauchen kann"* (Rank (1909), 61). An die Stelle der Familie, die den Helden verstieß und von der er sich dann ebenfalls abkehrte, treten göttliche Schutzmächte, die für seine Berufung zur Herrschaft und seine Exzellenz bürgen.

excellence",[174] an den sich auch die variantenreiche Kindheitslegende um Kyros II. anlehnte.[175] Herodot überliefert unter Berufung auf persische Quellen, dass Kyros als Säugling ausgesetzt, nach einer Variante von einer Hündin genährt,[176] nach einer anderen von einem Rinderhirten in der Wildnis der Berge aufgezogen wurde.[177] Der Name des Hirten, Mithradates,[178] weist darauf hin, dass sich hinter seiner Figur Gott Mithras als wahrer Pflegevater verbarg.[179]

Zu diesem archetypischen Modell der Legende gehörte, dass der Vater gar keine oder nur eine marginale Rolle spielte. Die Vaterlosigkeit war als Element war nötig, damit nicht von der eigenen Leistung des Helden bei seinem Aufstieg und nicht von seiner göttlichen Begünstigung abgelenkt wurde.

Bei der ptolemäischen Gründungslegende liegt hingegen eine Variante vor, die mit einer Doppelung arbeitet und der üblichen Marginalisierung der Vaterfigur zuwiderläuft. Obwohl das Mythenmodell einen Vater unnötig macht, da die Herrschaftsansprüche des Helden sich gerade nicht über Geblütsrecht definieren, sondern über seine individuelle Befähigung und seine Gunst bei den Göttern, wurde in der ptolemäischen Version zur Aussetzung des Kinds und des göttlichen Schutzes zusätzlich noch der

---

174 Kuhrt (2003), 350. Dem Mythos zufolge setzte Sargons Mutter, eine Hohepriesterin, das Kind eines unbekannten Vaters in einem Körbchen auf dem Euphrat aus. Aqqi, ein Gärtner, zog das Kind aus dem Wasser, adoptierte es und lehrte es das Gärtnerhandwerk. Die Göttin Ištar verliebte sich in Sargon und machte ihn zum König. Die Legende war über Mesopotamien hinaus weit verbreitet und wurde im neo-assyrischen und neo-babylonischen Reich wieder belebt. Vgl. Kuhrt (2003), 349-355; dies. (1995), I, 48-49; Binder (1964), 162-163. Der historische Sargon, der um 2300 v. Chr. ein Großreich gründete, gilt als Usurpator, der kein Herrschaftsrecht gehabt habe. Vgl. Marcovich (1996), 49; Studevent-Hickman/Morgan (2006), 23; Roux/Renger (2005), 83.

175 Vgl. Kuhrt (2003), 353-354; Rank (1909), 12; Drews (1974), 388-393; Binder (1964), 19-28, 69; Merkelbach (1984), 31: „*Kyros wurde als Kind ausgesetzt, war also in einem rituellen Sinn das erste Wesen auf der Welt*".

176 Ael. v.h. 12,42; Hdt. 1,122,3. Vgl. Binder (1964), 21; Gray (1995), 187-187; How/Wells (1967[8]), 108.

177 Hdt. 1,111-118; Just. 1,4-5. Ktesias (FGrHist. 90 F 66,3) zufolge war Kyros der Sohn eines Räubers. Vgl. Nikolaus von Damaskus (FGrHist. 90, F 66,2-4). Dazu vgl. Kuhrt (2003), 356: „*The difference is rather one of function: one works at a royal, official level maintaining and confirming the socio-political fabric; the other provides a miraculous and extreme example of individual success ... The two stories work to complement each other*".

178 Hdt. 1,122,3. Vgl. Binder (1964), 21; Gray (1995), 187-187; How/Wells (1967[8]), 108.

179 Vgl. Binder (1964), 22; How/Wells (1967[8]), 108.

eigentlich überflüssige Vater beschworen. Dies scheint einiges über die Legitimationsnot in den Frühzeiten der hellenistischen Reiche zu verraten.

Der leibliche Vater, Lagos, wurde durch den ideellen Vater, Philipp II.,[180] ersetzt, worauf Lagos die für das Mythenschema charakteristische Negativrolle des „Verfolgers“ des Helden zufiel: Als er erfahren haben soll, dass Ptolemaios nicht sein Kind war, sondern der Sohn Philipps, soll er den Kleinen ausgesetzt haben. Ptolemaios eilte jedoch ein Adler zu Hilfe und schützte ihn mit ausgebreiteten Flügeln vor der Witterung.[181] Bei Ganymeds Entführung hatte Zeus Adlergestalt angenommen, um sich den Menschen zu nähern; es liegt daher nahe, dass Zeus als der wirkliche

180 Paus. 1,6,2; Curt. 9,8,22.

181 Suda s.v. Λάγος ; Ael. h.a. 12,21. Von Achaimenes wurde Ähnliches erzählt (Ael. h.a. 12,21). Vgl. Ellis (2002^2), 3; Rank (1909), 24, Anm. 1; Hazzard (1995), 25; Schmitt (2005^3c), 452-453. Lund (1992), 159 betrachtet die Propagandastränge lediglich als Varianten. Koenen (1993), 44-45 sieht in der Legende ägyptische Elemente der Königsideologie: die göttliche Herkunft und das Symbol der schützenden Flügel, die als Horusflügel zu verstehen seien. Es habe sich um einen Ausdruck ägyptischer Ideen in griechisch-makedonischen Formen gehandelt. Allerdings sind diese Elemente zu allgemein gültig und auch als Rückgriff auf makedonische Vorgaben wie des Adlerreversbilds, das bereits Alexander prägte (Price (1991), I, 103-105), zu verstehen, um dies so definitiv zu bestimmen. Collins (1997), 436-476 vertritt hingegen die These, die Mutter von Ptolemaios I., sei eine Konkubine am Hof Philipps II. gewesen, weswegen das Gerücht aufgekommen sei, er sei illegitimer Geburt. Ptolemaios II. habe dann wieder offiziell Lagos zu seinem Großvater erklärt (vgl. Theokr. 17,14). Das Gerücht, Philipp II. sei der Vater von Ptolemaios I., habe hingegen Ptolemaios Keraunos im Zuge seiner Legitimationspolitik in Makedonien in die Welt gesetzt. Indes ist zu sagen, dass zu wenig über seine Selbstdarstellung in Makedonien bekannt ist, um dies zu bestimmen. Belegt ist, dass Keraunos sich darauf berief, der Rächer des Lysimachos zu sein (Just. 17,2,4; Memnon, FGrHist. 434 F 8,3). Auch wenn er zudem seine Abkunft von Ptolemaios betonte, um seinen königlichen Status nachzuweisen (Just. 17,2,6), musste doch für ihn hinderlich und fast Ruf schädigend gewesen sein, dass sein Vater ihn nicht designiert hatte. So mag es für ihn problemloser gewesen sein, sich über die Rache für Lysimachos und die Heirat mit dessen Witwe zu legitimieren. Ptolemaios I. scheint sich in seinem Image an Philipp II. angelehnt zu haben (Plut. mor. 181 F), so dass nicht unmöglich erscheint, dass die Legende aus seiner Regierungszeit stammt, vielleicht sogar zu einer frühen Zeit, noch vor der Diademannahme, als die Diadochen versuchten, sich an die Argeaden zu binden. Da es Ptolemaios nicht gelungen war, ins Argeadenhaus einzuheiraten, da die Kandidatin Kleopatra vorher umgebracht worden war, könnte stattdessen eine argeadische Verwandtschaft erfunden worden sein. Unter Ptolemaios II. figurierte hingegen nicht Philipp II., sondern Alexander sehr prominent in seiner Herrschaftsrepräsentation. Daher hatte Philipp II. ausgedient und Lagos wurde als Großvater wiederbelebt.

Pflegevater Ptolemaios' I. gelten sollte.[182] Ob einige seltene ptolemäische Serien, die schon unter ihm geprägt wurden, auf diese Kindheitslegende Bezug nehmen, da der Adler auf dem Blitzbündel mit geöffneten Flügeln erscheint, lässt sich nicht bestimmen.[183]

In jedem Fall versinnbildlicht das Adlersymbol die Rechtmäßigkeit des von Zeus bestimmten Königtums der Ptolemäer und taucht daher auch in einer höfischen Geburtslegende Ptolemaios' II. auf: Theokritos zufolge kam ein dreifacher Adlerschrei aus den Wolken, als er zur Welt kam, was für seinen besonderen göttlichen Schutz gebürgt habe.[184]

Damit war zugleich auch die in die Wiege gelegte Sieghaftigkeit des Königs angesprochen, mit der eine Legende aus der Geschichte von Alexanders Persienkrieg verbunden werden konnte: Bei Gaugamela war ein Adler als Symbol des Götterwillens erschienen und über Alexanders Kopf voraus in die Schlacht geflogen.[185]

Wie präsent dieses Fragment makedonischer Kriegspropaganda in Alexandria war, lässt sich daran erkennen, dass eins der Epigramme des Mailänder Papyrus darauf anspielt. Darin heißt es, dass der Adler und die Blitze, die bei Gaugamela aus den Wolken kamen, gezeigt hätten, dass der Sieg Götterwille gewesen sei.[186] Im zugrunde liegenden Bericht von Kallisthenes ist von Blitzschlägen aber gar nicht die Rede. Das spätere Epigramm vereint vielmehr die Zeusattribute, die auf dem typisch ptolemäischen Münzreversmotiv kombiniert sind: Adler und Blitzbündel.[187]

Das Innere des Bankettzelts der *pompe* war von phoinikischen Vorhängen und Tierfellen gerahmt, die äußeren Vorhänge waren mit Lorbeer- und Myrtenzweigen geschmückt.[188] Der Boden war mit Blumen bestreut, zum Interieur gehörten Marmorskulpturen bekannter Künstler, Gemälde

---

182 Vgl. Binder (1964), 72: „*eine Art Ursprungssage des Ptolemäerhauses*".

183 Vgl. Reden (2007a), 62 (bereits auf Bronzeprägungen aus seiner Satrapenzeit); Kyrieleis (1975), 6; Koenen (1993), 44-45. In diesem Sinne sprechen Klose/Overbeck (1989), 4 von einem persönlichen Symbol Ptolemaios' I.

184 Theokr. 17,71-75. Vgl. Rossi (1989), 122-123: „*Good fortune beginning with one's birth is Homeric*" (Od. 4,208). Vgl. Just. 12,16,4-5.

185 Plut. Alex. 33,1-2; Curt. 4,14,26-28, der sich indes skeptischer äußert. Abgeleitet von Il. 24,315. Vgl. Müller (2006a), 281.

186 Poseidipp. Ep. 31 A.-B. (= col. V 20-25).

187 Auf dem Reversbild einer Münzserie von Ptolemaios um 312 v. Chr. erscheint Athena Promachos, die mit ihrem Schild den Adler auf dem Blitzbündel beschirmt. Vgl. Stewart (1993), 231; fig. 8 c; fig. 78. Das Avers zeigt das Alexanderporträt mit Elefantenexuvie und Ammonshorn.

188 Athen. 5,196 B-C. Myrte war das Attribut der Aphrodite, vgl. Svenson (1995), 75; Detienne, M. (2000): Die Adonis-Gärten. Gewürze und Düfte in der griechischen Mythologie, Darmstadt.

der sikyonischen Schule, goldgewebte Chitone und Soldatentrachten mit Herrscherbildnissen oder mythologischen Szenen, Schilde aus Silber und Gold,[189] Bildfelder mit Trinkszenen und goldene delphische Tripoden.

Durch den offenen Eingang waren zu beiden Zeltseiten goldene Klinen mit Sphinxenfüßen sichtbar, auf denen purpurne Decken lagen.[190] Persische Teppiche bedeckten den Boden;[191] der tafelnde Gast aß von goldenen Tischen, trank aus Silberbechern und hatte eine weitere Kline im Blickfeld, auf der kostbares Tafelgeschirr aus Gold und Edelsteinen aufgebaut war.[192] Prunkgeschirr dieser Art, wahrscheinlich verziert mit dynastischen Symbolen, diente Repräsentationszwecken und war noch in frühneuzeitlichen Fürstenhäusern anlässlich großer Bankette üblich.[193] Der Tafelluxus wurde wohl teilweise auch an die Gäste verschenkt.[194]

Die Zeiten hatten sich geändert. Ptolemaios I. hatte zwar Alexandria und seinem Hof Glanz zu verleihen versucht, war bei seinem persönlichen Image anscheinend aber um Zurückhaltung bemüht gewesen. Dahinter mögen noch eigene Erfahrungen aus Zeiten des Persienfeldzugs gesteckt haben, als die zunehmende königliche Prachtentfaltung, gerade die Adaption von Elementen der achaimenidischen Tradition, Ressentiments bei den Makedonen hervorgerufen hatte. Ptolemaios I. hatte dies alles miterlebt und rekurrierte möglicherweise gerade deswegen auf Philipp II. – in den Kreisen des Adels eine idealisierte Figur –, dessen Mäßigung im Tafelluxus ein bekanntes Element seines antiken Porträts war.[195]

---

189 Athen. 5,196 D-F. Angeblich besaßen die Ptolemäer auch den Mantel Alexanders, den Kleopatra III. in ihrer Schatzkammer bewahrte und auf Kos deponierte (App. Mithr. 117). Vgl. Sonnabend, H. (1998): Ein Hannibal aus dem Osten? Die „letzten Pläne" des Mithradates VI. von Pontos, in: Fellmeth, U./Ders. (Hg.), Alte Geschichte: Wege – Einsichten – Horizonte. FS E. Olshausen, Hildesheim, 191-206, hier 204. Dies wird jedoch schon von Appian angezweifelt. Die Ptolemäer mochten ein Schaustück mit legitimierendem Charakter als Alexanders Mantel deklariert haben. Andererseits konnte auch Mithradates VI. im Zuge seiner Anlehnung an Alexander behauptet haben, aus den ptolemäischen Schätzen den Mantel Alexanders genommen zu haben. Pompeius, der nach dem Sieg über Mithradates im Triumphzug den Mantel getragen haben soll (Plin. n.h. 7,95), wird die Legende aufgrund seiner *imitatio Alexandri* gelegen gekommen sein.

190 Athen. 5,197 A-B.

191 Zu persischen Teppichen vgl. Hdt. 9,80. 82; Xen. Hell. 4,1,30. Vgl. Levine Gera (2007), 451.

192 Athen. 5,197 B-C.

193 Vgl. Zimmer (1996), 130-135; Vössing (2004), 122; LeBohec (1991), 29; Kyrieleis (1975), 151.

194 Vgl. Kyrieleis (1975), 151.

195 Just. 9,8,4-6. 8,20.

Vermutlich zollte Ptolemaios I. der Einstellung Tribut, die unter der makedonischen Opposition verbreitet gewesen war: Prunk und Pracht standen einem tüchtigen Krieger und guten makedonischen Herrscher nicht an.

Eine Generation weiter fielen solche Bedenken offenbar nicht mehr ins Gewicht; aufwändiges Prunkgeschirr gehörte nunmehr zu den gängigen Mitteln der Repräsentation.[196] Die zeitliche Distanz zu den Ereignissen des Persienfeldzugs, die neuen Strukturen der hellenistischen Reiche, die Beschwörung des Ideals der *tryphe* und die Entwicklung der Sakralisierung des Herrschertums erlaubten einen unbefangenen Umgang mit Alexander in Persien als Leitmotiv.

Insgesamt ist das kriegerische Element ein Hauptthema der symbolischen Codierung des Festzelts. So erinnert die mobile Architektur generell an den reisenden Hof bei einem Feldzug, das prachtvolle Zelt der *pompe* speziell an Alexanders Prunkzelt in Persien[197] und die persischen Teppiche an seine Eroberung und Siegesbeute.[198] Auch die kostbaren Militärtrachten und Prunkschilde waren Siegeszeichen.[199]

Bei den Werken der Künstler aus Sikyon sollte der Betrachter wahrscheinlich daran denken, dass Lysippos, ein Aushängeschild der sikyonischen Schule,[200] Alexanders bevorzugter Bildhauer gewesen war,[201] den

---

196 Plut. mor. 181 F. Ptolemaios I. hatte der Legende zufolge kein eigenes Geschirr und lieh es sich von Freunden. Zum Prunkgeschirr von Philipp V. und Perseus: Polyb. 5,2,10; Plut. Aem. Paul. 33,4.

197 Polyain. 4,24; Plut. Alex. 20. Vgl. Bing (2005), 138; Kuttner (2005), 147. Pfrommer (1998a), 69, 75, zieht eine Parallele zum Hundertsäulensaal von Persepolis. Vgl. Rice (1983), 32, 149; Schefold (1990), 266; Volkmann (1959b), 1580.

198 Es ist nicht zu bestimmen, ob bei den Teppichen im Zelt, die den Gästen zu Füßen liegen, die ägyptische Siegessymbolik des „*trampling topos*" (Cohen (1997), 47), der Triumph über den mit Füßen getretenen Feind, Standarddarstellung des siegreichen Pharao (vgl. Schlögl (2003), 24; Gundlach (1998), 62-63; Wildung (1977c), 566; Zeidler (2005), 34; Schade-Busch (1992), 96; Morenz (1994), 231; Helck (1964), 105; Bresciani (2004), 260; Kuhrt (1995), I, 213) auch eine Rolle spielt. Die Zeltausstattung war indes nicht primär an die ägyptische Adresse gerichtet.

199 Pfrommer (1998a), 74, vermutet, dass es sich um Bildnisse von Alexander und den zwei ersten Ptolemäerpaaren gehandelt habe. Zu Gobelins als Repräsentationsmedien vgl. Kyrieleis (1975), 152.

200 Plin. n.h. 34,61-62. Vgl. Dickins (1914), 297.

201 Plut. mor. 335 B; Arr. an. 1,16,4. Vgl. Schmidt-Dounas (2000), 257; Müller (2006a), 273; Esposito (2005), 192-196: Lysippos sei der „*inventore … dell'iconografia ufficiale*" gewesen, an welche die Ptolemäer anknüpften.

Poseidippos in seinen Epigrammen als Besten seiner Zunft preist.[202] Auch eine Rückbesinnung auf die Griechenlandpolitik Ptolemaios' I. kann gewünscht gewesen sein. Er hatte sich 308 v. Chr. als Befreier Sikyons und Wohltäter der Griechen präsentiert.[203] Der Umstand, dass er damit wenig erfolgreich gewesen und an seine gegnerischen Vorbilder Antigonos I. und Demetrios Poliorketes nicht einmal ansatzweise herangekommen war,[204] war für Ptolemaios II. kein Hinderungsgrund, um die Verdienste seines Vaters zu preisen; in seiner Propaganda wurde dies retuschiert und sein Vater entsprechend zum Philhellenen stilisiert.

Eine zentrale Figur des Festzugs war auch in der Zeltausstattung sehr präsent: Dionysos. Auf ihn als Garant des Überflusses verweisen die Thyrsossäulen, an den Wein- und Theatergott erinnern die Trinkszenen mit Gestalten aus Drama und Komödie,[205] das geographische Ausmaß seiner Züge in den Osten wird durch die Dekoration aus Tierfellen, zugleich Kleidung der Mänaden, widergespiegelt.

Neben Dionysos und Zeus ist Apollon über die delphischen Tripoden und Lorbeerkränze präsent.[206] Er war nicht nur zweiter Festgott neben

---

202 Poseidipp. Ep. 62 A.-B. (= col. X 8-15), Ep. 65 A.-B. (= col. X 30-33), Ep. 70 A.-B. (= col. XI 16-19). Seine Skulpturen hätten Lebendigkeit geatmet und seien nahezu beseelt gewesen. Vgl. Kosmetatou/Papalexandrou (2003), 53-54; Zanker (2003), 61; Stewart (2005), 190; ders. (2007), 123-138; Kosmetatou (2004a), 187-211; Seelbach (2005^3), 865. Seine Wertschätzung der Bildhauerkunst mit ihrer Lebendigkeit resultierte nicht zuletzt aus dem Vergleich mit seinem eigenen Metier, der Dichtung: „*die Kunst des Dichters wie der bildenden Künstler liegt darin, die Künstlichkeit von Kunst zu verbergen*" (Männlein-Robert (2006), 4). Vgl. Stewart (2005), 205; Sens (2005), 206-225; Kosmetatou (2004a), 188-189. Der hellenistische Dichter befand sich im künstlerischen Wettstreit mit anderen bildenden Künstlern seiner Zeit und musste sich mit seinem Medium absetzen. Vgl. Ambühl (2005), 302-307; Prauscello (2006), 511-520. Allgemein vgl. Hardwick (2003), 15-25.

203 Diod. 20,37,1-2.

204 Vgl. Simpson (1959), 390; Billows (1990), 314; Ellis (2002^2), 43; Wirth (1959), 1619.

205 Vgl. Pfrommer (2002), 79; Rice (1983), 32, 50-58; Perpillou-Thomas (1991), 82; Gow (1938), 198.

206 Zur politischen Bedeutung des Orakels im Hellenismus vgl. Rougemont (2001), 64. Auch Demetrios Poliorketes hatte sich als Befreier Delphis dargestellt. Vgl. Bosworth (2002), 251; Barringer (2003), 252; Rougemont (2001), 66-67. Schon Euripides hatte im *Archelaos* dem Apollonorakel eine besondere Rolle bei der Gründung von Aigai zugeschrieben, vgl. Dascalakis (1970), 157. Weiterhin mag relevant gewesen sein, dass dem ptolemäischen Ahnherrn Herakles der Legende nach in Delphi seine Unsterblichkeit prophezeit worden war (Apollod. 2,4,12; Diod. 4,10,7).

Dionysos,[207] sondern auch in seiner Eigenschaft als Schützer der schönen Künste, Musen- und Dichtergott, eine Leitfigur für Ptolemaios II., der in der höfischen Dichtung an ihn angeglichen wurde.[208]

Zugleich gab es auch einen Anknüpfungspunkt in der argeadischen Vergangenheit. Im Dritten Heiligen Krieg hatte sich Philipp II. als Rächer Apollons inszeniert, als er für die Delphische Amphiktyonie gegen den phokischen Tempelfrevel vorgegangen war. Er hatte seine Soldaten mit Lorbeerkränzen ausgestattet und in Folge einen Apollonkopf auf den Avers seiner Goldprägungen gesetzt.[209] Insofern ließ sich auch eine argeadische Tradition der Nahbeziehung zu Apollon vorweisen, die das kriegerische Motiv der Zeltausstattung aufgriff.

Die Ikonographie des Festzelts richtete sich demnach primär an makedonische und griechische Gäste. Als Zugeständnis an die ägyptische Tradition, vielleicht aber auch bloßer Dekor, können die Sphinxen als Klinenschmuck gelten – auch wenn sich ägyptische Gäste gemäß Michael Pfrommer darüber eher geärgert hätten.[210]

Die Symbolwelt der Prozession

Während am Bankett nur ein begrenzter Kreis ausgewählter *hetairoi*, *philoi* und *proxenoi* teilnahm, die mit einer Zeichenwelt von recht hohem Allusivitätscharakter konfrontiert wurden, war das bei der *pompe* anders, die auf Massenwirksamkeit angelegt sein musste.

---

207 Plat. Nom. 653 D.

208 Kallim. Hymn. 4,55-326. Vgl. Ambühl (2005), 228-233, 317-336; Koehn (2007), 119; Esposito (2005), 201; Meliadò (2005), 214; Gutzwiller (2007), 70; Weber (1993), 220.

209 Just. 8,2,3. Vgl. Le Rider (2003), 31; Schumacher (1990), 436; Ritter (2002), 139-145. Der Apollonkopf auf Philipps Münzen habe *„von dem Anspruch Philipps auf Apollon ganz allgemein“* im Rahmen seines Strebens nach Anerkennung *„des vollwertigen Griechentums des makedonischen Königs, und dies sogar in einer Führungsposition“* in Hellas gekündet (ebda., 143). Ptolemaios I. hatte auf den Avers seiner kyrenischen Bronzemünzen einen Apollonkopf gesetzt. Vgl. Mørkholm (1991), 65. Zu Apollons Lorbeerkranz: Athen. 15,673 A; Hom. Hym. Apoll. 396; Ael. v.h. 3,1. Vgl. Graf (1996), 864; Ritter (2002), 143; Svenson (1995), 35.

210 Vgl. Pfrommer (2002), 76; ders. (1998a), 74-75: Sphinxen als Klinenfuß zeigten absolutes Unverständnis für die ägyptische Tradition. Weil Sphinxen als Symbole königlicher Stärke den Pharao selbst repräsentierten, sei es einer Blasphemie gleichgekommen, darauf zu liegen. So eng sahen das die Makedonen allerdings nicht, sollte zutreffen, dass die elfenbeinernen Miniaturbilder aus dem Grab in Vergina, die wohl Mitglieder der Herrscherfamilie darstellten, auch Klinendekoration waren. Vgl. Stewart (1993), 45.

Erstens unterschied sich das Publikum grundlegend. In der Handelsmetropole Alexandria, in die Menschen aus vielen Ländern kamen, war mit einer sehr heterogenen Rezipientengruppe zu rechnen, die sich das Spektakel auf den Straßen ansehen wollte.

Daher war eine allgemein verständliche Inszenierung gefragt, die spektakulär, eindrucksvoll und nachhaltig sein sollte und ihre Botschaften in prägnanten, eingängigen Codes vermitteln musste, damit sie Zuschauer aller Altersgruppen und sozialer Zugehörigkeit ansprachen. Komplexe Inhalte, vielschichtige und verästelte Bedeutungsebenen wie in der höfischen Dichtung waren bei der *pompe* nicht gefragt. Zu verschlüsselte Symbole wären womöglich an den Zuschauern am Straßenrand vorbeigegangen; die ins lebende Bild übertragenen ptolemäischen Programmpunkte mussten für die breite Masse erkennbar, somit ziemlich generell formuliert sein.

Zweitens machte der Austragungsort, die Straße, ein anderes visuelles Konzept als im Festzelt erforderlich. Die Medien der Vermittlung mussten so konzipiert sein, dass sie auch noch aus einiger Entfernung erkennbar waren.

Natürlich konnte die Lesart der Zugikonographie mehrdimensional angelegt sein, aber nicht alle Besucher Alexandrias und ihre unterschiedlichen Kulturkreise berücksichtigen. Die Sprachregelung wurde daher auf die griechisch-makedonischen und die ägyptischen Zuschauer zugeschnitten.[211] Weswegen das ägyptische Publikum von der Bilderwelt der *pompe* ausgeschlossen werden sollte, wie teils vermutet wird,[212] ist nicht ersichtlich. Es ging vielmehr darum, bei möglichst breiten Kreisen Wirkung zu erzielen.

Zuschauer aus anderen Kulturen – oder auch kleinere Kinder –, die die Symbole nicht kannten und die Bilder nicht lesen konnten, mussten schlichtweg beeindruckt werden: durch den vorgeführten Reichtum, die Pracht, den farbenfrohen Aufwand, das viele Gold, die Militärparade und

211 Vgl. Walbank (1996), 123: Primär seien makedonisch-griechische Adressaten angesprochen, aber auch Ägyptern sei das Verständnis ermöglicht worden. Festliche Prozessionen mit Kultstatuen der Götter und aufwändiger Inszenierung, begleitet von Tanz, Musik und Gesang auf festgelegten Festzugsrouten, gehörten ohnehin zur ägyptischen Tradition (Hdt. 2,58,1). Vgl. Assmann (1991), 202-226; Rice (1983), 180-181; Thompson (2000b), 379; Donadoni (2000), 44, 100-101; Pfeiffer (2004), 302.

212 Vgl. Stewart (1993), 255, 262; Dunand (1981), 31-33: Nur die Kronen seien ägyptische Elemente gewesen. Gerade in der Krone der Penteteris, die aus einer ägyptischen Pflanze gefertigt war (Athen. 5,198 A-B; vgl. Stephens (2002), 248-249) mag aber zum Ausdruck gekommen sein, dass eine Symbiose der Sprachregelung vorlag.

die Lebensmittelgeschenke, die sie positiv in Erinnerung behalten konnten.

Um den Zuschauern die Wahrnehmung und Deutung zu erleichtern, war die *pompe* thematisch strukturiert. Sie gliederte sich in einzelne Sektionen, die olympischen Heroen, Göttern und den Ptolemäern gewidmet waren. Dionysische Themen machten dabei in Kallixeinos' Bericht den Löwenanteil aus: „*a vivid illustration of Dionysian art in action*".[213] Dionysos' Symbole – Weinschlauch, Weinpressen, Weinkühler, Kantharos, Efeukränze, Trauben, Thyrsosstab und Phallos – fehlten ebenso wenig wie seine traditionellen Begleiter, Mänaden mit Schlangen, Satyrn und Silenen.[214] Als Stammvater der Ptolemäer, Garant für allgemein konsensfähige Werte wie Reichtum und Wohlstand, Identifikationsfigur Ptolemaios' II. und seiner Nachfolger, überblendet mit dem Kunstbild von Alexander als Eroberer des Ostens, bot sich Dionysos als Mittelpunkt der Prozession an.[215] Er verkörperte *tryphe*, Siege und das argeadische Erbe.[216]

Den Zuschauern wurde eine Illusion glänzenden Reichtums, materieller Sicherheit und Überfluss durch die Wohltaten der ptolemäischen Herrschaft vermittelt,[217] an dem sie aktiv teilhaben durften.[218] Sie konnten Tauben fangen, die mit Bändern an den Füßen frei gelassen wurden,[219] oder sich Milch und Wein, Dionysos' Geschenk an die Menschen,[220] ausschenken lassen.[221] Der Wein tropfte aus einem überdimensionalen

---

213 Smith (1991), 128.

214 Athen. 5,197 E-F; 198 A-B; 198 E; 199 A-B; 200 E (Silenen, Satyrn und Bacchantinnen); 5,199 A-F; 201 E (Dionysische Attribute). Vgl. Hedren (2004), 42; Rice (1983), 45-102. Silenen erscheinen in Maskenform auch auf einigen Fayencekannen mit der Darstellung Arsinoës II., vgl. Thompson (1973), 42-44.

215 Vgl. Santucci (2005), 203-204; Hölbl (1994), 37; Benne (2001), 77; Thompson (2000b), 377; Walbank (1996), 122; Donderer (1988), 789; Préaux (1978), II, 648.

216 Vgl. Hazzard (2000), 70; Fraser (1972), I, 202; Thompson (2000b), 377; Vössing (2004), 107; Pfrommer (2001), 93, 100.

217 Athen. 5,203 B-C. Rice (1983), 73 vermutet, die Preziosen hätten teils noch zur persischen Kriegsbeute Ptolemaios' I. gehört. Es stellt sich die Frage, wie viel von dieser Beute, die Ptolemaios I. sicherlich zur Konsolidierung seiner Herrschaft benötigt hatte, unter seinem Nachfolger noch übrig war.

218 Vgl. Bernhardt (2003), 244; Tondriau (1948d), 40; Zimmer (1996), 135; Fleischer (1996), 36, 38-39; Chauveau (2000), 44; Thompson (2000b), 371; Schmitt-Pantel (1981), 87; Quet (1981), 42: „*Comme évergésie, la fête fut assurément, sous l'Empire, l'un des moyens les plus commodes ... d'obtenir la popularité*".

219 Athen. 5,200 C.

220 Eur. Bacch. 278-281; Athen. 15,675 A. Dionysos spendete Wein und Milch bei dem bei Eur. Bacch. 699-713 beschriebenen Wunder. Vgl. Perpillou-Thomas (1991), 179, 209-11; Schlesier (2001), 157, 171.

221 Athen. 5,200 C.

Weinschlauch aus Leopardenfell, Attribut des kriegerischen Dionysos, während der gesamten Wegstrecke auf die Straße.[222] Die Botschaft lautete: Durch die Kriege sicherten die Ptolemäer das Wohlleben in ihrem Reich.

Zur Bekräftigung dieser Aussage zeigte die *pompe* Szenen aus Dionysos' Leben in mehreren Prunkwagen.[223] Erstens wurde seine Zeugung dargestellt, symbolisiert durch seine Mutter Semele in ihrem Brautgemach.[224] Im griechischen Mythos spielt Semele eher eine untergeordnete Rolle, trotz Dionysos' Verbundenheit mit ihr.[225] Da sie vor der Geburt starb und Zeus an ihrer Stelle das Kind im Schenkel austrug, war er – wie im Fall von Athena – Vater und Mutter in Personalunion und verdrängte Semele in der mütterlichen Funktion.[226] Die Dominanz des Vaters bei Dionysos' Geburtsmythos wurde in der *pompe* jedoch aufgehoben und Semeles Anteil an seiner Entstehung gewürdigt. Dies entspricht dem Element der Dualität in der Herrschaftsrepräsentation Ptolemaios' II.

Sollte die *pompe* noch vor der Geschwisterehe stattgefunden haben, steckte das Konzept noch in den Kinderschuhen. Nach seinem Regierungsantritt hatte Ptolemaios II. zwar schon versucht, seine Herrschaft damit zu rechtfertigen, dass er seine beiden Elternteile besonders ehrte und sich von den konkurrierenden Familienzweige abgrenzte, aber erst die Heirat mit Arsinoë II. war der entscheidende Akt gewesen, der wie ein Katalysator gewirkt und dem Konzept die nötige Schlagkraft verliehen hatte. Falls die *pompe* daher nach der Eheschließung der Geschwisterehe anzusetzen ist, ist damit zu rechnen, dass das Prinzip der Dualität bereits zur Blüte gelangt war.

Vor diesem Hintergrund wird klar, warum Dionysos in Alexandria nicht nur mit einem Elternteil erscheinen durfte. Dies hätte dem Programm der ptolemäischen Herrschaftsrepräsentation widersprochen; daher wurde Semele ihre Mutterrolle zurückgegeben. Das Brautgemach wird für sie als Kulisse gewählt worden sein, weil es auf den *hieros gamos* verwies und die Stätte der Legitimation und Bewahrung der herrschaftsfähigen Linie darstellte, wie auch Theokritos sie für den höfischen Rahmen

---

222 Athen. 5,199 A-B. Der Schlauch fasste 30.000 Gallonen, ungefähr 3.000 Eimer. Vgl. Thompson (2000b), 370-371. Zudem seien Süßigkeiten in die Menge geworfen worden.

223 Athen. 5,198 C-201 C.

224 Athen. 5,200 B. Zu Semele vgl. Diod. 4,4,2; Hes. Theog. 939-942; Pind. Ol. 3,98-99.

225 Vgl. Bonnard (2004), 41.

226 Eur. Bacch. 88-100, 519-527; Hdt. 2,146,2; Nonnos Dion. 1,7. Vgl. Bonnard (2004), 25-27; Leinieks (1996), 193-194. Das Einnähen symbolisiere das Veredeln eines Weinstocks durch das Pfropfen eines neuen Reises auf einen alten Stamm mit dem Okulierschnitt.

ins dichterische Bild gerückt hatte.[227] Vielleicht sollte auch Berenike I. mit ihr assoziiert werden, an deren Heiligtum die Prozession mit einem Akt der Verehrung endete, – und entsprechend Ptolemaios II. mit Dionysos.

Auf die Darstellung von Semeles Brautgemach folgte die Personifikation von Dionysos' Geburtsstätte, der Stadt Nysa,[228] die Alexander in Indien entdeckt haben soll.[229] Sie wurde auf einem eigenen Wagen als technisches Wunder vorgeführt: eine mit goldenem Efeu bekrönte Sitzstatue, die aufstehen, ein Milchopfer spenden und sich wieder setzen konnte.[230] Aus Dionysos' Geburtshöhle kamen Tauben und Flüsse aus Milch und Wein, was an das von Euripides beschriebene dionysische Wunder erinnerte.[231] Der nächste Wagen thematisierte Dionysos' Rückkehr aus Indien. Er war als Elefantenreiter mit Purpurgewand, goldener Krone und Lanze dargestellt; vor ihm befand sich ein Satyr mit einem goldenem Widderhorn in der Hand,[232] das wohl auf den zweiten Eroberer Indiens verwies: Alexander.

Der bildliche Querschnitt durch Dionysos' Leben endete mit einer Szene, die ihn am Altar der Rhea zeigte.[233] Dort hatte er vor Heras Verfolgung Zuflucht gefunden, bevor er von ihr getötet und zerstückelt worden war.[234] Sein Begleiter ist Priapos, der ihm durch die Phallossymbolik verbunden war und in späterer Mythisierung als sein Sohn galt.[235] Bei der letzten Szene überwog somit nicht der Aspekt des Todes, sondern es wurde auf das „glückliche Ende" verwiesen, auf die Fruchtbarkeit und den Wohlstand, für den Dionysos sorgte.

---

227 Theokr. 17, 17,34-42. 128-130. Ägyptische Zuschauer konnten die göttliche Zeugung des Pharao durch Amun damit assoziieren. Vgl. Brunner-Traut (1996), 158; Minas (2000), 78; Donadoni (2000), 104.

228 Arr. Ind. 1,5-6.

229 Arr. an. 5,1,1-2,7.

230 Athen. 5,198 F-199 A. Rice (1983), 63 vermutet, dass Ktesibios der Konstrukteur war. Er hatte auch den berühmten klingenden Rhyton, der im Tempel der Arsinoë-Aphrodite am Kap Zephyrion geweiht worden war (Athen. 11,497 E; 10,425 F), entworfen. Das klingende Horn hatte laut Hedylos die Form der tanzenden ägyptischen Gottheit Bes. Aus dem goldenen Mundstück des Trinkhorns seien beim Ausgießen der Libation Klänge ertönt, die mit Blüte und Auferstehung assoziiert worden seien. Vgl. Capriotti Vitozzi (2000/01), 187; Rice (1983), 63; Bertazzoli (2002), 152.

231 Eur. Bacch. 699-713. Vgl. Köhler (1996), 97; Schlesier (2001), 171; Rice (1983), 68; Perdrizet (1910), 228.

232 Athen. 5,200 C-E. Zudem wurden gefangene Inder in Zelten dargestellt (Athen. 5,200 F-201 A).

233 Athen. 5,201 C; Eur. Bacch. 1300.

234 Vgl. Rice (1983), 99.

235 Vgl. Mari (2003), 89.

Die ägyptischen Zuschauer der *pompe* konnten Dionysos mit Osiris identifizieren.[236] Vergleichspunkte waren die phallische Fruchtbarkeitssymbolik der beiden Götter, ihre Ermordung und der chthonische Aspekt.[237] Für die Ägypter wird selbstverständlich gewesen sein, dass dem Gott der Fruchtbarkeit eine prominente Stellung in der Prozession zukam, da die Nilschwemme das wirtschaftliche Wohlergehen des Landes bedingte,[238] ein legitimer Herrscher von den Göttern mit der Nilflut bedacht, ein Unheilskönig mit einer niedrigen Schwemme entlarvt wurde.[239] Wenn Ptolemaios II. Dionysos huldigte, entsprach das demnach auch in ägyptischer Sicht den Pflichten eines Königs.

Wie für das Dionysosbild im Ptolemäerreich charakteristisch, wurden die Aspekte der Fruchtbarkeit, des Weins und der Festkultur mit der Eroberung des Ostens und der kriegerischen Stärke kombiniert, auf die ein Großteil der Elemente der *pompe* Bezug nimmt.

Dionysos' Eroberungszüge, insbesondere sein Vordringen nach Indien,[240] wurde anschaulich und für die Menschen am Straßenrand sicherlich sehr eindrucksvoll durch eine Tierschau versinnbildlicht.[241] Die Tiere symbolisierten ihre Erjagung und die Eroberung und politische Beherrschung der Länder, aus denen sie kamen.[242]

---

236 Hdt. 2,42,2. 144,2; Plut. mor. 356 B, 362 B, 364 D-E; 365 E; 377 A. Plutarch erwähnt zudem eine ägyptische Tradition, nach der Zeus zusammen mit Osiris gegen Apophis kämpfte, ihn nach dem Sieg adoptierte und Dionysos nannte. Diod. 1,15,6. 19,6-20,6 schildert Osiris' Mythos ähnlich wie den des Dionysos: Demnach wuchs Osiris im arabischen Nysa auf, zog nach Indien, pflanzte Wein und Efeu an, jagte Elefanten, lehrte die Inder die Landwirtschaft, gründete ein indisches Nysa und kehrte mit so reicher Beute nach Ägypten zurück, dass er zum Gott erhoben wurde. Vgl. Bosworth (1999), 3, 9-10.Vgl. Hartog (2002), 215; Merkelbach (1995), 71-72; Bemmann (1995), 440; Thomas (2002b), 275, 278; Weber (1993), 374; Strobach (1997), 121-122. Zur römischen Gleichsetzung von Osiris mit Dionysos vgl. Sonnabend (1986), 140.

237 Vgl. Ellis (2002^2), 29; Fountoulakis (2002), 317; Préaux (1978), II, 647. Auch die Rolle des Phallos im Osirismythos (Plut. mor 365 C) kann ein Motiv gewesen sein, weshalb Priapos in der Szene erscheint. Stewart (1993), 257 sieht zudem eine Reminiszenz an Amun-Re Kamutef, der Alexander auf den Reliefs des Barkensanktuars im Luxortempel gegenübertritt.

238 Vgl. Assmann (2000b), 79; Reden (2007b), 183-184.

239 Vgl. Merkelbach (1981), 32; ders. (1995), 102-112; Beauchaine (1990), 4; Onasch (1976), 142; Pfeiffer (2004), 201, 205-220; Peremans (1975), 399. Auch Sarapis' Kopfbedeckung in Form des Kalathos wird dieser Problematik Rechnung getragen haben. Vgl. Plantzos (1999), 71.

240 Vgl. Donderer (1988), 782. Vgl. Ps.-Kall. 3,18,3-4.

241 Vgl. Rice (1983), 46, 92-93; Sumi (2002), 421.

242 Vgl. Köhler (1996), 106.

Es gab Dionysos' charakteristische Symboltiere zu sehen: Leoparden und Panther, mit deren Fell sich der kriegerische Dionysos bekleidete,[243] Löwen,[244] Elefanten[245] und Pfauen,[246] Symbole des Sieges über den Osten,[247] die ursprünglich in Indien beheimatet und über Babylon als Zwischenstation nach Griechenland gekommen waren, wo sie „medische Vögel" genannt wurden.[248] Wenngleich es nicht Alexander gewesen war, der den Pfau in der griechischen Welt bekannt gemacht hatte, wird er durch seinen Eroberungszug mit ihm in Verbindung gebracht worden sein.[249]

243 Diod. 4,4,4; Plut. Demetr. 2,3. Vgl. Bergmann (2007), 248; Rice (1983), 86; Walbank (1996), 125; Stewart (1993), 234; Pfrommer (1998b), 144.

244 Athen. 5,201 F.

245 Winnicki (1989), 221 zufolge waren es indische Elefanten, keine afrikanischen, beziffert auf 24 oder 96. Volkmann (1959b), 1582 sieht sie als Kriegsbeute aus der Schlacht von Gaza an. Dagegen spricht sich Casson (1993), 247-260 aus. Die Elefanten seines Vaters seien zu alt gewesen, Ptolemaios II. habe ein eigenes Corps aus afrikanischen Elefanten aufstellen lassen.

246 Vgl. Bergmann (2007), 248.

247 Vgl. Wiesehöfer (2004), 303. Zudem galt er als Synonym östlicher *tryphe*.

248 Suda s.v. Μηδικὸς ὄρνις ὁ ταώυ; Clem Alex. paed. 3,4; Diod. 2,53,2; Aristoph. Av. 102, 269. Vgl. Hünemörder (2000), 689; Tuplin (1996), 170; Delbrück (1955/56), 19; Steier (1938), 1415; Eggermont (1984), 74-75. Es wird angenommen, dass die ersten Pfauen in Athen ein persisches Geschenk an Pyrilampes, einen Freund von Perikles und Verwandten Platons, waren, der oft in diplomatischer Mission im Osten gewesen war. Pyrilampes und sein Sohn Demos bauten eine Pfauenzucht auf und ließen die exotische Sensation gegen Zahlung bestaunen (Plut. Perikl. 13,13; Ael. hist. an. 5,21). Vgl. Wiesehöfer (2004), 303; Miller, M.C. (2003): Greco-Persian cultural relations, Encyclopaedia Iranica 11, 301-319; Dies. (1989): Peacocks and *tryphe* in classical Athens, Archaeological News 15, 1-10. Im 4. Jh. v. Chr. entwickelte sich der Vogel trotz seines hohen Preises zu einer häufigeren Erscheinung in Hellas (Athen. 14,654 E-655 A). Alexander war der Pfau vermutlich durch seinen Lehrer Aristoteles ein Begriff gewesen (Aristot. hist. an. 1,1,488 B; 6,9,564 A). Zugleich war der Pfau Attribut von Hera. Vgl. Eggermont (1984), 74; Steier (1938), 1415. Auf Samos gehörte er als ihr heiliges Tier zu ihrem Tempelkult (Athen. 14,655 A-B). Vgl. Hünemörder (2000), 690; Eitrem (1912), 384, 396. Daraus leitete sich in Rom die Nähe des Pfaus zum Himmel als Tier der Juno (Ov. Met. 15,385) und seine ikonographische Funktion auf Münzbildern ab, die Konsekrationen von Kaiserinnen zum Thema hatten. Vgl. Christ, K. (1991): Antike Numismatik. Einführung und Bibliographie, Darmstadt.

249 Curt. 9,1,14; Ael. nat. an. 5,21. Vgl. Steier (1938), 1416.

Elefanten waren prestigeträchtige Jagdobjekte der Ptolemäer, seit Ptolemaios II. die Küstengegend des Roten Meers dafür erschlossen hatte.[250] In ägyptischer Tradition gehörten sie ebenfalls zu den Beutetieren, mit denen sich der Pharao als tapferer Jäger dargestellt hatte.[251] Der Elefant war nicht nur ein Symbol des dionysischen und makedonischen Indienfeldzugs – und seine Haut, zur Kappe verarbeitet, ein Attribut des göttlichen Alexanders –[252] sondern auch ein Signum der Konkurrenz zu den Seleukiden. Als ikonographischer Code konnte der Elefant daher die Erfolgsgeschichte der Ptolemäer illustrieren.

In der Tierschau der *pompe* wurden zudem Antilopen vorgeführt, Kamele,[253] eine weiße Bärin,[254] Papageien, Fasane und andere Vögel,[255] eine Giraffe und ein äthiopisches Rhinozeros.[256] Sie werden entweder schon zu dem Zoo gehört haben, den Ptolemaios II. sich zum Zweck der repräsentativen Prachtentfaltung in Alexandria eingerichtet hatte, oder nach der *pompe* dort ihren Bestimmungsort gefunden haben.[257]

Neben dionysischen Elefanten-, Esels-, Pferde- und Bocksgespannen fuhren auch acht Straußengespanne durch die Straßen von Alexandria.[258]

---

250 Strab. 16,4,5; OGIS 54; Raphiadekret, 14. Burstein (1985), Nr. 99. Vgl. Scullard (1974), 133; Gehrke (1982), 258; Beyer-Rotthoff (1993), 40-41. Zu Dionysos' Elefantenjagd: Diod. 1,20,1.

251 Vgl. Germond (2001), 44. Als Beispiele sind Thutmosis I. und Thutmosis III. mit der Elefantenjagd am Orontes zu nennen. Vgl. Hornung (2005[5]), 85.

252 Vgl. Thomas (2002a), 57; Schwarzenberg (1975), 257; Smith (1991), 20; Stewart (1993), 233-236; Svenson (1995), 106-107.

253 Vgl. Volkmann (1959a), 1663: Ptolemaios II. habe das Kamel in Ägypten eingeführt.

254 Athen. 5,201 C. Vgl. Rice (1983), 96. Ein Eisbär war es wohl nicht. Sie vermutet, es sei ein aus Thrakien stammender Bär oder ein Albino gewesen.

255 Athen. 9,387 D. Die Vögel wurden in Käfigen transportiert.

256 Athen. 5,201 B-C; 9,387 D. Vgl. Rice (1983), 98: Indien und Äthiopien seien die geographischen Hauptkomponenten. Dagegen vgl. Delbrück (1955/56), 35-36: Es fehle der indische Königstiger. Dies beweise, dass Ptolemaios II. nicht viele Waren aus Indien bezogen habe, und dass der Handel vor allem über die Inseln vor der südarabischen Küste, primär Dioskorides, gegangen sei, wo er die vorgeführten Tiere erworben habe.

257 Diod. 3,36,3. Vgl. Rice (1983), 86; Weber (1993), 85; Köhler (1996), 106. Aus Athen. 14,654 C geht hervor, dass einige der Tiere anscheinend auch auf der königlichen Tafel landeten. Zum Nilmosaik von Palestrina, das Teile des Zoos zeigen soll, vgl. Donderer (1988), 789, Anm. 47; Borchhardt (2002), 125; Fowler (2005), 139; Huß (2001), 293, Anm. 308; Assmann (2000b), 72-80; Walker (2003), 198-202; Moffitt, J.F. (1997): The Palestrina mosaic with a „Nile scene": Philostratus and ekphrasis, Ptolemy and choreographia, Zeitschrift für Kunstgeschichte 60, 227-247.

258 Athen. 5,200 F.

Der Strauß wurde zu Prunkzwecken als Reittier verwendet und begegnet auch in der bildlichen Kunst im Zusammenhang mit den Ptolemäern.[259] So bezeugt Pausanias eine Bronzeskulptur auf dem Helikon in Boiotien, die Arsinoë II. als Straußenreiterin zeigt. Offenbar wurde die Statue als Weihgeschenk für den dortigen Kult von Zeus und den Musen gestiftet. Der Strauß, der in Nordafrika vorkam, sollte in Boiotien wahrscheinlich Arsinoës Herkunftsland symbolisieren.[260] In jedem Fall war er ein Zeichen von Wohlstand und Einfluss.[261]

Es wird vermutet, dass sich Kallimachos in den *Aitia* auf die Bronzeskulptur bezieht und Arsinoë als zehnte Muse darstellt, welcher der Erzähler als Jüngling[262] im Traum auf dem Helikon begegnet.[263] Daher könnte die Skulptur auf ihr königliches Image als höfische Mäzenin anspielen.

Beeindruckend wirkten auf die Zuschauer sicherlich auch die vierundzwanzig Löwen, die in der *pompe* gezeigt wurden.[264] In der ägyptischen und der makedonischen Kultur war der Löwe ein königliches Jagdobjekt und Herrschaftssymbol.[265] Überdies gehörten die Raubtiere zum dionysischen Zug und waren Symboltiere des Herakles, Stammvater der Argeaden,[266] der fünfzehn Generationen nach Dionysos nach Indien gekommen sein soll.[267] Zwar verband man Herakles in der hellenistischen Welt weniger

259 Vgl. Steier (1931), 346.

260 Plin. n.h. 9,106. Vgl. Neesen (1990), 489-490. Auch lebten Strauße in Arabien.

261 Kallim. fr. 3,1 Asp. (1,41 Pf.). Vgl. Lelli (2002), 15-16; Asper (2004), 26; Stephens (2005), 244; Gigante Lanzara (1994), 114; Koenen (1993), 93. Bertazzoli (2002), 145-153 sieht eine Analogie zur Positionierung Berenikes II. zwischen den Kariten (Kallim. Ep. 51 Pf.). Vgl. Ambühl (2005), 382 mit der Vermutung, dass Arsinoë als Statue auf dem Helikon präsent gewesen sein könnte. Die Statue, die Pausanias erwähnt, ist ihr offenbar nicht bekannt, denn sie erwähnt sie nicht.

262 Es ist umstritten, ob Kallimachos' gleichnamiger Erzähler sein Selbstporträt ist. Überblick bei Ambühl (2005), 365, Anm. 2. Vgl. Acosta-Hughes/Stephens (2002), 240, 244-245, 249-250 die von einer „*textual persona*" ausgehen: Kallimachos habe sich als Schüler des Apollon dargestellt. In der Rolle eines archaischen Dichters sei er von der Gottheit initiiert worden, getreu dem Prinzip: „*whom the Muses love as children have enduring grace even in old age*".

263 Paus. 9,31,1. Vgl. Steier (1931), 346: Es sei keine Anspielung auf Aphrodite gewesen. Thompson (1955), 200-201 geht von einer Verwechslung mit einem Phönix aus, doch findet dieser sich nicht in Arsinoës Ikonographie.

264 Athen. 5,201 F.

265 Zum Löwen als Jagdbeute vgl. Heinz (2002), 45; Schulz (2002), 19; Germond (2001), 430-436; Seyer (2007), 38, 79-80, 100-102; Hammond (1982), 120. Zur Darstellung des siegreichen Pharao als Löwe vgl. Schulz (2002), 19; Germond (2001), 44-46, 154; Seyer (2007), 37-38.

266 Arr. an. 4,11,6; Isok. Phil. 32.

267 Arr. Ind. 9,10.

mit Indien als Dionysos,[268] doch immerhin hatte Alexander während des Indienfeldzugs verkündet, Herakles' Leistungen übertroffen zu haben.[269]

Die These, Herakles sei in der *pompe* irrelevant gewesen,[270] überzeugt nicht, wenn man sich seine Bedeutung in der makedonischen Tradition und in der Herrschaftsrepräsentation Ptolemaios' II. anschaut.[271] Herakles gehörte zu den ptolemäischen Urahnen,[272] war schon unter den Argeaden eine Leitfigur ihrer Griechenlandpolitik gewesen,[273] spielte in der bildlichen Darstellung Ptolemaios' II. eine Rolle, von dem eine Bronzestatuette mit Herakleskeule bekannt ist,[274] und wurde zudem in der höfischen Dichtung in eine starke Nähe zu den frühen Ptolemäern gerückt. Theokritos macht Herakles in seinem *Enkomion* zum olympischen Tafelgenossen von Alexander und Ptolemaios I., die ihm gegenüber sitzen und auf seinem angetrunkenen Weg zu seiner Frau Hebe auch noch dabei helfen, seine Waffen zu tragen.[275] Auch verfasste Theokritos den *Herakliskos*, ein Gedicht über den jugendlichen Herakles.[276] Es wird vermutet, dass es anlässlich zu seiner Erhebung zum Mitregenten entstanden sein könnte und den jungen Ptolemaios II. mit Herakles parallelisieren sollte.[277]

---

268 Arr. Ind. 5,9.

269 Strab. 3,5,5; Plin. n.h. 6,49; Curt. 9,4,2-3; Arr. Ind. 5,9-12; 8,4-10; 9,1-4; Diod. 2,29,1. Vgl. Asirvatham (2005), 111-112. Zweifel äußert Arr. an. 4,28,2. Vgl. Bosworth (1998), 125; ders. (2003), 161 (Krishna sei von den Makedonen mit Herakles identifiziert worden); Eggermont (1993), 74-78. Am Aornos soll Herakles gescheitert sein, Alexander gelang es jedoch, ihn einzunehmen (Strab. 15,1,8; Arr. an. 4,28,1-4; Ind. 5,10; Diod. 17,85,2; Just. 12,7,12-13; Curt. 8,11,2; Lukian dial. mort. 12,6; Plut. mor. 181 D). Angeblich entdeckten die Makedonen die Höhle, in der Prometheus gefangen gewesen war (Hes. Theog. 521-530; Aischyl. Prom. 1021-1025; Diod. 1,19,3), bis Herakles den Adler, der seine Leber fraß, getötet und ihn befreit hatte: Arr. an. 5,3,2-3; Ind. 5,11-12.

270 Vgl. Rice (1983), 104; Gow (1952), 331; Huttner (1997), 134.

271 Vgl. Weber (1993), 248, 350: Herakles sei eine Leitfigur für die Ptolemäer gewesen, weil er *„genau die Ambivalenz von Gott und Mensch verkörpert, wie sie auch die Herrscher für sich in Anspruch nahmen"*. Vgl. Derichs (1950), 13-15; Koenen (1993), 44; Gehrke (2003³), 172; Beyer-Rotthoff (1993), 284-285; Mendels (1990), 104-105; Dihle (1996), 8-9; Thomas (2002a), 34-35; Chaniotis (2005), 62. Zur bildlichen Angleichung vgl. Palagia, O. (1986): Imitation of Herakles in ruler portraiture. A survey from Alexander to Maximinus Daza, Boreas 9, 137-151, hier 144.

272 OGIS 54, Z. 4-5; P. Oxy. 27,2465; Theokr. 17,25-27.

273 Vgl. Ritter (2002), 122-124.

274 Vgl. Pfrommer (1998a), 110, Abb. 151 ab.

275 Theokrit. 17,14-33. Sie trugen seine Keule und den Bogen und Köcher.

276 Theokr. 24.

277 Vgl. Stephens (2003), 127; Cameron (1995), 54; ders. (1990), 303; Koenen (1977), 79-86; ders. (1993), 44. (Dagegen vgl. Weber (1993), 165). Es könnte auch in die

Herakles bot sich als Referenzmodell an, weil er für Wohltaten in Hellas stand und mit Alexander verbunden war. Ob es eine eigene Heraklesabteilung innerhalb des Zugs gab, die Athenaios wegkürzte, wie Fritz Taeger annimmt,[278] ist nicht zu sagen; es könnte aber möglich sein.

Insgesamt scheint die Tierschau ebenso wie die szenisch inszenierte Wagendekoration die Funktion eines *tableau vivant* gehabt zu haben, bei dem sich reale und mythische Ebene überlagerten. Der dionysische Indienzug verschmolz mit Alexanders Indienzug und zugleich mit dem Bild von der ptolemäischen Hoheit über viele Länder und mit ihren Feldzügen gegen die Seleukiden in den Osten, denen somit eine universalgeschichtliche Bedeutung verliehen wurde. Gemäß dieser Ideologie waren die Ptolemäer Alexanders Erben, die Seleukiden nicht.

Zu dieser Attitüde passt die Militärparade der bewaffneten Infanterie und Kavallerie, die sowohl auf die militärischen Erfolge der Vergangenheit als auch auf die Konsolidierung der Gegenwart und die Absicherung der Zukunft Bezug nahm.[279]

Es ist ungewiss, ob Ptolemaios II. sich bei der *pompe* selbst als neuer Dionysos-Alexander zeigte. Teils wird dies angenommen, kombiniert mit der These, die Prozession stehe im Kontext mit den Kriegen gegen die Seleukiden.[280] Die Vermutung liegt angesichts des Bildprogramms der *pompe* sehr nahe und auch den Zuschauern, die mit den Motiven vertraut waren, mag eine solche Assoziation in den Sinn gekommen sein.

Zudem scheint die Prozession zwei Vorbilder aus der Alexandergeschichte gehabt zu haben: erstens sein Einzug in Babylon nach dem Sieg bei Gaugamela 331 v. Chr.,[281] der an östlichen Vorgaben orientiert gewesen war und auch unter dem Zeichen der Anlehnung an Kyros II. gestanden hatte,[282] und zweitens an seinem dionysischen Zug in Karmanien

---

Zeit des Antritts seiner Alleinherrschaft gefallen sein. In jedem Fall eignete sich der Vergleich von Ptolemaios II. mit Herakles gut, um auch das Negativbild des neidischen und böswilligen Konkurrenten Eurystheus zu funktionalisieren und auf Ptolemaios Keraunos oder seine Brüder zu übertragen. Klose (1992), 26 sieht auch im Münzporträt Ptolemaios' I. eine bewusste Anlehnung an Herakles. Vgl. Errington (1976), 155-156. Dagegen vgl. Grimm (1978), 109.

278 Vgl. Taeger (1957), I, 292.

279 Athen. 5,202 F-203 A. Es seien 57.600 Infanteristen und 23.200 Reiter gewesen. Zu Zweifeln an der Truppenzahl vgl. Rice (1983), 123. Winnicki (1989), 221 weist darauf hin, dass die meisten der ptolemäischen Streitkräfte an ihren Garnisonsplätzen außerhalb Alexandrias stationiert gewesen seien.

280 Vgl. Köhler (1996), 39, 159.

281 Curt. 5,1,20-22.

282 Vgl. Brosius (2003), 185-186; Dillery (2004), 267, der eine sehr enge Parallele zur Prozession Ptolemaios' II. zieht: „*But in their central objective, Cyrus' procession and*

nach der Rückkehr aus Indien.[283] Die *pompe* war ähnlich strukturiert, auch wenn sie ungleich größer und prachtvoller war als Alexanders improvisierte Festprozession nach einem aufreibenden Feldzug.
An Alexander wurde im Rahmen des Festzugs ständig erinnert, teils mehr, teils weniger unter der Maske des Dionysos. Eine goldene Statue zeigte ihn neben Nike und Athena im Elefantenwagen.[284] Die ionischen Griechenstädte, die er „befreit" hatte, liefen als Personifikationen durch die Straßen, ebenso wie die bekränzte Stadt Korinth, ein symbolträchtiger Ort der argeadischen und ptolemäischen Griechenlandpolitik.[285] Handelte es sich bei der Prozession um einen Bestandteil der Ptolemaia, wird dieser explizite Hinweis umso nachvollziehbarer,[286] da griechische Gesandte vor Ort waren.[287] Neben einer weiteren Statue Alexanders befand sich ein

---

Philadelphus' could be said to be the same". Dabei ist jedoch zu berücksichtigen, dass die Ausgangsposition jeweils eine andere war, denn Kyros kam als Eroberer nach Babylon, dessen König Nabonid er entsetzt hatte.

283 Arr. an. 6,28,1-2. Er negiert allerdings die Glaubwürdigkeit des Berichts, weil Ptolemaios und Aristobul nicht darüber geschrieben hätten. Neuffer (1929), 45 kommentiert: „*Die polemischen Ausführungen Arrians … bestätigen nur diese Angaben*". Ptolemaios II. konnte trotz des Schweigens seines Vaters in seinem Geschichtswerk die Berichte kennen.

284 Athen. 5,201 D. Es ist möglich, dass die bei Plin. n.h. 34,64-66; 35,93-99 erwähnten Werke, die an Alexanders Hof entstanden waren, als stilistische Vorbilder dienten. Dafür, dass Teile dieser Kunstwerke zum Ptolemäerschatz gehört hatten, spricht, dass sie in römischer Zeit im Besitz von Augustus waren, der sie an prominenter Stelle auf dem Augustusforum aufstellen ließ: Plin. n.h. 35,93-94. Wahrscheinlich hatte er sie aus Alexandria mitgenommen. Vgl. Bellen (1997), 75-76; Stewart (2003), 58; ders. (1993), 366; Bosworth (1999), 7; Schwarzenberg (1975), 256.

285 Athen. 5,201 D-E. Vgl. Chaniotis (1995), 162; Volkmann (1959b), 1581; Tarn (1933), 60-61; ders. (1910), 219-220; Erskine (1995), 44; Thompson (2000b), 375; Stewart (1993), 256-257. Walbank (1996), 124, Anm. 31 bestreitet die Anknüpfung an Philipp II., da der Begriff „Korinthischer Bund" ein moderner Terminus ist. Korinth als Ort der Installation der *eirene* und einer politischen Ordnung in Griechenland wird aber im makedonisch-griechischen Bewusstsein verankert gewesen sein. Vgl. Rice (1983), 102-107, 191. Die These von Dunand (1981), 21, 24, Ptolemaios habe die griechischen Städte mit der Militärparade einschüchtern und mit der Verkörperung von Korinth die ptolemäische Hoheit über die griechischen Städte demonstrieren wollen, ist wenig glaubhaft, da dies ein diplomatischer Affront gewesen wäre.

286 Vgl. Perpillou-Thomas (1991), 154: „*la fête est destinée à asseoir le prestige de la dynastie auprès de tous les Grecs*".

287 Austin (1981), Nr. 44; SEG 28, 60. Vgl. Osborne (1979), 181-194; Sonnabend (1996), 240; Erskine (1990), 85-86.

Bildnis Ptolemaios' I. auf einem der Festwagen,[288] was zum Ausdruck bringt, wie wichtig der tote Vater des Gastgebers in der *pompe* war.

Zur sakral-herrschaftlichen Sphäre im Zug gehörten auch überdimensionale Golddiademe und Goldkränze,[289] Bildnisse von Herrschern und Gottheiten[290] sowie chryselephantine Thronsessel,[291] unter denen sich der Thron Ptolemaios' I. befand,[292] auf dem ein Kranz aus 10.000 Goldmünzen lag,[293] der entweder von kultischer Relevanz war[294] oder eine Anerkennung des königlichen Euergetismus.[295] Das Symbol des göttlichen Thronwagens mit dem leeren Thronsitz ist aus dem östlichen Kontext bekannt.[296] So ließ Xerxes bei seinem Auszug aus Sardeis 480 v. Chr. in seiner Prozession den Thronwagen Auramazdahs vorführen,[297] um zu demonstrieren, dass er in der Gunst des Gottes stand.

---

288 Athen. 5,201 D. Vgl. Stewart (1993), 256; Rice (1983), 48, 115; Weber (1993), 343 zur „*Scharnierfunktion*" Alexanders für den ptolemäischen Kult (248); Thompson (2000b), 377-379; Dunand (1981), 22; Volkmann (1959b), 1581-1582; Kyrieleis (1975), 140. Da vor Alexanders Statue Zugabteilungen von Zeus und den anderen Göttern kamen (Athen. 5,202 A), wurden Parallelen zu Philipps Prozession im Theater von Aigai gezogen (Diod. 16,92,5), vgl. Stewart (1993), 260. Der Vergleich hinkt jedoch, da Philipp II. sich nicht als offizieller Reichsgott präsentierte.

289 Athen. 5,202 B.

290 Athen. 5,201 F.

291 Athen. 5,202 A-D. Vgl. Rice (1983), 117, 120.

292 Auch Theokr. 17,20-21 beschreibt, dass er im Olymp neben Alexander auf einem goldenen Thron saß.

293 Athen. 5,202 B.

294 Der Kranz gehört überdies zu den Elementen des Dionysoskults, vgl. Schlesier (2001), 171. Gegen eine kultische Bedeutung wendet sich Fraser (1961), 144. Beispielsweise gehörte zu einem Kult für Lysimachos in Priene ein Kranz aus 1.000 Goldstateren: OGIS 11; Burstein (1985), Nr. 10.

295 Ähnlich vielleicht dem goldenen Kranz im Wert von 1.000 Stateren, den Ptolemaios II. vom Nesiotenbund als Anerkennung seiner Wohltaten bekam (SIG^3 390; Burstein (1985), Nr. 92).

296 Vgl. Préaux (1978), I, 255; Kienast (1996), 289-291.

297 Hdt. 7,40,4. Vgl. Kienast (1996), 286-287; Brosius (2005), 154-155. Dieser göttliche Thronwagen ist ebenfalls bei Xenophon für Kyros II. (Kyr. 8,3,12-13) und bei Curtius für Dareios III. (Curt. 3,3,11) bezeugt. Dillery (2004), 270 hält diese Prozession des Kyros allerdings für eine Erfindung Xenophons. Kienast (1996), 289-291, 309 zufolge präsentierte sich Xerxes als „*irdischer Stellvertreter*" Auramazdahs, da er sich auf einem ähnlichen Wagen zeigte. Formuliert man es vorsichtiger, zeigte er sich als irdische Entsprechung Auramazdahs, ohne selbst in die göttliche Sphäre einzutreten oder göttliche Ehren für sich zu beanspruchen.

In makedonischer Anschauung wurde mit dem leeren Thron des Herrschers seine unsichtbare Anwesenheit assoziiert, wie die Beratungen in Babylon nach Alexanders Tod 323 v. Chr. zeigen.[298]

Analog sollte in Alexandria vermutlich der Eindruck erweckt werden, dass Ptolemaios I. dem Fest beiwohnte und billigend über die Leistungen seines Sohns wachte. Ebenso wird gemäß der Vorstellung, dass der heroische oder göttliche *ktistes* oft unsichtbar bei Festen in seiner Städten dabei war,[299] mit Alexanders spiritueller Präsenz gerechnet worden sein. In den kultischen Kontext fielen vergoldete Kohlebecken, fackelbekränzte Altäre, ein vergoldeter Schrein, vergoldete Götterattributen und Stiere mit vergoldeten Hörnern und einer Ägis auf der Brust, die vermutlich Opfertiere waren.[300]

Sollte es sich um die Ptolemaia gehandelt haben, könnte man eine Parallele zu den Kulthandlungen der Zuschauer bei den Arsinoeia, dem Kultfest für Arsinoë II.,[301] ziehen und folgern, dass dies auch bei Ptolemaia der Fall gewesen war.[302]

Welche Königin zum Zeitpunkt der *pompe* an der Seite Ptolemaios' II. war, Arsinoë I. oder Arsinoë II., ob er Witwer war[303] oder sich in einer Phase befand, in der Arsinoë I. schon verbannt und er noch nicht mit Arsinoë II. verheiratet war,[304] ist umstritten, da Kallixeinos keine *basilissa* erwähnt.

Schlüsselelement der Diskussion ist die Bezeichnung einer vorderen Sektion des Festzugs als „ἡ τοῖς τῶν βασιλέων γονεῦσι".[305] In den γονεῖς werden mehrheitlich Ptolemaios I. und Berenike I., die *theoi Soteres*,

---

298 Curt. 10,6,4-5; Just. 13,4,4. Vgl. Rathmann (2005), 18-22; Hammond (1989), 219-220; Paspalas (2005), 86-88, vgl. Anm. 73; Holt (1999), 2; Errington (1976), 139. Zur Geschichte des Throns in Makedonien vgl. Paspalas (2005), 86-88; Tomlinson (1993), 1498.

299 Dio Chrys. or. 33,47.

300 Athen. 5,202 A-C. Vgl. Rice (1983), 33; Perpillou-Thomas (1991), 202; Köhler (1996), 42-43, 132-133; Thompson (2000b), 369; Clauss (1995), 13. Dunand (1981), 36, Anm. 8 zweifelt an der hohen Zahl. Zur Rolle des Opfers bei hellenistischen Festen vgl. Schmitt-Pantel (1981), 85-86; Walbank (1987), 376; Chaniotis (1995), 158; Cain (1995), 114.

301 P. Oxy. 27,2465. Vgl. Schorn (2001), 199-220; Fraser (1972), I, 225-226; Weber (1993), 171. Siehe auch Kap. 8.

302 Vgl. Rice (1983), 186, Anm. 10. Dagegen vgl. Weber (1993), 67: Die aktive Teilnahme der Gäste sei nicht erwünscht gewesen, da die Zuschauer als Konsumenten einer reinen Vorführung vorgesehen gewesen seien.

303 Vgl. Hazzard (2000), 67.

304 Vermutet von Rice (183) 42, 116; Walbank (1996), 121, Anm. 16.

305 Athen. 5,197 D.

vermutet.[306] Über die Identität der βασιλεῖς besteht Uneinigkeit. Entweder wird in ihnen der König und Königin gesehen,[307] wobei sich erneut die Frage stellt, ob die *basilissa* Arsinoë I. oder Arsinoë II. war, oder die βασιλεῖς gelten als Ptolemaios I. und Ptolemaios II.[308]

Richard Hazzard nimmt wiederum an, es habe sich um Ptolemaios II. und seinen Mitregenten, Ptolemaios den Sohn, gehandelt.[309] Die Prozession habe zwischen 264/63 und 259 v. Chr. stattgefunden und Ptolemaios II. habe die Skandalehe mit Arsinoë II. vor den griechischen Gesandten unter den Tisch kehren wollen.[310] Diese These steht jedoch im Widerspruch zur Repräsentationspolitik Ptolemaios' II., der sich bis zu seinem Tod als Teil der geschwisterlichen Einheit zusammen mit Arsinoë II. inszenierte, auch gegenüber den griechischen Poleis. Angesichts der Beliebtheit des Kults der *thea Philadelphos* wäre eine solche Aussparung ebenfalls unverständlich gewesen. Zudem hätte Ptolemaios II. den Skandal durch eine exogame dritte Heirat neutralisieren können, wenn ihm etwas daran gelegen hätte, aber das tat er nicht.

Eine weitere Möglichkeit wäre, dass Arsinoë bei der ptolemäischen Sektion nicht eigens genannt wurde, weil klar war, dass sie dazugehörte und Kallixeinos es daher nicht extra betonte.

Als Hauptargumente dafür, dass Arsinoë II. zum Zeitpunkt der *pompe* noch nicht oder nicht mehr an der Seite ihres Bruders lebte, gelten zwei Faktoren: Erstens wurde keine Porträtstatue von ihr im Rennwagen nach den Wettkämpfen bekränzt,[311] obwohl panhellenische Rennsiege auch für sie bezeugt sind und der sportliche Erfolg zu ihrem offiziellen Image gehörte.[312] Zweitens gilt das *dikeras*, Arsinoës typisches Attribut, in der

---

306 Vgl. Rice (1983), 38; Volkmann (1959b), 1581; Hazzard (2000), 31. C.B. Gulick übersetzt γονεῖς in der LCL-Ausgabe ebenfalls mit „*parents*", S.D. Olson in der LCL-Ausgabe von 2006 ebenfalls und er identifiziert die βασιλεῖς mit Ptolemaios II. und Arsinoë II. Als „Vorfahren" übersetzt von: Tarn (1933), 59-60; Wikander (1996), 184.

307 Vgl. Savalli-Lestrade (2003), 62. Βασιλεῖς sei die Bezeichnung für das ptolemäische und seleukidische Geschwisterehepaar gewesen (SEG 37,859, II, Z. 10; SEG 19,569, Z. 4-8; SEG 33,682, Z. 4-5).

308 Vgl. Rice (1983), 42; Kyrieleis (1975), 140.

309 Vgl. Hazzard (2000), 31.

310 Vgl. ebda., 67: „*By remaining silent, Ptolemy hoped to put the scandals behind him and win the confidence of those guests who might help in the present war*".

311 Athen. 5,203 A-B. Vgl. Tarn (1933), 59; Ameling (1997), 38; Rice (1983), 128-132.

312 Poseidipp. Ep. 78 A.-B. (= col. XII 20-33).

Prozession als marginal, verdrängt vom einfachen Füllhorn.[313] Dagegen ist jedoch einzuwenden, dass ein übergroßes vergoldetes Doppelfüllhorn zusammen mit einem vergoldeten Tempel zwischen dem Botenstab des Hermes und dem Blitzbündel des Zeus präsentiert wurde,[314] somit in einer Reihe von Göttersymbolen. Dies könnte darauf hinweisen, dass Arsinoë bereits divinisiert worden war, entweder als Teil der *theoi adelphoi* oder als *thea Philadelphos*.[315] Zudem nennt Kallixeinos ein weiteres Bildmedium, das auf Arsinoë II. verweisen könnte: eine Statue der Hera mit goldener *stephane*.[316] Hera war eins ihrer zentralen Referenzmodelle,[317] die *stephane* zählte zu den charakteristischen Attributen ihres Münzporträts als *thea Philadelphos*.[318]

Auch der Morgen- oder Venusstern spielt eine Rolle bei den Überlegungen, ob Arsinoë II. real oder symbolisch bei der *pompe* präsent war.[319] Da sie im griechischen Kult an Aphrodite angeglichen wurde, deren besonderer Stern der Morgenstern war,[320] und weil Kallimachos in der *Locke der Berenike* eine Verbindung zwischen Arsinoë und dem Planeten er-

---

313 Vgl. Tarn (1933), 59. Zur Gegenposition vgl. Möbius (1964), 27. Rice (1983), 117, 121: Es sei nicht Symbol Arsinoës II., sondern von Isis, Tyche oder Sarapis. Dagegen vgl. Albersmeier (2002a), 4-5; Dunand (1981), 19, 26: Es sei allgemein Wahrzeichen ptolemäischen Reichtums und Symbol der ptolemäischen Königinnen.

314 Athen. 5,202 C: „δίκερας πρὸς τούτοις ὀκτάπηχυ." Das auf dem Thron präsentierte Füllhorn, *keras*, wurde in einer früheren Edition auch als Doppelfüllhorn, *dikeras*, gelesen (vgl. LCL, 414, Anm. 2), könnte demnach auch als Hinweis auf die Königin gelten.

315 Vgl. Tarn (1933), 59: „*Whatever this* δίκερας *might refer to*". Er vermutet, es sei das Attribut Berenikes I. gewesen (vgl. ebda., 25). Dies ist allerdings nicht zu belegen.

316 Athen. 5,201 C-D.

317 Theokr. 17,129-134. Die Textpassage bei Athenaios weist laut Rice (1983), 99 Korruptelen auf.

318 Vgl. Kap. IV.6.

319 Athen. 5,197 D.

320 Vgl. Foertmeyer (1988), 92, 102. Dagegen vgl. Walbank (1996), 122, Anm. 16.

wähnt,[321] wird daraus abgeleitet, dass sie sich hinter diesem Symbol verbirgt.[322]

Indes wurde auch Berenike I. nach ihrer postumen Apotheose an Aphrodite angeglichen und Theokritos zufolge sogar von ihr entrückt.[323] Der Stern könnte sich daher auf ihr Kultimage beziehen, was auch erklären würde, warum die Prozession mit dem Auftauchen des Abendsterns am Berenikeion endete.[324]

Eine so prachtvolle Schau wie die *pompe* Ptolemaios' II. gab es nicht umsonst. Die Kosten beliefen sich laut Athenaios auf 2239 Talente,[325] eine Summe, von der man gemäß der Kalkulation von Georges LeRider und Francois Callataÿ ein Heer von 50.000 Mann ein Jahr lang hätte unterhalten können.[326] Signifikanterweise mussten die geladenen Gäste auch noch dafür zahlen, dass sie die ptolemäischen Herrschaftszeichen sehen durften.[327] Dies ist wohl als eine Versinnbildlichung ihrer Pflicht zu verstehen, dem Königtum Unterstützung zu bieten, um im Gegenzug Sicherheit und Wohlleben zu erhalten, ein Ausdruck von Reziprozität.

Was Ptolemaios II. mit der *pompe* ausdrücken wollte, kommt wohl der Lobeshymne gleich, die Herondas auf ihn hält – auch wenn ihn dies nicht an den Hof brachte: Alles Großartige sei in Ägypten zu finden, Reichtum, Ruhm, Spektakel, Gelehrte, Gold, ein guter König, das Museion, Wein, alles Gute, was man sich nur wünschen könne.[328]

---

321 Kallim. fr. 122-127 Asp. (110 Pf.); Catull 66. Vgl. Huxley (1980a), 242. Als ein weiterer Beleg für die Verbindung zwischen Arsinoë und dem Morgenstern wird teils die kontrovers diskutierte Passage bei Kallimachos angeführt, in der entweder die Königin oder das ausgesandte Pferd den Beinamen *Lokrikos* trägt (Kallim. fr. 126 Asp. (110.43-78 Pf.)). Befürworter der These, *Lokrikos* beziehe sich auf Arsinoë, sehen darin eine Anspielung auf die Verehrung des Planeten, wie sie bei den Lokrern von herausragender Bedeutung gewesen sei. Vgl. Huxley (1980a), 242; Marcovich (1996), 48.

322 Vgl. Thompson (2000b), 382. Sie schreibt es dem Exzerptcharakter des Berichts zu, dass sie nicht genannt ist, und misst ihrem Fehlen keine Bedeutung bei. Vgl. Dunand (1981), 38, Anm. 24. Minas (1998), 44 geht ohne eine weitere Erklärung davon aus, dass die Kanephore des Arsinoë-Kults an der *pompe* teilnahm. Belege gibt es dafür nicht.

323 Theokr. 15,106-108; 17,17-19. 45-50.

324 Athen. 5,202 D.

325 Athen. 5,203 A-B.

326 Vgl. LeRider/Callataÿ (2006), 177.

327 Athen. 5,203 A-B. Vgl. Thompson (2000b), 380: Die Kostenbeteiligung sei in Form von goldenen Kränzen erfolgt.

328 Herond. 1,26-31.

3. Die Ptolemäer in den Epigrammen des Mailänder Papyrus

Neben Münzen und Inschriften zählen hellenistische Gedichte zu den spärlichen zeitgenössischen Zeugnissen für die Ptolemäer. Die Dichtkunst, die am Hof der Ptolemäer entstand, vermittelt Einblicke in die höfische Kultur und gibt künstliche Bilder der Ptolemäer wieder, die durch den poetischen Spiegel die Codes ihrer Herrschaftsrepräsentation erkennen lassen.

Hellenistischer Hof und Dichtung

Als Forum für Künste und Wissenschaft hatte der makedonische Hof eine lange Tradition,[329] die bis zu Alexander I. zurückverfolgt werden kann, der Pindar zu sich eingeladen hatte.[330] Im Zuge seiner Griechenlandpolitik zeigte sich insbesondere Archelaos als Mäzen von griechischen Künstlern. Er bat Euripides, Agathon, Choirilos und den Maler Zeuxis zu sich und soll auch versucht haben, Sokrates einzuladen, der jedoch ablehnte.[331] Philipp II. holte die Historiographen Theopomp und Anaximenes von Lampsakos sowie die Platonschüler Xenokrates und Aristoteles nach Pella,[332] Alexander hatte die Philosophen Kallisthenes und Anaxarchos von Abdera bei sich.[333]

Wie bei den Argeaden diente auch bei den Ptolemäern die Profilierung als Mäzen und Philosophenfreund der Erhöhung ihres Prestiges. Ihre Kulturpolitik war Teil ihrer Legitimation, ihr Hof und Herrschertum profitierte von der Anwesenheit renommierter Gelehrter.

Die Ptolemäer waren besonders darum bemüht, sich als Förderer von griechisch-makedonischer Kunst und Wissenschaft darzustellen. Nicht nur, dass Ptolemaios I. sich als Ausnahmefall unter den makedonischen Herrschern historiographisch betätigte, auch die Hauptstadt Alexandria wurde durch ihn und seinen Sohn Ptolemaios II. in ambitionierter Weise

329 Vgl. Asper (2004), 11.

330 Vgl. Wirth (1985b), 22. Pindar schrieb ein Enkomion für ihn (Fragment 120). Zu weiteren Dichtern, die Alexander I. möglicherweise einlud: Dio Chrys. 2,33.

331 Ael. v.h. 2,21; 13,4; Athen. 8,345 D; Suda s.v. Χοίριλος; Diog. Laert. 2,25. Er hatte auch Sinn für Musik und holte den Hafenspieler Timotheos von Milet an seinen Hof (Plut. mor. 177 B). Vgl. Dascalakis (1970), 157; Carney (2003b), 51, Anm. 17.

332 Diog. Laert. 4,8-9; Athen. 6,260 B-261 A; Plut. Alex. 8,3-4. Vgl. Carney (2003b), 52-53; Iliadou (1998), 22.

333 Plut. Alex. 52,4; 55,4-5; Arr. an. 4,9,9; Athen. 6,250 F.

durch die Einrichtung und den Ausbau der griechisch-makedonischen Bildungsstätten des Museion[334] und der Bibliothek gegenüber den anderen hellenistischen Residenzen aufgewertet.[335] Als Treffpunkt von Gelehrten und Künstlern kam Alexandria eine herausragende Stellung als kulturelle Metropole in der hellenistischen Welt zu,[336] später in Konkurrenz zu Pergamon.[337]

Die ptolemäische Protegierung der Dichtkunst stand somit in gut makedonischer Tradition und wird nicht frei von Hintergedanken auf monarchischer Seite gewesen sein. Neben dem Prestigegewinn durch die Anwesenheit der Künstler am Hof konnte die Poesie auch dazu beitragen, die monarchische Ideologie in der höfischen Gesellschaft zu verbreiten und somit zumindest indirekt das Herrscherimage zu unterstützen.[338] Wie aktiv sich die Dichter an der Vermittlung königlicher Ideologie beteiligten, ist indes eine Streitfrage, die polarisiert.

Während eine Richtung jegliche ideologische Färbung der Poesie negiert, charakterisiert die Gegenrichtung die höfischen Dichter als Chef-

---

334 Athen. 5,203 D. Vgl. Glock, A. (2000): Museion, DNP 8, 507-511.

335 Athen. 1,3 B; Plin. n.h. 35,10-11. Vgl. Erskine (1995), 38-47; Gutzwiller (2007), 19-24; Vössing, K. (1997): Bibliothekswesen, DNP 2, 640-647; MacLeod, R. (2000) (Hg.): The library of Alexandria. Centre of learning in the ancient world, London; Grunberg, G. (2001): Bibliotheca Alexandrina: identité, coopération, nouvelles technologies, in: Giard, L./Jacob, C. (Hg.), Des Alexandries I. Du livre au texte, Paris, 71-82; Casson, L. (2001): Libraries in the ancient world, New Haven/London, 31-47; Hoepfner, W. (2002) (Hg.): Antike Bibliotheken, Mainz, 16-23; Gander, M. (2004): Die antike Bibliothek in Alexandria, Kemet 13, 16-19; Maehler, H. (2004): Alexandria, the Museion, and cultural identity, in: Hirst, A./Silk, M. (Hg.), Alexandria, real and imagined, London, 1-14; El-Abbadi, M. (2004): The Alexandrian library in history, in: Hirst, A./Silk, M. (Hg.), Alexandria, real and imagined, London, 167-183; Seidensticker, B. (1999): Alexandria. Die Bibliothek der Könige und die Wissenschaften, in: Demandt, A. (Hg.), Stätten des Geistes, Köln, 15-37. Über das Datum der Gründung und den Gründer gibt es aufgrund der fehlenden Quellenbelege keine Einigkeit, vgl. Bagnall (2002), 348-354. In Frage kommen Ptolemaios I. und Ptolemaios II.

336 Vitruv 7, praef. 4; Plin. n.h. 13,70. Vgl. Pfeiffer (1926), 166; Engberg-Pedersen (1993), 299; Burton (1995), 153-154; Schuller (1995), 89; Bagnall (2002), 348-363; Heinen (1981), 6; Hunter (2003), 484-484; Gutzwiller (2007), 19-24; Erskine (1995), 39-41. Diese Einrichtungen bedingten gemäß Weber (1995), 311 die besonders stark wissenschaftliche Ausrichtung des ptolemäischen Hofs.

337 Vgl. Erskine (1995), 46; Takács (1995b), 266. Siehe auch Mielsch, H. (1995): Die Bibliothek und die Kunstsammlung der Könige von Pergamon, AA, 765-779; Strocka, V.M. (2000): Noch einmal zur Bibliothek von Pergamon, AA, 155-165; Kosmetatou, E. (2003): The Attalids of Pergamon, in: Erskine, A. (Hg.), A companion to the Hellenistic world, Oxford, 159-174.

338 Vgl. Effe (2007), 276.

propagandisten ihrer königlichen Gönner.[339] Dahinter steht die moderne, aus den Erfahrungen des 20. Jhs. resultierende Haltung, dass Politik und Kunst strikt getrennt bleiben müssen.[340]

Indes war Herrscherlob Teil der antiken griechischen literarischen Tradition und wurde nicht automatisch als verwerflich eingestuft.[341] Als Mittelweg gilt daher die Forschungsposition, dass die höfische Dichtung der Unterhaltung und dem Prestige des Herrschers diente, ohne dabei per se ideologischen Charakter zu haben.[342] Sie sei somit *„zwar nicht als direktes Sprachrohr der Propaganda, aber als die Herrschaft in ihrer kulturellen Fundierung legitimierendes Element"* zu sehen, das traditionell zum Hof gehörte.[343] Überdies besaßen die Dichter einen gewissen Freiraum, um die höfischen Themen spielerisch und humorvoll zu behandeln und, wenn ihnen daran lag, Distanz davon zu halten.[344]

Wie augenzwinkernd und bis zu welchem Grad distanziert die Dichter am ptolemäischen Hof mit den politischen Codes umgingen, ist wiederum umstritten. Die These, sie hätten auch zentrale Herrschaftskonzepte ironisch behandelt,[345] ist seit der Auswertung des Mailänder Papyrus in die Kritik geraten.[346] Die Epigramme huldigen dem Glanz der Ptolemäer und rekurrieren konstant auf die herrschaftsideologischen Themen am Hof,

---

339 Überblick bei Weber (1995), 285-286; Ambühl (2005), 6-7; Effe (2007), 263.

340 Vgl. Wlosok (2000), 76 mit Bezug auf Enzensberger, der in seinem Essay „Poesie und Politik" von 1962 das Dogma der kritischen Funktion der Dichtung unterstrich, indem er die augusteischen Dichter Vergil und Horaz als negative Gegenbeispiele darstellte. Stellung nahm dazu Binder, G. (1995): Herrschaftskritik bei römischen Autoren. Beispiele eines seltenen Phänomens, in: Binder, G./Effe, B. (Hg.), Affirmation und Kritik, Trier, 125-164, hier 139.

341 Vgl. Wlosok (2000), 77; Weber (1993), 35.

342 Vgl. Weber (1993), 35, 60, 123-124; ders. (1997), 60-61. Er mahnte eine differenzierte Sichtweise an und kritisierte den Terminus „Propaganda" als Schlüsselbegriff der Debatte. Vgl. Gehrke (2003^3), 94. Taeger (1957), I, 371-380 thematisiert ebenfalls die künstlerische Freiheit des Dichters am hellenistischen Hof. Dies passt nicht recht zu seinen Ausführungen, dass sie den Ansprüchen des Herrschers Tribut zollen, ihm oft schmeicheln und sich vor Kritik hüten mussten, und dass sich unabhängige Dichter meist ausgesprochen negativ über die Monarchen äußerten.

343 Schmitzer (2002), 302. Vgl. ders. (2003): Dichtung und Propaganda im 1. Jahrhundert n. Chr., in: Weber, G./Zimmermann, M. (Hg.), Selbstdarstellung, Propaganda, Repräsentation von Actium bis Traian, Stuttgart, 205-226. Siehe auch Koehn (2007), 118.

344 Vgl. Effe (2007), 275-278.

345 Vgl. Burton (1995), 140; Ager (2005), 25; Reed (2000), 323, 337.

346 Vgl. Esposito (2005), 201-202; Meliadò (2005), 209-216; Gutzwiller (2007), 92, 188, 190; Bielman (2002), 75 (zu Theokritos).

ohne ironische Doppelbödigkeit oder mit Humor bemäntelte Halbherzigkeit erkennen zu lassen. Daher wurde der Schluss gezogen:

Perhaps it is also time to reevaluate Callimachus, Theocritus and Apollonius ... to ask whether politics is as far removed from the centre of their oeuvre as we have allowed it to be, or whether it is something we have merely been uninterested in seeing. [347]

In summa spiegelte die hellenistische Dichtung die Hauptelemente der königlichen Repräsentation wider und half, sie im öffentlichen Bewusstsein und kulturellen Gedächtnis zu verankern.[348] Dies geschah, indem sie symbolische Codes in literarischen Traditionen verortete und in bekannte Wahrnehmungs- und Deutungsmuster auf mehreren Bedeutungsebenen einband.

In diesem Sinne ist es zu verstehen, wenn beispielsweise Theokritos den Leit- und Referenzfiguren der Ptolemäer – Zeus und Hera, Herakles, den Dioskuren, Dionysos, Aphrodite, Apollon – eine prominente Stellung in seiner Poesie einräumt, die den Ptolemäern sicherlich nicht unlieb war.[349] Auch wenn die Dichter am Hof selbst keine politische Haltung einnehmen mochten, kann man ihren Werken aufgrund dieses Effekts einen politischen Zug nicht ganz absprechen.

Allerdings ist die These, Theokritos habe eine „*poetics of imperialism*" vertreten, bei der er ägyptische Elemente in einen griechischen Rahmen gesetzt und somit verkündet habe, „*that this country of crocodiles, pyramids, and hieroglyphs is in some sense really Greece*",[350] recht problematisch. Theokritos wollte nicht die Ägypter von einer kulturellen Kontinuität überzeugen,

---

347 Stephens (2004b), 86. Vgl. auch Gutzwiller (2007), 188; Mori (2001), 90; Hunter (1993), 153 (zu Apollonios Rhodios).

348 Vgl. Badian (1964), 184; Koehn (2007), 118; Stephens (2003), 74-75 zu Kallimachos; dies. (2002), 170 mit der vorsichtigen Definition: „*to articulate the potentialities of this new kind of kingship*". Bingen (2002), 48 charakterisiert Poseidippos als „*le prophète d'une idéologie de prestige, la divinisation des souverains doublée de la pureté de leur hellénisme et ... de la 'Macédonité' de la dynastie*". Vgl. ferner Kosmetatou (2004b), 227.

349 Vgl. Gutzwiller (2007), 92. Auch ist es kein Zufall, dass in Apollonios Rhodios' langer Ekphrasis, in der er Jasons Gewand beschreibt (1,730-767), von den sieben Einzelbildern vier Szenen Götter und Heroen zeigen, die entweder zu den mythischen Ahnen oder zu den Assoziationsfiguren der Ptolemäer gehörten, und sich auch die restlichen drei Gewandbilder mit der Herrscherdynastie in Verbindung bringen lassen. Es handelt sich um den ptolemäischen Stammvater Zeus, dem sein Blitzbündel, Reverssymbol der ptolemäischen Münzen, geschmiedet wird, um den argeadischen Ahnen Pelops, sowie um Apollon und Aphrodite. Zur Ekphrasis vgl. Rengakos (2006), 7-16. Zu den *Argonautica* als politisches Dichtwerk vgl. Hunter (1993), 153; Mori (2001), 89-91, 101-102; Gutzwiller (2007), 21 (Apollonios parallelisiere die Reise der Argonauten mit künftigen ptolemäischen Siedlungen in Nordafrika).

350 Reed (2000), 334. Dagegen differenzierter: Stephens (2002), 262.

sondern ein primär makedonisch-griechisches höfisches Publikum von der Größe seiner eigenen Dichtkunst.[351] Es lässt sich nicht nachweisen, dass er dabei die Doktrin vertreten habe, alles Ägyptische habe griechische Ursprünge.[352]

Die ägyptische Kultur spielt in der höfischen Dichtung ohnehin keine große Rolle.[353] Zwar übernahmen die Dichter am ptolemäischen Hof geläufige Vorstellungen von Ägypten,[354] die seit Herodots Tagen griechisches Allgemeingut geworden waren, „*a Greek concept of the ‚symbolic' Egypt*",[355] doch ist dies kein Anzeichen einer intensiven Auseinandersetzung mit der ägyptischen Kultur, sondern einer Auseinandersetzung mit der griechischen literarischen Tradition. Dominierend ist die griechisch-makedonische Gedankenwelt. Wenn eigene Erfahrungen in Ägypten hineinspielten,[356] wurden sie in gräzisierter Form und nach entsprechenden Deutungsmustern übermittelt.

Der Mailänder Papyrus

Im Jahre 1992 erwarb die Universität Mailand einen Papyrus, der aus der Kartonage eines Mumiensarkophags aus dem Fayum stammte.[357] Darauf fand man 112 Epigramme mit über sechshundert Versen in sechzehn Kolumnen. Der Dichter ist nicht genannt, auch die Einleitung der Sammlung, in der sein Name sicherlich aufgeführt war, ist nicht erhalten.[358]

Zwei Hinweise gibt es indes auf den Verfasser: Zwei der Epigramme sind bereits bekannt und gelten als Werke des makedonischen Dichters Poseidippos, obwohl dies auch nicht unumstritten ist. Zudem enthält der Papyrus ein Epigramm, das einer Bürgerin von Pella gewidmet ist,[359] ausgerechnet der Stadt, aus der Poseidippos stammt. Daher wurde ihm

---

351 Vgl. z.b. Theokr. 17,7.

352 Im Gegenteil zeigt sich vielmehr die Tendenz, das Griechische gegenüber dem Ägyptischen als überlegen zu schildern (Theokr. 15,46-50).

353 Deutlich wird dies daran, dass die Dioskuren, die in der ptolemäischen Ideologie eine zentrale Bedeutung haben, in der ägyptischen Welt nicht bekannt waren (Hdt. 2,43,2).

354 Vgl. Asper (2004), 20.

355 Lloyd (2002b) 420.

356 Wie auch Stephens (2002), 239 für Kallimachos vermutet.

357 Vgl. Seelbach (2005^3), 863.

358 Vgl. ebda., 863.

359 Ep. 118 A.-B. Vgl. Stephens (2005), 231.

der Textcorpus des Papyrus von den Herausgebern der *editio princeps* einheitlich zugeschrieben.[360]

Die Verse erweitern mit den fünfundzwanzig bereits bekannten seiner Dichtungen – zwei davon bei Athenaios zitiert –[361] Posideippos' Werk.[362] Die Papyrusepigramme sind thematisch gegliedert und behandeln die Sujets: Steine und Edelsteine, Vorzeichen, Weihungen, Epitaphien, Statuen, Pferderennen, Schiffbrüche, Genesungen und Verhaltenstypen.[363]

Poseidippos' Autorschaft wurde nur vereinzelt angezweifelt.[364] So vertritt Stephan Schröder aufgrund stilistischer Merkmale die These, es handle sich um eine Sammlung von Epigrammen verschiedener Dichter minderer Qualität;[365] Poseidippos könne keinesfalls der dominierende Teil der Verse zugeschrieben werden, allenfalls die Hälfte oder ein Drittel, wahrscheinlich jedoch nicht ein einziges Epigramm.[366]

Die Diskussion ist unbeendet, die kritische Textarbeit noch im Fluss; als vorläufige Prämisse wird im Folgenden daher die Zuschreibung der Herausgeber der kritischen Editionen an Poseidippos übernommen, die der *communis opinio* entspricht.[367]

---

360 Überblick bei Schröder (2004), 29-30. Eine vollständige Publikation der Papyrusfragmente erfolgte im Jahr 2001 durch Guido Bastianini und Claudio Gallazzi. 2002 erschien eine *editio minor*, bearbeitet von Guido Bastianini und Colin Austin. In dieser Edition wurden auch die zuvor bekannten poseidippischen Epigramme veröffentlicht. Eine dritte Edition ist zu erwarten. Vgl. Angiò, F. (2004): Verso la terza edizione del PMilVogl VIII 309, Studi di Egittologia e di papirologia 1, 27-29.

361 Athen. 11,491 C; 13,596 B-D.

362 Vgl. Pfrommer (2002), 34; Gronewald (1993), 28; Voutiras (1994), 27; Kramer (2002), 34; Stephens (2004b), 64.

363 Vgl. Albiani (2001), 200; Gutzwiller (1998), 152; Blomquist (1998), 54.

364 Vgl. Lloyd-Jones, H. (2003): All by Posidippus?, in: Accorinti, D./Chuvin, P. (Hg.), Des géants à Dionysos. Mélanges de mytologie et de poésie grecque offerts à F. Vian, Alessandria, 277-280.

365 Vgl. Schröder (2004), 29-73, der paradigmatisch anhand von zehn Epigrammen des Mailänder Papyrus (Ep. 19, 25, 27, 34, 39, 63, 68, 87, 88, 101 A.-B.) die Gründe für seine Skepsis darlegt.

366 Vgl. Schröder (2004), 73.

367 Vgl. Stephens (2005), 229. Die Vertreter der These einer einheitlichen Zuschreibung verweisen auf die zahlreichen sektionsübergreifenden Querverweise der Epigramme. Diese These eines „Epigrammbuches", wie sie unter anderem von Gutzwiller (2004), 84-93; dies. (2005), 287-319 vertreten wird, ist jedoch nicht unumstritten.

Über Poseidippos' Laufbahn ist wenig bekannt.[368] Er kam wie erwähnt aus Pella, lebte im 3. Jh. v. Chr. am Hof in Alexandria[369] und scheint recht alt geworden zu sein, da er in einer Alterselegie klagt, die Bürde eines hohen Lebensalters zu tragen.[370] Er war offenbar stolz auf seine makedonische Herkunft, da er sie in den Epigrammen hervorhob,[371] sich in betonter Weise an ein makedonisches Publikum richtete,[372] auch die makedonischen Elemente der ptolemäischen Hofkultur unterstrich und mit literarischen Motiven der makedonischen Tradition spielte.[373] Die zeitliche Spanne seines Wirkens in Alexandria lässt sich aus seinen Gedichten rekonstruieren, vor allem anhand der königlichen Personen, die er nennt.

Als erster Anhaltspunkt gilt die Erwähnung der großen *pompe* in Alexandria, die unter Ptolemaios II. stattfand, allerdings insofern wenig konkreten Aufschluss gibt, da ihre Datierung umstritten ist.[374] Zweitens spricht Poseidippos von der Errichtung des Leuchtturms von Pharos.[375] Da die *Suda* den Bau in die Regierungszeit Ptolemaios' I., um 297 v. Chr. datiert, in die Zeit, als Pyrrhos nach Epeiros zurückkehrte,[376] wird vermu-

368 Vgl. Fernández-Galiano, E. (1987): Posidipo di Pela, Madrid, 9-15; Gow-Page, II, (1965) 481-484; Gutzwiller (1998), 151-170. Er wurde 276/72 von Delphi und 264/63 von den Aitolern mit der Proxenie geehrt (IG IX^2 1.17, Z. 24). Vgl. Albiani (2001), 199; Gutzwiller (1998), 151; Seelbach (2005^3), 863; Barigazzi (1968), 197.

369 Vgl. Thompson (2005), 281.

370 Poseidipp. Ep. 118 (SH 705), Z. 5. Vgl. Albiani (2001), 199; Gutzwiller (1998), 151-154; Seelbach (2005^3), 865. Sein Geburtsdatum wird auf ca. 305 v. Chr. geschätzt.

371 Poseidipp. Ep. 118 (SH 705), Z. 17. Vgl. IG IX^2 1,17.

372 Poseidipp. Ep. 78 (= col. XII 20-33), Z. 14.

373 Kosmetatou/Papalexandrou (2003), 54.

374 Vgl. Kap. IV.2.

375 Poseidipp. Ep. 115 A.-B. (11 G.-P.); Ep. 143 A.-B. (SH 702). Vgl. Obbink (2004), 21-24.

376 Suda s.v. *Pharos*. Vgl. Ellis (2002^2), 57; Heinen (1981), 5. Zur strategisch wichtigen Lage von Pharos vgl. Jähne (1981), 87. Plin. n.h. 36,83 und Lukian de historia conscribenda 62 nennen Sostratos von Knidos als Erbauer des Leuchtturms. Dies wird teils angezweifelt, da die zeitlich frühere Quelle – Strabo, der selbst in Alexandria gewesen war – es nicht bestätigt. Vgl. Bing (1998), 22-29. Ihm zufolge hatte Sostratos nicht das ganze Bauwerk entworfen, sondern nur die Statue des Zeus Soter auf der Turmspitze geweiht. Poseidippos (Ep. 115 A.-B. (11 G.-P.), Z.1-2) meine dieses Bildnis, nicht den Turm, wenn er in seinem Epigramm den Retter der Hellenen und Wächter von Pharos besinge, den Sostratos errichtet habe. Vgl. ebda., 26, unter Berufung auf Kallim. fr. 475 Asp. (400 Pf.). Die Identifikation der Statue mit Zeus Soter, die schon Fraser (1972), I, 19 vorschlägt (vgl. Pfrommer (1998a), 12; ders. (2002), 27), ist umstritten. Als Alternativen zum

tet, dass Poseidippos schon seit den späten 280er Jahren am ptolemäischen Hof gewesen war.[377] Drittens behandelt er die Tempelweihung des Heiligtums für Arsinoë II. als Kypris Zephyritis am Kap Zephyrion und wahrscheinlich Votivgaben an die *thea Philadelphos*.[378] Es ist ungewiss, wann der Kult am Kap eingerichtet wurde,[379] aber ihre Apotheose als *thea Philadelphos* fiel in die Zeit nach ihrem Tod, 270 v. Chr.[380]

Viertens erwähnt er in den *Hippika* eine (oder mehrere Personen namens) Berenike als Siegerin bei panhellenischen Wagenrennen.[381] Sollte es sich wenigstens in einem Fall um Berenike II. handeln, war Poseidippos noch unter Ptolemaios III. tätig, der sie 246 v. Chr., im Jahr seines Regierungsantritts, geheiratet hatte.[382]

Die Argeaden, insbesondere Alexander, nehmen in den Epigrammen eine ebenso wichtige Rolle ein wie der Ruhm der Ptolemäer bei den Nemeischen, Pythischen und Olympischen Spielen. Auch der Reichtum der Achaimeniden findet in den *Lithika* Erwähnung, in denen Preziosen mit den Herrschaftszeichen des Großkönigs thematisiert werden.[383] Diese Verweise auf die einstige persische Herrlichkeit stecken den Rahmen ab für die makedonische Eroberung des Achaimenidenreichs, die Poseidippos gleichsam als Vorgeschichte des speergewonnenen Ptolemäerreichs thematisiert.

---

olympischen Herrscher gelten Ptolemaios I. Soter, die *theoi Soteres*, die Dioskuren oder Isis und Sarapis. Vgl. Ellis (2002^2), 57. Diese Annahme ist insofern einleuchtend, als die Dioskuren, die als *Soteres* angerufen wurden (Strab. 5,3,5; Ael. v.h. 1,30. Vgl. Scheer (1997), 675), eine wichtige Rolle in der ptolemäischen Ikonographie einnahmen (Kallim. fr. 181 Asp. (228 Pf.), 5-10; Theokr. 22,8-20). Sie waren zentrale Elemente der maritimen Symbolik des dynastischen Image, das den Charakter der Seeherrschaft betonte. Die Lösung des Rätsels mag in dem doppelsinnigen Wortspiel liegen, dass als Hüter des Leuchtturms die *theoi Soteres* galten, womit die Dioskuren *und* Ptolemaios I. und Berenike II. gemeint sein konnten, ebenso wie Isis und Sarapis, die in ptolemäischen Weihinschriften in Alexandria so genannt wurden. Vgl. Fraser (1964), 79; Bricault (1999), 338-339. Zur weiteren Überlieferungsgeschichte des Leuchtturms vgl. Doufikar-Aerts (1996), 191-200.

377 Vgl. Albiani (2001), 199; Gutzwiller (1998), 151; Seelbach (2005^3), 864.

378 Poseidipp. Ep. 36-39 A.-B. (= col. VI 10-37).

379 Poseidipp. Ep. 113 A.-B. (SH 978). Ebenso ungewiss ist, ob es sich bei einem elegischen Fragment um ein Epithalamion für die Königin handelt. Vgl. Albiani (2001), 199.

380 Vgl. Gigante Lanzara (2003), 340.

381 Poseidipp. Ep. 79 A.-B. (= col. XII 34-39); Ep. 82 A.-B. (= col. XIII 9-14); Ep. 87 A.-B. (= col. XIII 31-34).

382 Vgl. Hölbl (1994), 45.

383 Poseidipp. Ep. 8 A.-B. (= col. I 36- II 2); 13 A.-B. (= col. II 29-32).

Susan Stephens vergleicht die Struktur der Epigramme mit einem Mosaik: Das übergeordnete Thema sei das Ptolemäerreich gewesen, für das insbesondere die Königinnen Pate gestanden hätten.[384] Der ideelle Stammvater Alexander sei zu verschiedenen Mitgliedern des Ptolemäerhauses individuell in Beziehung gesetzt worden,[385] indem Bilder von ihm mit entsprechenden Bildern der Ptolemäer parallelisiert worden seien. Beispielsweise habe Alexanders Darstellung als Krieger und Eroberer in Bezug zur Traumgestalt der bewaffneten Arsinoë II. gestanden oder der göttliche Alexander in Bezug zur Arsinoë Zephyritis.[386] Die Technik des Oszillierens zwischen der argeadischen Vergangenheit und der ptolemäischen Gegenwart habe die Herrschaftsübergabe durch Alexander an die Ptolemäer verdeutlichen sollen.[387]

Indes ist fraglich, ob Stephens' Vergleich der Epigramme mit einem Mosaik so passend ist. Für die vielschichtige Dichtkunst des Mailänder Papyrus mit seinen zahlreichen, durch Querverweise verbundenen Zeit- und Assoziationsebenen bietet sich eher der Vergleich mit einem bunt gemusterten Gewebe an. Als Familiengruppe im Zentrum dieses Gewebes befindet sich die ptolemäische Dynastie, der ein literarisches Denkmal gesetzt wird.[388]

Dabei nehmen die Königinnen als Komplemente der Könige eine prominente Rolle ein. Besonders die divinisierte Arsinoë II. ist in den *Anathematika* die zentrale Figur; vier Epigramme haben Weihgaben an sie zum Thema.[389]

---

384 Vgl. Stephens (2004b), 68. Siehe ferner: Zoroddu (2005), 596: „*l'arte miniaturistica dell'epigramma di Posidippo rivela al meglio, investigata al microscopio, l'eborazione architettonica del verso e del componimento, il camuffamento del richiamo dotto, il gioco con i microgeneri, l'invenzione lessicale, insomma la propria perfezione*".

385 Vgl. Stephens (2004b), 82-86. Weitere Beispiele bei Bing (2005), 122-140.

386 Vgl. Stephens (2004b), 71, 84; dies. (2005) , 236-237; dies. (2004a), 164.

387 Vgl. ebda., 82. Ähnlich: Bingen (2002), 58. Die Technik des Oszillierens wendet auch Theokritos in *Idyll* 17 an, wenn er Alexander als Eroberer des Perserreichs zu Ptolemaios II. als Eroberer Kleinasiens in Bezug setzt und ihn als seinen Erben darstellt (17,18-19, 86-90). Vgl. Rossi (1989), 42.

388 Vgl. Pfrommer (2002), 34; Voutiras (1994), 27. Aufgrund dieser exponierten Stellung wurde teilweise vermutet, dass die Gedichte im Auftrag einer ptolemäischen Königin entstanden seien. Vgl. Bing (2005), 140.

389 Poseidipp. Ep. 36-39 A.-B. (= col. VI 10-37). Vgl. Bernsdorff (2002), 41; Angiò (2004b), 16; Gigante Lanzara (2003), 337-346; Stephens (2004a), 162.

Arsinoë Euploia (Ep. 39 A.-B.)

Das Heiligtum Arsinoës II. am Kap Zephyrion zwischen Pharos und Kanopos, gestiftet vom hochrangigen *philos* und Flottenkommandanten Kallikrates von Samos, war ein beliebtes Thema in der höfischen Dichtung. Sowohl Kallimachos als auch Hedylos und Poseidippos wählen es als Schauplatz für Epigramme.[390]

Poseidippos greift Arsinoës Kult als Kypris Zephyritis,[391] die Seefahrer vor den Stürmen des Meers schützt, gleich in drei fragmentarisch erhaltenen Dichtungen auf.[392] Zwei dieser Epigramme mit dem Thema Tempelweihung waren bereits bekannt gewesen,[393] ein drittes Gedicht befand sich auf dem Mailänder Papyrus:

> καὶ μέλλων ἅλα νηὶ περᾶν καὶ πεῖσμα καθάπτειν χερσόθεν, Εὐπλοίαι ʽχαῖρεʼ δὸςʼ Ἀρσινόηι, πό]τνιαν ἐκ νηοῦ καλέων θεόν, ἣν ὁ Βοίσκου ναυαρχῶν Κάμιος θηκατο Καλλικράτης, ναυτίλε, σοὶ τὰ μάλιστα. κατʼ εὔπλοιαν δὲ διώκει τῆδε θεοῦ χρήιζων πολλὰ καὶ ἄλλος ἀνήρ. εἵνεκα καὶ χερσαῖα καὶ εἰς ἅλα δῖαν ἀφιεὶς εὐχὰς εὑρήσεις τὴν ἐπακουσομένην. [394]

Der *nautilos* sollte die Göttin, die ein offenes Ohr für seine Gebete haben würde, anrufen und um sichere Überfahrt bitten.[395] Arsinoës Epiklesis Euploia resultiert aus ihrer Angleichung an Aphrodite Euploia und bezeichnet ihren maritimen Aspekt, die Schutzfunktion für die Seefahrer im Sinne einer sicheren Überfahrt. Es wird vermutet, dass Poseidippos in diesem Epigramm mit Euploia nicht nur die gute Reise meint, sondern darüber hinaus das Lebensglück im Allgemeinen,[396] für das Arsinoë

---

390 Poseidipp. Ep. 116 A.-B. (XII G.-P.) = Athen. 7,318 D; Ep. 39 A.-B. (= col. VI 30-37) = Athen. 11,497 E; Hedylos bei Athen. 11,497 D; Kallim. Ep. 5 Pf. = Athen. 7,318 D. Vgl. Schröder (2004), 39, m. Anm. 46. Zu Hedylos vgl. Gutzwiller (1998), 170-182. Sie nimmt an, dass er von Poseidippos und Asklepiades beeinflusst gewesen sei.

391 Vgl. Kap. IV.4.

392 Poseidipp. Ep. 116 A.-B. (XII G.-P.) = Athen. 7,318 D; Ep. 39 A.-B. (= col. VI 30-37) = Athen. 11,497 E; Strab. 17,1,16. Vgl. Kallim. Ep. 14 Asp. (5 Pf.). Vgl. Quaegebeur (1971), 243; Stephens (2005), 245-248; Lelli (2005), 85-87.

393 Poseidipp. Ep. 116 A.-B. (XII G.-P.) = Athen. 7,318 D; Ep. 39 A.-B. (= col. VI 30-37) = Athen. 11,497 E.

394 Poseidipp. Ep. 39 (= col. VI 30-37): „*Ob du im Begriff stehst, über das Meer zu fahren oder den Anker auszuwerfen, richte einen Gruß an Arsinoë Euploia, ruf die Göttin in ihrem Tempel an, den Kallikrates von Samos, Sohn des Boiskos, gestiftet hat, als er Nauarch war, für dich, Seefahrer, im Besonderen. Für eine gute Überfahrt aber rufen auch andere diese Göttin häufig an. Deswegen, solltest du das Festland ansteuern oder das göttliche Meer, wirst du eine Göttin finden, die bereit ist, deine Gebete anzuhören*".

395 Einer Vermutung von Schröder (2004), 37, m. Anm. 40 nach vom Schiff aus.

396 Vgl. Gronewald (2001), 3; Schröder (2004), 38, Anm. 43.

Zephyritis sorgt, da sie am Kap Zephyrion auch als Schutzgottheit für Liebe und Ehe angerufen wurde.[397]

Allerdings scheint im Zentrum des Gedichts doch ihre Verbindung zur See zu stehen. Sie wird als Beschützerin der Seereisenden im Allgemeinen und der ptolemäischen Flotte im Speziellen dargestellt, die bei ihr um eine gute Ankunft und sichere Abfahrt ersuchen kann.

Es ist ungewiss, ob der Dichter einen entsprechenden Auftrag vom Hof oder vom Stifter für das Epigramm erhalten hatte, vielleicht anlässlich der Weihung des Heiligtums oder der Installation des Kults.[398] Da Kallikrates explizit als Stifter genannt wird, wäre vorstellbar, dass es anlässlich der Weihung entstand.

Schild, Speer und naukratisches Leinen (Ep. 36 A.-B.)

Ein weiteres Fragment des Mailänder Papyrus behandelt die Weihung eines Tuchs (βρέγμα) aus naukratischem Leinen, das Hegeso, eine junge Makedonin (παρθένος), der Göttin Arsinoë, die sie vertrauensvoll als φίλη adressiert, darbringt.[399] Arsinoë Philadelphos war ihr mit einem Speer in der Hand und einem Hohlschild am Arm im Traum erschienen und hatte sie um etwas gebeten, mit dem sie sich den Schweiß abwischen konnte,[400] ein Stirn- oder Taschentuch.[401] Impliziert war offenbar, dass die Kampf-

397 Athen. 7,318 D; Poseidipp. Ep. 116 A.-B. (12 G.-P.); Kallim. Ep. 14 Asp. (5 Pf.); Strab. 17,1,16.

398 Vermutet auch von Kramer (2002), 35-36. Vgl. Bingen (2002), 50.

399 Poseidipp. Ep. 36 A.-B. (= col. VI 10-17): „Ἀρσινόη, σοὶ τοῦτο διὰ στολίδων ἀνεμουσθαι βυσσιạον ἄγκειται βρέγμ' ἀπὸ Ναυκράτιος, ὧι σύ φίλη, κατ' ὄνειρον ὀμόρξασθαι γλυκὺν ἱδρῶ ἤθελες, ὀτρηρῶν ναυσαμένη καμάτων. ὧς ἐφάνης, Φιλάδελφε, καὶ ἐν χερὶ δούρατος αἰχμήν, πότνα, καὶ ἐν πήχει κοῖλον ἔχουσα σάκος. ἡ δὲ σοὶ αἰτηθεῖσα τὸ λευχέανον κανόνισμα παρθένος Ἡγησὼ θῆκε γένος Μακέ[τη". „*Dir, Arsinoë, weil ein kühler Wind durch die Falten weht, ist dieses Tuch aus naukratischem Leinen geweiht, mit dem du, Freundin, in einem Traum den süßen Schweiß abzuwischen wünschtest, zurückgekehrt von den ermüdenden Anstrengungen. So bist du erschienen, Bruderliebende, in der Hand einen spitzen Speer haltend, Herrin, und am Arm einen hohlen Schild. Auf deinen Wunsch hin aber wurde dir dieser Streifen weißen Gewebes von der Jungfrau Hegeso aus makedonischer Familie dargebracht*".

400 Poseidipp. Ep. 36 A.-B. (= col. VI 10-17), Z. 3-7. Vgl. Gigante Lanzara (2003), 344. Pfrommer (2002), 40-41 sieht darin die Verkörperung von Isis als Königin des Kriegs. Wegen der Ausrichtung von Poseidippos' Dichtungen auf ein primär griechisch-makedonisches Publikum ist dies jedoch zu bezweifeln.

401 Vgl. Gutzwiller (2004), 88.

handlungen, in die sie verwickelt gewesen war, sie ins Schwitzen gebracht hatten.[402]

Der Gedichtinhalt ist in vielschichtiger Weise symbolisch codiert. Ein zentraler Aspekt ist Arsinoës Göttlichkeit, die durch zwei Elemente besonders hervorgehoben wird: das Traummotiv und der Schweiß.

So war es eine typische Erscheinungsform von Gottheiten, sich den Menschen in ihren Träumen zu zeigen.[403] Häufig war dies der Fall, wenn es sich bei den göttlichen Erscheinungen um besondere Heilsträger und Schutzbringer für die schlafende Person handelte.[404]

Auch der Schweiß ist ein Stilelement, das Arsinoës göttliche Natur betont, denn es handelt sich nicht um normalen, sondern um süß duftenden Schweiß. Dieser Duft, „*l'odeur du héros*",[405] wie er als Signum der Überhöhung auch für Alexander überliefert ist,[406] zeichnet überirdische, nichtsterbliche Wesen aus.[407]

Auch an anderer Stelle des Mailänder Papyrus erwähnt Poseidippos göttlichen Schweiß, bei einer schwitzenden Kultstatue. Er fügt hinzu, dass schwitzende Gottheiten, die angerufen wurden, tatkräftig mit Feuer gegen die Feinde vorgingen.[408] In Hegesos Traum war Arsinoë von einem Kampf zurückgekehrt; Poseidippos' Hinweis auf die schwitzenden Götterstatuen wird häufig so gedeutet, dass Arsinoës Erscheinung in enger Verbindung mit ihrer Kultstatue stünde und ein fließender Übergang anzunehmen sei – ein gängiges Motiv in der griechischen Literatur.[409]

402 Die Deutung des Wortes βρέγμα ist umstritten, vgl. Gigante Lanzara (2003), 343: „*cioè fatto di una stoffa delicata quale il bisso, tessuto di pregio con cui venivano confezionati capi eleganti … ma il significato del termine è 'fronte', 'parte del capo', e ricorre preferibilmente in relazione alla testa degli animali nella prosa scientifica ... In mancanza di valide prove di confronto si può ipotizzare che l'ogetto in questione sia una sorta di fascia frontale trattieni- sudore un 'frontino' da calzare sotto l'attaccatura dei capelli*". Vgl. Luppe (2004), 13-14, der von einem Schweißtuch ausgeht. Diese Deutung ist weitgehend akzeptiert worden (vgl. Angiò (2004b), 15-17; Kosmetatou (2004c), 25; Lelli (2002), 21-22; Pfrommer (2004), 459; Stephens (2004a), 162, Anm. 6) und wird daher auch im Folgenden übernommen.

403 Vgl. Stephens (2004a), 167.

404 Vgl. Weber (1995), 1-33.

405 Bounoure (1983), 3-46. Vgl. Koulakiotis (2006), 50.

406 Plut. Alex. 4,2.

407 Vgl. Stephens (2005), 239.

408 Poseidipp. Ep. 30 A.-B (= col. V 16-19). Vgl. Stephens (2004a), 167; Gutzwiller (2004), 88.

409 Vgl. Baumbach/Trampedach (2004), 147-148; Smith (1991), 10: „*The ancients were always prone to a quasi-magical identification of statues and their subjects – ancient statues regularly moved, talked, wept, and sweated – and cult statues more than others were conceived in some important sense as being the god in question*".

Hegeso betrachte ihr Bildnis, an das sie sich so vertrauensvoll wendet, als Personifikation der Göttin.[410]

Die schwitzende Gottheit oder Götterstatue schlägt zugleich eine Brücke zur argeadischen Vergangenheit des Persienfeldzugs: Als Alexander aufbrach, begann eine Holzstatue des Orpheus in der Stadt Leibethra – signifikanterweise ausgerechnet im temenidischen Stammland Pierien – stark zu schwitzen. Alexanders Seher Aristander deutete dies als göttliches Zeichen dafür, dass so glänzende und ruhmvolle Taten seines Herrschers anstünden, dass die singenden Dichter und Musiker, die davon kündeten, dabei ins Schwitzen geraten würden.[411]

Der Ruhm des Dichters und der Argeaden verbinden sich somit im Bild der schwitzenden Gottheit auf komplexe Weise. Poseidippos wollte offenbar zugleich mit den kriegerischen Leistungen der Ptolemäer auch seine eigene künstlerische Leistung in eine ruhmreiche Tradition stellen.

Neben Arsinoës Göttlichkeit dominiert im Epigramm das kriegerische Motiv. Der Speer, den sie in Hegesos Traum in der Hand hält, wird an die kriegerische Expansion der Makedonen, zusammengefasst im Bild von Alexanders Speerwurf am Hellespont, erinnern.[412] Dem Speer kommt damit die Bedeutung eines Hoheitszeichens zu.

Die Namen in Poseidippos' Epigrammen gelten als sehr bildhaft; es wird vermutet, dass es sich um eine Kombination historisch verbürgter Personen, meist aus dem Umkreis der Ptolemäer und Argeaden, und fiktiver Personen mit symbolischen Namen gehandelt habe.[413] Daher könnte sich auch der Name der jungen Makedonin, Hegeso, von ἡγήσω ableiten und auf den Hegemonialanspruch der Ptolemäer verweisen.[414]

Da eine Passage in Plutarchs Lucullusvita, in der Athena den Einwohnern von Ilion während des Mithradatischen Kriegs im Traum erscheint – schweißtriefend, mit zerrissenem Peplos, gerade vom Kampf zurückgekehrt –, eine große Ähnlichkeit mit Hegesos Traum aufweist,[415] wird Arsinoës kriegerische Pose teilweise mit Athena Promachos in Zusammenhang gebracht.[416] In jedem Fall gehörte Athena Promachos zur pto-

410 Vgl. Stephens (2004a), 167; Carney (2000c), 28 mit weiteren Beispielen.

411 Arr. an. 1,11,2; Plut. Alex. 14,5.

412 Diod. 17,17,2-3; Just. 11,5,10. Vgl. Thompson (1973), 26 zum Speer als Attribut auf einigen Ptolemäerkannen, vielleicht bei Darstellungen von Arsinoë III. als Anspielung auf ihr Auftreten bei Raphia. Platz-Horster (1995), 24 identifiziert das Attribut dagegen als Szepter.

413 Vgl. Baumbach/Trampedach (2004), 130-131.

414 Wie Stephens (2005), 239 vermutet.

415 Plut. Luc. 10,3.

416 Vgl. Lelli (2002), 22; Gigante Lanzara (2003), 344; Bing (2002-03), 259; Stephens (2004a), 167; Pfrommer (2002), 45. Zu Theokr. Id. 17,128 und Arsinoës „*boldness*

lemäischen Zeichenwelt; sie erschien als Reversmotiv auf Münzen Ptolemaios' I.[417] Vermutlich war die Stadtgöttin von Pella gemeint,[418] deren Kultbild gerade Poseidippos gut gekannt haben wird.

Dagegen argumentiert Emanuele Lelli für eine Darstellung Arsinoës als Athena Chalkioikos in Gedenken an ihren – vermeintlich – aktiven Part in der Vorbereitung des Chremonideischen Kriegs.[419] Nun ist die Assoziation von Arsinoë mit Athena Chalkioikos belegt: In Alexandria wurde eine Straße nach Arsinoë Chalkioikos benannt.[420] Indes ist ungewiss, ob das Epigramm nicht bereits vor Ausbruch des Kriegs und der Straßenbenennung geschrieben wurde.

Zudem ist nicht sicher, ob es sich überhaupt um eine Angleichung von Arsinoë an Athena handelt.[421] Näher liegt die Assoziation mit Aphrodite, wie sie für Arsinoës Kultimage gängig ist. Zu denken wäre an Aphrodite Areia, deren Statuen etwa auf Kythera oder in Sparta bewaffnet waren.[422] Diese Waffen standen symbolisch für ihre Schutzfunktion und Sieghaftigkeit.[423] Die Vermutung, die Traumgestalt verkörpere eine *pax Ptolemaica*,[424] erscheint daher wenig überzeugend; im Frieden ruhten die Waffen. Es scheint kein Zufall zu sein, dass die bewaffnete Aphrodite

---

and military savoir faire" vgl. Rossi (1989), 182. Wenig überzeugend ist die These von Fantuzzi (2005), 264, Berenike I. als Olympiasiegerin sei das Modell dieser Traumgestalt gewesen. Arsinoë vermittelt den Eindruck einer Kriegerin, nicht einer Wettkampfgewinnerin.

417 Vgl. Reden (2007a), 37; Hadley (1965), 96-99. Es zeigt eine schreitende Athena mit Schild und Speer.

418 Frdl. Hinweis durch Johannes Heinrichs. Vgl. Hazzard (1995), 23.

419 Vgl. Lelli (2002), 22. Akzeptiert von Stephens (2004a), 168. Ablehnend: Bing (2002/03), 259-260.

420 P. Lond. 2243, Z. 17. Vgl. Longega (1968), 105-106. Zur Rolle Spartas in der ptolemäischen Außendarstellung vgl. Fantuzzi (2005), 263.

421 Vgl. Stephens (2004a), 162: Ein Hinweis, dass es sich nicht um Athena handelt, mag in Ep. 33 A.-B. gegeben sein. Das Gedicht thematisiert die fehlerhafte Deutung eines Traums, in dem Athena erscheint.

422 Paus. 2,5,1; 3,15,10. 23,1; Plut. mor. 239 A, 317 F; Anth. Gr. 9,320, 16,171. 173-177. Zur bewaffneten Aphrodite in Sparta vgl. Quint. inst. 2,4,26; in Korinth: Strab. 8,6,20. Vgl. Plantzos (1999), 68; Schmal (2007), 111. Weitere Belege für die bewaffnete Aphrodite/Venus bei Flemberg (1991), 29-36. Zur Assoziation von Krieg und Sieg mit Aphrodite in Rom vgl. auch Reynolds, J. (1982): Aphrodisias and Rome, London, 3.

423 Vgl. Pirenne-Delforge (1996), 841; Flemberg (1991), 114-115, der zudem eine ursprüngliche besondere Beziehung zum Königtum vermutet; Gigante Lanzara (2003), 344.

424 Vgl. Gutzwiller (2004), 89.

nicht nur in Apollonios Rhodios' *Argonautica*,[425] sondern auch in anderen hellenistischen Epigrammen als beliebtes Sujet auftaucht,[426] und anscheinend ebenfalls als Motiv höfischen Schmucks gefragt war.[427]

Auch der sexuelle Aspekt des scharfen Speers und des hohlen Schilds ist nicht zu verkennen.[428] Die Fruchtbarkeitssymbolik verstärkt die Vermutung, dass bei der bewaffneten Traumerscheinung Arsinoës, zu deren Kultimage stets der Aspekt der Geschwisterehe als *hieros gamos* gehörte, eine Angleichung an Aphrodite vorliegt.

Insofern ist anzunehmen, dass Arsinoë, die sowohl als *thea Philadelphos* als auch in ihrem Kult am Kap Zephyrion eine Verbindung zum Meer aufwies, als Aphrodite dargestellt ist: als Beschützerin der Seefahrer, Euploia, zugleich aber auch als Göttin der Liebe und Ehe und als kriegerische Aphrodite Areia.

Diese militärische Attitüde wird aber über die Angleichung an Aphrodite hinaus noch auf ein anderes Motiv rekurriert haben: auf die Darstellung der Argeadinnen in kriegerischer Aktion.

Das Bild einer makedonischen Kriegerin war somit kein Novum, sondern stand in jüngerer argeadischer Tradition. Während griechische Frauen eher durch Organisation von Vorräten, teils durch Hilfe bei der Herstellung von Waffen und Rüstungen und in Notfällen bei der defensiven Feindesabwehr ihren Teil am Krieg beitragen konnten,[429] besaßen die weiblichen Mitglieder des makedonischen Herrscherhauses diesbezüglich größere Handlungsräume.[430] Wohl bedingt durch den Einfluss der Nachbarreiche Illyrien, Thrakien und Epeiros und durch Persien, wo königliche Frauen zur Entourage bei Feldzügen gehörten,[431] konnten Argeadinnen in den von Elizabeth Carney definierten Kategorien „*battlefield command*", „*symbol leadership*" und „*administrative leadership*" im Kriegsgeschehen tätig

---

425 Apoll. Rhod. 1,742-746.

426 Anth. Gr. 9,320, 16,171. 173-177. Vgl. Flemberg (1991), 37-40.

427 Vgl. Plantzos (1999), 68. So erscheint sie auf einem hellenistischen Ringstein aus einem Grab in Eretria, der vom Gemmenschneider Gelon stammt und ins 3. Jh. v. Chr. datiert wird. Siehe ferner Flemberg (1991), 40, 58. Zur kriegerischen Aphrodite auf der Nordseite des pergamenischen Altarfrieses vgl. ebda., 58-60.

428 Frdl. Hinweis durch Johannes Heinrichs. Der Schweiß, der mit dem Tuch abgewischt werden sollte, könnte demnach durchaus auch durch erotische Aktivitäten entstanden sein.

429 Vgl. Schaps (1982), 194-213; Loman (2004), 34-54; Günther (2007), 87-97; Schmal (2007), 101, 106. Gegen einen aktiven weiblichen Part: Xen. Oik. 7,23.

430 Vgl. Carney (1993b), 318-320; Adams (1980), 69, 71; Thompson (2005), 272.

431 Xen. Kyr. 6,3,30; Curt. 3,3,22; Athen. 13,557 E. Vgl. Bigwood (1995), 138.

werden.[432] Der mitunter gezogene Vergleich zu Amazonen,[433] dem mythischen Konstrukt einer Kriegerinnengemeinschaft, die als Gegenentwurf zur griechischen Gesellschaft entsprechend im „Barbarikum" lokalisiert wurde,[434] passt nicht. In Makedonien wurde eine Argeadin, die im kriegerischen Kontext agierte, nicht als Gegenbild zu den gesellschaftlichen Normen empfunden und bekleidete keine Außenseiterposition, sondern stand für ihre Dynastie ein.

Eine der Töchter Philipps II., Kynnane aus seiner Ehe mit der Illyrerin Audata, die selbst militärisch geschult war, trat als Truppenführerin aktiv auf dem Schlachtfeld in Erscheinung.[435] Sie unterwies ihre Tochter Adea in der Kriegskunst,[436] die sich nach ihrer Heirat mit Philipp III. und einem programmatischen Namenswechsel von Adea zu Eurydike in den Diadochenkriegen in der Feldherrnrolle zeigte.[437] Eventuell kämpfte sie

432 Vgl. Carney (2004), 184. Eine interessante Parallele für die Bedeutung des weiblichen Elements im Militärischen findet sich in der afrikanischen vorkolonialistischen Geschichte. Im westafrikanischen Königreich Dahomey gab es bis zur französischen Kolonisierung eine Armee weiblicher Kriegerinnen, oft ähnlich organisiert wie die männlichen Truppen, die den König schützten, an Schlachten teilnahmen, eine spezielle Elefantenjagdtruppe hatten und geachtet waren. Es wird vermutet, dass die Dezimierung der männlichen Bevölkerung durch Kriege und die daraus resultierenden Rekrutierungsschwierigkeiten dazu geführt hatten. Vgl. D'Almeida-Topor, H. (1984): Les amazones. Une armée de femmes dans l'Afrique précoloniale, Paris. Frdl. Hinweis durch Brigitte Reinwald.

433 Vgl. etwa Gutzwiller (2007), 195; Bosworth (1993), 425 (für Adea-Eurydike).

434 Hdt. 4,110-117; Aristoph. Lys. 678-679; Arr. an. 4,15. 7,13; Xen. an. 4,4,16; Diod. 17,77,1-3; Curt. 6,5,24-32; Plut. Pomp. 35. Vgl. Hölscher (2000), 295-300; Hardwick (1996), 174; Loman (2004), 37-38; Humphreys (1995), 108; Daumas (1992), 347-354; Stoneman (1994), 102-103; Günther (2007), 87-89. Sie leiteten sich von den Frauen skythischer Nomadenverbände der östlichen Steppengebiete ab (Hdt. 4,110-116). Vgl. Rolle (1980) 94-99. Es handelte sich um ein komplexeres Phänomen als um eine reine Projektion von Fremdheit. Vgl. Schmal (2007), 113.

435 Carney (2004), 185 vermutet, dass sie unter Philipp gegen die Illyrer gekämpft und auch in Kleinasien Heereskontigente illyrischer Söldner kommandiert habe. Vgl. Macurdy (1932), 49. Inwieweit der auf Satyros oder Dikaiarch zurückgehende Hinweis, Philipp II. habe im Gegensatz zu Dareios III. keine Frauen seines Hofs mit zu den Feldzügen genommen (Athen. 13,557 E), dies widerlegt oder nur eine griechische Projektion ist, lässt sich nicht sagen.

436 Athen. 13,557 B. 560 F; Polyain. 8,16; Arr. Succ. 23. Vgl. Carney (1987a), 497-499; dies. (1991), 19; dies. (2004), 184-194; O'Neil (1999), 6; Adams (1997), 234; Loman (2004), 45; Bosworth (1993), 425; Berve (1926), II, 12-13, Nr. 23. Adea stammte aus ihrer Ehe mit Philipps Neffen Amyntas (IV.), den er vom Thron verdrängt hatte (Just. 7,5,8-10; Diod. 16,1,3. 2,4-5).

437 Arr. Succ. 23. Namensänderungen waren bei königlichen Frauen in der hellenistischen Zeit nicht unüblich. Adeas neuer Name betonte ihre Zugehörigkeit zur ar-

317 v. Chr. gegen die Truppen von Olympias und Polyperchon selbst mit;[438] in jedem Fall soll sie in makedonischer Rüstung erschienen sein.[439]

Bei den Makedonen fand ihre Kämpferattitüde Akzeptanz und wurde nicht als Grenzüberschreitung gewertet. Es kam zu Desertionen ganzer Truppenteile in ihr Lager.[440] Im Rahmen dieser dynastischen Bewährung galt Adeas Kriegerinnenrolle als Ausdruck ihrer Zugehörigkeit zur argeadischen Familie.[441] Mit dem traditionell kämpferischen Image des Herrscherhauses war ihre Selbstdarstellung kompatibel.

Es wird angenommen, dass Adea die Frau ist, die in der Vorkammer des Herrschergrabs von Vergina bestattet ist. Die Waffen und Rüstung als Grabbeigaben passen ebenso zu ihrer *Persona* wie die Schlachtszenen auf der Kline in der Kammer.[442] Auch die ehrenvolle Bestattung belegt, dass eine weibliche Kriegsbeteiligung als Tribut an die dynastische Zugehörigkeit akzeptiert und respektiert wurde. In politischen Strukturen wie den makedonischen, in denen der Herrscher sich einst nur als oberster Heeresführer vom Adel abgesetzt und sich kontinuierlich über Schlachtenerfolge legitimiert hatte, war die kriegerische Qualität eine so zentrale Qualifikation, dass die Argeadinnen davon nicht ausgeschlossen werden konnten.[443]

---

geadischen Dynastie. Ihr Mann Arrhidaios nahm den Namen seines Vaters, Philipp, an. Vgl. Badian (1982a), 99-110.

438 Diod. 19,11,2; Athen. 13,560 F. Vgl. Carney (2004), 186.

439 Athen. 13,560 F: Duris kontrastiert Adeas Erscheinungsbild mit dem Auftreten ihrer Konkurrentin Olympias, die er in einen dionysischen Kontext setzt. Carney (2006), 72-73 bewertet dies als authentisch, da es ihrem jeweiligen Image entsprochen habe. Adea endete durch erzwungenen Selbstmord: Ael. v.h. 13,36; Diod. 19,11,9.

440 Arr. Succ. 22-23, 33; Just. 14,5,1-5; Athen. 13,560 F. Vgl. Carney (2004), 185-186. Sie übernahm zudem die Regentschaft: Diod. 18,39,2; 19,11,1. Vgl. Carney (1987a), 498; dies. (1991), 19; Adams (1989), 70; Gehrke (2003³), 36; Rathmann (2005), 65. Zu berücksichtigen ist dabei, dass der Geisteszustand ihres Gatten, der nicht aktiv am Krieg teilnehmen konnte, Adeas Profilierung auf diesem Gebiet erleichterte. Sie stieß in ein Vakuum vor, das durch seine Behinderung entstanden war.

441 Vgl. Carney (2004), 193. Problematisch erscheint der Ansatz von Chaniotis (2005), 110-111, diese militärische Präsenz der hellenistischen Königinnen als konspirative Untergrundaktionen zu charakterisieren, die aus Familienintrigen resultiert hätten.

442 Vgl. Adams (1989), 68-71; Lehmann (1980), 530; dies. (1982), 440-441; Carney (1991), 22-23; dies. (2004), 187. Die Frau wurde ohne Schmuck, nur mit Waffen bestattet. Überblick bei Whitehorne (2001²), 50-56.

443 Vgl. ebda., 188. Von den nicht-argeadischen Frauen, die in der Diadochenzeit auf dem militärischen Gebiet aktiv waren, ist Kratesipolis zu nennen, die Schwiegertochter von Polyperchon, die nach dem Tod ihres Gemahls Alexander 315/14 v. Chr. seine Truppen übernahm und Sikyon sowie Korinth kontrollierte (Diod.

Kynnanes und Adeas Handlungsräume fallen in Elizabeth Carneys Kategorie des aktiven *battlefield command*, während Olympias, die an der Organisation der Feldzüge beteiligt war und am Rand des Schlachtfelds erschien, ohne zu kämpfen, für *symbolic leadership* und *administrative leadership* steht.[444]

Im Hellenismus, insbesondere bei den Ptolemäern und Seleukiden, traten königliche Frauen weiterhin in unterschiedlicher kriegerischer Funktion auf. Es ist jedoch zu differenzieren, in welche der drei genannten Kategorien diese Auftritte fallen. Wenig hilfreich ist die allgemeine Formel: „*Other royal houses … had fighting women too … Of all the Hellenistic women it is indeed the Ptolemaic queens who are most often credited with leading armies*".[445] So ist im Fall von Arsinoë II. keine aktive oder administrative Schlachtbeteiligung belegt. Als *symbolic leadership* kann ihre in der Pithomstele bezeugte Reise gemeinsam mit ihrem Bruder in den östlichen Harpunengau zur Grenzsicherung gelten, ebenso wie ihre Darstellung in der Rolle der Aphrodite Areia bei Poseidippos.[446]

19,67,1-2; 20,37,1; Plut. Demetr. 9,3). Vgl. Macurdy (1929), 273-278; dies. (1932), 273-278; Carney (2004), 187-188.

444 Vgl. Carney (2004), 190; dies. (2006), 70. Sehr plausibel ist zudem ihr Hinweis, dass in der argeadischen Vergangenheit zur *epimeleia*, der Vormundschaft, die Olympias auf Einladung Polyperchons für ihren unmündigen Enkel übernommen hatte, auch stets Befehlsgewalt über Truppen gehört hatte, Olympias' militärische Aktivität also damit zu erklären sei.

445 Loman (2004), 45. Zumal ohne weitere Unterscheidung ihrer Tätigkeiten Arsinoë II., Berenike II., Arsinoë III., Laodike, Kleopatra I., Kleopatra II., Kleopatra III. Kleopatra IV. und Kleopatra VII. aufgelistet werden (ebda., 46). Die Klassifizierung von Laodike als aktive Heerführerinnen ist problematisch. Bei Laodike wirkt das umstrittene Bild der intriganten Kriegstreiberin überlagernd. Vgl. Ehling (2003), 305-307. Auch der Auftritt Arsinoës III. bei der Schlacht von Raphia an der Seite des Königs stellt kein Beispiel eines aktiven weiblichen Feldkommandos dar. Polyb. 5,84,1 bezeugt, dass sie die Truppen ermunterte. Vgl. Pfrommer (1998a), 106. Davon, dass sie auch an den Kampfhandlungen beteiligt gewesen war, ist jedoch nicht die Rede. Diese Szene vor Raphia ist die einzige in der literarischen Überlieferung, in der sie im Bereich des Schlachtfelds Sichtbarkeit erlangt. Vgl. Macurdy (1932), 136-137. Ihre Inszenierung als Kriegerkönigin fällt unter die Kategorie *symbolic leadership*. Sie erscheint bei Polyb. 15,25,9 noch einmal als eine bei Hof isolierte Person. Vgl. Geus (2002), 65; Huß (2001), 464. Neben ihrer Lockenweihung (Ant. Gr. 6,277) ist noch durch eine Inschrift bekannt, dass sie für das Fest der Museia im boiotischen Thespiai einen Preis stiftete. Vgl. Bielman (2002), Nr. 28, 152-157. Auf Münzen aus Thespiai erschien ihr Porträt und eine Statue der Königin befand sich im Heiligtum der Musen in Thespiai (Paus. 9,31,3).

446 Pithomstele, Z. 15-16; Poseidipp. Ep. 36 A.-B. (= col. VI 10-17).

Als kriegerische Ptolemäerkönigin soll auch Berenike II., Frau von Arsinoës Adoptivsohn Ptolemaios III., bildlich dargestellt worden sein. So wird vermutet, dass nicht die Personifikation von Alexandria,[447] sondern sie auf dem Mosaik des Sophilos aus Thmuis um 200 v. Chr. zu sehen ist, das auf ein frühhellenistisches Gemäldes zurückgehen soll.[448] Es zeigt eine weibliche Figur im roten oder purpurnen Gewand[449] mit Rüstung, Rundschild und einem Mastbaum oder einer Ruderpinne,[450] umwunden von einem Diadem, wie eine Lanze positioniert.[451] Der Kopfschmuck besteht aus einem Schiffskörper mit Emblemen wie Füllhorn, Delphinen und Kränzen.[452] Dies würde zu der kriegerischen Seite von Berenikes Image in der literarischen Überlieferung passen. So berichtet Hyginus, sie habe an einer Schlacht ihres Vaters – gemeint ist der ideelle Vater Ptolemaios II. – teilgenommen.[453] Kallimachos rühmt ihr tapferes Wesen in der *Locke der Berenike*.[454]

Ludwig Koenen zufolge steckt dahinter das Konzept, ihre Geschichte dem Mythos von Tefnut-Hathor anzugleichen.[455] Kallimachos habe sie in

---

447 So lautet die traditionelle Zuschreibung. Überblick bei Andreae (2003), 33. Vgl. Stephens (2004b), 68; Dunbabin, K.M.D. (1999): Mosaics of the Greek and Roman world, Cambridge, 25. Zu weiteren Funden in Thmuis vgl. Lembke, K. (2000): Eine Ptolemäergalerie aus Thmuis/Tell Timai, JDI 115, 113-146.

448 Vgl. Koenen (1993), 27; Pfrommer (2002), 89; Grimm (1981), 21; Andreae (2003), 35-36 (die Schläfenlocken sollen an die *Locke der Berenike* erinnern). In einem zweiten Mosaik, das in Verbindung dazu steht, wird teils ein Porträt Arsinoës II. vermutet, vgl. Kuttner, A. (1999): Hellenistic images of spectacle from Alexander to Augustus, in: Bergmann, B./Kondoleon, C. (Hg.), The art of ancient spectacle, Washington, 97-123, hier 111-113.

449 Vgl. Daszewski, W.A. (1985): Corpus of mosaics from Egypt I: Hellenistic and early Roman period, Mainz, 142, Taf. A, B (Purpurgewand). Zweifelnd dagegen Blum (1998), 235: „*Die betreffenden Gewänder sind nämlich ganz eindeutig mehrfarbig, zum Teil hellrot. Da auch dunkelviolett zu erkennen ist, könnte freilich ein teilweise purpurner Mantel gemeint sein*".

450 Vgl. Andreae (2003), 34.

451 Vgl. Stephens (2005), 243.

452 Vgl. Pfrommer (2002), 89-90.

453 Hyg. astron. 2,24,11-18. Vgl. Stephens (2005), 241-242.

454 Catull. 66,25-28. Vgl. Caccamo Caltabiano (1996), 191.

455 Vgl. Hölbl (2005) II, 44-48; Assmann (2000b), 79. Dem Mythos von der „fernen Göttin" nach lebte Res Tochter Tefnut als wilde Löwin in der nubischen Wüste und wurde auf väterlichen Wunsch von ihrem Zwillingsbruder Schu und von Thot mittels magischer Besänftigung zurückgeholt. Bei Philai verwandelte sich die wilde Löwin in die sanfte schöne Hathor. Indes bleibt zu fragen, warum Kallimachos, der selbst aus der Kyrene kam, dies mit fern und wild assoziieren sollte. Auch ist ungewiss, ob das Bild der besänftigten Ehegattin Berenikes offiziellem Image entsprach. So wird sie in einer Anekdote (Ael. v.h. 14,43) als sehr ener-

ihrer Phase als unverheiratete Prinzessin aus Kyrene mit der fernen, wilden Göttin Tefnut verglichen, nach ihrer Heirat einen Wandel angesetzt und sie als Hathor, die sanfte Göttin der Liebe, beschrieben.[456]

Dies ist jedoch wenig wahrscheinlich. Kallimachos' Kunst konzentrierte sich auf den höfischen Wirkungskreis –[457] wenngleich am Hof sicherlich auch nicht alle seine komplexen literarischen Anspielungen verstanden.[458] Mit dem Mythos der fernen Göttin konnte die Hofgesellschaft insgesamt vermutlich wenig anfangen und assoziierte Berenike II. in seinem Gedicht schwerlich mit Hathor-Tefnut, sondern eher mit dem griechischen göttlichen Rollenmodell für die Königin: Aphrodite.[459]

Wenn Kallimachos ägyptische Elemente aufgriff, waren sie griechisches Allgemeingut und wurden *en passant* erwähnt, nicht als Hauptmotive.[460] Kallimachos mochte seinen griechischen Hintergrund weniger nachdrücklich hervorgehoben haben als der Verfasser der Mailänder Epigramme seine makedonische Abkunft,[461] aber seine Herkunft aus Kyrene bedeutete nicht, dass seine Erziehung weniger griechisch geprägt gewesen sei als die des Makedonen Poseidippos, wie Susan Stephens

---

gisch geschildert. Demnach redete sie Ptolemaios III., der bei einem Würfelspiel über Todesstrafen oder Begnadigungen entschied, gehörig ins Gewissen und setzte sich durch. Als historisch erachtet von Macurdy (1932), 136. Allerdings gibt Aelian ein Motiv der Tyrannentopik wieder. Eine Variante überliefert Plut. Artax. 17: In diesem Fall ist Parysatis die Protagonistin, vgl. Sancisi-Weerdenburg (1983), 32.

456 Vgl. Koenen (1993), 108; Daumas (1977), 1026-1027. Merkelbach (1981), 27 konstatiert eine Ambivalenz bei Kallimachos und Theokritos. Ebenso: Hunter (2003), 484, der jedoch die Dominanz des griechischen Elements hervorhebt. Vgl. Reed (2000), 338.

457 Vgl. Lelli (2005), 83: Seine Adressaten waren die Wissenschaftler, Literatenkollegen, die Freunde des Dichters am Hof und die königliche Familie.

458 Vgl. Schmitz (1999), 164-165. Mooren (1975), 236-237: Auch die Hofrangtitel der Ptolemäer seien nicht ägyptischen, sondern makedonischen Charakters.

459 Vgl. Holmes (1992), 47-50: Kallimachos habe Berenike durch den Hinweis, dass sie als unverheiratetes Mädchen unparfümiertes Haaröl benutzt habe, an Athena angelehnt, und als verheiratete Frau, die nun parfümiertes Öl verwendete, an Aphrodite. Dies scheint plausibel.

460 Vgl. Dihle (1994), 68. Es seien nur versteckte Hinweise, überdies Randerscheinungen. Vgl. Asper (2004), 19-20: beiläufige ägyptische Referenzen. Überblick bei Ambühl (2005), 6-7. Eine Parallele lässt sich zur Deutung von Plutarchs Schrift *De Iside et Osiride* ziehen. Vgl. Richter (2001), 193: Plutarch habe sie nicht aufgrund einer „*early imperial Egyptomania*" geschrieben, sondern um die griechische Kultur und „*the priority of Greek philosophy over Egyptian cult*" zu beleuchten.

461 Poseidipp. Ep. 78 (= col. XII 20-33), Z. 14. Vgl. Thompson (2005), 269, 281.

annimmt.[462] Als Gegenbeweis können seine komplexen Rekurse auf die griechische literarische Tradition gelten.[463] „*Insgesamt ... gewinnt man aus der Lektüre des Kallimachos das Gefühl, man befinde sich in einem rein griechischen Traditionsraum. Es spricht nichts gegen die Vermutung, dass Kallimachos seinen Lesern genau dieses Gefühl vermitteln wollte*".[464] Diese griechische Rezeption ägyptischer Kultur lässt sich mit der Rezeption persischer Kultur in Griechenland vergleichen, wie sie in der literarischen Überlieferung zum Ausdruck kommt: hauptsächlich gräzisierte Klischees.[465]

Die Weihegabe von Hegeso an die Göttin Arsinoë, das Tuch aus naukratischem Leinen, interpretiert Susan Stephens als Reminiszenz an das Diadem, dessen Wind sich in den losen Bändern fange,[466] da es zu Arsinoës Ikonographie gehört und auf Münzbildern um ihr besonderes Attribut des *dikeras* geschlungen ist.[467] Zugleich deutet sie die Passage als Rekurs auf eine der Todesprophezeiungen, die Alexander in seiner letzten

---

462 Vgl. Stephens (2005), 232. Demnach sei Kallimachos stärker auf nordafrikanisch-ägyptische Vorstellungen ausgerichtet gewesen und habe sich bewusst von Poseidippos und seinen Verweisen auf Makedonien abgegrenzt. Dies ist nicht zu belegen.

463 Vgl. Beyer-Rotthoff (1993), 279.

464 Asper (2004), 20. Ähnliches gilt für Apollonios Rhodios. Stephens (2000), 203-204, 214; dies. (2003), 171-237 zufolge maß er in seinen *Argonautika* Nordafrika eine zentrale Rolle zu und betonte das ägyptische Moment. Dagegen argumentiert Dräger, dass Apollonios sich vielmehr an Pindar angelehnt habe. Nicht zuletzt die entscheidende Rolle von Zeus zeige deutlich, dass die griechische Tradition seine Referenzgrundlage war. Vgl. Dräger, P. (2002): Rezension zu Harder, M.A. u.a. (Hg.), Apollonius Rhodius, Leuven 2000, GFA 5, 1055-1067, hier 1062-1063. Stephens' Thesen seien ein „*Wust unbeweisbarer Hypothesen*". Zur homerischen Prägung des Epos vgl. auch Rengakos (2006), 7-16. Für die ptolemäische Herrschaftsinszenierung mag die Rolle des Orpheus als Garant der sicheren Schiffsfahrt bei Apollonios Rhodos relevant gewesen sein. Orpheus war mit Samothrake und dem Kabirenkult verbunden: „*Legend said that the Argonauts owed their safe journey to the fact that Orpheus was an initiate*" (Kreutz (1973), 382). Vgl. Lewis, N. (Hg.) (1958): Samothrace: The ancient literary sources, New York, 102-109. Mit dem Kabirenkult waren die Dioskuren assoziiert, die Arsinoë II. entrückten. Sie selbst war als Stifterin mit Samothrake verbunden.

465 Vgl. Tuplin (1996), 132-177. Vgl. Johnson (2005), 205 (zu Xenophons *Kyroupaideia*). Herodot ist allerdings eine Ausnahmestellung einzuräumen, vgl. Heinrichs (2001), 1170: „*Ungeachtet einer Überformung durch politische und religiöse Überzeugungen bietet ... er Material, das er erfahren, nicht erfunden oder lediglich der literarischen Tradition entnommen hat ... Seine Urteile mögen uns bisweilen naiv erscheinen, manchmal voreingenommen, teils sogar falsch: Es sind aber immerhin die Urteile eines interessierten und engagierten Zeitgenossen*".

466 Vgl. Stephens (2004b), 85; dies. (2005), 237-239.

467 Vgl. Stephens (2005), 238-239.

Lebensphase ereilt hatten. Ihm war bei einer Bootsfahrt auf dem Euphrat das Diadem vom Kopf geweht worden und im Schilf gelandet.[468] Daher glorifiziere das Epigramm einerseits die ptolemäische Macht und warne andererseits vor der Flüchtigkeit des Glücks.[469]

Gegen diese Deutung sind einige Einwände zu erheben. So erschließt sich nicht, warum Arsinoë ein Diadem geweiht wurde. Es war kein sakrales Attribut und stand ihr nicht erst als Göttin zu, sondern bezeichnete ihre Stellung als makedonische Königin und ist bereits für ihre Ehe mit Ptolemaios Keraunos bezeugt.[470] Die Münzen Ptolemaios' II. mit dem Doppelporträt von ihm und seiner Schwester zeigen, dass Arsinoë II. das makedonische Herrschaftssignum als ptolemäische *basilissa* getragen hatte.

Überdies ist nicht sehr wahrscheinlich, dass gerade am ptolemäischen Hof auf die Anekdote um das vom Wind verwehte Diadem angespielt wurde, da sie zu den Herrschaftslegenden der Konkurrenz gehörte. Nach seleukidischer Sprachregelung war es nämlich Seleukos gewesen, der ins Wasser gesprungen war, um das Diadem zu holen. Um es trocken zum Boot zurückzubringen, hatte er es auf seinen Kopf gelegt.[471] Die Legende, die vielleicht aus der Frühphase des Seleukidenreichs stammte, war eine Präfiguration von Seleukos' späterer Königswürde und sollte seinen Herrschaftsanspruch rechtfertigen.[472]

Ebenfalls offen bleibt, wieso das makedonische Diadem aus naukratischem Leinen bestand, und wieso es gemäß *communis opinio*[473] als Schweißtuch gebraucht werden sollte.[474] Von einer Gleichsetzung des Stofftuchs

468 Arr. an. 7,22,2-5.

469 Vgl. Stephens (2004b), 85.

470 Just. 24,3,2-3.

471 Arr. an. 7,22,5; App. Syr. 56.

472 Vgl. Hadley (1969), 144, 151-152, der sie kurz nach Ipsos ansetzt.

473 Vgl. Luppe (2004), 7-12.

474 Es gibt zwar einen Fall, bei dem ein Diadem sogar als Wundverband verwendet worden sein soll, doch ist dies als unhistorische Legitimierungslegende zu sehen. Vgl. Heckel (2009), 154. Demnach habe Alexander den an der Stirn verletzten Lysimachos mit seinem Diadem verbunden. Danach habe Aristander prophezeit, Lysimachos würde Herrscher werden, wenn auch seine Herrschaft mit Mühe und Ärger verbunden sein werde (App. Syr. 64; Just. 15,3). Vgl. Hadley (1965), 60. Unglaubwürdig ist auch Appians Schilderung des Unfalls. Demnach habe Lysimachos zur Infanterie gehört und sei zu Fuß neben Alexanders Pferd hergelaufen. Lysimachos war vermutlich jedoch einer der sieben *somatophylakes* (Arr. an. 5,13,1), hatte also die höchste Ehrenstelle des makedonischen *cursus honorum* inne und gehörte nicht zur Infanterie.

mit dem makedonischen Diadem im Epigramm ist daher nicht auszugehen.[475]

Die Herkunft des Stoffs, der kein ägyptisches Produkt war,[476] aus Naukratis, der von Griechen gegründeten Hafenstadt im Nildelta,[477] die Poseidippos in einem anderen Epigramm mit Seefahrt in Zusammenhang bringt,[478] kann auf den maritimen Aspekt von Arsinoës Kultimage hinweisen.[479] Wie erwähnt kam ihr nicht nur als Kypris Zephyritis Schutzfunktion für die ptolemäischen Schiffe zu, sondern auch im Kult der *thea Philadelphos*, wobei nicht gesagt ist, dass der Schauplatz des Epigramms nicht auch der Tempel am Kap Zephyrion sein kann. Die Bruderliebe gehörte stets zu Arsinoës göttlichem Image.

Betrachtet man den metaphorischen Gebrauch von Gewebe in der griechischen literarischen Tradition,[480] wenn etwa Plutarch Themistokles bei seiner Audienz beim Großkönig sagen lässt, die menschliche Rede gleiche einem bunt gewirkten Teppich, der die Bilder deutlich darstelle, wenn er ausgerollt werde,[481] bietet es sich auch an, das Tuch als Metapher für die Dichtung zu verstehen, als ein vielschichtiges Wortgebilde mit Memorialfunktion.[482] Die Verse ließen ein Kunstwerk entstehen, das in Bildern spricht. So wie das Tuch den Schweiß der Göttin auffangen sollte, bewahrte das Gedicht die Erinnerung an die Wohltaten Arsinoës für das Reich und die Bevölkerung.[483]

---

475 Vielleicht handelte es sich um eine Gewandweihe wie für griechische Stadtgötter in Athen, Sparta, Argos oder Elis. Vgl. Jenkins (1985), 121-122.

476 Obwohl gerade Leinen neben Flachs in griechischen Frühzeiten aus Ägypten importiert wurde (Hdt. 2,105), vgl. Jenkins (1985), 120.

477 Hdt. 2,178,1. Vgl. Bing (2002-03), 258; Acosta-Hughes (2004), 44 (zur Memorialfunktion geographischer Verweise); Thompson (2005), 281-282; Jähne (1981), 70-71.

478 Poseidipp. Ep. 122 A.-B. (Athen. 13,596 C), Z. 8.

479 Bing (2002/03), 258-259 wertet den Wind, der das Tuch durchweht, als Beleg für ihre Identität als Aphrodite Zephyritis. Auch die Verbindung zu ihr als Liebesgöttin sei impliziert, da die Opfergabe eines Leinentuchs mit der Darbringung des Brautschleiers an Hera, beschrieben von Archilochos (Anth. Pal. 6,133), assoziiert werden könne. Stephens (2005), 237 sieht das Exportprodukt des Leinens wiederum als einen Hinweis auf den wirtschaftlichen Segen, den das Land durch die ptolemäische Regierung erfahren habe. Ähnlich: Bing (2005), 132.

480 Vgl. Levine Gera (2007), 457.

481 Plut. Them. 29,3. Vgl. Levine Gera (2007), 451, 453. Obgleich es sich bei dem Teppich wohl um Knüpftechnik handelt.

482 Vgl. Humphreys (1995), 108. Vgl. Whitehorne (1995), 63-75 zur Bedeutung der Textilien bei Theokr. Id. 15.

483 Eine Alternative mag sein, dass Hegeso der Göttin ein selbst verfasstes Gedicht darbrachte.

Das Epigramm reflektiert wichtige Facetten des komplexen Images der vergöttlichten Arsinoë, eingebunden in die ptolemäische ideologische Zeichenwelt, in der die argeadische Vergangenheit ein zentrales Thema ist. Arsinoë wird an Aphrodite in ihren unterschiedlichen Aspekten angeglichen, als Schutzgöttin für Liebe, Ehe, Seefahrt, als kriegerisch gerüstete Göttin, zugleich in der makedonischen Herrschaftstradition. Eventuell trifft die Deutung zu, Hegeso habe für ihren Verlobten, der sich im Krieg befand und auf See war, Fürbitte eingelegt.[484]

Angesichts der vielschichtigen Symbolik der Göttin Arsinoë ist die These, es handle sich um ein „*real image of the queen*",[485] unwahrscheinlich. Dabei stellt sich ohnehin die grundsätzliche Frage, wie real ein Image sein kann.

Ptolemäische Wettkampfsiege (Ep. 78-79, 82-83, 87-88 A.-B.)

Auch im Hellenismus hatte ein Sieg bei den panhellenischen Spielen seinen Glanz nicht verloren.[486] Von der Zeit Ptolemaios' I. bis zur Regierung Ptolemaios' XII. sind Teilnahmen von Mitgliedern des Königshauses an den Wettkämpfen durch Inschriften und literarisch belegte Siegesstatuen dokumentiert.[487] Auch ptolemäische *philoi* wurden als sportliche Sieger gefeiert.[488] So ist Belistiche, die Geliebte Ptolemaios' II.,[489] zu nennen, der

484 Vgl. Bing (2002/03), 260.

485 Stephens (2005), 241.

486 Pindar, Olymp. 1, Ant. 4, 99-100. Vgl. Sinn, U. (2004): Das antike Olympia. Götter, Spiel und Kunst, München, 13-55. Die These, dass die hellenistischen Könige an den panhellenischen Spielen teilnehmen wollten, weil die Sieger in kultisch überhöhte Sphären vorstießen (vgl. Fantuzzi (2005), 252-253; Stephens (2004a), 169), erscheint fragwürdig. Durch den Herrscherkult, der sich rasch entwickelte, hatte man eine geeignete Plattform gefunden; ein Nebenschauplatz für die Apotheose war unnötig geworden. Auch in Griechenland hatten sich die Zeiten geändert. Betrachtet man die weit reichenden kultischen Ehren für Demetrios Poliorketes in Athen (Plut. Demetr. 8,1-12,2; Athen. 12,536 A), ist nicht recht ersichtlich, weshalb die panhellenischen Spiele als Ausgangspunkt der sakralen Überhöhung noch zentral gewesen sein sollten. Attraktiv war eine Partizipation an den Wettkämpfen wegen des Prestigegewinns und der Möglichkeit, an die heraklidischen Argeaden anzuknüpfen.

487 SIG^3 314; Paus. 6,15,9-10. 16,2. 16,9. 17,3; 10,7,8. Vgl. Fantuzzi (2005), 251; Bennett (2005), 91.

488 Vgl. Thompson (2005), 279-280. Innerhalb der *Hippika* wird indes eine strenge Hierarchie mittels der Trennung der königlichen und nicht-königlichen Siege konstatiert, vgl. Fantuzzi (2004), 213-224.

Athener Glaukon, der mit seinem Bruder Chremonides nach dem verlorenen Chremonideischen Krieg ins Exil nach Alexandria gegangen war,[490] und der Nauarch Kallikrates von Samos, dessen Erfolg in den „neuen“ Epigrammen erwähnt wird.[491]

Der Mailänder Papyrus ergänzt zudem die Zeugnisse zu den Siegen des Ptolemäerhauses; in sieben Epigrammen der *Hippika* werden Siege von ptolemäischen Königen und Königinnen im Wagenrennen behandelt, die zuvor nicht bekannt gewesen waren.[492]

Traditionell fuhren adlige Herrschaften ihre Siege nicht selbst ein, sondern agierten als Sponsoren. Bei den panhellenischen Spielen stellten sie ihre eigenen Pferde und bezahlten professionelle Wagenlenker, die in ihrem Namen antraten.[493] Auch die persönliche Anwesenheit des Financiers bei den Wettkämpfen war nicht erforderlich. So befand sich Philipp II. auf militärischer Kampagne vor Poteidaia, als ihn 356 v. Chr. die Nachricht von seinem Gewinn im Wagenrennen ereilte.[494] Er funktionalisierte den Sieg für seine Selbstdarstellung, indem er ihn auf zwei verschiedenen Reversbildern seiner Münzen verewigen ließ.[495] Ein Motiv zeigt den makedonischen Reiter mit dem Siegeszeichen des Palmenzweigs in der Hand, das zweite einen zweispännigen Wagen in voller Fahrt.[496]

489 Paus. 5,8,11. Sie siegte in Olympia im zweispännigen Rennwagen (ungefähr zwischen 268 und 264 v. Chr.). Cameron (1991), 298, Anm. 41 zählt zudem den olympischen Sieg in der Quadriga 268 v. Chr. dazu (P. Oxy. 17,2082). Vgl. Bingen (2002), 50; Kosmetatou (2004c), 19, 35; Ravazzolo (1996), 137; Bennett (2005), 91. Zu Zweifeln an der Identifikation vgl. Criscuolo (2003), 319-320.

490 Paus. 6,16,9. Vgl. Pouilloux (1975), 378; Étienne/Piérart (1975), 58.

491 Poseidipp. Ep. 74 A.-B. (= col. XI 33- XII 7). Er gewann bei den Pythischen Spielen im vierspännigen Wagenrennen. Vgl. Bingen (2002), 49-50; ders. (2002): La victoire pythique de Callicratès de Samos (Posidippe, P. Mil. Vogl. VIII 309, XI 33-XII 7), CE 77, 185-190; Criscuolo (2003), 324; Bing (2002/03), 244-251. Angenommen wird, dass Kallikrates bei den Spielen im Jahr 274 teilnahm.

492 Vgl. Criscuolo (2003), 311; Kosmetatou (2004b), 227-227.

493 Vgl. Thompson (2005), 272; Pomeroy (1984), 20-22 für Berenike II.

494 Plut. Alex. 3,4-5. Der Spartaner Lichas ließ 420 v. Chr. bei den Olympischen Spielen seinen Wagenlenker ins Rennen gehen, obwohl Sparta aufgrund einer unbezahlten Bußschuld von Elis ausgeschlossen worden war. Lichas wandte einen Trick an und ließ sein Gespann als ein boiotisches ausrufen, um die Teilnahme zu erwirken. Nach dem Rennen gab er zu erkennen, dass der Wagenlenker für ihn gefahren war, indem er ihm den Siegeskranz aufsetzte, und wurde zur Strafe noch in der Bahn von den Stabträgern verprügelt (Thuk. 5,49,1-50,4). Frdl. Hinweis durch Johannes Heinrichs.

495 Plut. Alex. 3,8; 4,9; mor. 105 A. Vgl. Mari (2002), 80-81.

496 Vgl. Ritter (2002), 137-138, 142, 144, 230, Anm. 633; Lawton (2003), 123; Christ (1996b), 82. Ritter zufolge ist die Angabe, es habe sich um einen Sieg in einer Bi-

Frauen war eine Teilnahme bei den olympischen Spielen grundsätzlich untersagt, da nur männliche freie Griechen antreten durften, wohl aber die Finanzierung eines Athleten, damit er in ihrem Namen antrat. Da die Kosten für Pferdezucht und Training sehr hoch waren, konnten sich nur sehr begüterte Griechen eine Beteiligung am Wagenrennen leisten.[497] Die erste Frau, für die eine Teilnahme an den olympischen Spielen im vierspännigen Wagen und zwei Siege überliefert sind,[498] war Kyniska, die Tochter des spartanischen Königs Archidamos I. und Schwester des Agesilaos, die auch ihre eigenen Pferde gestellt hatte.[499]

Für die Ptolemäer boten die panhellenischen Spiele nicht nur die Möglichkeit, als Wettkampfsieger an Prestige zu gewinnen, somit eine weitere „Quelle" für die Erhöhung ihrer Position zu nutzen, sondern darüber hinaus auch die Option, an die argeadische Tradition anzuknüpfen.[500]

Als erster makedonischer Herrscher war Alexander I. im frühen 5. Jh. v. Chr. bei den Spielen angetreten, um beim Wettlauf mitzumachen. Es hatte aber Probleme mit seiner Zulassung gegeben. Er sollte ausgeschlossen werden,[501] weil er als Makedone in griechischen Augen ein „Barbar" war.[502] Dagegen machte er geltend, dass seine Familie aus Argos stammte,

---

ga gehandelt, glaubwürdiger als die Behauptung, es sei eine Quadriga gewesen (Plut. mor. 105 A). Vgl. Mari (2002), 81. Philipps Gedenkmünzen widerlegen die These von Bentz/Mann (2001), 239 ein Sieg im Wagenrennen sei nicht besonders ruhmvoll gewesen. Heckel (1981), 79-86 zufolge wurde Philipps epeirotische Frau Myrtale oder Polyxena anlässlich des Siegs umgetauft – in Olympias (Plut. mor. 401 A-B). Akzeptiert von Adams (1989), 70, Anm. 40; Funke (2000), 164. Bestritten von Badian (1982a), 106-107; Carney (2006), 16, 95. Nachdem Philipp im Dritten Heiligen Krieg die Phoker besiegt und eine dominierende Stellung in der Delphischen Amphiktionie erhalten hatte, leitete er im Jahre 346 v. Chr. den Vorsitz der Pythischen Spiele (Dem. 19,128-130). Athen blieb diesen Spielen ostentativ fern.

497 Plut. Ages. 20,1-2.

498 Paus. 3,15,1; 6,1,6. Vgl. Honigmann, E. (1924): Kyniska, RE 12,1, 2.

499 Paus. 3,8,1. 15,1; Plut. Ages. 20,1-2. Vgl. Ravazzolo (1996), 138-139; Kosmetatou (2004b), 238; Thompson (2005), 272; Fantuzzi (2005), 253-262; Stephens (2004b), 70, die ihn mit Archidamos II. verwechselt. Nach Kyniskas Vorbild finanzierten viele spartanische Aristokratinnen olympische Wagenrennen und machten sich damit einen Namen (Paus. 3,8,1). Vgl. Hooker, J.T. (1982): Sparta. Geschichte und Kultur, Stuttgart, 162.

500 Die Nemeiischen Spiele, in Argos von Herakles begründet (Paus. 5,7,9), boten einen Anknüpfungspunkt an die Argeaden. Kassander leitete auch den Vorsitz (Diod. 19,64,1). Vgl. Hall (1995), 609; Miller (1991), 52.

501 Hdt. 5,22,2.

502 Hdt. 8,137,1. Nicht nur die makedonische Verfassungsform, sondern auch die Beziehung zu Persien wird dabei eine Rolle gespielt haben. Makedonien hatte den

somit griechischer Abkunft war,[503] und durfte mitmachen.[504] Seine griechischen Urväter, auf die er sich bezog, waren Perdikkas und seine Brüder aus Argos, die Abkömmlinge des Temenos waren, eines Nachfahren des Herakles.[505] Diese genealogische Ansippung lag der Berufung der make-

persischen Gesandten 510 v. Chr. als Unterwerfungsgestus Erde und Wasser gegeben (Hdt. 5,18,1-2). Vgl. Geyer (1930), 42; Kienast (1973) 269; Zahrnt (1992), 245; Badian (1994), 112-113 m. A. 9. Es ist allerdings umstritten, wann Alexander I. an den olympischen Spielen teilnahm. Die Datierung schwankt zwischen 505/500 v. Chr. bis 476 v. Chr. (vgl. Geyer (1930), 47-48; Rosen (1978), 7; ders. (1987), 31). Als wahrscheinlich gilt, dass sein Auftritt in die Zeit der vorübergehenden Loslösung von Persiens Oberhoheit im Zuge des Ionischen Aufstands, konkret 496 v. Chr., fiel, bevor Mardonios Makedonien erneut unterwarf. Vgl. Zahrnt (1992), 253-254; Dascalakis (1970), 155; Edson (1970), 37. Vielleicht erfolgte die Teilnahme an den olympischen Spielen aber auch nach Plataiai, als es für Alexander I. galt, wieder an Boden bei den Griechen gutzumachen, nachdem er Xerxes unterstützt hatte. Hingegen argumentiert Zahrnt, dass bei der Spätdatierung das für einen Kurzstreckenläufer sehr hohe Alter Alexanders als Hindernisse zu betrachten sei.

503 Hdt. 5,22,2. Vgl. Rosen (1978), 10; Derichs (1950), 5. Badian (2003), 245 zufolge war Alexander I. der erste makedonische Herrscher, der sich auf eine argivische Abstammung berief und damit eine Tradition initiierte, die in der Folge nicht mehr angefochten wurde. Vgl. auch Dascalakis (1970), 155. Vielleicht wurde er dank der Fürsprache von Argos zugelassen. Vgl. Rosen (1987), 31; ders. (1978), 7-8. Vermutet von Mari (2002), 36. Badian (ebda.) vermutet eine Bestechung von Alexanders Seite.

504 Hdt. 5,22,2; Just. 7,2,14. Herodot zufolge war er gleichzeitig mit dem Sieger ins Ziel gekommen. Justin schreibt, Alexander habe sich gleich in mehreren Kampfarten mit den anderen Teilnehmern messen können. In der Forschung sind teilweise Zweifel sowohl an dem Sieg als auch an der Teilnahme aufgekommen, da Alexander nicht in den olympischen Siegerlisten erscheint. Vgl. Scaife (1989), 133, Anm. 15, der vermutet, die Tradition sei interpoliert worden. Greenwalt (2003), 145 ist sich unsicher bezüglich der Partizipation. Mari (2002), 33 zweifelt nicht seine Teilnahme an, jedoch seinen Sieg. Seine Griechenlandpolitik macht aber einen Auftritt in Olympia wahrscheinlich, auch wenn er nicht mit einem Sieg bekrönt gewesen sein mag, den die makedonischen Quellen Herodots in diesem Fall vermutlich hinzugesetzt haben. Vgl. auch Iliadou (1998), 21, die sogar – ohne eine weitere Begründung – von mehreren Teilnahmen Alexanders I. bei olympischen Spielen ausgeht.

505 Hdt. 5,22,1-2; 8,137,1. Vgl. Badian (2003), 245; Rosen (1978), 10; Derichs (1950), 5. Badian (2003), 245 zufolge war Alexander I. der erste makedonische Herrscher, der sich auf eine argivische Abstammung berief und damit eine Tradition initiierte, die in der Folge nicht mehr angefochten wurde. Vgl. auch Dascalakis (1970), 155. Vielleicht wurde er dank der Fürsprache von Argos zugelassen. Vgl. Rosen (1987), 31; ders. (1978), 7-8. Vermutet von Mari (2002), 36.

donischen Herrscher auf ihre Abkunft von Herakles zugrunde, die auch die Ptolemäer für sich in Anspruch nahmen.[506]

In den Epigrammen werden olympische Siege für Herrschaften des Namens Ptolemaios, Berenike und Arsinoë bezeugt. Die Identifikation der Herren ist weniger umstritten; in Frage kommen Ptolemaios I., Ptolemaios II. und Ptolemaios III. Wer die Damen sind, wird hingegen kontrovers diskutiert.

Am wenigstens Probleme bereitet die Bestimmung der siegreichen Arsinoë, die sogar drei Erfolge in einem Wettkampf errungen haben soll.[507] Gemäß *communis opinio* kann es sich nicht um Arsinoë I. handeln, da sie als verbannte Hochverräterin kaum in einem Lobgesang auf die ptolemäische Familie erwähnt worden wäre.[508] Daher wird Arsinoë II. gemeint sein. Ihre Siege werden auf 276 oder 272 v. Chr. datiert.[509]

Ein Problem stellt die Identifizierung von Berenike dar. Für eine Berenike sind Wettkampferfolge in fünf Epigrammen der *Hippika* erwähnt:[510] ein olympischer Sieg in der Quadriga, ein Sieg bei den Isthmien und zwei Siege bei den Nemeischen Spielen.[511] Zudem wird eine Berenike als Züchterin eines Pferds beschrieben, das bei den Isthmien gewann.[512]

Als unwahrscheinlich gilt, dass die kleine *basilissa* Berenike, Tochter von Berenike II. und Ptolemaios III., gemeint ist, weil sie im Kindesalter

---

506 OGIS 54, Z. 4-5; Theokr. 17,27; Satyros, FGrHist 631, F1; P. Oxy. 27,2465.

507 Poseidipp. Ep. 78 A.-B. (= col. XII 20-33); 88 A.-B. (= col. XIII 34- XIV 1). Für historisch erachtet von Kosmetatou (2004c), 30; Bing (2002/03), 253, Anm. 23 (Ptolemaios I., Berenike I., Ptolemaios II. und Arsinoë II. hätten vielleicht gemeinsam bei den olympischen Spielen 284 v. Chr. gewonnen). Als möglich erachtet von Bennett (2005), 93. Zur Vorstellung, in Ep. 88 sei eine Statuengruppe beschrieben, vgl. Schröder (2004), 40.

508 Vgl. Kosmetatou (2004b), 232, Anm. 24; Bennett (2005), 93.

509 Vgl. Bennett (2005), 93.

510 Poseidipp. Ep. 78-82 A-B. (= col. XII 20-XIII 14); 87-88 A.-B. (= col. XIII 31-XIV 1).

511 Poseidipp. Ep. 79 A.-B. (= col. XII 34-39); Ep. 82 A.-B. (= col. XIII 9-14); Ep. 87 A.-B. (= col. XIII 31-34). Vermutlich waren es zwei Wettbewerbe bei denselben Spielen, vgl. Bennett (2002), 94.

512 Poseidipp. Ep. 82 (= col. XIII 9-14). Ein weiteres Epigramm auf ein thessalisches Rennpferd wird nicht nur wegen der antiken Reputation der Pferderasse, sondern wegen der bedeutenden Rolle der thessalischen Reiterei im makedonischen Heer unter Philipp II. und Alexander entstanden sein. Vgl. Luppe, W. (2004): Ein Epigramm Poseidipps auf ein thessalisches Rennpferd Kol. XIII 15-18 Nr. 83, Studi di Egittologia e di Papirologia 1, 93-94.

starb.[513] Andererseits ist auch für den Sohn Ptolemaios' V. ein Sieg überliefert, bei dem er noch ein Kleinkind gewesen war.[514]

Die *editio princeps* identifiziert die Siegerin durchgehend mit Berenike II.[515] Ein entscheidendes Argument ist, dass Kallimachos, der sie zur Protagonistin der *Victoria Berenices* erhebt,[516] und Hyginus ebenfalls Rennsiege bei den Nemeischen und Olympischen Spielen für sie bezeugen.[517] Zudem trug die eponyme Priesterin ihres individuellen Kults den Titel der Athlophore, Kampfpreisträgerin.[518] Ptolemaios IV., der den Kult für seine ermordete Mutter initiierte,[519] wollte mit der Benennung anscheinend bewusst an ihre glorreichen Rennsiege anknüpfen.

Die Gegenthese lautet, dass es sich um Berenike, die Tochter von Ptolemaios II., handelt, die später ins Seleukidenhaus einheiratete. Für diese Identifikation werden zwei Hauptargumente angeführt: Erstens werde Berenike in den Epigrammen mit Begriffen beschrieben, die auffällig ihre Jugend betonten. So ist sie als παρθένος ἡ βασίλισσα,[520] unverheiratete Prinzessin, als Μακέτα παῖς, makedonisches Kind,[521] und als Tochter Ptolemaios' II. bezeichnet, mit dem sie zusammen die Isthmischen Spiele besuchte.[522]

Daran knüpft sich das zweite Argument: Der Hinweis darauf, dass Ptolemaios II. ihr Vater ist, sei nicht als symbolische Vaterschaft zu deuten, wie sie später im Falle Berenikes II. als „Schwester" ihres Gatten Ptolemaios III. bezeugt ist,[523] sondern als leibliche Vaterschaft. Zu einem so frühen Zeitpunkt sei Berenike II. noch nicht als seine Tochter bezeich-

513 Vgl. Pfeiffer (2004), 267 (sie war ungefähr 12 Jahre alt); Buraselis (2005), 99 (8 Jahre).

514 Vgl. Bennett (2005), 93. Es war im Jahr 182 v. Chr., als er ungefähr vier Jahre alt war. Indes war er ein Sohn und Thronfolger, was ihm mehr Privilegien als der kleinen Berenike eingebracht haben wird.

515 Vgl. Gutzwiller (2004), 91; Lelli (2005), 85, die sich beide anschließen.

516 Kallim. SH 254-269. Vgl. Fantuzzi (2004), 221; Stephens (2005), 241. Zu Kallimachos' Anspielung auf ihre Abkunft von Herakles vgl. Ambühl (2005), 97.

517 Hyg. astron. 2,24.

518 Vgl. Bingen (2002), 51; Pfeiffer (2004), 283, m. Anm. 381-382.

519 Vgl. Hölbl (1994), 99, 151; Bingen (2002), 51.

520 Poseidipp. Ep. 79 A.-B. (= col. XII 34-39), Z. 1; Ep. 80 A.-B. (= col. XIII 1-4).

521 Poseidipp. Ep. 82 A.-B. (= col. XIII 9-14), Z. 3. Gemäß Bennett (2005), 93 zwischen sieben und vierzehn Jahren alt.

522 Poseidipp. Ep. Ep. 82 A.-B. (= col. XIII 9-14), Z. 3-6. Vgl. Thompson (2005), 275; Bennett (2005), 93.

523 Kallim. Ait. 3, fr. 58 Asp. (SH 254 + 383 Pf.), Z. 2-3.

net worden: „*this identification assumes a fictive adoption made even before the young Berenice was married*".[524]

Indes könnte das Epigramm ebenso gut auch einen Sieg in der Rückschau rühmen und sich auf die späteren, ideologisch begründeten Verwandtschaftsverhältnisse im Ptolemäerhaus beziehen.

Als Begründung dafür, dass Berenike mit der Schwester Ptolemaios' III. zu identifizieren ist, gilt überdies, dass die Siege in die Zeit nach dem Tod Arsinoës II. 270 v. Chr. gefallen seien, in der sie das entstandene Vakuum in der dynastischen Inszenierung habe füllen und zu diesem Zweck an den Wettkämpfen habe teilnehmen sollen. Ein zweiter Faktor sei die Griechenlandpolitik Ptolemaios' II. gewesen: Berenikes Profilierung bei den panhellenischen Spielen sei Teil seiner Diplomatie gegenüber seinen griechischen Verbündeten vor und nach dem Chremonideischen Krieg gewesen.[525] Der Terminus ante quem für die Renngewinne sei somit 252 v. Chr., das Jahr ihrer Heirat mit Antiochos II.[526]

Dagegen ist allerdings einzuwenden, dass Ptolemaios II. alles daran setzte, dass eben kein Vakuum in seiner dynastischen Inszenierung entstand. Durch die Verehrung der göttlichen Arsinoë II. in drei Kulten wurde die Illusion geschaffen, dass sie noch immer die *basilissa* an seiner Seite war. Die Aufrechterhaltung dieses Images der Dualität spiegelt sich gerade im Chremonideischen Dekret wieder, in dem seine griechischen Bündnispartner den Code der Dualität in seiner offiziellen Selbstdarstellung übernahmen.[527]

Eine plausible Alternative zu den einseitigen Zuschreibungen der Rennsiege an Berenike II. oder die Schwester Ptolemaios' III. lautet, dass nicht alle Epigramme gleichermaßen ein und dieselbe Person meinten, sondern sich auf verschiedene Ptolemäerinnen bezogen: Berenike I., Berenike II. *und* Berenike, die Schwester.[528] Marco Fantuzzi begründet

---

524 Thompson (2005), 278.

525 Vgl. Criscuolo (2003), 328-329; Fantuzzi (2005), 251-252. Zu den Olympischen Spielen als Forum von panhellenischer Politik und Diplomatie vgl. Santucci (2005), 173-177.

526 Vgl. Thompson (2005), 278-279. Ähnlich: Kosmetatou (2004b), 232. Nach Rekonstruktion von Bennett (2005), 96 fanden Berenikes Siege bei den Nemeischen und Isthmischen Spielen 263 oder 261 v. Chr. statt, in Olympia 256 v. Chr. In welchen politischen Kontext er die Siege setzt, ist aber teils schwer nachvollziehbar.

527 Syll.^{3} 434/5, Z. 16-19. Darin heißt es, seine Politik stünde im Einklang mit seiner Schwester und seinen Vorfahren, nicht mit seiner Tochter.

528 Vgl. Criscuolo (2003), 326-331; Thompson (2005), 275-280; Fantuzzi (2004), 213, Anm. 5; Kosmetatou (2004b), 231, m. Anm. 21. Das Geschwisterpaar Berenike Syria und Ptolemaios III., den sie als Sprecher von Ep. 88 A.-B. identifiziert, sei

dies damit, dass in den *Hippika* ein Bogen von der Schlüsselfigur – entweder Berenike II. oder ihre Schwägerin Berenike – als Symbol des zeitgenössischen ptolemäischen Ruhms zu Berenike I. und den vergangenen Triumphen gespannt worden sei.[529]

Recht sicher erscheint eine Zuschreibung: In Epigramm 88 (A.-B.) vergleicht der Dichter eine Berenike mit der Spartanerin Kyniska und betont, dass sie durch ihre olympischen Siege Kyniskas Ruhm in den Schatten gestellt habe.[530] Stephan Schröder schlägt als alternative Lesung vor, Berenikes Erfolg sei Kyniskas Sieg ebenbürtig gewesen.[531] Dies erscheint angesichts der Tendenz in den Epigrammen, die ptolemäischen Leistungen generell größer und glanzvoller als alles andere zu präsentieren, nicht wirklich überzeugend.

Wer diese Berenike ist, ergibt sich vielleicht daraus, dass sie mit Kyniska verglichen wird, die eine der ersten Frauen gewesen war, die beim olympischen Wagenrennen Erfolg gehabt hatte, eine „Pionierin" aus königlichem Haus. Zieht man eine Parallele, trifft dies auch für Berenike I, zu, die wohl als erste Ptolemäerin an panhellenischen Spielen teilgenommen hatte und laut der Sprachregelung des Epigramms noch mehr Ruhm gewonnen hatte.[532]

Ein weiteres Problem, das sich angesichts der Epigramme zu den Rennsiegen stellt, hat eine lange Tradition und wurde bereits von Ulrich von Wilamowitz-Moellendorff als „*Aufschrift oder nicht*" etikettiert.[533] Im Kontext dieser Debatte wurde auch über die Begrifflichkeit diskutiert. So unterscheidet Richard Thomas zwischen „*functional*" und „*inscribed*", während Peter Bing die Termini „*inscribed*" und „*quasi-inscriptional*" vor-

---

zentral in den *Hippika*. Dagegen beziehe sich Ep. 78-82 A.-B. auf Berenike, die Schwester, 87-88 A.-B. auf Berenike I. Vgl. Thompson (2005), 275-280; Fantuzzi (2004), 213, Anm. 5; Lelli (2005), 85.

529 Vgl. Fantuzzi (2004), 221-224; ders. (2005), 265-266. Dies geschehe in Anlehnung an Kallimachos' *Aitia* und die *Victoria Berenices*. Der Mittelteil thematisiere die Siege der *philoi*.

530 Poseidipp. Ep. 87 (= col. XIII 31-34), Z. 3-4: „ὃς τὸ [πο]λυθρύλατον ἔχει κλέος ὧι τὸ Κυνίσκας ἐν Σπά[ρ]ται χρόνιον κῦδος ἀφειλόμεθα", „*der den hoch gefeierten Ruhm mit sich bringt, Kyniskas vergangene Glorie übertroffen zu haben*". Auch habe der Verfasser das Epigramm für Kyniska (Anth. Gr. XIII 16) im Kopf gehabt, vgl. Kosmetatou (2004b), 238.

531 Vgl. Schröder (2004), 42-43.

532 Vgl. Poseidipp. Ep. 78 A.-B. (= col. XII 20-33), Z. 5. Man könnte annehmen, Epigramm 78 A.-B. beziehe sich auf Berenike II. als bereits integriertes Mitglied der Ptolemäerdynastie, 79, 80 und 82 auf ihre Schwägerin Berenike und 87-88 Berenike I.

533 Vgl. Wilamowitz-Moellendorff (1924), 119.

schlägt.[534] Dahinter steht die Frage, ob es sich bei den Gedichten um Inschriften/Aufschriften von Siegesdenkmälern handelte oder um autonome Werke, die von der bildenden Kunst unabhängig waren.[535]

Sollte letzteres auf die Epigramme der *Hippika* zutreffen, bezogen sie sich auf fiktive Monumente, die der Dichter in seiner Fantasie erschuf und in Form von Familiengruppen vor dem geistigen Auge seines Publikums erstehen ließ,[536] ein Spiel mit der Assoziation, das sicherlich voraussetzte, dass den Zuhörern bildliche Vorlagen bekannt, vielleicht sogar am höfischen Vortragsort zu sehen waren,[537] zu dessen Ausstattung Statuen oder Statuetten der Ptolemäer gehört haben werden.[538]

Die Ptolemäer, nicht nur im Krieg, sondern auch bei sportlichen Wettkämpfen erfolgreich – was allerdings für ihre kämpferische Exzellenz allgemein bürgte – knüpften mit den Siegen an die Argeaden an und führten als ihre Nachfolger die Tradition fort.[539]

Neu erscheint, dass die Siege der Königinnen zugleich mit den Leistungen der Könige gerühmt werden. Sie sind als eigenständige Personen dargestellt, Mann und Frau, die sich als Paar aber ergänzen und doppeltes Prestige, doppelte Verdienste für ihr Haus erwerben. Dies zeigt sich deutlich in Epigramm 88, in dem Ptolemaios II. als Sprecher auftritt:[540]

πρῶτοι] τρεῖς βασιλῆες Ὀλύμπια καὶ μόνοι ἁμὲς ἅρμασι νικῶνες καὶ γονέες καὶ ἐγώ. εἷς μὲν ἐγὼ [Π]τολεμαίου ὁμώνυμος, ἐκ Βερενίκας υἱ[ὸς], Ἐορδαία

---

534 Vgl. Bing (1998), 29, Anm. 31; bezogen auf Thomas, R.F. (1998): „Melodious tears": Sepulchral epigram and generic mobility, in: Harder, M.A. u.a. (Hg.): Genre in Hellenistic poetry, Groningen, 205-223. Akzeptiert von Prauscello (2006), 512.

535 Vgl. Fantuzzi (2005), 267-268; Kosmetatou (2004b), 228, 239; Seelbach (2005³), 864.

536 Vgl. Fantuzzi (2005), 268; Bing (1998), 29 (ein imaginatives „*Ergänzungsspiel*"); Obbink (2004), 18 (die meisten Epigramme des Poseidippos seien autonome Werke auf Papyrus).

537 Ähnlich ist wohl auch eine Passage bei Theokritos (17,121-128) zu deuten, in der er beschreibt, wie Ptolemaios II. und seine Schwestergemahlin vor den Kultstatuen ihrer postum divinisierten Eltern opfern. Vgl. Carney (2007).

538 Vgl. Smith (1991), 9-10; Thomas (1992), 122.

539 Vgl. Carney (2003b), 49; Gutzwiller (1991), 154. Stephens (2004b), 75-76 zufolge verwiesen die Rennwagen der Ptolemäer auf die persischen Streitwagen, mit denen Dareios III. und die Perser gegen Alexander verloren hatten. Dagegen ist einzuwenden, dass es erstens einen Unterschied zwischen Kriegswagen und Rennwagen gab und zweitens Dareios bei Gaugamela Sichelwagen einsetzte (Curt. 4,9,4-5; Arr. an. 3,8,6).

540 Vgl. Kosmetatou (2004b), 232 (Ptolemaios III.); dagegen: Thompson (2005), 270, Anm. 7 (Ptolemaios II.).

> γέννα, δύω δὲ γόνεῖς. πρὸς μέγα πατρὸς ἐμὸν τίθεμαι κλέος, ἀλλ' ὅτι μάτηρ εἶλε γυνὰ νἰκανν ἅρματι, τοῦτο μέγα. [541]

Wenig nachvollziehbar erscheint die Vermutung, in diesem Epigramm werde der Sieg des Königs abgewertet und der Gewinn der Königin höher eingestuft.[542] Ptolemaios II. etablierte ein Konzept der Herrschaftsrepräsentation, wonach das Königspaar eine komplementäre Zweieinigkeit bildete. Daher kann es kaum die Intention des Dichters gewesen sein, dies zu konterkarieren.[543]

Lyra und Delphin (Ep. 37 A.-B.)

In einem weiteren Epigramm wird der Göttin Arsinoë eine Lyra als Weihegabe dargebracht. Es handelt sich um Strandgut,[544] das ein Delphin durch die Wellen getragen hatte.[545]

In welchem Heiligtum die Lyra geweiht wird, wird nicht erwähnt. Da es in Meeresnähe zu liegen scheint, kommt abermals Arsinoës Tempel am Kap Zephyrion in Frage. Allerdings befand sich auch das Arsinoeion von Alexandria, in dem sie als *thea Philadelphos* verehrt wurde, nahe des Hafens

541 Poseidipp. Ep. 88 A.-B (= col. XIII 35-14,1). „*Als erste und einzige waren wir drei Könige in Olympia im Wagenrennen siegreich, die Eltern und ich. Von ihnen komme ich, Ptolemaios' Namensvetter, Sohn der Berenike, aus Eordaia stammend, und meine beiden Eltern. Zum großen Ruhm meines Vaters füge ich den meinen hinzu, aber dass meine Mutter als Frau einen Rennsieg errungen hat, ist eine ganz große Sache*". Vgl. Angiò (2004b), 16; Kosmetatou (2004c), 26, 28; Greenwalt (1988a), 39; Bingen (2002), 55-57.

542 Vgl. Gronewald (2001), 4-5.

543 Ähnlich: Schröder (2004), 41.

544 Vgl. Bing (2005), 128.

545 Poseidipp. Ep. 37 A.-B. (= col. VI 18-25): „Ἀρσινόη, σοὶ τή[ν]δε λύρην ὑπὸ χειρ[...] φθεγξαμ[ένην] δελφίς ἤγαγ' Ἀριόνιο[ς οὐρμῆι ἕλ' οὐ [βλάψ]ας ἐκ κύμἀτος, ἀλλ' ὅτ[ε σώσας κεῖνος αν[...]ς λευκὰ περᾶι πελά[γη - πολλὰ πο[εῖ φιλ]ότητι καὶ αἰόλα - τῆι π[ανοδύρωι φωνῆι π[ῆμ' ἔλακον καινὸν ἀηδον[ίδες. ἄνθεμα δ' ὦ Φιλ]άδελφε, τὸν ἤλασεν [...]ιων τόνδε δέ[χου]ύσου μείλια ναοπόλο[υ". „*Dir, Arsinoë, ist diese Lyra, die von den Händen (eines Barden) wieder zum Klingen gebracht worden war, von einem Delphin wie dem des Arion gebracht worden. Mit seinem Schwanz hat er sie hochgehoben, (unbeschädigt) von der Welle, aber dann, (nachdem er sie gerettet hatte), (unerwartet) hat er das weiße Meer durchquert – viele und vielfältige Dinge, aus Freundschaft getan – mit (klagender) Stimme beklagen die Nachtigallen diese letzte (Mühe). Als eine Weihegabe, oh Bruderliebende (Göttin), nimm dieses (Lied) an, gedichtet von (Ar)ion, ein Geschenk von (L)ysos, dem Tempelwächter*". Vgl. Luppe (2003), 23. Zu homerischen Anklängen in der Beschreibung des Meers vgl. Gigante Lanzara (2003), 340.

und der See.[546] Wenngleich in den erhaltenen Zeugnissen der höfischen Dichtung das Heiligtum der Zephyritis eine größere Rolle spielt, könnte doch die Anrede der Göttin als Philadephos darauf hinweisen, dass der Tempel in Alexandria gemeint war. Andererseits verschwommen die Elemente ihrer göttlichen Images in ihren drei Kulten ineinander und gerade der Aspekt der Geschwisterehe und Bruderliebe war gleichermaßen zentral, so dass sie auch im Heiligtum der Kypris Zephyritis sicherlich als Philadelphos angeredet werden konnte.

Im Epigramm wird eigens darauf hingewiesen, dass der Delphin auf die Geschichte des Arion von Methymna rekurriert,[547] eines bekannten Kitharaspielers und Dichters.[548] Der Legende nach wollte er einst mit dem Schiff von Tarent nach Korinth reisen, wurde auf hoher See aber von der Piratenmannschaft, die ihn ausrauben wollte, gezwungen, sich ins Meer zu stürzen. Er bat darum, ein letztes Mal im Glanz seiner Juwelen singen zu dürfen, sprang stattdessen jedoch mit dem ganzen Reichtum ins Wasser und wurde von einem Delphin gerettet, der ihn ans Ufer von Tainaron brachte. Dort, wo er abgesetzt wurde, stiftete Arion als Weihgeschenk die Bronzestatue eines Delphinreiters.[549]

Die Lyra gilt als Hinweis auf die Kulturförderung des zweiten Ptolemäerpaars und insbesondere der Bruderliebenden Göttin.[550] Der Delphin ist ein komplexes Symbol, das viele Assoziationsmöglichkeiten bietet. So stand er in Verbindung zu Aphrodite als maritimer Gottheit,[551] Euploia,

---

546 Vgl. Fraser (1972), II, 75, Anm. 173; Hölbl (1994), 97; Pfrommer (2004), 455.

547 Vgl. Bertazzoli (2002), 152; Bing (2002/03), 261-264, ders. (2005), 129-131, der zudem eine Reminiszenz an Orpheus' Leier sieht, die an den Strand von Methymna gespült wurde (Ov. Met. 11,55). Da Methymna zur Zeit Ptolemaios' II. unter ptolemäischem Einfluss stand und die Ptolemaia feierte, folgert er, der Delphin mit der Lyra beinhalte auch die politische Botschaft der Expansion. Angiò (2004a), 24 geht davon aus, dass der Hersteller des Weihgeschenks den Namen Arion getragen habe. Ähnlich: Bertazzoli (2002), 151.

548 Vgl. Wilamowitz-Moellendorff (1879), 64, 86. Er soll den Dithyrambos, entweder ein (Trink-)Lied oder ein Tanz zu Ehren eines Gottes, zu einem Chorgesang umgestaltet haben. Es handelte sich um einen Bockschor, der als Vorstufe der attischen Tragödie gilt.

549 Hdt. 1,23-24. Vgl. Paus. 3,25,7; Ael. n.a. 12,45. Vgl. Inglese, L. (2002): La leggenda di Arione tra Erodoto e Plutarco, SemRom 5, 55-82.

550 Vgl. Angiò (2004a), 23. Vgl. Bertazzoli (2002), 151-153; Stephens (2004b), 81; dies. (2004a), 73-174. Auch vergleicht Bertazzoli (2002), 151-152 die Lyra mit der angespülten Muschel, die in Kallim. Ep. 14 Asp. (5 Pf.) ein Seefahrer der Göttin Arsinoë darbringt.

551 Nonnos 13,439; Ov. Met. 5,331. Nonnos zufolge brachte ein Delphin sie nach ihrer Geburt bei Paphos ans Land. Bei Ovid tritt sie in Delphingestalt in Erscheinung.

an die Arsinoë am Kap Zephyrion angeglichen wurde, und symbolisierte in der griechischen Kunst und Literatur eine sichere Seefahrt. In dieser Funktion erscheinen Delphine auf der Schiffskrone der weiblichen Gestalt auf dem Mosaik von Thmuis.[552]

Zugleich war der Delphin mit Apollon verbunden, der in den Homerischen Hymnen als Apollon Delphinios auftrat.[553] Dazu passt, dass auch die Lyra Apollons Attribut als Kitharoide darstellt, Beschützer von Musik und Dichtkunst.[554] Im ptolemäischen Kontext könnten Lyra und Delphin daher als Symbole für Ptolemaios II. in seinem Aspekt als Mäzen gedeutet werden,[555] als der er von Kallimachos und Theokritos an Apollon angeglichen wurde.[556]

Drittens war der Delphin ein Symboltier des Dionysos und verwies auf seinen Sieg über die tyrrhenischen Piraten, die von ihm in Delphine verwandelt worden waren, weil sie ihn entführt hatten.[557] Auch die makedonische Tradition konnte mit einem Delphin aufwarten: Laut Duris soll Alexander im karischen Iasos einen Jungen besucht haben, den ein Delphin beim Tauchen gerettet und auf seinem Rücken ans Ufer zurückgebracht hatte. Bezeichnenderweise trug der jugendliche Delphinreiter den Namen Dionysos.[558]

In der ptolemäischen Geschichte taucht ebenfalls ein Delphin auf. Gemäß einer Version der Gründungslegende um den Sarapiskult schickte Ptolemaios I. zwei seiner *philoi*, Soteles und Dionysios, aus, um die Statue

---

552 Vgl. Andreae (2003): „*Die Delphine sind Glückssymbole für eine erfolgreiche Seefahrt, welche für Alexandrien lebenswichtig war*". Vgl. Wellmann (1901), 2506; Daszewski (1978), 125.

553 Hom. Hymn. 3,400-401. 493-496. Vgl. Kallim. fr. 229,12-13 Pf. Der Sage nach führte er die Kreter in Delphingestalt von Knossos aus über das Meer. Vgl. Bertazzoli (2002), 152; Wellmann (1901), 2507. Zu Dionysos als Herr der See vgl. auch Taeger (1957) I, 272.

554 Hes. Theog. 94-95.

555 Vgl. Bertazzoli (2002), 152. Ähnlich: Stephens (2004b), 81; dies (2004a), 170; Gigante Lanzara (1994), 116. Vgl. Athen. 7,318 B.

556 Vgl. Koenen (1993), 82-83; Hunter (2003), 484; ders. (2004), 95; Gutzwiller (2005), 303-304; dies. (2007), 70, 94; Stephens (1998), 181; dies. (2003), 114-121; Gigante Lanzara (1994), 98-102, 110-111.

557 Hom. Hym. 7,8-54; Nonnos 44,248; Ov. Met. 3,532; Apollod. 3,5,3; Philostrat. Eikones 19,5-6. Vgl. Lenzen (1960), 13-14; Wellmann (1901), 2508. Auf spätantiker ägyptischer Textilkunst finden sich Szenen des Dionysosmythos, die von dekorativen Meeresbildern mit Delphinen umrahmt sind. Vgl. Lenzen (1960), 14.

558 Athen. 13,606 C-D. Delphine galten in der griechischen Welt als Symbol von Freundschaft und Treue, vgl. Lelli (2002), 21.

des Sarapis nach Alexandria zu bringen.[559] Auf dieser Mission geriet ihr Schiff in einen Sturm und wurde vom Kurs abgetrieben, aber von einem Delphin gerettet, der ihm den Weg durch die Wellen wies.[560] Der Delphin fungiert demnach als Medium und Bote göttlichen Handelns.[561]

Nach einer alternativen Lesung handelt es sich bei der Weihgabe für Arsinoë nicht um eine Lyra im Wortsinn, sondern um eine Nachtigall, eine „*selbsttönende Leier*", die zusammen mit dem Delphin, der sie aus Seenot errettet hatte, dargebracht worden sei.[562] Das Symbol der Nachtigall war in der griechischen Dichtung Sinnbild des gesprächigen und produktiven Poeten.[563] Gemäß dieser Deutung handelt es sich bei der Votivgabe um ein Gedicht.[564]

Das Epigramm operiert demnach mit mehreren Bedeutungsebenen. Die Hauptelemente der Lyra und des Delphins erlauben vielfältige Assoziationen mit göttlichen Leitfiguren der ptolemäischen Selbstdarstellung: Aphrodite, Apollon, Dionysos, vielleicht auch Alexander und Ptolemaios I.

Arsinoë II. steht als Göttin, der die Gabe dargebracht wird, zwar im Mittelpunkt, doch lässt die komplexe Symbolik des Delphins und der Lyra mit ihren Verweisen auf Dionysos und Apollon auch an Ptolemaios II. denken.[565] Wie üblich für Arsinoës Kultimage, spielte auch ihr Bruder eine Rolle und war untrennbar mit ihr verbunden. So erscheint möglich, dass die These von Michael Gronewald, Lyra/Nachtigall und Delphin seien beide geopfert worden,[566] zutrifft, da sie auf die Dualität des Ptolemäerpaars Bezug nehmen würde. So wie Ptolemaios II. vorgab, die Schwester-

559 Plut. mor. 361 F; 984 A. Vgl. Tac. hist. 4,83,1-2. Zu Plutarchs Version vgl. Strobach (1997), 125-126. Zu Sinope vgl. Plin. n.h. 35,31. Vgl. Thissen (1966), 52. Wellmann (1901), 2507 sieht in der Legende eine Nachbildung der Sage von Apollon in Delphingestalt. Clem. Alex. Protrep. 4,48,1-3 nennt die Variante, dass die Einwohner von Sinope die Statue als ein Geschenk an Ptolemaios II. sandten. Eine Verbindung zwischen Arsinoë, Sarapis und Ptolemaios I. ist in einer Weihung in Halikarnassos fassbar, die Arsinoë zusammen mit der *agathe tyche* ihres Vaters, Isis und Sarapis erwähnt (OGIS 16).

560 Plut. mor. 984 A-B. Tac. hist. 4,83,4: Apollon habe Ptolemaios' Gesandten befohlen, das Götterbild zu holen.

561 Plut. mor. 361 F. Zu Arion vgl. Fornara (1990), 32.

562 Vgl. Gronewald (2004), 49.

563 Hes. op. 202-212; Poseidipp. Ep. Simias AP 15,27,4.

564 Vgl. Stephens (2004a), 162-163.

565 Zur Gleichsetzung Ptolemaios' II. mit Apollon als Förderer von Kunst und Kultur, vgl. Stephens (2004a), 175-176; Gutzwiller (2007), 70.

566 Vgl. Gronewald (2004), 49.

göttin noch immer an seiner Seite zu haben, gehörte umgekehrt auch er in ihren Kultimages stets zu ihr.

Wasser der Freiheit (Ep. 38 A.-B.)

Stark fragmentarisch ist die Schilderung einer Weihung durch eine Frau mit dem „*speaking name*“[567] Epikratis, die Arsinoë eine Phiale darbrachte,[568] aus der sie zuvor vom „Wasser der Freiheit“ getrunken hatte: „ἐκ φιάλης [ἔπιεν] πρῶτον ἐλευθέρίον“.[569]

Der Begriff des Wassers der Freiheit war eine in der griechischen Welt feststehende Umschreibung für die Freilassung eines Sklaven.[570] Im Lateinischen existierte der dem griechischen entsprechende Begriff *aqua libera*. So spricht der Freigelassene Trimalchio in Petrons *Satyrica* davon, dass Sklaven das Wasser der Freiheit kosten sollten: „*tamen me salvo cito aquam liberam gustabunt*“.[571]

Bei Epikratis handelte es sich demnach um eine Freigelassene, die der Göttin dafür dankte, dass sie ihren Sklavinnenstatus abgelegt hatte.[572] Da

567 Stephens (2004a), 163.

568 Vgl. Gutzwiller (2005), 299. Gemäß der Klassifikation von Hall (1995), 598 stellt dies eine typisch weibliche Opfergabe dar, ähnlich wie Schmuck, während männliche Opfergaben meist Dinge wie Kratere oder Tripoden gewesen seien.

569 Poseidipp. Ep. 38 A.-B. (= col. VI 26-29), Z. 2.

570 Vgl. Stephens (2004a), 163; Thompson (2005), 271; Gigante Lanzara (2003), 345 mit einem Beispiel aus Antiphanes fr. 25 (CAF II 19). Vgl. auch Bellen (2001), 17-20 zum „Wein der Freiheit“ (mit Belegen aus der Mittleren Komödie von Xenarchos und Aristophon) und zum „Wasser der Freiheit“. Das Vorbild für den Trank der Freiheit findet sich in der *Ilias*, worin Hektor verkündet, er wolle den Göttern für die erhoffte Rettung Trojas am Tag der Freiheit im Saal einen Kelch, *krater eleutheros*, hinstellen (Od. 6,526-529). Vgl. Gigante Lanzara (2003), 345. Die Phiale war ein integraler Bestandteil der Metapher für die Freilassung gewesen, eine Parallele zum Kelch. Zum homerischen Vorbild vgl. Bellen (2001), 16-17: „*Dieser κρατὴρ ἐλεύθερος hat eine doppelte Funktion. Aus ihm wird sowohl der Wein, der zum Trankopfer für die Götter verwendet wird, als auch der zum Mahl benötigte Wein geschöpft. Die Götter erhalten die freiheitliche Weinspende zum Dank für das der Stadt gewährte Heil; die Menschen nehmen den Freiheitstrank aus Freude über ihre eigene Rettung. Das Fest, das solcherart begangen werden soll, ist der ‚Tag der Freiheit*‘“. Vgl. Hdt. 8,77,2.

571 Petron. Sat. 71,1.

572 Poseidipp. Ep. 38 A.-B. (= col. VI 26-29): „Ἀρσινόηι μ’ [ανέθ]ηκεν Ἐπικρατὶς ὧδ’ ἐ[πεὶ ὕδω]ρ ἐκ φιάλης [ἔπιεν] πρῶτον ἐλευθέρίον, εἶπέ τε. ν[ίσσεο] χαῖρέ τ’, ἐλευθερίης μ[εδέουσα, καὶ δέξα[ι...]ν δῶρον Ἐπικρατίδ[ος”. „*Der (Göttin) Arsinoë hat mich Epikratis geweiht, nachdem sie zuerst aus der Phiale (das Wasser) der Freiheit getrunken hat, und sie sagte: ‚(Komm) und sei freudig, (Vermittlerin) der Freiheit, und nimm dies (…) als eine Gabe der Epikratis an*‘“. Vgl. Thompson (2005), 271.

die göttliche Arsinoë auch die Beinamen Sozousa und Ἐλεήμων trug,[573] wird vermutet, dass das Epigramm auf diese Aspekte ihres Wirkens Bezug nahm, und Epikratis eventuell ihre Weihung bei den Arsinoeia vollzogen hatte.[574]

Ein Opferstock für Leto-Berenike? (Ep. 40 A.-B.)

Das fünfte der sechs Gedichte der *Anathematika* lässt einen Opferstock in Wolfsgestalt sprechen.[575] Er fordert den Tempelbesucher auf, seine Gabe für die Göttin Leto in seinen weit aufgerissenen Rachen zu werfen, ohne vor ihm zu erschrecken. Ein Mann, der selbst Lykos (Wolf) hieß, vielleicht der Tempelwächter,[576] hatte den Opferstock als Weihgeschenk aufgestellt.

Die Form des Weihgeschenks, eine Wolfsstatue, verweist auf einen bestimmten Aspekt von Letos Mythos: ihre Schwangerschaft mit den Zwillingen Artemis und Apollon. Da sie die Kinder von Zeus empfangen hatte und ihr Hera dafür zürnte,[577] nahm sie einer Version zufolge Wolfsgestalt an, um nicht von ihr entdeckt zu werden. Deswegen wurde auch eine Wolfsstatue in Delphi, der Stätte des Apollonheiligtums, aufgestellt.[578] Um ihre Kinder in Sicherheit auf die Welt bringen zu können, flüchtete sie sich mit Hilfe von Hermes und Poseidon auf die schwimmende Insel Delos, wo sie die Zwillinge bekam.[579]

Somit scheint ihr Geburtsmythos im Zentrum des Epigramms zu stehen. Kallimachos vergleicht Ptolemaios II. im *Hymnos auf Delos* mit Apol-

573 Vgl. Fraser (1964), 93; ders. (1972), I, 237; Longega (1968), 105-106; Plantzos (1991/92), 127, Anm. 48; Thompson (1973), 59; Bingen (2002), 55.

574 Vgl. Stephens (2004a), 163, Anm. 10.

575 Ep. 40 A.-B. (= col. VI 38-VII 2): „ἔμβαλε τῆι Λητοῖ κατ' ἐμὸν στόμα, μηδὲ φοβηθῆις δοῦναι παρθήκην εἰ λύκος ὢν ἔχανον. θησαυε[όν μ']ἀνέθ[ηκε] Λύ[κος], σὺ δὲ [τῆς ἱε]ρείης πεύθεο [...]ηκ [...]ε Λυ[κ". „*Bringe deine Opfergabe für Leto durch meinen Mund dar und fürchte dich nicht davor, deine Spende zu geben, auch wenn ich ein Wolf mit weit aufgerissenen Lefzen bin. Lykos hat mich als einen Schatz aufgestellt und du hast die Priesterin gefragt*".

576 Vgl. Gronewald (2004), 50-51. Nach anderer Lesung war er ein opfernder Tempelbesucher, vgl. Stephens (2004a), 163. Sie lokalisiert das Heiligtum in Delphi und sieht eine Verbindung zur Sektion der *Hippika* und der Erwähnung der Pythischen Spiele.

577 Hes. Theog. 918-920; Kallim. Hymn. 4, 55-326.

578 Ael. h.a. 10,26.

579 Hom. Hymn. 3, 90-112.

lon.[580] Er beschreibt, wie Leto bei ihrer Suche nach einem sicheren Ort für ihre Niederkunft von dem noch ungeborenen Apollon zurückgehalten wurde, als sie sich nach Kos wenden wollte. Er sagte ihr, dass die Insel für die Geburt eines anderen Gottes bestimmt war: für das Kind der rettenden Götter, einen Makedonen, der beide Länder – Ober- und Unterägypten – und die ägäischen Inseln beherrschen würde.[581] Auch Theokritos nähert die Beschreibung seiner Geburt im *Enkomion* Apollons Geburtsmythos an.[582]

Dies läuft auf eine Assoziation Letos mit Berenike I., der Mutter Ptolemaios' II., hinaus. So könnte sich hinter der Göttin, der im Epigramm als Leto ein Opferstock geweiht wird, die divinisierte Berenike I. verbergen, die in Alexandria ihr eigenes Heiligtum, das Berenikeion,[583] hatte. Dieser Tempel stellte vielleicht den Schauplatz für das Epigramm dar. Möglicherweise hatte wirklich jemand den Opferstock in Wolfsgestalt dort aufgestellt, um neben Berenike zugleich auch Ptolemaios II. die Ehre zu erweisen.[584]

Die Weihung eines Schildkrötenpanzers (Ep. 41 A.-B.)

Das sechste Epigramm ist zu stark zerstört, um eine sichere Aussage zu treffen, welcher Gottheit die geschilderte Weihung galt,[585] doch erscheint möglich, dass entweder Berenike I. oder Arsinoë II. die Empfängerin war.

---

580 Kallim. Hymn. 4,55-326. Vgl. Ambühl (2005), 228-233, 317-336; Koehn (2007), 119. Da Apollon mit Horus gleichgesetzt wird (Hdt. 2,144,2), der heimlich, vor Seth geschützt, auf der Deltainsel Chemmis zur Welt kam, wird häufig angenommen, dass auf zweiter Ebene die Ägypter angesprochen waren. Vgl. Merkelbach (1981), 33. Dies wäre dann eher *en passant* geschehen, da Kallimachos sich mit seiner Dichtung primär an die griechisch-makedonische Hofgesellschaft richtete. Vgl. Lelli (2005), 83.

581 Kallim. Hymn. 4, 165-169. Vgl. Merkelbach (1981), 30-31; Asper (2004), 4. Daher wählte sie dann Delos aus.

582 Theokr. 17,60-64. Vgl. Stephens (1998), 171, 181; dies. (2003), 114-121; Gutzwiller (2007), 70.

583 Athen. 5,202 D.

584 Ob überdies auch noch ein Bezug zu Arsinoë in Angleichung an Artemis gegeben ist, ist ungewiss, aber möglich.

585 Poseidipp. Ep. 41 A.-B. (= col VII 3-8): „ἀετοῦ ἐ[ξ ὀνύ]χω[ν...] χ[ελ]ώνη ὑψόθ[εν... κεφα]λὴ ἀνδ[... ἡ]μιθανὴς δ' ἐὼν ην. [...]ς λαβπ. [... χελώ]νης ὀστ[...]ος". „*Aus den Krallen eines Adlers fiel eine schwere Schildkröte aus der Höhe herab und spaltete Andromenes' Kopf in der Mitte. (...) er war halb tot (...) gewaltsam (... aber nachdem er sich erholt hatte, weihte hier Andromenes den) Panzer der Schildkröte*".

Im Gedicht bringt ein Mann namens Andromenes einen Schildkrötenpanzer dar, der ihm aus großer Höhe aus den Krallen eines Adlers auf den Kopf gefallen war. Dabei hatte er eine schwere Schädelfraktur erlitten. Offenbar aus Dankbarkeit, dass er überlebt hatte, weihte er den Panzer der Gottheit, in der er seinen Schutzhelfer vermutete. Eine Reminiszenz an den Tod des Aischylos kann gegeben sein,[586] da er durch einen Schildkrötenpanzer getötet worden sein soll, den ein Adler ihm auf den Kopf hatte fallen lassen, um den Panzer zu knacken und an das weiche Fleisch zu kommen.[587] Laut Valerius Maximus hatte der Adler Aischylos' Glatze für einen Stein gehalten und ihn daran aufschlagen wollen.[588]

Die Elemente des Epigramms verweisen auf zentrale Codes der ptolemäischen Repräsentation: der Zeusadler und die Schildkröte als Attribut der Aphrodite.[589]

Berenike I. wurde in ihrem kultischen Image wohl ebenfalls an Aphrodite angeglichen.[590] Zudem war sie ein Teil der *theoi Soteres*, der Rettergötter. Der Dank des Andromenes konnte ihr oder den *theoi Soteres* gemeinsam gelten.

Darüber hinaus ist eine weitere Deutung des Schildkrötenpanzers möglich, die dafür sprechen würde, dass es sich um eine Weihegabe für Arsinoë II. handelt. So sind Schildkrötenpanzer die Handelswaren, die im *Periplus Maris Erythraei* am häufigsten genannt wurden.[591] Sie waren in allen Häfen des Roten Meers, auch in Ptolemaios Theron oder in Adulis, an der Ostküste Afrikas, der Südküste Arabiens, in Indien, Ceylon und Sumatra zu haben.[592] Vor allem wurden wohl Panzer von Wasserschildkröten verkauft, die zum Furnieren von Betten, Klinen und Türen verwendet wurden.[593]

Ptolemaios II. war derjenige, der das Handelsnetz über das Rote Meer spannte;[594] es bietet sich daher an, in Arsinoë II. die Göttin zu sehen, der die Votivgabe galt. Sowohl als Kypris Zephyritis als auch als *thea Philadelphos* beschirmte sie ptolemäische Schiffe, garantierte für den Reichtum des Landes und war zudem mit Aphrodite assoziiert. Da die erste Lyra aus

586 Vgl. Stephens (2004a), 163, m. Anm. 11, 174.

587 Plin. n.h. 10,3,7; Ael. h.a. 7,16.

588 Val. Max. 9,12.

589 Plut. mor. 142 D; Paus. 6,25,1. Vgl. Llewellyn-Jones (2003), 189-190.

590 Theokr. 17,34-50.

591 Vgl. Casson (1989), 101-102; Murray (1967), 27.

592 Ebda., 101.

593 Plin. n.h. 9,39; 33,146. Vgl. Casson (1989), 102.

594 Vgl. Casson (1989), 143-144; Huß (2001), 289.

einem leeren Schildkrötenpanzer entstanden sein soll,[595] könnte der Panzer darüber hinaus auch noch auf Arsinoës Rolle als Kunstmäzenin anspielen.[596]

Zusammenfassend ist zu sagen, dass die komplexen artifiziellen Gebilde der Epigramme des Mailänder Papyrus im Sinne von Intertextualität und Allusivitätscharakter,[597] veranschaulichen, wie die Dichter in Alexandria die ptolemäische *iconography of empire* im Rahmen ihrer *imitatio* und *aemulatio* der berühmten Literaten der griechischen Vergangenheit, deren Werke in der Bibliothek gesammelt, katalogisiert und teils kommentiert wurden,[598] reflektierten. Sie arbeiteten mit Metaebenen und verschiedenen Verweisen auf die göttliche und argeadische Abstammung der Ptolemäer und verglichen sie mit Göttern, Heroen und historischen Größen. Als Charakteristiken der höfischen Dichtung gelten daher ein „*ausgesprochen gelehrter Inhalt, ein sehr dichtes Netz von direkten und indirekten Beziehungen zur Haupthandlung, mit poetologischen Konnotationen überfrachtet, eine komplexe Filiation, kein univoker Sinngehalt, eine betonte Vorliebe für trompe l'oeil-Effekte*".[599]

4. Göttliche Images der Ptolemäer

Das Prinzip der Dualität in der Herrschaftsrepräsentation Ptolemaios' II. prägte auch die göttlichen Image von ihm, seiner Schwester und seiner Eltern. Ihre Apotheose erfolgte paarweise. Als Arsinoë II. starb, füllte Ptolemaios II. die Lücke an seiner Seite in seiner öffentlichen Inszenierung aus, indem er die Illusion schuf, dass sie als Göttin die Aufgaben der *basilissa* weiterhin übernahm. Er initiierte zusätzlich zum Kult der Geschwistergötter, in dem sie beide verehrt wurden, einen individuellen Reichskult für sie als Bruderliebende Göttin, bei dessen Ausgestaltung er anscheinend nichts dem Zufall überließ. Auch besaß Arsinoë II. am Kap Zephyrion einen eigenen Kult als Kypris Zephyritis. So blieb sie eine zentrale Figur seiner Repräsentationspolitik; die geschwisterliche Einheit

595 Vgl. Stephens (2004a), 174, m. Anm. 56; Llewellyn-Jones (2003), 190.

596 Schon in argeadischer Zeit war Bildung und Kultur anscheinend nicht nur eine Angelegenheit der männlichen Mitglieder des Herrscherhauses gewesen. So ist von Eurydike I. eine Weihung zugunsten der Musen bezeugt: Plut. mor. 14 C.

597 Vgl. Ambühl (2005), 15. Rengakos (2006), 14 spricht von einer „*Quellen-Kontamination*" als Kennzeichen der hellenistischen Dichtung.

598 Vgl. Cusset, C. (1999): La muse dans la bibliothèque. Réécriture et intertextualité dans la poésie alexandrine, Paris, 14-23. Siehe auch Bing, P. (1988): The well-read muse. Present and past in Callimachus and the Hellenistic poets, Göttingen.

599 Rengakos (2006), 16.

wurde durch die Inszenierung ihres umfassenden Schutzes für den König, sein Haus, das Land und die Bevölkerung – zu Land und zu Wasser – bewahrt.

Sakrale Überhöhung und Alexander-Kult

Die sakrale Überhöhung der makedonischen Herrscher führte hin zum Herrscherkult,[600] der sich in unterschiedlicher Form und Ausprägung in den hellenistischen Reichen entwickelte.[601]

Beim ptolemäischen Herrscherkult gab es die Form der gemeinsamen Apotheose eines Königspaars, die kollektive Verehrung der Ahnen und die individuelle Vergöttlichung. Der Kult war dabei zweigeteilt: in einen griechischen Kult, der sich primär auf Alexandria, ab Ptolemaios IV. auch auf Ptolemais, konzentrierte, und einen ägyptischen Kult, der in den einheimischen Tempeln eingerichtet wurde.[602] Das bedeutete, dass griechische Kultformen in die einheimische Sprachregelung übersetzt wurden und dass die Priester ptolemäische Themen im ägyptischen Gewand präsentierten.[603] Zwar wurde der ptolemäische Kult der kulturellen Heterogenität im Reich entsprechend unterschiedlich gestaltet, sollte aber bei allen Adressaten gleichermaßen die Akzeptanz der ptolemäischen Herrschaft bewirken.[604]

Ptolemaios I. legte erste Grundlagen und installierte einen eponymen Reichskult griechischer Form für Alexander,[605] der zudem als Stadtgrün-

---

600 Vgl. Wilcken (1938), 313; Walbank (1984a), 87; Gehrke (2003³), 52; Hauben (1989), 466, Anm. 160; Mari (2003), 85; Gauger (1984), 266. Als Wurzel des hellenistischen Herrscherkults gelten auch die kultischen Ehren, die sie individuell in griechischen Städten erhalten hatten. Vgl. Chaniotis (2005), 72-75; ders. (2003), 440; Bringmann (2000), 1-12, 171-172; Hölbl (1994), 85-86; Minas (2000), 85; Bernhardt (2003), 243.

601 Die Formel, der Status des ägyptischen Königs als Bild des Horus habe zusammen mit der Präsenz der Leiche des vergöttlichten Alexanders den ptolemäischen Herrscherkult ergeben (vgl. Tondriau (1948d), 37; Müller (1968), 4-5), ist zu einfach. Differenzierter: Gauger (1984), 291; Schmitt (2005³b), 444 (die pharaonische Ideologie trug nicht zur Entstehung des Herrscherkults bei).

602 Vgl. Quaegebeur (1989a), 108, 113; Pfeiffer (2004), 303; Thompson (2003), 114; Hauben (1989), 456; Wilcken (1938), 308; Lanciers (1988), 28, 32; Koenen (1993), 54: Im griechischen Kult wurden die Ptolemäer als tempelteilende Gottheiten an Alexander angeschlossen, im ägyptischen Kult an die ägyptischen Götter.

603 Vgl. Pfeiffer (2004), 301-302, 305.

604 Vgl. Minas (2000), 61. Siehe auch Kyrieleis (1975), 138.

605 Vgl. Wilcken (1938), 309; Minas (2000), 81; Stewart (1993), 230; Fraser (1972), I, 215-216; Quaegebeur (1989a), 94; Johnson (2002), 112, Grimm (1998), 70; Wal-

der in Alexandria verehrt wurde. Es ist jedoch unsicher, ob der Ktisteskult nicht schon zuvor bestanden hatte.[606] In jedem Fall wertete Alexanders Göttlichkeit Ptolemaios' Herrschaftsgebiet und Alexandria als kultisches Zentrum mit der Reliquie der Mumie auf.

In seiner Satrapenzeit, als Alexandria noch eine Baustelle gewesen war, hatte Ptolemaios aus praktischen Gründen die alte ägyptische Residenz Memphis mit ihren ausgeprägten Hauptstadtstrukturen übernommen,[607] war dann aber zu einem ungewissen Zeitpunkt nach Alexandria umgezogen.[608] Die Inschrift der Satrapenstele von 311 v. Chr. dokumentiert, dass der Ortswechsel in jenem Jahr abgeschlossen war: „*Er richtete als seine Residenz ein die Stadt namens ‚Die Burg des Königs von Ober- und Unterägypten …' auf dem Ufer des Großen Grüns der Haw-nebu*".[609]

Wahrscheinlich hatte Ptolemaios Alexanders Mumie, die zuerst in der Nekropole von Memphis bestattet worden war,[610] mitgenommen und in

---

bank (1987), 378. Der eponyme Priester des Alexanderkults war eine Einrichtung nach griechischem Vorbild. Er wurde vom Herrscher aus höchsten makedonisch-griechischen Kreisen berufen und bekleidete eins der ehrenvollsten und einflussreichsten Ämter des Reichs. So wurde als erster Priester Menelaos, der Bruder Ptolemaios' I., ernannt. Auch seine Kleidung verwies auf seinen hohen Rang: Purpurgewänder und ein goldener Kranz. Vgl. Peremans/van't Dack (1959), 166-170; Hölbl (1994), 87; Minas (2000), 85; Weber (1997), 48; Wilcken (1938), 309.

606 Vgl. Hölbl (1994), 87; Walbank (1994⁴), 218; Errington (1976), 170-171; Johnson (2002), 112; Leschhorn (1984), 211; Quaegebeur (1989b), 46; Wilcken (1938), 306; Erskine (2002), 175; Badian (2003), 250; Visser (1938), 8-9.

607 Vgl. Ellis (2002²), 30; Hölbl (1994), 27; Quaegebeur (1971), 244-245; Quack (2002), 269-270; Thompson (1988), 276; Ellis (2002²), 30; Reden (2007a), 33 (zu Memphis als Münzstätte). Memphis galt als Gedenkstätte ägyptischer Kultur. Noch Sullas Feldherr Lucullus bekam bei seinem Besuch 87/6 v. Chr. in Alexandria offenbar von Ptolemaios IX. Soter II. angeboten, Memphis' Sehenswürdigkeiten zu sehen (Plut. Luc. 2,6).

608 Diskutiert werden die Jahre 320/319, vgl. Hölbl (1994), 285, Anm. 78; Herz (1992), 84; Fraser (1972), I, 7; II, 12, Anm. 28; Minas (2000), 84; Ellis (2002²), 29 (da Perdikkas Ptolemaios 320 v. Chr. in Memphis attackierte). Als Alternative gilt 313 v. Chr., vgl. Turner (1984), 127; Wirth (1959), 1616-1617, der in der Erhebung Alexandrias zur neuen Hauptstadt eine Gegenreaktion auf die Gründung von Seleukeia vermutet.

609 Satrapenstele, Z. 4.

610 Paus. 1,6,3; Curt. 10,10,20; Ps-Kall. 3,34,5; Marmor Parium FGrHist. 239 B 11; Austin (1981), Nr. 21. Vgl. Schmidt-Colinet (1996), 87-89; Wirth (1959), 1610; Orth (1993), 104; Rathmann (2005), 74; Ellis (2002²), 29; Errington (1970), 65; Grimm (2004), 375; Chugg (2004/05), 54. Die Mumie wurde in Sakkara bestattet, vielleicht im leeren Sarkophag von Nektanebos II., der im 19. Jh. als Sarkophag Alexanders publiziert worden war, vgl. Chugg (2002), 17-18; ders. (2004/05), 59-64; Cartledge (2003), 192, 239. Dagegen vgl. Grimm (2004), 375, 384. Wirth

einem Heiligtum in Alexandria beigesetzt,[611] da ein *ktistes* meist in der von ihm gegründeten Stadt bestattet wurde.[612] Ein Hinweis auf die Anwesenheit der Mumie in Alexandria könnte auch der Wandel in Ptolemaios' Münzbildprogramm sein. Noch in seiner Satrapenzeit ersetzte er den jugendlichen Herakleskopf, den er von Alexanders Prägungen übernommen hatte – argeadisches Motiv seit Amyntas III. – durch ein Porträt des göttlichen Alexanders mit Diadem und den speziellen Attributen von Widderhorn und Elefantenexuvie.[613] Ein passender Anlass für die Neukreation des Aversbilds wäre der Umzug nach Alexandria und die Einrichtung eines Kultzentrums für den neuen Gott gewesen.[614]

Unter der Herrschaft Ptolemaios' II. wurden die kultischen Ehren rund um Mumie und Grab vermutlich intensiviert, da er seinen eigenen Kult, zusammen mit seiner Schwester, an den Alexanderkult anschloss. Damit erhielt das Alexandergrab als Quelle der sakralen Legitimation eine neue Wertigkeit. Durch die Verknüpfung der beiden Kulte stellte Ptolemaios II. sich und Arsinoë II. als direkte Nachfolger des göttlichen Stammvaters dar. Sollte seine große *pompe* in Alexandia nach der Kultinstallation stattgefunden haben, würde dies die kontinuierlichen Verweise auf die Reliquie im Heiligtum des Kultzentrums erklären.[615] In jedem Fall

---

(1959), 1610 geht von einer Bestattung Alexanders in einem makedonischen Klinengrab aus. Zur Anknüpfung der Ptolemäer an Nektanebos II. vgl. Turner (1984), 126; Thompson (1992), 45; Pfrommer (2004), 456; Jouanno (2002), 67; Huß (1994), 51, Anm. 111; Dillery (1999), 112; Koenen (1977), 56-76; Stanwick (2002), 67; Quaegebeur (1983b), 116; Ashton (2001), 20; Welles (1970b), 509.

611 Diod. 18,28,3-4; Strab. 17,1,8 bezeugen die Grablegung in Alexandria ohne Memphis als Zwischenstation. Es ist umstritten, wer von den beiden ersten Ptolemäern die Mumie nach Alexandria gebracht hatte, Ptolemaios I. (vgl. Badian (1964), 179; Ellis (2002²), 34-35; Schneider (1996²), 69; Grimm (1998), 66; ders. (2004), 375; Orth (1993), 101; Erskine (2002), 165; ders. (1995), 41; Stephens (2004b), 84; Hölbl (1994), 16; Rossi (1989), 38) oder Ptolemaios II. (vgl. Volkmann (1959a), 1658; Taeger (1957) I, 289; Goukowsky (1972), 502; Chugg (2002), 15; Visser (1938), 9). Als Argument gilt die Parische Chronik, die für das Jahr 321/20 die Bestattung Alexanders in Memphis belegt, für 308 die Geburt Ptolemaios' II. auf Kos und mit dem Jahr 300 endet, ohne die Umbettung der Mumie zu erwähnen.

612 Vgl. Schwarzenberg (1975), 235. Auch wenn dies im Hellenismus nicht mehr unbedingt nötig war, vgl. Leschhorn (1984), 228.

613 Vgl. Grimm (1978) 109; Newell (1937), 29; Stewart (1993), 158-159; Klose (1992), 21; Brown (1995), 15, 22, 25, 48; Schönert-Geiss (1978), 136; Kuschel (1961), 9, 15-18; Mørkholm (1991), 63; Reden (2007a), 35-36.

614 Ähnlich: Hadley (1965), 134.

615 Athen. 5,201 D.

besaß die Mumie legitimierendes Prestige, das für den Aufbau des Herrscherkults wichtig war.

Später ließ Ptolemaios IV. ein Gemeinschaftsgrab für Alexander und die Ptolemäer, Sema (Grabstätte) oder Soma (Körper) genannt,[616] errichten.[617] Anscheinend wurde bei dieser Neugestaltung eine Familiengrablege geschaffen, die stärker als zuvor die ideelle genealogische Anbindung der Ptolemäer an den Argeadenherrscher unterstrich,[618] um daraus in einer Zeit der politischen Krise wieder an Prestige zu gewinnen.

Betrachtet man die Kultpolitik Ptolemaios' I., hatte er sich auf die „*fiktive dynastische Verbundenheit*"[619] mit Alexander konzentriert, aber keine eigene Apotheose angestrebt. Sein Konzept der sakralen Überhöhung glich dem der anderen Diadochen. Sie hatten sich als besondere Günstlinge einer Gottheit inszeniert und betont, die positiven Eigenschaften ihrer göttlichen Leitfiguren zu besitzen.[620] Zwar hatten sie die göttlichen Ehren in vereinzelten griechischen Städten als Dank für ihre individuellen Taten angenommen und für ihre Porträts göttliche Attribute adaptiert, aber sie

616 Zenobios 3,94 bezeugt Soma (vgl. Fraser (1972), II, 33, Anm. 80); Strab. 17,1,8 Sema; Arr. Succ. 1,24 bezeichnet nur die Mumie Alexanders als *soma*. Soma wäre insofern schlüssig, als damit die Bedeutung von Alexanders Leiche betont würde. Vgl. Erskine (2002), 166-167. Ein wenig verwunderlich erscheint, dass das Heiligtum nicht nach Alexander selbst benannt wurde, wie es beispielsweise beim Berenikeion für Berenike I. oder dem Arsinoeion für Arsinoë II. der Fall war.

617 Wie erfolgreich die Taktik Ptolemaios' IV. gewesen war, die Illusion einer unauflöslichen Einheit seiner Dynastie mit Alexander im kulturellen Gedächtnis der Alexandriner zu verankern, verrät die Episode des Grabbesuchs durch Octavian. Es galt für seine Führer als selbstverständlich, dass er Alexander und die toten Ptolemäer sehen wollte (Suet. Aug. 18,1; Dio 51,16,3-5). Vgl. Erskine (2002), 164; Dundas (2002), 441. Octavians brüske Antwort machte indes deutlich, dass eine neue Ära begonnen hatte, in der Alexander als einzig überlebender Mythos der hellenistischen Epoche getrennt von den Ptolemäern gesehen wurde. Die Einheit war durch ihren Untergang aufgelöst worden. Vgl. Bellen (1997), 72-76; Dundas (2002), 439-441.

618 Vgl. Krug (1992), 200; Grimm (2004), 376. Die Mumie wurde in einen Goldsarkophag gelegt, der später von Ptolemaios XI. geraubt und durch einen Sarkophag aus Glas – nach alternativer Lesung aus Alabaster (vgl. Erskine (2002), 164; Fraser (1972), I, 15; kritisiert von Schwarzenberg (1975), 244, Anm. 7, da Fraser kein Parallelbeispiel zitiert) – ersetzt wurde (Strab. 17,1,8). Zweifel an den technischen Möglichkeiten der hellenistischen Glasproduktion lassen die „Schneewittchenvariante" des Glassargs unplausibel erscheinen.

619 Minas (2000), 86.

620 Vgl. Schmitt (2005³b), 446-447; Seibert (1991), 89-90. Für Ptolemaios I. sind kultische Ehren in den Städten Rhodos, Milet, Naxos und innerhalb des Nesiotenbunds bezeugt, vermutet werden sie für Lindos und Kalymna. Vgl. Huß (2001), 325.

hatten nicht ihre Göttlichkeit in ihren Reichen dekretiert.[621] In der Entwicklung der Überhöhung des makedonischen Herrschertums waren sie auf einer Zwischenstation verharrt: distanziert gegenüber ihren adligen Führungsschichten aber auch noch mit gebührendem Abstand zu den Göttern: *isotheos*, nicht *theos*.

Dies trifft gerade auf Ptolemaios I. zu, der bei der Adaption von Götterattributen für sein Bild sparsam war und bei seinem Münzporträt selbst die Ägis in kalkulierter Ambivalenz wie ein makedonisches Herrscherattribut aussehen ließ. Auch wird vermutet, dass er sich auf einem Gemälde als Meleagros bei der kalydonischen Eberjagd in Begleitung von Dionysos darstellen ließ.[622] So blieb ein Zwischenstatus gewahrt, der sogar mehr auf Königlichkeit hinauslief: Ptolemaios zeigte sich in heldenhafter Rolle bei der Jagd, traditionell die prestigeträchtige Domäne des makedonischen Adels,[623] ausgestattet nur mit dem Herrschaftszeichen des Diadems und mit seiner Jagdwaffe. Die Göttlichkeit kam Dionysos zu.

Der Kult der *theoi Soteres*

Ptolemaios II. initiierte den Herrscherkult in Ägypten. Der erste Schritt war die postume Apotheose seines Vaters als *theos Soter*. Es bot sich an, Ptolemaios' Beinamen Soter zu seinem Kultnamen zu machen, da dies mit Rettung aus verschiedenen Nöten assoziiert werden konnte. Den neuen rettenden Gott konnte man in allen Lebenslagen anrufen.[624] Mit dem Fest der Ptolemaia wurde sein Kult über Alexandria hinaus in die Öffentlichkeit getragen und auch in anderen griechischen Städten gefeiert.[625]

Nach dem Tod von Berenike I. wurde auch sie vergöttlicht und bildete zusammen mit ihrem Mann das Götterpaar der *theoi Soteres*.[626] Das Fest

621 Vgl. Smith (1993), 207-208; Walbank (1987), 369.

622 Vgl. Donderer (1988), 781-799; Pfrommer (1998a), 54; Borchhardt (2002), 87; Seyer (2007), 135-137. Ein Mosaik aus Algerien gilt als römische Kopie des Gemäldes.

623 Die Eberjagd spielte dabei in Makedonien als männliches Initiationsritual eine besondere Rolle (Athen. 1,18 A). Aufgrund der Gefährlichkeit der Jagdbeute (Xen. Kyn. 10,9) galt sie durchaus als prestigiös. Vgl. Anderson (1985), 51, 55.

624 Vgl. Fears (1975), 593.

625 Vgl. Hölbl (1994), Huß (2001), 325.

626 Vgl. Wilcken (1938), 311. Für die Kulttitel der nachfolgenden Ptolemäer wurde die Formel *theos* mit Epithet musterhaft. Als königliche Titulatur in offiziellen Dokumenten, abgesehen von den Datierungsformeln, erschienen *theos* und Epiklesis aber erst seit Ptolemaios V., vgl. Johnson (2002), 113-116. Es sei Konsequenz des zunehmenden politischen Drucks gewesen. Siehe auch Gauger

der Ptolemaia behielt seinen Namen und wurde nicht umbenannt, obwohl nun auch die Göttin Berenike eine wichtige Rolle spielte.[627]

Damit Ptolemaios II. die Vergöttlichung seiner Eltern für seine Legitimation und Herrschaftsrepräsentation nutzen konnte, musste er die Akzeptanz der höfischen Führungsschicht gewinnen und ein Konzept entwickeln, um die Entrückung der *theoi Soteres*, ihren göttlichen Status und ihre Wirkungskraft in ideologische Formeln zu verpacken. Das hieß, dass für sie neue göttliche Images entwickelt und Kultstatuen entworfen werden mussten und es zu überlegen galt, welche göttlichen Eigenschaften sie insbesondere haben sollten und worauf sich ihre Schutzmächtigkeit speziell beziehen sollte.

Spuren davon, wie die *theoi Soteres* der Hofgesellschaft vorgestellt wurden, finden sich in der höfischen Dichtung. Theokritos und Kallimachos reflektieren offenbar die ptolemäische Inszenierung ihrer Vergottung. Demnach wurde diese Apotheose frei nach dem griechischen „*Mythos von der Entrückung durch die Götter*“[628] nicht als politische Maßnahme Ptolemaios' II. dargestellt, sondern als Götterwillen, dem er – sowohl als liebender Sohn als auch als gehorsam gegenüber den Göttern – mit der Einrichtung des Kults lediglich Folge leistete.

So beschreibt Theokritos im *Enkomion auf Ptolemaios* mit deutlich homerischen Anklängen:[629]

> ἰμοῦνος ὅδε προτέων ... ματρὶ φίλα καὶ πατρὶ θυώδεας εἵσατο ναούς. ἐν δ' αὐτοὺς χρυσῷ περικαλλέας ἠδ' ἐλέφαντι ἵδυται πάντεσσιν ἐπιχθονίοισιν ἀρωγούς. πολλὰ δὲ πιανθέντα βοῶν ὅγε μηρία καίει μησὶ περιπλομένοισιν ἐρευθομένων ἐπὶ βωμῶν αὐτός τ' ἰφθίμα τ' ἄλοχος.[630]

(2000), 122. Zur Parallele bei den Seleukiden: van Nuffelen (2004), 293-296. Alexanders Sonderstellung ist wohl auch daran zu erkennen, dass bei ihm das verdeutlichende *theos* nicht nötig war. Vgl. Walbank (1994^4), 222: „*Niemand hätte je von Zeus Theos gesprochen. Und was wäre es für ein Gott, für dessen Heil man zu den traditionellen Göttern betete?*“ Vgl. Thissen (1966), 82; Wilcken (1938) 311. Nock (1928), 38 resümiert: „*Ruler-cult was in the last resort the result of the impression made by personality; after that impression faded it was formalised*“.

627 Vgl. Wilcken (1938), 312; Huß (2001), 320.

628 Wilcken (1938), 313. Vgl. Gauger (1984), 269.

629 Vgl. Il. 22,170. Allgemein zur „*arte allusiva*“ der ptolemäischen Dichtung bezüglich der homerischen Epen vgl. Giangrande (1967), 85.

630 Theokr. 17,121-129. „*Als einziger ... hat er für die liebe Mutter und den Vater weihrauchduftende Tempel errichtet. Darin hat er sie selbst, in Gold und Elfenbein erstrahlend, aufgestellt als Schutzhelfer für alle Menschen. Viele fette Stierschenkel verbrennt er im Umlauf der Monde blutgeröteten Opferaltären; er selbst und die vortreffliche Gemahlin*“.

Den Tod von Ptolemaios I. stilisiert er zur Enthebung durch Zeus,[631] Berenikes Tod zur Entrückung durch Aphrodite:

> κάλλει ἀριστεύουσα θεάων πότν' Ἀφροδίτα, σοὶ τῆνα μεμέλητο. Σέθεν δ' ἕνεκεν Βερενίκα εὐειδὴς Ἀχέροντα πολύστονον οὐκ ἐπέρασεν, ἀλλά μιν ἁρπάξασα, πάροιθ' ἐπὶ νᾶα κατελθεῖν κυανέαν καὶ στρυγνὸν ἀεὶ πορθμῆα καμόντων, ἐς ναὸν κατέθηκας, ἑᾶς δ' ἀπεδάσσαο τιμᾶς.[632]

Noch expliziter dazu, wie Berenike zur Göttin wurde, äußert sich Theokritos in Idyll 15: „Κύπρι Διωναία, τὺ μὲν ἀθανάταν ἀπὸ θνατᾶς, ἀνθρώπων ὡς μῦθος, ἐποίησας Βερενίκαν ἀμβροσίαν ἐς στῆθος ἀποστάξασα γυναικός".[633]

Demnach belebte sie also der Göttertrank Ambrosia, der ihr in die Brust geträufelt wurde, zu göttlichem Leben nach dem Tod.[634] Zugleich belegt das Gedicht die Verbindung Berenikes zu und ihre Angleichung an Aphrodite.[635] Elizabeth Carney vermutet überdies, dass sie schon zu Lebzeiten in Verbindung mit der Göttin kultisch verehrt worden war,[636] wofür es jedoch an Belegen fehlt.

Aphrodite blieb weiterhin die Gottheit, mit der sowohl die Königin als auch die königliche Hetäre am häufigsten im hellenistischen Kult assozi-

---

631 Theokr. 17,17-19.

632 Theokr. 17,45-50. „*Hehre Aphrodite, an Schönheit unter den Göttinnen hervorragend, du nahmst dich ihrer an, und deinetwegen hat Berenike, die Wohlgestaltete, den leidvollen Acheron nicht durchquert, sondern du hast sie entrückt, ehe sie zum dunklen Schiff und dem stets finsteren Fährmann der Toten hinabgekommen war, und in den Tempel versetzt und ihr Anteil an deiner Ehre gegeben*". Vgl. Kosmetatou (2004b), 242, m. Anm. 63.

633 Theokr. 15,106-108. „*Kypris, Diones Tochter, du aber hast, wie es der Menschen Rede besagt, Berenike von einer Sterblichen zur unsterblichen Göttin gemacht, als du in die Brust der Frau Ambrosia geträufelt hast*". Vgl. Gow (1938), 182, 192; Helmbold (1951), 20; Burton (1995), 129; Pirenne-Delforge (1996), 842; Nock (1928), 33, Anm. 58. Zur Verbindung zu Dionysos vgl. Davies (1995), 155. Berenikes Lobpreisung diente auch dem Ansehen ihrer Tochter, da eine Parallele zwischen Dione und ihrer Tochter Aphrodite zu ihr und Arsinoë II. gezogen wurde. Vgl. Burton (1995), 75, 131-132; Hölbl (1994), 91; Lelli (2002), 15. Ähnliches scheint auch in dem stark zerstörten Ep. 114 A.-B. des Mailänder Papyrus angedeutet zu sein.

634 Vgl. Gigante Lanzara (1994) 116-117; Reed (2000), 335. Die These, analog zu Thetis' konservierender Behandlung von Patroklos' Leiche mit Ambrosia im Epos (Il. 19,38-39) sei eine Mumifizierung Berenikes I. anzunehmen (Hunter (1996), 133-134), ist wohl zu weit gegriffen. Es scheint sich um ein künstlerisches Stilmittel mit homerischer Anlehnung zu handeln. Relativierend auch: Stephens (2003), 153-154, die jedoch daran festhält, dass es sich um eine Reminiszenz an den ägyptischen Ritus des Einbalsamierens handelt. Wieso dies im Angesicht der homerischen Tradition noch nötig gewesen sein soll, erschließt sich indes nicht.

635 Theokr. 17,51-52.

636 Vgl. Carney (2000c), 33.

iert wurden.[637] Dieses Konzept ist schon in der Diadochenzeit zu fassen. So erhielt Phila, Tochter von Antipatros und Frau von Demetrios Poliorketes, um die gleiche Zeit wie ihr Mann und ihr Schwiegervater, Antigonos I., kultische Ehren als Aphrodite in Griechenland:[638] Demetrios' Günstling Adeimantos von Lampsakos ließ zwischen 306 und 302 v. Chr. im attischen Thria ein Philaion mit *agalmata* errichten.[639] „*This use of royal women became a model for many subsequent kings who would incorporate the women of their family in many of the public aspects of their rule, particularly in royal cults.*"[640] Stratonike, Gattin der ersten beiden Seleukiden, erhielt *temenos*, Kult und Stratonikeia auf Delos, wo sie als Stifterin aufgetreten war, und einen Kult und ein Stratonikeion in Smyrna als Aphrodite Stratonike.[641]

Bei den Hetären der Monarchen, die kultische Ehrungen als Aphrodite erhielten, lag die Verbindung mit der Göttin der Liebe und Schönheit nahe,[642] die beispielsweise in Abydos oder Korinth als Aphrodite Hetaira oder Porne von Hetären verehrt wurde.[643]

Vorreiter der Verehrung einer adligen Hetäre als Aphrodite war Alexanders Schatzmeister Harpalos, zu dessen Inszenierung auch gehörte,

637 Vgl. Carney (2000c), 33-40. Hera und Demeter spielten gegenüber Aphrodite diesbezüglich eine Nebenrolle. Das Image von Arsinoë II. stellt einen Sonderfall dar, abhängig von dem Präzedenzfall der Geschwisterehe, für das sich Hera als Referenzmodell anbot.

638 Vgl. Carney (2000a), 210; dies. (2000c), 31. Zur Hochzeit zwischen Phila und Demetrios: Plut. Dem. 14,2-3. Siehe ferner zu Phila: O'Neil (1999), 8.

639 Athen. 6,255 C. Vgl. Scott (1928), 235-236; Wehrli (1964), 142; Carney (2000a), 166; Savalli-Lestrade (2003), 68-69; Weber (1995), 301, m. Anm. 85. Carney (2000a), 218; dies. (2000c), 31-32 deutet ein Fragment von Alexis, in dem zu Phila Aphrodites Ehren getrunken wird (Athen. 6,254 A), als Hinweis auf einen Kult in Athen für Phila. In ihrem Fall kann die Assoziation mit der Göttin auch darauf anspielen, dass Demetrios Poliorketes von den Athenern als Sohn von Poseidon und Aphrodite gefeiert wurde (Athen. 6,253 C). Daraus mag die Betonung seiner körperlichen Schönheit in den Quellen resultieren (Athen. 6,253 D; Plut. Dem. 2,2).

640 Vgl. Carney (2000a), 166.

641 OGIS 228, Z. 3-5; OGIS 229). Vgl. Taeger (1957), I, 243; Carney (2000a), 219; dies. (2000c), 32; Savalli-Lestrade (2003), 70; Habicht (1956), 100; Kuhrt/Sherwin-White (1991), 84.

642 Hes. Erga 63-64. Vgl. Pirenne-Delforge (1996), 839-840; Hansen (2000), 3-4.

643 Athen. 13,571 C; 572 E-F; 573 C-D. Vgl. Ogden (1999), 263; Pirenne-Delforge (1996), 840; Carney (2000a), 223; dies. (2000c), 37; Marcovich (1996), 49. Für Naukratis wird ebenfalls ein solcher Kult vermutet, vgl. Scholtz (2002/03), 241.

dass er seiner verstorbenen Hetäre Pythionike in Babylon einen Tempel, Altar, Schrein und heiligen Bezirk als Pythionike Aphrodite weihte.[644]

Unter den Diadochen ist wiederum Demetrios Poliorketes zu nennen, für dessen Hetären kultische Ehren als Aphrodite überliefert sind. Allerdings ist schwer zu rekonstruieren, inwiefern er dies für seine Selbstdarstellung nutzen konnte. Seine Laufbahn ist insgesamt schwierig zu beurteilen, da die Überlieferung von der Perspektive seiner siegreichen Gegner geprägt ist, die ihn zum schwelgerischen, hochfahrenden Opfer von Dekadenz stempelte. In der literarischen Tradition figuriert er entsprechend als Paradeexempel des hellenistischen Tyrannen: prunksüchtig, mit einem doppelten Diadem, goldbestickten Purpurgewändern und -schuhen sowie einem Prachtmantel, von Plutarch, der ihn – durchaus nicht im positiven Sinn – an Dionysos angleicht, kritisch mit einem Theaterkostüm parallelisiert.[645] Zudem sei Demetrios voller Hybris und Distanz gegenüber den Makedonen aufgetreten,[646] ausschweifend und wollüstig gewesen.[647] Berichte zu seinem Umgang mit seinen Hetären, die bis ins Detail gehen, dominieren die Überlieferung.[648] Spuren in den Quellen hat auch sein Aufenthalt 304/3 v. Chr. in einem der Gästeräume im Parthenon hinterlassen.[649] Der Aufenthaltsort war ihm zugewiesen worden, weil Demetrios ebenfalls in Athen kultisch verehrt wurde;[650] entsprechend soll er Athena

644 Athen. 13,595 A-596 B. Zum Begräbnis und Grabmal: Diod. 17,108,5. Vgl. Müller (2006b), 71-106; Rossi (2000), 302; Carney (2000c), 30-31; dies. (2000a), 218.

645 Plut. Demetr. 41,4-5. Vgl. Scott (1928), 156, 222-239; Kienast (1973), 244-245; Wirth (1989), 194, m. Anm. 8; Blum (1998), 214-215. Sein Selbstporträt auf seinen Tetradrachmen zeigt indes kein doppeltes, sondern ein einfaches Diadem.

646 Plut. Demetr. 42,1-4. Die Makedonen seien empört gewesen, weil er kaum Audienzen gab und ein Bittgesuch in den Fluss geworfen haben soll. Der Vergleich mit Philipp II., der Demetrios zum Nachteil gereichte, deutet darauf hin, dass er es, ebenso wie Alexander, mit dem in der makedonischen Opposition gewachsenen „Philippmythos“ zu tun hatte. Zu Demetrios’ Problemen gegenüber den Makedonen vgl. Weber (1995), 286, 299-300, 303; Wallace-Hadrill (1982), 35; Bernhardt (2003), 244; Hammond/Walbank (1988), 229; Cagnazzi (2005), 134; Kebric (1977), 21-23, 54.

647 Athen. 6,535 F-536 A; Plut. Demetr. 1,7-8; 19,3-4; 24,1-3; 27,1-2; 41,3-42,4; 52,1-3. Vgl. Ehling (2000), 155; Bernhardt (2003), 243-244; Edson (1934), 243; Macurdy, G.H. (1932): A note on the jewellery of Demetrius the Besieger, AJA 36, 27-28.

648 Athen. 6,13,577 C-F; Plut. Demetr. 24,1; 27.

649 Plut. Demetr. 23,2.

650 Plut. Demetr. 10,3-4; 12,2-3. Zusammen mit seinem Vater Antigonos wurde er als Rettergott verehrt.

als seine ältere Schwester bezeichnet haben.[651] Laut Plutarch benahm er sich aber nicht, wie es sich für einen Gast im Heiligtum der göttlichen Jungfrau gehörte, sondern hielt dort Orgien mit seinen Hetären ab.[652]

Viele Negativtendenzen der antiken Berichte über Demetrios sind einer feindseligen Haltung der Quellen zuzuschreiben, doch die Prominenz des Hetärenthemas resultiert vermutlich nicht nur aus Propagandakampagnen seiner Gegner, sondern wird Bestandteil seiner eigenen Herrschaftsrepräsentation gewesen sein. Man kann davon ausgehen, dass Demetrios sein Liebesleben mit seinen Hetären zu einem gewissen Teil auch selbst öffentlich inszenierte. Diese Selbstdarstellung wurde indes missverstanden und in der griechischen Deutung als Ausdruck seiner Sittenlosigkeit gegen ihn verwendet.

Demetrios' Motiv, seine Liebschaften in seine Herrschaftsinszenierung einzubeziehen, wird etwas damit zu tun haben, dass für zwei seiner Hetären in Athen Kulte belegt sind, in denen sie mit Aphrodite assoziiert wurden: für Lamia und für Leaina.[653] Diese Kulte waren nicht – wie bei Harpalos – Demetrios' Initiative gewesen, sondern, wie auch die kultischen Ehren für ihn und seinen Vater, von Bürgern veranlasst worden, die in der griechischen Tradition prompt als Schmeichler verurteilt werden.[654]

Da sowohl Demetrios als auch Lamia und Leaina in Athen kultisch verehrt wurden, scheint es darauf hinauszulaufen, dass er seine Beziehungen zu den mit Aphrodite assoziierten Hetären als Ritual der Heiligen Hochzeit dargestellt hatte. Gerade das Athena-Heiligtum in Athen war ein geeigneter Ort für eine nachdrückliche Inszenierung des Sakralen.[655] Die Konstellation gleicht in Grundzügen dem alten östlichen Modell des göttlich erwählten Königs, für das die Akkadische Sargonlegende archetypisch ist: Erwählt und geliebt von der Göttin Ištar, übte Sargon, vom Gartenbauer zum König berufen, als ihr „geliebter Gatte" die Herrschaft

651 Plut. Demetr. 24,1.

652 Athen. 13,577 D; Plut. Demetr. 24,1; Clem. Alex. Protr. 4,54,6.

653 Athen. 6,253 A-B. Für Lamia in Athen und Theben. Vgl. Scott (1928), 236; Carney (2000c), 32; McClure (2003), 278, Anm. 38; Wheatley (2003), 34. Lamia trat in Sikyon auch als Stifterin auf. Vgl. Schmidt-Dounas (2000), 27. Zur Annahme, sie habe einen sprechenden Hetärennamen getragen, da er ein vampirähnliches Wesen bezeichne, vgl. Ogden (1999), 249; Wheatley (2003), 30-31. Ähnliches gilt für Leaina, eine weitere Hetäre des Demosthenes, deren Name auf ihre bevorzugte Stellung anzuspielen scheint.

654 Athen. 6,253 A-B.

655 Vgl. Clem. Alex. Protr. 4,54, 6. Wie auch Ogden (1999), 245, 263-264 vermutet. Zweifelnd dagegen: Wheatley (2003), 36, Anm. 42.

aus.[656] Dieses Muster des Mythos von der Geburt des Helden war in vielen Kulturen und Epochen präsent, wenn es darum ging, eine aus einem Prisma der Macht entstandene Herrschaft zu legitimieren und einen Kontinuitätsbruch zu neutralisieren.[657] So lehnt sich die Gründungslegende des Ptolemäerreichs, die Ptolemaios I. wie bereits ausgeführt als ausgesetztes Kind beschreibt,[658] das vom Zeusadler beschützt wird, ebenso an das Modell an wie die in der zweiten Generation aufkommende seleukidische Gründungslegende von Seleukos I. als leiblichem Sohn Apollons.[659] Demetrios scheint seine eigene Variante vertreten zu haben: Im Gegensatz zum Urmodell Sargons war es keine Heilige Hochzeit zwischen Göttin und sterblichem König, sondern zwischen Göttin – verkörpert durch die Hetäre – und Gott. Demetrios' enge Verbindung zu Aphrodite, die ihm auch die Athener in einem Hymnos bescheinigten, der ihn als Sohn Aphrodites und Poseidons verherrlicht,[660] diente seiner Darstellung als erwähltem Herrscher. Auch seinen „göttlichen Vater" bemühte Demetrios für seine Selbstdarstellung und ließ sich auf seinen Münzprägungen mit Stierhörnern darstellen,[661] die auf seinen besonderen Schutz durch Poseidon, der auf dem Revers abgebildet war, und auf seine Seesiege verwiesen.[662]

---

656 Studevent-Hickman/Morgan (2006), 18, 23-24; Marcovich (1996), 46; Harris (1991), 271.

657 Vgl. Müller (2009d).

658 Vgl. Kap. IV.2.

659 Just. 15,4,3-6; App. Syr. 56; Ael. h.a. 12,21.

660 Athen. 6,253 C. Er zitiert Demochares. Vgl. Scott (1928), 231, 233. Als *filius Neptuni* bezeichnete sich in der späten Republik auch Sextus Pompeius, der Sohn des Pompeius Magnus (Dio 48,19,2. 48,5; Hor. Epod. 9,7; Plin. n.h. 16,22). Vgl. Ehling (2000), 160, Anm. 44; Scott (1928), 220.

661 Vgl. Wheatley (1999), 9, Ehling (2000), 153-154; Thomas (2002a), 12.

662 Vgl. Nock (1928), 22, Anm. 4; Scott (1928), 220-222; Svenson (1995), 43; Brown (1995), 18, 88, Anm. 28; Bergmann (1998), 23; Ehling (2000), 154-160. Zu den Hörnern als Attribute des Poseidon, wie sie die Flussgötter tragen, vgl. Ehling (2000), 156-160. Scott (1928), 221 weist zudem auf die Bezeichnung Poseidons als Taureos und die enge Verbindung des Stiers zu seinem Kult hin. Als Gegenthese gilt, dass die Hörner sich auf Dionysos beziehen, vgl. Taeger (1957), I, 272; Smith (1988), 40, 64; Thonemann (2005), 83-84. Diese Vermutung stützt sich darauf, dass Plut. Demetr. 2,3 Dionysos als Leitfigur von Demetrios beschreibt. Dagegen ist aber einzuwenden, dass dies ein Vergleich war, der Demetrios zum Nachteil gereichte und vor allem Plutarchs Argument deutlich machen sollte. Es ist nicht erwiesen, dass Demetrios sich in seiner Herrschaftsrepräsentation wirklich an Dionysos anlehnte. Seine Münzen zeigen Poseidon und keine dionysischen Symbole. Eine Alternative, die jedoch nicht unbedingt überzeugt, schlägt

Die Gunst einer Gottheit war ein gängiger Programmpunkt monarchischer Legitimation. Demetrios' Variante ist auf eine ganz spezielle Weise auf seine Person bezogen: Aphrodites Gunst und Schutz offenbarte sich nicht nur darin, dass er militärischen Erfolg hatte, für den sie sorgte, sondern auch in der handfesten körperlichen Vereinigung mit der Gottheit, die nicht, wie etwa in der seleukidischen Legende, einmalig war, sondern öfters erfolgte. Dies galt anscheinend als höchster Gunstbeweis überhaupt. Vieles aus den Berichten über Demetrios' vermeintliche Verworfenheit ist daher auf seine um Authentizität bemühte Darstellung als Götterliebling zurückzuführen, die sein Prestige erhöhen sollte. In der Überlieferung wird dieser Aspekt seiner Repräsentation allerdings als Symptom seiner Lasterhaftigkeit missverstanden. Sein Modell der Einbindung der königlichen Geliebten als Verkörperungen Aphrodites in die Herrschaftsrepräsentation setzte sich im Hellenismus fort, auch in Alexandria, wo etwa die Geliebte Ptolemaios' II., Belistiche, als Aphrodite Belistiche verehrt wurde.[663]

Es ist zu betonen, dass Aphrodites erotischer Aspekt, wie er bei den königlichen Hetären zum Tragen kommt, nicht gleichermaßen ausschließliches Moment der Assoziation mit der Königin war, wie teilweise vermutet wird.[664] Zwischen der Symbolik der Aphrodite-Angleichung der Hetäre und der Königin muss vielmehr unterschieden werden. Die Differenz ist schon durch den Status bedingt: Die Königin war dynastisch relevant, die Hetäre nicht. Innerhalb des Zeichensystems des monarchischen Images musste die Angleichung an Aphrodite daher eine komplexere Botschaft beinhalten als erotische Anziehungskraft, so relevant sie auch für die Inszenierung von legitimer Nachfolge war.[665] Daher war Aphrodite bei der Königin auch in ihrem kriegerischen Aspekt oder als Schützerin von Liebe und Ehe und in Arsinoës Fall als Patronin der Seefahrt von Bedeu-

---

Kroll (2007), 117-118 vor: Es sei ein Zeichen der Macht und habe weder mit Dionysos noch mit Poseidon etwas zu tun.

663 Plut. mor. 753 E-F. Vgl. Kosmetatou (2004c), 18-36; Ogden (1999), 262; Cameron (1991), 295-304; Macurdy (1932), 124. Cameron nimmt an, dass ihre olympischen Siege im Wagenrennen Niederschlag in ihrer kultischen Verehrung als Aphrodite εὔιππος gefunden hätten. Laut Clem. Alex. Protrept. 4,48,1-3 wurde Belistiche nach ihrem Tod sogar im alexandrinischen Heiligtum des Sarapis begraben.

664 So argumentieren: Pomeroy (1984), 31-38; Gutzwiller (1992a), 363-368. Problematisch erscheint dabei auch, dass sie primär von den ptolemäischen Beispielen ausgehen (vgl. Gutzwiller (1992a), 364, Anm. 18; 366), obwohl die Gleichsetzung mit Aphrodite kein exklusiv ptolemäisches Phänomen darstellt.

665 Theokr. 17,38-44.

tung. Die Schönheit, die mit ihr assoziiert wurde, bezeichnete überdies Tugend, Prestige und Würde.[666]

Die Angleichung der königlichen Hetäre an Aphrodite – von den griechischen Autoren als Symptom von Dekadenz und Hybris kritisiert –,[667] sollte das Prestige ihres Geliebten erhöhen: „*That kings had sexual partners linked to Aphrodite obviously spoke to their own deified status*".[668]

Dieses Repräsentationsmodell des Göttergünstlings wurde anscheinend in der römischen Republik von Sulla aufgegriffen, der es für die politischen Strukturen kompatibel gestaltete. Vermutlich in seinen verlorenen Memoiren wurde von seiner älteren Geliebten Nikopolis berichtet, dem Namen zufolge eine Hetäre, die von ihm so bezaubert war, dass sie ihm ihr Vermögen hinterließ.[669] Sulla, der sich nach seinen Erfolgen in Griechenland als Liebling der Aphrodite/Venus darstellte, scheint Nikopolis zu einer Verkörperung Aphrodites stilisiert zu haben, die ihm mit ihrer Hinterlassenschaft den politischen Aufstieg ermöglichte.[670] In einer für die Republik angepassten Version des Modells der persönlichen Beziehung zwischen Gottheit und Günstling hieß das, dass der sakrale Charakter entsprechend heruntergebrochen und die Hetäre zur Geldgeberin wurde, die seine Karriere förderte.

Wie die Apotheose seiner Eltern Ptolemaios II. dabei helfen konnte, seine Legitimationsprobleme zu Regierungsbeginn zu neutralisieren und seine Konkurrenz auch im kulturellen Gedächtnis auszumanövrieren,[671] deutet Theokritos ebenfalls an. In *Idyll* 15 lässt er eine der Protagonistinnen, Praxinoa, ausrufen, Ptolemaios II. habe viele schöne Taten vollbracht, seit sein Vater unter die Unsterblichen aufgenommen worden sei.[672] Gemeint ist die Beseitigung von Raub und Gaunerei in den Straßen von Alexandria. Möglichweise wird Ptolemaios II. in dieser Passage mit Theseus gleichgesetzt, Vorbild des gerechten, tapferen, hilfsbereiten, beim

---

666 Athen. 13,566 C. Vgl. Carney (2000c), 35. Schon in den homerischen Epen diente Schönheit als Zeichen von „*heroic identity*" mit allen damit verbundenen Implikationen, wie am Beispiel des Achilles ersichtlich ist. Vgl. Marks (2005), 4.

667 Vgl. Plut. mor. 753 F zu Belistiche; Athen. 6,252 F zu Demetrios' Geliebten; Athen. 6,253 B zu Lamia; 13,595 A-E zu Pythionike und Glykera. Vgl. Schwarzenberg (1975), 261; Müller (2006b), 88-93.

668 Carney (2000c), 39. Vgl. dies, (2000a), 225: „*Cults to royal wives and royal hetairai ... had to do with power and accessibility to power ... The cult of the women connected to these divinely powerful men made them and their power somehow more accessible yet*".

669 Plut. Sulla 2,4.

670 Vgl. Müller (2009c), 202-203.

671 Theokr. 17,40-44. Vgl. Hazzard (1987), 150: „*Ptolemy thus directed the cult of the Theoi Soteres against the Eurydikean side of the family*".

672 Theokr. 15,46-47.

Volk beliebten Königs,[673] der ebenfalls gegen Räuber vorgegangen war.[674] Die explizite Betonung, Ptolemaios II. habe sich nach der Apotheose Ptolemaios' I. glänzend bewährt, scheint darauf hinauszulaufen, dass er als Sohn eines Gottes noch wirkungsmächtiger war als zuvor.

Die *theoi Soteres* waren zwar die ersten Ptolemäer, die vergöttlicht wurden, doch ließ Ptolemaios II. sie nicht in den eponymen Alexanderkult aufnehmen. Das erste Ptolemäerpaar, das kultisch an Alexander angeschlossen wurde, war das Paar der *theoi adelphoi*, während die *theoi Soteres* außen vor blieben. Angesichts seiner Bemühungen, die Apotheose seiner Eltern publik zu machen, hat dieses Phänomen zu Verwunderung und verschiedenen Vermutungen geführt, welche Gründe er dafür hatte.

Die ältere These, die *theoi Soteres* seien Teil der *theoi adelphoi* gewesen, wie die Münzserie mit den Doppelporträts beweisen würde, erwies sich als unhaltbar,[675] da sie in ptolemäischen Dokumenten stets als zwei verschiedene Paare genannt werden. Ein Beispiel ist die Inschrift von Adulis, in der sich Ptolemaios III. als Sohn der Geschwistergötter und Enkel der Rettergötter vorstellt:

> Βασίλεὺς μέγας Πτολεμαῖος, υἱὸς βασίλέως Πτολέμαίου καὶ βασίλισσης Ἀρσινόης θεῶν Ἀδελφῶν, τῶν βασίλέω(ς) Πτολέμαίου καὶ βα]σίλισσης Βερενίκης θεῶν Σωτήρων.[676]

Ludwig Koenen vermutet, dass vor allem an die ägyptische Bevölkerung gedacht worden sei: Ptolemaios II. habe verhindern wollen, dass sie durch die Eingliederung Ptolemaios' I. an Alexander erinnert wurde, der in ihrer Sicht keine herausragende Stellung gehabt und damit den göttlichen Status der Ptolemäer gemindert hätte.[677] Eine weitere Annahme lautet, Ptolemaios II. habe gar keinen dynastischen Kult angestrebt, sondern als *synnaos*

---

673 Isok. 10,21f. 37; Strab. 1,2,8; Diod. 4,59-62. Vgl. Mommsen (2002), 437.

674 Plut. Thes. 8; Apollodor. 3,217. Vgl. Mommsen (2002), 436. Die Bestimmung einer bildlichen Darstellung Ptolemaios' II. als Theseus ist indes umstritten, vgl. Thomas (2002a), 49.

675 Zur Widerlegung vgl. Wirth (1959), 1638; Taeger (1957) I, 292. Es sei nicht zulässig, Revers- und Aversschriften in der frühptolemäischen Zeit durchgehend zu lesen. Der Titel „Schwester" für die ptolemäische Königin sei zudem erst seit der Geschwisterehe Ptolemaios' II. mit Arsinoë II. eingeführt worden. Die *theoi adelphoi* bezeichneten daher speziell das zweite Ptolemäerpaar.

676 OGIS 54, Z. 1-3. „*Der große König Ptolemaios, Sohn des Königs Ptolemaios und der Königin Arsinoë, der Geschwistergötter, (Kinder) des Königs Ptolemaios und der Königin Berenike, der Rettergötter*".

677 Vgl. Koenen (1993), 54-55: „*If, however, it was better to leave Alexander out of the Egyptian cult, then it was also convenient to avoid the introduction of Soter into the series.*"

theos von Alexander direkt an dessen Göttlichkeit anknüpfen wollen.[678] Eine dritte These geht davon aus, dass Ptolemaios I. Instruktionen hinterlassen hatte, die seinen Anschluss an Alexander aus Respekt vor dessen Person verboten hätte.[679] Letztlich muss die Frage unbeantwortet bleiben, weshalb es zu der späten Eingliederung der *theoi Soteres* in den eponymen Kult kam; zu überlegen wäre vielleicht, ob es daran liegen könnte, dass die vergöttlichten Eltern im Repräsentationskonzept Ptolemaios' II. zwar eine immens wichtige Rolle einnahmen, aber im Zentrum eben doch die Dualität von ihm und seiner Schwester stand.

Der Kult der *theoi Soteres* wurde erst 215/14 v. Chr. unter Ptolemaios IV. in den eponymen Herrscherkult aufgenommen.[680] Im Rahmen seiner Systematisierung und Intensivierung des Kults verfolgte er offenbar die Politik, zurück zu den Wurzeln zu gehen. Er integrierte nicht nur die *theoi Soteres*, sondern richtete im oberägyptischen Ptolemais auch einen eponymen Kult für Ptolemaios I. Soter ein,[681] der eventuell dort schon zu Lebzeiten als *ktistes* verehrt worden war,[682] und ließ sich selbst als *synnaos theos* von Soter verehren.[683] In den Zeiten der thebaischen Sezession sollte das entfernte Oberägypten anscheinend über die griechische Bevölkerung in Ptolemais fester an die Krone gebunden werden.[684]

---

678 Vgl. Minas (2000), 86, 91-92, 113, im Anschluss an: Tondriau, J. (1953): Quelques problèmes religieux ptolémaïques, Aegyptus 33, 125-130. Siehe auch Wilcken (1938), 316; Visser (1938), 15. Dagegen verweist Taeger (1957), I, 297-298 auf die Münzprägung Ptolemaios' II., die klar seinen Vater, nicht Alexander, als Archegeten der Dynastie dargestellt habe. Vgl. Pfeiffer (2004), 71, der die These als unplausibel kritisiert, weil Ptolemaios III. dem Kult zwar eine dynastische Prägung verlieh, aber die *theoi Soteres* auch nicht einbezog.

679 Vgl. Fraser (1972), I, 217-218. Aufgegriffen von Buraselis (1982), 44; Pfeiffer (2004), 71-72. Ähnlich: Johnson (1999), 54. Diese Annahme wirft insofern Zweifel auf, da sie auf ein fiktives Persönlichkeitsbild Ptolemaios' I. abzielt.

680 Vgl. Hölbl (1994), 150. Die Aufnahme der *theoi Soteres* sei mit dem Bau des Sema zusammengefallen. Die Grabanlage habe den Dynastiekult in Alexandria vollendet, in diesem Zuge sei auch den *theoi Soteres* ein Platz eingeräumt worden.

681 Vgl. Minas (1998), 55; dies. (2000), 114; Hölbl (1994), 85; Quaegebeur (1989a), 95; ders. (1989b), 46; Winter (1978), 157; Ashton (2001), 17; Leschhorn (1984), 226-229.

682 Vgl. Minas (2000), 85; Habicht (1956), 123; Hölbl (1994), 85; Koenen (1993), 36-37; Wilcken (1938), 309. Für die Zeit vor Ptolemaios IV. gibt es für den Kult jedoch keine Zeugnisse.

683 Vgl. Hölbl (1994), 151; Minas (2000), 114. Der Priester wechselte nicht jährlich wie der eponyme Priester in Alexandria, wurde aber ebenfalls durch den König berufen.

684 Vgl. Hölbl (1994), 152-153; Minas (2000), 114, 119; Manning (2003), 36-37. Vgl. Krug (1992), 200. Seit der Rückgewinnung der Thebais durch die Ptolemäer ist

In ägyptischen Tempeln sind wenig Belege für die Verehrung der *theoi Soteres* zu finden; sie konzentrierte sich anscheinend auf die beiden Zentren des griechischen Dynastiekults, Alexandria und Ptolemais.[685]

Der Kult der *theoi adelphoi*

Während das erste Ptolemäerpaar postum zu göttlichen Ehren gekommen war, wurde dies ab dem zweiten Ptolemäerpaar schon zu Lebzeiten üblich. 272/71 v. Chr.,[686] nach ägyptischer Zählung in seinem 14. Regierungsjahr, wie die Liste der eponymen Priester belegt, ließ Ptolemaios II. sich als erster lebender ptolemäischer Herrscher vergöttlichen,[687] getreu dem Prinzip der Dualität gemeinsam mit Arsinoë II., die somit die erste Ptolemäerin war, die zu Lebzeiten divinisiert wurde.[688] Ihr Kultname entsprach der Programmatik des Repräsentationskonzepts: Sie wurden als *theoi adelphoi*, Geschwistergötter,[689] verehrt und an Alexanders Reichskult angeschlossen.[690] Nach diesem Modell ließen sich auch die folgenden Ptolemä-

---

auch eine Kanephore der Arsinoë Philadelphos in Ptolemais (seit 185/84 v. Chr.) fassbar.

685 Vgl. Lanciers (1992), 207; Thompson (2003), 114.

686 Vgl. Lanciers (1992), 207; Walbank (1994⁴), 218; Hölbl (1994), 87-88; Wilcken (1938), 311; Brun (1991), 10, Anm. 36; Plantzos (1991/92), 120; Huß (2001), 325; Grimm (1998), 70; Habicht/Jones (1989), 326; Fraser (1964), 74, Anm. 11; Buraselis (1982), 54; Albersmeier/Minas (1998), 5; Teixidor (1988), 190; Carney (2000c), 33; Hauben (1970), 65.

687 P. Hib. II 199, col. 2, Z. 12-17. Vgl. Quaegebeur (1989a), 95; Weber (1993), 172, Anm. 1. Der Name des Priesters von Alexander und den *theoi adelphoi* soll allen Verträgen angefügt werden.

688 Vgl. Longega (1968), 103-104.

689 Herond. 1,30. Teils als unecht angefochten, von Cunningham, I.C. (1971) (Hg.): Herodas, Mimiambi. Introduction, commentary, and appendices, Oxford, 66 aber als historisch herausgestellt.

690 Vgl. Huß (2001), 325; Lanciers (1992), 207; Quaegebeur (1989a), 95; Minas (2000), 86. Laut Chaniotis (2003), 437 und Clauss (1995), 11 geschah dies erst nach Arsinoës Tod, was aber wohl nicht zutrifft. Uneinigkeit besteht darüber, ob das erfolgreiche kultische Konzept Ptolemaios' II. sich auf das Seleukidenreich auswirkte. So wird diskutiert, ob Antiochos III. nach ptolemäischem Vorbild als erster Seleukide zu Lebzeiten einen Reichskult für sich, seine Geschwistergattin Laodike und seine *progonoi* einrichtete oder ob bereits Antiochos I. im Zuge der Rivalität der verfeindeten Dynastien seinen Vater Seleukos I. nach dessen Tod 283 v. Chr. divinisiert und eine Verehrung der *progonoi* eingeleitet hatte. Vgl. Wilcken (1938), 318-321, Macurdy (1932), 87. In einem Brief an seine Satrapen aus dem Jahr 193 v. Chr. schrieb Antiochos III., man möge die Ehren für seine Frau Laodike verstärken; im ganzen Reich sollten ihre Priesterinnen vor ihrem Bild

erpaare vergöttlichen und wiederum ihrem Kult anschließen, so dass eine genealogische Götterpaarreihe entstand, die bei den *theoi adelphoi* begann, bis Ptolemaios IV. die *theoi Soteres* einfügte und an den Anfang setzte.[691]

Ptolemaios II. initiierte die kultische Verehrung der *theoi adelphoi* auch in der ägyptischen Chora.[692] In einem Kult in einheimischen Formen wurden die Geschwister als *synnaoi theoi* in die ägyptischen Tempel eingeführt.[693] Die Priester begingen die täglichen Kultrituale vor den *agalmata* der Ptolemäer im Tempel oder in Schreinen,[694] die in ägyptischem Stil gestaltet waren, wie das Raphiadekret dokumentiert.[695] Auch im Tempelhof wurden monumentale Skulpturen der Ptolemäer postiert, um den

---

Kulthandlungen vollziehen, analog zur Verehrung seiner Person durch seine Priester (OGIS 224). Vgl. van Nuffelen (2004), 278; Rostovtzeff (1935), 59-61; Sismondo Ridgway (1987), 408. Aus der Erwähnung, dass es bereits Priester für den König und seine Vorfahren gab, wird geschlossen, dass Antiochos III. den dynastischen Kult gegen 204 v. Chr. installiert und die Ehren für Laodike 193 v. Chr. integriert hatte. Dagegen Rostovtzeff (1935), 59-66: Es habe schon zuvor einen seleukidischen Kult gegeben, der Alexander als ersten Vorfahren und auch Apames achaimenidische Ahnen erfasst habe. Antiochos III. habe in seiner Reorganisation des Kults sowohl Alexander als auch die Achaimeniden daraus entfernt. Zur Gegenposition vgl. van Nuffelen (2004), 285; Ma (2003), 32. Teilweise wird vermutet, Antiochos III. wollte mit dem Ahnenkult einen Anspruch auf die Restitution des Reichs seiner Vorfahren legitimieren.

691 Vgl. Lanciers (1992), 207.

692 Vgl. Wilcken (1938), 314-315.

693 Wie die Pithomstele (Z. 20-21) für die eponyme Neugründung Arsinoë am Roten Meer belegt: „*Gebaut wurde ein Gotteshaus der (Königin Arsinoë II.), die ihren Bruder liebt (Philadelphos). Er stellte die Statuen der Götter Geschwister dort auf. Alle Gebräuche der Gründung eines Hauses … wurden dort vollzogen durch die Gottesdiener und die Priester seines Vaters Atum… wie es getan wird für die Tempel von Ober-Ägypten und Unter-Ägypten*“ (Übers. G. Roeder).

694 Pithomstele, Z. 21; Raphiadekret, 31-33. Vgl. Kyrieleis (1975), 140; Quaegebeur ders. (1983a), 306 ; ders. (1989a), 102, 107, 111. Der Priester in Memphis für den ptolemäischen Dynastiekult und ihrer einzelnen Mitglieder hieß „*Prophet der göttlichen Statuen*“. Vgl. Winter (1978), 156; Borchhardt (2002), 86; Sauneron (1966), 98-99; Lanciers (1992), 207: „*Beim Vollziehen von Ritualen und Handlungen die seit alters her zum Kult der traditionellen ägyptischen Götter gehörten, kam der ägyptische Klerus somit fortwährend mit der Idee der Göttlichkeit der ptolemäischen Herrscher in Berührung, die zweifelsohne von Alexandria aus zur Legitimation der griechisch-makedonischen Oberherrschaft propagiert wurde*“. Neben Statuen konnten auch Gemälde bei einer Prozession mitgeführt werden, vgl. Stewart (1993), 171; Kyrieleis (1975), 139-140: Die tragbaren Kultstatuen seien nicht sehr groß und aus vergoldetem Holz oder leichteren Materialien gewesen.

695 Raphiadekret, 33. Vgl. Albersmeier (2002b), 15.

Besuchern die neuen Götter bildlich vor Augen zu führen.[696] Bei Prozessionen wurden kleinere Kultstatuen in Schreinen mitgeführt.[697]

Verstreute Quellenbelege lassen erahnen, dass der griechischen Version des Kults der Geschwistergötter über Alexandria hinaus Erfolg beschieden war.[698]

Umstritten ist, ob ein Fragment des Komödiendichters Alexis, das ungefähr in die Zeit des Chremonideischen Kriegs fällt,[699] auf ihren Kult Bezug nimmt. Darin heißt es, er habe zu Ehren Ptolemaios' II. und seiner Schwester jeweils vier Becher ungemischten Weins geleert.[700] Teils wird vermutet, dass es sich dabei um den Schluck vor dem Umtrunk bei griechischen Banketten für einen Gott, üblicherweise für Dionysos, gehandelt habe.[701] Dagegen steht die These: „*The drink is a toast, not a sacrificial libation, and can easily be taken to be a comic gesture of casual nature*".[702] Auf jeden Fall muss das Genre dieser Quelle, die Komödie, berücksichtigt werden. Andererseits kann auch die Verspottung des Kults der Geschwistergötter im Bühnenkontext als Beleg gelten, dass er einen hohen Bekanntheitsgrad in der griechischen Welt erlangt hatte. Alexis' Publikum musste die Anspielung verstehen, um sich amüsieren zu können.

696 Quaegebeur (1989a), 102. Als Beispiel gelten die Kolossalstatuen Arsinoës und ihres Bruders im Museo Gregoriano Egizio des Vatikans. Ihre Identifikation erfolgte anhand ihrer Namenszüge in den Inschriften der Rückenpfeiler. Es handelt sich um überlebensgroße Standbilder aus Rosengranit. Vgl. Stanwick (2002), 98, A 4; Quaegebeur (1978), 253; Albersmeier (2002b), 371-373. Arsinoë trägt eine dreiteilige Perücke mit Doppeluräus. In der rechten Hand hält sie eine Bahn gefalteten Stoffs. Die Krone der Statue, für die ein Aufsatz angebracht war, ist nicht erhalten. Ptolemaios II. trägt Nemes mit Uräus und Lendentuch.

697 P. Oxy. 27,2465; Burstein (1985), Nr. 93; Mendesstele, Z. 13-14. Vgl. Winter (1978), 156; Albersmeier/Minas (1998), 13.

698 So geht aus einer Inschrift aus dem lykischen Xanthos hervor, dass es dort ein Fest für sie gab, das Tieropfer und Geschenksendungen beinhaltete (SEG 36 (1986), Nr. 1218). Vgl. Bousquet, J. (1986): Lettre de Ptolémée Euergète à Xanthos de Lycie, REG 99, 22-32; Weber (1993), 179, Anm. 1.

699 Vgl. West (1977), 315.

700 Athen. 11,502 B-C. Auch Poseidipp. Ep. 2 A.-B. (= col. I 6-9) erwähnt das Zutrinken aus einem Trinkhorn, *keras*. Kuttner (2005), 148 sieht dies im Kontext des Kults für Arsinoë Zephyritis, als Parallele zu Ep. 38 A.-B. (= col. VI 26-29). Ebenso Gutzwiller (2005), 299.

701 Vgl. Carney (2000a), 218. Zum Schluck auf den Gott vgl. Taylor, L.R (1927): The „proskynesis" and the Hellenistic ruler cult, JHS 47, 53-62, hier 59; Scott (1928), 154-155. Dagegen vgl. Tarn (1928), 211-212.

702 West (1977), 315.

Der erste eponyme Priester der *theoi adelphoi* im griechischen Kult hieß Kallikrates.[703] Da das Amt eine hohe Ehre darstellte, die nur einflussreichen griechischen und makedonischen Höflingen zukam,[704] handelt es sich wahrscheinlich um Kallikrates von Samos,[705] einen der einflussreichsten *philoi* am Hof, der zwischen den 270er und 250er Jahren ptolemäischer Nauarch war.[706] In den Quellen taucht Kallikrates als loyaler Höfling der Ptolemäer auf, der sich insbesondere durch Stiftungen zu ihren Ehren hervortat. In Kanopos weihte er einen Tempel für Isis und Anubis,[707] aus seiner Heimat Samos stammt eine Weihinschrift für Ptolemaios II. und Arsinoë II.[708] und in Olympia stiftete er zwischen 276/75 und 270 v. Chr. ein Ehrenmonument für sie,[709] das gegenüber den Heiligtümern von Hera und Zeus, ihren endogamen Referenzmodellen, errichtet wurde.[710] Die Kapitelle trugen bronzene Bildnisstatuen der königlichen Geschwister,[711]

---

703 P. Hibeh. II 199, col. 2, 12-17. Vgl. Hauben (1970), 41; Ijsewijn (1961), 64; Bing (2002/03), 244.

704 Vgl. Hauben (1970), 65.

705 Vgl. ebda., 41: „*Without doubt he is to be identified with the nauarch*". Bestätigt von Kyrieleis (1975), 144; Bingen (2002), 50; Bing (2002/03), 244; Capriotti Vitozzi (2000/01), 188, die ihn allerdings mit der – weiblichen – Kanephore der *thea Philadelphos* verwechselt.

706 Vgl. Bing (2002/03), 244. Neben einer kretischen Proxenie ist für ihn eine Ehrenstatue auf Delos bezeugt, die der Nesiotenbund gestiftet hatte.

707 Vgl. Hauben (1970), 40-41. Eine zweite private Stiftung von einem Chairemon stand in Halikarnass und galt Sarapis, Isis und Arsinoë Philadelphos, vgl. Chaniotis (2003), 442. Bing (2002/03), 266 sieht Kallikrates als Verkörperung der an Ägypter sowie Griechen und Makedonen gerichteten Politik seines Königs „*to mediate between old world and new.*"

708 OGIS 29. Vgl. Bing (2002/03), 245-246; Longega (1968), 89.

709 Vgl. Hoepfner (1971), 12-15; Ghissellini (1998), 209-210; Hintzen-Bohlen (1992), 77-78; Schmidt-Dounas (2004), 100; Bing (2002/03), 253. Vgl. Hauben (1970), 35, der aus Arsinoës Bezeichnung als *basilissa* ableitet, dass die Stiftung zu ihren Lebzeiten entstand. Vgl. Longega (1968), 88.

710 Vgl. Hintzen-Bohlen (1992), 77-80; Schmidt-Dounas (2000), 203-205.

711 Vgl. Hintzen-Bohlen (1992), 77. Gemäß der Rekonstruktion handelte es sich um ein marmornes Bathron, das sich in der Mitte der Frontseite zu einer Exedra öffnete und an den äußeren Enden jeweils von einer marmornen Säule flankiert wurde. Die ungewöhnliche Bauform wird als ägyptisierend bezeichnet; die Säulen seien mit Obelisken zu vergleichen. Es habe sich um eine Anspielung auf das Herrschaftsgebiet der Ptolemäer gehandelt. Vgl. Hoepfner (1971), 47-48. Akzeptiert von Bing (2002/03), 254; Hintzen-Bohlen (1992), 77, 79. Die These wirft indes die Frage nach den Adressaten auf. Die polyvalente ptolemäische Repräsentation richtete sich in ihren Hauptelementen nach der Kultur der jeweiligen Rezipienten. Daher ist nicht recht ersichtlich, weshalb in Olympia ägyptische Elemente als tragende Komponenten verwendet werden sollten.

wodurch ein „*eternal visual dialogue between the two sibling-couples within the sacred place*“ entstand.[712] Als „*kompositionelles Gegengewicht*“ zum Philippeion, das sich im westlichen Teil des Temenos befand, verwies das ptolemäische Ehrenmonument überdies auf den ptolemäischen Anspruch, von den Argeaden abzustammen.[713]

Angesichts dieser komplexen Symbolik des Kunstwerks ist wahrscheinlich, dass der Stifter Kallikrates entweder im ptolemäischen Auftrag gehandelt, zuvor genaue Weisungen von Seiten des Königs und seiner Berater eingeholt oder sich den Entwurf von ihnen hatte absegnen lassen.[714] Eine höfische Regie lässt sich auch bei Kallikrates' berühmtester Weihung vermuten: dem Heiligtum für Arsinoë II. am Kap Zephyrion, das zwischen Pharos und Kanopos östlich von Alexandria situiert war.[715] Dort wurde sie in griechischen Kultformen als Aphrodite Euploia, Zephyritis, Arsinoë Kypridos oder Kypris von Zephyrion verehrt.[716] Ihr Kultimage war von maritimen Aspekten geprägt und beinhaltete zusätzliche Elemente der ptolemäischen Ideologie, die anscheinend vom Hof als relevant für eine Schutzgöttin erachtet wurden.

Der Kult der Kypris Zephyritis

Es lag nahe, dass ein Tempel am Meer, der in der Nähe einer großen Hafenstadt lag, die zudem Residenz einer Dynastie war, die für sich die Ägäisherrschaft beanspruchte, und überdies von einem Flottenführer gestiftet worden war, maritime Symbolik hatte und von Seefahrern besucht wurde.[717]

---

712 Kosmetatou (2004c), 24. Vgl. Bing (2002/03), 254. Vgl. OGIS 26, 27.

713 Vgl. Hintzen-Bohlen (1992), 78. Die nach Westen ausgerichtete Architektur implizierte eine Blickrichtung der Statuen zum Philippeion, dem angeblichen Großvater der Geschwister, und damit den Brückenschlag zu den Glanzzeiten der makedonischen Monarchie. Die Bezüge innerhalb dieser speziellen *sacra conversazione* laufen auf ein wichtiges Thema der ptolemäischen Selbstinszenierung hinaus: die Abstammung von den Argeaden.

714 Vgl. Hintzen-Bohlen (1992), 79.

715 Strab. 17,1,16: „καὶ τὸ Ζεφύριον, ἄκρα ναΐσκον ἔχουσα Ἀρσινόης Ἀφροδίτης“. „*und das Zephyrion, ein Felskliff mit einem Schrein der Arsinoë-Aphrodite*“. Vgl. Poseidipp. Ep. 116 A.-B. (12 G.-P.), Z. 1-2; Athen. 7,318 D; Steph. Byz. s.v. *Zephyrion*.

716 Poseidipp. Ep. 116 A.-B. (12 G.-P.), Z. 6; Ep. 39 (= col. VI 30-37); Kallim. Ep. 14 Asp. (5 Pf.), Z. 1-2; Strab. 17,1,16. Vgl. Fraser (1972), I, 239; Gigante Lanzara (2003), 338.

717 Poseidipp. Ep. 39 A.-B. (= col. VI 30-37). Vgl. Longega (1968), 106-107; Scherf (2002), 767; Hauben (1970), 66: „*By identifying the deceased queen with the Protectress of*

So verwundert nicht, dass für Arsinoës Kultimage am Kap Zephyrion die Göttin Modell stand, die aus dem Meeresschaum geboren,[718] mit Seefahrt verbunden war und daher als Akraia, Euploia, Pelagia, Pontia und Zephyritis verehrt werden konnte: Aphrodite.[719] Die Angleichung der Kunstfigur der göttlichen Arsinoë Zephyritis an Aphrodite betraf allerdings nicht nur die Schutzfunktion für Seefahrer, sondern auch für Liebe und Ehe; Arsinoë wurde von jungen Frauen in Herzensangelegenheiten konsultiert.[720] Kein Zufall mag sein, dass auf Kos, der Geburtsstätte Ptolemaios' II.,[721] in hellenistischer Zeit ein Kult der Aphrodite Pandemos und Pontia gepflegt wurde, der sich an Seefahrer und Bräute richtete.[722]

Seafarers, the admiral made her patroness of the Ptolemaic navy, which was entrusted to his command". Vgl. Bing (2002/03), 245; Carney (2000a), 223; Robert, L. (1966): Sur un décret d'Ilion et sur un papyrus concernant des cultes royaux, in: Essays in honor of C. Bradford Welles, New Haven, 175-211, bes. 201-202. Ein Hinweis auf Arsinoës Partizipation an der ptolemäischen Seepolitik zu ihren Lebzeiten (so Chaniotis (2003), 442), ist jedoch durch diese Assoziation nicht gegeben. Plantzos (1991/92), 132 sieht eine gleichzeitige Identifikation mit Agathe Tyche, wahrscheinlich, da ihr im Tempel auf Delos ebenso wie Arsinoë Zephyritis vergoldete Muscheln dargebracht wurden. Vgl. Macurdy (1932), 125; Capriotti Vitozzi (2000/01), 190. Ungeklärt ist, ob der in einem ägyptischen Weihrelief für die vergöttlichte Arsinoë erwähnte „*Schiffer der Arsinoë*", ΝΑΥΤΗΣ Α[Ρ]Σ[Ι]ΝΟΗΣ, mit dem Kult der Arsinoë Zephyritis in Zusammenhang steht. Vgl. Albersmeier/Minas (1998), 11, m. Anm. 22. Da dies ein griechischer Kult war, spricht allerdings nicht viel dafür. Der ägyptische Stifter bekleidete das Priesteramt des Pastophoren und arbeitete vielleicht auf einem Schiff, das entweder der Königin gehörte, nach ihr benannt war oder eines der Kornschiffe aus dem Gau Arsinoites war. Vielleicht handelte es sich auch um ein Handelsschiff mit Textilien, womöglich Kultgewändern, da das Amt des Pastophoren sich gemäß Lanes Deutung von der Textilie, die der Priester trug, ableitete. Vgl. Lane, E.N. (1989): ΠΑΣΤΟΣ, Glotta 66, 100-123.

718 Hes. Theog. 187-193. Vgl. Sourvinou-Inwood (1974), 129; Hansen (2000), 3-18.

719 Paus. 2,34,11. Vgl. Pirenne-Delforge (1996), 840; Carney (2000a), 323, Anm. 94; Flemberg (1991), 14-15; Schorn (2001), 210-211; Huxley (1980a), 241; Fraser (1972), I, 238-240; Hansen (2000), 4; Pirenne-Delforge, V. (1996): L'Aphrodite grecque, Athen/Liège 1994, 433-437; Scholtz (2002/03), 237-242; Miranda, E. (1989): Osservazioni sul culto di Euploia, MGR 14, 123-144. Bickel (1941), 95 weist darauf hin, dass griechische Aphrodite-Heiligtümer meist an der Küste lagen. Ein Beispiel dafür, dass ein Schiff in Seenot gerettet wurde, weil es eine Aphroditestatuette an Bord hatte, beschrieb Polycharmos von Naukratis in Περὶ Ἀφροδίτης (Athen. 15,675 F-676 C). Vgl. Scholtz (2002/03), 237-242.

720 Vgl. Rossi (2000), 305-309; Schröder (2004), 38-39, m. Anm. 43 u. 47: „*Dieses Heiligtum bietet einen sicheren Hort gegen jeden Sturm, sei es auf dem Meer, sei es in der Liebe*". Zu Aphrodite: Il. 5,429.

721 Kallim. Hymn. 4,160-170; Theokr. 17,58-76; Diod. 20,27,3; Marmor Parium, FGrHist. 239 B 19. Gemäß der Datierung von Hauben, H. (1992): La chronolo-

Die These, Aphrodites Beschützerfunktion für die Ehe, wie sie im ptolemäischen Kult Ausdruck findet, resultiere aus ihrer Gleichsetzung mit Isis und zeige eine Überlagerung griechischer Vorstellungen durch ägyptische Elemente,[723] ist problematisch. Arsinoë Zephyritis wurde in einem griechischen Kult verehrt; die Anlehnung an Isis war jedoch Bestandteil des ägyptischen Tempelkults der Arsinoë Philadelphos.

Der Kult am Kap Zephyrion bestand parallel zum Kult der *theoi adelphoi* und zu Arsinoës reichsweitem Einzelkult der *thea Philadelphos*. Die Grenzen der Images sind dabei fließend, die Elemente ähnlich und häufig identisch.[724] Ob der Kult am Kap postum oder noch zu ihren Lebzeiten eingerichtet wurde, ist ungewiss. Teils wird letzteres angenommen, weil Poseidippos sie in einem Epigramm, das sie als Kypris Zephyritis beschreibt, mit *basilissa* bezeichnet.[725]

Wie ihr göttliches Image als Zephyritis und Arsinoë Euploia[726] von der Regierung gestaltet wurde, findet ihr Echo in der höfischen Dichtung, in der ihr Kult am Kap Zephyrion ein beliebtes Motiv war.[727] So thematisiert Kallimachos die Weihung einer Muschel durch eine junge Frau namens Selenaie:

> Κόγχος ἐγώ, Ζεφυρῖτι, παλαίτερον, ἀλλὰ σὺ νῦν με, Κύπρι, Σεληναίης ἄνθεμα πρῶτον ἔχεις, ναυτίλος ὃς πελάγεσσιν ἐπέπλεον, εἰ μὲν ἀῆται, τείνας οἰκείων λαῖφος ἀπὸ προτόνων ... ἔστ' ἔπεσον παρὰ θῖνας Ἰουλίδας ὄφρα γένωμαι

---

gie macédonienne et ptolémaïque mise à l'épreuve, CE 67, 143-171, hier 159 am 12. Dystros (= 12. November) 309.

722 Vgl. Scholtz (2002/03), 241. Zu Zeugnissen vgl. Parker, R./Orbink, D. (2000): Aus der Arbeit der „Inscriptiones Graeca" VI. Sales of priesthood on Cos I, Chiron 30, 415-449.

723 Vgl. Stephens (2003), 155.

724 So wird Arsinoë in einem Epigramm, das eine Weihegabe für sie als Zephyritis behandelt, als Philadelphos angeredet (Poseidipp. Ep. 36 A.-B. (= col. VI 10-17)). Indes ist unsicher, ob es sich auf ihren Kult als *thea Philadelphos* bezieht oder auf einen schon zuvor getragenen Beinamen. Vgl. Hauben (1970), 45.

725 Poseidipp. Ep. 116 A.-B. (12 G.-P.), Z. 5. Vgl. Lelli (2002), 17-18; Buraselis (1982), 63; Seelbach (2005³), 864; Carney (2000c), 33; Gutzwiller (1992a), 365; Bickel (1941), 93-94. Zu ihrer Assoziation mit Aphrodite zu Lebzeiten, unabhängig vom Kap Zephyrion, vgl. Plantzos (1991/92), 126-127. Zögernd: Longega (1968), 107; Bing (2002/03), 245. Kritiker der These berufen sich auf ihre Bezeichnung als Philadelphos.

726 Poseidipp. Ep. 39 (= col. VI 30-37).

727 Athen. 7,318 D; Poseidipp. Ep. 116 A.-B. (12 G.-P.); Ep. 116 A.-B. (12 G.-P.), Z. 7-8; Strab. 17,1,16. Vgl. Hauben (1970), 40-46; Kyrieleis (1975), 144; Hoepfner (1971) (1971), 51-53; Gigante Lanzara (2003), 338; Bing (2002/03), 258-259; Rossi (2000), 304; Bertazzoli (2002), 148-149; Thompson (1988), 126; Carney (2000c), 38.

σοὶ τὸ περίσκεπτον παίγνιον, Ἀρσινόη... Κλεινίου ἀλλὰ θυγατρὶ δίδου χάριν, οἶδε γὰρ ἐσθλὰ ῥέξειν καὶ Σμύρνης ἐστὶν ἀπ' Αἰολίδος.[728]

Kallimachos spielt auf die beiden zentralen Aspekte der Zephyritis an; die Muschel war nicht nur Meeressymbol, sondern auch Zeichen des Brautstands, der Ehe und ehelichen Treue.[729] Kathryn Gutzwiller spricht von einer *„sea-of-love metaphor*".[730] Als Symbol der Aphrodite rief sie der Renaissancemaler Sandro Botticelli wirkungsvoll in seinem Gemälde *Geburt der Venus* ins Gedächtnis. Wenn die Muschel davon spricht, dass sie vor ihrer Weihung im Meer schwamm, ein *nautilos* war, bis sie an den Strand gespült wurde,[731] nimmt Kallimachos Bezug auf den maritimen Aspekt. Wahrscheinlich befindet sich der Mann, um den es Selenaie bei ihrer Fürbitte gelegen ist, auf hoher See.

In welcher Weise Elemente aus dem Leben Arsinoës, Aspekte ihres dynastischen Prestiges aus der ersten Ehe, in das Kunstbild der Göttin eingearbeitet wurden, zeigt die Passage, in der Selenaie die Gunst der Arsinoë Zephyritis erbittet. Sie erhofft sich deren Zuspruch nicht nur, weil sie selbst Gutes tut, sondern auch, weil sie aus Smyrna stammt, einer der Neugründungen von Arsinoës erstem Mann Lysimachos.[732] Anscheinend soll mit diesem biographischen Zusatz die Figur der Göttin konturiert

728 Kallim. Ep. 14 Asp. (5 Pf.): *„Ich war früher eine Muschel, oh Kypris von Zephyrion, nun aber hast du mich als Erstlingsgabe von Selenaie bekommen. Ein Nautilos war ich, der über die Meere segelte; wenn die Winde wehten, spannte ich mein Segel in meiner eigenen Takelage auf... bis ich am Strand von Julis auflief, um dort dein viel beachtetes Spielzeug zu werden, Arsinoë ... Schenk daher Kleinias' Tochter deine Gunst! Sie weiß nämlich, wie man Gutes tut, und stammt dazu noch aus Smyrna in der Äolis*". Gemäß *communis opinio* wurde die Muschel in Julis auf der Kykladeninsel Keos angespült und dann als Weihegabe am Kap Zephyrion dargebracht. Vgl. Gutzwiller (1992b), 194-209; Prescott (1921), 327-328. Möglich ist aber auch, dass es im Seehafen Koresia auf Keos, der ungefähr seit 260 v. Chr. den Namen Arsinoë trug (vgl. Asper (2004), 469, Anm. 19; Bounegru (2002), 948, Nr. 2; Bagnall (1976), 141-143; Longega (1968), 118), auch ein Heiligtum der Kypris Zephyritis gab, wo Selenaie ihr Opfer darbrachte.

729 Vgl. Lelli (2002), 20-21; Bertazzoli (2002), 148; Gutzwiller (1992b), 203, 209; dies. (1998), 193-194: *„as a sailor the shell symbolizes Selenaia's successful crossing of the seas controlled by the marine Aphrodite and as an incubator for halcyoneggs it represents the potential fertility of the girl who apparently makes this dedication to the goddess of sexuality in anticipation of marriage*". Vgl. Rossi (2000), 302. Zur Muschel als erotisches Symbol vgl. Kuttner (2005), 149-150; Grimm (1981), 23-24, Anm. 36.

730 Gutzwiller (1992b), 202.

731 Kallim. Ep. 14 Asp. (5 Pf.), Z. 3-7.

732 Strab. 14,1,37. Als Eurydikeia. Vgl. Longega (1968), 32; Geyer (1928), 11-12; Lund (1992), 175, 194. Auch der Name Lysimachos tauchte bei den griechischen Siedlern im ägyptischen Fayum häufig auf. Vgl. Rowlandson (2004), 165, Anm. 12.

werden, um sie für die Reichsbevölkerung fassbarer zu gestalten und die Illusion zu unterstützen, sie sei noch an der Seite Ptolemaios' II. anwesend.

In jedem Fall wurde sie als Komplement zu ihrem Bruder dargestellt, den Theokritos in *Idyll* 17 als Herrn über die besten Schiffe, das Meer und die Flüsse beschreibt: „ἐπεί οἱ νᾶες ἄρισται πόντον ἐπιπλώοντι, θάλασσα δὲ πᾶσα καὶ αἶα καὶ ποταμοὶ κελάδοντες ἀνάσσονται Πτολεμαίῳ".[733]

Auch erwähnt er im Kontext des *hieros gamos* von Zeus und Hera, dass Iris – im Epos und bei Hesiod Botin des Zeus, bei Euripides Heras Dienerin –[734] ihnen das Brautbett bereitet.[735] Nun galt Iris auch als Göttin des Regenbogens und Frau des regenreichen Westwinds Zephyros,[736] der Arsinoës Heiligtum am Kap umwehte, das ihm vielleicht seinen Namen verdankte.[737] Daher wird vermutet, dass Theokritos auf Iris' eigene Heirat mit Zephyros und auf diesem Weg auf die Kypris Zephyritis anspielen wollte.[738] Auch der maritime Aspekt kommt zum Tragen, da Zephyros

733 Theokr. 17,90-92. „*denn für ihn befahren die besten Schiffe die See, und alles Meer und Land und rauschende Flüsse gehorchen dem Ptolemaios*".

734 Il. 8,398; 2,786; 11, 185; 23,198; Hes. Theog. 784; Eur. H.F. 829. Vgl. Verg. Aen. 4,693. Vgl. Ambühl (2005), 313-314.

735 Theokr. Id. 17,133-134. Er betont dabei, dass Iris' Hände nach Myrrhe dufteten. Es muss kein Zufall sein, dass Myrrhe zu den Waren des Arabienhandels gehörte, den Ptolemaios II. in Gang gebracht hatte. Vgl. Neesen (1990), 489-490.

736 Vgl. Rausch (2002), 767. Da er die Pferde des Achilles mit der Harpyie Podarge zeugte (Il. 16,150) mag hierin auch ein Querverweis auf Alexander und seinen aiakidischen Ursprung liegen. Überdies ist Wind im griechischen Denken eng mit der Passage von einer Sphäre in eine andere, von der irdischen in eine himmlische, verbunden. Vgl. Nock (1946), 141. Zudem war sie noch die Mutter des Eros (Plut. mor. 765 E; Alkaios fr. 8 D). Vgl. Bickel (1941), 95; Rossi (1989), 187-188; Rausch (2002), 768.

737 Athen. 11,497 D. Der hellenistische Dichter Hedylos bezeichnet Arsinoë in einem Epigramm daher als *philozephyros*. Auch wird das ägyptische Kap Zephyrion als „ἀνατεινομένη νεὶς Ἰταλὸν Ζέφυρον" beschrieben (Poseidipp. Ep. 116 A.-B. (12 G.-P.; P. Louvre 7172), Z. 3: „*dem italischen Zephyrwind frontal gegenüber*"). Vgl. Athen. 7,318 D. Vgl. Huxley (1980a), 239-241.

738 Vgl. Rossi (1989), 188: „*Hence the allusion to Iris' state of maidenhood recalls her marriage later to Zephyrus, with ist allusion to the temple of Arsinoe.*" Theokr. 17,134 bezeichnet Iris als „ἔτι παρθένος". Dagegen vgl. Ager (2005), 5, die eine Retuschierung der Endogamie vermutet: „*Perhaps Theocritus' emphasis on the chastity of the virgin Iris and the purity of the hands with which she arranges the bridal couch was an effort to cleanse an image that was bound to stick in the throats of a Greek audience*". Dagegen vgl. Ager (2005), 5, die eine Retuschierung der Endogamie vermutet: „*Perhaps Theocritus' emphasis on the chastity of the virgin Iris and the purity of the hands with which she arranges the bridal*

von Hesiod als einer der göttlich gesandten Winde zum Segen der Menschen beschrieben wird, der insbesondere der Seefahrt nutzte.[739] In den Homerischen Hymnen spielt er zudem eine Rolle bei der Geburt Aphrodites aus dem Meeresschaum.[740]

Die Datierung von Theokritos' Gedicht ist ebenso wie die Datierung des Kults der Zephyritis umstritten – teils wird als Anlass die Geschwisterhochzeit oder die Apotheose des Königspaars vermutet, was jedoch ungewiss ist. Daher bleibt hypothetisch, ob Theokritos auf die Göttin am Kap Zephyrion Bezug nahm und dies noch zu ihren Lebzeiten. Auch ist ungewiss, ob Kallikrates seine Berufung zum ersten eponymen Priester der *theoi adelphoi* unmittelbar zum Anlass nahm, einen Kult zu installieren, in dem Arsinoë als Schützerin „seines" Terrains, der Seefahrt, verehrt wurde, was auch darauf hinausliefe, dass sie zu dieser Zeit noch lebte.

Die Weihungen im Tempel der Zephyritis, die in den Epigrammen des Mailänder Papyrus beschrieben werden,[741] beziehen sich vermutlich auf die verstorbene Königin,[742] doch lässt sich keine definitive Aussage treffen. Es ist möglich, dass für das Konzept der maritimen Gottheit Kypris Zephyritis auch auf Aspekte von Arsinoës früherem öffentlichem Profil zurückgegriffen wurde. Obgleich dieses Image vor ihrer Geschwisterehe viel fragmentarischer und sporadischer geblieben war, weil Lysimachos mit seiner Dynastiebildung gescheitert war und Ptolemaios Keraunos sie nur kurzfristig für seine Legitimation instrumentalisiert hatte, gab es doch vermutlich ein Element, das gut zur Göttin Zephyritis am Meer passte: Arsinoës samothrakische Stiftung für die Kabiren,[743] die in enger Verbindung zu den Dioskuren als Schutzhelfer für Seefahrer angerufen wurden.[744] Dieses Band zwischen ihr und den Kabiren, eventuell zusätzlich durch eine Einweihung in die Mysterien verstärkt, prädestinierte sie dazu, als Garantin für eine sichere Überfahrt zu gelten.[745] Die These, dass schon unter Lysimachos ein Kult für sie als Zephyritis in Thrakien oder Samothrake eingerichtet worden sei, der dann nach Kanopos transferiert und dort mit einem alten Fischerkult am Kap Zephyrion

---

couch was an effort to cleanse an image that was bound to stick in the throats of a Greek audience".

739 Hes. Theog. 870-872.

740 Hom. Hymn. 6,2-5.

741 Ep. 36-39 A.-B. (= col. VI 10-37).

742 Ähnlich: Stephens (2004b), 81.

743 OGIS 15. Vgl. Roux (1992), 231.

744 Vgl. Scheer (1997), 674; Hermary (1986), 567.

745 Vgl. Kreutz (1973), 382.

kombiniert worden sei,[746] lässt sich allerdings nicht belegen und erscheint eher abwegig.

Festzuhalten ist, dass die Verbindung zu Meer und Seefahrt wohl bereits vor ihrer Heirat mit Ptolemaios II. ein Element ihres öffentlichen Profils gewesen war und im Ptolemäerreich entsprechend weiterentwickelt wurde, als man den Kult der Zephyritis einrichtete.

Ihr Image war eng an dem ptolemäischen Programmpunkt der Seeherrschaft orientiert, den bereits Demetrios Poliorketes spöttisch kommentiert hatte, als er Ptolemaios I. abwertend als Flottenführer bezeichnet hatte.[747]

Sicher sollten sich nicht nur Personen auf Kriegsschiffen von der Kypris Zephyritis angesprochen fühlen, sondern auch auf Handelsschiffen. Alexandria befand sich in der Entwicklung zur führenden Handelsstadt des östlichen Mittelmeerraums.[748] Ursprünglich wohl hauptsächlich als militärischer Stützpunkt gegründet,[749] wurde die Stadt unter den Ptolemäern zur *„Drehscheibe' eines aufblühenden Fernhandels zwischen dem Süden und dem Osten, dem Norden und dem Westen der damals bekannten Ökumene“*,[750] nach Einschätzung antiker Autoren zum größten Handelsplatz der Welt[751] mit weit gespannten Handelsbeziehungen.[752] Der Hafen und der rege Schiffs-

---

746 Vgl. Bickel (1941), 97.

747 Plut. Demetr. 25,4. Im Gegensatz zu ihm, der als einziger der Diadochen neben seinem Vater Antigonos I. ein *basileus* gewesen sei.

748 Vgl. Neesen (1990), 489; Reden (2007b), 186.

749 Vgl. Jähne (1981), 71-72. Auch unter den Ptolemäern blieb die Konzentration des Militärs innerhalb Alexandrias gewahrt (Theokr. 15,9-10; Polyb. 31,14,1; Strab. 17,1,12). Zur Gründung: Plut. Alex. 26,4; Arr. an. 3,1,4-2,2; Just. 11,11,13; Diod. 17,52,2; Curt. 4,8,1.

750 Neesen (1990), 489. Vgl. Jähne (1981), 64.

751 Diod. 17,52,5; Plin. n.h. 19,7; Jos. Bell. Iud. 4,615; Dion. Chrys. 32,35. Vgl. Casson, L. (1951), Speed under sail of ancient ships, TAPA 82, 136-148, hier 136: *„Sailing ships were the backbone of ancient commerce“*.

752 Vgl. Neesen (1990), 489-490. Nach Ägypten kamen aus Arabien, Persien und Indien Waren wie Eisen, Hölzer, Rhinozeroshorn, Schildkrötenpanzer, Edelsteine, Perlen, Korallen, Weihrauch, Myrrhe, Gewürze, Baumwolle und Seide zur Verarbeitung. Griechenland und Kleinasien lieferten Olivenöl, edle Weine, Nutzhölzer und Kupfer, das Schwarzmeergebiet Sklaven und Bernstein. Zu Indiens Exportwaren vgl. Witzel (2003), 108. Ägypten exportierte vor allem Getreide und Papyrus. Die Abnehmer waren Griechenland und die ägäischen Inseln sowie die kleinasiatischen Küstenstädte. Vgl. Casson (1954), 170; Reed (2003), 17. Zudem wurden Elfenbein, Gold und andere Metalle, Sesamsamen und Sesamöl, Glas- und Fayencewaren, Kosmetika, Pharmaka, und Textilien exportiert. Vgl. Neesen (1990), 490; Huß (2001), 314, Anm. 66; Raschke (1978), 651; Takács (1995b),

verkehr,[753] die hohen Einnahmen[754] und die gute Lage Alexandrias[755] fanden stets Erwähnung bei den antiken Beschreibungen der Stadt.[756] Der bereits in pharaonischer Zeit berühmte Wirtschaftszweig der Textilverarbeitung florierte auch unter den Ptolemäern.[757] Von der alexandrinischen Spezialität – Buntgewebe, Luxuskleidung, Wandbehänge, Decken und Teppiche – zeugen die Erwähnungen etwa bei Theokritos, der in *Idyll* 15 seine Handlungsträgerinnen Praxinoa und Gorgo die Feinheit und Schönheit der Wandteppiche im ptolemäischen Palast von Alexandria bewundern lässt.[758] John Whitehorne vermutet, dass die beiden zur Schicht der griechisch-makedonischen Siedler gehören, die durch den wirtschaftlichen Aufschwung im Reich zu schnellem Reichtum gekommen war.[759] Insofern richtete sich der Kult der Kypris Zephyritis sicherlich auch an Beteiligte am Seehandel und an Mitglieder der Handelsflotte, nicht nur an Passagiere von Kriegsschiffen.

Traditionell gilt Arsinoës Verehrung als Aphrodite Zephyritis als Beleg für ihre aktive Rolle in der ptolemäischen Seepolitik, vor allem im westlichen Mittelmeer.[760] Eine besondere Relevanz wird dabei der ptolemäischen Gesandtschaft nach Rom 273 v. Chr. zugewiesen, die eine *philia* zwischen Rom und Alexandria einläutete, wie sie Ptolemaios II. auch zu Karthago unterhielt.[761] Als Motiv wird entweder handelspolitisches Interesse[762] oder die Hoffnung auf ein Bündnis gegen die Seleukiden oder gegen Pyrrhos vermutet.[763] Harold Mattingly zufolge war Arsinoë II. der

---

266; Casson (1989), 39-43; Murray (1967), 27; Neesen (1990), 490-491, 495-502; Volkmann (1959a), 1663 (zudem Wein und Knoblauch).

753 Diod. 17,52; Jos. Bell. Iud. 4,612-615; Ammian. 22,16,9-11.

754 Diod. 17,52; Auson. 285,21; Ammian. 22,16,7.

755 Diod. 17,52; Auson. 285,20-21.

756 Vgl. Classen (1982), 85.

757 Vgl. ebda., 491.

758 Theokr. 15,78-79. Neben dem Textilgewerbe waren die Glaserzeugung, die Papyrusverarbeitung und die Kosmetik das Rückgrat der alexandrinischen Produktion. Vgl. Neesen (1990), 495, 500, 504. Zur Kosmetik: Athen. 5,689 A.

759 Vgl. Whitehorne (1995), 66-70. Siehe auch Helmbold (1951), 17.

760 Vgl. Mattingly (1950), 126; Longega (1968), 91; Hauben (1989), 461. Gegen Mattinglys These vgl. Huxley (1980a), 239, Anm. 2; zurückhaltender: Schmitt (2005³h), 884.

761 Dio 10,41; App. Sic. 1,2; Just. 18,2,9. Vgl. Olshausen (1963), 4; Heinen (1972b), 634, 637-638; Ager (1996), 109-110.

762 Vgl. Casson (1954), 184; Neatby (1950), 98.

763 Vgl. Grainger (2002), 5-10. Überblick bei Neatby (1950), 89-91. Nach Pyrrhos' Versagen gegen Rom sei gemäß Huß (2001), 294-296, 311 eine ptolemäische Umorientierung in der Politik gegenüber den Römern erfolgt. Vgl. Hammond (1988), 412. Zum römischen Pyrrhoserlebnis: Sonnabend (1989), 319-345.

diplomatische Kontakt zu Rom zu verdanken. Aufgrund ihrer mediterranen politischen Ambitionen verdiene sie die Bezeichnung: „*Lady of the West*".[764]

Als Bestätigung der These, Arsinoë habe maßgeblichen Einfluss auf die ptolemäische Seepolitik ausgeübt, gilt zudem eine Passage von Kallimachos' *Locke der Berenike*, in der das Heiligtum am Kap Zephyrion eine wichtige Rolle spielt.[765]

Kallimachos schrieb das Gedicht vermutlich nach der Rückkehr Ptolemaios' III. aus dem Dritten Syrischen Krieg um 246/45 v. Chr.[766] Das Original ist nur fragmentarisch erhalten, der römische Dichter Catull verfasste jedoch eine Rekonstruktion, die als recht originalgetreu gilt.[767]

Im Gedicht erzählt die Locke, wie Berenike II., dargestellt als liebende Mustergattin,[768] gelobte, den Göttern eine Haarsträhne zu weihen, wenn sie dafür sorgten, dass ihr Mann Ptolemaios III. unversehrt aus dem Krieg gegen Seleukos II. zurückkehrte. Er war kurz nach ihrer Hochzeit nach Syrien gezogen, um seiner Schwester Berenike zu helfen, die Thronansprüche ihres unmündigen Sohns von Antiochos II. zu verteidigen.[769] Nachdem Berenike II. das Versprechen erfüllt hatte, verschwand die geweihte Locke aus dem Tempel und wurde als Sternbild an den Himmel versetzt. Zephyros hatte sie in den Schoß der Kypris gelegt, die sie als neuen Stern zwischen die alten Himmelskörper ans Firmament gesetzt

764 Vgl. Mattingly (1950), 129. Ebenso: Hauben (1983), 113, 119, 124-127; Longega (1968), 91-92. Wie sie zu diesen Verbindungen nach Rom gekommen sein soll, bleibt indes offen. Mattinglys Hauptargument war eine Serie römischer Silberdidrachmen, die er für bewusste Parallelprägungen zu den ptolemäischen Münzen mit dem Einzelporträt Arsinoës II. hielt. Entscheidend waren dabei die griechischen Zahlzeichen, die auf den Münzen aus Alexandria und den römischen Didrachmen gleichermaßen erschienen. Vgl. Mattingly (1950), 126-129. Siehe auch Svoronos (1904-08), 142-148. Diese Zahlen gingen von 1-50 und bezeichneten wohl Emissionen, wurden aber als Jahreszahlen missdeutet. Vgl. Huß (2001), 295. Zuvor bereits: Volkmann (1959a), 1651.

765 Vgl. Hauben (1983), 123-124; Mattingly (1950), 127-128; Fordyce (1973⁵), 336.

766 Vgl. Fordyce (1973⁵), 328; Beyer-Rotthoff (1993), 29; Koenen (1993), 90; Lehmann (1998), 91; Köhnken (2005³), 506; Gutzwiller (1992a), 363; dies. (2007), 66; dies. (1998), 184 (die *Victoria Berenices* sei die erste Episode, zugleich Prolog des dritten Buches der *Aitia*, die *Coma Berenices* die letzte Episode und der Epilog). Vgl. Köhnken (2005³), 507. Übersicht bei Rossi (2000), 300, Anm. 1.

767 Sogar bezüglich der Struktur und des Rhythmus. Vgl. Fordyce (1973⁵), 328-329. Siehe ferner Bickel (1941), 81-146.

768 Vgl. Rossi (2000), 301-302; Gutzwiller (2007), 191 (die Schilderung des Ehelebens sei „*largely incredible*").

769 Catull. 66,9-12,35-36; Kallim. fr. 122-127 Asp. (110 Pf.).

hatte.[770] Der Astronom und Mathematiker Konon von Samos erblickte sie am Himmel und identifizierte sie als Berenikes verstirnte Locke,[771] was als Fall von „*crossing of the scientific and poetic in the interest of pseudo-science*" im Museion von Alexandria gilt.[772]

Es handelt sich um die Weiterentwicklung des traditionellen griechischen Themas des Haaropfers[773] zu einem spezifisch ptolemäischen Code mit Seefahrer- und Geleitsymbolik. Referenzmodelle waren offenbar die Sternsymbole der Dioskuren.

Schon bei den Gedenkprägungen mit dem Porträt Arsinoës II. erscheinen auf dem Revers teilweise die Sterne oder Hüte der Dioskuren. Auch auf den Münzen mit dem Porträt Berenikes II. tauchen sie als Reverselemente auf.[774] In seiner vollen Entfaltung findet sich das Motiv der verstirnten Locke auf Goldoktodrachmen mit dem Porträt der Tochter Berenikes II., Arsinoë III., wieder. Die Dioskuren sind als Referenz in den Hintergrund getreten, die Locke der Berenike steht im Vordergrund. Nicht nur auf dem Aversporträt wird darauf Bezug genommen – ähnlich wie bei Berenike II. ist eine einzelne Locke Arsinoës III. besonders her-

770 Kallim. fr. 126 Asp. (110.43-78 Pf.). Vgl. Catull. 66,52-64. Die verstirnte Locke wird erneut von Kallimachos in fr. 364 Asp. (387 Pf.) erwähnt. Koenen (1993), 90 sieht darin eine Wegbereitung für Berenikes Apotheose zu Lebzeiten, die zwei Jahre später erfolgte: „*If the hair can become a star, the queen should be divine too*". Ähnlich: Stephens (2002), 242.

771 Kallim. fr. 123 Asp. (110.7 f. Pf.); Catull. 66,7. Vgl. Pfrommer (2002), 84-87; Grimm (1998), 79. Bevan (1927), 192 nennt Konons Entdeckung „*a charming political conceit*". Zum Hang des hellenistischen Publikums zu einer „*aura of mythical objectivity*" vgl. Gutzwiller (1991), 122.

772 Gutzwiller (2007), 21.

773 In der Lockenweihung, wie Kallimachos sie beschreibt, vermutet Gutzwiller (1992a), 369-373; dies. (2007), 192-193 eine Anlehnung an die ägyptische Tradition, in der Isis sich aus Trauer um Osiris eine Locke in Koptos abgeschnitten haben soll. Da Kallimachos sich an die höfische Gesellschaft wandte, wird, wenn überhaupt, eher eine gräzisierte Vorstellung von Ägypten Pate gestanden haben. Grundsätzlich stand das Werk in griechisch-makedonischer Tradition und in der hellenischen Welt waren Haaropfer anlässlich von Trauerfällen, bevorstehenden Heiraten oder Schwüren üblich. Vgl. Koenen (1993), 109. Berühmte Modelle fanden sich in der *Ilias*. Achilles' Vater Peleus hatte gelobt, dem Flussgott Spercheios die Haare seines Sohns zu opfern, wenn er heil aus dem Krieg zurückkehrte (Il. 23,140-149). Da ihm diese Heimkehr nicht beschieden war, gab Achilles sie dem toten Gefährten Patroklos auf dem Scheiterhaufen mit (Il. 23,141-150). Auch von Theseus ist eine Haarweihung überliefert (Plut. Thes. 8).

774 Vgl. Beyer-Rotthoff (1993), 28; Forrer (1969), 12-13; Vagi (1997), 8; Schwentzel (2000), 101. Die *piloi* erschienen auf der Silberprägung, die Sterne auf der Goldprägung.

vorgehoben –,[775] sondern auch auf dem Revers, wo ein Stern über ihrem Füllhorn erscheint.[776] Der einzelne Stern anstelle eines Sternenpaars verdeutlicht, dass nicht auf die Dioskuren rekurriert wird, sondern auf die verstirnte Locke ihrer Mutter,[777] an deren Modell die Darstellung Arsinoës III. offensichtlich orientiert ist. Dazu passt, dass sie auch die Lockenweihe an sich imitierte, wie ein Epigramm des Damagetos bezeugt, ohne indes den Anlass zu erwähnen.[778] Aufgrund der Parallele zu Berenikes Opfer wird zumeist vermutet, dass auch Arsinoës Weiheakt im kriegerischen Kontext stand und vermutlich dem Vorabend der Schlacht von Raphia zuzuordnen ist.[779]

Wo Berenikes Lockenweihung stattfand, die Kallimachos im Gedicht beschrieb – direkt im Tempel am Kap Zephyrion oder in einem Heiligtum in Alexandria, aus dem Zephyros die Strähne erst holen musste – ist umstritten.[780] Da Arsinoë Zephyritis für Liebesangelegenheiten zuständig war, erscheint sie als geeignete Ansprechpartnerin und ihr Tempel als passende Weihestätte. Zudem bestätigt Hyginus in *De astronomia*, dass die Locke dort geweiht wurde, doch ist sein Quellenwert umstritten.[781]

---

775 Vgl. Pfrommer (2002), 92-93. In dem Stern vermuten Leibovitch (1953), 77 und Schwentzel (2000), 101 den Sothisstern und eine Anlehnung an Isis. Dies ist unwahrscheinlich, da es sich um ein Medium in griechischem Stil mit primär griechisch-makedonischen Adressaten handelte.

776 Vgl. Pfrommer (1998a), 104; Forrer (1969), 9; Koch (1924), 90.

777 Vgl. Müller (2007d), 152-153. Dagegen sieht Bergmann (1998), 65 den einzelnen Stern auf ptolemäischen Münzen, etwa auch den Ake-Ptolemais-Tetradrachmen, als Darstellung eines Sonnensterns und Symbol von Helios. In jedem Fall sollte die astral-solare Symbolik auf die Nähe des Dargestellten zur göttlichen Sphäre oder auf seine eigene Göttlichkeit abheben. Vgl. Blasius (2006a), 8; Kyrieleis (2004), 113-114.

778 Ant. Gr. 6,277. Vgl. Huß (2001), 464; Beyer-Rotthoff (1993), 30, Anm. 67. In einem Artemistempel.

779 Vgl. Huß (2001), 464; Fraser (1970), II, 329-330; III, 843; Thompson (1973), 61; Beyer-Rotthoff (1993), 30, Anm. 67.

780 Wie der Übersetzer, Markus Asper ((2004) 175, Anm. 100) meint. Ebenso: Bickel (1941), 83; Fraser (1972), I, 729-730. Für eine Weihung im Tempel der Arsinoë Zephyritis verwenden sich hingegen: Bevan (1927), 192; Bertazzoli (2002), 147; Forrer (1969), 12; Koenen (1993), 100; Macurdy (1932), 133; Vagi (1997), 8; Huxley (1980a), 241-242; Stephens (2002), 241; Gutzwiller (1992a), 363. Beyer-Rotthoff (1993), 29 u. Anm. 63 (zwei Varianten: der Tempel am Kap Zephyrion oder ein Pantheon in Alexandria). Für das Pantheon argumentieren: Fordyce (1973^5), 328; Pfeiffer, R. (1949): Callimachus I, Oxford, 112. Dagegen vgl. Huxley (1980a), 241-242: Archäologische Belege für das Pantheon seien erst nach 205 n. Chr. zu finden. Vgl. West (1985), 62.

781 Hyg. Astron. 2,24.

Die Verbindung von Berenike II. zu den Dioskuren macht denkbar, dass sie die Zwillinge in einem anderen Heiligtum anrief, das vermutlich auch in Meeresnähe lag, denn Catull bezeugt, dass die Locke „*uvidulam a fluctu*“ aus dem Allerheiligsten unter die Sterne versetzt wurde.[782] Dies trifft für den Tempel am Kap Zephyrion ebenso zu wie für einen Tempel in Alexandria nahe dem Hafen, etwa für das Arsinoeion. Alternativ wird die Nässe der geopferten Haare damit erklärt, dass Kallimachos mit dem „Schoß der Kypris“, in den die Locke getragen wurde, in homerischer Wendung das Meer gemeint habe.[783] Die Locke sei nass von den Wellen gewesen, weil sie ins Wasser getaucht worden war, wo der sinkende Abendstern Venus im Morgengrauen stand; Catull habe Zephyros' Ziel irrtümlich himmelwärts verortet.[784]

In jedem Fall findet in Kallimachos' *Locke der Berenike* das Kultimage der Arsinoë Zephyritis als Schutzherrin der ptolemäischen Schiffe, der zur See reisenden Ehepartner, Heirat und Liebe seinen Widerhall.[785] Er kannte die offizielle ptolemäische Sprachregelung zur ihrer göttlichen *Persona* und gab sie wieder.

Häufig wird vermutet, dass auch ägyptische Elemente in die Kunstfigur der Zephyritis hineingespielt hätten, vor allem eine Anlehnung an Isis,[786] weil sie ebenfalls die Winde kontrollierte, die auch das Steigen der Nilflut beeinflussten.[787] Sollte eine Assoziation mit Isis überhaupt beabsichtigt gewesen sein, handelte es sich, wie Markus Asper herausstellt, um „*formelhafte Wendungen … sozusagen bereits angeeignet*“,[788] die vereinzelt in Kallimachos' Versen anklingen mochten. Das Modell der griechischen Aphrodite als Schutzherrin der Seefahrt, ihre Verbindung zu Venus, dem Morgenstern, und den Elementen des Wassers im Allgemeinen war tragend genug, um die Zephyritis dem Hof zu präsentieren,[789] auch ohne eine Assoziation mit Isis.

Was die These betrifft, Arsinoë habe die ptolemäische Mittelmeerpolitik geleitet, gilt Kallimachos' Formulierung „ἵππο[ς] ἰοζώνου Λοκρικὸς

---

782 Catull 66,63: „*durchnässt von der Flut*“. Vgl. Fordyce (1973⁵), 337.

783 In Anlehnung an Il. 6,136; 18,398. Vgl. West (1985), 63.

784 Vgl. West (1985), 63-64.

785 Vgl. Gutzwiller (2007), 21.

786 Vgl. Beyer-Rotthoff (1993), 30; Kyrieleis (1975), 144; Hunter (2003), 484; Thompson (1973), 58.

787 Diod. 1,19,1. Zur Isisaretalogie aus Kyme, in der es heißt, sie sei die Herrin der Flüsse und Winde, vgl. Merkelbach (1995), 110-111, 116-117; Bergmann (1980), 192; Thompson (1978), 117; Beauchaine (1990), 5.

788 Asper (2004), 20.

789 Vgl. Marcovich (1996), 46-48.

Ἀρσινόης"[790] häufig als Beleg. Die Formulierung „Arsinoë Lokris" habe sie als Schutzpatronin der ptolemäisch-römischen Beziehungen gekennzeichnet, die speziell die Seefahrer beschirmt habe, die sich nach Unteritalien begaben, wo sie diplomatische Verbindungen gehabt habe.[791] Da sich an der unteritalischen Küste Häfen befanden, die für Kriegsschiffe genutzt werden konnten, sei dies ein klarer Beweis dafür, dass sie die Außenpolitik gelenkt habe.[792]

Es ist allerdings problematisch, von einem poetischen Bild oder einer Reflektion der Herrschaftsrepräsentation auf die politischen Verhältnisse zu schließen. Eine andere Erklärung rückt Arsinoës Assoziation mit Aphrodite im Kult in den Vordergrund und beschreibt einen Weg der Locke zu ihrem besonderen Stern, dem Morgenstern:[793] „*Here indeed lies a solution of Arsinoe as Lokrian. The planet Aphrodite or Venus ... was outstanding in the cults of the eastern ... and western ... Lokrians of mainland Greece*".[794]

Indes ist gar nicht klar, ob die Rekonstruktion Arsinoë Lokris überhaupt korrekt ist. Als Alternative gilt, dass sich *Lokrikos* auf das Pferd bezog,[795] in dessen Gestalt der personifizierte Westwind Zephyros erschienen sei, um die Locke zu holen.[796] Die Frage, warum er als Pferd

790 Kallim. Ait. 4,126, Z. 12 Asp. (110,54 Pf.).

791 Vgl. Huß (2001), 295; Asper (2004), 175, Anm. 99-100; Mahaffy (1895), 159, Anm. 4; Obbink (2004), 22 (wirtschaftliche Gründe). Dagegen: Fordyce (1973⁵), 336, der einen Bezug auf das unteritalische Gebiet für unwahrscheinlich hält.

792 Vgl. Hauben (1983), 123-124; Mattingly (1950), 127-128.

793 Vgl. ebda., 242. Akzeptiert von Hauben (1989), 448, Anm. 46.

794 Huxley (1980a), 242. Zur Bedeutung des unteritalischen Aphroditekults vgl. Sourvinou-Inwood (1974), 126-137. Auf Bronzemünzen des unteritalischen Lokroi erscheint im 3. Jh. v. Chr. der Pegasos als Aversbild, offenbar beeinflusst von dem korinthischen Münzbild des fliegenden Pferds, das durch Handelsbeziehungen bekannt war. Insofern wäre ein Hinweis auf den Pegasos, womöglich verbunden mit einer Reminiszenz an die in der ptolemäischen Repräsentation nicht unwichtige Stadt Korinth als Symbol der Griechenlandpolitik und der Handelsverbindungen (Athen. 5,201 D), auch möglich. Zum Pegasos vgl. auch Ambühl (2005), 379-383.

795 „*das lokrische Pferd der veilchenumgürteten Arsinoë*". Vgl. Asper (2004), 175, Anm. 99; Fraser (1972), II, 1025; Fantuzzi (2004), 223; Ambühl (2005), 381; Gutzwiller (1992a), 380 (Betonung von männlichen Stärke). Bickel (1941), 126-129 vermutet, dass der Wind Zephyros das Gewand der Göttin gegürtet habe. Kallimachos habe auf die Gestaltung der Kultstatue angespielt: eine Standfigur mit wehendem Gewand. In Hom. Hymn. 6,3-4, brachte Zephyros Aphrodite nach ihrer Geburt von Kythera nach Kypros. Vgl. Bickel (1941), 95.

796 Vgl. Asper (2004), 175, Anm. 99; Scherf (2002), 767. Zu Zephyros' Bezeichnung als „lokrisch" vgl. Asper (2004), 175, Anm. 99; Scherf (2002), 767; Bickel (1941), 119, 122: Der „lokrische Zephyr" sei ein griechischer Terminus aus der Seefahrt gewesen.

auftrat, hat zu der Vermutung geführt, Kallimachos habe einen Bogen zu seiner Dichtung über Berenikes Zucht von erfolgreichen Rennpferden und ihren Rennsiegen bei panhellenischen Spielen schlagen wollen.[797] Dies ist möglich, aber ungewiss.

Alternativ könnte das fliegende Pferd für Poseidon stehen, der seinem einstigen Geliebten Pelops laut Pindar geflügelte Pferde schenkte, damit er im Wagenrennen gewann.[798] Pausanias bestätigt, dass geflügelte Pferde in der Kunst zur Ikonographie von Pelops gehörten.[799] Das fliegende Ross könnte daher einerseits auf Poseidon und das Meer verweisen, für das die Göttin Arsinoë eine Schutzfunktion einnahm,[800] andererseits auf Pelops, einen Urahn der Argeaden und ein mythisches Vorbild für Teilnehmer bei panhellenischen Wagenrennen, zu denen auch die Ptolemäer zählten.[801] Das Pferd würde demnach mehrere Elemente der ptolemäischen Herrschaftsrepräsentation versinnbildlichen: Seeherrschaft, Geleitschutz für ptolemäische Kriegs- und Handelsschiffe, argeadisches Erbe und olympischer Wettkampfruhm.[802]

Die relevanten Elemente der Passage – Lokris, das Pferd, das Meer, die Göttin Arsinoë II., das Geleit in göttliche Sphären und die Sterne – finden sich überdies in zwei mythischen Figuren vereint, die von Bedeutung bei der Gestaltung der Kultimages vor allem der Ptolemäerinnen

797 Vgl. Fantuzzi (2004), 223. Hyg. astron. 2,24 erwähnt ihre Rennsiege zwar im Zusammenhang mit der verstirnten Locke, zieht aber keine direkte Verbindungslinie. Unplausibel ist die These, Catull habe mit *ales equus* (Catull. 66,54) auf den Strauß als Reittier Arsinoës angespielt, mit dem sie auf einer Bronzestatue auf dem Helikon abgebildet wurde (Paus. 9,31,1), vgl. Mahaffy (1895), 159; Pfeiffer (1926), 172.

798 Pind. Ol. 1,65-93. Vgl. Hansen, W. (2000): The winning of Hippodameia, TAPA 130, 19-40, hier 20-26; Köhnken, A. (1974): Pindar as innovator: Poseidon Hippios and the relevance of the Pelops story in Olympian 1, CQ 24, 199-206, hier 202-206.

799 Paus. 5,17,7.

800 Poseidon nimmt ansonsten unter den göttlichen Leitfiguren der Ptolemäer keine zentrale Stellung ein. Ein Hinweis, dass jedoch gerade Ptolemaios III. mit dem Meeresgott assoziiert wurde, ist das Dreizackszepter auf seinem Porträt der Gedenkprägungen, die sein Sohn Ptolemaios IV. veranlasste. Vgl. Richter (1984), 232; Reden (2007a), 55; Hazzard (1995), 7.

801 Auch würde diese Vermutung zur These von West (1985), 63-64 passen, das Pferd habe die Locke ins Meer getaucht.

802 Zudem wurde sie vielleicht bildliche als „*seebeherrschende Königin*“ (Schmitt (2005^{3}h), 887) dargestellt. Vgl. Andreae (2003), 33-36; Koenen (1993), 27; Pfrommer (2002), 89; Grimm (1981), 21. Vermutlich ließ ihr Sohn Ptolemaios IV. ihr auch als *sozousa* einen Tempel an der Küste Alexandrias erbauen (Zenob. 3,94). Vgl. Hölbl (1994), 151; Merkelbach (1995), 98.

waren: die Dioskuren. Sie sollen den unteritalischen Lokrern, die um ihren Beistand ersucht hatten, in der Schlacht auf weißen Pferden zu Hilfe geeilt sein.[803] Als Retter zu Pferd erschienen sie auch Seefahrern in der literarischen und bildlichen Überlieferung,[804] nicht nur als Sterne.[805] Insofern könnte auch ein Rekurs auf die Dioskuren das lokrische Pferd erklären.

Der Kult der *thea Philadelphos*

Nach ihrem Tod erhielt Arsinoë II. einen individuellen Kult sowohl ägyptischer als auch griechischer Form,[806] der zum Modell für die Apotheose der Ptolemäerinnen wurde.[807] Ptolemaios II. diente dieser Einzelkult für seine tote Schwester dazu, ihr göttliches Image noch intensiver auf seine Repräsentationspolitik zuzuschneiden und die Illusion zu schaffen, dass er keine neue Frau brauchte, da Arsinoë als Göttin noch immer an seiner Seite über das Königtum, die Nachfolge und das Reich wachte. Kultbilder und dichterische Huldigungen der Göttin ersetzten die lebende Person, was wahrscheinlich ein Grund dafür ist, dass die postumen Zeugnisse für Arsinoë II. zahlreicher sind und als Tote mehr Präsenz aufweist als zu Lebzeiten. Es musste der Eindruck erweckt werden, sie fülle unvermindert die Position der *basilissa* aus. Deswegen folgte der gemeinsamen Verehrung mit Ptolemaios II. als Geschwistergötter und ihrem griechischen Kult der Kypris Zephyritis noch ein individueller Kult, der spezifisch auf ihre *Persona* als seine Königin und symbolische Mutter seiner Söhne zugespitzt war.

Ihr Kultname war Programm: Sie wurde als *thea Philadelphos*, Bruderliebende Göttin, verehrt. Der Göttin kam demnach vorrangig die Funktion zu, weiterhin seine Gattin zu sein. Die Epiklesis *Philadelphos* wurde erst im 2. Jh. v. Chr. auch auf Ptolemaios II. übertragen.[808] Inwiefern Arsinoë II. den Beinamen schon zu Lebzeiten angenommen und vielleicht anläss-

803 Just. 20,2-3. Vgl. Scheer (1997), 675.

804 Eur. Hel. 1495-1505. Vgl. Hermary (1986), 568-572.

805 Laut Kallimachos entrückten sie zudem die verstorbene Arsinoë II. (fr. 181 Asp. (228 Pf.), 5-10).

806 Vgl. ebda., 87; Sauneron (1966), 100-101. Für den griechischen Kult ist die Inschrift aus dem kilikischen Arsinoë relevant, vgl. Habicht/Jones (1989), 320, 32-33.

807 Vgl. Quaegebeur (1989a), 112; Minas (2005), 134.

808 Athen. 5,203 B; P. Oxy. 27,2465. Vgl. Hölbl (1994), 106; Sauneron (1966), 97; Koenen (1993), 61; Minas (2000), 4; Hazzard (2000), 62. Weitere Trägerinnen des Epithets waren Kleopatra VI. und vielleicht Kleopatra IV., vgl. Minas (2000), 22; Chauveau (1998), 1269-1275.

lich ihrer Hochzeit bekommen hatte,[809] um den sakralen Aspekt der Geschwisterhochzeit in Analogie zu den göttlichen Präzedenzfällen zu betonen, ist ungewiss.[810] Es könnte sich theoretisch, ähnlich wie vielleicht im Falle ihres Vaters Ptolemaios Soter, um die Wandlung eines Beinamens zu einem Kultnamen handeln.

Der griechische Kult der *thea Philadelphos* wurde an den Alexanderkult angeschlossen.[811] In Alexandria, dem kultischen Zentrum, entstand ihr Heiligtum, das Arsinoeion.[812] Seine Lokalisierung ist umstritten.[813] Als Anhaltspunkt dient die Erwähnung bei Kallimachos, der Tempel habe sich in der Nähe des Emporion befunden.[814] Strabo, der das Arsinoeion in seiner Beschreibung von Alexandria nicht erwähnt, verortet das Emporion beim Poseideion und Kaisarion in der Umgebung des großen Hafens und der Warenlager.[815] Plinius berichtet, ein Obelisk, der vor dem Tempel stand, sei „*inde eum navalibus*" gewesen und daher in römischer Zeit auf den Marktplatz versetzt worden, um die Geschäfte im Hafenbereich nicht zu behindern.[816] Das Arsinoeion lag demzufolge in Seenähe im Hafenviertel von Alexandria; eine genauere Ortsbestimmung ist nicht möglich.[817]

Trotz dieser Belege sind vereinzelt Zweifel an der Lokalisierung des Heiligtums in der Hafengegend aufgekommen, da es für unpassend erachtet wird, dass ein Mitglied des Königshauses seinen Tempel in einem Handelsviertel gehabt habe.[818] Dagegen ist einzuwenden, dass die Lage der Programmatik von Arsinoës Kultimage entgegenkam. Die Angleichung an

---

809 Vgl. Fraser (1964), 74, Anm. 11; Nock (1928), 39; Longega (1968), 98-99. Dagegen vgl. Taeger (1957), I, 293.

810 Überblick bei Muccioli (1994), 404, 411, 421-422. Vgl. Thompson (1973), 55-56; Taeger (1957), I, 292, Anm. 42. Die Mendesstele (Z. 10-11) bezeugt eventuell die Verleihung des Beinamens anlässlich der Geschwisterehe. Allerdings weiß man nicht, ob es sich um eine Betrachtung aus der Rückschau handelt. Vgl. Longega (1968), 98.

811 Vgl. Walbank (1984a), 97.

812 Kallim. fr. 181 Asp. (228 Pf.); Plin. n.h. 34,148; 36,67-69; 37,108; Aus. Mos. 311-317. Ausonius bezeichnet das Heiligtum als „pharisch", womit jedoch in der Spätantike nicht nur die Insel Pharos, sondern auch Alexandria oder Ägypten allgemein bezeichnet werden konnten, vgl. Pfrommer (2004), 456.

813 Vgl. Ghisellini (1998), 215-217; Quaegebeur (1971), 243; Pfrommer (2004), 455-456. Über ihrem Grab, wie Mahaffy (1895), 160 vermutete, befand es sich wohl kaum, da sie sicherlich bei ihren Eltern und Alexander im Palastareal beigesetzt wurde.

814 Kallim. fr. 181 Asp. (228 Pf.).

815 Strab. 17,1,9. Vgl. Diod. 1,50,7.

816 Plin. n.h. 36,69.

817 Vgl. Fraser (1972), II, 75, Anm. 173; Hölbl (1994), 97; Pfrommer (2004), 455.

818 Vgl. Blomfield, R.M. (1905): The Arsinoeum and its obelisk, BullArchAl 8, 27ff.

Aphrodite beinhaltete die Schutzfunktion für die Seefahrt und die ptolemäische Meeresherrschaft, die sie als Aphrodite Euploia im griechischen Kult am Kap Zephyrion innehatte. Als *thea Philadelphos* scheint sie im Arsinoeion die Schirmherrschaft über die Schiffe, die vom Hafen Alexandrias aus in See stachen oder dort anlegten, inne gehabt zu haben, weshalb der Tempel ebenso wie ihr Heiligtum am Kap Zephyrion in Meeresnähe gelegen war.

Hinsichtlich der Gestaltung ihres kultischen Images überließ Ptolemaios II. anscheinend nichts dem Zufall und gab genaue Anweisungen bezüglich Aufstellung, Ikonographie und Material ihrer Kultstatuen.[819] Er soll ihr spezielles Attribut des Doppelfüllhorns selbst entworfen haben, das nicht nur für *agalmata*, sondern auch für *eikones* und als Münzreversmotiv gedacht war.[820] Bei dem Architekten Timochares gab er laut Plinius eine magnetische eiserne Statue der Göttin in Auftrag, die an der Tempeldecke schweben sollte.[821] Sie kam jedoch nicht mehr zur Ausführung, weil beide vorher starben.[822] Entweder lag es an der Aufwändigkeit,[823] dass im Todesjahr Ptolemaios' II., 246 v. Chr., also über zwei Jahrzehnte später, noch immer an der Ausstattung des Arsinoë-Heiligtums gearbeitet wurde, dessen Bau sicherlich kurz nach ihrer postumen Apotheose begonnen wurde, oder daran, dass kontinuierlich am Konzept ihres Kultimages gefeilt wurde. Die schwebende Statue könnte ein Neuentwurf gewesen sein.

Auch aus einem wertvollen Topas vom Roten Meer, der einst Berenike I. zum Geschenk gemacht worden war, ließ Ptolemaios II. ein Kultbild seiner Schwester für das Arsinoeion anfertigen,[824] zudem den erwähnten

---

819 Zum umstrittenen *oikos* Arsinoës II., der in einem Fragment eines Anonymus erwähnt wird und eine Exedra mit einer Statuengruppe bezeichnet, die sich vielleicht aus Arsinoë II. im Kreis von Nymphen konstitutierte, vgl. Pfrommer (2005^3), 124.

820 Athen. 11,497 B-C. Dazu soll er auch noch bestimmt haben, in welchem Arm es ihre Statuen trugen: im linken.

821 Plin. n.h. 34,148. Zur Rekonstruktion der schwebenden Skulptur vgl. Pfrommer (2002), 74, Abb. 63; ders. (2004), 457-459. Es habe sich um eine Plastik aus leichtem Material gehandelt, etwa aus Textilien, die in einer Kuppel durch magnetische eiserne Haarsträhnen oder einen Strahlenkranz in der Höhe gehalten worden sei. Aus der Konstruktion ergebe sich auch, dass der Tempel selbst nicht sehr groß gewesen sei. Anscheinend war aber das Ausstattungskonzept recht aufwändig.

822 Plin. n.h. 34,148-149.

823 Vgl. Kyrieleis (1975), 140.

824 Plin. n.h. 37,108-109. Vgl. Ghisselini (1998), 214; Krug (1992), 200. Gegen die These, die Topasskulptur sei ein Ersatz für die schwebende Statue gewesen, vgl.

Obelisken aus der Zeit Nektanebos' II. vor dem Heiligtum aufstellen.[825] An Nektanebos II., den letzten einheimischen Pharao, der im Alexanderroman zu Alexanders leiblichem Vater gestaltet wurde,[826] hatte bereits Ptolemaios I. in seiner Repräsentation gegenüber dem Ägyptern angeknüpft.[827] Der Obelisk soll von beeindruckender Größe gewesen und unter großem Aufwand über den Nil transportiert worden sein.[828] Falls bei seiner Aufstellung die ägyptische Symbolik des Lichtstrahls relevant gewesen war, sollte diese Botschaft sich an die in Alexandria lebenden Ägypter richten und ihnen weithin von den Wohltaten künden, die von der Göttin zu erwarten waren.[829] Da eine möglichst flächendeckende Akzeptanz der *thea Philadelphos* erreicht werden sollte, wird der Obelisk strategisch auch so positioniert worden sein, dass er vom Hafen aus zum Blick- und Bezugspunkt wurde, und die Seefahrer auf den einfahrenden oder ausfahrenden Schiffen ihn sehen konnten.[830] Dies entspricht der Intention Ptolemaios' II., für eine Verbreitung des Kults über Alexandria hinaus unter den Griechen zu sorgen. Die Verehrung der *thea Philadelphos* sollte seine auswärtigen Einflussbereiche enger an Alexandria binden. Die Kulttopographie formt daher ein netzartiges Muster, das seiner Handels- und Seepoli-

---

Pfrommer (2004), 459. Zur Topasgewinnung im Roten Meer vgl. Volkmann (1959a), 1650.

825 Plin. n.h. 36,67-69. Vielleicht klingt ein Element des Mythos' von Nektanebos II. beim Bericht des Kallixeinos von Rhodos über den Transport des Obelisken an. Ein gewisser Phoenix habe einen Kanal gegraben, um Wasser zum Obelisken zu führen. Phoenix ist nur durch diese Erwähnung bekannt (vgl. den Kommentar der Plinius-Ausgabe der Belles Lettres von Rouveret (1981), 180), und es scheint kein Zufall zu sein, dass er ebenso heißt wie der Wundervogel, der aus der Asche verjüngt auferstand. Auch von Nektanebos II. hieß es in der volkstümlichen Überlieferung, er würde in jugendlicher Gestalt wiederkehren. Teils galt Alexander als seine Reinkarnation. Vgl. Stoneman (2008), 16-21.

826 Ps-Kall. 1,5,1-7,3. Vgl. Pfrommer (2001), 32-33; Wirth (1976), 183; Baynham (1998), 109-110; Ryholt (2002), 235-238; Bresciani (1996), 525-526; Serrano Delgado (2004), 38; Manning (2003), 43, 239; Vittmann (2003), 122; Huß (1994), 130-133; ders. (1992), 161; Burstein (1994), 384-385; Eddy (1961), 284-289; Lloyd (1982), 47-50; Fraser (1972), I, 49; Jouanno (2002), 61; Jasnow (1997), 100-103.

827 Vgl. Turner (1984), 126; Thompson (1992), 45; Pfrommer (2004), 456; Jouanno (2002), 67; Huß (1994), 51, Anm. 111; Dillery (1999), 112; Koenen (1977), 56-76.

828 Gemäß der Rekonstruktion von Pfrommer (2004), 455-456 überragte er den Tempel um einiges. Er sei zwischen 35 und 40 Meter hoch gewesen.

829 Vgl. Plantzos (1991/92), 121. Es sei ein Verweis auf Isis, zu deren Kult der Obelisk als symbolischer Lichtstrahl gehörte.

830 Ähnlich vielleicht wie der Leuchtturm von Pharos (Poseidipp. Ep. 115 A.-B. (11 G.-P.), Z.1-2). Ihm oder der Skulptur auf seiner Spitze wurde in literarischer Ausgestaltung eine Funktion als Retter der Hellenen und Wächter zugeschrieben.

tik entspricht.[831] Die ptolemäischen Einflussbereiche und Handelsplätze, besonders in der Ägäis und auf Zypern, wurden durch den Kult markiert, der gut angenommen wurde und teils auf private Initiative hin eingerichtet wurde,[832] wie die Überlieferungen zu Weihungen und Kultfeiern für die *thea Philadelphos* zeigen.[833] Dieses Netzwerk wird durch die eponymen Neugründungen gestützt, die teils wohl schon in ihre Lebzeiten gefallen waren: Arsinoë auf Keos,[834] auf Kreta,[835] drei Hafenstädte auf Zypern,[836] in Syrien, in Koilesyrien,[837] an der trogodytischen Küste,[838] am Ausgang des Nilkanals am Roten Meer,[839] in Lykien,[840] in Pamphylien und in Kili-

---

831 Vgl. allgemein zum „*Gewebe*" griechischer Kulttopographie: Schlesier (2000), 130.

832 Vgl. Brun (1991), 101-105; Manning (2003), 102. Es gibt epigraphische Belege für Paros, Ios, Thera, Amorgos, Delos und Zypern. Vgl. Hölbl (1994), 98; Capriotti Vitozzi (2000/01), 190. Zu Kilikien vgl. Habicht/Jones (1989), 317-346; Opelt/Kirsten (1989), 55-66; Pfeiffer (2004), 282.

833 Vgl. Ameling (1997), 38; Hauben (1989), 457 (belegt durch Weiheplaketten und Hausaltäre). In Thera, einem wichtigen ptolemäischen Flottenstützpunkt im Chremonideischen Krieg, wurden Arsinoeia gefeiert (vgl. Hölbl (1994), 39). Auf Delos sind Philadelpheia bezeugt, in Kition eine Kanephore für 255/54 v. Chr. Vgl. Hölbl (1994), 98; Longega (1968), 120-121. Bezeichnenderweise stammen die zwanzig bekannten Privataltäre auf Zypern für die *thea Philadelphos* von ptolemäischen Handelspartnern, vgl. Chaniotis (2003), 442.

834 Ehemals Koresia. Vgl. Bounegru (2002), 948, Nr. 2; Bagnall (1976), 141-143; Hölbl (1994), Register 2, 391; Longega (1968), 118. Dies soll während des Chremonideischen Kriegs erfolgt sein.

835 Vgl. Bounegru (2002), 948, Nr. 3; Bagnall (1976), 238; Hirschfeld (1896), 1279, Nr. 12; Longega (1968), 118.

836 Strab. 14,1,3. Es handelt sich um das einstige Marion zwischen dem Vorgebirge Akamas und Soloi, das von Ptolemaios I. 312 v. Chr. zerstört worden war, um eine Stadt an der südöstlichen Küste zwischen Salamis und Leukolla sowie an der Westküste zwischen Paphos und Palaipaphos Vgl. Bounegru (2002), 948-949, Nr. 4-5; Pietschmann (1896), 1278-1279, Nr. 9-11; Hölbl (1994), 60; Longega (1968), 117-118.

837 Vgl. Bounegru (2002), 949, Nr. 6-7; Pietschmann (1896), 1277, Nr. 1-2; Hölbl (1994), 60.

838 Strab. 16,4,5. 4,14; Plin. n.h. 6,29; Diod. 3,39,1. Vgl. Bounegru (2002), 949, Nr. 8; Pietschmann (1896), 1278, Nr. 5; Hölbl (1994), 56-57; Longega (1968), 115. Zwischen Philotera und Myos Hormos gelegen.

839 Pithomstele, Z. 20-21; Strab. 17,7,25; Plin. n.h. 6,167; Diod. 1,33,12. Diese Hafenstadt war eine Station der Handelsroute nach Arabien, das spätere Kleopatris. Vgl. Bounegru (2002), 949, Nr. 9; Longega (1968), 115; Fraser (1972), I, 177-179; Pietschmann (1896), 1278, Nr. 4; Hölbl (1994), 56; Huß (2001), 290; Manning (2003), 34.

840 Strab. 14,3,6. Es handelt sich um das ehemalige Patara. Vgl. Wörrle (1979), 105; Hirschfeld (1896), 1279, Nr. 13; Hölbl (1994), 60; Longega (1968), 117. Umstritten ist Arsinoë in Aitolien (Strab. 10,2,22, ehemals Konopa, weil ungewiss ist, ob

kien.[841] Da für Arsinoë bei Edfu Vergünstigungen durch Ptolemaios II. überliefert sind,[842] hatten vielleicht auch andere Städte dieses Namens Vorteile.

In jedem Fall zeigt sich, wie Arsinoës Kult als integratives Mittel funktionalisiert wurde.[843] Über Ägypten hinaus, wo es auch eponyme Gründungen gab, vor allem im griechisch-makedonischen besiedelten Fayum,[844] war er Bindeglied und spiegelte nicht nur durch das Image der Göttin, sondern auch durch die Kulttopographie den ptolemäischen Anspruch wider, Seeherrscher zu sein, insbesondere die Hegemonie über die Ägäis inne zu haben, und über den Handel zu bestimmen.

---

es sich nicht um eine eponyme Neugründung von Lysimachos handelt. Vgl. Longega (1968), 30-39; Lund (1992), 175; Ameling (1997), 38; Bounegru (2002), 947, Nr. 1; Pietschmann (1896), 1279, Nr. 15.

841 Strab. 14,5,3; Plin. n.h. 5,92. Vgl. Bounegru (2002), 951-952, Nr. 11; Bagnall (1976), 113-114; Hirschfeld (1896), 1278, Nr. 8; Hölbl (1994), 60; Longega (1968), 117. Die Gründungsgeschichte wurde durch eine Inschrift im Auftrag des ptolemäischen Gouverneurs bekannt, in der auch die Installation des Kults für die *theoi adelphoi* erwähnt ist. Vgl. Opelt/Kirsten (1989), 55-66; Habicht/Jones (1989), 317-346; Bounegru (2002), 950-951, Nr. 10; Ager (1996), Nr. 42. Im Heiligtum der Arsinoë wurden offizielle Dokumente publiziert, vgl. Chaniotis (2003), 439.

842 Sel. P. II, 207. Vgl. Manning (2003), 96-97, Anm. 166. Ein Brief an den Beamten Antiochos, in dem der König Regelungen bezüglich einer konfliktfreien Truppeneinquartierung erteilte, beinhaltete die Mahnung, besondere Sorge für Arsinoë zu tragen und die Stadt frei von Einquartierungen zu halten, die dafür im benachbarten Apollonopolis vorgenommen werden sollen.

843 Es wird vermutet, dass Ringsteine aus Bronze oder Bein mit Darstellungen, die ptolemäischen Porträts ähneln, in der Mehrheit Frauenfiguren im Kontext dieser weit gespannten kultischen Praxis als Bindemittel zu sehen sind, und es sich dabei um für die „Massenproduktion" geeignete Nachahmungen offizieller Siegelringe ptolemäischer Hofbeamter, Priester und Priesterinnen, die das Bildnis der vergöttlichten Ptolemäer handelte. Vgl. Plantzos (1999), 49; Pfrommer (1998a), 128; Pfeiffer (2004), 105-106. Die im Kanoposdekret erwähnten Siegelringe der Priester trugen einen Hinweis auf das Amt. Von einer bildlichen Darstellung der verehrten Gottheit wird indes explizit nichts gesagt.

844 Ptolemaios II. hatte große Landflächen trocken legen und kultivieren lassen, Siedlungen angelegt und den Gau Arsinoites genannt. Vgl. Reden (2007b), 189; Quaegebeur (1971), 243; Ameling (1997), 38; Hölbl (2005), III, 97. Antiochos IV. ließ den Namen nach seinem Einmarsch in Ägypten wieder in Krokodeilopolites ändern. Vgl. Mittag (2006), 172. Die Hauptstadt hatte Ptolemaios II. von Krokodeilonopolis in Arsinoë umbenannt (Strab. 17,1,38; Plin. n.h. 5,61). Vgl. Bounegru (2002), 952-953, 955, Nr. 12; Pietschmann (1896), 1277-1278, Nr. 3. Es gab zudem mehrere Dörfer dieses Namens (vgl. Hölbl (1994), 63; Longega (1968), 114) und eine Stadt Philadelpheia, in der ihr ein Tempel geweiht wurde. Vgl. Quaegebeur (1989b), 46.

Aber auch im Mikrokosmos der städtischen Landschaft Alexandrias wurden sowohl der Name als auch die Aspekte des göttlichen Wirkens von Arsinoë Philadelphos fest verankert. Seit Mitte des 3. v. Chr. sind Straßen belegt,[845] die nach Arsinoë Basileia, Teleia,[846] Karpophoros, Eleusinia, Sozousa[847] und Chalkioikos heißen.[848]

Wie die Kunstfigur der *thea Philadelphos* dem Hof vorgestellt wurde, lässt sich im Spiegel der höfischen Dichtung erkennen. In seinem Klagelied anlässlich Arsinoës Tod schildert Kallimachos, wie die Tote von den Dioskuren – Wanderern zwischen den Sphären von Sterblichen und Unsterblichen – in den Olymp versetzt wurde: „νύμφα, σὺ μὲν ἀστερίαν ὑπ' ἅμαξαν ἤδη κλεπτομένα παρέθει(ς) σελάνᾳ ἀτενεῖς ὀδυρμοί μία τοῦτο φωνά ἁμετέρα βασίλεια φρούδα τί παθὼν ἀπέσβη".[849]

Numismatische Quellen bestätigen, dass diese Version, wie Arsinoë entrückt wurde und welche Gottheiten ihr dabei beistanden, die offizielle war, wie sie auch vom Hof vertreten wurde: Das Revers einer Serie goldener Gedenkprägungen, Mnaieia mit Arsinoës Einzelporträt und ihrem Kultnamen als Legende, nimmt auf die Dioskuren Bezug, deren Symbole, die zwei Piloshelme oder Sterne, in deren Gestalt sie sich Menschen in

845 P. Lond. 2243. Vgl. Bell, I. (1924): Notes on early Ptolemaic Papyri, APF 7, 17-18; Nock (1928), 33. Taeger (1957), I, 295, Anm. 59 wendet sich gegen Bells These einer Gleichsetzung Arsinoës mit den Gottheiten; es sei nur eine Illustration von Schutzvorstellungen. Das eine schließt das andere jedoch nicht aus. Bis ins 2. Jh. n. Chr. bleiben diese topographischen Spuren sichtbar.

846 Vgl. Roux (1992), 238, Anm. 26; Visser (1938), 30. Beides ist an Hera angelehnt. Bei der Bezeichnung Basileia habe es sich um ein indirektes Kompliment für Ptolemaios II. gehandelt. Das ist plausibel.

847 Vgl. Plantzos (1991/92), 127, Anm. 48; Thompson (1973), 59; Bingen (2002), 55. Karpophoros steht für Aphrodite, Eleusinia für Demeter. Zum Beinamen Sozousa für die Göttinnen Arsinoë II. und Berenike II. vgl. Fraser (1964), 93.

848 Vgl. Longega (1968), 105-106. Chalkioikos ist das Epithet der in Sparta verehrten Athena und wird daher in Verbindung mit dem Chremonideischen Krieg gesehen.

849 Kallim. fr. 181 Asp. (228 Pf.), 5-10. „*Braut, du bist nah am Sternenwagen schon und [… von den Dioskuren] geraubt, läufst du am Vollmond vorbei […] heftige Klagen […] eine Stimme dies […], Unsere Königin ist dahingegangen […] an welchem Leid ist sie erloschen*".

Seenot als Retter gezeigt haben sollen,[850] Arsinoës charakteristisches Doppelfüllhorn umrahmen.[851]

Die Dioskuren eigneten sich in ideologischer Hinsicht deswegen gut als ihre Begleiter in die Unsterblichkeit, weil sie als rettende Götter der Seefahrt, als die auch Theokritos sie in einem feiert,[852] Schützer in der Schlacht und Garanten der sicheren Heimkehr aus dem Krieg angesehen wurden,[853] eben jenen Wirkungsbereichen, in denen die *thea Philadelphos* als ptolemäische Schutzgöttin gelten sollte. Auch waren sie mit Kabirenkult auf Samothrake verbunden, für den Arsinoë die Tholos gestiftet hatte.[854] Daher waren sie ideal, um Arsinoë auf ihrer Jenseitsreise in die Götterwelt zu begleiten,[855] wozu sie nicht zuletzt auch ihre Geleitfunktion prädestinierte.[856]

Von der Installierung des ägyptischen Kults der Bruderliebenden Göttin berichtet die Mendesstele. Demnach sei ihre Kultstatue nach ihrem Tod – traditionell auf Juni/Juli 270 v. Chr. datiert, nach Grzybeks umstrittener Revision auf den 1./2. Juli 268 v. Chr. –[857] in die ägyptischen Tempel eingeführt worden.[858] Wie schon zuvor beim ägyptischen Kult der *theoi*

850 Hom. Hym. 33,6-17; Hdt. 2,43,3. Die Sterne standen zuerst für das St. Elms-Feuer, das den Seefahrern als göttliches Zeichen, als Hinweis auf den schützenden Beistand durch die Dioskuren, galt. Vgl. Köhne (1998), 26-28, 177-178; Hermary (1986), 567; Scheer (1997), 674. Im 5. Jahrhundert kam eine zweite Bedeutungsebene hinzu: Den Brüdern wurde ein Aufenthaltsort zwischen den Sternen zugewiesen (Eur. Hel. 137; El. 990, 1347; Or. 1636). Vgl. Köhne (1998), 177.

851 Vgl. Hazzard (1995), 4. Auf dem Revers der Münzen mit dem Porträt Berenikes II., die in ptolemäischer Ideologie Arsinoës „Tochter" war (Kallim. Ait. 3, fr. 58 Asp. (SH 254 + 383 Pf.), Z. 2-3), erscheinen diese Symbole wie erwähnt ebenfalls. Zur Ikonographie der Dioskuren vgl. Köhne (1998), 176-179; Hermary (1986), 567-593. Gegen Ende des 5. Jhs. v. Chr. trugen sie in der attischen Kunst noch den Petasos. Der Pilos, Kopfbedeckung von Kriegern, Reisenden, Bauern oder Seefahrern, wurde erst später für sie charakteristisch.

852 Theokr. 22,8-20. Vgl. Visser (1938), 18.

853 Vgl. Hauben (1970), 84; Lewis (1986), 12; Beyer-Rotthoff (1993), 28-29; Köhne (1998), 20, 26-28, 177; Kyrieleis (1975), 95, 156, 223; ders. (2004), 114; Burton (1995), 147; Lelli (2002), 15; Binder (1964), 76; Blasius (2006a), 8. Die Homerischen Hymnen (33,7-17) schildern, wie sie am Himmel erscheinen und die Stürme und Wellen bändigen.

854 Vgl. Weber (1993), 347; Fraser (1972) I, 207.

855 Vgl. Burton (1995), 147 (Arsinoës eigener Bezug zur See). Lelli (2002), 15, 26 deutet ihre Entrückung als Metapher für den Synkretismus Arsinoë-Selene.

856 Vgl. Hermary (1986), 577, 593; Nock (1946), 141-142, 152.

857 Vgl. Minas (2000), 93, Anm. 350.

858 Mendesstele, Z. 13-14. Vgl. Minas (2000), 93; Albersmeier/Minas (1998), 27; Quaegebeur (1971), 242; Nock (1930), 6.

adelphoi wurde auch die *thea Philadelphos* als tempelteilende Gottheit zusammen mit den jeweiligen Hauptgöttern von den ansässigen Priestern verehrt. Ptolemaios II. befahl allen ägyptischen Heiligtümern, die Bildnisse seiner divinisierten Schwester aufzustellen und in den Ritus einzubeziehen:[859]

> *Seine Majestät befahl, ihre Seele in allen Gotteshäusern aufzustellen … denn ihre Art war als göttlich anerkannt worden angesichts ihrer Vortrefflichkeit gegenüber allen Menschen … Ihre Abbilder wurden in jedem Gau hergestellt… Ihr Name wurde festgestellt als: … Göttin die ihren Bruder liebt Arsinoë.* [860]

Eine stark beschädigte Stele aus Saïs, deren Bildfeld Ptolemaios II. und Arsinoë II. vor der städtischen Hauptgöttin Neith zeigt,[861] laut Christophe Thiers gefolgt von der *thea Philadelphos*,[862] bestätigt, dass Arsinoës Kultstatue in jedem ägyptischen Tempel aufgestellt, zusammen mit den Landesgöttern verehrt und bei Prozessionen zwischen den anderen Götterbildnissen mitgeführt wurde.[863] Die Neith-Priesterschaft in Saïs zählte offen-

---

859 Pithomstele, Z. 21. Vgl. Huß (1994), 98; ders. (2001), 326; Nock (1930), 6.

860 Mendesstele, Z.13-14 (Übers. G. Roeder). Arsinoës Epithet weist auf die Assoziation mit Isis hin. Vgl. Quaegebeur (1989a), 112; Schuller (1995), 88; Schorn (2001), 213; Ameling (1997), 38; Huß (1994), 100-101; Tondriau (1948d), 28; Pfrommer (2002), 39; ders. (1998), 33-34; Burstein (1982), 210; Perpillou-Thomas (1991), 97: „*la fonction royale d'Isis est magnifiée par les Lagides qui feront d'elle, à partir de Philadelphe, une déesse liée au pouvoir, associée ou non à Sarapis*". Sie bekam die Beinamen „*Isis*", „*Geliebte der Hathor*", in Memphis „*Tochter des Amun*", „*die göttliche Mutter von Apis, Abbild des Ptah*". Vgl. Huß (1994), 100-101; Quaegebeur (1971), 247; Longega (1968), 114. Gerade in der alten religiösen Zentrale Memphis, wo sie sich mit Ptah den Tempel teilte, bemühte sich Ptolemaios II. sehr um die Etablierung ihres Kults. Vgl. Quaegebeur (1971), 244-263; Hölbl (1994), 97.

861 In der griechischen Welt wurde sie mit Athena gleichgesetzt (Plat. Tim. 21 E). Vgl. Zeidler (2005), 55.

862 Vgl. Thiers (1999), 424.

863 Zur Provenienz und Edition des Texts vgl. Thiers (1999), 423-444. Die Inschrift lautet: „*Im Jahr 20 befahl Seine Majestät den Würdenträgern, die an seiner Seite waren: ,… Lasst (in der Prozession) erscheinen die Statue Seiner Majestät, der Königin, Herrscherin [beider Länder] Isis-Arsin[oë] […]… denn sie ist die Tochter der Gottheit*'" (col. 8. Übers. C. Thiers). Die Reaktion der Priesterschaft der Neith fand ebenfalls Eingang in den Stelentext: „*die Propheten und göttlichen Väter des Tempels der Neith kamen an den Ort an, an dem sich Seine Majestät befand; sie sagten in der Gegenwart Seiner Majestät: ,Herrscher, unser Herr, lasse erscheinen die Statue der Königin, Herrscherin der beiden Länder, Isis-Arsinoë, [die Göttin, die liebt] ihren Bruder*'" (col. 10. Übers. C. Thiers). Thiers (1999), 436, 440 geht davon aus, dass die Priester den König einluden, um ihm die Statue der göttlichen Königin zu zeigen. Während der Einsetzungsfeier des neuen Mendesbocks wurden neben den Bildnissen der anderen Götter auch Statuen der *thea Philadelphos*, „*der Göttin, die ihren Bruder liebt … in deren Händen ein Wedel war, um die göttlichen Tiere damit zu schützen, zusammen mit ihrem Anch an ihrem Halse, nämlich der*

bar zu denjenigen, die einen politischen Vorteil in der Zusammenarbeit mit Fremdherrschern sahen; auch mit Kambyses hatten sie kooperiert.[864]

Im Mendestempel wurde für Arsinoë II. eine Totenfeier wie *„für die Böcke ... und für alle Götter und Göttinnen seit der Urzeit bis heute"* abgehalten.[865] Diese Trauerzeremonie zeigt die Bereitschaft zur Kooperation mit der ptolemäischen Regierung, die nicht zuletzt mit der finanziellen Protegierung und der Gewährung von Privilegien zusammenhing.

Die erhaltenen bildlichen Zeugnisse für die Darstellung der Bruderliebenden Göttin in ägyptischen Formen zeigt, welche Attribute ihre Kultbildnisse hatten, die Ptolemaios II. in Auftrag gab: ein Blütenszepter und eine Kompositkrone.[866] Auch in der Inschrift der Mendesstele findet sich eine Beschreibung der Statue *„der Göttin, [der Schwester die ihren Bruder liebt (Philadelphos)] (Arsinoë), in deren Händen ein Wedel war ... zusammen mit ihrem Anch"*.[867]

Ptolemaios II. ließ sich darstellen, wie er mit gutem Beispiel voranging, um der Göttin seinen Dienst zu erweisen: Auf Weihreliefs opfert er vor ihr.[868] Seinem Beispiel wurde auch gefolgt; Arsinoës ägyptischer Kult

---

Herrin beider Länder" (Mendesstele, Z. 25. Übers. G. Roeder) in der Prozession mitgeführt. Vgl. Cheshire (1982), 109-111.

864 Vgl. Posener (1936), 7. Die enge Verbindung des persischen Königs zur Göttin Neith lässt sich auch bei Dareios I. fassen. In der hieroglyphischen Version der Suezsteleninschrift wurde er als Sohn der Neith bezeichnet, nach deren Willen er herrschte. Vgl. Schörner (2000), 32.

865 Mendesstele, Z. 12. Vgl. Huß (1994), 109. An diesem Modell orientierte sich die Apotheose der verstorbenen Berenike, Tochter Ptolemaios' III., wie sie im Dekret von Kanopos beschrieben wird. Ihre Statue sollte in den Tempeln des Landes aufgestellt und es sollten Totenkult- und Vergöttlichungsrituale durchgeführt werden, die denen der heiligen Stiere Apis und Mnevis entsprachen (Kanoposdekret, 53-54). Vgl. Pfeiffer (2004), 258-260; Hoffmann (2000), 159; Thissen (1966), 83. Es handelte sich um eine Fortsetzung der Osirisfeste, die kurz zuvor stattgefunden hatten. Ihr Leichnam wurde im Osiristempel von Kanopos bestattet. Vgl. Huß (1992), 163; Hölbl (1994), 103; Reed (2000), 335; Onasch (1976), 144-145.

866 Vgl. Kap. IV.5. Die Krone bestand aus der roten Krone, zwei Falkenfedern, Sonnenscheibe, Kuhgehörn und Widderhörnern. Vgl. Quaegebeur (1978), 249-250; ders. (1983), 111; Albersmeier/Minas (1998), 14, mit Anm. 14; Kyrieleis (2004), 112.

867 Mendesstele, Z. 25.

868 Vgl. Quaegebeur (1970), 191-217; ders. (1978), 250-251; Minas (2000), 183, Anm. 674; dies. (2005), 134. Quaegebeur ordnete die Darstellung der Stele von Tanis den bildlichen Szenen zu, in denen Ptolemaios in Anbetung der *thea Philadelphos* gezeigt wurde, was jedoch aufgrund der fehlenden ikonographischen Hinweise auf eine Opferhandlung – Gaben und Opfertisch – umstritten ist. Vgl. Wildung (1989b), 104, der zudem ausführt, dass die hervorgehobene Bedeutung der Köni-

erwies sich nicht zuletzt aufgrund der Kooperation von weiten Teilen der ägyptischen Priester als ein Erfolg und ist für über 25 Orte in Ägypten bezeugt.[869] Ergebnisse onomastischer Forschungen bestätigen, dass ihre Verehrung breite Bevölkerungskreise in der Chora erreichte:[870] Der Name Arsinoë taucht in Familien ägyptischer Priester auf, ebenso wie der Name Berenike, nachdem für Berenike II. ein individueller Kult eingerichtet worden war.[871]

Wie in der Ägäis wurde auch der ägyptische Kult von der ptolemäischen Regierung funktionalisiert, um den Einfluss an ökonomisch wichtigen Punkten zu untermauern. So befindet sich auf der Station einer Handelsroute durch das Wadi Mia im Min-Tempel von El-Kanaïs ein Altar für die Göttin Arsinoë Philadelphos.[872]

---

gin durch ihre Positionierung auf der linken Bildseite – gemäß den Regeln der ägyptischen Kunst die vorrangige – durch die größere Darstellung des Königs wieder relativiert worden sei. Das Stelenrelief aus dem Moskauer Puschkin Museum, das Quaegebeur als eine parallele Darstellung deutet, zeigt Ptolemaios II. mit Opfergaben und einem entsprechenden Opfertisch. Vgl. ders. (1970), 195-196. Ein altägyptisches Vorbild einer verstorbenen Königin, die ein Opfer von Seiten des lebenden Herrschers erhält, ist in der seltenen Reliefszene des Denksteins des Ahmose zu sehen, der vor seiner Großmutter Tetisheri opfert, vgl. Minas (2005), 132, 152. Zu Arsinoës Verehrung in Theben vgl. Huß (1994), 99, Anm. 115. Ashton (2001), 37 zieht eine Parallele zu der postumen Vergöttlichung Nofretetes, doch die kargen Quellen lassen kaum sichere Schlüsse zu.

869 Auflistung der Orte bei Huß (1994), 98-99, Anm. 115; Thompson (1988), 127, Anm. 115; Quaegebeur (1971), 242; Minas (2000), 183, Anm. 675; Sauneron (1966), 100-101. Der Schwerpunkt lag im Norden, aber auch Theben gehörte dazu. Vgl. Hölbl (1994), 97.

870 Vgl. Albersmeier/Minas (1998), 27.

871 Vgl. Thompson (1997), 257; Pfeiffer (2004), 283; Quaegebeur (1989a), 108-109; ders. (1989b), 46-47. Er argumentiert gegen die These von Winter (1978), 157-158, der dynastische Kult sei den Priestern aufgezwungen worden und von ihnen nur widerwillig und halbherzig ausgeführt worden. Ein Gegenbeispiel sei die exponierte Stellung der Göttin Arsinoë im Isistempel von Philai, die ohne die Unterstützung der Priester nicht möglich gewesen sei. Lanciers (1988), 30 nennt als Beweis für eine aktive Teilnahme der Priester die Apotheose des vierten Ptolemäerpaars, deren ägyptische Divinisierung früher stattfand als die Aufnahme in den griechischen eponymen Kult. Vgl. Ashton (2001), 33-34; Kyrieleis (1975), 141-142; Huß (1994), 98, Anm. 115: „*In glücklicher Weise trafen sich hier die Absichten Ptolemaios' II. mit den Neigungen des ägyptischen Klerus – oder sagen wir vorsichtiger: bedeutender Teile des ägyptischen Klerus – und wohl auch der ägyptischen Bevölkerung*".

872 Vgl. Bernard, A. (1972): La paneion d'El-Kanaïs: Les inscriptions grecques, Leiden, Nr. 9; Hölbl (2005), III, 13-14. Es befand sich im Pronaos.

Die Priesterin der *thea Philadelphos* trug den Titel *kanephoros*, Korbträgerin,[873] ein im griechischen Kultwesen traditioneller Begriff,[874] der im Demotischen „*den Goldkorb vor Arsinoë Philadelphos tragen*“ hieß.[875] Die Kanephoren führten mit einem dreihenkligen Opferkorb (*kanoun*) aus Silber, Gold oder vergoldet, der auf dem Kopf getragen wurde,[876] die Festprozession an.[877] Üblicherweise befanden sich heilige Objekte wie Opfergerste, Opfermesser und Binden in dem Korb;[878] auf ptolemäischen Terrakottafiguren wird er von bunt bemaltem Stoff bedeckt.[879] Kanephoren traten im Kult vieler griechischer Gottheiten auf, von denen für Arsinoë vor allem Hera und Aphrodite relevant erscheinen. Zudem gab es sie bei den athenischen Dionysien oder den Panathenaien,[880] die von den ersten beiden Ptolemäern finanziell unterstützt worden waren. In der Kunst sind sie oft in Hochzeitsszenen als Brautbegleiterinnen zu sehen.[881] Die Bedeutung des Amts lässt sich daran ablesen, dass Bronze- und Marmorstatuen von Kanephoren von angesehenen Bildhauern wie Polykleitos, Skopas, Praxiteles oder Leochares literarisch als Weihgeschenke überliefert sind.[882]

Heinz-Josef Thissen und Martina Minas sehen insbesondere die Parallele zur Kanephore im griechischen Demeterkult als ausschlaggebend für

---

873 Kanoposdekret, Z. 2-3; OGIS 90, Austin (1981), Nr. 227, Z. 5. Vgl. Ijsewijn (1961), 136; Pomeroy (1984), 55-59. Zu einer Liste der Namen der Kanephoren vgl. Clarysse, W./van der Veken, G. (1983): The eponymous priests of Ptolemaic Egypt, Leiden, 6-52.

874 Aristoph. Lys. 646. Vgl. Minas (1998), 43; Fraser (1972), I, 225; Quaegebeur (1971), 243; Bailey (1999), 156-157; Buraselis (1982), 49.

875 Vgl. Schorn (2001), 203; Quaegebeur (1989b), 46; Minas (1998), 45. Minas geht davon aus, dass der Korb wegen des Gewichts und der Kosten nicht aus reinem Gold war, sondern nur vergoldet. Vgl. Roccos (1995), 658 mit einem Beispiel aus dem Asklepieion von Athen, dessen silberner Korb 945 Drachmen gewogen habe und zu schwer gewesen sei, um ihn zu tragen.

876 Vgl. Thissen (1966), 44; Schelp, J. (1975): Das Kanoun. Der griechische Opferkorb, Würzburg, 15-21.

877 Vgl. Graf (1999), 245; Roccos (1995), 641.

878 Vgl. Roccos (1995), 642; Bailey (1999), 160, Anm. 22. Andere Figuren zeigen eine Kobra und Pinienzapfen (ebda., 159).

879 Vgl. Bailey (1999), 159.

880 Vgl. Minas (1998), 44; Thissen (1966), 44; Bailey (1999), 157. Des Weiteren gab es eine Kanephore im Kult von Apollon, Artemis, Asklepios, Athena, Demeter, Dionysos, Hekate, Hermes, Isis, Kybele und Zeus sowie Herakles und Neoptolemos. Vgl. Minas (1998), 44, Anm. 6; Roccos (1995), 645. Auf Delos traten Kanephoren bei den Delia und Apollonia in Erscheinung, in Lebadeia anlässlich des Fests des Zeus Basileus (Plut. mor. 772 A). Vgl. Graf (1999), 245.

881 Vgl. Roccos (1995), 642-644. Der gute Ruf war dabei wichtig: Thuk. 6,56.

882 Cic. Verr. 2,4,5; Plin. n.h. 26,225. Vgl. Carney (2000a), 214; Roccos (1995), 645.

Arsinoës Kult an, da die Göttin des Ackerbaus und der Fruchtbarkeit Werte verkörpert habe, die in Ägypten von immenser Bedeutung waren.[883]

Allerdings stimmt doch nachdenklich, dass in Arsinoës griechisch-makedonischer Ikonographie, gerade als *thea Philadelphos*, Demeter als Referenzmodell keine Rolle spielt. Eine zentrale Vorbildfunktion wird die Kanephore des Demeterkults für Arsinoës Priesterin daher wohl nicht gehabt haben. Größere Bedeutung kam wohl dem Auftreten von Kanephoren bei Hochzeiten zu; insbesondere Kanephoren speziell mit Goldkorb erscheinen in der griechischen Kunst häufig in Heiratsszenen.[884] Dies passt zum Kultimage von Arsinoë, da sie einerseits als Kypris Zephyritis für Zuneigung und Heirat zuständig war,[885] und andererseits als *thea Philadelphos* weiterhin die Rolle der Schwestergemahlin an der Seite des Königs übernehmen und die Geschwisterehe als königliches sakrales Privileg repräsentieren sollte. Zudem figurierte sie weiterhin als Mutter des Thronfolgers und garantierte für dynastische Kontinuität. Entsprechend könnte der Korb, der in der griechischen Ikonographie das Weibliche – im Sinne von Versorgen und Bewahren ebenso wie von Reproduktionsfähigkeit – symbolisieren konnte,[886] auf den speziellen Aspekt der Göttin Arsinoë als Beschützerin der Thronfolge verweisen.

Inwieweit Jungfräulichkeit und untadliger Ruf wie für die griechischen Kanephoren Voraussetzungen für das Amt der ptolemäischen Kanephore waren,[887] ist ungeklärt. Das liegt vor allem an der Ungewissheit darüber, ob Belistiche, Kanephore im Jahr 250/51 v. Chr. identisch mit der gleichnamigen Geliebten Ptolemaios' II. war.[888] Sollte diese Vermutung zutref-

---

883 Vgl. Minas (1998), 50; Thissen (1966), 44.

884 Roccos (1995), 653.

885 Kallim. Ep. 14 Asp. (5 Pf.); Athen. 7,318 B. Vgl. Bertazzoli (2002), 151-152; Stephens (2004a), 170; Gigante Lanzara (1994), 116; Gutzwiller (2007), 21.

886 Vgl. Lissarrague (1995), 91-100: Gefäße definierten die weiblichen Aktionsräume, einerseits bezüglich „*their role in managing material goods to the oikos and in domestic production*" (ebda., 100). Es werde Bezug auf die schützende Hülle des Mutterleibes genommen, die das ungeborene Kind umgab. Vgl. Roccos (1995), 642; auch schon Rank (1909), 69-70, m. Anm. 2: Das gängige mythische Element, dass der Held als Kind in einem Körbchen ausgesetzt wird, wie Sargon oder Moses, symbolisiere nichts anderes als die Geburt. Das Körbchen oder Gefäß stehe für den Mutterleib. Siehe ferner Carney (2004), 193, die die Metapher der Tätigkeit für den *oikos* auf die *basileia* ausweitet. Vgl. Jenkins (1985), 112; Humphreys (1995), 108 mit der Vermutung, dass die *larnax* auf das Behältnis anspielte, in dem die homerischen Frauen ihre Webarbeiten aufbewahrten (Od. 8,438).

887 Vgl. Roccos (1995), 642.

888 Vgl. Kosmetatou (2004c), 20; Criscuolo (2003), 320. Für die Gleichsetzung argumentieren: Bingen (2002), 50, Anm. 6; Grimm (1998), 90. Ein analoges Prob-

fen, würde dies für eine lockere Handhabung der Bestimmung sprechen, die partiell außer Kraft gesetzt werden konnte.[889] Die Nacktheit der Kanephore, die auf einigen Terrakottafiguren aus dem ptolemäischen und römischen Ägypten belegt ist, wird wohl keine Vorschrift für die Priesterin der *thea Philadelphos* gewesen sein, die aus höfischen Kreisen kam,[890] sondern ein künstlerisches Stilmittel. In der griechischen Kunst ist die Kanephore bekleidet, trägt einen Chiton oder Peplos und einen langen Mantel.[891]

Wie der eponyme Priester des Alexanderkults in Alexandria wurde auch die jährlich wechselnde Kanephore in der Datierung im ptolemäischen Reich relevant.[892] Gemäß Hélène Cadell ist sie erstmals für 268/67 v. Chr. bezeugt.[893]

Während die Bezeichnung von Arsinoës Priesterin als Kanephore an Hochzeit und Fruchtbarkeit erinnerte, hieß die Priesterin im individuellen Kult von Berenike II. *athlophoros*, „*Kampfpreisträgerin*",[894] was an ihre Rennsiege bei panhellenischen Wettkämpfen erinnerte.[895]

---

lem stellt sich für die Kanephore Agathoklea, die teilweise mit der Hetäre Ptolemaios' IV. gleichgesetzt wird.

889 Vgl. Bailey (1999), 157.

890 Vgl. ebda., 157-158.

891 Vgl. Roccos (1995), 646-653.

892 Vgl. Wilcken (1938), 313; Thissen (1966), 43; Minas (2000), 86: „*Im Gegensatz zum traditionellen ägyptischen Herrscherkult wurde mit dem dynastischen Kult der ptolemäische König weniger als ägyptischer Pharao, sondern als hellenistischer Herrscher in Ägypten verehrt*".

893 Vgl. Cadell (1998), 1-3. Sie verweist auf den griechischen Papyrus Sorb. Inv. 2440 und argumentiert gegen die traditionelle These auf Grundlage des Papyrus Louvre N 2424, sie sei erstmal im Dezember 267/Januar 266 (Monat Hathyr des Jahres 19) eingesetzt worden. Siehe auch Minas (1998), 53; Schorn (2001), 217; Hölbl (1994), 97; Bailey (1999), 157. Der letzte Beleg einer namentlich genannten Kanephore findet sich für das Jahr 107/6 v. Chr. Vgl. Clarysse, W./G. van der Veken (1983): The eponymous priests of Ptolemaic Egypt, Leiden, 36-37, Nr. 184 b.

894 OGIS 90, Z. 5. Unter Ptolemaios IV. wurde sie in den Präambeln der Urkunden nach dem Alexanderpriester, aber vor der Kanephore Arsinoës aufgelistet. Vgl. Hölbl (1994), 151; Quaegebeur (1989b), 46. Bailey (1999), 156: „*Normal practice was that the Athlophore became the Canephore a year later*". Bricault (1999), 337 und Minas (2000), 111-112 vermuten, dass die Betonung von Berenikes Sieghaftigkeit im Zusammenhang mit den innen- und außenpolitischen Schwierigkeiten gestanden habe, welche die Regierungszeit des vierten Ptolemäers prägten.

895 Kallim. Ait. 3, fr. 58 Asp. (SH 254 + 383 Pf.).

Das Kultfest, das für die *thea Philadelphos* eingerichtet wurde,[896] ist in den Quellen dürftig bezeugt. Ein Fragment von Satyros' Schrift *Über die Demen von Alexandria*[897] beschreibt die Prozession der Arsinoeia durch die Straßen Alexandrias, angeführt von der Kanephore.[898] Die Zuschauer, die der *thea Philadelphos* ein Opfer darbringen wollten, konnten dies in den Hauseingängen, vor den Türen, auf den Dächern oder am Straßenrand entlang der Festzugsroute auf Sandaltären oder mit Sand bestreuten Ziegelaltären tun, sobald die Kanephore an ihnen vorbeikam.[899] Einige der Kultgefäße, mit denen die Zuschauer ihre Opfer verrichteten, sind vermutlich erhalten. Es handelt sich um die so genannten Ptolemäerkannen, eine „*der wenigen originalen archäologischen Denkmälergruppen, die sicher mit dem ptolemäischen Kult in Alexandria in Verbindung gebracht werden können*".[900] Mit

896 Vgl. Minas (1994), 208. Um den 6./8. bzw. 28. Loios. In der ägyptischen Chora wurde das Fest wohl nach dem ägyptischen Kalender im Mesore (Februar/März) gefeiert. Vgl. Hölbl (1994), 98; Perpillou-Thomas (1991), 156. Ein weiteres Fest für die Göttin Arsinoë sind die Theadelpheia, die in den Dokumenten des Zenonarchivs ab 253 v. Chr. bezeugt sind, jedoch wohl erst unter Ptolemaios Philopator intensiviert wurden. Vgl. Ameling (1997), 38; Schwartz (1992), 83-84; Perpillou-Thomas (1991), 154-155; Schwartz (1992), 83-84.

897 Der Titel ist umstritten. Vgl. Schorn (2001), 199, Anm. 1. Er geht davon aus, dass es sich um das Fragment eines königlichen *prostagma* gehandelt habe (ebda., 200). Dagegen richtete sich Perdrizet (1910), 218.

898 P. Oxy. 27,2465; Burstein (1985), Nr. 93. Grimm (1998), 77 datiert das Fest in den Sommer, kurz vor der Nilschwemme. Zu weiteren Belegen in den Zenon Papyri vgl. Fraser (1972), I, 225-226.

899 Vgl. Schorn (2001), 199-220; Fraser (1972), I, 225-226; Weber (1993), 171; Grimm (1998), 78. Zu Brand- und Weinopfern bei Festen: Raphiadekret, Z. 37. Schorn (2001), 211-212, 216 zufolge sei der Sand als Symbol der Reinheit ein Verweis auf den volkstümlichen Charakter des Kults gewesen. In Ägypten sei Sand als Basis von Kultbildern und Material für einen improvisierten Altar vor der Haustüre zudem üblich gewesen. Als Beleg für eine Verehrung Arsinoës als Patronin der Seefahrt könne die Nennung von Sandaltären jedoch nicht gelten. Dagegen vgl. Weber (1993), 171, Anm. 5. Hölbl (1994), 98 sieht die Aufforderung zum privaten Opfer für die Göttin als Zwang an. Dagegen vgl. Pfeiffer (2004), 278, der die Freiwilligkeit betont. Kyrieleis (1975), 142 weist jedoch darauf hin, dass eine solche Loyalitätsbezeugung nichts war, von dem man sich habe ausschließen können. Es ist insofern von der Illusion einer freiwilligen Teilnahme auszugehen.

900 Kyrieleis (1975), 142. Siehe auch Plantzos (1991/92), 120; Weber (1993), 171, Anm. 5; Capriotti Vitozzi (2000/01), 188. Die am besten erhaltenen Kannen wurden in Naukratis ausgegraben. Weitere Hinweise für den privaten Kult der *thea Philadelphos* bieten Inschriftentäfelchen, vgl. Kyrieleis (1975), 144. Lissarrague (1995), 94 zeigte auf, dass auch das Libationsgefäß, die Kanne, in der griechischen Ikonographie den weiblichen Symbolen zuzuordnen sei und für die Versorgungsrolle der Frau im *oikos* stünde.

ihnen sollen die versammelten Zuschauer am Straßenrand ihre Libationsopfer ausgeführt haben, wenn die Kanephore an ihnen vorbeikam. Als Massenprodukte aus preiswertem Material, Fayence, waren sie möglicherweise Vorlagen aus Edelmetall für das Hauptritual nachempfunden und wurden entweder anlässlich der Festprozession auf Weisung des Palasts an die Passanten verteilt oder von ihnen selbst angeschafft.[901]

Erhalten sind Kannen mit Darstellungen verschiedener ptolemäischer Königinnen.[902] Für die Arsinoeia relevant ist eine Serie von 270-240 v. Chr., die Arsinoë II. mit vergoldetem Diadem zeigt, wie sie vor einem Pfeiler,[903] teilweise vor einem Hörneraltar, steht, und ihr Doppelfüllhorn im linken Arm und eine Phiale in der rechten Hand hält.[904] Die Beischriften lauten: Isis, Agathe Tyche und Philadelphos.[905] Gemäß *communis opinio*

---

901 Vgl. Ashton (2001), 9; Kyrieleis (1975), 142-143. Vielleicht wurden auch aufgrund der göttlichen Schutzfunktion die Kannen mit ihrem Porträt für den Kult aus Fayence gegossen, dem Material für besondere Schutzzeichen, vgl. Kurth (1998^2), Nr. 33. Zur Fayence als typisch ägyptisches Material vgl. Thompson (1973), 7, 83; Weber (1993), 171, Anm. 5.

902 Vgl. Plantzos (1991/92), 120; Bergmann (2007), 256-257. Es handelt sich um Arsinoë II., Berenike II., Arsinoë III. und Kleopatra I. Zu Unterschieden zwischen der Darstellung von Arsinoë II. und Berenike II. auf den Kannen vgl. Thompson (1973), 84-90; Murray (1967), 29. Gegen die These, es habe sich um die tote *basilissa* Berenike, Tochter Ptolemaios' III., gehandelt, argumentiert Pfeiffer (2004), 282.

903 Vgl. Pfrommer (2002), 60. Er deutet den Pfeiler als Verweis auf die Pfeilermonumente für Apollon und Dionysos an den alexandrinischen Haustüren, zudem auf mit Artemis, in Ägypten eine Tochter der Isis, die an die Assoziation Arsinoës mit Artemis erinnert habe, wie sie auf den Münzen von Arsinoeia-Ephesos angeklungen sei. Indes ist zu bezweifeln, dass die Passanten auf der Straße den Bogen so weit spannten. Der Pfeiler, an dem Dionysos' Maske hing, mag als Reminiszenz ausgereicht haben. Thompson (1973), 63-69 argumentiert für eine Parallele zu den Grabstelen von Osiris und Isis in der ägyptischen, von Isis-Selene und Apollon in der griechischen Sprachregelung. Damit sei auf Arsinoës Funktion als Beschützerin der Kunst angespielt worden. Zugleich identifiziert sie den Pfeiler mit dem Obelisken, den Ptolemaios II. vor dem Arsinoeion errichten ließ.

904 Vgl. Thompson (1973), 47. Weitere Attribute von Ptolemäerinnen auf den Fayencekannen sind Speer, Szepter, Phiale und Palmenzweig. Thompson hält das ikonographische Konzept für einen Entwurf der Arsinoë selbst, vgl. ebda., 120. Das kann weder bewiesen noch widerlegt werden.

905 Vgl. Plantzos (1991/92), 120; Thompson (1973), 51, 83. Es ist ungeklärt, ob die persönliche Tyche der Königin gemeint war (vgl. Thompson (1973), 51, 83, die daraus eine Datierung der Kannen zu ihren Lebzeiten ableitet; dagegen vgl. Murray, O. (1974): Rezension zu Thompson, D.B., Ptolemaic oinochoai, JHS 15, 218-219) oder eine postume Identifizierung mit Tyche (vgl. Plantzos (1991/92), 120-123; Pfrommer (1998a), 60-61; Möbius (1964), 26-27; Schwentzel (2000), 100)

ist Arsinoë beim Libationsopfer dargestellt.[906] Die Gegenthese lautet, aufgrund der kultischen Funktion der Kannen, die von den Zuschauern der Prozession benutzt wurden, sei sie vielmehr in abwartender Haltung gezeigt und signalisiere Bereitschaft, das Opfer zu empfangen.[907]

Weitere Opfer für die *thea Philadelphos* bei der Prozession waren Vögel,[908] Hülsenfrüchte,[909] und andere Tiere, die mit Ausnahme von Ziegen – nach einer revidierten Lesung des Satyrostexts Schafe – frei gestellt waren.[910]

Bei dem Festzug wird an zentraler Position das Kultbild der *thea Philadelphos* mitgeführt worden sein,[911] vermutlich von Bildern Ptolemaios' II. und ihrer Vorfahren – den *theoi Soteres*, Alexander, vielleicht auch göttlichen Urahnen wie Herakles und Dionysos – begleitet. Es wird rekonstruiert, dass die Route ihren Anfang am Arsinoeion nahm und am Ptole-

---

beziehungsweise die Assoziation mit Tyches Qualitäten (vgl. Ashton (2001), 51). Taeger (1957), I, 301, sieht nur eine „*Segensformel*" in der Inschrift.

906 Vgl. Thompson (1973), 69-70; Bemmann (1995), 90.

907 Günther Grimm, Diskussionsbeitrag im Rahmen eines Workshops in Trier am 17.06.2005.

908 Vgl. Perpillou-Thomas (1991), 202: Wegen Arsinoës Assoziation mit Aphrodite seien es Tauben gewesen.

909 Vgl. Schorn (2001), 206, 214. Die Hülsenfrüchte sollten auf sie als Fruchtbarkeits- und Erntegöttin anspielen. Zugleich sollte die einfache Bevölkerung angesprochen werden, die sich diese Art von Opfer leisten konnte.

910 Vgl. Schorn (2001), 217-218. Dagegen geht Perpillou-Thomas (1991), 158 von Schafsopfern aus, wie sie für Aphrodite gebräuchlich gewesen seien. Zu Ziegenopfern für Aphrodite: Tac. hist. 2,3,1-2; Pirenne-Delforge (1996), 841. Zum Verbot des Ziegenopfers vgl. auch Thompson (1973), 39, 70, die es darauf zurückführt, dass das bevorzugte Tier einer Gottheit mitunter tabu gewesen sei. Die Ziege war bei Hera, Aphrodite und Dionysos ein häufiges Opfertier. Weber (1993), 171, Anm. 5 führt das Verbot des Ziegenopfers darauf zurück, dass Arsinoë nicht als Aphrodite Pandemos geehrt worden sei. Koenen (1993), 110 leitet aus Kallimachos' *Locke der Berenike* ab, dass ihr auch Myrrherauchopfer dargebracht wurden. Dabei ist jedoch zu hinterfragen, ob Kallimachos nicht eher den Kult der Zephyritis im Auge hatte. Einigkeit, ob Arsinoë in Gestalt der Aphrodite Euploia wie am Kap Zephyrion oder als Arsinoë-Isis verehrt wurde, in deren Kult Geflügelopfer häufig waren, besteht nicht. Vgl. Schorn (2001), 209-214. Das ebenfalls bezeugte Schweineopfer kann wiederum auf den Demeterkult oder aufgrund der Parallele zu den Theadelpheia auf Selene hinweisen. Vgl. Perpillou-Thomas (1991), 139, 157, 202, 206; Thompson (1973), 70-71. In Argos brachte man allerdings auch Aphrodite Schweineopfer dar, vgl. Pirenne-Delforge (1996), 841.

911 Vgl. Schorn (2001), 203.

maieion endete.[912] Aufgrund der fehlenden Quellenaussagen ist eine definitive Lösung nicht möglich, man kann jedoch den Prozessionsverlauf der *pompe* Ptolemaios' II., die im Stadion, einem wichtigen Kommunikationsort zwischen den verschiedenen Bevölkerungsschichten und dem Herrscher,[913] begann und mit der Bekränzung des Berenikeion endete, als Vergleichsmodell heranziehen. So könnte das Arsinoeion den Schlusspunkt mit der rituellen Bekränzung gebildet haben.

Eine kultische Neuerung in dieser aufwändigen Form kostete einiges. Zur Finanzierung von Arsinoës Kult wurde eine Steuer auf Nutzgärten, Obstanbaugebiete und Weinberge eingeführt, die *apomoira*.[914] 264/63 v. Chr. wurde mit einem königlichem Erlass festgelegt, dass ein Sechstel der Erträge von Landbesitzern für Opfer und Libationen für die Bruderliebende Göttin gegeben werden musste;[915] ein zweiter Erlass 263 v. Chr. wies darauf hin, dass die Steuer in griechischen und ägyptischen Tempeln für den Kult verwendet werden sollte.[916] Gemäß Willy Clarysse und Katelijn Vandorpe galt der Erlass nur für königliches Land, nicht für Tempelland, wo die Abgaben wie zuvor für den Kult der ägyptischen Götter verwendet worden seien.[917] Diese Klausel erleichterte es den ägyptischen Priestern, den neuen Kult der ptolemäischen Göttin zu akzeptieren. Dennoch vermutet Ludwig Koenen, dass im *Töpferorakel*, das die makedonische Herrschaft als Unheilsherrschaft und Alexandria als Hort des Bösen darstellt, auch in tiefer Missbilligung auf die *apomoira* angespielt wird, wenn es heißt, dass der Tribut für den fremden Kult aus den ägyptischen Tempeln genommen wird.[918]

912 Vgl. Minas (2000), 95-96; Schorn (2001), 202, 215; Thompson (1973), 72. Als eine Station wird auch der Tempel der Arsinoë Zephyritis erwogen, in dem Thompson (1973), 72 einen Stellplatz für Zelte vermutet.

913 Vgl. Gehrke (2005), 108.

914 Vgl. Koenen (2002), Anm. 28; ders. (1993), 66; Clarysse/Vandorpe (1998), 6-7. Eine *apomoira* genannte Steuer ist am frühesten in einer karischen Inschrift, noch vor der Herrschaft Alexanders, und im frühhellenistischen Telmessos bezeugt. Vgl. Manning (2003), 57.

915 Burstein (1985), Nr. 94. Vgl. Reden (2007b), 190; Clarysse/Vandorpe (1998), 8; Walbank (1994[4]), 112; Schorn (2001), 210; Quaegebeur (1971), 243; Hölbl (1994), 97; Longega (1968), 111-112; Tondriau (1950), 290.

916 Vgl. Clarysse/Vandorpe (1998), 9-10; Pfeiffer (2004), 281.

917 Vgl. Clarysse/Vandorpe (1998), 10-13. Zuvor schon: Koenen (1993), 68. Taeger (1957) I, 294 hatte vermutet, die ägyptischen Tempel hätten durch die *apomoira* an Einnahmen verloren.

918 Töpfer P_3 4f. Vgl. Koenen (2002), 152, Anm. 28.

Auch Philotera, die unverheiratete Schwester von Ptolemaios II. und Arsinoë II., die vor ihr starb,[919] wurde postum verehrt.[920] Die Assoziation der *thea Philadelphos* mit Isis im ägyptischen Kult legt eine Angleichung von Philotera an Nephthys in der einheimischen Sprachregelung nah, die die Bildung einer göttlichen Triade erlaubte.[921]

Im ägyptischen Mythos war das Schwesternpaar Isis und Nephthys dem Königtum eng verbunden[922] und eignete sich daher gut als Modell für die ptolemäischen Schwestern.[923] Entsprechend sind gemeinsame Ehren für Philotera und Arsinoë belegt.[924]

---

919 Kallim. fr. 181 Asp. (228 Pf.),40-75. Ihr Todesdatum ist ebenso wie ihr Geburtsdatum unbekannt. Regner (1941), 1289 nimmt an, dass sie die Hochzeit ihrer Geschwister noch miterlebte, jedoch nicht im gleichen Jahr wie Arsinoë II. starb, sondern zwischen 276 und 271 v. Chr.

920 Vgl. Hölbl (1994), 97; Quaegebeur (1971), 246; Huß (2001), 326; Regner (1941), 1294.

921 Vgl. Hornung (2005⁵), 5. Regner (1941), 1290-1291 argumentiert für eine Angleichung Philoteras an Demeter und eine Integration in den Kult der *theoi adelphoi*, wofür es keinerlei Belege gibt. Auf dem Philadelphostor des 1. Pylons von Philai opfert Ptolemaios II. vor Isis und Arsinoë sowie vor Nephthys und Arsinoë. Vgl. Hölbl (1994), 95. Zu Isis und Nephthys vgl. Bergmann (1980), 197.

922 Vgl. Tobin (1991), 197, der eine Versinnbildlichung der beiden Länder vermutet.

923 Es wird gut ins ptolemäische Kultprogramm gepasst haben, in dem die Seeherrschaft eine Rolle spielte, dass auch die ägyptischen Schwestern mit der maritimen Sphäre assoziiert werden konnten. Vgl. Quack (2003), 345-360. Sie steuerten gemeinsam die Barke beim Osirisfest. Isis' Verbindung zur Seefahrt, wie sie die griechische Tradition überliefert (Diod. 1,27,4-6. Vgl. Hölbl (1994), 151; Bommas (2005), 41-42; Merkelbach (1995), 113-119), gilt meist als hellenistische Erfindung aus Alexandria, abgeleitet von Aphrodite und den vergöttlichten ptolemäischen Königinnen Arsinoë II. und Berenike II. Vgl. Malaise, M. (1994): La culte d'Isis à Canope au IIIe siècle avant notre ère, in: Jentel, M.-O. (Hg.), Tranquillitas. Mélanges en l'honneur de V. Tran Tan Tinh, Quebec, 353-370, 364; Capriotti Vitozzi (2000/01), 188; Plantzos (1991/92), 132. Doch es findet sich auch in ägyptischen Quellen eine Verbindung zwischen Isis und der Schiffsfahrt. Vgl. Quack (2003), 345, 357, 359-360. So wurde sie bei der Fahrt des Sonnengottes als „*Herrin der Barke*" bezeichnet, Flussschiffer riefen sie im Gebet an, beim Osirisfest lenkten sie und Nephthys zusammen die Barke auf dem See und im Tempel von Edfu verwandelte sie sich in ein Kampfschiff. Die Zeilen der Isis-Aretalogie, die sie als die Herrin der Schiffahrt, des Meeres und der Wogen beschreiben, würden demnach auf ägyptische Vorstellungen zurückgehen. Perpillou-Thomas (1991), 114, 116 erwähnt das Fest der Ploiaphesia, eine Zeremonie der Wiederaufnahme der Schifffahrt im Frühling unter der Patronage von Isis, deren Ursprung – griechisch oder ägyptisch – indes umstritten ist.

924 FGrHist. 613 F 5. Vgl. Hölbl (1994), 97; Longega (1968), 113; Krug (1992), 199, Anm. 50; Fraser (1972), I, 229. Es gibt auch Hinweise auf ihre Kultstatuen im ägyptischen Kontext: So soll die dritte Kolossalstatue aus den Gärten des Sallust

Philoteras Kult war indes wohl keine lange Dauer beschieden. Die Spuren verlieren sich ab 260 v. Chr.,[925] vermutlich ging er im Kult ihrer Schwester auf. Ein Ausnahmefall mag die nach ihr benannte Neugründung Philotera am Roten Meer gewesen sein, in der sie offenbar Sonderstatus genoss, so dass ihre Verehrung sich dort vereinzelt noch bis in die römische Zeit hielt.[926] Darauf verweisen zwei Briefe einer Frau namens Sarapias, die am Roten Meer unterwegs gewesen war und schrieb, sie habe Philotera ihre Huldigung erwiesen.[927] Die Editoren sind sich unsicher, ob sie sich tatsächlich in Philotera oder einer anderen Stadt nahe Myos Hormos aufgehalten hatte;[928] da der Kult für Philotera jedoch keine weite Verbreitung fand und ansonsten bereits in der frühen Ptolemäerzeit verebbt war, vollzog Sarapias ihre Riten sicherlich in Philotera.

Ihre göttliche Verehrung hatte Ptolemaios II. nur als zeitlich befristetes politisches Mittel gedient, um seinen Familienzweig zu erhöhen, bis der Erfolg von Arsinoës Kult Philoteras Verehrung überlagert hatte. Arsinoë füllte auch als Tote die Rolle der Königin an seiner Seite aus. Sie war die Beschützerin der im engen dynastischen Rahmen gehaltenen Thronfolge und die Garantin der Blüte des Reichs. Ihre individuelle Apotheose, die eponymen und weitere Ehren für sie sind Ausdruck seiner Politik, sie künstlich als Göttin am Leben zu halten, damit sie ihre Aufgaben als *basilissa* in ideeller Form weiterhin ausüben konnte.

Auf ihre Position zu Lebzeiten im politischen Gefüge seines Hofs ist sie jedoch nicht übertragbar.[929] Plakativ gesprochen wurde Arsinoë selbst

---

in der Villa Verospi neben den Statuen Ptolemaios' II. und Arsinoës II. Philotera darstellen. Sie ist ebenfalls aus Rosengranit und gleicht Arsinoës Bildnis bis auf wenige Details. Aufgrund der Inschrift auf dem Rückenpfeiler der Statue Arsinoës, die Gott Atum erwähnt, wird angenommen, dass die Skulpturen ursprünglich aus Heliopolis stammten, wo Atum als Hauptgottheit verehrt wurde, und dem kultischen Kontext der Verehrung der *theoi adelphoi* angehörten. Die Darstellung Philoteras würde die ptolemäische Triade komplettieren. Vgl. Albersmeier (2002b), 371, 373; Stanwick (2002), 98.

925 Vgl. Quaegebeur (1971), 246, Anm. 42; Thompson (1988), 131; Huß (1994), 99, Anm. 115.

926 Vgl. Hölbl (2005), III, 22; Bülow-Jacobsen/ Cuvigny/Fournet (1994), 31-34.

927 O. Max. inv. 279+467, Z. 3-4: „τὸ προσκύνημά σου ποι παρὰ τῇ κυρίᾳ Φιλωτέρᾳ". („*Die Huldigung habe ich für dich der Herrin Philotera erwiesen*"); O. Max. inv. 267, Z. 4-5: „καὶ τὸ{υ} προσκύνημά σου παιῶ {η} παρὰ τῇ Φιλωτέρᾳ". „*und ich habe für dich der Philotera die Huldigung erwiesen.*") Zit. n. Bülow-Jacobsen/Cuvigny/Fournet (1994), 32-34.

928 Vgl. Bülow-Jacobsen/Cuvigny/Fournet (1994), 31.

929 Vgl. Ameling (1997), 39: „*Ihre hohen kult. Ehren und postume Popularität sind nur ein Beleg für die Bedeutung, die dem dynastischen Element in der Politik Ptolemaios' II. und seiner Nachfolger zukam*".

zu einer ikonographischen Formel in der Herrschaftsrepräsentation ihres Bruders.[930]

5. Die ägyptische Schauseite der Ptolemäer

Das Bild, das den Ägyptern von den Ptolemäern vermittelt wurde, war den einheimischen Formeln und Formen angepasst. Die makedonischen Vorgaben wurden von ägyptischen Beratern umgesetzt. Eine Stele aus der unterägyptischen Stadt Pithom und eine Stele aus der Deltastadt Mendes, die aus der Regierungszeit Ptolemaios' II. stammen, gehören zu den Hauptquellen seiner Darstellung gemeinsam mit seiner Schwestergemahlin in der ägyptischen Lesart.

Die Pithomstele

Ptolemaios II. war 279 v. Chr. nach Pithom gereist. Die Pithomstele[931] berichtet von seinem Besuch, würdigt ihn als Stifter, der den Neubau des Atumtempels mitfinanziert hatte, und fixiert die Rechte auf die Zolleinnahmen aus der Kanalschifffahrt,[932] die er den Atumpriestern zugesprochen hatte.[933] In Schrift und Bild wird Ptolemaios II. in einheimischer Sprachregelung als Pharao dargestellt, nicht als makedonischer Usurpator.

Dies entspricht der Repräsentation seines Vaters, Ptolemaios I., auf der ägyptischen Schauseite. Ein Beispiel ist die Satrapenstele von 310 v.

930 Dies entspricht der Feststellung von Hrouda (2005[4]), 105, Kult sei nichts anderes als überhöhte Hofetikette.

931 CCG 22183. Datiert wird die Stele um 270 v. Chr., vgl. Schloz (1994a), 232.

932 Pithomstele, Z. 7-10: „*Jahr 6 unter der Majestät: Da wurde gemeldet, dass der Palast seines Vaters Atum, des großen Gottes, der in Teku ist, vollendet sei … Der König selbst begab sich in den östlichen Harpunen-Gau … Er stattete dieses Haus mit einer Einrichtung aus … Seine Majestät machte dieses schöne Haus ... Der König wurde in die Kapelle geleitet. Er stattete sie aus mit ihren Opfergaben … Er beschenkte die Stadt Per-Atûm („Haus des Atum") mit dem Pergu und seinen [Abgaben] zusammen mit allen ihren Steuern, die aus ihnen hervorgingen, und mit dem Kanal des Ostens und dem Pergu in ihrem Gelände (?) des Ostens bis zu dem See der Skorpione samt ihren Einkünften*" (Übers. G. Roeder). Vgl. Thiers, C. (1997): La stèle de Pithom et les douanes de Philadelphe (Pithom 1,10), GM 157, 95-101.

933 Pithomstele, Z. 17-20. Dies war ein Mittel der Annäherung an die ägyptische Priesterschaft vgl. Huß (1994), 13-46; ders. (1991), 54-55; Heinen (1994), 161; Hoffmann (2000), 154-155; Beyer-Rotthoff (1993), 289-291; Schlögl (2003), 137; Chauveau (2000), 38-42; Koenen (1983), 151; ders. (1993), 39; Frankfurter (1994), 189-190; Thompson (1992), 45.

Chr.[934] Ptolemaios war zu dieser Zeit formell noch Satrap unter argeadischer Herrschaft, faktisch jedoch im Besitz der vollen Verfügungsgewalt. Seine herrschergleiche Position findet auf der Stele auch Ausdruck, die ihn als Pharao darstellt.[935] So figuriert er als Rechtsnachfolger des ägyptischen Königs Chababasch,[936] damit zugleich als positives Gegenbild zu den übel beleumundeten Perserkönigen: Er bestätigte nämlich eine Landschenkung an die Priester von Buto, die Chababasch ihnen einst gemacht hatte, die ihnen aber von einem Großkönig – dessen Identität ungewiss ist –[937] wieder weggenommen worden war.[938]

934 CCG 22182. Vgl. Heinen (1984), 417, Anm. 8; Chauveau (2000), 38. Goedicke (1985), 53-54. Die Stele wurde vermutlich im öffentlich zugänglichen Bereich des Tempels von Buto aufgestellt. Sie schildert Ptolemaios' Feldzug und seine Wohltaten für den Tempel. Er wird als „*großer Fürst in Baket*" und „*Chaschadrapand*" (Satrap) bezeichnet (Z. 2, 7, 13).

935 Der minderjährige, fernab weilende Alexander IV. dient nur für die Datierungsangabe, wenn er auch im Relief beim Ritual erscheint. Die zwei leeren Kartuschen im Bildfeld gelten jedoch als bewusst gesetzte Hinweise, dass nicht Alexander IV., sondern Ptolemaios die königlichen Pflichten übernahm und der „eigentliche" Pharao war: Donata Schäfer, Vortrag: „Das Verhältnis zwischen Bild und Text einer hieroglyphischen Schenkungsstele am Beispiel der sogenannten Satrapenstele", 2. Kleine Mommsen-Tagung, IfA Gießen, 18.02.2006. In der Diskussion verwies Andreas Blasius in einem Vergleich zu René Magrittes Sprachbildern darauf, dass sich Bild und Text in der Konnotation „*Ceci n'est pas un pharaon*" als zwei eigenständige und widersprüchliche Systeme gegenüberstünden. Im Text wurde der Satrap als Pharao dargestellt, dessen Tugenden und Leistungen einen großen Teil der Inschrift einnehmen. Auch im primär dokumentierenden Teil der Inschrift zu einer Landschenkung wird Ptolemaios erneut in der königlichen Rolle dargestellt.

936 Die Satrapenstele ist eins der wenigen Zeugnisse für Chababasch, der als Teil der ägyptischen Opposition gegen die Achaimeniden zum Gegenkönig avancierte. In ägyptischen Dokumenten wie Manethos *Aegyptiaka* und der Königsliste der *Demotischen Chronik* wird er nicht erwähnt. Vgl. Goedicke (1985), 33; Bresciani (1996), 526-527; Bowman (1986), 22; Schneider (1996^2), 144-145; Morkot (1991), 330; Chugg (2002), 19 (ein mysteriöser Pseudo-Pharao). Dagegen wendet Burstein (2000), 150 ein, dass seine Königstitulatur ebenso wie die typisch königliche Handlung der Apisbestattung seine Anerkennung als legitimer Pharao belege. Huß (2001), 291 weist auf seine nubische Herkunft hin; Vittmann (2003), 142 befürwortet Libyen oder Arabien als Herkunftsgebiet.

937 Überblick bei Goedicke (1985), 53. Aufgrund der Datierungsschwierigkeiten von Chababaschs zweijähriger Regierung ist umstritten, ob es sich bei dem Perserkönig, dessen Name ohne Kartusche und mit dem Zeichen eines kopflosen, gefesselten Mannes, dem auch noch ein Messer in der Brust steckt, dargestellt ist, um Xerxes, Artaxerxes III. oder Arses-Artaxerxes IV. handelt. Vgl. Huß (1994), 170, Anm. 651; Schneider (1996^2), 144; Roeder 1959), I, 103; Tuplin (1987), 152; Vittmann (2003), 140; Chimko (2003), 54, Anm. 154; Bresciani (1996), 527; Baines

Auch Ptolemaios II. wird auf der Pithomstele in traditionellen Formen als Pharao dargestellt. Er erfüllt die kriegerische Pflicht des Landesschutzes als

> *Kämpfer für Kêmet, der ihre Kinder schützt, der gute Wächter... der wütet gegen die roten Fremdländer durch die Macht seiner Finger, der die Fremdländer von Kêmet abwehrt ... der die Feinde bändigt, der die Gegner vertreibt.*[939]

Nach altägyptischer Vorstellung lag Ägypten als Stätte der göttlichen Ordnung wie eine Insel inmitten des Chaos.[940] Da der Pharao als göttlich eingesetzter König nicht nur über Ägypten, sondern über die Welt herrscht, gehörte nicht nur die Grenzsicherung, sondern auch die Grenzerweiterung zu seinen Pflichten.[941] Der Anspruch auf die Weltherrschaft blieb indes wie beim persischen Großkönig, der auch der Ideologie nach Universalherrscher war,[942] fiktiv.[943]

In der Inschrift der Pithomstele wird Ptolemaios II. überdies gerühmt, die ägyptischen Götterbilder, die die Perser geraubt haben sollen, zurückgeholt zu haben.[944] Dies wies ihn als ägyptischen Heilskönig aus, der das

---

(2004), 46, Anm. 27; Bianchi (1982), 950, Anm. 52; Yoyotte (1963), 138; Burstein (2000), 151-152; Chugg (2002), 19.

938 Satrapenstele, Z. 7-17. Der Kontrast zwischen dem persischen Feind, der den Priestern das Land raubte, und dem Wohltäter Ptolemaios, der Chababaschs Schenkung erneuerte, ihnen also Gerechtigkeit widerfahren ließ und den Status Quo wiederherstellte, ließ ihn als legitimen Pharao, nicht als Fremdherrscher erscheinen. Reden (2007a), 38 sieht einen Grund in der Forderung der Priester nach dem Land die ausgreifende Sorge um Sicherheiten, bedingt durch die Gewichtsreduzierung von Münzen.

939 Pithomstele, Z. 4 (Übers. G. Roeder). Die Hautfarbe der Feinde verweist auf die negative Konnotierung der Farbe Rot in ägyptischer Symbolsprache, da sie Seth, Prinzip des Unrechts und Chaos, zugeordnet war und ihn als Gott der Dürre und Antipode zum Fruchtbarkeitsgott Osiris kennzeichnete (Plut. mor. 359 E, 362 E-F, 363 B-C; 366 C; Diod. 1,88,4-5). Vgl. Griffith (2005), 333. Vor diesem Hintergrund ist das schon in den Pyramidentexten bezeugte Ritual der Zerbrechens der roten Töpferware mit „Ächtungstexten" anzusiedeln, bei dem die Namen eines verstorbenen Feindes auf rote Gefäße geschrieben und diese dann zerbrochen wurden, um der ungeliebten Person Probleme bei der Jenseitsreise zu bereiten. Vgl. Ritner (1993), 144-148; Skeen (2004), 5.

940 Vgl. Troy (1986), 145; Pfeiffer (2004), 1.

941 Vgl. Hölbl (2005), II, 51; Morenz (1994), 231; Helck (1964), 107.

942 Z.B. DN a 4, Z. 30-34. Vgl. Heinrichs (1989), 108; ders. (1987), 522-526; Metzler (1975), 444, 446; Gerstenberger (2005), 46, 50.

943 Vgl. Schade-Busch (1992), 108-111, 145; Assmann (1991), 248; Helck (1964), 110; Möller (2000), 29; Müller (2005), 91; Merkelbach (1981), 28.

944 Pithomstele, Z. 11-12: „*Der König ging nach dem Gau Asien, und er gelangte nach Parset. Er fand dort sämtliche Götter von Baket und er brachte sie nach Kêmet ... Ganz Ägypten*

Chaos der persischen Unrechtsherrschaft beendet hatte. Da die Kultstatuen als lebende, handlungsfähige Personifikationen der Götter galten,[945] hatte ihr Auszug aus Ägypten bedeutet, dass sie aus dem Land gegangen und es dem Chaos überlassen hatten. Erst die Inthronisation des legitimen Heilkönigs, die auf den Urakt der Etablierung der göttlichen Ordnung rekurrierte, hatten das Unheil und die Unordnung wieder beseitigen können.[946] Dieser ägyptische Wahrnehmungs- und Deutungshorizont legte es den Ptolemäer nahe, sich um eine Rückführung von Götterbildern aus dem ehemaligen Perserreich zu bemühen – oder es wenigstens so aussehen zu lassen – um sich darüber zu legitimieren.[947] Entsprechend traten die frühptolemäischen Könige als Retter der geraubten Kultbilder auf und nutzten das ägyptische Klischee des persischen Tempelschänders und -räuber, der „*böses Unheil … angerichtet hat*",[948] um sich davon positiv abzuheben.[949]

Bereits in seiner Satrapenzeit leitete Ptolemaios I., wahrscheinlich auf Anraten seiner ägyptischen Berater, die Rückführung geraubter Götterbilder, Schriften und Kultgeräte ein.[950] Ptolemaios II. brachte persisches Raubgut von seinem Feldzug gegen die Seleukiden mit – oder ließ dies zumindest verkünden. Praktisch war für die Ptolemäer zudem, dass man das persische Negativbild auf die Seleukiden übertragen konnte, indem man sie zu Nachfolgern der Achaimeniden stilisierte.[951]

---

war in Freude und dankte Gott wegen seiner Macht, denn er war ein rechter Gott für diese Götter" (Übers. G. Roeder).

945 Pithomstele, Z. 12; Töpfer P_3 56 f.; P_2 32 f.; Vgl. Assmann (2004), 124; ders. (1991), 277; Heinen (2003), 109; Huß (1994), 46; Thissen (1998), 59-60.

946 Vgl. Gundlach (1998), 12; Schade-Busch (1992), 92; Hornung (2004[5]), 77; Helck (1964), 105; Morenz (1994), 235; Schlögl (2003), 13; Hoffmann (2000), 155; Beyer-Rotthoff (1993), 296; Brunner (1989[3]), 57, 72; Assmann (1991), 127; Merkelbach (1995), 5; Takács (1995a), 27; Wildung (1977a), 563; Müller (2005), 91; Turner (1984), 132; Bleiberg (1985/86), 13.

947 Lamm, II/21-III/1. Vgl. Hoffmann (2000), 183.

948 Satrapenstele, Z. 10 (Übers. G. Roeder).

949 Vgl. Moyer (2002), 80-81; Huß (1994), 17, Anm. 20; Scheer (2003a), 85; Goedicke (1985), 53-54; Chauveau (2000), 38. Laut Burstein (1994), 386 hatte auch Alexander dies versprochen, aber keine Taten folgen lassen, und Ptolemaios I. habe diese Versäumnisse nachholen müssen. Vgl. Scheer (2003a), 59-85. Dagegen ist einzuwenden, dass Alexander nur einmal in Ägypten war, anlässlich der Eroberung. Es ist kaum zu erwarten, dass er mit den gestohlenen Götterbildern im Gepäck einmarschierte.

950 CCG 22182. Vgl. Roeder (1959), I, 97; Chauveau (2000), 39.

951 Vgl. Hölbl (1994), 73-74; Thissen (1998), 1049; ders. (2002), 123; Bresciani (1978), 31-35; dies. (1998), 281; Moyer (2002), 80; Bianchi (1982), 947; Funck (1996a), 201-202. Ein demotisches Graffito des Satet-Tempels von Elephantine

Ptolemaios III. und Ptolemaios IV. traten ebenfalls noch als Retter der verschleppten Götterbilder auf.[952] Die Formelhaftigkeit dieser Pflichterfüllung gibt Anlass zu Zweifeln. Das Bild der persischen Scharen, die über Ägypten hereinbrechen und massenhaft Götterstatuen rauben, ist ebenso topisch wie das Bild der Ptolemäer, die von jedem Feldzug Richtung Asien Götterbilder zurückbrachten und den persischen Frevel wieder gutmachten. Die umstrittene Frage, ob die ptolemäischen Rückführungsaktionen insgesamt historisch waren,[953] ist daher eher zu verneinen. Zu sehr spielt das generalisierende Negativbild der Perser als Tempelschänder hinein, wie es ebenfalls in der griechischen Tradition vertreten und von Teilen der Forschung inzwischen relativiert wurde.[954] So kann man davon ausgehen, dass dem Topos der ptolemäischen Rückführungen ein wahrer Kern zugrunde lag,[955] da die Entwendung von Götterbildern zur Demora-

---

bezeichnet Antiochos IV. als den „Meder", der nach Ägypten kam und den Tempel zerstörte. Vgl. Vittmann (2003), 127; Thissen (2002), 122-123.

952 Vgl. Hoffmann (2000), 155, 162; Thissen (1998), 1048-1049; Pfeiffer (2004), 20. So lobten 238 v. Chr. die Priester der Synode von Kanopos, dass Ptolemaios III. während des Dritten Syrischen Kriegs die Götterbilder zurückgebracht hatte, und reihten diese Maßnahme unter seine erfüllten pharaonischen Pflichten – Sorge um Götter, Tempel und heilige Tiere, Landesverteidigung und *eunoia* für die Reichsbevölkerung – ein (OGIS 56; Austin (1981) Nr. 222). Konkretisiert von Porphyrios, FGrHist. 260 F43, 24 f., der von 2500 geraubten Stücken und 40.000 Silbertalenten spricht, was reichlich übertrieben sein dürfte.

953 Für die Historizität argumentieren: Pfeiffer (2004), 20; Vittmann (2003), 127; Heinen (1984), 417 (bezüglich der in der Pithomstele erwähnten Götterbilder). Dagegen wenden sich: Minas (2000), 56; Baines (2004), 46.

954 Vgl. Scheer (2003a), 59-85. Es müsse stärker zwischen Statuen und Kultstatuen differenziert werden. Primär seien Statuen zerstört und geraubt worden. Als Beispiel gilt die Episode zu Xerxes und der babylonischen Mardukstatue. Laut Hdt. 1,183,3 raubte Xerxes nicht das goldene Kultbild (*agalma*), sondern eine zweite goldene Statue (*andrias*) außerhalb des Allerheiligsten. Vgl. Kuhrt/Sherwin-White (1987), 71-72; Kuhrt (2002), 489-490; Scharrer (2000), 113-115; Scheer (2003a), 71; Kienast (1996), 290; Hrouda (2005^4), 55. Auch die Interpretation der Daiva-Inschrift (XPh) als Beleg für seine Zerstörung Esagilas ist problematisch und wird in der neueren Forschung abgelehnt. Vgl. Walser (1984), 50-51; Gerstenberger (2005), 49-50. Selbst wenn es sich doch zugetragen haben sollte, war es eine Maßnahme gegen die wiederholten massiven Probleme mit Babylon, nicht Xerxes' generelle Politik gegenüber anderen Kulten.

955 Eine Episode bei Liban. or. 11,109 belegt, wie die Rückführungstopik von den Seleukiden gegen die Ptolemäer eingesetzt wurde. So soll Ptolemaios II. eine Artemisstatue aus Syrien mitgenommen haben. Die Göttin verspürte aber Heimweh, belegte Arsinoë II. mit einer Krankheit und signalisierte ihr im Traum, dass sie damit ihre Rückkehr erzwingen wollte. Artemis bekam ihren Willen. Die Tradition ist als unhistorisch zu betrachten, zeigt aber, wie der Anspruch der Ptolemäer, Retter geraubter Götterbildnisse zu sein, umgedreht und gegen sie gekehrt

lisierung der Gegner oder als Strafe für Widerstand zwar angewendet wurde,[956] die Zahl des persischen Diebesguts aber sowohl von den Ägyptern als auch noch zusätzlich von den Ptolemäern aufgerundet wurde. Vermutlich hatten die Rückführungen hauptsächlich Schaucharakter. Die Folgen der Übertreibung sind anhand einer Zahlenangabe aus der Spätantike zu sehen: Hieronymus beziffert allein die unter Kambyses geraubten ägyptischen Götterstatuen auf 2500.[957]

Kambyses in Ägypten

Die hohe Zahl der Kultbilddiebstähle, die während Kambyses' Eroberung von Ägypten 525 v. Chr. stattgefunden haben sollen, spiegelt wider, in welchem Ruf er in der ägyptischen Tradition stand. Das in dunkelsten Farben gezeichnete Zerrbild, das durch Herodots *Historien* der griechischen Welt vermittelt wurde, geht hauptsächlich auf die Informationen zurück, die Herodot von ägyptischen Priestern erhielt.[958] Glaubt man ihren Aussagen, hatte Kambyses, nachdem er Psammetich III. bei Pelusion besiegt und die persische Herrschaft über Ägypten in der 27. Dynastie (525-402 v. Chr.) eingeleitet hatte,[959] eine Freveltat nach der anderen begangen.

So wird schon sein Eintreffen in Ägypten mit den stilistischen Elementen der ägyptischen Darstellung von Unheilsherrschaft geschildert: Als er sich der Küste näherte, soll in Theben zum ersten Mal überhaupt in der Geschichte Regen gefallen sein.[960] Die These, es handle sich um eine pro-persische Tradition, die Kambyses als legitimen König zeigt, der fruchtbaren Regen brachte,[961] überzeugt nicht. Vielmehr scheint ein Cha-

---

wurde. Die Intention der Legende war zudem, die enge Bindung der Artemis zum seleukidischen Syrien zu betonen. Vgl. Weber (1995), 29, Anm. 93.

956 Vgl. Beaulieu (1993), 242; Hrouda (2005[4]), 103; Metzler (1975), 451.

957 Vgl. Briant (1996), 66.

958 Hdt. 2,2,5-3,1: Er hatte in Memphis, Theben und Heliopolis mit Priestern gesprochen. Vgl. Lloyd (1990), 224; ders. (2002b), 419; Stephens (2003), 44-49; Harrison (2003), 145-155; Pelling (1997), 1-12; Munson (1991), 47-54.

959 Manetho Fr. 71 (a). Vgl. Diod. 1,68,6. Zur Datierungsproblematik vgl. Depuydt (1996), 185-189; zusammengestellte inschriftliche und archäologische Zeugnisse bei Wuttmann/Marchand (2005), 97-120. Die politischen Motive des Feldzugs beschreibt Balcer (1984), 281: „*Beyond being important for its wealth, Egypt sustained the imperial theme that since the reign of the Assyrian king Esarhaddon (681-668 B.C.) Egypt had again entered the greater Near Eastern community*".

960 Hdt. 3,10,3.

961 Vgl. Huß (1997), 132.

rakteristikum der Chaosherrschaft angesprochen zu sein, wie es sich in den ägyptischen prophetischen Texten findet:[962] die Natur wird auf den Kopf gestellt, weil der Unheilsherrscher nicht Repräsentant der göttlichen Ordnung ist und daher alles aus dem Lot gerät.[963] Wenn es in Theben seit alters her nicht geregnet hatte, auch nicht unter den legitimen ägyptischen Pharaonen, war dies von den Göttern so eingerichtet worden. Der plötzlich eintretende Klimawandel ist als unheilvolles Omen und erstes Symptom der folgenden Unheilsherrschaft zu sehen, die Kambyses über das Land brachte. John Dillery nimmt an, Herodot sei „*familiar … with an enduring and popular Egyptian narrative mode or ‚discourse', Chaosbeschreibung*" gewesen.[964] Davon ist nicht unbedingt auszugehen; vielmehr wird Herodot die Berichte der ägyptischen Priester, in denen das Unheilsmotiv ausformuliert war, wiedergegeben haben, ohne dass er die besondere Bedeutung des Regens verstanden hätte.

Kambyses' folgende Handlungen in Herodots Schilderung bestätigen die unheilvolle Prophezeiung. Aus Wut, Missgunst und Irrsinn beging er reihenweise Untaten – Tempel- und Leichenschändungen, Verhöhnung der Götter, Inzest und Mord –,[965] bis ihn die von den Göttern gesandte Strafe ereilte.[966] Hinter den Berichten stecken willkürliche Verzerrungen und Fehlinterpretationen von Kambyses' Politik. So ist die Überlieferung, er habe die Mumie des Pharaos Amasis aus der Grabstätte gezerrt, ge-

---

962 Vgl. Blasius/Schipper (2002), 277-302.

963 Vgl. Müller (2008c), 58-60; Harrison (2003), 154; Dillery (2005), 387-406. Der Kambyses-Logos enthalte zudem weitere typische Elemente der ägyptischen Prophezeiungen, insbesondere geographische Punkte, die Symbole für die Typhonier darstellten (die Stadt Auaris und der See Serbonis). Zudem sei Kambyses' Begegnung mit den Fischessern (Hdt. 3,19,1; vgl. Christ (1994), 180-182), auch ein Aspekt der *Prophezeiung des Neferti.* Dagegen vgl. Brown (1982), 392: Die Unheilsschilderung beziehe sich nicht auf Kambyses als Unheilkönig, sondern auf den erfolglosen Psammetichos III. Dies ist jedoch angesichts der stereotypen Zeichnung der Perser als Vertreter des Chaos in der ägyptischen Tradition unwahrscheinlich.

964 Dillery (2005), 387.

965 Hdt. 3,27-37; Just. 1,9,1-4. Vgl. Balcer (1987), 73; Brown (1982), 403; Chimko (2003), 54, Anm. 153; Desmond (2004), 29. Hdt. 3,34,1-3. 89,3 zufolge habe Kambyses nicht nur über Ägypten, sondern auch über Persien grausam geherrscht und bei den Persern als trunksüchtig und hart gegolten. Vgl. Plat. Nom. 3,695 B. Vgl. Wiesehöfer (1978), 84-85: Kambyses sei tatsächlich in Persien unbeliebt gewesen. Allerdings ist zu bedenken, dass er wie sein Vater Kyros II. zu den Erorberergestalten unter den Perserkönigen gehörte, und nicht so schlecht beleumundet sein konnte.

966 Hdt. 3,64. Vgl. Munson (1991), 45.

schändet und verbrannt,[967] die von Herodot als typischer Ausdruck seines willkürlichen Umgangs mit *nomoi* bewertet wird,[968] vor dem Hintergrund von Kambyses' Legitimationspolitik in Ägypten zu sehen. Er hatte Nitetis, die Tochter von Pharao Apries geheiratet,[969] der von Amasis gestürzt worden war. Anscheinend erhoffte sich Kambyses, die ägyptische Bevölkerung zu gewinnen, indem er sich als Rächer des Apries profilierte und deswegen – wenn auch postum – Amasis' Usurpation bestrafte.[970]

Ähnlich steckt hinter Justins Bericht, Kambyses habe im Zug seiner vielen Tempelzerstörungen in Ägypten auch das Ammoneion zerstören wollen, sei aber bei seinem Siwazug 522 v. Chr. gescheitert,[971] wohl Kam-

---

967 Hdt. 3,16,1-4. Vgl. Bresciani (1996), 503-504; Briant (1996), 69-70; Serrano Delgado (2004), 35-36; Manning (2003), 41; Desmond (2004), 25. Die ägyptische Tradition stellte Kambyses zudem auch noch als überlisteten Leichenschänder hin: Er habe nicht Amasis' Mumie in seine Gewalt bekommen, sondern nur einen Ersatz. Ob die rituelle Mumienbestrafung zu Kambyses' Selbstdarsteller als Apries' Rächer gehörte oder eine Ausdichtung von ägyptischer Seite war, ist ungewiss.

968 Hdt. 3,16,1-4. 38,1. Vgl. Evans (1965), 146-147; Christ (1994), 187; Munson (1991), 45-47; Lateiner (1977), 177; Gammie (1986), 180-182; Tuplin (2004), 314; Dillery (1992), 32-33. Kambyses' Wahnsinn führt Herodot auf die „heilige Krankheit" (Epilepsie) zurück (3,33). Vgl. Munson (1991), 52-53. Plat. Nom. 3,695 B nennt als Gründe Trunksucht und falsche Erziehung, Lukan 10,279-282 Größenwahn. Herodot untermalt Kambyses' Handlungen mit unpassendem Gelächter, um mit diesem literarischen Stilmittel seine mangelnde Einsicht zu zeigen (Hdt. 3,29,1. 35,3. 37,2. 38,1-2). Vgl. Munson (1991), 55, m. Anm. 20; Lateiner (1977), 177-178: „*No one in Herodotus laughs more (six times), or with less reason. Cambyses' laughter is clearly part of the megalomaniac syndrome*". An zweiter Stelle steht bezeichnenderweise Xerxes. Vgl. Flory (1978), 146-153: Für Herodot zeugten Tränen von Erkenntnis, da das Leben keinen Anlass zum Lachen biete.

969 Hdt. 3,1,3-4. Ktesias gestaltet die Tradition in Orientierung an der Trojasage aus: Kambyses habe den Kriegszug nach Ägypten wegen einer Frau, Nitetis, unternommen (Athen. 13,560 D). Vgl. Dillery (2005), 387; Lang, M.L. (1972): War and the rape-motif, or why did Cambyses invade Egypt?, PAPhS 116, 410-414; Tuplin (2004), 321, m. Anm. 53: Ktesias habe Kambyses ein sexuelles Motiv unterstellt, weil ägyptische Frauen bekannt für ihre Liebeskünste gewesen seien. Dahinter steht vermutlich der Topos der griechischen Klimatheorie, wonach Ägypter infolge der heißen Witterung sexuell überaktiv seien (Backhaus (1976), 177; Hdt. 4,172. 176 bezeugt dies für Libyen). Nitetis' Existenz ist umstritten. Vgl. Vittmann (2003), 121 (sie sei historisch); abwägender: Tuplin (1991), 257, 259; Atkinson (1956), 172-177 (legitimationsbildende Erfindung von Kambyses).

970 Ob es im Zuge dieser Politik auch zu der Mumienbestrafung kam, ist ungewiss.

971 Just. 1,9,1-4. Vgl. A. Cowley (1965): Aramaic Papyri of the fifth century B.C., Oxford, Nr. 31; Cook (1996), 215, Anm. 2. Relativierend: Vittmann (2003), 127; Bianchi (1982), 945 (die persische Unterstützung durch die jüdische Kolonie in Elephantine habe ägyptische Ressentiments bewirkt). Heinz (1987), 323 unter-

byses' Politik, die Kyrenaika mit den Fernhandelswegen zur Küste, die durch Siwa führten, unter persische Kontrolle zu bringen.[972]

Die ägyptische Negativtradition gipfelt in Kambyses' fataler Begegnung mit dem heiligen Apisstier in Memphis. Bei seinem Eintreffen wurde in der Stadt das Erscheinen des Apis gefeiert, was er als Freudenfest über seinen missglückten Kriegszug zur Oase Siwa missdeutete, die *epitropoi* hinrichten und die Festmenge bestrafen ließ.[973] Dann beschimpfte er die Priester und stach dem Apis in den Schenkel, um seine Sterblichkeit zu beweisen, da Götter für gewöhnlich nicht bluteten. Apis verendete im Tempel, während die Priester ausgepeitscht wurden.[974] Die Strafe ließ nicht lange auf sich warten;[975] Kambyses soll an Wundbrand gestorben sein,[976] nachdem er sich beim Aufsitzen aufs Pferd versehentlich seinen eigenen *akinakes* exakt an der Stelle, an der er den Apisstier verletzt hatte, in den Oberschenkel gerammt hatte.[977] Wie er sich verletzte, klingt au-

---

scheidet zwei Phasen von Kambyses' ägyptischer Religionspolitik: anfängliche Toleranz gegenüber ägyptischen Kulten und spätere Aktionen gegen die Tempel, deren Priester an einer anti-persischen Bewegung beteiligt waren.

972 Vgl. Hölbl (2005), III, 7.

973 Hdt. 3,27,1-3.

974 Hdt. 3,27,1-29,3. Eigentlich habe er den Leib treffen wollen.

975 Er starb ungefähr Anfang Juli 522 v. Chr. Vgl. Wiesehöfer (1978), 56.

976 Hdt. 3,64. Uneinigkeit besteht über die Wendung *uvāmaršiyuš*, „*seines eigenen Todes*" (R. Borger/W. Hinz). (DB I 11, Z. 43). Überblick bei Gippert (2001), 15-17. Es wird diskutiert, ob eine natürliche Todesursache gemeint ist (vgl. Cook (1996), 215; Walser (1983), 8-18; Vittmann (2003), 130; Schmitt, R. (1991): The Bisitun inscriptions of Darius the Great. Old Persian text (= Corpus Inscriptionum Iranicarum I/1), London, 51; Lecoq (1997), 88, 190), oder ob der schicksalhaft vorbestimmte Tod thematisiert wird (vgl. Herzfeld (1936), 590), die Einwirkung eines Dritten (van de Mieroop (2004), 271), Selbstmord (Mallowan (1996), 397, Anm. 2; Kent (1953²), 120) oder „nur" eigenes Verschulden (vgl. Dandamaev (1976), 150; Wiesehöfer (1978), 59). Dominierte in der älteren Forschung die Deutung als selbstverschuldet, was sich mit den anderen Berichten deckt (Hdt. 3,64,2-66,1; Ktesias FGrHist. 688 F 13,49-54; Just. 1,9,8-9), überwiegt aktuell die Annahme, Dareios habe extra betonen wollen, dass keine Fremdeinwirkung vorgelegen habe. Brosius (2006b), 14 weist auf eine spätere demotische Chronik hin, die aussagt, Kambyses sei auf der Matte gestorben. Vgl. dies. (2000): The Persian Empire from Cyrus II to Artaxerxes I, London, no. 48.

977 Hdt. 3,64,2-66,1; Just. 1,9,8-9 (noch überspitzter: das Schwert springt von selbst aus der Scheide). Vgl. Munson (2001), 51, Anm. 25; Desmond (2004), 30; Herzfeld (1936), 590; Gauger (2002), 46, Anm. 11. Walser (1983), 18 vermutet, der unheroische Tod eines Sohns von Kyros habe am persischen Hof zur Legendenbildung geführt. Ktesias berichtet über einen Unfall beim Schnitzen. Vgl. Bichler, R. (2004): Ktesias „korrigiert" Herodot. Zur literarischen Einschätzung der *Persika*, in: Heftner, H./Tomaschitz, K. (Hg.), Ad fontes! FS G. Dobesch, Wien, 105-

thentisch; das Band, mit dem der *akinakes* am Bein fixiert wurde, hatte sich gelöst, und das Ortband war anscheinend zudem kaputt, so dass der *akinakes* aus der Schwertscheide rutschen und der Unfall passieren konnte;[978] das Phänomen der identischen Wunde ist jedoch ideologischer Überbau.

Herodots Bericht über den grausamen Tyrannen Kambyses in Ägypten steht im Widerspruch zu ägyptischen Dokumenten, die Kambyses entlasten und ein positives Bild von seinem Herrschaftsstil zeichnen. Zum einen ist dies die hieroglyphische Inschrift einer ursprünglich im Neith-Tempel von Saïs aufgestellten Statue des Priesters Udjahorresnet, der unter den Pharaonen Amasis und Psammetichos III. diensthabender Flottenkommandant war[979] und nach der persischen Eroberung Berater und Leibarzt des Großkönigs wurde.[980] Die Inschrift belegt, dass Kambyses sich um die Akzeptanz der einheimischen Führungsschichten bemühte, indem er sich der ägyptischen Herrschaftstradition annäherte.[981] Udja-

---

116 (dies sei eine spöttische Verkehrung von Herodots Version); ähnlich schon: Herzfeld (1936), 591 („*Ktesias will wie immer Herodot widersprechen ... Der alleinige Grund dafür ist, dass Herodot nicht recht haben soll*"). Differenzierter zu Ktesias: Bigwood (1978), 22-24; Tuplin (2004), 307, 340-343; Drews (1974), 391 (Ktesias habe „*a Babylonian bias*"); Vittmann (2006), 144 (Ktesias nutzte mündliche Quellen).

978 Vgl. Walser (1983), 8-18; Heinrichs/Müller (2008), 300-301. Dagegen vgl. Balcer (1987), 95. Es sei ein Topos wie bei Miltiades' Tod durch Wundbrand, nachdem er sich beim Sprung von der Mauer eines Heiligtums verletzt hatte, in das er eingedrungen war (Hdt. 6,134,2-136,3). Munson (1991), 50-51 zieht eine Parallele zu Kleomenes I., der sich im Wahnsinn selbst mit einem Dolch zerfleischt haben soll (Hdt. 6,75,1-3. 84,1-3).

979 Vgl. Vittmann (2003), 124; Thompson (1992), 42; Huß (1997), 135; Posener (1936), 7; Briant (1996), 65; Mysliwiec (1998), 180; Schneider (1996²), 215-216. Teils wird Udjahorresnet mit dem ägyptischen Augenarzt identifiziert, den Kyros an seinen Hof holte (Hdt. 3,1,1-2). Dareios übernahm ihn auch als Berater, vgl. Posener (1936), 22; Schlögl (2003), 132; Cook (1996), 223. Seine Statue im Neith-Tempel wurde unter seiner Regentschaft aufgestellt. Vgl. Bresciani (1996), 503; Posener (1936), 2. Da Udjahorresnets Statue ebenso wie die eines anderen ägyptischen Mitarbeiters Dareios' I., ohne Kopf gefunden wurde, stellt sich für Vittmann (2003), 131 die Frage: „*hat etwa die Nachwelt mit den ‚Kollaborateuren' abgerechnet?*" Vgl. Huß (1997), 134; Chimko (2003), 31. Zur Terminologie kritisch: Dillery (1999), 111: „*The description of a figure such as this as ‚collaborator' misses the mutual dependence of the relationship between foreign dynast and native priest*".

980 Vgl. Posener (1936), 7; Kuhrt (1995), II, 663.

981 Vgl. Wiesehöfer (2006), 22; Posener (1936), 1-29; Bresciani (1996), 503; Baines (1996), 83-92; Dillery (2005), 400-402. Vgl. Kuhrt (1995), II, 662-664; Schlögl (2003), 132; Eddy (1961), 262; Briant (1996), 67-69; Hornung (2004⁵), 48; Wiesehöfer (1999), 28; Depuydt (1995a), 121; Vittmann (2003), 122-125; Serrano Delgado (2004), 34; Tuplin (1987), 112; Mysliwiec (1998), 180; Clauss (2001), 447;

horresnet zufolge befreite er den Neith-Tempel von Eindringlingen, ließ ihn reinigen und gab ihn der Priesterschaft für den geregelten Kultablauf zurück.[982] Kambyses' Regierungsstil entsprach demnach der Politik seines Vater Kyros' II. in Babylon, wie sie im Kyroszylinder niedergelegt ist:[983] Berufung auf einheimische Traditionen, einheimische Götter und einen historischen Amtsvorgänger – bei Kambyses Apries, bei Kyros Assurbanipal –[984] sowie die Abwertung eines zeitlich näheren, anderen Vorgängers – Amasis in Ägypten, Nabonid II. in Babylon.

Udjahorresnets Zeugnis ist durchaus aufgrund seiner Funktion als Kambyses' Berater und Leibarzt kritisch zu betrachten, zumal nicht nur die Verpflichtung gegenüber seinem Dienstherrn, sondern auch sein Interesse daran, sich dafür vor seinen Landsleuten zu rechtfertigen, den Inhalt der Inschrift diktiert haben wird.[985] Teils wird sogar vermutet, er sei

---

Lloyd, A.B. (1992): The inscription of Udjahorresnet: A collaborator's testament, JEA 68, 166-180.

982 „*Sa Majesté ordonna de chasser tous les étrangers [qui] s'étaient etablis dans le temple de Néith ... Sa Majesté ordonna de purifier le temple de Néith et d'y replacer tous ses gens ... et les prêtres horaires du temple ... Sa Majesté ordonna de restituer les revenues des biens ... Sa Majesté ordonna [de conduire] toutes leurs fêtes et toutes leurs processions, comme cela se faisait auparavant*" (B 19-23 Übers. G. Posener). Vgl. Kuhrt (1995), II, 663; Schlögl (2003), 132; Bresciani (1996), 505; Mysliwiec (1998), 180; Atkinson (1956), 168; Posener (1936), 15-16. Wahrscheinlich handelte es sich bei den Eindringlingen in den Tempel aber um persische Soldaten, was Udjahorresnet nicht erwähnt.

983 Kyroszylinder 22-26: „*als ich friedlich in Babylon eingezogen war, schlug ich unter Jubel und Freude im Palast des Herrschers den Herrschaftssitz auf. Marduk, der große Herr, hat mich das weite Herz des [...] von Babylon [...], Tag für Tag kümmerte ich mich um seine Verehrung. Meine umfangreichen Truppen marschierten friedlich durch Babylon ... Die Stadt Babylon und alle Kultstätten hütete ich in Wohlergehen. Die Einwohner von Babylon, [welche] wider den Willen [der Götter] ein ihnen nicht ziemendes Joch [...], ließ ich in ihrer Erschöpfung zur Ruhe kommen, ihre Fron ließ ich lösen. Über meine [guten] Taten freute sich Marduk, der große Herr*" (Übers. R. Borger/W. Hinz). Vgl. NCh III, 18-19. Vgl. Briant (1996), 67; Brosius (2005), 137-138; dies. (2006b), 12; Funck (1995), 32-33, 35-36; Heinz (1987), 322; Cook (1996), 214; Metzler (1975), 447; Wiesehöfer (1994), 26; Mallowan (1996), 412; Kuhrt (1995), II, 659; Bickermann/Tadmor (1978), 245; Brosius (2005), 137; Fowler/Hekster (2005), 18-19, 33; Gerstenberger (2005), 45; Hrouda (2005^4), 54. Bei dem Kyroszylinder aus gebranntem Ton handelt es sich um eine Bauinschrift (vgl. Wiesehöfer (1999b), 64), die symbolisch in die Grundfesten eingemauert wurde.

984 Kyroszylinder, Z. 43. Assurbanipal (669- ca. 630 v. Chr.) hatte ebenfalls den Mardukkult gefördert. Vgl. Kuhrt (1995), I, 499-501; II, 483-487; dies. (1983), 88; Cool Root (1979), 217.

985 Vgl. Kuhrt (1995), II, 663; Bresciani (1996), 503; Mysliwiec (1998), 180.

schon vor dem persischen Sieg zu Kambyses übergelaufen.[986] Sein positives Bild von Kambyses wird jedoch von Inschriften aus dem Serapeion von Memphis bestätigt, die Inthronisationen und Bestattungen der Apisstiere verzeichnen. Ein Epitaph aus Kambyses' Regierungszeit bezeugt, dass ein Apis in seinem sechstem Regierungsjahr (524 v. Chr.) bestattet wurde, Kambyses den Trauerzeremonien beiwohnte,[987] einen aufwändigen Granitsarkophag stiftete und einen neuen Stier einsetzte.[988] Anscheinend wurde der natürliche Tod des Stiers zum Anlass dafür genommen, ihm zu unterstellen, er habe ihn getötet,[989] weil dies der Darstellung eines Unheilskönigs entsprach.[990]

Teils ist Kambyses' Rehabilitierung jedoch wieder in Zweifel geraten. Da zwischen Apis' Tod und Bestattung weit mehr als die üblichen 70 Tage Mumifizierungszeit lagen[991] – was meist mit politischen Wirren

986 Vgl. Posener (1936), 165; Spalinger (1977), 235. Andeutungsweise auch Huß (1997), 135. Vgl. Baines (1996), 90; Briant (1996), 65: „*on a pu supposer qu'il a quitté le camp d'Amasis facilitant ainsi considérablement la victoire de Cambyse à Péluse*".

987 Vgl. Vittmann (2003), 126; Depuydt (1995a), 120; Bianchi (1982), 943; Dillery (2005), 400; Chimko (2003), 28.

988 Louvre IM.4133; Louvre IM.4187. Publiziert von Posener (1936), 33-36. Vgl. Kuhrt (1995) II, 663-664; Thompson (1988), 106, Anm. 3; Schlögl (2003), 132; Bresciani (1996), 504; Mysliwiec (1998), 180; Depuydt (1995a), 121; ders. (1995b), 197; Dillery (2005), 400-401. Die Inschrift lautet: „*[L'an] 6, troisième mois de la saison Shemou, jour 10 (?) sous la Majesté du roi de la Haute et de la Basse-Égypte [...] doué de vie éternellement, le dieu fut conduit en [paix vers le bel Occident et on le fit reposer dans la nécropole à] sa [place] qui est la place que lui avait faite sa Majesté [après qu'on lui eut fait] toutes [les cérémonies] dans la salle d'embaumement*". Die Inschrift auf dem Sarkophag lautet : „*[Cambyse] le roi de la Haute et de la Basse-Égypte ... a fait en qualité de son monument à son père Apis-Osiris un grand sarcophage en granit, dédié par le roi*". (Übers. G. Posener). Vgl. Posener (1936), 33-36; Briant (1996), 67-68. Die Kosten für eine Apisbestattung waren hoch, vgl. Crawford (1980), 9. Serrano Delgado (2004), 35 mutmaßt daher, dass Udjahorresnet eventuell von den Priestern des Serapeion beauftragt worden sei, Kambyses positiv darzustellen, damit er ihnen das Geld gab. Der neue Apis lebte bis 518 v. Chr. Vgl. Depuydt (1995a), 121.

989 Vgl. Bresciani (1996), 504-505; Metzler (1975), 456 (eine „*klug durchdachte Kolportage*"); Kuhrt (1995), II, 662-664; Wiesehöfer (1999), 28; Serrano Delgado (2004), 34; Briant (1996), 70, 109; Hornung (2005[5]), 131; Legras (2004), 11; Mastrocinque (1987), 292; Huyse (1991), 317.

990 Vgl. Dillery (2005), 396; ders. (1999), 97.

991 Erst mehr als ein Jahr später (Oktober/November 324). Vgl. Vittmann (2003), 126; Merkelbach (1959), 155, Anm. 6; Depuydt (1995a), 120-124; ders. (1995b), 197. Das Sterbedatum wird anhand des Geburtstermins des nächsten Apis errechnet (in Kambyses' fünftem Regierungsjahr), da der Nachfolger normalerweise bald nach dem Tod eines Apis geboren wurde und nie zwei Apisstiere gleich-

erklärt wird –,[992] wird vermutet, es habe einen Intermezzostier gegeben, der von Kambyses getötet wurde und daher nicht in den offiziellen Dokumenten aufscheint.[993] Leo Depuydt identifiziert die Feier des Apis in Memphis als Fest seiner Installation.[994] Da Herodot das Tier als Kalb bezeichne, könne es sich nicht um den ausgewachsenen Stier gehandelt haben,[995] der in Kambyses' sechstem Regierungsjahr begraben wurde. Herodots Erwähnung eines heimlichen Begräbnisses erkläre,[996] weshalb der getötete Apis in den Inschriften des Serapeion fehle.[997]

Dagegen ist einzuwenden, dass Herodot den Apis, den Kambyses getötet haben soll, nicht als Kalb (μόσχος) sondern neutral als Apis bezeichnet. Der Begriff μόσχος gehört zu einem eingeschobenen allgemeinen Exkurs über die Natur des Apis,[998] der eben das Kalb einer erstgebärenden Kuh ist, durch einen Himmelsstrahl gezeugt, mit besonderen phänotypischen Merkmalen.[999] Auch eine Heimlichkeit der Bestattung ist in Abrede zu stellen, da laut Herodot nur Kambyses nicht informiert wurde.[1000] Daraus kann man nicht schließen, dass ein Eintrag oder späterer Nachtrag in die Aufzeichnungen unmöglich gewesen wäre.

Reinhold Merkelbach hält den Apismord aus anderen Gründen für historisch. Er argumentiert mit einem im Kontext des Mithraskults verankerten Automatismus: Kambyses habe als Inkarnation des Mithras beim Anblick des Stiers in gewohnter Weise gehandelt und das rituelle Stierop-

zeitig existierten. Vgl. Depuydt (1995b), 197. Sein Vorgänger war demnach irgendwann vor seiner Geburt im Mai 525 gestorben.

992 Vgl. Posener (1936), 172-173; Dillery (2005), 402. Teils wird auch mit der unterschiedlichen Datierungsweise von Kambyses (nach dem ägyptischen System) und Dareios I. (nach dem persischen System) argumentiert. Vgl. Atkinson (1956), 167-177. Angefochten von Depuydt (1995b), 201-202.

993 Dafür sprechen sich aus: Vittmann (2003), 126; Depuydt (1995a), 126; ders. (1995b), 201-202. Zuvor bereits: Klasens, A. (1946): Cambyses en Egypte, Ex Oriente Lux 10, 339-349.

994 Hdt. 3,29,1-3. Mit „erscheinen" sei die Einsetzung gemeint gewesen. Vgl. Depuydt (1995a), 124.

995 Vgl. ebda., 123-124. Weil er 544/43 v. Chr. geboren war.

996 Hdt. 3,29,3.

997 Vgl. Depuydt (1995a), 124-125.

998 Hdt. 3,28,3.

999 Hdt. 3,28,2-29,1. Er war schwarz, mit einem viereckigen weißen Fleck auf der Stirn, einem Bild eines Adlers auf dem Rücken, doppelten Schweifhaaren und dem Bild eines Käfers unter der Zunge. Vgl. Ammian. 22,14,7.

1000 Hdt. 3,29,3: „καὶ τὸν... τελευτήσαντα ἐκ τοῦ τρώματος ἔθαψαν οἱ ἱπέες λάθρῃ Καμβύσεω." *„die Priester begruben ihn nach dem Tod an seiner Wunde heimlich, ohne dass Kambyses es mitbekam."*

fer vollzogen, was bei den Ägyptern jedoch auf Unverständnis gestoßen sei.[1001]

Allerdings steht diese Rekonstruktion im Widerspruch zu Kambyses' Politik, in Absprache mit ägyptischen Beratern an einheimische Traditionen anzuknüpfen.[1002] Daher ist wohl davon auszugehen, dass die Tötung des Apis durch Kambyses ebenso wie der Regen über Theben als Elemente der Stilisierung seiner Regierung Ägyptens zur Unheilsherrschaft zu betrachten sind. Da gerade der Apis eine wichtige Rolle für den ägyptischen König spielte,[1003] konnte man jemanden kaum plakativer zum Unheilsherrscher stilisieren, als wenn man ihm nachsagte, er habe dieses heilige Tier getötet. Kambyses wird somit als Vertreter des Seth gekennzeichnet,[1004] die Geschichte über den Apismord ist die Bestätigung des schlechten Omens des Regens und als Höhepunkt der Unheilsschilderung zu betrachten.

Herodot hörte bei seinem Ägyptenbesuch das entsprechend geformte Konstrukt von Kambyses' Schreckensherrschaft, das er wiedergab und durch seine eigenen Ansichten über maßloses Verhalten und göttliche Strafen pointierte.[1005]

Nach Kambyses' Modell ist auch das Bild von Artaxerxes III. geformt, der ab 343/42 v. Chr. über Ägypten herrschte. Von ihm hieß es, dass er den Apisstier nicht nur tötete, sondern ihn sich auch noch aufti-

---

1001 Vgl. Merkelbach (1959), 155-156; ders. (1984), 34-35: „Wenn der heilige Stier erschien, musste Mithra seine große Tat wiederholen und den Stier opfern, zum Heil der Welt … Ein solches Stieropfer glaubte Kambyses als neuer Mithra vollziehen zu müssen". Akzeptiert von Vittmann (2003), 126. Auch den Apismord durch Artaxerxes III. (Plut. mor. 335 B-C; Ael. v.h. 4,8; 6,8; n.a. 10,28; Suda s.v. Ἆπις) betrachtet Merkelbach (1959), 155-156; ders. (1984), 34-35, 37 aus identischen Gründen als historisch. Viel eher scheint aber eine literarische Schablone, die für Kambyses gefertigt worden war – der Großkönig als religiöser Frevler in Ägypten – stereotyp auf Artaxerxes III. übertragen worden zu sein.

1002 Auch bleibt offen, weshalb Kambyses ausgerechnet ein Forum aus Apispriestern in Memphis für seine Kulthandlung wählen sollte.

1003 Vgl. Hoffmann (2000), 141.

1004 Da er mit Osiris assoziiert wurde (Plut. mor. 362 C-D), der auch von Seth getötet worden war. Vgl. Diod. 1,84,4-5: Die Seele des Osiris sei bei seinem Tod in einen Stier gefahren oder Isis habe die zerstreuten Leichenteile in einen hölzernen Stier gebettet. Plut. mor. 368 C berichtet hingegen, Apis als lebendes Abbild des Osiris werde durch einen Mondstrahl als Inkarnation des Lichts gezeugt. Vgl. Germond (2001), 122; Mastrocinque (1987), 293; Thompson (1988), 190-211; Hölbl (1994), 93.

1005 Vgl. Walser (1983), 12; Fornara (1990), 41, 45; Lloyd (1990), 233-234; Luce (1997), 32; Desmond (2004), 19-40.

schen ließ.[1006] Die stereotype Gleichschaltung der Großkönige führte etwa dazu, dass Clemens von Alexandria nicht mehr wusste, ob Kambyses, Dareios oder ein anderer Perserkönig den Apisstier getötet hatte.[1007]

Noch in der Spätantike war Kambyses in Ägypten negativ beleumundet. So setzt der koptische so genannte *Kambyses-Roman* ihn mit Nebukadnezar II. gleich, Inbegriff des gottlosen Herrschers, und schildert ihn als feige, wankelmütig und verschlagen.[1008] Er plant, die Ägypter zu unterwerfen, indem er sie zum Schein – bezeichnenderweise – zum Apisfest einlädt.[1009]

Es wird vermutet, dass Kambyses' schlechter Ruf bei Kreisen der ägyptischen Priester vor allem seinem Dekret zur Reform der Tempelfinanzen geschuldet war, das ihre Einkünfte beschnitt,[1010] sekundär auch

---

1006 Plut. mor. 355 B-C. Vgl. Ael. v.h. 4,8; 6,8; n.a. 10,28; Suda s.v. Ἄπις. Laut Plutarch hätten die Ägypter ihn in der Königsliste deshalb unter den Namen „Schwert" geführt. Diese Aussage findet indes keine Bestätigung bei Manetho fr. 75 (a). Auch in anderen ägyptischen Königslisten findet sich kein Beleg, vgl. Hopfner (1967), II, 98-99. Die Rache für den Apismord ereilte auch Artaxerxes III., der deswegen angeblich umgebracht, zerstückelt und den Katzen vorgeworfen wurde (Ael. v.h. 6,8). Sein Mörder Bagoas wird teils mit einem Ägypter identifiziert, vgl. Bianchi (1982), 946. Auch den Mendesbock soll Artaxerxes III. umgebracht haben (Suda s.v. ἄσατο. Vgl. Mastrocinque (1987), 294. Bianchi (1982), 950, Anm. 51 zählt auch noch den Mnevis-Stier zu seinen Opfern. Chimko (2003), 54, Anm. 151 zufolge sei auch Alexander die Tötung eines heiligen Tiers nachgesagt worden. Leider nennt er keine Quellenbelege, die dies verifizieren würden. Für die Zeit der zweiten Perserherrschaft ist auch eine Kooperation mit Teilen der ägyptischen Führungsschicht belegt. Vgl. Kuhrt (1995), II, 674-675; Bresciani (1996), 526; Mysliwiec (1998), 232; Wiesehöfer (1999a), 38.

1007 Clem. Alex. Protrept. 4,52,6. Vgl. Hopfner (1967), II, 143; Tuplin (1996), 154. Zum Schimpfwort „Meder" als Synonym für die Mächte des Seth vgl. Helck (1964), 114; Clauss (2001), 446; Thissen (1998), 1049; Hornung (2005[5]), 130-131; Te Velde (1976), 149; Mysliwiec (1998), 199.

1008 Vgl. Döpp (2003), 1-7, 12; Bowman (1986), 52; Dillery (2005), 397; MacCoull (1982), 185-188.

1009 Vgl. Döpp (2003), 4, 10.

1010 Vgl. Schneider (1996[2]), 217; Vittmann (2003), 128, 130. Es ist auf der Rückseite des Papyrus mit der *Demotischen Chronik* erhalten, die sich in ihrer ursprünglichen Fassung gegen die persische Herrschaft gerichtet hatte. Kambyses wird darin ohne Gottesdeterminativ und ohne Kartuschenrand mit Fremdlanddeterminativ geschrieben. Vgl. Manning (2003), 41; Vittmann (2003), 128-129; Cook (1996), 214; Helck (1964), 114; Bresciani (1996), 505-506; Eddy (1961), 262; Tuplin (1987), 151; Briant (1996), 71; Mysliwiec (1998), 181; Serrano Delgado (2004), 42; Clauss (2001), 446; Wiesehöfer (2006), 22. Skeptischer: Dillery (2005), 402. Balcer (1987), 91-93 sieht in Dareios I. den Initiator der Negativtradition über Kambyses. Er habe die Priester in Memphis dafür bezahlt, dass sie diese Greuelgeschichten verbreiteten. Beweis seien die bei Polyain. 7,11,7 erwähnten 100

seiner versäumten Tempelbautätigkeit[1011] und der negativen ägyptischen Erfahrungen mit der Fremdherrschaft.[1012] Da Dareios I. in seiner Zeit in Ägypten[1013] Kambyses' Dekret aufhob, die Privilegien der Tempel erneuerte[1014] und ägyptische Rechtsbestimmungen, das „*Gesetz des Pharaos, der Tempel und des Volkes*"[1015] kodifizieren ließ,[1016] finden über ihn als ägyptischer Herrscher keine negativen Berichte in den Quellen.[1017] Sinnbild und Archetypus des Unheil bringenden „Meders" blieb Kambyses. Entsprechend bestätigen spätantike griechische Papyri aus Ägypten, dass Kinder häufig Dareios genannt wurden, aber nicht Kambyses oder Xerxes.[1018]

Kambyses war demnach das Negativmodell *par excellence* für einen Fremdherrscher, von dem es sich tunlichst abzugrenzen galt, um sich zu

---

Goldtalente für die Bestattung des Apis; dabei habe es sich um Bestechungsgeld gehandelt. Vgl. Tuplin (1991), 268-269: Dareios habe sich als wahrer Eroberer Ägyptens darstellen und Kambyses in den Hintergrund drängen wollen. Dies ist jedoch fraglich, da in den Anfangszeiten seiner Regierung nicht sein Renommee in Ägypten, sondern bei der persischen Aristokratie die Hauptrolle spielte. Die Herabsetzung von Kambyses nützte ihm vorrangig etwas, wenn sie auf der persischen Ebene erfolgte. Dazu boten ihm Bardiyas Reformen, die zu Lasten der großen persischen Familien gegangen waren, eine bessere Möglichkeit.

1011 Vgl. Wiesehöfer (1978), 82.

1012 Vgl. Chimko (2003), 31-33; Clauss (2001), 446; Kuhrt (1995) II, 664, 674-675; Eddy (1961), 262; Balcer (1984), 281; Wiesehöfer (1999a), 28; ders. (2006), 22.

1013 Herbst 519 bis Frühling 518 v. Chr.

1014 Vgl. Wiesehöfer (1999), 31-32; Mastrocinque (1987), 292; Tuplin (1987), 152; ders. (1991), 267-268; Schneider (1996²), 161; Vittmann (2003), 132; Sternberg-el Hotabi (1994), 245; Hölbl (2005) III, 37; Heinz (1987), 323-324; Bresciani, E. (1996): Cambyse, Darius I et le droit des temples égyptiens, Méditerranées 6/7, 103-113. Bautätigkeiten von Dareios sind in der Oase el-Charga, Hibis und in Qasr Ghouita nachgewiesen. Restaurationsarbeiten sind für den memphitischen Ptah-Tempel, für das Fayum, für Elkab (Nechbet-Tempel), Busiris, Saïs und Karnak belegt. Vgl. Schneider (1996²), 161; Bianchi (1982), 944; Chimko (2003), 29, Boardman (2003), 93.

1015 Vittmann (2003), 131-132. Vgl. Tuplin (1991), 265; ders. (1987), 112; Bianchi (1982), 944; Parker (1941), 373-377; Olmstead (1935), 247-249.

1016 Vgl. Chimko (2003), 29, 55, Anm. 164. Da eine solche Kodifizierung in assyrisch-babylonischer Tradition bedeutete, Bestehendes aufzuzeichnen und dabei zu ordnen, ohne etwas Neues zu schaffen, darf man den Vorgang jedoch nicht überbewerten. Vermutungen zufolge handelte es sich auch weniger um Gesetze als um eine Sammlung administrativer Maßnahmen zwecks einer effizienteren Lokalverwaltung.

1017 Zur Datierung vgl. Parker (1941), 373-377.

1018 Vgl. Huyse (1991), 316-317. Auch der Name Kyros erschien in Dokumenten, Kambyses hingegen hatte in Ägypten einen zu negativen Klang: „*Daraus ist es gut verständlich, dass in Ägypten niemand sein Kind nach diesem ‚Barbaren' nennen wollte*".

legitimieren.[1019] Ein nahe liegender Anknüpfungspunkt war die öffentlich demonstrierte Sorge um den ägyptischen Kult heiliger Tiere, was auch die Ptolemäer beherzigten. Alexander war mit seinem Apisopfer mit gutem Beispiel vorangegangen,[1020] Ptolemaios hatte bereits in seiner Satrapenzeit fünfzig Silbertalente für die Beerdigung eines verstorbenen Apis gespendet[1021] und Ptolemaios II. und Arsinoë II. besuchten bei ihrer Reise durch Ägypten gemeinsam drei heilige Stiere: Apis in Memphis, Mnevis in Heliopolis und einen Stier „*mit dem bunten Fell*", vielleicht ein besonderes Tier in Pithom.[1022] Zudem belegt der Brief eines Priesters von Aphroditopolis aus dem Zenonarchiv, dass Ptolemaios II. 100 Talente Myrrhe für die Bestattung der toten Hesiskuh, einer Inkarnation der Hathor-Isis, gestiftet hatte.[1023] Auch die nachfolgenden Ptolemäer griffen die Förderung des Tierkults als Methode auf, um Akzeptanz bei einheimischen Priesterschaften und einheimischer Bevölkerung zu gewinnen.[1024]

1019 Vgl. Bleiberg (1985/86), 6: „*For the message of propaganda to succeed, it must arouse pre-existing emotions in its audience and connect them to the argument of the new message*".

1020 Arr. an. 3,1,4. Burstein (1994), 382 nimmt an, Alexander habe Herodots Bericht über Kambyses' Frevel gekannt und dem Stier deswegen geopfert. Ebenso: Thompson (1988), 106.

1021 Diod. 1,84,8. Vgl. Mastrocinque (1987), 306-307.

1022 Pithomstele, Z. 26 (Übers. G. Roeder). Vgl. Roeder (1959), I, 110.

1023 Select Pap. II 411. Vgl. Heinen (1994), 163; Crawford (1980), 15-16. Die Förderung dieses Kults ist zudem im Zusammenhang mit dem Kult der *thea Philadelphos* zu sehen, die mit Isis und Hathor assoziiert wurde. Vgl. Heinen (1994), 163; Thompson (1988), 115.

1024 m Kanoposdekret wurden Ptolemaios III. und Berenike II. als Wohltäter von Apis, Mnevis und anderen heiligen Tieren gepriesen (OGIS 56, Z. 20-25; Austin (1981), Nr. 222). 196 v. Chr. bescheinigten die Priester im Dekret von Rosetta, dass Ptolemaios V. mehr als alle anderen Könige vor ihm Apis, Mnevis und die anderen heiligen Tiere Ägyptens mit Stiftungen bedacht hätte (OGIS 90, Z. 88-98; Austin (1981), Nr. 227). Wie es anders ging, soll Octavian bei seinem Besuch in Ägypten vorgeführt haben (Dio 51,16,5). Dagegen vgl. Dundas (2002), 436, 442: Octavian habe mit der Ablehnung des Apisopfers signalisieren wollen, dass er nicht ein ägyptischer König sein wolle, sondern in Anlehnung an Alexander Anspruch auf die Weltherrschaft erhebe. Dazu steht indes im Widerspruch, dass Alexander Apis auch geopfert hatte. Es ging viel eher um Octavians Abgrenzung zu östlichen Sitten und um seine Darstellung als Vertreter des Westens, wie sie seine Bürgerkriegspropaganda dominiert hatte. Er hatte sich zur Verkörperung römischer Tugenden stilisiert, wozu ein Kultritual der Apisverehrung schlecht passte.

Pithom und der Nilkanal

Im Zuge der Sicherung von Handelswegen zwischen seinen Neugründungen an der Küste des Roten Meers wie Philotera, Berenike Trogodytike, Leukos Limen und der Werft Myos Hormos,[1025] ließ Ptolemaios II. den Kanal instand setzen,[1026] der aus einem östlichen Nilarm an Pithom vorbeilief und ins Rote Meer mündete.[1027]

Die Ursprünge des Nilkanals fielen laut Herodot in die Zeit der Herrschaft Nechos II.[1028] Unter der persischen Herrschaft über Ägypten ließ

1025 Strab. 16,4,5. Vgl. Casson (1989), 143-144; Reden (2007b), 187; Manning (2003), 44; Eggermont (1984), 77; Murray (1967), 24-33; Delbrück (1955/56), 32; Schörner (2000), 35; Hölbl (2005) III, 9. Zuvor hatte er Expeditionen ausgesandt, um die Handelmöglichkeiten und -wege zu erforschen (Plin. n.h. 6,58-59. 183; 37,24. 107. Vgl. Schneider (1996²), 325; Meißner (1992), 371; Volkmann (1959a), 1648) und die arabische Seite des Golfs erkunden. Vgl. Schneider (1996²), 325; Schiwek (1962), 16-18 (zur achaimenidischen Nutzung des Seehandels am Persischen Golf); Delbrück (1955/56), 33; Casson (1993), 253-254; Rice (1983), 91; Dihle (1974), 5. Huß (2001), 289 weist darauf hin, dass Ptolemaios II. Anschluss an die Weihrauchstraße gesucht habe. Als bildliche Quelle für die Nilexpedition nach Äthiopien gilt teils das Nilmosaik von Palestrina, in dem die Kopie eines Gemäldes aus Alexandria vermutet wird. Vgl. Cohen (1997), 61; Huß (2001), 293, Anm. 308; Walker (2003), 198-202; Borchhardt (2002), 125, der annimmt, die Expedition sei zur Erweiterung des Zoos von Ptolemaios II. durchgeführt worden. Dagegen vgl. Volkmann (1959a), 1649 (Anschluss an den arabischen Karawanenhandel). Die wirtschaftliche Bedeutung der Gebiete für das Ptolemäerreich zeigt sich daran, dass spätestens seit Ptolemaios XIII. ein spezieller Stratege und Epistratege des Roten und Indischen Meeres eingesetzt wurde, der sich um die Sicherung von Routen und Zöllen kümmerte. Vgl. Hölbl (2005), III, 9.

1026 Vgl. Eggermont (1984), 77; Redford (1982), 1056; Reden (2007b), 187.

1027 Pithomstele, Z. 16; Mendesstele, Z. 18-19; Strab. 17,1,25; Diod. 1,33, Vgl. Delbrück (1955/56), 9; Huß (2001), 288; Vittmann (2003), 135; Tuplin (1991), 237-239; Wuttmann/Marchand (2005), 106. Es wird vermutet, dass die Gründung von Pithom mit dem Kanalbau in Zusammenhang stand, vgl. Redford (1982), 1055.

1028 Hdt. 2,158,1-159,1-2; 4,42,2. Vgl. Diod. 1,33,9. Herodot zufolge warnte ein Orakelspruch den Pharao, der Kanal sei eine Vorarbeit für den „Barbaren", weshalb Necho II. ihn unvollendet ließ und erst Dareios I. ihn fertig stellte – und somit die Prophezeiung erfüllte. Tuplin (1991), 242 sieht in der Episode persienfeindliche ägyptische Propaganda aus den Tagen des Kanalbaus unter Dareios. In 4,42 widerspricht Herodot seiner Angabe. Demnach soll Necho II. im arabischen Golf eine Flotte von Trieren gebaut haben, die in seinem Auftrag Afrika umsegelte und bis zu den Säulen des Herakles gelangte. Die Historizität dieser Expedition ist allerdings umstritten. Vgl. Schneider (1996²), 260; Lloyd, A.B. (1977): Necho and the Red Sea, JEA 63, 142-155 (unhistorisch). Der ur-

Dareios I. den Kanal vollenden oder erneuern, wovon die mehrsprachigen Suezkanalstelen zeugen, die er am Ufer aufstellen ließ.[1029] Darin ließ er – mit der für ihn üblichen Betonung seiner persischen Herkunft – verkünden, dass er als Perser von Persien aus Ägypten erobert und befohlen hatte, einen Kanal zu graben, durch den nunmehr eine Fahrt von Ägypten nach Persien möglich geworden war.[1030] In Dareios' Auftrag unternahm Skylax aus Karyanda eine Erkundungsfahrt nach Indien,[1031] bei der er den Seeweg zwischen Indien und dem Roten Meer mit Arabien als Zwischenstation entdeckte.[1032] Seine Erkenntnisse beschrieb er in einem Reisebericht, in den er wahrscheinlich auch viele Legenden über Indien als Hort exotischer Fabelwesen und reicher Goldschätze am Ende der Welt einfließen ließ.[1033] Besonders bildhaften Ausdruck finden sie in dem berühmten Mythos um die Goldgräberameisen,[1034] als dessen Urheber er teils gilt.[1035]

sprüngliche pharaonische Bauherr des Kanals ist ebenso umstritten. Plin. n.h. 6,165; Aristot. met. 1,14, 352 B; Strab. 17,1,25 nennen Sesostris. Vgl. Delbrück (1955/56), 11; Schneider (1996²), 260; Schörner (2000), 31. Dagegen vgl. Lloyd (2002b), 422.

1029 Vgl. Wuttmann/Marchand (2005), 106; Paspalas (2000), 545; Chimko (2003), 29-30. Die Stelen bestätigen Herodots Bericht von der Vollendung des Kanals durch Dareios, den Diod. 1,33,9-11 bestreitet. Redmount (1995), 133 begründet die Differenzen damit, dass einige Herrscher den Kanal gebaut, andere ihn nur erneuert hätten. Zudem habe es zwei verschiedene Kanäle gegeben. Vgl. Schörner (2000), 40, Anm. 6.

1030 DZc 3. Vgl. Vittmann (2003), 136; Schörner (2000), 31-32; Delbrück (1955/56), 19; Heinz (1987), 323-324; Schiwek (1962), 15; Redmount (1995), 127-128; Calmeyer (1991), 285-286; Tuplin (1991), 254-255; Atkinson (1956), 177. Zu den Darstellungen auf den Suez-Stelen vgl. Calmeyer (1991), 288; Tuplin (1991), 243-244.

1031 Hdt. 4,44,1-3; FGrHist. 709, T 4. Vgl. Delbrück (1955/56), 20; Dihle (1988), 42.

1032 Vgl. Dihle (1994), 64; Copisarow (1962), 5. Allerdings erschloss erst Nearchos im 4. Jh. v. Chr. den Persischen Golf. Hdt. 4,44,1-3 zufolge wollte Dareios die Indusmündung erforschen, unterwarf dann die Inder und befuhr das Meer. Dies ist umstritten; alternativ wird vermutet, die Expedition sei erst nach der Angliederung des Indusgebiets an das Achaimenidenreich erfolgt. Vgl. Hahn (2000), 11-14; Dihle (1996), 1-2. Unsicher zeigt sich Schiwek (1962), 9. Da eine Schiffsexpedition durch unerobertes Gebiet ein beträchtliches Risiko dargestellt hätte, ist eine Entsendung des Skylax nach der Unterwerfung von Teilen der Indusregion plausibler.

1033 Skylax, FGrHist. 707, T 1-7; 8-13; Strab. 13,1,4; Suda s.v. Σκύλαξ. Vgl. Hahn (2000), 14-15, Anm. 11; Nesselrath (2005), 160, Anm. 20; Burian, J. (2000): Periplus, DNP 9, 586.

1034 Hdt. 3,102,2. Noch Nearchos (Arr. Ind. 15,4-6) berichtet von ihnen. Er habe sie nicht selbst gesehen, aber viele ihrer Häute seien ins makedonische Lager ge-

Was über den Nilkanal nach Persien verschifft wurde, verrät die Gründungsurkunde des Apadana von Susa, die auflistet, welche Produkte die verschiedenen Reichsgebiete für den Bau lieferten:[1036] für Ägypten – seltsamerweise – Silber[1037] und Ebenholz, für Indien und Arachosien Elfenbein.[1038]

In jedem Fall konnte Ptolemaios II. diese alten Handelsstrukturen wiederbeleben[1039] und zugleich an die Politik Alexanders anknüpfen, der 325 v. Chr. seinen Nauarchen Nearchos zusammen mit Onesikritos auf Erkundungsfahrt ausgesandt hatte, um vom Indus aus nach Ägypten zu segeln und einen Seeweg nach Babylon zu finden.[1040] Da auch die Seleuki-

---

bracht worden. Laut Herodot waren sie kleiner als Hunde und größer als Füchse. Beim Bau ihrer unterirdischen Wohnungen förderten sie goldhaltigen Sand zutage, denen die Inder ihnen listenreich stahlen. Einige dieser Ameisen wurden von den Persern eingefangen und am Hof des Großkönigs zur Schau gestellt. Vgl. Luce (1997), 23-24; Dihle (1988), 58. Welche Tiere damit gemeint sind, ist unsicher.

1035 Vgl. Hahn (2000), 11-12; Dihle (1996), 3; ders. (1988), 55.

1036 Vgl. Klinkott (2002), 239-241.

1037 Diese Angabe verwundert, da Ägypten über keine Silbervorkommen verfügte (vgl. Reden (2007a), 61; dies. (2007b), 194) und es importieren musste, vor allem aus dem griechisch-thrakischen Raum, wie mehrere große Horte archaischer Münzen an ägyptischen Fundorten bezeugen. Vgl. Price, M.J./Waggoner, N. (1975): Archaic Greek coinage. The Asyut hoard, London, 13ff.

1038 DSf 6. Ägypter wurden auch als Gold-, Elfenbeinarbeiter und als Dekorationskünstler genannt (DSf 7). Vgl. Klinkott (2002), 241-243 zu ägyptischen Elementen im Palastbau. Vermutlich gelangte auch die Statue des Dareios aus Heliopolis auf diesem Wege nach Susa. Die (kopflose) Statue wurde 1972 gefunden und zeigt Dareios in typisch ägyptischer Pose mit ägyptischen Emblemen. Die Hieroglypheninschrift belegt, dass sie für den Atumtempel in Heliopolis geschaffen worden war. Vgl. Calmeyer (1991), 285-303; Paspalas (2000), 544; Boardman (2003), 137-139.

1039 Vgl. allgemein Wiesehöfer, J. (1998): *Mare Erythraeum*, *Sinus Persicus* und *Fines Indiae*. Der Indische Ozean in hellenistischer und römischer Zeit, in: Conermann, S. (Hg.), Der Indische Ozean, Hamburg, 9-36.

1040 Arr. an. 7,20,10; Ind. 19,9; 20,1-2; Plin. n.h. 6,96; Plut. Alex. 66,2. Nearchos hatte den Auftrag, die Küstengebiete zu erkunden, wohl im handelspolitischen Interesse. Vgl. Wirth (1985a), 73-75, m. Anm. 152: Im Kontext mit dem geplanten Arabienfeldzug (Strab 16,1,11; Arr. an. 7,19,6-20,2) sei eine Angliederung des Küstengebiets von Babylon bis Suez angestrebt worden, um eine wirtschaftliche Ökumene zu schaffen, aus der eine politische Ökumene resultieren sollte. Vgl. auch Andreotti (1957), 147-148. Eine Handelsverbindung zwischen dem Roten Meer und Babylon bestand in jedem Fall zu dieser Zeit: Von Harpalos wird berichtet, dass er sich für seine Tafel Fisch vom Roten Meer importieren ließ (Diod. 17,108,4). Da Aristoteles die Schrift des Skylax kannte (Aristot. met. 1,13,350 A; pol. 7,17,1332 B), besaß der makedonische Hof vermutlich ebenfalls diese

den die Handelsrouten des Persischen Golfs unter ihre Kontrolle bringen wollten, wurde das Eingreifen Ptolemaios' II. umso wichtiger.[1041] Wann der Kanal wieder für die Schifffahrt geöffnet wurde, ist umstritten,[1042] wohl aber um 279/78 v. Chr. anzusetzen, da Ptolemaios II. dem Atumtempel die Zolleinnahmen bereits in dieser Zeit bei seinem ersten Besuch in Pithom zugesprochen hatte.

Über den Nilkanal werden verschiedene Waren transportiert worden sein. Ägypten exportierte hauptsächlich Getreide und Papyrus, aber auch Sesamöl, Sesamsamen und Papyrus, Gold und andere Metalle, Glasartikel, Kosmetika, Pharmaka, Edelsteine, Perlen, Elfenbein, Luxussklaven, afrikanische Edelhölzer, Segeltuch, Textilien, Taue und Gewürze.[1043]

Die Waren, die ins Land kamen, waren Eisen aus Indien,[1044] Edelsteine aus Arabien, Holz für den Flottenbau und Silber für die Münzprägung.[1045] Der Kanal war aber nicht nur für diese Waren wichtig, sondern vor allem für den Transport von Elefanten,[1046] die in den Gegenden der

---

Kenntnis und konnte sich an der persischen Vorgabe orientieren. Vgl. Dihle (1988), 44; Andreotti (1957), 141; Wirth (1985a), 65, 73, Anm. 145.

1041 Vgl. Delbrück (1955/56), 37, 44; Ma (2003), 6-7. Seleukos I. hatte den Seezugang durch Neugründungen zu sichern versucht. Seine Nachfolger gründeten weitere Städte an der syrischen Küste. Vgl. Cohen (1978), 12, 16-18.

1042 Dies liegt an den widersprüchlichen Quellenaussagen. Laut Plin. n.h. 6,165-166 vollendete Ptolemaios II. den Kanal gar nicht, entweder, weil er erkannte, dass der Wasserspiegel des Roten Meers höher lag als das Land und eine Überschwemmung drohte, oder weil er befürchtete, das Meerwasser würde das Trinkwasser verunreinigen. In identischer Weise erklärt Diod. 1,33,9-11, warum Dareios I. angeblich den Kanalbau aufgegeben hätte. Die Vollendung des Unternehmens schreibt er erst Ptolemaios II. zu, der auch eine Schleuse einbaute (1,33,11-12). Die Angaben der Pithomstele sind problematisch. Demnach sprach Ptolemaios II. 279 v. Chr. dem Tempel die Kanalzölle zu und brachte die nach Persien verschleppten Götterbilder über den Kanal zurück (Pithomstele, Z. 10, 12). Den Kanal grub er aber erst in seinem 16. Regierungsjahr (Z. 16). Vgl. Longega (1968), 87 mit einer Lösung des Widerspruchs: Dies bedeute nur eine Intensivierung des Handels.

1043 Vgl. Huß (2001), 314, Anm. 66; Raschke (1978), 651; Takács (1995b), 266; Casson (1989), 39-43; Murray (1967), 27; Neesen (1990), 490-491, 495-502. Volkmann (1959a), 1663 führt zudem Wein und Knoblauch an.

1044 Vgl. Bigwood (1995), 136, m. Anm. 12; Witzel (2003), 108. Noch unter Marc Aurel und Commodus wurden besondere Arten von Eisen aus Indien importiert.

1045 Vgl. Delbrück (1955/56), 33; Buraselis (1982), 53; Bagnall (1981), 10; Raschke (1978), 650-651; Neesen (1990), 501-502.

1046 Zum Elefanten in der Antike: Sick, D.H. (2002): An Indian perspective of the Graeco-Roman elephant, AncW 33, 126-146; Casson (1993), 247-260. Zum Elefanten als literarisches Motiv: Thissen (1998), 36. Zu indischen Elefanten in der hellenistischen Kunst Ägyptens: Goukowsky (1972), 498-502.

Küste des Roten Meers gefangen und mit Kanalschiffen ins Landesinnere gebracht wurden,[1047] wie Steleninschrift bestätigt: „*In gleicher Weise wurden sie ihm gebracht auf dem Kanal der Berge des Ostens*".[1048] Zu diesem Zweck wurden Jagdstationen wie Adulis und Ptolemais Theron neu gegründet[1049] und die Tiere in Städten wie Arsinoë an der Kanalmündung und Berenike Trogodytike eingeschifft.[1050]

Ptolemaios II. hatte sich in die noch junge makedonische Tradition der Kriegselefanten eingeschrieben. Nachdem die Makedonen erstmals bei Gaugamela, am Hydaspes gegen den indischen Herrscher Poros dann intensiver mit Elefanten auf dem Schlachtfeld konfrontiert worden waren,[1051] hatten sie die Tiere ins Heerwesen übernommen.[1052] In den Diadochenkämpfen war Seleukos in Babylonien an der indischen Quelle am nächsten gewesen.[1053] Ptolemaios I. hatte auf die Kriegselefanten zurückgegriffen, die er Perdikkas 321 und Demetrios Poliorketes 312 v. Chr. abgenommen hatte.[1054] Ptolemaios II. fand eine Alternative zu den indi-

---

1047 OGIS 54, Z. 10-13. Vgl. Bigwood (1993), 550; Casson (1989), 108; ders. (1993), 248; Reden (2007b), 187.

1048 Pithomstele, Z. 24 (Übers. G. Roeder). Vgl. Huß (2001), 288: Dies sei der wichtigste Grund des Kanalbaus gewesen, da der Weg über das Rote Meer bequemer und sicherer als durch das Niltal war. Ähnlich gesehen von Raschke (1978), 952, 1202, der „*the close chronological relationship between the First Syrian War and Philadelphus' interest in elephant hunting*" konstatiert. Vgl. Casson (1993), 258; Raschke (1978), 658. Siehe auch Reden (2007b), 198: „*Landtransport war teuer und Seetransport riskant*".

1049 Von der Gründung von Ptolemais Theron berichtet die Pithomstele, Z. 23-24: „*Eine große Stadt des Königs wurde dort gebaut auf den großen Namen des Königs ... Er fing dort zahlreiche Elefanten für den König, und sie wurden als eine Kostbarkeit für den König heimgebracht auf seinen Schiffen auf dem Großen Grün*" (Übers. G. Roeder). Das „*Große Grün*" war die altägyptische Bezeichnung für das Rote Meer. Vgl. Copisarow (1962), 2, 5.

1050 Vgl. Casson (1993), 248-259; Scullard (1974), 126; Dihle (1974), 5; Hölbl (2005), III, 9. Murray (1967), 25-26 vermutet in Arsinoë zudem einen Umschlagplatz arabischer Händler und einen Hafen für Holzlieferungen aus dem Nildelta und aus Palästina.

1051 Arr. an. 3,8,6. 11,6. Dareios III. hatte indische Soldaten abgezogen, die einige Elefanten (nach Arrian ungefähr fünfzehn) mitgebracht hatten. Vgl. Goukowsky (1972), 475; Bigwood (1993), 548. Der griechischen Welt waren Kriegselefanten schon zuvor durch Ktesias literarisch vorgestellt worden. Vgl. Goukowsky (1972), 474-475; Bigwood (1993), 539-544.

1052 Curt. 8,14; Diod. 17,87-89; Arr. an. 5,9,1-18,3; Just. 12,8,1-6; Plut. Alex. 60; Polyain. 4,3,22. Vgl. Scullard (1974), 73-76; Casson (1993), 247; Goukowsky (1972), 476; Bosworth (2003), 164.

1053 Vgl. Plut. Alex. 62,2; Demetr. 28,3; Diod. 20,113,4.

1054 Diod. 18,33-36; 19,82,3-4. 84,4.

schen Kriegselefanten und ließ afrikanische Elefanten nahe des Roten Meeres jagen,[1055] was umso notwendiger war, als die Seleukiden den Handel mit indischen Kriegselefanten kontrollierten.[1056]

Die Elefantenjagd wurde zugleich für die königliche Selbstdarstellung funktionalisiert und galt als ähnlich prestigeträchtig wie die Löwenjagd; der König als Löwenjäger wandelte auf den Spuren von Herakles, der König als Elefantenjäger auf den Spuren von Dionysos.[1057] So rühmte sich Ptolemaios III. in der programmatischen Inschrift von Adulis, troglodytische und äthiopische Elefanten zusammen mit seinem Vater Ptolemaios II. erjagt zu haben.[1058]

Größere Bedeutung erlangte der Kanal kurz vor dem Ausbruch des Ersten Syrischen Kriegs, um 274/73, als Ptolemaios II. mit seiner Schwester in den östlichen Harpunengau reiste, um sich vor Ort von der Sicherheit der Grenze zu überzeugen:

> *Seine Majestät durchzog Ta-meri zusammen mit der Fürstin, groß an Gnade, Herrin der Liebenswürdigkeit, süß an Liebe, Gattin des Königs, Herrscherin beider Länder Arsinoë Tochter des Königs, des Herrn beider Länder Ptolemaios, Göttin, die ihren Bruder liebt… (Der König) überlegte (?) mit (seiner) Schwester, der Gattin und Schwester des Königs, dort Kêmet gegen die Fremdländer zu schützen.* [1059]

Diese Passage gilt meist als Beleg für Arsinoës politische Mitsprache am Beispiel der Grenzsicherung – „*she was probably the real inspector*" –[1060] bis

1055 OGIS 54, Z. 10-13. Vgl. Bigwood (1993), 550; Casson (1989), 108; ders. (1993), 248; Murray (1967), 24. Er geht davon aus, dass Ptolemaios II. Elefantentrainer aus Indien engagierte, um die wilden Tiere für den Kampf zu schulen (250-251).

1056 Vgl. Rice (1983), 92; Goukowsky (1972), 498; Murray (1967), 25. Die Nachfrage war unter Ptolemaios II. und seinen beiden Nachfolgern so groß, dass teils vermutet wird, die Elefanten seien bedrohlich dezimiert worden. Vgl. Raschke (1978), 658; Casson (1989), 108. Polyb. 5,82,7. 86,6. nennt an einer Stelle Zahlen: Philopator habe 73 Elefanten in die Schlacht von Raphia geführt, von denen 16 getötet und die meisten anderen gefangen worden seien. Zum Elefanten in der Schlacht: Polyb. 5,84; OGIS 82

1057 OGIS 54, Z. 10-13; Diod. 3,36,3-5. Vgl. auch Volkmann (1959a), 1650; Shipley (2000), 214; Rice (1983), 91-92; Mahaffy (1895), 127-128; Beyer-Rotthoff (1993), 45; Stewart (1993), 233-236; 206; Scullard (1974), 123-137; Winnicki (1989), 221; Pfeiffer (2004), 23.

1058 OGIS 54, Z.10-13; Burstein (1985), Nr. 99. Vgl. Diod. 3,18,4. Chaniotis (2005), 58, 62 bezeichnet die Adulis-Inschrift als die *res gestae* Ptolemaios' III. Auch im Raphiadekret (Z. 14) wurde explizit betont, dass Ptolemaios IV. alle Elefanten seines Gegners erbeutete.

1059 Pithomstele, Z. 15-16 (Übers. G. Roeder).

1060 Bevan (1927), 61. Vgl. Lelli (2002), 8; Longega (1968), 86; Hauben (1983), 109: „*elle s'inscrit pleinement dans la tradition des Hatshepsout et des Taousert, femmes-pharaons qui avaient réellement gouverné*".

hin zu der These: „*She reorganized the army; she accompanied it on its campaigns; she won the Syrian war*".[1061] Indes können aus diesem Zeugnis nicht einmal Hinweise auf *symbolic leadership*[1062] von Arsinoës Seite abgelesen werden. Ihr Auftritt an der Seite ihres Bruders gehört vielmehr zur repräsentativen Seite seiner Politik mit der Betonung der Dualität auf dem Thron.

Die Reise fiel zudem in eine Zeit der außenpolitischen Krise. Nachdem Antiochos I. einen Vorstoß Ptolemaios' II. ins seleukidische Syrien gestoppt hatte, plante er im Gegenzug einen Einfall nach Ägypten und rüstete auf.[1063] Angesichts der drohenden Invasion musste die Handelsverbindung über den Kanal zum Roten Meer intakt sein, um Kriegselefanten, Flottenbauholz und Eisen für die Waffen zu importieren.

Zu Recht wird angenommen, dass die Inspektion des Kanals, eventuell mit Ausbesserungsarbeiten verbunden,[1064] zu den Maßnahmen der Grenzsicherung zählte,[1065] wie auch die Pithomstele bezeugt.[1066] So unentbehrlich der Kanal für die Verschiffung von Elefanten und Rohstoffen auch war, gestaltete er doch gleichzeitig das Gebiet zu einer kritischen Region. Auch die seleukidische Seite konnte sich den Kanal zunutze machen, um den Import von Waffenmaterial und Kriegselefanten zu sabotieren. Da Antiochos I. seine Elefanten direkt und in Monopolstellung aus Indien bezog, befand er sich im Vorteil. Eine Sabotage des ptolemäischen Transports afrikanischer Elefanten hätte diesen Vorteil vergrößert.

Nachdem Ptolemaios II. im Bewusstsein der Kriegsgefahr vermutlich die Truppenbewegungen im südlichen Syrien, der Nordfront des Reichs,[1067] und die Westgrenze gesichert hatte, wandte er sich den Gebieten östlich des Deltas zu,[1068] die von den Seleukiden als Einfallstor genutzt werden konnten.[1069] Bei einer Invasion bestand die Gefahr, dass die Bevölkerung aus Angst oder mangelnder Loyalität gegenüber dem weit entfernten Herrscher in Alexandria zu einer raschen Kapitulation bereit

1061 Thompson (1955), 200. Ähnlich: Grimm (1998), 72, der von ihrer Teilnahme an einer militärischen Operation ausgeht. Vgl. Hölbl (1994), 37-38; Bevan (1927), 61.

1062 Carney (2004), 184.

1063 Vgl. Hölbl (1994), 37.

1064 Der Kanal drohte anscheinend stets zu versanden, vgl. Schörner (2000), 39.

1065 Vgl. Roeder (1959), I, 110; Longega (1968), 87.

1066 Pithomstele, Z. 16. Dies galt bereits für Necho II., vgl. Redford (1982), 1055. Redmount (1995), 134 vermutet, dass der Kanal nur während der Nilschwelle befahrbar war.

1067 Pithomstele, Z. 11. Vgl. Huß (2001), 267.

1068 Vgl. Huß (2001), 268-269; Hölbl (1994), 37; Volkmann (1959a), 1651.

1069 Wie auch Bevan (1927), 61, vermutet. Vgl. Bagnall (1981), 9.

war. Das persönliche Aufscheinen des Königspaars konnte ein Gefühl der Verbundenheit entstehen lassen[1070] beziehungsweise die Erinnerungen auffrischen, da Ptolemaios II. bereits bei seiner ersten Reise 279 v. Chr. versucht hatte, sich gegenüber der Bevölkerung und den Priesterschaften positiv in Szene zu setzen. Er hatte den Atumtempel und andere Tempel des Gaus finanziell unterstützt,[1071] und vermutlich in Pithom den Jahrestag seiner Thronbesteigung und 25 Jahre ptolemäisches Königtum gefeiert,[1072] was geeignet gewesen wäre, Aufmerksamkeit zu erregen.[1073]

Bei der zweiten Reise zeigte er sich mit seiner Schwester zusammen. Sein Repräsentationskonzept hatte sich seitdem entscheidend hin zu einer Darstellung der Einheit des Königspaars entwickelt. Sie zeigten sich der Bevölkerung des Gaus gemeinsam, weil deren Haltung Auswirkungen auf den Kriegsverlauf haben konnte und die Randlage eine Durchdringung der Region mit ptolemäischen Zeichen erforderte,[1074] zu denen seit der Geschwisterehe die Dualität gehörte. Die seleukidische Invasion blieb jedoch aus, weil in Babylonien 271 eine Seuche ausbrach.[1075]

1070 Auch in der ägyptischen Frühzeit war es üblich gewesen, dass der reisende Herrscher sich überall im Lande gezeigt hatte. Vgl. Schlögl (2003), 25.

1071 Pithomstele, Z. 19, 26-27 (Stiftungen von Lebensmitteln und Rohstoffen für Gau und Tempel). Vgl. Hölbl (1992), 118; Redford (1982), 1055-1056. Gegen Minas (1994), 209, die argumentiert, die Gegend sei nicht bedeutsam für die Ptolemäer gewesen.

1072 Pithomstele, Z. 7. Vgl. Koenen (1993), 73; Hölbl (1992), 120; Volkmann (1959a), 1645.

1073 Tempelbaumaßnahmen gab es auch in anderen Grenzgebieten, so an der Grenze zu Nubien. Vgl. Huß (2001), 290. Ptolemaios II. initiierte einen Neubau des Tempelkomplexes auf der Insel Philai und schenkte den Isispriestern die Steuereinnahmen aus dem nubischen Grenzland. Vgl. Hölbl (2005), II, 11-13; III, 7: „*Dem ptolemäischen Interesse an dem Raum westlich des Nils sind die meisten Heiligtümer im Faijum zu verdanken*". Aus der Grenzfestung Tanis im Delta sind eine Statue Ptolemaios' II. ägyptischen Stils und ein Stelenrelief aus der Zeit Ptolemaios' IV. erhalten, das Ptolemaios II. mit Szepter und dem griechischen Attribut des Blitzbündels, zum Schleudern bereit, als Verteidiger des Landes und neben ihm Arsinoë II. mit Kompositkrone, Anch-Zeichen und Szepter darstellt. Angesichts der strategischen Bedeutung von Tanis ist die Betonung der kriegerischen Pflicht des Königs, in diesem Fall des Ahnherrn von Ptolemaios IV., auf den er sich als Herrschaftsüberträger berief, verständlich. Vgl. Stanwick (2002), 22; Bianchi (1989), 69, 78; Quaegebeur (1989b), 51; Ellis (2002²), 38; Wildung (1989b), 104, Nr. 12 (für eine spätere Datierung).

1074 Vgl. Bagnall (1981), 6. Tarn (1926), 162 deutet allerdings den Besuch des Paars in Pithom als Hinweis auf die Endphase des Kriegs.

1075 Vgl. Schneider (1996²), 323; Hölbl (1994), 37.

Das Relief der Pithomstele zeigt Ptolemaios II. beim Opfern.[1076] In der linken Hälfte des Bildfelds bringt er in der ersten Szene einem bartlosen Gott mit Jugendlocke das Horusauge, Symbol der Gerechtigkeit, dar,[1077] in der zweiten Szene Atum, Isis und der *thea Philadelphos* ein Milch- oder Weinopfer[1078] und in der rechten Bildhälfte Atum, Osiris, Horus, Isis und der deifizierten Arsinoë das Maatopfer.

Arsinoës Darstellung ist an dem Modell der Königinnen aus dem Neuen Reich orientiert,[1079] das wiederum an die Ikonographie der Isis mit den Elementen der Geierhaube, der Hathorkrone und dem vegetabilen Szepter angelehnt war.[1080] Allerdings wurde für sie – vermutlich anlässlich

---

1076 Vgl. Minas (1994), 206. Dargestellt sei die monatliche Feier der Thronbesteigung Ptolemaios' II. Darauf verweise die Formel, er sei auf dem Thron des Horus erschienen (Pithomstele, Z. 28).

1077 Der jugendliche Gott wird meist mit Harsomtus identifiziert (vgl. bey Kamal (1905), 172; Minas (1994), 205). Zu Harsomtus vgl. Eldamaty (1994), 83: Er ist der Sohn von Hathor und Horus. Grzybek (1990), 69-80 identifiziert ihn jedoch mit Ptolemaios I. als Atum. Die Bartlosigkeit bedeute, dass er als Satrap dargestellt sei. Die Erwähnung der „*Erscheinung des Gottes auf Erden*" (Z. 7) beziehe sich auf den Jahrestag der Thronbesteigung Ptolemaios' I. am 7. Hathyr 304 (12. Januar), den Ptolemaios II. 25 Jahre später, in seinem 6. Jahr, in Pithom gefeiert habe. Vgl. Hölbl (1992), 119-120. Zur Widerlegung der These vgl. Minas (1994), 204-207: Gemeint sei Ptolemaios II. Im Anschluss an Grzybek identifiziert Hölbl (1994), 306, Anm. 202; (1992), 118-119 Atum als Ptolemaios I. und das Relief als ältestes Zeugnis der ptolemäischen Ahnenverehrung. Diese Annahme steht allerdings im Widerspruch zu den Dokumenten zum ptolemäischen Herrscherkult. Der Kult der *theoi Soteres* war von Ptolemaios II. weder in die ägyptischen Tempel eingeführt noch an den eponymen Alexanderkult angeschlossen worden.

1078 Vgl. Roeder (1959), I 115; bey Kamal (1905), 172 (Weinkrüge); Minas (1994), 204 (Milchopfer).

1079 Vgl. Morkot (1986), 1-7.

1080 Vgl. Plantzos (1999), 43-44. Dagegen führt Capriotti Vitozzi (2000/01), 181-183, 186, 189 die Elemente der langen Korkenzieherlocken und des Gewandwurfs in der ptolemäischen Plastik, die bislang als Charakteristika der Isis galten, auf die Haartracht und Gewandung der archaischen Koren zurück. Es scheint zuzutreffen, dass Kleidung als Symbol einer ruhmreichen Vergangenheit in der Plastik eingesetzt wurde, wie im makedonischen Kontext das Beispiel der Vergina-Eurydike zeigt (vgl. Schultz (2007), 399). Bildmedien, die sich an ägyptische und griechisch-makedonische Betrachter gleichermaßen richteten, konnten je nach kultureller Zugehörigkeit in den Attributen Isiselemente oder griechische Codes erkennen. Vgl. Ashton (2001), 35, 51 zur Lockentracht der Ptolemäerinnen: „*the wig shows the queens in a guise of a Greek but portrayed according to the Egyptian tradition*". Vgl. Bianchi (1980), 9-31. Dagegen vgl. Albersmeier/Minas (1998), 19-21. Ausführlich zum Isisgewand bei Darstellungen ptolemäischer Königinnen: Albersmeier (2004), 421-432.

ihrer Apotheose –[1081] eine besondere Kompositkrone entworfen, die sich aus der roten Krone Unterägyptens, zwei Falkenfedern, einer Sonnenscheibe, den Kuhhörnern der Hathor und den Widderhörnern des Amun zusammensetzt.[1082] In frühhellenistischer Zeit war die spezielle Krone ausschließliches Signum Arsinoës II.; in der Endphase der Ptolemäerherrschaft ließ sich Kleopatra VII. mit einer ähnlichen Krone abbilden.[1083]

Weshalb Arsinoë II. nicht wie ihre Nachfolgerinnen mit der Krone dargestellt wurde, die für die ägyptischen Königinnen üblich war,[1084] sondern eine eigene bekam, ist ungeklärt.[1085] Eine Begründung, die sich anbietet, ist, dass Ptolemaios' II. der einheimischen Bevölkerung den Präzedenzfall der Einführung seiner vergöttlichten Schwester in die ägyptischen Tempel erträglich machen wollte. Dazu kombinierte er traditionelle mit neuen Elementen. Mit der Kompositkrone wurde Arsinoë zwar als neue Göttin gekennzeichnet, die sich vom ägyptischen Pantheon abhob, aber die traditionellen Elemente schufen eine Illusion von Kontinuität, um die Akzeptanz der *thea Philadelphos* als Tempelgenossin der ägyptischen Götter zu erreichen.[1086]

1081 Vgl. Quaegebeur (1989b), 50.

1082 Vgl. Quaegebeur (1978), 249-250; ders. (1983), 111; Albersmeier/Minas (1998), 14, mit Anm. 14; Kyrieleis (2004), 112. Sie trägt diese Krone auf den Reliefeldern der Stelen von Pithom, Mendes und Tanis, den Tempelwänden und in der ägyptisch geprägten Rundplastik. Nur zweimal im Horustempel von Edfu wird Arsinoë mit der Hathorkrone anstatt ihrer charakteristischen Kompositkrone dargestellt, laut Quaegebeur (1970), 199, 214, Anm. 33, 38 ein Irrtum der Bildhauer.

1083 Vgl. Quaegebeur (1978), 257; Minas (2005), 150. Der doppelte Uräus, den Arsinoë meist in der ägyptisch geprägten Plastik trägt (vgl. Ashton (2001), 41), gilt als Hinweis auf die dynastische Verbindung der Geschwistergötter. Während ihre Nachfolgerinnen einen einfachen oder einen dreifachen Uräus trugen, wurde Kleopatra VII. ebenfalls mit dem doppelten Uräus dargestellt. Der Doppeluräus findet sich teilweise auch bei Teje und Nefertari vgl. Ashton (2001), 38, 40.

1084 Vgl. Minas (2005), 135.

1085 Vgl. ebda.

1086 Die Beischrift bezeichnet sie als *„Schwester des Königs, große Gattin des Königs … Herrin beider Länder … Abbild der Isis und Hathor“* (Roeder, I (1959), 115). In ägyptischen Dokumenten sind für Arsinoë II. mehrere Titel bezeugt: *„Gebieterin der beiden Länder“*, *„große Herrscherin von Ägypten“* und *„Königin von Ober- und Unterägypten“*. Vgl. Albersmeier/Minas (1998), 6. Wahrscheinlich handelt es sich bei diesen Titeln um Übertragungen des griechischen Begriffs *basilissa* in ägyptische Formeln (vgl. Albersmeier/Minas (1998), 6; Tunny (2000), 83, Anm. 5), nicht etwa um den Ausdruck von faktischer Regentschaft (vertreten von: Ameling (1997), 38; Huß (1994), 102-103; Hauben (1983), 109; Quaegebeur (1985), 76-77; ders. (1989), 50; Gygax (2002), 54, Anm. 38; Wikander (1996), 185). Es ist problematisch, die Adaption ägyptischer Repräsentationsformen als Beweis für eine

Die Mendesstele

Der Kult des heiligen Mendesbocks war der griechischen Welt durch Herodots Bericht bekannt.[1087] Auch Ptolemaios II. besuchte den Mendestempel und befahl die Restauration des Heiligtums, das die *„elenden Fremdländer"* – gemeint sind die Perser – beschädigt hatten.[1088] Im Jahre 264 v. Chr. leitete sein Mitregent, Ptolemaios der Sohn, ein sechzehntägiges Kultfest anlässlich der Überführung des Bocks in den fertigen Tempel.[1089] Die Sorge um den widderköpfigen Gott Mendes war eine gute Gelegenheit, sich vor der persischen Negativfolie effektvoll abzuheben, zumal Artaxerxes III. nachgesagt wurde, den Mendesbock getötet zu haben.[1090]

Die Mendesstele erwähnt die Schlüsselereignisse der Jahre Arsinoës II. in Ägypten:[1091] die Geschwisterehe, den Tod und die Einführung ihres Kults als *thea Philadelphos* in die ägyptischen Tempel. Über die Heirat berichtet der Stelentext:

> *Dann verband Seine Majestät sich mit seiner Schwester… Ihre Titulatur wurde festgesetzt als: Fürstin, groß an Gnade, die zu dem Herrn gehört, süß an Liebe, schön an Erscheinung, die die beiden Stirnschlangen erhalten hat, die den Palast mit ihrer Schönheit erfüllt, geliebt von dem Bock, die den Bock pflegt, Schwester und Tochter des Königs, große Gattin des Königs, von ihm geliebt, Fürstin beider Länder Arsinoë.* [1092]

Eine zeitliche Angabe erfolgt nicht, das vage *„dann"* bezieht sich auf die Rückkehr von Ptolemaios II. von Mendes nach Alexandria.

---

politische Partizipation heranzuziehen. Nach dem Präzedenzfall der Übertragung auf die *thea Philadelphos* erschien der Titel *„Herrin beider Länder"* regelmäßig in ägyptischen Inschriften für die ptolemäische Königin. Vgl. Kuhrt (1998²), Nr. 4, Nr. 27 (bezogen auf Arsinoë III.; mutmaßlich auf Kleopatra III.).

1087 Hdt. 2,42,2-3. 46,1-4; Manetho fr. 8,2; Plut. moral. 380 E. Siehe auch Diod. 1,88,1. Vgl. Mastrocinque (1987), 294-295.

1088 Mendesstele, Z. 6-10. Zur Datierung gibt die Inschrift an: Als er *„zum erstenmal die Tiere besuchte, nachdem er auf den Thron [seines Vaters] getreten war"* (Übers. G. Roeder). Gemäß Roeder (1959), I, 186 im Winter 285 v. Chr.

1089 Mendesstele, Z. 19-27. Eine Revision von Roeders Übersetzung schlägt Gygax (2002), 53, vor: *„Es befahl seine Majestät seinem Sohn, der den Namen besitzt dessen, der ihn gezeugt hat, das ka-Fest des Ba-Tempels zu feiern"*.

1090 Suda s.v. ἄσατο. Vgl. Mastrocinque (1987), 294; Hopfner (1967), II, 98.

1091 CCG 22181; Urk. I 28-54. Vgl. Roeder (1959), I, 170; Meulenaere, H. de (1965): De Stele van Mendes, Orientalia Gandensia 2, 53-65; ders./Mackay, P. (1976): Mendes II, 174-177.

1092 Mendesstele, Z. 10-11 (Übers. G. Roeder). Daraus wird geschlossen, dass Arsinoë Priesterin des Bocks gewesen sei, vgl. Thissen, H.-J. (1982): Mendesstele, LÄ 4, 45-46. Die Titulatur entspricht der Assoziation der ägyptischen Königin mit Isis und Hathor. Vgl. Morkot (1986), 2; Eldamaty (1994), 82; Koenen (1993), 62.

Arsinoës Tod wird für das 15. Regierungsjahr und den zweiten Sommermonat der Herrschaft ihres Bruders, den Pachon, vermeldet.[1093] Die Angabe des Tages ist zerstört. Im Text der Pithomstele erscheint die Königin zweimal als lebende Person, nachdem Ereignisse aus dem 16. Jahr Ptolemaios' II. geschildert worden sind.[1094] Dieser scheinbare Widerspruch wird teils damit erklärt, dass die Priesterschaften unterschiedlich zählten.[1095] Die Diskrepanz habe sich durch die Kalenderreform Ptolemaios' II. ergeben, die von ihnen nicht einheitlich übernommen worden sei; in Pithom habe man sich daran gehalten, in Mendes die traditionelle Zählweise bevorzugt.[1096] Die Gegenthese lautet, dass bei der Pithomstele keine chronologische, sondern eine systematische Gliederung vorgelegen habe,[1097] Arsinoës Erwähnungen demnach unabhängig von Jahreszahlen zu betrachten seien.[1098]

Arsinoës Todesdatum ist umstritten. Traditionell wird ihr Tod in den Juli 270 v. Chr. datiert,[1099] basierend auf der Angabe eines Kallimachosscholiasten, sie sei bei Vollmond gestorben, der im Pachon 270 v. Chr. auf den 9. Juli fiel.[1100] Die alternative Lesung als Neumond führte zu einer Neudatierung auf den 1./2. Juli 268 v. Chr.,[1101] die in weiten Teilen aber

1093 Mendesstele, Z. 11-12. Vgl. Minas (1994), 207.

1094 Pithomstele, Z. 23.

1095 Vgl. Koenen (1993), 52, Anm. 61; Grzybek (1990), 106-110; Hauben (1970), 35-36, Anm. 3. Dagegen vgl. Huß (2001), 310, Anm. 41; Minas (1994), 207; Bennett (2003), 69.

1096 Vgl. Koenen (1993), 52, Anm. 61; Grzybek (1990), 103-112.

1097 Minas (1994), 208 nennt als Beispiel die Gebel Barkal-Stele Thutmosis' III.

1098 Vgl. Minas (1994), 208; Hölbl (1992), 120-121; Criscuolo, L. (1991): Rezension zu E. Grzybek, Aegyptus 71, 285-288. Dies ist bei der Passage über die Installierung des Herrscherkults in der Neugründung Arsinoë zu erkennen. Ihr postumer Kult wird im Zusammenhang mit ihrer Reise zu Lebzeiten gemeinsam mit Ptolemaios II. genannt und darüber hinaus mit dem 272/71 v. Chr. installierten Kult der Geschwistergötter in Verbindung gebracht. Es ist also davon auszugehen, dass die Priesterschaften von Pithom und Mendes keine unterschiedlichen Zählweisen anwendeten.

1099 Vgl. Cadell (1998), 1; Minas (1994), 208; Hauben (1970), 37; Foertmeyer (1988), 90; Bevan (1927), 65; Quaegebeur (1971), 270; Huß (2001), 310. Konkret für den 9. Juli, alternativ 24./25. Juli. Vgl. Huß (2001), 310; Minas (1998), 43; Cadell (1998), 1-3; Bergmann (1980), 121; Ager (2003), 40; Kosmetatou (2004c), 34-35; Cameron (1990), 301, Anm. 49.

1100 P. Berol. 13417 A. Vgl. Minas (1994), 208; Hölbl (1992), 120.

1101 Vorgeschlagen durch Grzybek (1990), 110-112. Als vorläufige Richtlinie anerkannt von: Weber (1993), 172, Anm. 1; Koenen (1993), 36; Gygax (2002), 53-54; Ameling (1997), 38; Bemmann (1995), 84, Anm. 331; Bing (2002/03), 245, Anm. 6.

kritisiert wird.[1102] Recht passend für die ptolemäische Inszenierung gegenüber den Ägyptern fügt sich, dass im Pachon das Ritual der „Geburt des Gottes" gefeiert, das die Erneuerung der Fruchtbarkeit und den Anbruch einer neuen Heilszeit brachte,[1103] und von der Erscheinung des Isissterns Sothis – Sirius, bei den Griechen „*Hundsstern*" genannt –,[1104] der die Nilschwemme ankündigte, begleitet wurde.[1105]

Bestattung und Apotheose

Eine Textpassage der Mendesstele hat zur Diskussion über Arsinoës Bestattung geführt: „*Aber nachdem die Mundöffnung an dieser Göttin durch vier Tage vollzogen war, stieg sie als eine Seele hinauf.*"[1106] Das altägyptische Ritual der Mundöffnung diente der Belebung und wurde an Statuen, Tempeln, Mumien und verstorbenen heiligen Tieren vollzogen.[1107] Dabei wurden einem Leichnam mit rituellen Werkzeugen symbolisch Augen, Mund, Nase und Ohren geöffnet, begleitet von Reinigungs- und Opferhandlungen.[1108]

Ob sich die Steleninschrift auf die Belebung einer Kultstatue Arsinoës oder ihres einbalsamierten Leichnams im Zuge der ägyptischen Bestattungsriten bezieht, ist ungewiss. Stefan Pfeiffer leitet vom Fehlen der siebzigtägigen Mumifizierungszeit ab, dass eine Mundöffnung an Arsinoës Statue vorlag und ihr Leichnam wahrscheinlich nach makedonischer Sitte bestattet wurde.[1109] Diese unterschied sich grundlegend von den ägypti-

1102 Vgl. Criscuolo, L. (1991): Rezension zu E. Grzybek, Aegyptus 71, 282-289; Huß (2001), 310-311, Anm. 41 (der Quellenwert des Scholiasten für Datierungsfragen sei fraglich); Minas (1994), 209; dies. (1998), 43, Anm. 1; dies. (2000), 93, Anm. 350; Cadell (1998), 1-3. Ebenso skeptisch: Hazzard (2000), 5, Anm. 9. Zudem verweist Hölbl (1992), 121 darauf, dass auch der Neumond im Jahr 270 v. Chr. in den Pachon gefallen war. Vgl. Hölbl (1992), 121. Falls die Angabe nicht als poetische Metapher zu verstehen ist, fiele Arsinoës Todestag auf den 24./25. Juli 270 v. Chr.

1103 Vgl. Assmann (2004), 72. Auch im Tempelkomplex von Philai ersichtlich.

1104 Diod. 1,27,4; Plut. mor. 376 A. Vgl. Strobach (1997), 130.

1105 Vgl. Bergmann (1980), 121; Thompson (1978), 117; Merkelbach (1995), 110.

1106 Mendesstele, Z. 12 (Übers. G. Roeder).

1107 Vgl. Mysliewiec (1998), 90; Hornung (2003), 96-97; Kurth (1998^2), 154; Pfeiffer (2004), 264; Grieshammer (1982), 224; Smith, M. (1993): The liturgy of opening the mouth for breathing, Oxford.

1108 Räucherung, Reinigung, Libation und weitere Handlungen, vgl. Grieshammer (1982), 224.

1109 Vgl. Pfeiffer (2004), 260-264. Siehe auch Sauneron (1966), 96.

schen Riten. Zwar handelte es sich in beiden Kulturen handelte um Handlungen, die einen Übergang zum Leben im Jenseits ermöglichen sollten, doch liegt eine grundlegende Differenz zwischen den Vorstellungen von der Rolle des Körpers vor. In Makedonien war die Feuerbestattung die Norm; die makedonischen Herrscher wurden in Anlehnung an das homerische Vorbild[1110] bis auf die Knochen verbrannt, damit sich die Seele von der sterblichen Hülle befreien konnte.[1111] Nach ägyptischer Vorstellung bedeutete die Verbrennung des Leichnams zugleich die Vernichtung des jenseitigen Lebens.[1112]

Die Debatte um Arsinoës Bestattung ist Teil einer größeren Diskussion um die Datierung der Übernahme des ägyptischen Begräbnisritus durch die Ptolemäer. Octavians abwertender Kommentar bei seinem Besuch der Soma in Alexandria, er wolle einen König und keine Leichen sehen,[1113] belegt, dass die toten Ptolemäer ab einem gewissen Zeitpunkt mumifiziert wurden,[1114] ungewiss ist aber, ab wann. Mehrere Aussagen antiker Autoren werden als Hinweise diskutiert.

So gilt eine Passage in Lucans *Pharsalia* als Beleg dafür, dass die Leichen der frühen Ptolemäer noch nach makedonischem Ritus verbrannt wurden:[1115] Lucan schildert Caesars Besuch der Königsgräber in Alexandria, um Alexanders Grab zu sehen, und erwähnt dabei die Asche der ptolemäischen Könige.[1116]

1110 Il. 23,125-256; 24,788-796; Od. 24,65-76.

1111 Vgl. Hammond (1982), 119, 124; Lehmann (1982), 441. Die Leiche wurde auf einem Scheiterhaufen verbrannt, dem Kostbarkeiten und Waffen beigegeben waren. Danach wurden die Knochen mit Wein gewaschen und in Purpurstoff gehüllt beigesetzt. Darauf spielt auch App. Syr. 56 an, der berichtet, in Makedonien sei ein großes Feuer spontan am Herd von Seleukos' Ahnen entflammt, das niemand angezündet hatte. Dieses Zeichen habe auf den nahen Tod des Königs verwiesen. Aufschluss darüber, wie eine Argeadin bestattet wurde, geben die Funde aus dem Frauengrab von Vergina. Die Knochen kamen wie die des Herrschers aus einer Feuerbestattung. Vgl. Adams (1980), 68-71; Carney (1991), 22-23.

1112 Hdt. 3,16,3-4. Vgl. Grimm (1998), 99-100; ders. (1997), 239, 242; ders. (2004), 375; Mittag (2000), 419.

1113 Suet. Aug. 18,1; Dio 51,16,3-5. Vgl. Hölbl (2000) I, 18; Dundas (2002), 440; Kienast (1969), 451; Wirth (1976), 190-194; ders. (1993b), 34-35; Schmitzer (2002), 284; Bellen (1997), 71-84; Rader (2003), 165; Chugg (2004/05), 111-113.

1114 Dio 51,15,1. Aus Plut. Ant. 86,4 kann man es für Kleopatra VII. konkret nicht entnehmen. Zur Haltung der Makedonen und Griechen zur Mumifizierung vgl. Hartog (2002), 215.

1115 Vgl. Pfeiffer (2004), 262.

1116 Lukan Phars. 8,695.

Allerdings ist einzukalkulieren, dass die *Pharsalia* keine Reisebeschreibung oder Historiographie ist, Lucans Aussagen entsprechend seines Genres daher kritisch betrachtet werden müssen:

> *One should not expect historical accuracy, or even undue respect for particular truth, from a poet obedient to Aristotle's distinction between the petty particulars of history and the greater universal truths of poetry.* [1117]

Gerade die Schilderung, wie Caesar die Sema besucht, ist mit symbolischen Codes überladen und vom Thema des Zerfalls geprägt.[1118] Die Asche der Ptolemäer, mit denen zugleich ihr Reich vergangen war, könnte daher ein rein poetisches Element der „*stage-sets for a melodramatic reconfiguration of Rome and Empire whereby even memory is implicated in a process of corruption*"[1119] gewesen sein.

Als Beleg wiederum dafür, dass bereits die frühen Ptolemäer mumifiziert wurden, betrachtet Richard Hunter die Bemerkung in Theokritos' *Adoniazusen*, Aphrodite habe Ambrosia in Berenikes Brust geträufelt, um sie unsterblich zu machen.[1120] Es handle sich um eine Parallele zur *Ilias*, in der Achilles' Mutter Thetis Patroklos' Leichnam mit Ambrosia und Nektar behandelt, damit er nicht verwest.[1121] Die Ptolemäer hätten daher die Übernahme der Mumifizierung als Rückgriff auf den homerischen Präzedenzfall proklamiert.[1122]

Dagegen ist jedoch einzuwenden, dass Patroklos' Leiche nur für die spätere Verbrennung konserviert wurde. Der tote Körper endete also in den Flammen, wie im Epos ausführlich beschrieben wird; die Feuerbestattung wurde zum Vorbild für die makedonischen Herrscher. Ähnliches wird für die Leiche Alexanders gegolten haben, die entgegen makedonischer Tradition mumifiziert wurde.[1123] Entgegen der These von Günter Grimm, dass Alexanders Mumifizierung die Historizität seines – kontrovers diskutierten –[1124] Wunschs belege, in der Oase Siwa begraben zu

---

1117 Fantham, E. (1987): Lucan, his scholia, and the victims of Marius, AHB 1, 89-96, hier 89.

1118 Vgl. Spencer (2005), 46-69.

1119 Ebda., 48. Troja und Ägypten seien die Hauptsymbole des Verfalls bei Lukan.

1120 Theokr. 15,106-108.

1121 Il.19,38-39.

1122 Vgl. Hunter (1996), 133-134. Akzeptiert von Reed (2000), 335. Relativiert von Stephens (2003), 153-154.

1123 Strab. 17,1,8. Vgl. Bohm (1989), 141-144; Grimm (1997), 243; Schmidt-Colinet (1996), 87-90.

1124 Vgl. Fredricksmeyer, E. (2003): Alexander's religion and divinity, in: Roisman, J. (Hg.), Brill's Companion to Alexander the Great, Leiden, 253-278, hier 270-274. Dagegen wenden sich: Anson (2003), 117-130; Cartledge (2003), 265-270; Chugg (2004/05), 53.

werden,[1125] kann die Einbalsamierung auch ursprünglich nur ein Mittel gewesen sein, um den Toten bis zur geplanten Überführung nach Aigai und zur rituellen Verbrennung gegen die Verwesung zu schützen.[1126] Thetis' Maßnahmen können im Fall von Alexanders Leiche Vorbildfunktion gehabt haben, aber als provisorischer Notbehelf gegen das Verwesen im Klima Babylons.[1127]

Ptolemaios I. ließ den Leichnam auch nicht verbrennen, allerdings wohl aus anderen Gründen, da sie zu einem wichtigen Faktor seiner Legitimationspolitik geworden war.[1128] Sie wertete sein Herrschaftsgebiet auf, ebenso wie die Hauptstadt Alexandria, die zum Zentrum des Kults für Alexander wurde. Falls Ptolemaios I. anfänglich eine makedonische Bestattung für Alexander vorgesehen hatte, die er nicht in der provisorischen Grablege in Memphis,[1129] sondern in Alexandria durchführen wollte, kam er vermutlich davon ab, weil die Bedeutung der Leiche zu groß war.

Als signifikant gilt des Weiteren Polybios' Bericht über das Ende von Ptolemaios IV. und Arsinoë III., die beide im Zuge von politischen Hofkonflikten umgekommen waren. Agathokles und Sosibios, die seit Beginn der Herrschaft Ptolemaios' IV. entscheidenden Einfluss auf die Regierung gehabt hatten, sollen dem Heer die Asche des Königspaars in silbernen Urnen vorführt haben.[1130] Allerdings habe sich nur die Asche des Königs

1125 Vgl. Grimm (2004), 375.

1126 Ähnlich war es bei der Leiche von Agesilaos, der auf dem Heimweg nach Sparta in der Kyrene starb (Plut. Ages. 36ff.).

1127 Es ist wenig wahrscheinlich, dass die makedonischen Offiziere in Babylon sich für eine Mumifizierung nach ägyptischem Vorbild ausgesprochen haben sollen.

1128 Der Wert der Leiche stieg wohl von dem Moment an, als sich ein Konflikt um die Grabstätte und den Verantwortlichen für die Bestattung entspann. Zuvor waren anscheinend Alexanders Thron und seine Insignien wichtiger gewesen (Curt. 10,6,4-5. 15-16; Just. 13,4,4; Diod. 18,60,4-61,1; Polyain. 4,8,2; Nepos 18,7,2; Plut. Eum. 13,3-4).

1129 Rader (2003), 154-155 zufolge könne Pausanias' Bemerkung, Alexander sei in Memphis nach makedonischer Sitte bestattet worden (1,6,3), auf die Verbrennung hinweisen. Dies widerlegen aber die Berichte über die späteren Besucher an seinem Grab (Strab. 17,1,8; Suet. Aug. 18,1; Dio 51,16,3-5). Octavian soll der Mumie sogar versehentlich die Nase abgebrochen haben.

1130 Polyb. 15,25,6. Zum Tod Ptolemaios' IV. vgl. Just. 30,2,6. Aufgrund unterschiedlicher Quellenaussagen kann man nicht bestimmen, ob Arsinoë III. im Zuge höfischer Intrigen vor oder nach dem Tod Ptolemaios' IV. 204 v. Chr. ermordet wurde. Nach Johannes Antiochus, FGrHist. 558 F 54 verbannte Ptolemaios IV. seine Frau erst und ermordete sie dann eigenhändig auf Betreiben seiner Geliebten Agathokleia, der Schwester des Agathokles. Huß (2001), 465, Anm. 10 hält diese Aussage für unglaubwürdig. Siehe ferner: Schmitt, H.H. (1964): Untersuchungen zur Geschichte Antiochos des Großen und seiner Zeit,

in seiner Urne befunden, Arsinoës Urne habe Gewürze enthalten.[1131] Was mit ihrer Leiche geschehen war, berichtet Polybios nicht.

Die Verbrennung der Leichen des vierten Ptolemäerpaars wird unterschiedlich gedeutet, teils als Beleg, dass die Ptolemäer zu diesem Zeitpunkt noch traditionell makedonisch bestattet wurden,[1132] teils, dass eine bloße Notlösung vorgelegen habe, um Spuren von Gewaltanwendung an den Leichen zu vernichten,[1133] oder als bewusster Bruch mit ägyptischen und ptolemäischen Sitten, mit dem die Usurpatoren auch die jenseitige Existenz des Königspaars hätten auslöschen wollen.[1134]

Gegen die These, Agathokles und Sosibios hätten die ptolemäische Dynastie symbolisch auslöschen wollen, spricht, dass sie als Vormünder des Kindkönigs Ptolemaios V. agierten und ihn mit dem Diadem krönen

---

Wiesbaden, 202-208. Gemäß *communis opinio* starb sie nach ihrem Brudergemahl, nachdem sie versucht hatte, zusammen mit Teilen des Hofes die Regentschaft zu übernehmen. Vgl. Thomas (2002a), 53; Huß (2001), 475; Hazzard (1995), 7; Abel (1983), 271, 275. Zur Tyrannentopik in der Darstellung des Agathokles vgl. Kistler (2006), 121, Anm. 77.

1131 Polyb. 15,25,7.

1132 Vgl. Pfeiffer (2004), 262-263, Anm. 297. Borg (1998), 63 weist auf die konservative Haltung antiker Kulturen bezüglich des Grabwesens. Riggs (2002), 85-86 nennt Fälle von Feuerbestattung und unmumifizierten Leichen im ptolemäischen Ägypten. Dies sei ein Vorrecht der städtischen Oberschichten gewesen. Funde von griechischen Urnen mit Namenskartuschen aus dem hellenistischen Ägypten fachen die Diskussion weiter an. Frdl. Hinweis durch Anne-Viola Siebert.

1133 Vgl. Mittag (2000), 419, Anm. 64; Hazzard (1995), 7.

1134 Vgl. Grimm (1998), 99-100. Nur der Leichnam Ptolemaios' IV. sei verbrannt worden: „*Es war sicher als demonstrativer Akt der buchstäblichen Vernichtung des vierten Ptolemäers inszeniert … und dürfte wie ein bewusster Affront gegen all das gewirkt haben, was den Ägyptern und insbesondere den ägyptischen Priestern beim Tode eines Pharao wichtig und heilig war.*“ Bestätigt von Mittag (2003), 168, vgl. Anm. 168. Zur Gegendarstellung vgl. Pfeiffer (2004), 261-262; Pfrommer (2002), 82. Als ein Beleg für Grimms These gilt die Empörung der Bevölkerung Alexandrias über das Schicksal der Ermordeten. Es ist jedoch zu konkretisieren, dass sich nicht über die Bestattungsart entrüstet wurde, sondern über das grausame Ende Arsinoës, die viele Sympathien genossen hatte (Polyb. 15,25,7-11). Um den König habe es dagegen niemandem Leid getan. Die Analyse der Haltung der Bevölkerung Alexandrias wird allerdings durch Polybios' unspezifische Termini τὸ πλῆθος, ὁ ὄχλος und οἱ πολλοί erschwert, die keinen Schluss erlauben, ob es sich mehrheitlich um die ägyptischen Einwohner oder um die Griechen und Makedonen handelte und inwiefern divergierende Ansichten in den unterschiedlichen Bevölkerungsteilen vorherrschten. Vgl. Mittag (2000), 243.

ließen.[1135] Sie stellten sich demnach in die makedonische Tradition und bemühten sich um die Illusion von dynastischer Kontinuität.

Eine Vernichtung der *memoria* des vierten Ptolemäerpaars oder ihres Hauses liegt wohl ebenso wenig vor wie der Vertuschungsversuch der Gewaltanwendung.[1136] Die Verbrennung rekurrierte auf die makedonische Herkunft der Ptolemäer. Auch Demetrios Poliorketes' Asche war in einer Urne durch seinen Sohn und Nachfolger Antigonos Gonatas in der Öffentlichkeit gezeigt worden.[1137] Ungewiss muss indes bleiben, ob Agathokles und Sosibios eine Kehrtwendung bezüglich des Bestattungswesens einleiten wollten, weil die ersten drei Ptolemäerpaare oder zumindest das zweite oder dritte Königspaar mumifiziert worden waren.

Die Bestattung Arsinoës II. wird bei Kallimachos angesprochen, der einen Trauergesang anlässlich ihres Todes verfasste, die ἐκθέωσις Ἀρσινόης.[1138] Darin lässt er Philotera, ihre zuvor schon verstorbene Schwester, als Göttin auftreten. Sie sieht aus der Ferne eine Rauchsäule von Pharos her aufsteigen und erfährt, dass Arsinoë gestorben ist:[1139] „σαμάντριαν ἅ δὲ πυρᾶς ἐνόης' ἰωάν, ἅν οὖλα κυλινδομέναν ἐδίωκ[ον αὖραι".[1140] Da Kallimachos für die makedonisch-griechische Hofgesellschaft schrieb, beschrieb er die Bestattung der Königin gemäß ihrer kulturellen Sprachregelung und spielte auf eine Feuerbestattung an.[1141] Inwiefern seine Version eine literarische Fiktion war, ist schwer zu entscheiden, zumal es an weiteren Quellenaussagen fehlt. Offenbar wurde die Darstellung von Arsinoës Bestattung in kalkulierter Ambivalenz jeweils dem Kulturkreis der Rezipienten angepasst. Unabhängig davon, was in Alexandria mit der toten Königin geschah, deutet Kallimachos eine Verbrennungszeremonie an. Die Ägypter, an die sich die Mendesstele richtete, konnten oder sollten in der Erwähnung der Mundöffnung einen Hinweis auf ihre Mumifizierung sehen. Dies wird notwendig gewesen sein, weil die Ägypter auf eine Verbrennung mit Unverständnis reagiert, nicht an Arsi-

---

1135 Polyb. 15,25,5-6. Ebenso gesehen von Mittag (2000), 419, Anm. 64. Siehe ferner Chaniotis (2005), 63-64.

1136 Vermutungen zufolge kam die Königin im Feuer um, was Spuren von Gewalt ohnehin getilgt hätte, vgl. Macurdy (1932), 140, Anm. 115.

1137 Plut. Demetr. 53,2. Sie war gold, mit Purpurumkleidung.

1138 Kallim. fr. 181 Asp. (228 Pf.).

1139 Kall. fr. 181 Asp. (228 Pf.), 40-75. Lelli (2002), 25 sieht in dieser Passage eine Reminiszenz an die Klage der Andromache über den Tod Hektors im Epos.

1140 Kall. fr. 181 Asp. (228 Pf.), 40. „*Als Zeichen aber sah sie die Rauchsäule des Scheiterhaufens, die in dichten Wirbeln die Winde jagten…*" Asper (2004), 35 deutet sie allerdings als Trauerfeuer, ebenso schon Bickel (1941), 99; Macurdy (1932), 127 als Brandopfer. Die eine Möglichkeit schließt die andere jedoch nicht aus.

1141 Ähnlich: Stephens (2005), 244; Huxley (1980b), 190.

noës Entrückung geglaubt hätten und ihrem Kult kein Erfolg beschieden gewesen wäre, da die Mumifizierung in ägyptischer Sicht eine Voraussetzung für eine Apotheose darstellte.[1142]

Das Relief der Mendesstele zeigt Ptolemaios II., Arsinoë II. und Ptolemaios den Mitregenten, wie sie dem Mendesbock opfern. Hinter ihm stehen Harpokrates, eine widderköpfige Gottheit[1143] und die Göttin Arsinoë mit ihrer charakteristischen Krone, Szepter und Anch-Zeichen.[1144]

Ebenso wie im Text scheinen sich die Zeitebenen zu überlagern. Arsinoës Darstellung inmitten der opfernden Königsfamilie neben Ptolemaios dem Sohn ist chronologisch ausgeschlossen, da sie zur Zeit seiner Mitregentschaft (267-259 v. Chr.) gar nicht mehr lebte. Grimm und Minas vertreten daher die These, es könne sich bei dieser Frauengestalt nicht um Arsinoë II. handeln, zumal sie sonst vor sich selbst geopfert hätte,[1145] sondern es sei ihre Kanephore, die als ihre Stellvertreterin auftrete, damit die Königsfamilie vollständig repräsentiert sei.[1146]

Text und Bild der Mendesstele entsprechen demnach der Umsetzung ptolemäischer Repräsentationsformeln in ägyptische Ausdrucksformen.[1147]

6. Ikonographische Codes der ptolemäischen Königin auf Münzen

„*L'Art-pour-l'art gibt es gar nicht*"[1148] – gerade für hellenistische Herrscherporträts trifft dies in besonderem Maß zu. Sie waren nur in zweiter Linie Kunst, in erster Linie Medien der Darstellung eines politischen Programms,[1149] gestaltet nach den Vorgaben der peripetatischen Physiogno-

1142 Vgl. Merkelbach (1995), 5, 11, 25-29; Clauss (2001), 69; Hoffmann (2000), 147.

1143 Er wird entweder als Hasarphes gedeutet (vgl. Sternberg-el Hotabi (1994), 241) oder als anthropomorpher Gott Mendes (vgl. bey Kamal (1905), 161; Roeder (1959), I, 174). Quaegebeur (1978), 249 spricht allgemein von den Göttern von Mendes.

1144 Vgl. Roeder (1959), I, 172-175; Minas (1998), 50; Quaegebeur (1978), 249.

1145 Minas (1998), 52. Vgl. Grimm (1998), 75-76. Siehe auch Hölbl (1994), 95.

1146 Vgl. Minas (1998), 52-53. Vgl. dagegen die Erklärung von Quaegebeur (1978): „*La reine décédée et divinisée est donc associée au roi*".

1147 Von Bagnall (1981), 19 generell beschrieben als: „*Hellenistic appropriation of an image of Egyptian elements and transformation of them into something essentially Greek rather than Egyptian*".

1148 Vgl. Schwerfel, H.P. (2000): Kunstskandale. Über Tabu und Skandal, Verdammung und Verehrung zeitgenössischer Kunst, Köln, 121.

1149 Vgl. Smith (1993), 206; ders. (1991), 19; ders. (1988), 15; Svenson (1995), 183; Capriotti Vitozzi (2000/01), 178; Kyrieleis (1975), 153; Hölscher (1985), 7; Tho-

mie. Diese Lehre von der Gestalt des Körpers besagte, dass die äußeren Merkmale eines Menschen, besonders seine Gesichtszüge, sein inneres Wesen widerspiegelten. Auch die antiken Rezipienten lasen die ikonographischen Codes eines Porträts entsprechend. Dies kann ein Beispiel zeigen, bei dem ein antiker Betrachter seine Eindrücke von einer Marmorbüste beschreibt: Plutarch.[1150] In Ravenna hatte er ein Porträt des römischen Feldherrn Marius gesehen, das er in dessen Vita beschreibt: Das Gesicht der Büste gebe genau den mürrischen, harten Charakter wider, der Marius zugeschrieben werde.[1151] Auf phänotypische Merkmale geht Plutarch gar nicht näher ein, wichtig ist für ihn das Wesen des Modells.[1152] Die Büste dient ihm als Bestätigung seiner Ausführungen, Marius sei herrschsüchtig, habgierig und grausam gewesen und habe seine Leidenschaften nicht unter Kontrolle gehabt, weil er sich stur der griechischen Bildung verweigert habe.[1153]

Mit einer solchen Lesart der Porträts wurde auch an den hellenistischen Höfen gerechnet.[1154] Die Codes hellenistischer Herrscherporträts bezogen sich daher auf literarische, bildliche und politische Traditionen, auf Werte des kulturellen Gedächtnisses, die Assoziationen mit Leitfiguren und Idealen weckten. Entsprechend ist auch das Porträt Arsinoës II. auf Münzen zu verstehen, das modellhaft für die Porträts der ptolemäischen Königinnen wurde.[1155]

---

mas (1992), 122; Fowler/Hekster (2005), 15-16; Borg (1998), 37-38; Hadley (1974), 51; Osborne (1998), 25; Howgego (2000), 72-76; Stewart (2003), 32: „*a ruler's power is never so absolute as in his portrait*"; Plantzos (1999), 42: „*Portraiture was in essence an Hellenistic invention. Royal portraiture in particular was conceived and developed in such a way as to comply with the ruler's need to publicize his image to his subjects*".

1150 Zu Plutarchs Prägung durch die peripatetische Physiognomie vgl. Schwarzenberg (1975), 226-227; Evans (1941), 104.

1151 Plut. Mar. 2,1.

1152 Aristot. Poet. 4,14-15,1448 B. Vgl. Tsitsiridis (2005), 437-438; Kiilerich (1988), 63; Cartledge (2003), 210-211

1153 Plut. Mar. 2,1. Vgl. Vell. Pat. 11,1. Es wird angenommen, dass zu Marius' Erziehung auch Lektionen in Griechisch gehörten, vgl. Werner (1995), 220-366; Swain (1990), 137-140; Russell (1966), 145.

1154 Vgl. Müller (2007d), 142-143. In welcher Weise ein Herrscher mit seinem Bildnis identifiziert wurde, zeigt sich daran, dass sich häufig Wutausbrüche einer aufrührerischen Bevölkerung gegen Statuen auf öffentlichen Plätzen richteten, die umgestürzt und beschädigt wurden, wie es beispielsweise für die Bildnisse Ptolemaios' VIII. Euergetes II. in Alexandria überliefert ist (Just. 38,8,12-13). Vgl. von Hesberg (1996), 84.

1155 Vgl. Brunelle (1976), 119; Pfrommer (1996), 97-98; Kyrieleis (1975), 78; Parente (2002), 259-278; Prange (1990), 200; Vagi (1997), 8; Stewart (2003), 34, 44; Cap-

Weiterhin sind Bildnisse von ihr in griechisch und ägyptisch geprägter Plastik[1156] und auf Fayencekannen bekannt. Ein großer Teil stammt aus der Zeit nach ihrem Tod aus dem Bereich des Herrscherkults. Jan Quaegebeur, Helmut Kyrieleis, Sally-Ann Ashton und Sabine Albersmeier haben die Zeugnisse ägyptischen Stils für Arsinoë II. mit Anspruch auf Vollständigkeit zusammengetragen; für einen Überblick sei auf ihre gründlichen Materialsammlungen verwiesen. Zuschreibungen von Bildnissen auf Gemmen und Kameen an Arsinoë sind umstritten.[1157]

Münzen nehmen unter den bildlichen Quellen aufgrund ihres Verbreitungspotentials per se eine besondere Stellung ein. Obgleich ihre Propagandafunktion kontrovers diskutiert wird,[1158] ist nicht zu leugnen, dass sie den hellenistischen Herrschern eine Plattform gaben, um ihre Genealogie, ihre Schutzgottheiten und ihre eigenen politischen Vorzüge – angezeigt durch Attribute – darzustellen.[1159] Im Gegensatz zu Plastik, Architektur,

---

riotti Vitozzi (2000/01), 186: „*la sua immagine viene formulata alla sua figura si coagulano gli sforzi degli ambiente di corte e di quelli templari*".

1156 Allgemein wird von den Oberbegriffen einer ägyptisch geprägten und einer griechisch geprägten Repräsentationsweise ausgegangen, vgl. Ashton (2001), 5, 14. Als vier Untergruppen gelten nach Smith (1988), 87 die Darstellungskategorien: rein pharaonisch; pharaonisch mit griechischer Gesichtsgestaltung; pharaonisch mit griechischer Gesichtsgestaltung und weiteren griechischen Elementen; rein griechisch. Smith (1993), 208 sieht die ägyptisch geprägte ptolemäische Plastik aber nur „*all one way*" an die Ägypter gerichtet.

1157 Vgl. Svenson (1995), 75-99; Plantzos (1999), 48-52, 69-70. Es sind kaum hellenistische Bildnisgemmen bekannt, die gesichert als Porträts von Ptolemäern gelten können, obwohl Mengen von Edelsteinen aus dem Handel mit Arabien und Indien nach Alexandria importiert wurden, worauf die Gemmenproduktion sprunghaft anstieg und Siegel- und Schmucksteine sehr gefragt waren. Vgl. Krug (1995), 10; Neesen (1999), 489-490. Aufgrund physiognomischer Vergleiche mit ihrem Einzelporträt auf Münzen werden teilweise Darstellungen auf Bronzeringen aus dem Schwarzmeergebiet als ihr Bild identifiziert. Vgl. Plantzos (1999), 48. Dies ist allerdings problematisch, da der Porträtwert sehr gering einzuschätzen ist.

1158 Vgl. Howgego (2000), 71-76, 81, mit Bezug auf Dio 47,25,3; Bunge (1975), 164-188 am Beispiel Antiochos' IV. Relativierend: Stewart (1993), 49-50: „*So what the coins confront us with is not propaganda in the generally accepted sense, but a largely unsystematic attempt at irregular intervals to publicize a ruler's actual achievements or omens, legends, and prophecies concerning him in order to enhance his own personal prestige and to provide added reasons for continued loyalty for future members of the dynasty he hoped to establish*".

1159 Vgl. Reden (2007a), 38; Miller (1991) 54; Blasius (2006a), 1; Hadley (1974), 51; Christ (1996a), 68; Ritter (2001), 93-94, 97, 99; Borchhardt (2002), 86; Svenson (1995), 185; Fleischer (1996), 28; Holt (1999), 7.

Malerei und Mosaik als statischer Medien hatten Münzen den Vorteil, dass sie flächendeckender eingesetzt werden konnten.[1160]

Allerdings hing vom Nominal ab, wie weit verbreitet eine Münze war und wer sie in die Hand bekam. Goldmünzen gingen primär durch die Hände der Oberschicht – „*royal power was represented by gold coinage*“ –,[1161] Silbermünzen waren oft für reichsübergreifende Transaktionen gedacht und bronzene Kleinmünzen, die häufig auch Söldnersold darstellten, zirkulierten auf lokaler Ebene.[1162]

Kein hellenistisches königliches Porträt, auch keins auf Münzen, entstand aus dem luftleeren Raum; auch für die Bildnisse Arsinoës II. gab es Vorbilder. So wurden ihre Attribute für Porträts griechischen Stils der Darstellung griechischer Göttinnen entlehnt. Vermutlich orientierten sie sich zudem an Bildnissen von Argeadinnen, deren Tradition allerdings schwierig zu rekonstruieren ist.

Die frühesten Porträts weiblicher Mitglieder des Argeadenhauses sind für die Regierungszeit Philipps II. überliefert.[1163] Nach seinem Sieg bei Chaironeia 338 v. Chr. ließ er zum Dank an Zeus im Heiligen Hain von Olympia einen Rundbau, das Philippeion, errichten. Wie bei monarchi-

1160 Fleischer (1996), 36. Vgl. Bruun (2002), 259-260; Pollitt (1986), 19, 25; Ashton (2001), 9; Grainger (1990), 166, Schönert-Geiss (1978), 132; Kyrieleis (1975), 153; Plantzos (1999), 42.

1161 Reden (2007a), 49.

1162 Vgl. ebda., 60.

1163 Vgl. Carney (2000a), 214. Entgegen LeBohec (1993), 238, die von einer längeren Tradition spricht. Carney (2000c), 27, Anm. 33; dies. (2000a), 318, Anm. 57 hält dies für möglich, Belege gibt es indes keine. Für Persien des 6./5. Jh. v. Chr. bezeugt Hdt. 7,69 ein Goldbildnis von Dareios' Frau Artystone. Für Griechenland führt Carney (2000a), 214 unter Vorbehalt bezüglich des Porträtcharakters archaische Korenstatuen und spätere Statuen von Priesterinnen wie den Kanephoren an. Dies ist jedoch problematisch, da es sich um stark stilisierte und idealisierte Weihstatuen, nicht um individualisierte Ehrenstatuen handelt. Die Tradition begann erst mit Lysander, der nach dem Sieg bei Aigospotamoi 405 v. Chr. innerhalb des Nauarchendenkmals von Poseidon bekränzt dargestellt und auch im Epigramm besonders herausgehoben wurde. Vgl. Hintzen-Bohlen (1992), 20-21, 24. Für Frauen begann die Bildnistradition noch später. Im 4. Jh. soll eine Statuengruppe auf der athenischen Agora ein Ehepaar dargestellt haben, das in die Eleusinischen Mysterien eingeweiht worden war, vgl. Carney (2000a), 214; dies. (2000c), 26-27. Die Agora war traditionell jedoch kein Ort für die Aufstellung von Frauenbildnissen, die sich eher in Gräbern und Heiligtümern fanden, vgl. Pollitt (1986), 59. Zur gleichen Zeit wurden in Kleinasien allerdings Statuen der Hekatomnidinnen aufgestellt, Bildnisse der Artemisia in Erythrai und Milet, von Ada eines in Delphi, vgl. Carney (2005), 72-73. Bereits von der älteren Artemisia (Hdt. 7,99; 8,87-88; vgl. Bockisch (1969), 125-127) soll eine Statue in Sparta errichtet worden sein (Paus. 3,11,3).

schen Weihgeschenken üblich, diente es zugleich als Medium der Selbstinszenierung.[1164] Im Innenraum des Philippeion wurde eine Figurengruppe des Bildhauers Leochares aufgestellt[1165] die Philipp mit seinen Eltern Amyntas III. und Eurydike, seiner Frau Olympias und seinem Sohn Alexander zeigte.[1166] Dieses Kunstwerk gilt als Vorläufer des im Hellenismus beliebten Darstellungstypus der Familiengruppe.[1167]

Die Funktion des Philippeion mit seiner Figurenausstattung ist umstritten, vor allem deswegen, weil Pausanias berichtet, die Statuen seien aus Gold und Elfenbein gewesen.[1168] Chryselephantines Material gilt in weiten Teilen als Spezifikum von Götterbildnissen – obwohl dies auch umstritten ist.[1169] Daher führte Pausanias' Aussage zu Vermutungen über Divinisierungsbestrebungen Philipps, obwohl es keinen Altar oder andere Hinweise auf kultische Ehren in dem Rundbau gibt[1170] und eine solche Düpierung der Griechen seiner behutsam-diplomatischer Hellaspolitik nach 338 entgegengestanden hätte.[1171] Archäologische Untersuchungen haben entsprechend ergeben, dass es sich nicht um chryselephantine, sondern um weiße Marmorskulpturen mit goldenen/vergoldeten Applikationen oder reicher goldener Bemalung gehandelt hat.[1172] Fiel direktes

1164 Vgl. Carney (2007); dies. (2000c), 24-30; Schmidt-Dounas (2000), 17-18; Lapatin (2001), 116-118.

1165 Vgl. Moreno (2004), 7.

1166 Paus. 5,17,4. 20,9-10.

1167 Vgl. Athen. 5,205 E-F. Dazu siehe Pfrommer (1996), 106. Vgl. ferner Kosmetatou (2002), 103-111; Hintzen-Bohlen (1992), 134; Borchhardt (2002), 86.

1168 Plin. n.h. 34,49. 54. Vgl. Schultz (2007), 381.

1169 Vgl. Lapatin (2001), 118: „*The implications of these materials … cannot be overlooked, but they also should not be overstressed. There is no evidence that chryselephantine material alone signified divinity*". Carney (2000c), 29 vermutet, dass den Statuen im Philippeion auch die Überlebensgröße als Signum von Kultstatuen gefehlt habe, obgleich der Besucher aufgrund ihrer erhöhten Aufstellung zu der Gruppe aufsehen musste. Paus. 5,17,4. 20,9-10 spricht überdies von *eikones*, nicht von *agalmata*. Walbank (1984a), 88 und Carney (2000a), 216, 320, Anm. 69 gehen zwar davon aus, dass die Begriffe in den Quellen nicht streng voneinander differenziert werden können, doch Stewart (1993), 208 datiert die Verwendung von *eikon* für ein Kultbild erst ins 2. Jh. v. Chr. und lokal auf Kleinasien beschränkt. Ashton (2001), 18 führt noch den Terminus *xoanon* für Kultstatuen an, vgl. dagegen Chaniotis (2003), 439.

1170 Vgl. Lapatin (2001), 117; Fredricksmeyer, E.A. (1979): Divine honours for Philip II., TAPA 109, 39-61, hier 52.

1171 Vgl. Wirth (1985b), 160-162; Andreotti (1957), 124.

1172 Vgl. Schultz (2007), 405-409; Schmitt (2005^{3}b), 451, Anm. 20. 1987 hatte bereits Felix Eckstein in seiner Pausanias-Übersetzung vermutet, es seien Marmorstatuen gewesen. Pausanias bezog seine Informationen von einer unzuverlässigen

Licht auf die Gruppe, konnte der Stein, besonders wenn er im Laufe der Zeit dunkler geworden war, für chryselephantin gehalten werden.[1173] Dies wird ein bewusster Kunstgriff von Leochares gewesen sein, der mit den Zwängen des makedonischen Herrschers korrespondierte, seine sakrale Überhöhung so zu beschränken, dass er keinen Anstoß beim Adel erregte. Die einflussreichen Familien konnten seine zu abgehobene Position nicht dulden, wollten sie ihrer eigenen Entmachtung nicht Tür und Tor öffnen. Philipp II. lotete demnach geschickt die Grenzen dessen aus, was ihm in seiner Position an sakraler Überhöhung möglich war.[1174] Bei Leochares' Figurengruppe handelte es sich um eine bildliche Manifestation von Familienzusammenhalt und göttlicher Erwähltheit,[1175] in dessen Kontext auch den Argeadinnen eine öffentliche Rolle zukam.[1176] Als Auftraggeber der

---

Quelle, vermutlich von seinem Reiseführer Aristarchos, der für einige sachliche Fehler in den Beschreibungen verantwortlich sein soll. Vgl. Schultz (2007), 407, der annimmt, Pausanias habe es sich aufgrund seiner Ressentiments gegenüber Philipp und dessen Sieg bei Chaironeia (1,25,3; 5,4,9. 20,10; 7,10,5; 8,7,5; 9,6,2; 10,3,2) erspart, das Philippeion persönlich in Augenschein zu nehmen. Tatsächlich irrte er sich auch bei der Beschreibung des Materials des Bauwerks selbst, vgl. Lauter (1986), 52-53. Zu Pausanias' Arbeitsmethode vgl. Habicht, C. (1985): Pausanias' Guide to ancient Greece, Berkeley u.a. 28-63. Dagegen vgl. Pretzler (2004), 204-207. Bei Ausgrabungen wurden Deckplatten der halbrunden Marmorbasis der rundansichtigen Statuengruppe gefunden, deren Plintheneinlassungen zeigen, dass sie für Steinfiguren, wahrscheinlich aus Marmor, konzipiert worden waren: „*one look at the plinth cuttings … found on the Philippeion's base should be enough to convince any archaeologist that Pausanias was misinformed when he reported the materials from which the Argead portraits were fashioned*" (Schultz (2007), 405). Vgl. Lapatin (2001), 116, Anm. 184. Chryselephantine Skulpturen waren üblicherweise hohl und wurden mit einem hölzernen Gerüst installiert, was beim Philippeion nicht der Fall war. Vgl. Schultz (2007), 405-407; Lapatin (2001), 105-109, 116; Schmidt-Dounas (2000), 103.

1173 Vgl. Schultz (2007), 407-408.

1174 Auch wenn das Konzept der Gruppe, das sie in Distanz zum Betrachter inszenierte (vgl. Seiler (1986), 92), eine mythische Überhöhung implizierte, kann daraus kein Streben nach Vergöttlichung abgelesen werden. Vgl. Hintzen-Bohlen (1992), 27.

1175 Dazu trug auch die Topographie bei. Der Rundbau lag in der Nähe des Pelopeion, das der argeadische Stammvater Herakles (Arr. an. 4,7,4; Plut. Alex. 2,1) eingerichtet haben soll (Paus. 5,13,1-2). Vgl. Saatsoglou-Paliadeli (1993a), 1353, Anm. 46; Hintzen-Bohlen (1992), 26-27; Seiler (1986), 101; Schmidt-Dounas (2000), 105. Die Rechtmäßigkeit der argeadischen Herrschaft über Griechenland wurde somit untermalt.

1176 Vgl. Carney (1987b), 61. Greenwalt (1996), 49-50 führt als weiteren Beweis die Auflistung der frühen argeadischen Frauen auf dem Papyrusfragment von Satyros' Schrift über die Demen Alexandrias an (FGrHist. 631, F1; P Oxy. 2465 fr.1, col. II, 121). Obwohl es aus ptolemäischer Zeit stammt, nimmt Greenwalt an,

Figurenausstattung des Philippeion[1177] war Philipp daher ein Vorreiter der dynastischen Repräsentation, dessen Vorgabe eine Orientierungshilfe bieten konnte.

Auch Hinweise auf Einzelporträts von Philipps Mutter Eurydike gibt es aus seiner Regierungszeit. Auf der Agora von Aigai-Vergina wurden 1989 die Überreste eines Heiligtums der Eukleia ausgegraben,[1178] in dessen Bereich man zwei Statuenbasen fand, die Weihinschriften Eurydikes trugen.[1179] Vermutlich stiftete sie der Göttin Eukleia nicht nur die Statuen, sondern den gesamten Tempel.[1180] Chryssoula Saatsoglou-Paliadeli nimmt an, dass es sich wenigstens bei einer der Skulpturen um ihr Bildnis handelt, das als Weihgeschenk an den Sieg bei Chaironeia erinnern sollte.[1181] Da es im Hellenismus durchaus üblich wurde, eine Statue des Stifters vor

---

dass Satyros auf eine frühere Quelle aus dem späten Argeadenreich zurückgegriffen habe: „*it appears significant that the late Argeads found it desirable to record the names of dynastic women as well as men … This reinforces the notion that the mothers of kings were public figures of recognized status*". Obgleich dies möglich ist, bleibt zu bedenken, dass die ptolemäische Vorgabe mit der betonten Dualität auf dem Thron Pate gestanden haben könnte und von Satyros rückwirkend auf die argeadischen Verhältnisse übertragen wurde.

1177 Dies ist umstritten. Teils wird vermutet, Alexander habe den Bau nach Philipps Tod fertig gestellt und das Figurenkonzept geändert. Vgl. Schumacher (1990), 439; Wikander (1996), 186; Pfrommer (1998a), 113; ders. (2001), 49. Die archäologischen Funde scheinen jedoch eine einheitliche Entstehungszeit von Bau und Figurengruppe noch zu Philipps Lebzeiten zu belegen. Dafür sprechen vor allem das identische Material für die Statuenbasis, den Boden und die Abflussrinnen des Gebäudes sowie die Spuren einer hastigen Bearbeitung. Vgl. Schultz (2007), 384, 388. Für Philipp als Auftraggeber argumentierten schon zuvor: Bieber (1964), 19, 23; Hintzen-Bohlen (1992), 29; Cartledge (2003), 219; Mari (2002), 185; Moreno (1997²), 107; Borchhardt (2002), 117; Greenwalt (1996), 50; Carney (2000a), 210, 212-213, 220; dies. (2003b), 53; Lawton (2003), 122; Townsend (2003), 94; LeBohec (1993), 238-239; Hammond (1982), 120; Stewart (1993), 52, 98; Baynham (1989), 107, Anm. 20; Paspalas (2005), 87, Anm. 71; Mari (2002), 185.

1178 Vgl. Schultz (2007), 398; Saatsoglou-Paliadeli (1993a), 1339-1371; Sismondo Ridgway (1987), 407, Anm. 49.

1179 Über den Kult der Eukleia in Aigai ist wenig bekannt. Saatsoglou-Paliadeli (2000), 395 betrachtet ihn als politisch, Carney (2007) sieht Eurydikes Weihung als individuellen Akt zur Imageverbesserung an. Attische rotfigurige Vasen aus dem späten 5. und frühen 4. Jh. v. Chr. zeigen Eukleia und Eunomia in Begleitung mit Aphrodite. Vgl. West (1977), 308, Anm. 8. Iliadou (1998), 60 weist darauf hin, dass sie als eine Heraklestochter galt (Plut. Arist. 20,6) und ihr Kult daher dem Prestige des Argeadenhauses gedient haben könnte.

1180 Vgl. Saatsoglou-Paliadeli (2000), 287-297.

1181 Vgl. Saatsoglou-Paliadeli (1993a), 1339-1371.

das von ihm finanzierte Bauwerk zu stellen,[1182] erscheint denkbar, dass Eurydike auch hier Vorläuferfunktion zukam. Zugleich ist ungewiss, wie weit die dynastische Stiftungstätigkeit zu dieser Zeit schon entwickelt war; es könnten daher auch Fragmente von Statuen der Göttin Eukleia gewesen sein.[1183] Unweit von Aigai wurde zudem das Fragment einer stehenden Gewandfigur mit Namen und Patronym Eurydikes – Tochter des Sirras – gefunden,[1184] das stilistisch den Statuenresten aus dem Philippeion ähnelt. Mantel und Pose entsprachen der Darstellung von „*matronly, divine figures (specifically Demeter)*" und sollten gemäß Peter Schultz „*sense of the heroic past*" vermitteln.[1185]

Eine Bemerkung von Pausanias könnte darauf hindeuten, dass der Kult der Eukleia unter dem Eindruck der griechischen Siege gegen die Perser im 5. Jh. entstanden war.[1186] Trifft das zu, konnte Eurydikes Stiftung im Zusammenhang mit den Persienkriegsplänen ihres Sohns gestanden haben, die in der Zeit nach Chaironeia akut wurden. Damit würde die Tempelweihung zeigen, dass sie seine Außenpolitik unterstützen konnte, indem sie nicht nur dazu beitrug, die Erinnerung an vergangene Siege zu bewahren, sondern auch, indem sie künftige kriegerische Projekte befürwortete.

Philipp II. stellt sich demnach als Vorreiter der dynastischen Repräsentation unter Einbeziehung des weiblichen Elements dar.[1187] Der Aufstieg Makedoniens zur Großmacht unter seiner Regierung ermöglichte ihm die Kreation eines dynastischen Images, das unter seinen Vorgängern vielleicht vorgeformt, aber fragmentarisch geblieben war. Die Tradition der Bildnisse von Argeadinnen scheint demnach nicht alt gewesen zu sein und erlebte unter Alexanders Herrschaft mit seiner egozentrischen Repräsentation einen Rückschritt; aus seiner Regierungszeit ist kein Porträt einer Argeadin gesichert.[1188] Da seine Eroberungszüge die Leistungen seines

---

1182 Vgl. Schmidt-Dounas (2000), 50-51. Eines der frühesten Beispiele ist demnach das Standbild Attalos' I. vor einer von ihm gestifteten Halle in Delphi.

1183 Vgl. Carney (2000c), 27; Mortensen (1992), 163-165; Iliadou (1998), 60.

1184 Vgl. Saatsoglou-Paliadeli (2000), 397-400, die das Fragment für den Teil einer späteren Replik der Familiengruppe des Philippeion hält. Akzeptiert von Carney (2000c), 27.

1185 Schultz (2007), 399. In Makedonien war der Demeter-Kult sicherlich von Bedeutung, wie anhand ihres Heiligtums in Dion – aufgrund des Zeusheiligtums die wichtigste makedonische Kultstätte – deutlich wird. Die archäologischen Funde datieren aus dem 5. und frühen 4. Jh. v. Chr., vgl. Pingiatoglou (1995), 145-151.

1186 Paus. 1,14,5. Er erwähnt einen Naos für Eukleia als *anathema* der Schlacht bei Marathon. Vgl. West (1977), 308, Anm. 8.

1187 Vgl. Carney (2000c), 28.

1188 Vgl. Carney (2000c), 27.

Vaters im antiken und modernen kulturellen Gedächtnis überschatten, wurde auch Philipps Pionierrolle als Gestalter des dynastischen Images vielfach nicht wahrgenommen. Nach Alexanders Tod nahmen die Diadochen und ihre Erben die gekappten Fäden dieses Repräsentationskonzepts wieder auf.

Im Ptolemäerreich setzte Ptolemaios II. maßgebliche Impulse und unterzog das Modell der Präsentation der Kernfamilie einer Revision. Die Entwicklung war vorangeschritten, die politischen Strukturen hatten sich entsprechend gewandelt. Dies wird deutlich, wenn man die unterschiedlichen Konzepte vergleicht. Im späten Argeadenreich hatte sich Philipp II. als autonomes Familienoberhaupt ins Zentrum gestellt.[1189] In der zweiten Generation des Ptolemäereichs holte sich Ptolemaios II. seine Schwester an die Seite. Aus der behutsamen Ambivalenz der Darstellung der Argeaden mit Materialien, die zumindest an sakrale Überhöhung anklingen mochten, wurde bereits bei den Diadochen die konsequente Adaption göttlicher Attribute, die mit makedonischen Herrschaftszeichen kombiniert wurden.[1190]

1189 Zur Rekonstruktion der Figurenaufstellung vgl. Schultz (2007), 398: Die Ausgrabungsergebnisse zeigen, dass eine der drei Plintheneinlassungen für die männlichen Statuen deutlich kleiner ist, so dass angenommen wird, sie sei für das Bildnis eines jugendlichen Alexanders gemacht, der kleiner dargestellt wurde als Vater und Großvater. Es ergibt sich von links nach rechts die Anordnung: Olympias, Alexander, Philipp, Amyntas und Eurydike.

1190 Vgl. Kyrieleis (1975), 148; Svenson (1995), 185; Smith (1993), 208-210; Schönert-Geiss (1978), 131; Brunelle (1976), 11; Brown (1995), 32. Ephippos zufolge waren Götterattribute bereits von Alexander bei höfischen Symposion getragen worden. Er habe das Purpurgewand und die Widderhörner des Ammon, das Gewand der Artemis, zusammen mit dem persischen Gewand, Bogen und Jagdspeer, die Löwenhaut und Keule des Herakles oder das Gewand des Hermes angelegt und diese symbolischen Codes gleichsam als *tableau vivant* präsentiert (Athen. 12,537 E-F). Die Parallelen zu Berichten über die Auftritte des Wunderarztes Menekrates aus Syrakus mit Szepter und Göttergefolge (Athen. 7,289 A-290 A), und des Argivers Nikostratos, der mit Herakleskeule und Löwenfell in die Schlacht zog (Diod. 16,44,3; vgl. Schmitt (2005³b) 445), wecken Zweifel an der Historizität. Ebenso kritisch: Wirth (1999), 22-23; Stewart (1993), 207; Kinsky (2005), 31; Anderson (1928), 23-24. Dagegen vgl. Chugg (2004/05), 55; Vössing (2004), 141; Borza (1987), 118, Anm. 43; Iliadou (1998), 28; Badian (2003), 258; Nock (1928), 25; Neuffer (1929), 52, 58, Anm. 27; Pfrommer (2001), 50; Thomas (2002a), 6; Fadinger (2002), 163; Cagnazzi (2005), 137, die in der Göttertravestie einen Ausdruck von Alexanders Interpretation des Konzepts des persischen Großkönigs sieht. Dagegen ist einzuwenden, dass der Großkönig seine Berufung durch Auramazdah nicht ausdrückte, indem er sich als Gott verkleidete. Angesichts von Ephippos' kritischer Haltung zum makedonischen Hofleben (Athen. 3,120 D-E; 10,434 A-B; 12,538 A) ist von einer überzogenen Abrechnung mit Alexander

Ein Porträt seiner Gattin Berenike I. aus der Regierungszeit Ptolemaios' I. ist nicht gesichert.[1191] Einen Streitfall stellt das Bild einer unverschleierten Frau mit Diadem auf kyrenischen Münzen dar, in dem teils sie,[1192] zumeist aber die spätere Berenike II. vermutet wird.[1193] Da es illusorisch ist, bei Münzbildnissen von einem Porträtwert auszugehen, können die Vergleiche nicht wirklich weiterhelfen. Bei Darstellungen hellenistischer Königinnen zählte nicht die Individualität: „*their public identity was relational and familial rather than individual*".[1194]

Die ägyptisch geprägten Darstellungen Berenikes I. sind postum, fallen in den Kontext des ptolemäischen Herrscherkults auf ägyptischer Ebene und zeigen sie als Göttin mit entsprechenden ägyptischen Attributen.[1195] Für den griechischen Kult der *theoi Soteres* erwähnt Theokritos Kultstatuen der Göttin Berenike, die im Auftrag Ptolemaios' II. zusammen mit Bildnissen ihres divinisierten Mannes in den Heiligtümern aufgestellt wurden.[1196] Man erfährt allerdings nur, dass sie chryselephantin waren.[1197] Es lässt sich daher schwer sagen, ob Berenike schon unter

---

Götter- und Heroenimitatio auszugehen. Athen. 12,537 F-538 A greift das von Ephippos dargebotene Exemplum des entarteten Philosophenschülers, der sich als Göttin Artemis verkleidete, entsprechend dankbar auf, um Kritik an den Erscheinungen seiner Zeit am römischen Hof – unter Commodus – zu üben.

1191 lantzos (1999), 47-48 nennt weitere Beispiele.

1192 gl. Forrer (1969), 11, Nr. 32; Svoronos (1904-1908), II, 51-52; Hazzard (1995), 3; Plantzos (1999), 47; Bagnall (1976), 185. Argument ist die konstatierte Ähnlichkeit mit einem Bild eines goldenen Emblems auf einem Eisenring, der in einem Grab auf Korfu gefunden wurde. Vgl. Plantzos (1999), 47, Pl. 88,1. Umstritten sind zudem Frauenporträts auf Münzen aus Rhodos zwischen 305-300 v. Chr. (vgl. Plantzos (1991/92), 128, Anm. 52, Anm. 54) und aus Marathos (ebda., 50-51). Der Frauenkopf auf den Münzen aus Marathos gilt zumeist als Porträt Arsinoës II. aus der Zeit, in der Marathos unter dem Einfluss Ptolemaios' II. stand. Vgl. Kyrieleis (1975), 80; Kahrstedt (1910), 265; Koch (1924), 80-81; Volkmann (1959a), 1647, 1652.

1193 Vgl. Caccamo Caltabiano (1996), 188; Brunelle (1976), 30; Thompson (1973), 85, vgl. Anm. 1; Herklotz (2000), 55; Kyrieleis (1975), 94. Zuvor schon: Kahrstedt (1910), 263. Es ist unsicher, ob der fehlende Schleier dafür spricht und eine unverheiratete Frau bezeichnen soll, denn auch verheiratete Ptolemäerinnen wurden unverschleiert auf Münzen gezeigt, wenn auch etwas später (etwa Arsinoë III.). Vgl. Dillon (2007), 77.

1194 Dillon (2007), 78.

1195 Diese sind Szepter, Hathorkrone und Anch. Vgl. Quaegebeur (1978), 247; ders. (1989b), 47; Minas (2005), 133. Sie wird auf dem Relieffeld der Stele von Kom el-Hisn (mit einer Version des Kanoposdekrets), auf dem Euergetestor und in den Reliefs des Horustempels in Edfu gezeigt.

1196 Theokr. 17,123-125.

1197 Vgl. Lapatin (2001), 120-121.

Ptolemaios I. eine spezielle Ikonographie gehabt hatte, die für die Darstellung ihrer Tochter als Orientierungsmodell zur Verfügung stand, oder ob ihre postumen Bildnisse nicht genau umgekehrt nach dem Muster von Arsinoës Porträt gestaltet wurden. Dies ist sogar wahrscheinlicher.

Inwieweit bei der Kreation von Arsinoës Porträt auf ihre Darstellung als Königin des Lysimachos zurückgegriffen wurde,[1198] lässt sich aufgrund der fehlenden Quellen kaum sagen. Zwei Statuen von ihr sind aus dieser Zeit inschriftlich bezeugt, die ihr ältester Sohn Ptolemaios stiftete, eine im Namen seines Vaters in Theben, nach Roberts Datierung zwischen 284-281 v. Chr.,[1199] die andere auf Delos, die als εἰκόνα χαλκῆν βασίλισσης Ἀρσινόης im Inventar des Kallistratos aufgelistet ist.[1200] Klaus Bringmann setzt diese Weihungen plausibel in den Kontext seiner Profilierung als Lysimachos' Thronfolger.[1201]

Arsinoës Porträt soll auch in dem Bild einer verschleierten Frau mit Lockenfrisur zu erkennen sein, das auf dem Avers bronzener Kleinmünzen aus Arsinoeia-Ephesos in der Zeit von Lysimachos' Hoheit erscheint.[1202] Der Revers zeigt die Legende ΑΡΣΙ die Attribute der ephesischen Stadtgöttin Artemis – Bogen und Köcher, als Variante eine kniende Hirschkuh –[1203] und das traditionelle Stadtsymbol einer Biene.[1204] Diese

---

1198 Dies erscheint nicht unbedingt abwegig, da Kallimachos in einem Gedicht diese Brücke schlägt (Ep. 14 (5 Pf.)). Die Göttin Arsinoë Zephyritis wird in dem Epigramm gebeten, der Tochter des Kleinias ihre Gunst zu schenken, zumal sie aus Lysimachos' Neugründung Smyrna-Eurydikeia kam.

1199 Robert (1933), 488 rekonstruiert die Inschrift folgendermaßen: „Πτο]λεμαῖ[ος] Λυσιμάχου [ὑπ]ερ βασίλέως [Λ]υσιμάχο[υ] [Ἀ]ρσινόην τὴν αὐτοῦ vac. [γυν]αῖκα καλοκ[ἀ]γαθίας ἕνεκ[α]". „*Ptolemaios, Sohn des Lysimachos, (ehrt) im Namen des Königs Lysimachos dessen Frau Arsinoë aufgrund ihres edlen Wesens*". Vgl. Heinen (1972a), 10; Longega (1968), 44.

1200 Vgl. Robert (1933), 490; Holleaux (1921), 194-195; Heinen (1972a), 10; 82, Anm. 314; Longega (1968), 44.

1201 Vgl. Bringmann (2000), 88.

1202 Vgl. Mørkholm (1991), 81; Thompson (1968), Nr. 164-174; Koch (1924), 85; Kahrstedt (1910), 266; Longega (1968), 31; Müller (2007d), 145-146; Weiser (1995), 20-22.

1203 Vgl. Forrer (1969), Nr. 14-15; Weiser (1995), 20-22, B-C. Das Revers gilt als unveränderte Übernahme der alten ephesischen Prägungen, vgl. Pfrommer (1998a), 59; Elliger (1985), 48.

1204 Vgl. Forrer (1969), Nr. 13; Pfrommer (1998a), 59; Elliger (1985), 110; Koch (1924), 80; Brunelle (1976), 13. Die Beischriften in Form von Magistratennamen variieren. Die Datierung ist umstritten; diskutiert wird eine Zeit zwischen 288/86-281 v. Chr. (Brunelle (1976), 13; Lund (1992), 92; Longega (1968), 31) oder um 296/93 v. Chr. (Pfrommer (1998a), 59; Orth (1993), 34; Thompson (1968), 177; Mørkholm (1991), 82).

Oktobole, seltener auch Tetrobole, und Silberprägungen[1205] waren im Gegensatz zu Tetradrachmen als lokale Münzen für den städtischen Gebrauch gedacht. Die Lockenfrisur ist auf einer der Münzserien aus Ephesos mehr bedeckt als auf der anderen und der Sitz des Schleiers variiert; er fällt entweder im Nacken herab oder ist um den Hals nach vorne gezogen. Einen Schleier trägt Arsinoë auch auf ptolemäischen Prägungen, auf denen zudem Diadem und *stephane* zu ihren Attributen gehören, die bei den ephesischen Münzen nicht auftauchen.

In der älteren Forschung wurde mehrheitlich angenommen, Arsinoë sei *sub specie deae* – Artemis – gezeigt;[1206] die neuere Forschung geht von einem Porträt Arsinoës selbst aus,[1207] der Porträtwert ist jedoch umstritten.[1208] Der Vergleich von Merkmalen, die auch auf ihren späteren Münzbildern aus dem Ptolemäerreich erscheinen wie die großen, hervortretenden Augen, rundlichen Wangen, der lange Nasenrücken,[1209] die spitzen, vollen Lippen,[1210] das ausgeprägte Kinn und die Frisur aus großen Locken, die am Hinterkopf zusammengefasst sind,[1211] ist indes wenig weiterführend. Zwar gelten große Augen mit betonten Überbrauenwülsten und lange Nasen teils als authentische äußere Kennzeichen der Ptolemäer,[1212] doch ist dagegen einzuwenden, dass von einem Porträtwert nicht wirklich die Rede sein kann. Bei diesen Determinativen handelt es sich vielmehr um Symbole für Tugenden, die auch zum Alexanderporträt gehörten; so standen massive Brauenpartien und ausgeprägte Nasen für das Tapfer-

---

1205 Vgl. Forrer (1969), 5-6; Lund (1992), 132; Koch (1924), 80; Kahrstedt (1910), 266.

1206 Vgl. Koch (1924), 80; Kahrstedt (1910), 266; Brunelle (1976), 12-13. Zweifelnd: Longega (1968), 31.

1207 Vgl. Elliger (1985), 109-110; Pfrommer (1998a), 59; Forrer (1969), 5; Kyrieleis (1975), 80; Parente (2002), 266; Thompson (1973), 82; dies. (1955), 203; Préaux (1978), I, 286, die jene Münzserie jedoch in Arsinoës Zeit als ptolemäische Königin setzt.

1208 Vgl. Kyrieleis (1975), 80: „*Noch weniger signifikant ist der Kopf auf einigen Prägungen von Ephesos-Arsinoe, der wahrscheinlich ein Bildnis der jungen Arsinoe ist. Die runden, verallgemeinernden Formen dieses Kopfes lassen keine persönlichen Züge erkennen*". Siehe allgemein Dillon (2007), 63.

1209 Vgl. Hinks (1928), 242; Krug (1992), 193; Schernig (2004), 452, Anm. 81; Kyrieleis (1975), 81.

1210 Vgl. Ashton (2001), 64; Krug (1992), 193; Kyrieleis (1975), 92; Thompson (1973), 84.

1211 Vgl. Quaegebeur (1989b), 47; Ashton (2001), 8; Parente (2002), 263-264; Schernig (2004), 445-446; Smith (1991), 208. Dagegen vgl. Bianchi (1989), 65-66; Taeger (1957), I, 293, Anm. 43. Zur Frisur vgl. Schernig (2004), 445, 452, Anm. 90; Svenson (1995), 82; Thompson (1973), 82; dies. (1955), 203; Kyrieleis (1975), 89.

1212 Vgl. Krug (1978), 10; Donderer (1988), 793.

keitsideal des leoninen Typus und sind in diesem Sinn zu deuten.[1213] Das große Auge deutet Strahlkraft, Weitsicht und göttliche Nähe an[1214] und ist als das feuchte, „schwimmende" Auge, das für Alexander überliefert ist,[1215] ein weiterer Code des leoninen Typus.[1216] Interessant ist, dass diese Codes nunmehr auch auf weibliche Angehörige eines Herrscherhauses übertragen werden konnten.

Insgesamt handelte es sich um ideologische Porträts, geformt nach Inhalten der Physiognomie, bei denen nicht das reale Erscheinungsbild, sondern die programmatische Aussage zählte, eben das Image. Wichtig war zudem, dass das Porträt der lysimacheischen Münzserie als Repräsentation der Stadt und/oder – indirekt über die Königin – des Königtums erkennbar war.

In Smyrna, von Lysimachos als Eurydikeia neu gegründet, wurden lokale Münzen geprägt, die auf dem Avers einen verschleierten Frauenkopf zeigen, der in seiner Unverbindlichkeit dem Bild der ephesischen Prägungen gleicht und die Namensgeberin für die Stadt, Lysimachos' Tochter Eurydike, darstellen soll.[1217] Auch hier sind eine gerade Nase, runde Wangen und ein vorstehendes Kinn zu sehen wie bei der Frau auf den Münzen aus Arsinoeia; von individuellen Charakteristika ist daher nicht auszugehen.

Analog wird angenommen, dass auf dem Avers von Lysimachos' Bronzeprägungen in seiner Residenzstadt Lysimacheia er selbst dargestellt ist.[1218] Zu sehen ist ein Mann mit Diadem, leoniner Lockenpracht – physiognomischer Code für Tapferkeit – und den riesigen Augen, ikonographisch insgesamt dem Alexanderporträt auf seinen Tetradrachmen recht ähnlich. Das Revers dieser Serie zeigt einen springenden Löwen und rekurriert auf Lysimachos' Selbstdarstellung als Löwenjäger.[1219] Anscheinend hatte es System in seinem Reich, dass auf den Kleinmünzen seiner

---

1213 Ps-Aristot. 809 B. Vgl. Kiilerich (1997²), 87; Garland (1995), 90; Kaiser-Reiss (1984), 36.

1214 Vgl. Brunelle (1976), 15; Kyrieleis (1975), 163.

1215 Plut. Alex. 4,1; mor. 335 B. Vgl. Lauter (1987), 731; Pfrommer (1998b), 34; Kiilerich (1988), 60; Stewart (2003), 33; Ameling (1988), 670; Schwarzenberg (1975), 228.

1216 Ps-Aristot. 807 B; 809 B; 812 B. Vgl. Kiilerich (1997²), 88.

1217 Vgl. Forrer (1969), Nr. 166; Lund (1992), 194; Brunelle (1976), 13; Kahrstedt (1910) 266, Anm. 2.

1218 Vgl. Geyer (1928), 28; Leschhorn (1984), 257; Brendel, O. (1928): Ein Bildnis des Königs Lysimachos von Thrakien, Antike 4, 314-324.

1219 Curt. 8,1,13-17; Plut. Demetr. 27,3; Just. 15,3,3-9. Vgl. Heckel (2009), 153-154; Seyer (2007), 106; Briant (1991), 222-223.

Neugründungen als Aversbild der Kopf des Namensgebers oder die Namensgeberin der Stadt erschien.

Keine Einigkeit besteht darüber, ob die Legende der ephesischen Münzen die Königin oder die Stadt beziehungsweise in kalkulierter Ambivalenz beides bezeichnet.[1220] Da Arsinoë nicht als Münzherrin auftritt, das Prägerecht Lysimachos beziehungsweise der Stadt zukommt und auch nicht der Titel *basilissa* erscheint, bezieht sich die Legende eher auf die Stadt.[1221] Gleichzeitig ist der neue Stadtname insofern entscheidend, als durch ihn Arsinoës Bild wie das der Artemis für die Stadt stehen konnte. Somit ist das Münzbild als Folge der eponymen Gründung zu sehen. Das Bild konnte Arsinoë *und* Artemis darstellte, ohne dass es sich um ein Porträt *sub specie* handelte.[1222]

Ein Porträt Arsinoës auf einer Münze des Ptolemaios Keraunos?

Für Arsinoë als Frau von Ptolemaios Keraunos waren keine bildlichen Quellen bekannt gewesen, bis 2000 ein Hortfund aus dem heute türkischen Teil Thrakiens publiziert wurde.[1223] Darin befanden sich insgesamt 61 Kleinbronzen, die ihm von Melih Arslan und Ayça Özen in seiner kurzen Zeit als makedonischer König zugeschrieben werden. Sie teilen die Münzen in drei Gruppen: Die erste zeigt auf dem Avers einen lorbeerbekränzten Poseidonkopf mit Tänie, auf dem Revers einen Dreizack und die Legende ΠΤΟΛΕΜ (2 Exemplare),[1224] die zweite Gruppe einen lorbeerbekränzten Apollonkopf als Aversbild, ein Füllhorn und die Legende ΒΑΣ

1220 Vgl. Kahrstedt (1910), 266. Dagegen: Koch (1924), 80; Longega (1968), 31. Für eine Ambivalenz spricht sich Parente (2002), 265 aus.

1221 Vgl. Mørkholm (1991), 81; Parente (2002), 265; Habicht (1956), 40; Kahrstedt (1910), 267, 312: „*sie erscheint als Münztyp und nicht als mehr*". Der Titel *basilissa* fehlt. Vgl. Koch (1924), 86-88.

1222 Frdl. Hinweis durch Johannes Heinrichs. Die Deutung von Pfrommer (1998a), 59, diese Münzprägung habe Arsinoës Weg zu den Göttern geebnet, erschließt sich nicht, da sich schon generell die Frage stellt, warum ein Münzporträt eine solche Relevanz besitzen sollte. Die früheren Münzporträts lebender Personen wie der Satrapen in Kleinasien, Tissaphernes oder Pharnabazos, hatten mit Vergöttlichung nichts zu tun. Vgl. Weiser (1989), 267-296. Auf einer Serie von Elektron-Stateren aus Kyzikos (Typ Fr 199) soll zudem ein Porträt Philipps II. zu seinen Lebzeiten zu sehen sein. Vgl. Kaiser-Raiss (1984), 32-43. Zu erkennen ist der nach links gerichtete Kopf eines bärtigen älteren Mannes mit ausgeprägtem Brauenwulst, vollen Locken, die bis in den Nacken fallen, und einem Stirnband (Diadem?). Vgl. Weiser (1989), 295, m. Tf. 20, Abb. 45.

1223 Vgl. Arslan/Özen (2000), 59.

1224 Vgl. ebda.

ΠΤΟ auf dem Revers (2 Exemplare), die dritte umfangreichste Gruppe einen verschleierten, nach rechts gewandten Frauenkopf mit Diadem oder alternativ einem Ährenkranz auf dem Avers und die Legende ΒΑΣΙΛ ΠΤΟ oder ΒΑΣΙ ΠΤΟ mit einem nach links gewandten Adler mit geschlossenen Flügeln auf dem Revers (57 Exemplaren). Einige Münzen zeigen den Adler auf einem Blitzbündel, bei anderen ist es prägebedingt außerhalb von der Prägefläche geraten.[1225] Das Porträt der verschleierten Frau mit Diadem identifizieren Melih Arslan und Ayça Özen als Arsinoë zur Zeit ihrer Ehe mit Keraunos.[1226]

Von diesem Münztyp war bislang nur eine Kleinbronze aus der Sammlung Klein, die viele Rara und Unica umfasst, bekannt gewesen.[1227] Im Anschluss an Johannes Svoronos war sie Ptolemaios II. zugeschrieben worden, für eine Zeitspanne zwischen 277-270 v. Chr., zugeordnet einer unbestimmten kleinasiatischen Münzstätte.[1228] Der Hortfund bewirkte die geänderte Zuschreibung. Als äußerst problematisch erweist sich, dass keine gesicherten Auskünfte über Fundort und -umstände bekannt sind.[1229] Es konnten nur Teile des Horts in Ankara erworben und die Informationen zum Fundort nicht verifiziert werden. Gerade diese Kenntnis spielt aber bei der Zuweisung der Münzen, bei denen es sich nicht um Handels-, sondern offenbar um Lokalgeld handelt, eine erhebliche Rolle.[1230] Angesichts dieser Unsicherheit sind derzeit nur hypothetische Überlegungen möglich.

Handelt es sich um eine Prägung des Keraunos, so muss sie aufgrund der Legende, die den Münzherrn als *basileus* ausweist, nach seiner Akklamation im Herbst 281 v. Chr.[1231] und vor seinem Tod, nach Heinens

1225 Vgl. ebda., 60.

1226 Vgl. ebda.: „*In our opinion, the king named on these coins can be none other than Ptolemy Ceraunus ... If correctly identified, the coins of group III were minted in a brief period, perhaps less than a year, in 280-279 B.C.*".

1227 Vgl. Klein (1999), 95, Nr. 814.

1228 Vgl. Svoronos (1904-1908) 387, Taf. 11, 34: „Κεφαλὴ ὁμοία Ἀρσινόης".

1229 Vgl. Heinrichs (2004), 8: „*Unabdingbare Voraussetzung ... sind verlässliche Informationen über Ort und Umstände ihrer Auffindung. Zudem muss Vollständigkeit gewährleistet sein, zumal für Hort- und Siedlungsfunde. Andernfalls wird ihr wissenschaftlicher Wert erheblich eingeschränkt, und falsche Sicherheiten führen leicht zu falschen Einschätzungen.*"

1230 Vgl. Arslan/Özen (2000), 59.

1231 Vgl. Heinen (1972a), 54-63. Die Quellen differieren in den Angaben zu Keraunos' Regierungsjahren. Die makedonische und thessalische Königsliste nennen ein Jahr und fünf Monate, vom 4. Jahr der 125. Olympiade bis zum 5. Monat des 1. Jahres der 125. Olympiade (Porphyr FGrHist. 260, F 3,9. 31,2. Vgl. Euseb. Chron 1,235f.) Allerdings ist unklar, ob das athenische Archontenjahr oder das syromakedonische Jahr mit den unterschiedlichen Anfängen zugrunde liegt. Memnon FGrHist. 434, F 8,8 spricht von zwei Regierungsjahren, was passen

Chronologie im Februar 279 v. Chr., emittiert worden sein. Wenn das Münzbildnis Arsinoë zeigt, muss das Augenmerk auf das Diadem als eines datierungsrelevanten ikonographischen Codes gerichtet sein. Justin zufolge verlor sie es bei Lysimachos' Tod und bekam es erst bei ihrer Hochzeit mit Keraunos im Winter 281/80 v. Chr. zurück.[1232] Sollten Diadem und Schleier der Frau auf diese Hochzeit anspielen, ergibt sich eine Datierung anlässlich oder nach der Hochzeit. Da es sich bei dem Nominal um die übliche Söldnerwährung zu dieser Zeit handelte, kamen als Adressaten vielleicht Keraunos' von Lysimachos übernommene Truppen in Frage. Auch würde die Prägung Sinn ergeben, wenn sie in die Zeit vor seiner Akklamation gefallen wäre. Er hätte sich damit auf das Gedenken an Lysimachos bezogen und Arsinoë als dessen Königin abgebildet. Das Schleiermotiv wäre somit als Hinweis auf herrschaftliche Kontinuität zu verstehen.[1233]

In beiden Fällen ist die Ermordung von Arsinoës zwei jüngsten Söhnen und ihre Flucht im Winter 281/80 v. Chr. als Terminus ante quem zu betrachten. Eine Prägung, die auf Keraunos' Leitmotiv der Rache für Lysimachos Bezug nahm, musste danach obsolet werden.

Vielleicht kann man eine Analogie in einer Münzserie aus Herakleia am Pontos vermuten, folgt man Stanley Bursteins Deutung. Demnach ließ Lysimachos nach dem Tod seiner Frau Amastris, von der er sich getrennt hatte, eine Gedenkprägung emittieren, die auf dem Avers ihr Porträt zeigte. Damit habe er seiner Propaganda, ihren Tod mit der Übernahme Herakleias rächen zu wollen,[1234] bildhaft Ausdruck verleihen wollen.[1235] In

würde, wenn er die sieben Monate zwischen der Schlacht bei Kurupedion und dem Tod des Seleukos, die Justin angibt (17,2,4), hinzurechnet. Zu Keraunos' Tod vgl. Plut. Pyrrh. 22,1. Es ist indes unsicher, ob Memnon ganze Jahre meinte. In jedem Fall war Keraunos ab der letzten Jahreshälfte von 281 bis 280/79 v. Chr., also ein angebrochenes Jahr zusätzlich, an der Macht.

1232 Just. 24,3,2-3.

1233 Frdl. Hinweis durch Gerhard Wirth.

1234 Nachdem Amastris unter mysteriösen Umständen um 285 v. Chr. gestorben war, bezichtigte die Bevölkerung ihre unbeliebten Söhne des Mordes. Lysimachos profitierte von der Situation in Herakleia, erklärte sich zu ihrem Rächer, ließ ihre Söhne hinrichten und übernahm die Kontrolle: Just. 16,3,2-3; Trog. Prol. 16; Memnon, FGrHist. 434 F 5,2-3. Die Demokratie, die danach eingerichtet wurde, war wohl von ihm abhängig und primär ein Schauelement. Vgl. Lund (1992), 98, 105; Burstein (1976), 85; Mamroth (1949), 86.

1235 Vgl. Burstein (1976), 143, Anm. 43; Mamroth (1949), 81-86; LeRider/Callataÿ (2006), 54, Anm. 3. Eine Serie von Kupfermünzen zeigt ein Haupt mit einer phrygischer Kopfbedeckung und üppigem Haar, auf dem Revers ein Tropaion aus Panzer, Helm, Schild und Lanze. Unterhalb des Baumstamms lehnt ein Gegenstand, der einer Beinschiene ähnelt. Mamroth zieht einen Vergleich zu dem

diese Tradition könnte sich Keraunos, der auch das Rachemotiv instrumentalisierte, mit seiner Münzserie gestellt haben. Die Anknüpfung an den Vorgänger konnte helfen, den Kontinuitätsbruch zu überdecken.

Betrachtet man die Ikonographie der Frauendarstellung, fällt auf, dass der Schleier in Tragform und Gestaltung nicht dem Schleier auf Arsinoës Porträt der Ephesosmünze, sondern den ptolemäischen Einzelprägungen gleicht, bei denen auch das Diadem stets zu ihren Attributen gehört. Das Revers zeigt das ptolemäische Standardmotiv: den Zeusadler mit Blitzbündel, der bei den Ptolemäern Variationen in der Feinheit der Darstellung des Gefieders, der Wendung von Körper und Kopf, der Flügelhaltung und der Anzahl – einfacher oder doppelter Adler – aufweist.[1236] Die Legende ist nach ptolemäischem Muster in das Rund der Münze eingepasst – im Unterschied beispielsweise zu den seleukidischen Münzen, bei denen sie gerade verläuft.[1237] Zu fragen ist, ob Keraunos auf die Zugehörigkeit Arsinoës und seiner Person zur ptolemäischen Dynastie verweisen wollte und sich davon erhoffte, die Akzeptanz der Makedonen zu gewinnen.[1238] Justin bezeugt, dass er sich als Legitimationsfaktor auf seine königliche Herkunft von Ptolemaios I. berief.[1239] Vielleicht erhoffte er sich auch Hilfe aus Ägypten bei der Abwehr der keltischen Bedrohung.[1240] Der Adler auf dem Blitzbündel stand überdies durchaus in argeadischer Tradition und war schon bei seltenen Silberprägungen und Bronzemünzen Alexanders als Motiv verwendet worden.[1241]

Tropaion auf den Stateren des Dionysios von Herakleia, Amastris' zweitem Mann, die Herakles bei der Errichtung eines Tropaion darstellten. Auf dem Avers sei ein Porträt der Amastris selbst zu sehen, deren phrygische Mütze auf ihre persische Herkunft als Nichte Dareios' III. hingedeutet habe. Siehe ferner Callataÿ, F. de (2004): Le premier monnayage en argent de la cité d'Amastris (Paphlagonie), RSN 83, 57-80.

1236 Vgl. LeRider/Callataÿ (2006), 51; Blasius (2006a), 4; Kroll (2007), 116; Mørkholm (1980), 153: „*the Ptolemaic eagle is always depicted standing on a thunderbolt*".

1237 Vgl. Meyer (1992/93), 119.

1238 Das meinen Arslan/Özen (2000), 61: „*If these coins are correctly attributed to Ptolemy Ceraunus, this scion of the Ptolemaic house might have emphasized his dynastic credentials by imitating the coinage of Egypt*".

1239 Just. 17,2,6.

1240 Schriftl. Hinweis durch Gerhard Wirth.

1241 Vgl. Troxell (1997), Pl. 7-9; Price (1991), I, 88, 103-105; II, Pl. 143, Pl. 144; ders. (1997²): Alexander's policy on coinage, in: Carlsen, J. u.a. (Hg.), Alexander the Great. Reality and myth, Rom, 171-176, hier 172, Fig. 3. Es konnten Adler auf dem Blitzbündel oder auf einer Keule oder einer Fackel sein beziehungsweise zwei Adler auf Blitzbündeln, einander gegenübersitzend. Price geht davon aus, dass sie nur unter Alexander in Pella, Amphipolis und Aigai geprägt worden und typisch makedonischen Charakters seien.

Irritierend wirkt das Füllhorn der zweiten Münzgruppe. Das Symbol erscheint in der ptolemäischen Ikonographie erstmals unter Ptolemaios II., in Gestalt eines Doppelfüllhorns, das er als typisches Attribut für Arsinoë entworfen haben soll.[1242] Es taucht in seiner *pompe*, auf Münzen und in der Plastik auf. Vor der Geschwisterehe ist kein Füllhorn für sie belegt. Während das Doppelfüllhorn ihr charakteristisches Attribut blieb, war ihren Nachfolgerinnen das einfache Füllhorn vorbehalten, das aber auch die ptolemäischen Könige adaptieren konnten.[1243]

Neben diesem ikonographischen Aspekt gibt die kurze Zeitspanne, in der es Sinn für Keraunos ergeben hätte, ein Porträt seiner Halbschwester auf den Avers zu setzen, Anlass zu Zweifeln. Die alte Zuschreibung an Ptolemaios II. wirkt plausibler.

Als weitere Alternative kommt Ptolemaios III. als Prägeherr in Frage. Ein Poseidonattribut, wie auf der ersten Serie zu sehen, ist von einem Münzbild mit seinem Porträt bekannt: dem Avers der Gedenkprägung von Ptolemaios IV., das Ptolemaios III. mit Dreizackszepter zeigt.[1244] Auf dem Revers erscheint zudem das Füllhorn, umgeben von einem Strahlenkranz.[1245] Ein weiterer Hinweis auf Ptolemaios III. wäre die ährenbekränzte, verschleierte Frauenbüste auf dem Avers von Gruppe drei, die Melih Arslan und Ayça Özen als Demeter identifizieren. Während für Arsinoë II. archäologisch keine Darstellung als Demeter gesichert ist und die Ähre im griechischen Kontext nicht zu ihren ikonographischen Attributen gehört,[1246] liegt der Fall bei Berenike II. anders. Auf dem Revers der postumen Gedenkprägungen mit ihrem Porträt, die ihr Sohn Ptolemaios IV. prägen ließ, ist ein Füllhorn mit Getreideähren zu sehen.[1247] Insofern

1242 Athen. 11,497 B-C.

1243 Vgl. Schwentzel (2000), 102-103. Für Ptolemaios III. oder Ptolemaios IV. vgl. Ashton (2001), 10. Vielleicht auch postum für Ptolemaios I. vgl. Kosmetatou (2004b), 243.

1244 Vgl. Reden (2007a), 55. Entsprechend soll Berenike II. als Seeherrscherin porträtiert worden sein, vgl. Schmitt (2005³h), 887; Andreae (2003), 33-36; Koenen (1993), 27; Pfrommer (2002), 89; Grimm (1981), 21.

1245 Vgl. Noeske (2000), Nr. 137.

1246 Sie taucht nur im ägyptischen Kontext auf der Mendesstele auf. Vgl. Minas (1998), 50-53. Im ägyptischen Kult wurden auch ihrer verstorbenen kleinen Tochter Berenike jährlich die ersten reifen Kornähren dargebracht, und die Kronen ihrer Kultstatuen waren mit zwei Ähren versehen (Kanoposdekret, 72-73). Im griechischen Kontext ist höchstens auf die Benennung einer Straße in Alexandria als Arsinoë Eleusinia hinzuweisen, vgl. Plantzos (1991/92), 127, Anm. 48; Thompson (1973), 59.

1247 Vgl. Meyer (1992/93), 129, Anm. 37. Vielleicht kommt als Prägeherr aus diesem Grund sogar Ptolemaios IV. in Frage.

könnte das Frauenporträt auf dem Avers der dritten Münzgruppe Berenike II. als Demeter darstellen. Sicherheit besteht indes nicht.

Das ptolemäische Doppelporträt auf Münzen

Das neue Repräsentationskonzept Ptolemaios' II. sah eine Dualität an der Spitze vor; König und Königin erschienen gemeinsam.[1248] Um diese Doppelung auch über das Medium der Münzen zu vermitteln, wurde eine neue bildsprachliche Ausdrucksform gefunden: das Doppelporträt auf Münzen.

Den Prototyp stellt eine in Alexandria geprägte Serie goldener Mnaieia dar,[1249] auf der sich die erste Ptolemäergeneration mit der zweiten zu einer Einheit verband.[1250] Der Avers zeigt Ptolemaios II. und Arsinoë II. mit der Legende ΑΔΕΛΦΩΝ, der Revers Ptolemaios I. Soter und Berenike I., deren göttlicher Stand durch die Legende ΘΕΩΝ hervorgehoben ist.[1251] Die Legenden fügen sich sinnbildlich zu ΘΕΩΝ ΑΔΕΛΦΩΝ zusammen:[1252] Die Kinder der rettenden Götter sind ebenfalls Götter. Wer sich mit griechischer literarischer Tradition auskannte, musste erkennen, dass sie damit weit über anderen Mitgliedern des Hauses standen, die nicht die Göttin Berenike zur Mutter hatten. So findet die Vorstellung, dass Kinder einer Göttin höher standen als die einer sterblichen Mutter, schon im Epos Ausdruck. In der *Ilias* macht Hera deutlich, dass Achilles mit seiner *time* nicht Hektor gleichgestellt sein dürfe, weil Achilles der Sohn einer Göttin und Hektor der Sohn einer Sterblichen sei. Zeus bestätigt dies.[1253] Da die Epen in Makedonien zum Kulturgut gehörten und die mythische Dichtergestalt Homers am Hof von Alexandria besonders verehrt wurde, ist davon auszugehen, dass zumindest die gebildete Führungsschicht im Bild war.

1248 Vgl. Burton (1995), 4; Schwarzenberg (1975), 265; Kyrieleis (1975), 155; Schwentzel (1998), 109.

1249 P. Cairo Zenon 59021, 59022. Vgl. Kroll (2007), 117. Meist als Doppeloktodrachmen bezeichnet.

1250 Vgl. Howgego (2000), 74-75; Svoronos (1904-1908), 603, 618. Möbius (1964), 24 sieht auch im Doppeladler auf dem Revers von Bronzeprägungen Ptolemaios' II. das Symbol der *theoi adelphoi*. Vgl. Noeske (2000), Nr. 65, 66.

1251 Vgl. Reden (2007a), 50-51; Hazzard (1995), 3.

1252 Vgl. Brunelle (1976), 11; Johnson (1999), 53; Hazzard (1995), 3. Dagegen vgl. Taeger (1957), I, 292. Seltene Oktodrachmen zeigen die Legende ΘΕΩΝ ΑΔΕΛΦΩΝ über dem Doppelbildnis des Geschwisterpaars, vgl. Kyrieleis (1975), 17.

1253 Il. 24,57-60. 66.

Wann die Münzserie geprägt wurde, ist umstritten. Ein wichtiger Anhaltspunkt ist das hohe Nominal, das verrät, dass die Münzen kaum für den Umlauf gedacht waren. Mnaieia gelangten nur in die Hände der höchsten höfischen Kreise und besaßen Memorialfunktion. Daher waren sie wohl als Ehrengeschenke gedacht, die zu einem besonderen Anlass an verdiente Personen vergeben und von ihnen aufbewahrt werden sollten.[1254] Die Prägung von Goldtetradrachmen, Golddidrachmen und Golddrachmen jenes Bildtyps zeigt, dass aber auch eine Verbreitung in weiteren Kreisen zumindest der Führungsschicht intendiert war.[1255] Es wird vermutet, dass entweder die Hochzeit der Geschwister (zwischen 279/78 und 274 v. Chr.)[1256] oder ihre Apotheose als *theoi adelphoi* (272/71 v. Chr.) Anlass der Prägung gewesen war.[1257]

Im Vordergrund des gestaffelten Doppelporträts auf dem Avers ist Ptolemaios II. mit leoniner Lockenpracht, Diadem und Chlamys zu sehen,[1258] dem traditionellen makedonischen Kurzmantel mit rundem Saum, der um die Schultern getragen und an der rechten Seite befestigt wurde,[1259] und bei makedonischen Adligen und Argeaden purpurn gewesen war.[1260] Wie die anderen hellenistischen Herrscher übernahm Ptolemaios die Chlamys,[1261] die seine makedonischen Wurzeln und die ideelle Ansippung an die Argeaden betonte und auch in den Gründungsmythen Alexandrias vorkommt, da der von Alexander entworfene Stadtgrundriss chlamysförmig gewesen sein soll.[1262]

1254 Vgl. Schmitt (2005³h), 879.

1255 Vgl. Noeske (2000), 50, Nr. 38; Hazzard (1995), 3, 76; Reden (2007a), 50. Zu den Tetradrachmen vgl. Svoronos (1904-1908), 618.

1256 Vgl. Brunelle (1976), 12; Koch (1924), 83.

1257 Vgl. Hazzard (1995), 3. Kyrieleis (1975), 154 hält auch ein Fest wie die Ptolemaia für einen möglichen Anlass. Für einen Zeitpunkt nach Arsinoës Tod argumentieren Pfrommer (2002), 32; Kroll (2007), 117; Troxell (1983), 60.

1258 Vgl. Stewart (1993), 243; Brown (1995), 29-30; Mørkholm (1991), 66; Kyrieleis (1975), 148.

1259 Plut. Pyrrh. 34,8. Vgl. Hurschmann (1997), 1133; Messerschmidt (1999), 72; Saatsoglou-Paliadeli (1993) 143-145; Neuffer (1929), 22; Fredricksmeyer (1986), 224. Die makedonische Form des Mantels unterschied sich von der griechischen Chlamys durch den abgerundetem Saum und die kürzeren Schmalseiten. Vgl. Janssen (2007), 38.

1260 Athen. 12,537 E; Plut. Ant. 54,8; Pyrrh. 34,8. Vgl. Blum (1998), 209; Neuffer (1929) 30; Fredricksmeyer (1986), 224-225.

1261 Sie trugen Chlamys zusammen mit der *kausia* und den *krepides*, halbhohen Schnürsandalen. Vgl. Janssen (2007), 38.

1262 Plin. n.h. 5,62; Plut. Alex. 26,5; Strab. 17,1,8; Diod. 17,52,3. Vgl. Schwarzenberg (1975), 234; Grimm (1978), 103; Neuffer (1929), 22; Miller (1995), 460; Zimmermann (2002), 23-40; Svenson (1995), 5-6; Stewart (1993), 238.

Hinter Ptolemaios II. erscheint Arsinoë II. mit Diadem und Schleier. Im Rücken von Ptolemaios II. ist ein Ovalschild im Hintergrund zu sehen, dessen Bedeutung umstritten ist.[1263] Teils wird er als Galaterschild betrachtet,[1264] der auf seinen Sieg gegen die meuternden keltischen Söldner 275 v. Chr. anspielte, die er für die Verteidigung gegen Magas anheuert hatte.[1265] Da ein Galatersieg für das militärische Prestige eines hellenistischen Herrschers viel zählte, habe Ptolemaios II. ihn im Rahmen seiner Selbstinszenierung als exzellenter Krieger funktionalisiert.[1266] Die Gegenthese lautet, der Schild verweise auf den in der *Suda* erwähnten Gründungsmythos des Ptolemäerhauses, nach dem der kleine Ptolemaios als angeblich illegitimes Kind Philipps II. von seinem „Stiefvater" Lagos auf einem Schild ausgesetzt wurde, bevor ihn der Zeusadler umhegte.[1267] Die mehrschichtige Selbstdarstellung der Ptolemäer lässt es durchaus möglich erscheinen, dass der Schild auf beide Lesarten hin ausgerichtet war.

Auf dem Revers ist analog Ptolemaios I. mit Lockenfülle, Diadem und Chlamys zu sehen, hinter ihm Berenike I. mit Diadem und Schleier.[1268] Ein Vorbild für die Darstellung des verstorbenen Königs lag vor:[1269] Ptolemaios I. hatte als erster der Diadochen nach der Diademannahme sein Porträt auf den Avers seiner Münzen gesetzt,[1270] das bis zum Ende des Ptolemäerreichs das typische Aversbild der Silberprägung blieb.[1271] Unter Ptolemaios II. wurde die Legende ΒΑΣΙΛΕΩΣ ΠΤΟΛΕΜΑΙΟΥ in ΣΩΤΠΡΩΣ ΠΤΟΛΕΜΑΙΟΥ umgewandelt.[1272]

1263 Überblick bei Schmidt-Dounas (2000), 299-306.

1264 Vgl. Schmidt-Dounas (2000), 299-306; Koehn (2007), 117-119.

1265 Kallim. Hymn. 4,171-187; Paus. 1,7,2. Vgl. Strobel (1991), 109; Grainger (2002), 7; Lelli (2005), 215-216.

1266 Vgl. Koehn (2007), 117-119.

1267 Suda s.v. Λάγος.

1268 Kyrieleis (1975), 6 deutet dieses Fehlen als eine Angleichung des Ptolemaios I. an Sarapis und damit an den verstorbenen Osiris: „*Möglicherweise bezeichnen Chiton und Mantel also den verstorbenen … Osiris gewordenen König, im Gegensatz zu dem Bild des Nachfolgers auf der Vorderseite, der die Chlamys des regierenden Herrschers trägt*". Da sich die Münzen primär an ein makedonisch-griechisches Publikum richteten, ist dies jedoch unwahrscheinlich.

1269 Vgl. Newell (1937), 102.

1270 Vgl. Mørkholm (1991), 64-65; Hazzard (1995), 1; Klose/Overbeck (1989), 4. Zu seinen Prägestätten des Ptolemaios vgl. Newell (1937), 31.

1271 Vgl. Hazzard (1995), 1; Klose/Overbeck (1989), 4; Richter (1984), 230. Zu Problemen der Datierung vgl. Overbeck (1998), 185; Rodriguez (2000), 30; Kyrieleis (1975), 20; Gruen (1996), 123; Denkler (1982), 11.

1272 Vgl. LeRider/Callataÿ (2006), 51.

Das Porträt zeigt das Profil eines Mannes mit wilden Locken, einem betonten Überbrauenwulst, hervortretendem Auge, starker Adlernase und markantem Kinn. Diese Codes kennzeichnen Charaktereigenschaften und stehen für den tapferen, siegreichen und energischen Kämpfer. Die vorherrschende These, dass Ptolemaios I. seine authentischen Gesichtszüge mit Elementen der argeadischen Ikonographie kombiniert habe,[1273] was besonders anhand der Verbindung von Altersspuren mit der von Alexander übernommenen jugendlichen Bartlosigkeit[1274] ersichtlich sei, ist kritisch zu sehen.[1275] Um Authentizität ging es nicht, vielmehr darum, die Codes der Exzellenz zu kombinieren und das Porträt trotzdem anders zu gestalten als das vorangegangene Alexanderporträt.

Als Attribute trug Ptolemaios I. nur das herrschaftliche Diadem und die Ägis.[1276] Diese Zurückhaltung bezüglich der Symbole entsprach seinem Image als bescheidener, im Lebensstil schlichter, zugänglicher, kriegstüchtiger und gegenüber den makedonischen Sitten treuer Herrscher.[1277] Diese Selbstdarstellung war an den makedonischen „Philippmythos" angelehnt, der sich in den Kreisen der makedonischen Adelsopposition

---

1273 Vgl. Dickins (1914), 293; Ellis (2002²), 58; Brunelle (1976), 11, 15; Heinen (1978), 180; Newell (1937), 31; Hazzard (1995), 24; Mørkholm (1991), 65: „*In contrast to the highly idealized portraits of Alexander the Great, this head shows an astonishing degree of realism*".

1274 Athen. 13,565 A; Plut. mor. 180 B; Polyain. 4,3,2. Vgl. Osborne (1998), 25; Stewart (1993), 74-75; Krug (1978), 13; Ameling (1988), 670. Zu einem Beispiel aus der achaimenidischen Numismatik für Bartlosigkeit als Symbol von Jugend vgl. Weiser (1989), 267-296.

1275 Vgl. Klose (1992), 26: „*Die zeitgenössischen Münzporträts des Ptolemaios sind ... jedoch nicht wirklich realistisch … Pathetische Kopfhaltung und bewegte Haare sollen Ptolemaios als göttlich inspirierten Retter, Soter, herausheben*". Ebenso Fleischer: (1996), 30-31, 39; Thompson (1973), 78; Brown (1995), 16; Kyrieleis (1975), 4-6.

1276 Vgl. Mørkholm (1991), 66; Chauveau (2000), 35; Stewart (1993), 243; Brown (1995), 29-30; Neuffer (1929), 22. Herklotz (2000), 44 zufolge habe sich Ptolemaios I. durch die Übernahme der Alexanderattribute an verschiedene Götter angleichen lassen. Dagegen ist einzuwenden, dass das einzige göttliche Attribut die Ägis ist.

1277 Plut. mor. 181 F; Diod. 18,28,5-6; Ael. v.h. 13,13; Paus. 6,3,1; Curt. 9,8,23-24: „*promptissimusque bellator et pacis artibus quam militiae maior et clarior; modico civilique cultu, liberalis imprimis aditu que facili, nihil ex fastu regiae assumpserat.*" „*ein äußerst tüchtiger Krieger, der aber noch größer und exzellenter in den Künsten des Friedens als des Militärischen war, von bescheidener, gesetzter Art, ausnehmend freigiebig, leicht zugänglich und er hatte nichts von dem Hochmut der königlichen Umgebung angenommen*". Vgl. Hazzard (1995), 1. Die These, Ptolemaios habe gleichsam widerwillig bis gleichgültig das Diadem angenommen (Minas (2000), 182), resultiert aus seinem Image und belegt dessen Wirksamkeit, ist aber unglaubwürdig.

gegen Alexanders Persienpolitik entwickelt und ihn als Tyrann, Philipp als positives Gegenbild des *primus inter pares* propagiert hatte.[1278]

Charakteristisch für die Darstellung hellenistischer Herrscher ist die Kombination aus Götterattributen und Herrschaftszeichen. So war das Diadem Signum der makedonischen Herrscherwürde, das ihn von seinen adligen Gefolgsleuten unterschieden hatte, die traditionell – vor Alexanders neuem Herrschaftskonzept – die gleiche Kleidung wie er getragen hatten.[1279] Für die Diadochen ist bezeugt, dass das Diadem entweder auf dem bloßen Haupt oder über der *kausia*[1280] – dem als typisch makedonisch geltenden breitkrempigen Sonnenhut,[1281] der allerdings bezüglich Funktion, Etymologie, Form, Material, Ursprung und Zeitpunkt der Einführung in Makedonien umstritten ist –[1282] getragen wurde.[1283] Das Diadem wurde am Hinterkopf zusammengeknotet, so dass die Bänder in den Nacken fielen.[1284] Die These, erst Alexander habe das Diadem nach der Eroberung des Perserreichs aus dem Ornat des Großkönigs entlehnt,[1285] gilt als überholt,[1286] abgesehen davon, dass das Diadem gar nicht das persische Kö-

1278 Vgl. Müller, S. (2009): In the shadow of his father. Alexander, Hermolaus, and Philip, in: Carney, E.D./Ogden, D. (Hg.), Philip, Alexander and *dunasteia*, Oxford (i.D.). Siehe Curt. 8,7,13; Arr. an. 7,8,3; 4,9,9 ; Plut. Demetr. 42,3.

1279 Curt. 10,6,4. 8,20; Arr. an. 7,22,4; Plut. Kleom. 16,7; Aem. Paul. 23,3; 33,5; Just. 12,3,8; 28,3,12; Polyb. 10,26,1. Diod. 17,77,5; Luk. Phars. 5,60; Herod. 1,3,1-3; Ps-Kall. 2,7,6; Polyain. 4,8,2. Zur Formel „*Diadem und Purpur*" als Zeichen des makedonischen Herrschers: Arr. an. 7,9,9.

1280 Athen. 12,537 E-F. 335 F-336 A; Plut. Ant. 54, 8; Alex. 54,5-6; Eum. 6,1-2; 8,5-6; mor. 760 A; Polyain. 5,44,5.

1281 Vgl. Janssen (2007), 39; Fredricksmeyer (1986), 215-227; Heinrichs/Müller (2008), 302-304.

1282 Überblick bei Janssen (2007), 16. Vgl. Hurschmann (1999), 369. Archäologisch ist die *kausia* erst für das letzte Drittel des 4. Jhs. v. Chr. gesichert nachweisbar, literarisch erstmals für 336/35 v. Chr. (Polyain. 5,44,5). Unsicher ist, ob der Begriff „*yauna takabara*", „Griechen mit Schild auf dem Kopf", in achaimenidischen Inschriften (DNa 29; DSm 10f.) die Makedonen mit der *kausia* bezeichnet (vgl. Heinrichs/Müller (2008), 304). Dafür argumentieren Heinrichs (1987), 521; Zahrnt (1992), 247; Rosen (1978), 6-7.

1283 Diod. 17,77,5. 116,3; Just. 12,3,8; Curt. 6,6,4.

1284 Vgl. Krug (1992), 194.

1285 Vgl. Seibert (2006), 111; Kingsley (1984), 67; Neuffer (1929), 35; Ritter (1965), 31-55; Mehl (2000), 36; Lehmann (1980), 529; Stewart (1993), 91; Rice (1983) (1983), 105; Thompson (1973), 28; Krug (1992), 194; Hurschmann, R. (1997): Diadema, DNP 3, 498-499; Blum (1998), 192-195. Basierend auf: Plut. mor. 329 F-330 A; Diod. 17,77,5; Athen. 12, 535 F; Curt. 6,6,7-8; Just. 12,3,8-10; Lukian dial. mort. 12,4,397; Arr. an. 4,7,4-5.

1286 Vgl. Smith (1991), 20; Müller (2006a), 275, m. Anm. 14; Kaiser-Raiss (1984), 38-39; Müller (1973), 90; Fredricksmeyer (1981), 332. Numismatische und archäo-

nigszeichen war, sondern die *tiara orthé*.[1287] Während die schriftlichen Quellen von einem Stoffdiadem berichten, das entweder weiß-purpurn,[1288] golddurchwirkt oder einfarbig weiß war,[1289] fand man im Herrschergrab von Vergina ein verstellbares Diadem aus vergoldetem Silber mit ziseliertem Knoten und Bänderfluss.[1290] Wahrscheinlich war das Stoffexemplar für den täglichen Gebrauch und das silberne Diadem für zeremonielle Anlässe und militärische Festparaden bestimmt.[1291]

Das Götterattribut auf dem Porträt Ptolemaios' I., die Ägis, stand für seine besondere Nahbeziehung zum „ägistragenden" Zeus,[1292] von dem die Königsherrschaft ausging und dessen Gunst *conditio sine qua non* für

---

logische Untersuchungen haben zu einer früheren Datierung geführt. Vgl. Hammond (1982), 117 (seit Alexander I.); Fredricksmeyer (1997), 99; ders. (1981), 332; ders. (1983), 99-100 (schon unter den frühen Argeaden ein traditionelles Adelszeichen, das Alexander nach der Eroberung Persiens zum speziellen Herrschaftszeichen mit dionysischer Symbolik umgewandelt habe); Prestigianni Giallombardo (1986), 505 (seit ca. 400 v. Chr.). Just. 12,3,8-10 ist die einzige Quelle, die sich gegen eine Tradition des Diadems vor Alexander ausspricht: „*diadema insolitum antea regibus macedonicis*", „*zuvor war das Diadem für die makedonischen Könige unüblich gewesen*". Diese Passage ist kritisch zu betrachten, da Justin die Diademannahme in den Kontext von Alexanders Degeneration durch die Übernahme persischer Sitten setzt und auf die unhistorische Episode der sexuellen Begegnung mit der Amazonenkönigin Thalestris folgen lässt.

1287 Xen. Kyr. 8,3,13; an. 2,5,23; Aristoph. Av. 486-487; Suda s.v. τιάρα; Aischyl. Pers. 661-662; Arr. an. 3,25,3; Strab. 11,13,9. Eine „normale" Tiara durften auch die persischen Adligen tragen (Strab. 15,3,15; Hdt. 7,61,1). Vgl. Neuffer (1929), 33-34; Fredricksmeyer (1997), 100; Blum (1998), 195; Goldman (1993), 52-57. Bei der *tiara orthé* handelte es sich um eine Reminiszenz an die persischen Nomadenzeiten: eine Mütze, deren Ohrenzipfel hochgebunden wurden (vgl. Goldman (1993), 52-57; Walser (1965), 8-9) und die für den König bezüglich ihrer Materialien und Gestaltung raffiniert worden war. Die Zipfel der *tiara* der Satrapen waren hinter dem Kopf zusammengebunden. Vgl. Weisser, B. (2006): Herrscherbild und Münzporträts in Kleinasien, in: Historisches Museum der Pfalz Speyer (Hg.), Das Persische Weltreich. Pracht und Prunk der Großkönige, Speyer, 70-85. Nur Lukian dial. mort. 12,3,396-397 bezeugt die *tiara orthé* für Alexander. Zur Kidaris: Curt. 3,3,19; Arr. an. 4,7,4; Plut. Artax. 26. Vgl. Weiser (1989), 270, m. Anm. 18; Seibert (2006), 114.

1288 Curt. 6,6,4.

1289 then. 12,535 F. Vgl. Krug (1992), 194; Blum (1998), 214.

1290 Vgl. Prestigianni Giallombardo (1986), 499-500; Borza (1987), 115; Higgins (1982), 142; Lehmann (1980), 528-529; Iliadou (1998), 70-71; Fredricksmeyer (1981), 332-333; Hammond (1982), 117.

1291 Vgl. Lehmann (1980), 527-531; Fredricksmeyer (1981), 332; Prestigianni Giallombardo (1986), 502: „*per le parate militari e le cerimonie, ufficiali o funerarie*"; LeBohec (1991), 24, 26; Higgins (1982), 142.

1292 Il. 17,593.

eine Thronbesteigung war.[1293] Die Symbolik ist jedoch noch komplexer; das Attribut wird wie die makedonische Chlamys um die Schultern getragen und mit einem Heraklesknoten gebunden.[1294] Diese spezielle Ägis sollte demnach nicht die eigene Göttlichkeit des Trägers implizieren, sondern an seine argeadisch-heraklidische Abstammung erinnern.[1295] Bei Ptolemaios' Ägis-Chlamys vermischen sich demnach Götter- und Herrschaftssymbolik zu einem sakral überhöhten Königszeichen.

Auf den Mnaieia mit den Doppelporträts fällt auf, dass die vier Gesichter einander angeglichen sind.[1296] Ein auffälliger Code für Familienähnlichkeit sind die hervortretenden, übergroßen, aufgerissenen Augen, wie sie auch bei dem Porträt des vergöttlichten Alexander auf den Münzen von Ptolemaios I. und Lysimachos und bei Ptolemaios' eigenem Münzporträt erscheinen. Dieses ikonographische Element wird häufig als authentisches Zeichen einer Erbkrankheit in der ptolemäischen Familie gedeutet; die Diagnose variiert zwischen Basedowscher Krankheit,[1297] Fettsucht oder Schilddrüsenerkrankung.[1298] Dabei werden jedoch weder

---

1293 Kall. Hymn. 1,79-80.

1294 Vgl. Kyrieleis (1975), 148. Ob zusätzlich ein Hinweis auf Athena gegeben ist, wie Stephens (2004a), 169 ausführt, ist eher fraglich, da Athena als eigenständige Reversfigur auf Ptolemaios' Prägungen präsent war.

1295 Diese Betonung war auch noch in der zweiten und dritten Generation der Ptolemäer Bestandteil der höfischen Kultur und monarchischen Inszenierung: Poseidipp. Ep. 88 A.-B (= col. XIII 35-14,1); IG IX 1,1², 56. Vgl. Bingen (2002), 57; Bennett (2002), 141; Huß (1975), 312; Buraselis (2005), 99; Kosmetatou (2004c), 16-29. Daher erschließt sich die These von Reden (2007a), 39, die Ägis weise auf Amun hin, nicht.

1296 gl. Ashton (2001), 10; Kyrieleis (1975), 80; Plantzos (1991/92), 130; Gow (1952), 333; Stanwick (2002), 46; Johnson (1999), 53, Anm. 14; Burton (1995), 71. Zur konstatierten Ähnlichkeit mit Arsinoës Einzelmünzporträt vgl. Troxell (1983), 61; Krug (1992), 193. Overbeck (1998), 185 bringt eine moralische Wertung hinein, wenn er betont, dass nicht allein der Stil des Stempelschneiders für die Gleichartigkeit der Profile verantwortlich sei, sondern die *„enge – allzu enge – Verwandtschaft"*. Vgl. Weber (1993), 233-234. Bei den Seleukiden wurde das Einzelporträt des Kindkönigs Antiochos auf Silbermünzen seinem Vater Seleukos IV. angeglichen; auf dem Doppelporträt der Goldoktodrachmen näherte der Stempelschneider seine Mutter Laodike dem Sohn an. Vgl. Meyer (1992/93), 111.

1297 Vgl. Pfrommer (2002), 90. Dieser These nach habe entweder Alexander unter dieser Krankheit und ihren äußeren Symptomen gelitten, welche die Ptolemäer in ihrer Anlehnung an ihn nachgeahmt hätten, oder sie seien selbst davon gezeichnet gewesen.

1298 Vgl. Brunelle (1976), 15; Thompson (1973), 84. In eine ähnliche Richtung geht die These, das Münzporträt Ptolemaios' I. belege, dass er unter einer Deformierung der Gesichtsknochen durch eine Überproduktion von Wachstumshormonen gelitten habe, vgl. Coe, J.J. (1987): Disease as portrayed on ancient coins,

die antiken Bildgepflogenheiten noch die ideologischen Verschlüsselungen von Herrscherporträts berücksichtigt. Es ging nicht um eine Familienkrankheit, sondern um eine positive Eigenschaft, die der dargestellten Familie eigen war, ausgedrückt durch einen Code, der aus der peripatetischen Physiognomie abgeleitet war.[1299] Modellhaft war wie so oft die Ikonographie Alexanders, zu der die *hygrotes* und *diachusis*, der „schwimmende" Blick gehörte,[1300] den die hellenistischen Herrscher adaptierten.[1301] Schwimmende – im Sinne von feucht glänzende – Augen galten als physiognomisches Merkmal von Tapferkeit,[1302] strahlende, lichthelle Augen als Kennzeichen von Klugheit und Großherzigkeit,[1303] Codes des leoninen Typus.[1304] Die göttliche Kraft des strahlenden Blicks spiegelt sich auch in Hesiods *Theogonie* und in der *Ilias* wider, wenn Achilles sich vor dem intensiv strahlenden Auge der *thea glaukopis* Athene erschreckt.[1305] Die Darstellung von einem strahlenden, feucht schimmernden Auge ist indes auf Münzen schwierig; der Code wurde daher in der Bildsprache als riesiges Auge umgesetzt.[1306] Allgemein bezeichnet Übergröße in der Symbolsprache eine besondere Bedeutung und Kraft, ein übergroßes Auge eine allsehende Fähigkeit,[1307] „*l'omnipotence du regard divin*".[1308] Bereits auf Münzbildern aus der griechischen Archaik wurde das große Auge als Stilmittel verwendet; auf Porträts von Athena, Aphrodite oder Dionysos.[1309] Gemeint war damit ihr allsehender göttlicher Blick, von dem *charis* ausging.

SAN 17, 36-38; akzeptiert von Hazzard (1995), 24. Zur berechtigten Kritik an diesem Ansatz vgl. Clauss (1995), 19.

1299 Vgl. Garland (1995), 90; Kiilerich (1997^2), 87.

1300 Plut. Alex. 4,1; mor. 335 B. Vgl. Lauter (1987), 731; Pfrommer (1998b), 34; Kiilerich (1988), 60; Stewart (2003), 33; Ameling (1988), 670; Schwarzenberg (1975), 228.

1301 Vgl. Brunelle (1976), 15; Kyrieleis (1975), 163.

1302 Ps.-Aristot. Phys. 807 B, 809 B, 812 B. Vgl. Kiilerich (1988), 60.

1303 Vgl. Evans (1941), 98, 103, 105; Kiilerich (1997^2), 88.

1304 Ps-Aristot. Phys. 807 B; 809 B; 812 B.

1305 Hes. Theog. 573, 898, 924; Il. 1,199-200. 206. Vgl. Deonna (1965), 110.

1306 Vgl. Lauter (1987), 732. Bei den Alexanderporträts geschah dies vielleicht erst postum. Jedenfalls weist die römische Statuettenkopie des als zeitgenössisch geltenden Alexanderporträts der Granikosgruppe von Lysippos (nach der Zuschreibung von Giuliana Calcani) dieses Merkmal nicht auf.

1307 Vgl. Deonna (1965), 109.

1308 bda., 110.

1309 Frdl. Hinweis durch Johannes Heinrichs. Vgl. Stewart (2003), 33, m. Anm. 6; Kyrieleis (1975), 163 für spätklassische Münzen mit den Porträts von Hera, Zeus und Helios; Pfrommer (1998b), 34. Siehe auch Deonna (1965), 110-112, der auf die östlichen Ursprünge des Motivs hinweist.

Es handelt sich daher nicht um ein genuin und exklusiv ptolemäisches Zeichen. Daher ist auch die These, das hellenistische Gemälde, auf welches das Alexandermosaik aus der *Casa del Fauno* zurückgeht, sei in Alexandria entstanden, worauf das riesige Auge der Alexanderdarstellung verweise, problematisch.[1310] Gemäß *communis opinio* war das Original ein Gemälde des Philoxenos aus Eretria, das Kassander in Auftrag gegeben hatte.[1311] Da das codierte Bildmotiv des riesigen Auges erstens keine hellenistische Erfindung war und zweitens nicht nur im Ptolemäerreich, sondern auch auf Lysimachos' Prägungen auftaucht, spricht nichts dagegen, dass es auch bei einem Gemälde für Kassander zum Einsatz kam.

Die übergroßen Augen auf den Doppelporträts der ptolemäischen Mnaieia verwiesen in summa darauf, dass die zwei Paare gleichermaßen die in dem Bildcode implizierten Eigenschaften besaßen.

Der ptolemäischen Ideologie nach sollte die betonte Familienähnlichkeit für eine legitime Abstammung und identische Herrscherqualitäten garantieren. Entsprechend legt Theokritos in seinem *Enkomion* auf Ptolemaios II. dar:

> τῷ οὔπω τινὰ φαντὶ ἀδεῖν τόσον ἀνδρὶ γυναικῶν ὅσσον περ Πτολεμαῖος ἑὰν ἐφίλησεν ἄκοιτιν. ἦ μὰν ἀντεφιλεῖτο πολὺ πλέον. ὧδέ κε παισί θαρσήσας σφετέροισιν ἐπιτρέποι οἶκον ἅπαντα, ὁππότε κεν φιλέων βαίνῃ

1310 Vgl. Pfrommer (1998b), 35, 142, 206-214. Das Gemälde habe den deifizierten Alexander als siegreichen Pharao gezeigt und an ägyptische sowie makedonisch-griechische Lesegewohnheiten angeknüpft. Es sei in die Zeit der Kriege gegen die Seleukiden gefallen und habe die enge Zusammenarbeit von Alexander und Ptolemaios bei der Schlacht von Issos betont (indes ist unklar, welche Schlacht dargestellt ist, vgl. Hölscher (1981/83), 297). Dieser „*programmatische Ewigkeitswert*" (ebda., 208) habe den ptolemäischen Anspruch auf die Herrschaft über den Orient gerechtfertigt. Dagegen vgl. Hölscher (1973), 34, der das riesige Auge als Zeichen von Geschichtlichkeit interpretiert.

1311 Plin. n.h. 35,110: „*Philoxenum Eretrium, cuius tabula nullis postferenda, Cassandro regi picta, continuit Alexandri proelium cum Dario*". „*Philoxenos von Eretria, der für König Kassander ein Bild höchsten Ranges malte, das eine Schlacht zwischen Alexander und Dareios zeigte*". Vgl. Cohen (1997), 116; Borchhardt (2002), 122; Hölscher (1973), 170-171; ders. (1981/83), 297; Stewart (1993), 53, 132, 148-149; Badian (1999), 78-84; Goldman (1993), 59; Landucci Gattinoni (2003), 142; Borza (1987), 111; Carney (2003b), 55; Zanker (1995b), 48. Die sehr ungewöhnliche Darstellung gilt entweder als Rekurs auf den überhöhten Eroberer (vgl. Pfrommer (1998b), 15; ders. (2001), 43-44; Andreae (1977), 25, 40; Hölscher (1981/83), 298; Cohen (1997), 107-116, 201; Svenson (1995), 148-149) oder als gezielt unheroisches, deklassierendes Porträt des Makedonen als eines Tyrannen (vgl. Badian (1999), 84; Pollitt (1986), 3-4), von dem Kassander und seine Familie Makedonien befreit hatten (vgl. Wirth (1989), 204, 206-208; ders. (1990), 203-211; ders. (1985a), 242-243; ders. (1993b) 10-11; ders., (1967), 295; Oikonomides (1992), 109).

λέχος ἐς φιλεοίσηας, ἀστόργου δὲ γυναικὸς ἐπ' ἀλλοτρίῳ νόος αἰεί, ῥαίδιοι δὲ γοναί, τέκνα δ' οὐ ποτεοικότα πατρί.[1312]

Über die Geburt Ptolemaios' II. auf Kos schrieb er: „ὃ δὲ πατρὶ ἐοικὼς παῖς ἀγαπατὸς ἔγεντο".[1313] Dahinter steht das Motiv des Sohns als väterliches Ebenbild, das für familiäre Kontinuität und gleiche Leistungen bürgt, wie es von Hesiod[1314] bis in die spätantike römische Panegyrik verwendet wird.[1315]

Die Betonung der Ähnlichkeit als Zeichen der Legitimität und Herrschaftsfähigkeit auf den Mnaieia war eine Nachwirkung der Legitimationspolitik, die Ptolemaios II. als Reaktion auf die dynastischen Thronquerelen und die Unsicherheit seiner ersten Zeit als Alleinherrscher betrieben hatte. Er war gezwungen gewesen, seine Nachfolge zu rechtfertigen. Wie diese Rechtfertigung ausgesehen hatte, mag Theokritos' Gedicht widerspiegeln, obgleich es in eine spätere Zeit fiel, in der sich die Codes der Selbstdarstellung Ptolemaios' II. gefestigt hatten und in die das neue Konzept seiner Herrschaftsinszenierung auf der Basis der Geschwisterehe eingeflossen war.

Zu Anfang wird Ptolemaios II. die übliche Methode angewandt haben, seine Thronkonkurrenz, vor allem Ptolemaios Keraunos, öffentlich zu diskreditieren, was dazu beigetragen haben könnte, dass Keraunos in der Überlieferung fast durchweg negativ geschildert wird.[1316] Ein gängiges Element der Austragung von Thronstreitigkeiten war zudem, die Mutter des Konkurrenten in Verruf zu bringen. Besonders wirksam erwies sich dabei, wenn ihre eheliche Treue gegenüber dem König und damit die

---

1312 Theokr. 17,38-44: „*Deshalb hat keine andere Frau ihrem Mann je eine solche Freude bereitet, wie man sagt, wie Ptolemaios durch die Liebe zu seiner Frau erfuhr. Er bekam alles, was er gab, zurück und wurde noch weit mehr wiedergeliebt. So kann einer bedenkenlos seinen Kindern das ganze Haus anvertrauen, wenn er als Liebender zum Lager der liebenden Gattin kommt. Doch eine treulose Gattin hat immer einen anderen im Sinn, es kommt leicht zu Geburten und die Kinder sind dem Vater dann nicht ähnlich*". Es wurde in der griechischen Welt erwartet, dass die Frau den Mann mehr liebte als er sie; ein Seitensprung von ihr wurde daher verurteilt, während es sich bei ihm anders verhielt, vgl. Rossi (1989), 79-80.

1313 Theokr. 17,63-64. „*Das geliebte Söhnchen wurde geboren und es glich seinem Vater*". Ähnlich: Kallim. Hymn. 4,170.

1314 Hesiod Op. 182. Vgl. Taeger (1957), I, 375; Rossi (1989), 82; Stephens (2003), 155-156. Kantorowicz (1994^2), 333-334 weist darauf hin, dass die aristotelische Lehre von der Vererbung diese Sicht auch mitgeprägt haben wird.

1315 Vgl. Barcelò, P. (1988): Die Religionspolitik Kaiser Constantins des Großen vor der Schlacht an der Milvischen Brücke (312), Hermes 112, 76-94, hier 81, am Beispiel von Constantius Chlorus und Konstantin I.

1316 Just. 24,2-3.

Legitimität ihrer Nachkommen angezweifelt wurde.[1317] Es könnte sein, dass Ptolemaios II. genau das getan hatte und dass Theokritos im *Enkomion* darauf anspielt. Er vergleicht nämlich in einer Passage die Mustergattin Berenike, deren Tugend an die Treue von Odysseus' Gattin Penelope angeglichen wird,[1318] und ihre wohlgeratenen Kinder mit der treulosen Ehefrau und ihrem ebenso suspekten wie unliebsamen Nachwuchs.[1319] Es ist umstritten, ob es sich dabei um einen Seitenhieb gegen Eurydike und Keraunos handelte und Echo einer früheren Kampagne Ptolemaios' II. gegen seinen Konkurrenten ist,[1320] man könnte es aber annehmen.

Nachdem die Gefahr durch die Thronrivalen gebannt war, fuhr Ptolemaios II. damit fort, sich als Vertreter der einzig herrschaftsfähigen Linie zu inszenieren und neben seinem Vater auch seine Mutter besonders hervorzuheben. Unter dieser Programmatik wollte er auch seine eigene Nachfolgepolitik anscheinend schon recht früh in geordnete Bahnen lenken.

Den entscheidenden Impuls erhielt sein Repräsentationskonzept dann durch die Ehe mit seiner Schwester. Das Element der sakralen Überhöhung durch den endogamen Bund von zwei Vertretern der herrschaftsfähigen Linie führte zur Vollendung des Konzepts, wie es sinnbildlich auf den Mnaieia ausgedrückt ist: doppelte Legitimität, doppeltes Wohlergehen für das Reich. Es ist daher recht wahrscheinlich, dass die Gedenkprägung zum Anlass der Geschwisterehe emittiert und an einflussreiche Hochzeitsgäste verschenkt wurde.

Eine kleine Auffälligkeit in dem bildlichen Ausdruck der Dualität an der Reichsspitze ist, dass die Legende das Paar zwar als gleichwertig in einer untrennbaren Einheit präsentiert, die Königin in der bildlichen Staffelung aber jeweils hinter den König gesetzt ist – eine Staffelung, die auch bei der Darstellung von Arsinoës speziellem Attribut, dem Doppelfüllhorn als Münzreversbild, festzustellen ist.

Die Neuerung des Doppelporträts auf Münzen setzte sich in der ptolemäischen Prägung durch. Die Nachfolger Ptolemaios' II. prägten den

---

1317 Als amüsantes Beispiel aus der Rezeption der Diadochengeschichte ist der Fall von Johann Hartliebs *Alexanderroman* um 1440 zu nennen. Darin erklärt er seinem Publikum, warum es zum Ausbruch der Diadochenkriege kam, mit eben einer solchen Konstruktion: Weil Roxane Alexander so oft betrogen hatte, dass nicht mehr auseinander zu halten war, welche ihrer Kinder von ihm waren und welche nicht, konnte er sein Reich nicht vererben und es kam zu Kämpfen (Johann Hartlieb, Alexanderroman. Edition des Cgm 581, hg. u. übers. v. R. Lechner-Petri, Hildesheim 1980, 271, Z. 25- 272, Z. 15).

1318 Theokr. 17,34; Od. 11,445. Vgl. Rossi (1989), 68.

1319 Theokr. 17,38-44.

1320 Vgl. Weber (1993), 233; Merkelbach (1981), 32; Rossi (2000), 303; Wyke (1992), 201; ferner Gow (1952), 334 (ohne konkrete Identifizierung der untreuen Frau).

Archetypus weiter[1321] oder ahmten ihn nach.[1322] Noch die letzte ptolemäische Königin Kleopatra VII. griff auf das Modell zurück, sicherlich auch im Zuge ihrer Politik der Anlehnung an die Blütezeit des Reichs unter Ptolemaios II.[1323] Sie erscheint sowohl in einem gestaffelten Doppelporträt zusammen mit Marcus Antonius auf dem Avers einer Serie von Bronzemünzen[1324] als auch auf einem alternativen Typus, bei dem sie und er jeweils auf einer Münzseite erscheinen, was sie ebenfalls wie die beiden Münzseiten als zusammengehörig zeigt.[1325] Kleopatra Thea, Tochter von Ptolemaios VI. Philometor und Kleopatra II., die ins Seleukidenhaus einheiratete,[1326] transferierte den Typus des Doppelporträts nach Syrien und ließ sich auf Münzen gestaffelt zusammen mit ihrem Mann Alexander I. Balas und später mit ihrem Mitregenten und Sohn Antiochos VIII. darstellen – wobei sie in diesem Fall sogar vor ihn gesetzt ist.[1327]

Das Prinzip der Dualität wurde im Ptolemäerreich in solcher Weise Standard in der Repräsentation, dass es vielleicht sogar auf den ideellen Stammvater Alexander mit seinem achillesgleichen Einzelkämpferimage übertragen wurde, für den eine Darstellung mit einer Frau – abgesehen von Nike – sehr ungewöhnlich war. Wenn das Paar auf dem umstrittenen Wiener Kameo ihn und Olympias zeigen sollte,[1328] fand man für ihn eine Sonderlösung: Man setzte ihm seine Mutter zur Seite.[1329]

1321 Vgl. Troxell (1983), 60; Klose/Overbeck (1989). 4.

1322 Vgl. Kyrieleis (1975), 17-18; Meyer (1992/93), 112; Möbius (1964), 16; Schmitt (1991), 79.

1323 Vgl. Hölbl (1994), 218; Schneider (1996²), 223; Huß (2001), 741. Im Sinne dieser Anknüpfung nannte sie auch ihr drittes Kind von Marcus Antonius, das im Jahre 36 v. Chr. geboren wurde, Ptolemaios Philadelphos.

1324 Vgl. Baldus (1989), 477; ders. (1983): Eine Münzprägung auf das Ehepaar Mark Anton – Kleopatra VII., GNS 33, 5-10; Meyer (1992/93), 132, Anm. 65; Huttner (1995), 108. Die Serie wurde um 34/3 v. Chr. im phoinikischen Dora geprägt.

1325 In Antiocheia am Orontes. Vgl. Klose (1992), 46; Christ (1996b), 85; Wyke (1992), 217.

1326 Vgl. Macurdy (1932), 93-100.

1327 Vgl. Schmitt/Nollé (2005³), 977-979; Plantzos (1991/92), 125-126; Meyer (1992/93), 114-117.

1328 Vgl. Brunelle (1976), 27; Pfrommer (2001), 104; Schwarzenberg (1975), 266). Als ein Hinweis gilt die Schlange auf dem Helm des Mannes, die mit dem Mythos der Schlangenzeugung Alexanders (Plut. Alex. 3,1-2; Ps-Kall. 1,7,1) in Verbindung gebracht wird. Vgl. Carney (2006), 190, Anm. 50. Als Alternative gilt das zweite Ptolemäerpaar, vgl. Hinks (1928), 242; Möbius (1964), 17; Longega (1968), 124; Kyrieleis (1975), 19, 81; Schmidt-Dounas (2000), 302.

1329 Vgl. Schwarzenberg (1975), 265: „*Only in Egypt … is Alexander likely to have been portrayed next to a woman*“.

Ikonographische Codes von Arsinoës Münzporträt

Nicht nur das Doppelporträt setzte Maßstäbe für die Münzbilder der Ptolemäer und Ptolemäerinnen, sondern vor allem das Einzelporträt Arsinoës II. auf Mnaeia,[1330] Golddoppeloktodrachmen,[1331] silbernen Dekadrachmen und Tetradrachmen Ptolemaios' II. aus Alexandria.[1332]

Der Avers zeigt Arsinoë II. als *thea Philadelphos*, der Revers der Silberprägungen den ptolemäischen Adler[1333] und der Revers der Mnaieia und silbernen Dekadrachmen ein Doppelfüllhorn,[1334] das bei den Golddoppeloktodrachmen von den Zeichen der Dioskuren flankiert ist.[1335] Die Legende lautet stets ΑΡΣΙΝΟΗΣ ΦΙΛΑΔΕΛΦΟΥ.

Welche der Serien der Archetyp war und wann und zu welchem Anlass sie zuerst geprägt wurde, ist umstritten.[1336] Als Schlüsselelement gilt die Münzlegende; da das Epithet Philadelphos zu Arsinoës Kultnamen wurde, herrscht die Meinung vor, dass es eine Gedenkprägung anlässlich ihrer individuellen Apotheose war.[1337] Dabei werden die Tetradrachmen

1330 Vgl. Hazzard (1995), 77; Troxell (1983), 55; Newell (1937), 101; LeRider/Callataÿ (2006), 25, 51, 149-150; Queyrel (2006), 158: Es sei eine karikaturhafte Darstellung mit schlaffen Wangen und großen Augen. Angesichts der ideologischen Codierung des Porträts scheint dies eine problematische Sichtweise zu sein.

1331 Vgl. Hazzard (1995), 4.

1332 Vgl. Svoronos (1904-1908), 409, 938; Reden (2007a), 52; LeRider/Callataÿ (2006), 25; Huß (2001), 295, 311, Anm. 42; Hazzard (1995), 4; Troxell (1983), 35 (gegen die These von Newell (1937), 101, Ptolemaios II. habe nach dem Tod der Schwester eine neue Ära etabliert).

1333 Vgl. Reden (2007a), 52; LeRider/Callataÿ (2006), 51; Svenson (1995), 157.

1334 Vgl. Kyrieleis (1975), 79.

1335 Vgl. Hazzard (1995), 4; Kyrieleis (2004), 114, der die Sterne in der hellenistischen Herrscherikonographie ansonsten als Zeichen der Vergöttlichung, oder, bei verdoppelter Form, als Signum der Mitregentschaft sieht. In diesem Falle sind die Sterne aber teilweise durch die Piloshelme der Dioskuren ersetzt. Sie beziehen sich daher mit Sicherheit auf die Zwillinge als Retter und Schützer der Seefahrer und Krieger.

1336 Troxell (1983), 46-49 ging der Datierungsfrage nach. Die 399 Münzen dieses Bildtyps, die ihr zum Zeitpunkt der Analyse vorlagen, unterteilte sie in vier Gruppen, nach folgenden Kriterien: die Form des Haarknotens, die Tragform der *stephane*, die Form des Ammonshorns und der Spitze des Füllhorns. Als Ergebnis bestimmte sie die silbernen Dekadrachmen als die frühesten Münzen.

1337 Vgl. Troxell (1983), 55-56: „*The amount of gold struck at Alexandria with Arsinoe's portrait was not extraordinary ... but the propaganda value for the recently created goddess would have been considerable*". Sie glaubt, die Serie sei anlässlich der ersten Einnahme der *apomoira* zur Finanzierung des Kults der *thea Philadelphos* geprägt worden.

mit dem Adler teils in ihre Lebenszeit datiert,[1338] die Prägungen mit dem Doppelfüllhorn nach ihrem Tod.[1339] Dies gilt insbesondere für die Golddoppeloktodrachmen mit den zusätzlichen Dioskurensymbolen, da bei Kallimachos die Dioskuren Arsinoës Begleiter auf dem Weg zur Göttlichkeit sind.[1340] Wahrscheinlich sind indes sämtliche Serien mit ihrem Einzelporträt postume Prägungen.[1341] Die Mendesstele und Kallimachos bezeugen, dass ihr individueller Kult erst nach ihrem Tod eingerichtet wurde.[1342] Der Bildtypus wurde so modellhaft, dass die silbernen Dekadrachmen und goldenen Oktodrachmen bis unter Ptolemaios VI.,[1343] möglicherweise sogar bis unter Ptolemaios VIII. weitergeprägt wurden.[1344]

Arsinoë ist mit Knotenfrisur,[1345] Schleier, *stephane*, Diadem, einem Szepter, dessen Spitze hinter ihrer Schulter oder oberhalb ihres Kopfs hervorragt,[1346] und einem Symbol dargestellt, das zumeist als Widderhorn gedeutet wird,[1347] nicht zuletzt, weil Widderhörner auch zu ihrer speziellen Krone in den ägyptischen Darstellungen gehören.[1348]

Wie nicht anders zu erwarten, prägte die Geschwisterehe als königliches Privileg Arsinoës Ikonographie. Zentrale Referenzmodelle für ihr Image im individuellen Kult waren Hera und Aphrodite, zudem spielte das makedonisch-argeadische Erbe eine Rolle.

So war Hera, im Hellenismus „*Beschützerin der Dynastie und ihres Fortbestehens*“,[1349] schon im 7. Jh. v. Chr. als Braut dargestellt worden; zu ihren Attributen als Schutzgöttin der Ehe gehörten *stephane*, Schleier und Szep-

---

1338 Vgl. Kyrieleis (1975), 79.

1339 Vgl. ebda.

1340 Kallim. fr. 181 (228 Pf.), 5-10.

1341 Ebenso: Huß (2001), 295. Siehe ferner: Thompson (1973), 83; Troxell (1983), 35; Koenen (1993), 27; Thompson (1973), 62; Ashton (2001), 10; Plantzos (1991/92), 128. Dagegen: Brunelle (1976), 14 (der Himmelsblick als Zeichen der Vergöttlichung fehle, vgl. dazu Grimm (1998), 70).

1342 Mendesstele, Z. 13; Kallim. fr. 181 (228 Pf.), 5-10.

1343 Vgl. Schwentzel (2000), 100, Anm. 7; Hazzard (1995), 44. Variationen traten bei dem Münzbild nicht auf, vgl. Plantzos (1999), 46.

1344 Vgl. LeRider/Callataÿ (2006), 52. Dies sei allerdings unsicher. Auch orientierten sich die Porträts insbesondere von Berenike II., Arsinoë III. und Berenike III. an dieser Vorgabe. Vgl. Svoronos (1904-1908), 1061, 1062; Caccamo Caltabiano (1996), 189-190; Herklotz (2000), 56 (Berenike II.); Klose (1992), 43 (Arsinoë III., allerdings umstritten).

1345 gl. Palagia (2007), 242.

1346 Vgl. Brunelle (1976), 16-17; Kyrieleis (1975), 79; Thompson (1973), 83.

1347 Vgl. Troxell (1983), 46-49.

1348 Vgl. Quaegebeur (1978), 249-250; ders. (1983), 111; Albersmeier/Minas (1998), 14; Kyrieleis (2004), 112.

1349 La Rocca (1998), 18.

ter.[1350] Bei Arsinoë II. ist die Kombination des Schleiers mit der *stephane* ebenfalls wichtig,[1351] die auf die Geschwisterehe als königliches, sakral überhöhendes Privileg verweist.[1352] Sie ist die immerwährende Braut und Frau ihres Bruders, auch im Tod.

Die *stephane* leitet sich von *stephein*, umwinden, ab.[1353] In der griechischen Welt kamen Kränze und Bekränzungen bei Trauerzügen, Festen, Symposien, im priesterlichen Amt und nicht zuletzt bei Hochzeiten[1354] zum Einsatz.[1355] Im 4. Jh. v. Chr. trat ein Wandel der Bedeutung der *stephane* ein, die allmählich zum Zeichen einer einflussreichen Position mit Tendenz zur sakralen Überhöhung wurde.[1356] Im makedonischen Kontext

---

1350 Vgl. Plantzos (1999), 49; Eitrem (1912), 384, 389. Heras berühmte chryselephantine Statue von Polykleites im argivischen Heraion trug in der einen Hand einen Granatapfel, in der anderen ein Szepter (Paus. 2,17,4). Zur Geschichte des Heraion vgl. Hall (1995), 577-613. Die Ehe brachte das Attribut wiederum mit Aphrodite in Zusammenhang, mit der Arsinoë ebenfalls assoziiert wurde. Plantzos (1999), 50 weist auf eine Assoziation mit Demeter hin, die jedoch im Vergleich zur Anlehnung an Hera und Aphrodite für Arsinoë II. wenig offensichtlich ist. Bei Berenike II. trifft dies eher zu.

1351 Vor allem in der archäologischen Forschung gilt die *stephane* als primäres Zeichen von Arsinoës Apotheose, vgl. Krug (1992), 194: „*Diese Stephanen haben trotz mehrschichtiger Bedeutung zu keiner Zeit den spezifischen, nahezu juristischen Kennzeichenwert des bandförmigen Königdiadems besessen. Sie dienten offenbar als äußeres Zeichen der Apotheose*". Vgl. Kyrieleis (1975), 148; Parente (2002), 267; Plantzos (1991/92), 119; Svenson (1995), 79.

1352 Zum Schleier als Zeichen der verheirateten Frau vgl. Llewellyn-Jones (2003), 219-248; Osborne (1998), 37; Dillon (2007), 77. Aber auch ohne Schleier konnte der verheiratete Status einer Frau gegeben sein.

1353 Athen. 7,280 F-281 A; 15,676 F-677 A; Arr. an. 7,23,2. Vgl. Wirth (1999), 107-108, Anm. 348; Schlesier (2000), 135.

1354 Vgl. Schlesier (2001), 171.

1355 Athen. 15,671 A-B. 674 C D. Vgl. Bernhardt (2003), 65, 217, 327. So stellte Aëtion (Plin. n.h. 35,78) auf einem Gemälde dar, wie Alexander seine Braut Roxane bei der Hochzeit bekränzte (Lukian imag. 7; Hdt. sive Aet. 4-7). In seiner Rekonstruktion ersetzte der italienische Renaissancemaler Giovanni Antonio Bazzi, genannt Il Sodoma, diesen Kranz durch eine Krone. Vgl. Pfrommer (2001), 77-78; Borchhardt (2002), 86-87; Müller (2006a), 268-269, m. Anm. 7; Moreno (1997²), 126; Koulakiotis (2006), 183. Stewart (2003), 41, 181-190; Noll, T. (2005): Alexander der Große in der nachantiken bildenden Kunst, Mainz, 33-36.

1356 So wird für den Tyrannen Klearchos von Herakleia bezeugt, dass er sich bei öffentlichen Auftritten als selbsternannter Sohn des Zeus mit Purpurgewand und goldenem Kranz gezeigt habe (Just. 16,5,9-10; Athen. 12,543 C; 15,687 B; Ael. v.h. 9,11), ebenso wie Dionysios von Syrakus, der einen Goldkranz getragen haben soll (Athen. 12,535 E-F). Dabei ist jedoch einzurechnen, dass sie zu Opfern des *tryphe* stilisiert wurden. So reiht Duris Dionysios zwischen Pausanias,

wird die Bekränzung als weltliches Signum einer herausgehobenen Stellung erstmals um 326 v. Chr. fassbar. Alexanders Schatzmeister in Babylon, Harpalos, ließ seiner athenischen Hetäre Glykera extravagante Ehren zukommen, die bei den Zeitgenossen für befremdete und spöttische Reaktionen sorgten. Unter anderem soll er den Einwohnern von Tarsos befohlen haben, sich und sie zur Begrüßung zu bekränzen.[1357] Es wird deutlich, dass im Zuge der sakralen Überhöhung des makedonischen Herrschertums, die Harpalos als Vertreter des Hochadels auch für sich in Anspruch genommen hatte, die Bekränzung, die Apollodoros als Merkmal des Götterdaseins bezeichnet hatte,[1358] in eine ambivalente Sphäre zwischen göttlicher und irdischer Ebene, weltlichem und sakralem Kontext, transferiert wurde. Im Attribut der *stephane* verbinden sich somit Sakrales und Königliches; sie reflektiert das gewandelte Herrschaftsverständnis, die Entwicklung vom argeadischen Herrscher zum hellenistischen Königspaar. Ebenso steht das Diadem dafür, da es nicht mehr ausschließliches Zeichen des Monarchen war, sondern auch von seiner Ehefrau getragen wurde.[1359]

Das Szepter erscheint nicht nur auf der ptolemäischen Münzprägung als Arsinoës Attribut, sondern auch auf ägyptischen Tempel- und Stelenreliefs.[1360] Zusammen mit Schleier, *stephane* und Widderhorn wird es als ultimative ikonographische Formel für die *thea Philadelphos* betrachtet.[1361] Umstritten ist, ob es sich bei dem Szepter auf den Münzen um ein ägyptisches Lotosszepter handelt, einen Uräus mit einer Sonnenscheibe,[1362] oder

---

der als Opfer des Medismos galt (Thuk. 1,128-135), Alexander und Demetrios Poliorketes ein, was deutlich ist. Klearchos wird zudem angelastet, dass er als Schüler von Platon und Isokrates ein anderes Vorbild hätte abgeben müssen. Vgl. Berve (1967), 315-318.

1357 Athen. 13,586 C; 595 D-E. Vgl. Müller (2006b), 82-83; Bernhardt (2003), 72; Heckel (2002), 83.

1358 Athen. 7,280 F-281 A.

1359 Vgl. Krug (1992), 198; Müller (2007d), 143.

1360 Vgl. Cheshire (1982), 109; Svenson (1995), 80, Anm. 385, 82. In Ägypten bezeichneten Szepter und Anchzeichen eine Gottheit. Vgl. Quaegebeur (1978), 257; Albersmeier/Minas (1998), 17.

1361 Vgl. Svenson (1995), 81-82; Thompson (1973), 29.

1362 Vgl. Koenen (1993), 28 (im Vergleich zum Szepter Arsinoës III. auf ihren postumen Münzbildnissen); Quaegebeur (1989b), 47. Vgl. Forrer (1969), 9; Pfrommer (1998a), 104; Klose (1992), 42. Dagegen: Svenson (1995), 84: es sei eine Parallele zum Helios-Schlangenszepter Ptolemaios' III. auf seinem postumen Münzporträt zu erkennen.

alternativ um ein Lilienszepter, wie es von Isis bekannt ist.[1363] Als Deutungshilfe gilt eine Passage im Kanoposdekret, die ein Kultbild der verstorbenen kleinen Berenike, Tochter Ptolemaios' III. und Berenikes II., beschreibt. Die Krone der Kultstatue sollte auf der Rückseite mit einem Papyrusszepter mit Uräusschlange geschmückt sein.[1364]

Dagegen ist jedoch einzuwenden, dass zwischen der makedonisch-griechischen und der ägyptischen Schauseite der Ptolemäer zu differenzieren ist. Die Münzen, vor allem die hohen Nominale der Gedenkprägungen, waren griechisch gestaltet und richteten sich an die griechisch-makedonische Oberschicht.[1365] Die These von Sitta von Reden, es habe sich bei Arsinoës Münzikonographie um eine „*fusion of ideas*" ägyptischen und griechischen Ursprungs gehandelt,[1366] ist daher wenig überzeugend.

Es gilt zu bedenken, dass die Images der Königin so konzipiert wurden, dass die jeweiligen Adressaten die Codes zu lesen vermochten, die daher an ihrem kulturellen Horizont orientiert waren. So wurden auf der ägyptischen Schauseite Arsinoës Darstellungen im einheimischen Stil gestaltet, teils wohl sogar mittels „Recycling" von Skulpturen aus pharaonischer Zeit.[1367] Arsinoë wurde mit Attributen ägyptischer Königinnen, besonders der 18. und 19. Dynastie, und ägyptischer Göttinnen wie Isis und Hathor versehen.[1368] Bei dem Szepter, das die Göttin Arsinoë auf Tempelreliefs trug und das ihren Kultstatuen beigegeben war, die bei den Prozessionen mitgeführt oder im Tempelhof aufgestellt wurden, handelte es sich daher um ein Lotos- oder Papyrusszepter, das für die Assoziation

---

1363 Vgl. Albersmeier/Minas (1998), 17, Anm. 38. Ahmose-Nefertari trug das Blumenszepter, vgl. Quaegebeur (1978), 258. Hera wurde allerdings auch mit der Lilie in Verbindung gebracht, vgl. Eitrem (1912), 384.

1364 Kanoposdekret, 62-63. Die schützende Uräusschlange wurde ebenfalls meist auf einem Papyrusszepter dargestellt. Leibovitch (1953), 77 geht im Fall der kleinen Berenike jedoch davon aus, dass sie Renenutet symbolisiert habe, griechisch Thermuthis, Göttin der Landwirtschaft in Schlangengestalt.

1365 Vgl. LeRider/Callataÿ (2006), 55.

1366 Reden (2007a), 53.

1367 Vgl. Ashton, S.-A. (2000). Für eine Statue der Teje wird angenommen, dass sie zu einer Statue Arsinoës II. umfunktioniert wurde.

1368 Vgl. Albersmeier (2002a), 13; Huß (1994), 99, Anm. 115; Minas (2005), 134; Capriotti Vitozzi (2000/01), 187. Die Beischrift ihrer Darstellung auf dem Relief der Pithomstele bezeichnet sie als Abbild der Isis und Hathor (Roeder (1959), I, 115), die hieroglyphische Inschrift auf dem Rückenpfeiler einer überlebensgroßen Statue aus Rosengranit im Museo Gregoriano Egizio im Vatikan, vermutlich Teil einer Darstellung der *theoi adelphoi* (vgl. Quaegebeur (1978), 253) als Bild der Isis, geliebt von Hathor (vgl. Quaegebeur (1983b), 114-115). Zudem war die Ikonographie an die Darstellung der Gottesgemahlin des Amun angelehnt. Vgl. Robins (1983), 67-69; Troy (1986), 97-104; Vittmann (2003), 132.

mit Isis stand und ihre Liebe und den Schutz für Pharao Ptolemaios II. als Horus auf dem Thron versinnbildlichte.[1369]

Diese Deutung kann man jedoch nicht mit dem Szepter auf den Gedenkmünzen in griechischem Stil übertragen. Sie waren Medien der griechisch-makedonischen Sprachregelung, die sich an Vorgaben der griechischen Kultur und der argeadischen Vergangenheit orientierte. Arsinoës Szepter rekurrierte auf das Szepter der Hera,[1370] ebenso wie vermutlich auf das Szepter von Alexander.[1371] In der *Ilias* wird berichtet, dass Hephaistos das Szepter für Zeus anfertigte, der es an Hermes weitergab, worauf es durch die Hände von Pelops, Atreus und Thyestes wanderte, bevor es an Agamemnon kam.[1372] Bei Pelops konnte sich die gebildete makedonische Oberschicht daran erinnern, dass er zu den Stammvätern der Argeaden zählte, und dass die Ptolemäer, auch Arsinoë, an die Tradition seines Wettkampfsiegs im Wagenrennen angeknüpft hatten.[1373]

Der Kringel, der sich um Arsinoës Ohr legt – entweder in einem runden Bogen oder in einer s-förmigen Biegung nach unten –[1374] und unter dem Schleier hervorragt, ist in seiner Symbolik umstritten.[1375] Gemäß *communis opinio* handelt es sich um ein Widderhorn als Signum ihrer neu erworbenen Göttlichkeit.[1376]

1369 Zur Schutzfunktion des Szepters (Mendesstele, Z. 25) vgl. Cheshire (1982), 105-111; Huß (2001), 311, Anm. 42. Zu Isis' Rolle als Schützerin vgl. Bergmann (1980), 192.

1370 Paus. 2,17,4. Vgl. Svenson (1995), 84; Thompson (1973), 83. Koch (1924), 82 deutet Arsinoës Szepter als „*Bezeichnung ihrer Herrschergewalt*", geht dabei jedoch von der Prämisse einer faktischen Mitregentschaft aus und überträgt ihre repräsentative Funktion auf die Politik, was problematisch ist.

1371 Nep. 18,7,2; Diod. 18,27,1. Es wird am Stab des homerischen *basileus* orientiert gewesen sein (Il. 2,182-183). Ebenso: Parente (2002), 267. Borza (1987), 115-116 weist auf eine als Szepter identifizierte Grabbeigabe aus dem „Philippsgrab" in Vergina hin, das in der Argeadendynastie vererbt worden sein soll. Vgl. Hammond (1989), 219; Lehmann (1980), 528. Stewart (1993), 163 vermutet, dass Alexanders Kultstatuen auch ein Szepter trugen. Kallixeinos erwähnt in seiner Beschreibung der Alexanderstatuen in der *pompe* allerdings kein Szepter (Athen. 5,201 D). Auch zu den Herrschaftszeichen der Antigoniden gehörte ein Szepter (Diod. 18,61,1).

1372 Il. 2,100-108.

1373 Pind. Ol. 1,65-93.

1374 Vgl. Kyrieleis (1975), 79; Svenson (1995), 367.

1375 Überblick bei Svenson (1995), 8, Anm. 389.

1376 Vgl. Reden (2007a), 53; Kroll (2007), 117; LeRider/Callataÿ (2006), 51; Ameling (1997), 38; Kyrieleis (1975), 79; Capriotti Vitozzi (2000/01), 190; Rowlandson (1998), 27; Hölbl (1994), 86-87; Svenson (1995), 17, 82; Plantzos (1991/92), 128; Noeske (2000), 50, Nr. 39; Overbeck (1998), 188; Troxell (1983), 40-41, 46-47;

Die Gegenthese lautet, es sei ein Ohrring,[1377] analog zu Arsinoës Darstellung mit vergoldetem Ohrschmuck auf den Ptolemäerkannen.[1378] Die Vermutung hat insofern einiges für sich, als sie zu Arsinoës Funktion als Schutzgottheit der Liebe und Ehe ebenso wie zum Aspekt des *hieros gamos* und zu ihrem Referenzmodell Hera passen würde. Ohrringe waren ein typisches Brautgeschenk, mit dem auch Hera als Patronin der Ehe gezeigt werden konnte.[1379] Allerdings ist auf dem Münzbild keine Verbindung des Kringels zu Arsinoës Ohrläppchen zu erkennen, was die Darstellung eines Ohrrings weniger wahrscheinlich gestaltet. So könnte es sich vielleicht um eine betonte Locke handeln, wie sie später insbesondere für das Bild Berenikes II. in der Dichtung relevant wird.

Teils gilt Arsinoës Horn als Hinweis auf ihre Tempelgemeinschaft mit dem Gott Mendes in Widdergestalt, wie sie die Mendesstele bezeugt.[1380] Dies ist angesichts der primär griechisch-makedonischen Adressaten der Münzen, die kaum von ihrer gemeinsamen kultischen Verehrung mit dem Mendesbock Notiz genommen haben werden, unwahrscheinlich. Da königliche Ehrengeschenke erst dann zur vollen Wirkung kamen, wenn ihre Symbolik sich dem Beschenkten und anderen, denen er sie zeigen konnte, unmittelbar erschloss,[1381] durften auch die Münzbilder nicht bis

---

Cheshire (1982), 110; Klose (1992), 41-42; Grimm (1998), 74; Pfrommer (2002), 40; Quaegebeur (1989b), 47; Heinen (1978), 180; Stephens (2005), 237; dies. (2004a), 169; Thomas (2002a), 44. Allerdings stimmt nachdenklich, dass oberhalb des Ohrs beziehungsweise an der Schläfe kein Ansatz eines herauswachsenden Horns zu erkennen ist. Zudem lag es im Bereich der künstlerischen und technischen Möglichkeiten der ptolemäischen Münzprägung, ein Widderhorn klar erkennbar darzustellen, wie anhand des Alexanderporträts auf den Prägungen Ptolemaios' I. zu sehen ist. Marcovich (1996), erwähnt einen Widder der Aphrodite.

1377 Vgl. Brunelle (1976), 17.

1378 Vgl. Thompson (1973), 29, 58-59, 82.

1379 Vgl. Maxwell-Stuart, P.G. (1987): Homer's earrings, AJPh 108, 411-415.

1380 Vgl. Thompson (1955), 201-202; dies. (1973), 59 mit dem Argument, das Widderhorn sei ein Teil von Arsinoës Kompositkrone auf dem Relief der Mendesstele. Vgl. auch Winter (1978), 149, Anm. 4; Pfrommer (2004), 456. Klose (1992), 41-42 sieht das Horn als Symbol für Arsinoës Assimilation mit Hathor. Allgemein war das Horn ein östliches Symbol der Macht, vgl. Nock (1928), 23, Anm. 11.

1381 Vgl. Sancisi-Weerdenburg, H. (1989): Gifts in the Persian empire, in: Briant, P./Herrenschmidt, C. (Hg.), Le tribut dans l'empire Perse, Paris, 129-146, hier 134-136 für das Beispiel des Achaimenidenreichs. Die These von Svenson (1995), 82, wegen stilistischer Gründe sei das Horn so klein und unscheinbar ausgefallen, wäre zu erwägen. Vielleicht handelte es sich um zierlicheres Horn für eine Königin.

zur Unverständlichkeit verschlüsselt sein oder auf Dinge rekurrieren, die nicht innerhalb des kulturellen Horizonts der Rezipienten lagen. So wird der ptolemäischen Führungsschicht das postume Alexanderporträt mit Widderhorn auf den Prägungen von Ptolemaios I. und Lysimachos wesentlich vertrauter gewesen sein als der Mendesbock. Alexanders Widderhorn verwies auf seine besondere Beziehung zu Zeus-Ammon, die durch seinen Besuch in der Oase Siwa und vor allem durch Kallisthenes' legendenhafte Schilderung mit reichlichen Wunderzeichen der Öffentlichkeit bekannt gemacht worden war.[1382]

Als Element von Arsinoës Ikonographie spannte das Widderhorn den Bogen zum ideellen ptolemäischen Stammvater Alexander, zu seinem Speererwerb Ägyptens, seiner besonderen Gunst bei Zeus – in Ägypten mit Ammon identifiziert –[1383] und seiner Vergottung,[1384] die ihn laut Theokritos an Zeus' Tafel führte.[1385] Überdies verwies es auf die Bedeutung von Ägypten und gerade von Alexandria als Zentrum des Kults und Grablege Alexanders. Dieses von der Mumie ausgehende Prestige kann auch ein Grund gewesen sein, weshalb das Ammonshorn auf dem Alexanderporträt von Lysimachos' Prägungen erschien. Gegen die These, es liege kein ptolemäischer Einfluss vor,[1386] könnte man einwenden, dass Lysimachos seine guten Beziehungen zum Besitzer und Bestatter von

1382 Strab. 17,1,43; Plut. Alex. 27,1-4. Vgl. Müller (2006b), 133-135; dies. (2006a), 281; Dahmen (2007), 11.

1383 Es ist zu betonen, dass es sich nicht nur um den ägyptischen Gott Amun handelt, wie Grimm (1978), 105-106 und Quaegebeur (1989b), 47 meinen. Quaegebeur verweist zudem auf Ramses II. und die Pharaonen der 18. Dynastie, die mit dem Attribut des Horns gezeigt wurden. Dagegen wendet sich auch Kyrieleis (2004), 114. Kallisthenes richtete seinen offiziellen Tatenbericht Alexanders an die griechische Welt, die im ägyptischen höchsten Gott ihren höchsten Gott Zeus sahen.

1384 Zu den Attributen der Ikonographie Ptolemaios' II. zählt das Widderhorn nicht, obwohl er sich in seiner Selbstinszenierung an Alexander anlehnte, in der *pompe* besonders an Dionysos-Alexander. Vgl. Köhler (1996), 39, 159. Theokr. 17,55-56 parallelisiert ihn mit der Kunstfigur Achilles-Alexander: „τοῖος ἀνὴρ πλατέεσσιν ἐνίδρυται πεδίοισι ξανθοκόμας Πτολεμαῖος, ἐπίσταμενος δόρυ πάλλειν, ᾧ ἐπίπαγχυ μέλει πατρώια πάντα φυλάσσειν οἷ ἀγαθῷ βασιλῆι, τὰ δὲ κτεατίζεται αὐτός". „*Ein solcher Mann thront über dem sich weit erstreckenden Land, der Held Ptolemaios mit dem blonden Haar, kundig, den Speer zu schleudern. Ihm ist wie allen guten König stets daran gelegen, sein ganzes Erbe zu bewahren und anderes noch dazu zu gewinnen.*" Vgl. Il. 16,141-142. Die Elemente der blonden Haare, des Speerwurfs und der Bewahrung und Vergrößerung des Erbes sind relevant. Vgl. Gow (1952), 342; Rossi (1989), 156-158.

1385 Theokr. 17,16-21.

1386 Vgl. Dahmen (2007), 16-17.

Alexanders Leichnam demonstrierte. Schließlich bestanden auch Heiratsverbindungen zwischen ihren Häusern.

Allerdings musste das Alexanderattribut nicht immer mit Ägypten verbunden sein, denn auch von Pyrrhos wird überliefert, dass er einen Helm hatte, der mit Bockshörnern geschmückt war.[1387]

Das Reversmotiv des Doppelfüllhorns gehört zu den bildlichen Neuerungen, mit denen das Konzept der Dualität auf dem Thron der Öffentlichkeit vermittelt wurde. Ptolemaios II. soll es als Attribut für Arsinoës *eikones* selbst entworfen haben.[1388] Es erscheint nicht nur auf der Münzprägung, sondern als Element ihres Porträts auf den ptolemäischen Fayencekannen und in der griechischen und der ägyptisch geprägten Plastik,[1389] wobei sie es stets im linken Arm hält.[1390] Der Begriff *eikones* verrät, dass es nicht nur für ihre Kultbilder, sondern auch für nicht-sakrale Bildnisse von ihr gedacht war.

Leitmotiv des *dikeras* war das Ideal der Glückseligkeit bringenden *tryphe*. In der griechischen ebenso wie in der römischen Bildsprache verkörperte ein Füllhorn Fruchtbarkeit, Ackersegen, eine unermessliche Fülle und Reichtum.[1391] Grundlegend war der variantenreiche Mythos vom Horn der Amaltheia, wonach das Zeuskind in den Bergen Kretas durch eine Ziege aufgezogen wurde, die sich ihr Horn versehentlich abbrach.[1392] Als Zeus Herrscher des Olymps geworden war, versetzte er die Ziege und ihr verlorenes Horn – mit frischem Grün bekränzt und mit Früchten

1387 Plut. Pyrrh.11. Zudem hatte der Helm einen Federbusch, ähnlich wie der mit Federn verzierte Helm Alexanders (Plut. Alex. 16).

1388 Athen. 11,497 B-C. Der Name Rhyton käme gemäß Dorotheos von Sidon daher, dass diese Hörner ein Loch gehabt hätten, aus dem die eingefüllte Flüssigkeit geströmt sei (11,497 E). Ihr früherer Name sei *keras* gewesen.

1389 Bianchi (1989), 68-69 erklärt dieses Phänomen mit dem Mimesis-Prinzip. Ashton (2001), 51 betont, dass das griechische Element im ägyptischen Kontext seinen griechischen Charakter bewahrt habe. Es ist nicht ersichtlich, warum Reden (2007a), 53 es als ägyptisch betrachtet.

1390 Athen. 11,497 B-C. Auch in der *pompe* Ptolemaios' II. taucht ein übergroßes vergoldetes Doppelfüllhorn auf (Athen. 5,202 C).

1391 Strab. 3,2,14; Ov. Met. 9,91; Hor. Carm. 1,17,15-16. Als Metapher vgl. Hor. Carm. Saec. 59. Vgl. Bemmann (1995), 16-21; Kyrieleis (1975), 147; Thompson (1973), 31.

1392 Ovid Fast. 5,111-121. Amaltheia ist bei ihm eine Nymphe, der die Ziege gehörte, bei Kallim. Hymn. 1,46-49 das Tier selbst. Es ist umstritten, ob im minoischen Mythos Amaltheia auch die Ziege oder eine Göttin in Ziegengestalt war. Vgl. Boemer (1957-58), 298. Diod. 3,68 berichtet allerdings, dass Amaltheia in ägyptischer Legende mit dem libyischen Ammon geschlafen und Dionysos geboren habe.

gefüllt – als Sternbild an den Himmel.[1393] Das Füllhorn als Spender von Früchten war in der griechischen Welt Attribut von Demeter und Pluton,[1394] aber auch von Tyche.[1395]

Das Prinzip der besonderen Wohltat durch Doppelung, das in der Herrschaftsrepräsentation Ptolemaios' II. dominierte, findet auch in Arsinoës speziellem *dikeras* Ausdruck: nicht nur ein Füllhorn verspricht Reichtum und Überfluss, sondern gleich zwei. Das Attribut besteht aus zwei parallel hintereinander gestaffelten Füllhörnern, deren Enden sich zu einem Blütengriff in Form einer Knospe oder eines Blütenkelchs verengen. Ein Diadem mit wehenden Bändern ist um das *dikeras* gewunden; gefüllt sind die zwei Hörner symmetrisch jeweils mit einer Traubendolde, einem Granatapfel, einem Kuchen und einer ovalen Frucht.[1396] Getreideähren, Attribut der Demeter, gehören nicht dazu;[1397] sie erscheinen erst beim Reversmotiv des einfachen Füllhorns von Berenike II.[1398]

1393 Ov. Fast. 5,117-128. Eine Variante beschreibt es als Horn eines Stiers, der entweder zu Amaltheia gehörte oder in den Kontext um die Arbeiten des Herakles fiel. Vgl. Boemer (1957-58), 299; Grimm (1978), 105-110. Demnach war es das Horn des Flussgottes Acheloos, der in Stiergestalt gegen Herakles im Zweikampf antrat und dabei ein Horn einbüßte (Strab. 10,2,19). Fluss- und Meeresgötter waren in der antiken bildenden Kunst mit Hörnern dargestellt, da sie sich als Personifikationen von Wasserläufen damit den Weg durch die Erde graben mussten.

1394 Vgl. Schwentzel (2000), 99; Capriotti Vitozzi (2000/01), 188; Ashton (2001), 51. Zu Pluton vgl. Stafford (1998), 47. Bemmann (1995), 50-80: Es sei auch das Attribut des Dionysoskindes in der Höhle von Nysa gewesen.

1395 Paus. 4,30,6;

1396 Vgl. Schwentzel (2000), 100; Müller (2007d), 144-145.

1397 Insgesamt ist die Getreideähre als Attribut von Arsinoë in der griechisch-makedonischen Kunst und eine Assoziation mit Demeter nicht gesichert, obwohl etwa in Argos, der propagierten Heimatstadt des makedonischen Herrscherhauses, Arsinoë Assoziationsfigur Hera ebenfalls mit Kornähren verbunden wurde, vgl. Eitrem (1912), 384, 397. Die These, eine Gemme im British Museum zeige sie mit einer Ähre im Haar (Svenson (1995), 77), ist umstritten, vgl. Plantzos (1999), 69 (es sei Demeter selbst); Minas (1998), 50-53 (Berenike II.). Im ägyptischen Kontext ist dies wohl anders. Auf der Mendesstele wird der Göttin Arsinoë eine Kornähre von ihrer Priesterin dargebracht. Vgl. Minas (1998), 50-53. Die Beischrift lautet: „*Eine Ähre (?) der Göttin darbringen, die ihren Bruder liebt*". Pfeiffer (2004), 273 weist darauf hin, dass die Getreideähre kein originär ägyptisches Gottheitsattribut für Fruchtbarkeit sei, die mit Fettleibigkeit oder einem Phallos dargestellt wurde. Es wird vermutet, dass die Ähre Assoziationen mit Isis' Erschaffung des Kornosiris wecken und auf die Fruchtbarkeit, die Nilschwemme, das Aufblühen des Landes und den Wohlstand verweisen sollten, der durch seine Auferstehung versinnbildlicht wurde. Vgl. Pfeiffer (2004), 273, 275-276; Plantzos (1991/92), 122; Leibovitch (1953), 73. Isis stellte rituell auf

Der Inhalt von Arsinoës Füllhorn ist primär von dionysischer Symbolik geprägt; die Elemente können aber teils auch auf andere Gottheiten bezogen werden, mit denen Arsinoë als königliche und göttliche Kunstfigur assoziiert wurde.

So werden Weintrauben, die charakteristischen Früchte des Dionysos,[1399] in einem Fragment von Kallimachos mit Hera in Verbindung gebracht: „Ἥρῃ τῇ Σαμίῃ περὶ μὲν τρίχας ἄμπελος ἕρπει".[1400] Der Granatapfel gehörte ebenfalls zu Hera,[1401] in seiner Symbolik der Liebe und Fruchtbarkeit aber auch zu Aphrodite.[1402] Kuchen war eine gängige Opferbeigabe für Dionysos, wird aber von Theokritos in seiner Beschreibung des von Arsinoë im Palast ausrichteten Adonisfests auch als Ehrengabe für Adonis genannt –[1403] zusätzlich zu Früchten.[1404] Dies ist im

---

dem Feld aus Saatkörnern, Sand und Wasser einen Kornosiris her, indem sie die Masse in zwei mumiengestaltige Formhälften gab. Osiris galt als Korngott als Schöpfer von Gerste und Weizen. Vgl. Merkelbach (1995), 16; Tobin (1991), 192. Die Getreideähre ist somit als Verbindungszeichen zum chthonischen Fruchtbarkeitsgott Osiris zu sehen und verhieß Auferstehung und jenseitiges Leben. Die Ptolemäer oder ihre ägyptischen Berater wussten diese Symbolik für die Programmatik des Herrscherkults einzusetzen.

1398 Vgl. Meyer (1992/93), 129, Anm. 37; Pfeiffer (2004), 274; Pantos, P.A. (1987): Bérénice II Démèter, BCH 111, 343-32. Dies war auch im ägyptischen Kontext der Fall und wirkte sich auf die postume ägyptische Repräsentation ihrer früh verstorbenen kleinen Tochter aus. Die Priesterinnen brachten ihrem Kultbild die ersten reifen Ähren des Jahres dar. Vgl. Onasch (1976), 147. Ihre Krone war mit zwei Kornähren ausgestattet; ein spezielles „Brot der Berenike" gehörte zu den Riten ihrer Verehrung (Kanoposdekret, 72-73). Vgl. Sauneron (1966), 98-99, der analog auf die Existenz eines „Arsinoëbrots" als Zeichen ihres Fruchtbarkeitsaspekts schließt. Belegt ist ein solches Brot indes nicht.

1399 gl. Parente (2002), 269; Thompson (1973), 32; Reden (2007a), 54.

1400 Kallim. Fr. 113 Asp. (101 Pf.): *„Der Hera auf Samos umwindet die Haare ein Weinstock..."*

1401 Paus. 2,17,4.

1402 vid met. 10,644-648; Plut. mor. 138 D. Vgl. Pirenne-Delforge (1996), 839-840, 842; Sourvinou-Inwood (1974), 129; Parente (2002), 269. Zur Symbolik der Fruchtbarkeit vgl. Leibovitch (1953), 75. Der Granatapfel war sowohl in Griechenland als auch in Ägypten ein Liebessymbol. In Athen gehörten die kidonischen Äpfel zum athenischen Hochzeitsritual, vgl. Eitrem (1912), 394.

1403 Zum Adonisfest vgl. Reed (2000), 339-344; ders. (1995), 317-346; Helmbold (1951), 17-24.

1404 Theokr. 15,115-117. Im Klagelied der Sängerin wird von einem Gebäck aus Mehl, Honig und Ölen berichtet. Zur kargen Überlieferung zu Lebensmitteln im griechischen Adoniskult vgl. Detienne, M. (2000): Die Adonis-Gärten. Gewürze und Düfte in der griechischen Mythologie, Darmstadt; Reed (2000), 322, der nur das späte Zeugnis des Hesychios aufführt. Allgemein gehörte Kuchen in Ägyp-

Kontext von *Idyll* 15 besonders relevant, da Theokritos darin das duale Wirken des Ptolemäerpaars beschreibt, das sich harmonisch ergänzt und einen Gesamteindruck von Reichtum und Wohlleben im Reich vermittelt.[1405] Er verweist auf die *kala erga* des Königs auf den Straßen – die Abschaffung der Straßenräuberei, des kriminellen Chaos in Alexandria –[1406] und der Königin innerhalb des Palasts.[1407]

Auf dem Münzreversbild wird die positive Wirkkraft des Ptolemäerpaars durch den Code des Doppelfüllhorns versinnbildlicht, das in gleichen Mengen Kuchen und Obst spendet. Das Diadem verwies darauf, dass die Herrschaft der Ptolemäer die Grundvoraussetzung dafür war, dass es Reich und Bevölkerung so gut ging.[1408]

Das Argument von Dimitris Plantzos, das *dikeras* sei allein Arsinoës persönliches Symbol gewesen und stehe nicht für die Geschwisterehe oder die *theoi adelphoi*, weil es nur im Kontext des Kults der *thea Philadelphos* auftrete,[1409] geht von einer Diskrepanz zwischen Paar und Einzelperson aus, die gar nicht besteht. Auch als Arsinoës persönliches Symbol rekurrierte das Doppelfüllhorn in Ptolemaios' II. Repräsentationskonzept immer auf die Geschwisterehe. Arsinoës Ikonographie stand insgesamt im Dienste der Dynastie und trug entscheidend zur Konturierung ihres Images bei. Man kann Arsinoë nicht isoliert von ihrer Familie und von Ptolemaios II. sehen, auch nach ihrem Tod nicht. Ptolemaios II. überbrückte den Bruch mit der Kontinuität mit der kultischen Verehrung der *thea Philadelphos*.

Das *dikeras* reflektiert dieses Programm deutlich: Zwei Hörner mit spiegelbildlicher Füllung erwachsen aus einer gemeinsamen Knospe und werden durch das Diadem miteinander verbunden, so wie Ptolemaios II. und Arsinoë II. von der harmonischen Einheit der Rettergötter abstammen und dem Reich in wechselseitiger Ergänzung und Unterstützung Reichtum und Wohlstand bringen.[1410] Zwangsläufig bezog sich das *dikeras*

---

ten und den anderen Reichen des Ostens zu den typischen Fest- und Opfergaben. Vgl. Perpillou-Thomas (1991), 193; Beaulieu (1993), 246. Manche großen Tempel hatten sogar eigene Bäcker.

1405 Vgl. Whitehorne (1995), 72-75.

1406 Theokr. 15,46-50.

1407 gl. Whitehorne (1995), 73-74.

1408 Vgl. Bemmann (1995), 88-89; Rice (1983), 202-208; Thompson (1973), 55-56; Ashton (2001), 40; Ager (2005), 24. Bemmann (1995), 105 zufolge wurde das Füllhorn der Ikonographie des Sarapis entliehen. Die allgemeine Deutung als Spender von Überfluss und Reichtum ist als Referenz jedoch wahrscheinlicher.

1409 Vgl. Plantzos (1991/92), 125.

1410 Vgl. Müller (2007d), 144-145. Ähnlich: Huß (2001), 327: „*Nicht der König allein, sondern der König und die Königin sollten als Begründer und Garanten der Prosperität er-*

damit auch auf Ptolemaios II., ebenso wie es bei Arsinoës Kultname Philadelphos der Fall ist. Die Zweieinigkeit wurde nicht aufgelöst; Arsinoë hatte ihren Brudergemahl symbolisch immer mit im Gepäck. Dies wird ein Grund gewesen sein, warum das Doppelfüllhorn ausschließlich ihren Darstellungen vorbehalten blieb und Ptolemaios II. es für seine Porträts nicht übernahm – er war ohnehin integraler Bestandteil seiner Symbolik.

Auf den Münzprägungen mit den Bildnissen ihrer Nachfolgerinnen Berenike II., Arsinoë III. und Kleopatra I. erscheint nur das einfache Füllhorn auf dem Revers. Ebenso halten sie auf ihren Porträts auf den Fayencekannen das einfache *keras* im Arm.[1411] Erst Kleopatra VII. adaptierte in einem bewussten Rekurs auf die Glanzzeiten ihrer Dynastie das Doppelfüllhorn als Reversbild ihrer Münzserien.[1412]

Die Designs der Füllhörner der Königinnen sind jeweils unterschiedlich, was den Schwung der Diadembänder, die Kannelierung und Form des Horns betrifft.[1413] Auch ptolemäische Könige wie Ptolemaios III. oder Ptolemaios V. adaptierten das Füllhorn als Symbol ihres politischen Programms in Plastik und Münzprägung.[1414] Somit wurde das einst allgemein für Fruchtbarkeit stehende Zeichen von den Ptolemäern zum speziellen Code der Wohltaten ihrer Regierung.[1415]

---

scheinen". Die These von Wilcken (1896b), 1284, Arsinoës Beziehung zu Ptolemaios II. sei in ihrer Darstellung sekundär, ist daher nicht nachvollziehbar.

1411 Vgl. Thompson (1973), 60; Bemmann (1995), 90-91. Für Berenike II. vgl. Caccamo Caltabiano (1996), 183-184. Zur Anlehnung Kleopatras I. an Arsinoës Münzpoträt, vgl. Hazzard (1995), 9.

1412 Vgl. Bemmann (1995), 85-88; Heinen (1969), 189-190; Wyke (1992), 207; Grimm (1981), 22; Ashton (2001), 16, 35, 42-43, 48; Huß (2001), 756. Heinen (1966), 181 vermutet, dass sie und Ptolemaios XIII. sowie Ptolemaios XIV. sich auch als *Philadelphoi* bezeichneten.

1413 Vgl. Schwentzel (2000), 101-102. So zeigt das Horn Berenikes II. keine Kannelierung im oberen Teil und die Diadembänder hängen senkrecht herab. Das Horn Arsinoës III. unterscheidet sich von dem *dikeras* Arsinoës II. durch seine geschwungene Form und seine Füllung. Beim Doppelfüllhorn Kleopatras VII. fehlt die Kannelierung und die Diadembänder fallen anders.

1414 Vgl. ebda., 102-103; Noeske (2000), Nr. 137 (Reversbild mit Strahlenkranz der Goldoktodrachme Ptolemaios' IV. für seinen Vater Ptolemaios III. mit dessen Porträt); Ashton (2001), 10 (Bronzestatuette Ptolemaios' III. oder Ptolemaios' IV. mit Füllhorn). Zum Füllhorn als Attribut einer Statue Ptolemaios' I. im Tychaion von Alexandria vgl. Ps.-Liban. Progymnasmata 25,1-9. Siehe ferner Kosmetatou (2004b), 243.

1415 Ptolemaios II. übertrug das Attribut, aber in einfacher Ausführung, sogar auf Darstellungen seiner Geliebten, dem weiblichen Mundschenk Kleino, die über ganz Alexandria verteilt waren (Athen. 10,425 E; 13,576 F unter Berufung auf Polybios).

Kleopatra Thea, die Ptolemäerin im Seleukidenhaus, adaptierte nicht nur den Bildtypus des gestaffelten Doppelporträts für die seleukidische Münzprägung, sondern auch den ikonographischen Code des Füllhorns mit seiner *tryphe*-Symbolik.[1416] Es erscheint als beigeordnetes Attribut ihres Doppelporträts mit Alexander I. Balas,[1417] als Reversbild eines seltenen Goldstaters mit ihrem Einzelporträt[1418] und als Reversbild von Silberprägungen, wobei die Anordnung seiner Früchte dem prototypischen *dikeras* Arsinoës gleicht.[1419] Kleopatra Theas Beispiel zeigt, dass das Füllhorn zu einem ptolemäischen Markenzeichen geworden war und ebenso wie der ptolemäische Adler, den sie auch als Reversmotiv übernahm, für ihr dynastisches Prestige bürgte und ihre Zugehörigkeit zum Ptolemäerhaus bezeichnete.

Anscheinend wurde das Doppelfüllhorn auch bei kultischen Feiern zum Trinken eingesetzt. So beschreibt ein Fragment der *Ithyphallischen Verse* des Theokles, dass er die Ptolemaia, das Fest der *theoi Soteres*, gefeiert habe, indem er in Gegenwart anderer Künstler und in Gesellschaft des Königs aus dem Doppelhorn getrunken habe.[1420]

In Rom taucht das Symbol des Füllhorns ebenfalls auf Münzen auf, in einer Zeitspanne, die Gerhard Dobesch als den Höhepunkt der republikanischen Rezeption hellenistischer Kultur charakterisiert: Sullas späte Jahre.[1421] Das Füllhorn passte zu seiner Selbstdarstellung; Sulla inszenierte sich konsequent als Schützling der Götter – Sulla *Felix* und *Epaphroditos* – der seinen Erfolg einzig und allein seiner *virtus* und seiner *felicitas* als

---

1416 Vgl. Meyer (1992/93), 114-117.

1417 Vgl. LeRider/Callataÿ (2006), 54, Anm. 4. Es ist hinter ihrer Schulter sichtbar. Vgl. Schmitt/Nollé (2005^3), 977-979, Abb. 331; 980, Abb. 340; 981, Abb. 341; Plantzos (1991/92), 125-126. In dieser Darstellung erkennt Meyer (1992/93), 114-117 die Symbolik der schützenden Tyche. Da Kleopatra Thea einen Kalathos trägt, werde sie als Tyche von Alexander I. Balas dargestellt, der er den Thron verdankt habe. Zu Alexander I. Balas vgl. Bohm (1989), 105-116.

1418 Vgl. Meyer (1992/93), 117. Die Datierung der seltenen Prägungen unter ihrem Namen mit ihrem Einzelporträt ist umstritten. Wahrscheinlich stammten sie aus der Zeit ihrer Regentschaft, 125/24 v. Chr., und waren keine Gedenkprägungen für sie, sondern ihre eigenen Emissionen als Münzherrin. Vgl. Macurdy (1932), 98; Schmitt (2005^3f), 563. Unter dem Schleier trägt sie eine Ähre im Haar. Vgl. Meyer (1992/93), 116, 118-119; Schmitt/Nollé (2005^3), 981, Abb. 341. Das Symbol verweist auf ihren Beinamen Eueteria, den fruchtbaren Jahressegen, den Überfluss.

1419 Vgl. Meyer (1992/93), 118-119; Macurdy (1932), 98.

1420 Athen. 11,497 C-D.

1421 Vgl. Dobesch, G. (2004): Caesar und der Hellenismus, in: Kinsky, R. (Hg.), Diorthoseis. Beiträge zur Geschichte des Hellenismus und zum Nachleben Alexanders des Großen, München/Leipzig, 108-253, hier 132, 144.

Kennzeichen seiner Auserwählung, nicht etwa menschlicher Protektion – in seinen Anfangszeiten sicherlich als Protegé von Marius – verdankte.[1422] Sulla erfand den symbolischen Gehalt der *felicitas* neu, indem er sie individualisierte. Was die Ptolemäer auf ihre gesamte Dynastie übertragen hatten, verbuchte Sulla ausschließlich für sich: Sein Glück hing an seiner göttlich protegierten Person und umgab ihn wie eine Aura.[1423] Es diente gemäß seiner Selbstdarstellung jedoch nicht dem Eigennutz, sondern dem Wohlergehen der *res publica* und seiner Bürger:[1424] „*Sulla's felicitas, the good fortune … brought with it material prosperity and abundance*".[1425]

Das zu diesem Image passende Symbol des Füllhorns – als Zeichen von Wohlstand und Segen für Rom durch den Götterliebling Sulla –[1426] erscheint, umwunden von einem Lorbeerkranz, 81 v. Chr. als Reversbild einer Münzserie anonymer *denarii*, deren Avers Sullas Schutzpatronin Venus zeigt.[1427] Auf weiteren Serien von *aurei* und *denarii* mit dem Venuskopf ist das Doppelfüllhorn zu sehen;[1428] eine Serie mit dem Kopf des Apollon auf dem Avers zeigt das Doppelfüllhorn zusammen mit einem Blitzbündel, Getreideähren und Früchten.[1429]

Auch die hellenistische Vorgabe der Symbolik der *tryphe*, wie sie im Füllhorn zum Tragen kam, lief darauf hinaus, dass das Wohl aller beschworen wurde, nicht das Luxusleben des Herrschers.

Zusammenfassend ist über Arsinoës Ikonographie auf den Gedenkprägungen Ptolemaios' II. zu sagen, dass dem Herrscher selbst eine zentrale Bedeutung zukam. Nicht nur bei dem Doppelporträt ist sie als die Hälfte eines Paars, der *theoi adelphoi*, dargestellt, sondern auch in ihrem Einzelporträt. Die Ikonographie reflektiert ihre Rolle als Königin an der Seite Ptolemaios' II., die eine ihrer Hauptaufgaben ihres individuellen

---

1422 Vgl. Müller (2009c), 204-209.

1423 Plut. Sull. 35,4-5. Dies wird anhand der Legende illustriert, wie er seine fünfte und letzte Frau Valeria kennen lernte. Bei einem Gladiatorenspiel ging sie an ihm vorbei, legte ihm die Hand auf die Schulter und zupfte ihm einen Faden aus seiner Toga, um an seiner *felicitas* teilzuhaben.

1424 Vgl. Behr, H. (1993): Die Selbstdarstellung Sullas. Ein aristokratischer Politiker zwischen persönlichem Führungsanspruch und Standessolidarität, Frankfurt a.M., 101-107, 135, 160, 174.

1425 Sumi (2002), 421.

1426 Vgl. Alföldy, A. (1976): Redeunt Saturnia regna, V: Zum Gottesgnadentum des Sulla, Chiron 6, 143-158, hier 157-158; Fears, J.R. (1981): The theology of victory at Rome: Approaches and problems, ANRW II 17,2, 736-826, hier 791-796; Christ, K. (2002): Sulla. Eine römische Karriere, München, 210.

1427 RRC 376. Vgl. Fears (1975), 795.

1428 RRC 375. Ebda.

1429 RRC 371. Vgl. Ramage, E.S. (1991): Sulla's propaganda, Klio 78, 93-121, hier 105.

Kults als *thea Philadelphos* war. Elemente wie Schleier, *stephane* und Doppelfüllhorn verweisen auf die Geschwisterehe als *hieros gamos*, der dem Ptolemäerreich Wohlstand bringt.

Arsinoës Attribute setzen sich vor allem aus Leihgaben von griechischen Göttinnen – Schleier und *stephane* – sowie makedonischen Herrschaftszeichen – Diadem und Szepter (das allerdings auch auf Heras Szepter anspielen kann) – zusammen. Dies entsprach der Funktion der Bruderliebenden Göttin, Ptolemaios II. die lebende *basilissa* zu ersetzen. Das Füllhorn wurde mit weiblichen und männlichen griechischen Gottheiten assoziiert und entsprechend in der ptolemäischen Zeichenwelt sowohl Königen als auch Königinnen beigegeben. Arsinoë wird zur speziellen Schutzpatronin des Reichs, des Königtums und der Bevölkerung stilisiert, die in allen Bereichen komplementär zu Ptolemaios II. wirkt, besonders aber in Angleichung an Aphrodite und Hera über Liebe, Ehe und Fruchtbarkeit der weiblichen Bevölkerungsteile wacht.

Zusammenfassung

Die Alexandria-Rezeption der Moderne ist primär von zwei Symbolfiguren geprägt: dem Stadtgründer Alexander und der letzten ptolemäischen Königin Kleopatra VII. Vor allem in westlicher Perspektive sind die Imaginationen Alexandrias untrennbar mit der seit Jahrhunderten andauernden Suche nach Alexanders Grab und Vorstellungen von Kleopatras Hofleben verbunden. Besonders Alexanders Grablege als zentralem städtischem Erinnerungsort, der unabhängig vom Bestehen des Ptolemäerreichs seine eigene symbolische Kraft besaß, kommt ein hoher Stellenwert im Mythos Alexandrias zu und bleibt entsprechend auch bei den bekannten literarischen Reflektionen zu Alexandria von E.M. Forster oder Lawrence Durrell nicht unerwähnt.1430 Damit ist zugleich ein Aspekt der ptolemäischen

1430 Vgl. Sartorius, J. (Hg.) (2001): Alexandria. Fata Morgana, Stuttgart/Mainz, 69; Durrell, L. (1985^2): The Alexandria Quartet, New York, hier: Justine, 39-40. Das in der Spätantike verschwundene Grab, das vielleicht einem Erdbeben zum Opfer fiel, ist ein eigener Mythos. Im 16. Jh. ortete es der Schriftsteller Leo Africanus in einem kleinen Haus in der Stadtmitte. Erst mit Napoleons Ägyptenzug werden die Berichte konkreter, als man im Hof einer Moschee einen leeren grünen Granitsarkophag mit Hieroglyphen fand, der ins British Museum überstellt und 1802 als Sarkophag von Alexander publiziert wurde. Die Zuschreibung änderte sich mit der Entzifferung der Hieroglyphenschrift anhand des Steins von Rosetta durch Champollion. Die Kartusche erwies sich die von Pharao Nektanebos II. Da aktuell die These vertreten wird, dass Ptolemaios I. als Zwischenlösung die Leiche Alexanders in diesem Sarkophag in Memphis beisetzen ließ, da er unbenutzt war,

Herrschaftsrepräsentation angesprochen, der sie von den anderen hellenistischen Dynastien vorteilhaft abhob: der Besitz von Alexanders Mumie. Nach Perdikkas' gescheitertem Versuch, sie zurückzuholen, war die Leiche in Ägypten geblieben und den Ptolemäern nicht mehr streitig gemacht worden. Ptolemaios' Mumienraub hatte den Grundstein für eine symbolische Aufwertung Ägyptens als Grablege von Alexander gelegt.

Die Inbesitznahme der Leiche war eine Methode gewesen, seine neue Herrscherposition zu legitimieren, dazu kamen andere: die Berufung auf Speererwerb und kriegerische Exzellenz, die Verbindung zu den Argeaden, erst durch die Werbung um Kleopatra, nach deren Scheitern durch ideelle Ansippung, die überhöhende Gründungslegende nach dem Modell des „Mythos von der Geburt des Helden", die Ptolemaios zum Ziehkind des Zeusadlers werden ließ, die sakrale Überhöhung durch die Adaption von Götterattributen für das Herrscherporträt, die Darstellung als königlicher Jäger, kulturelles Mäzenatentum, Euergetismus und die Propaganda, Befreier Griechenlands zu sein.

Mit diesen für die Diadochen bekannten Legitimationsfaktoren wollte Ptolemaios I. seine neu erworbene Position rechtfertigen und sich vom makedonischen Adel distanzieren.

In der zweiten Herrschergeneration des Ptolemäerreichs kamen zu diesen Faktoren die Intensivierung der Anlehnung an Dionysos und das Ideal der *tryphe* hinzu, die Vergöttlichung der Eltern, die eigene Apotheose zu Lebzeiten gemeinsam mit der Ehefrau, und vor allem ein Aspekt, der das Ptolemäerhaus auch aus den hellenistischen Reichen heraushob und im kulturellen Gedächtnis verankerte: die Inszenierung der Geschwisterehe als königliches Privileg.

Im neuen, einflussreichen Konzept der ptolemäischen Herrschaftsrepräsentation von Ptolemaios II. war der spezielle der Abkunft des Königspaars von derselben Mutter und demselben Vater zentral, die Doppelung und Dualität auf dem Thron spielte eine entscheidende Rolle. Die Behandlung der Vollgeschwisterehe als *hieros gamos* in Anlehnung an Zeus und Hera, auf ägyptischer Seite an Isis und Osiris, sollte den Familienzweig von Ptolemaios II. und Arsinoë II. als den einzig herrschaftsfähigen darstellen. Das Konzept resultierte aus seinen Problemen mit der Nachfolge und sollte sowohl interne als auch externe Konkurrenten – zumin-

hatte man eventuell nicht so falsch gelegen. Im 19. Jh. entstanden Gerüchte, dass Alexanders Mumie mit Diadem in einem Raum unter der Nabi-Daniel-Moschee lege. Ein Konsulatsmitglied hatte behauptet, diesen Raum durch unterirdische Gänge erreicht und die Leiche im Glassarg durch die Ritzen der Holztür erspäht zu haben. Chugg nennt als Möglichkeit, dass Alexanders Mumie fälschlicherweise als Reliquie in Venedig verehrt werden würde: es handle sich um die Überreste des Heiligen Markus. Vgl. Chugg (2004/05), 141-269.

dest ideologisch – vom nächsten Thronwechsel ausgrenzen. Um die Illusion der identischen matrilinearen und patrilinearen Abkunft des herrschaftsfähigen Ptolemäerzweigs perfekt zu machen, adoptierte Arsinoë II. die Kinder ihres Bruders aus erster Ehe und übernahm eine symbolische Mutterrolle. In ihrer Ikonographie drückt sich die Mischung aus Sakralem und Herrschaftlichen aus: *stephane* und Widderhorn, Diadem und Szepter.

Die besondere Definition Ptolemaios' II. von Herrschaftsfähigkeit wurde zum Hauptthema seiner Repräsentation und ließ Arsinoë II. in der literarischen und bildlichen Überlieferung prominent hervortreten, zumal er nach ihrem Tod den Eindruck erweckte, sie erfülle noch immer die Aufgaben der *basilissa*, sich somit noch mehr für ihre öffentliche „Sichtbarkeit" engagieren musste. Sie wurde zum Modell ptolemäischer Königinnen in höfischer Repräsentation, Reichskult und bildender Darstellung.

Wie die verschiedenen Adressaten sie wahrnahmen und sich an sie erinnerten, wurde durch den Hof definiert und gelenkt. Als *Persona* hatte Arsinoë II. viele Gesichter. Sie war liebende Gattin und symbolische Mutter der Kinder von Ptolemaios II., *thea Philadelphos*, Gastgeberin des Adonisfests bei Theokritos, makedonische Kriegerkönigin und Siegerin panhellenischer Wettkämpfe bei Poseidippos, in ihrem Kult am Kap Zephyrion als Kypris Zephyritis göttliche Beschützerin der Seefahrt und ptolemäischen Seeherrschaft, Schutzgöttin von Liebe und Ehe, der Muscheln als Weihegabe dargebracht wurden, Patronin der Künste und im ägyptischen Kontext Beschützerin des Pharao mit Attributen der Isis.

Für die Botschaft, dass die ptolemäische Zweieinigkeit dem Reich doppelten Segen brachte, wurden eigens neue Bildmittel kreiert, die diese Aussage noch unterstrichen: das Doppelmünzporträt und das Doppelfüllhorn. Dieses Symbol, das Ptolemaios II. selbst für seine Schwester entworfen haben soll, versinnbildlicht mit den zwei reich gefüllten Hörnern, die aus einer Blüte emporsteigen, dass das Herrscherpaar aus der Vereinigung ihrer göttlichen Eltern hervorgegangen war, um gemeinsam für das Wohl von Reich und Bevölkerung zu sorgen. Dazu diente die Angleichung des Königs an Dionysos und der Königin an Aphrodite, die auch auf dieser Ebene eine Kultgemeinschaft bildeten.

Diese Vorgaben zur Darstellung der Zweieinigkeit des Königspaars und ihrer ebenfalls in Paare gestaffelten göttlichen Vorfahren, die alle wenigstens dem Titel nach als Geschwister galten, setzten Maßstäbe, die bis zum Ende des Reichs galten, in modernen Worten ausgedrückt: „*All is image, image sells.*"[1431]

1431 Metcalf, G. (1998): Heroes, myth and cultural icons, in: Grossman, W. (Hg.), Reframing Andy Warhol. Constructing American myths, heroes, and cultural icons. Maryland, 6-14, bes. 7-10.

7. Fazit

Die Annahme des Diadems brachte die Diadochen in Legitimationszwänge: Sie konnten sich nur auf einen Aspekt der in makedonischen Strukturen geltenden Faktoren der Akzeptanz – Zugehörigkeit zur Argeadenfamilie und militärische Qualifikation – berufen: den Speererwerb.

Um zu vermitteln, dass ihre Familie die herrschaftsfähige Linie war, mussten sie sich ein neues Image zulegen. Auch in den nachfolgenden Generationen der hellenistischen Reiche wurde an diesem Image gefeilt. Gängige Elemente waren die Eingliederung göttlicher Ahnen in die Genealogie und Gründungsmythen, die auf die Auserwählung des Dynastiegründers abhob.

Auch das dynastische Prestige der Frau an der Seite des Monarchen wurde besonders wichtig. Im Ptolemäerreich wurden die maßgeblichen Formeln der Herrschaftsinszenierung unter Ptolemaios II. in die Wege geleitet. Der Fokus lag auf der Dualität, König und Königin.

Diese mediale Inszenierung einer dualen Reichsspitze eines komplementären Königspaars entstand nicht aus dem Nichts, sondern war das Ergebnis eines Prozesses, der zur Einbindung der Familie des makedonischen Herrschers in seine Selbstdarstellung führte.

Schon unter Philipp II. war das weibliche Element in seiner Repräsentation in Erscheinung getreten, bedingt wohl auch durch Nachfolgequerelen im Argeadenhaus. So ist wahrscheinlich, dass Philipp auf Konflikte mit Vertretern anderer Familienzweige und die öffentliche Verfemung seiner Mutter reagiert hatte, indem er Eurydike als Stifterin und engagierte Vertreterin ihrer Dynastie in die Öffentlichkeit gerückt und ihr zu einem guten Ruf verholfen hatte, der auch ihm nützte.

Seine innen- und außenpolitischen Leistungen hatten dann einen Wandel in den Herrschaftsstrukturen des Reichs und der argeadischen Position bewirkt. Ihm war es gelungen, sich durch seine Expansionen, die Eingliederung der obermakedonischen Fürstentümer und die Bindung des Adels an seinen Hof in Pella ansatzweise vom traditionellen Schema des *primus inter pares* zu lösen. Diese neue Position sollte auch Ausdruck in seiner Herrschaftsrepräsentation finden. Um sich durch seine monarchische Inszenierung vom Adel zu distanzieren, betonte er die Herausgehobenheit seiner Familie. Seine Berufung auf die dynastische Einheit brachte die Profilierung von argeadischen Frauen mit sich, die in der Überlieferung sichtbar zu werden begannen. Ein Grund wird wiederum das Problem mit der Nachfolgesicherung gewesen sein. Die Lektion, dass es für die Erbregelung von Nachteil war, wenn der Herrscher und der Thronanwärter nicht Harmonie und Einigkeit, sondern Zwietracht demonstrierten, hatten einige der Diadochen – besonders Antigonos I. und Demetrios

Poliorketes – gelernt und verinnerlicht. Bei Philipp und Alexander hatte vermutlich der Druck, den einige adlige *factions* bezüglich der Nachfolge auf den Herrscher ausübten, um eigene Entscheidungen durchzusetzen, dazu geführt, dass die Fassade des dynastischen Friedens nicht aufrechterhalten werden konnte. Es sind Ansätze zu sehen, wonach Philipp versuchte, seinen Sohn, der schon durch seine Erziehung durch Aristoteles und seine militärischen Bewährungsmöglichkeiten als sein Erbe gekennzeichnet worden war, und dessen Mutter Olympias in seine Inszenierung einzubinden, um adliger Opposition entgegenzuwirken. Diese Versuche sind aber schwierig zu rekonstruieren. Philipps Ermordung und die Verdächtigungen gegen Alexander und Olympias überlagern vieles. Nicht zuletzt wurde die Tradition auch von der Stilisierung Philipps durch die makedonische Adelsopposition geformt, die sich gegen Alexanders Persienpolitik wandte. Sie stellten ihn als Tyrannen hin und kontrastierten ihn mit seinem toten Vater, der zum Idealbild eines Argeadenherrschers erhoben wurde.

Anregungen für die Rolle der Frau am Argeadenhof werden aus Illyrien, Thrakien, Epeiros und dem Perserreich gekommen sein. So konnten die Handlungsräume der Achaimenidinnen ebenso Vorbildcharakter gehabt haben wie der weiblichen Hekatomniden.

Im Hellenismus setzte sich der Prozess zugleich mit der Entwicklung des Hofs zu voller Blüte fort und mündete in der Dualität auf dem Thron als Repräsentationsmodell. Dies ist nicht zuletzt mit der anfänglichen Legitimationsnot der Diadochen in ihren neuen Reichen zu erklären. Um ihr Prestige aufzuwerten und sich als herrschaftsfähig zu profilieren, bemühten sie sich, ins Argeadenhaus einzuheiraten. In dieser Konstellation – die Ptolemaios, Lysimachos und Perdikkas mit dem Werben um Kleopatras Hand misslang und Kassander mit Thessalonike glückte – kam der Frau als Trägerin dynastischen Prestiges naturgemäß eine exponierte Stellung zu. Nach dem Erlöschen der Argeadendynastie und der Annahme des Diadems durch die Diadochen wurden allmählich die heiratspolitischen Querverbindungen zwischen den Häusern wichtig. Einerseits wurden die weiblichen Vertreter der Familien bei der Konstruktion eines eigenen Image und Profils ihrer Häuser eingebunden. Andererseits begann ihr jeweiliges väterliches Prestige an Relevanz zu gewinnen, das davon abhing, wie erfolgreich der Vater in den Diadochenkriegen gewesen war. Die königlichen Frauen erhielten ein Diadem und den Titel *basilissa* traten daher als Stifterinnen und Wohltäterinnen komplementär zum König auf, konnten wie er städtische Kulte erhalten, ihren Namen für eponyme Stadtneugründungen zur Verfügung stellen und in bildlichen Medien und Gedichten erscheinen.

Zugleich herrschte noch eine andere Form der Dualität an der Reichsspitze vor: zwischen Vater und Sohn als Herrscher und Mitregent. Diese Maßnahme der Nachfolgesicherung wurde durch die öffentliche Inszenierung inniger Verbundenheit und absoluten Vertrauens unterstrichen, die vermitteln sollte, dass ein Griff von außen auf den Thron aussichtslos war. Wie wichtig diese stabilisierenden Methoden waren, damit der heikle Übergang der neuen Reiche von der ersten zur zweiten Herrschergeneration glückte, zeigt das Beispiel von Lysimachos, der keinen Mitregenten ernannte, sich mit seinem ältesten Sohn in Uneinigkeit präsentierte und dann nicht verhindern konnte, dass Seleukos von außen in den Erbfolgestreit eingriff und seine Dynastiebildung verhinderte.

Die zweite Generation der hellenistischen Herrscher hatte sich den Problemen zu stellen, die ihnen aus der Heiratspolitik ihrer Väter erwuchsen. Die Polygamie, abgelöst von der seriellen Monogamie, hatte zu einer Überzahl an Erben und internen Konflikten geführt, die Exogamie zu Erbansprüchen gegnerischer Häuser, die es abzuwehren galt.

Am radikalsten ging Ptolemaios II. bei der Lösung dieser Probleme vor. Er wählte nicht nur die Monogamie, sondern auch noch die Endogamie als Mittel, sein Reich gesichert an seinen Nachfolger zu übergeben. Er heiratete seine Vollschwester, propagierte diese Geschwisterehe in Anlehnung an göttliche Beispiele als königliches Privileg und stellte die identische matrilineare und patrilineare Abkunft des Herrscherpaars als Zeichen doppelter Legitimation hin. Diese sakrale Überhöhung führte zur ersten Apotheose eines makedonischen Herrschers zu Lebzeiten hin – zusammen mit seiner Schwester. Das Modell setzte sich als Standard im Ptolemäerreich durch und wirkte sich auch auf Nachbarreiche aus.

Unter der Regierung Ptolemaios' II. wurde die Dualität auf dem Thron zum Standardmodell der polyvalenten ptolemäischen Herrschaftsrepräsentation. Eigene bildliche Vorgaben wie das Doppelporträt wurden dafür initiiert. Bis zum Ende des Reichs blieben seine Vorgaben maßgeblich. Das Beispiel von Arsinoë II. zeigt, dass die artifizielle *Persona* der Königin in einem ausgefeilten Repräsentationskonzept wichtiger sein konnte als die lebende Person. So konnte die Tote noch umfassender im Repräsentationsprogramm eingesetzt werden, wie der Fall von Arsinoë II. zeigt. Selbst postum blieb sie als göttliche Kunstfigur die Frau an der Seite von Ptolemaios II., der nicht wieder heiratete. Ihre Präsenz in seiner Herrschaftsinszenierung resultiert nicht zuletzt daraus, dass er sich darum bemühte, die Illusion zu schaffen, sie sei noch bei ihm und würde für das Reich sorgen wie zuvor.

Als Gottheit omnipräsent und jederzeit anrufbar, konnte Arsinoë II. der Theorie nach noch umfassenderen Schutz für die Reichsbevölkerung zu Land und zu Wasser garantieren, den König und seinen Nachfolger beschirmen. In der Praxis wurde alles versucht, um sie auch als Tote in der Inszenierung sichtbar zu machen.

Sie wurde als Schutzpatronin und „guter Geist“ des Ptolemäerreichs beschworen; ihre kultische Verehrung sollte die Bevölkerung mit dem Königshaus verbinden und Loyalität stiften, wie anhand der Arsinoeia zu sehen ist. Während der ptolemäische König in Anlehnung an Dionysos, seit Ptolemaios IV. auch teils in der Rolle der irdischen Erscheinung, als Neos Dionysos, für Wohlleben garantierte, unterstützte ihn die Königin, die mit Aphrodite assoziiert wurde und damit zusätzlich seine Auserwähltheit unterstrich – ebenso wie seine ebenfalls mit Aphrodite assoziierten Hetären. Von einer faktischen Mitregentschaft ist nicht allgemein auszugehen; die repräsentative Rolle der Königin kann nicht automatisch mit politischem Einfluss gleichgesetzt werden.

Um abschließend noch eine Bühnenmetapher zu verwenden: Die Scheinwerfer der dynastischen Inszenierung richteten sich auf den Herrscher und seine Gemahlin, die ihre Erben beschützten und von ihren divinisierten Ahnen beschirmt wurden.

V. Quellen- und Literaturverzeichnis

1. Editionen der Hauptquellen

Appian, Historia Romana:
P. Viereck u. A.G. Roos, überarb. v. E. Gabba, Leipzig 1962

Athenaios, Deipnosophistai:
G. Kaibel, Leipzig 1887ff.
C. B. Gulick, Cambridge, Mass./London 1955^{3}-1961^{3}

Arrian, Alexandri Anabasis:
A.G. Roos, überarb. v. G. Wirth, München/Leipzig 2002

Arrian, Scripta minora et fragmenta:
A.G. Roos, überarb. v. G. Wirth, München/Leipzig 2002

Cassius Dio, Historia Romana:
L. Dindorf u. I. Melber, Leipzig 1890
U.P. Boissevain, Berlin 1895ff.

Diodor:
I. Bekker u. L. Dindorf, Stuttgart 1867-1991
XVIII-XX: O. Veh u. G. Wirth, Stuttgart 2005

Herondas:
I.C. Cunningham, Leipzig 1987

Herodot:
C. Hude, Oxford 1960^{3}

Justin, Epitoma historiarum Philippicarum Pompei Trogi:
O. Seel, Stuttgart 1972

Kallimachos:
M. Asper, Darmstadt 2004
R. Pfeiffer, Oxford 1949-1953

Manetho:
W.G. Waddell, London/Cambridge, Mass. 2004^{8}

Ovid, Fasti:
F. Boemer, Heidelberg 1957-1958, mit Kommentar

Pausanias:
F. Spiro, Leipzig 1903
M.H. Rocha-Pereira, Leipzig 1973ff.

Plinius, Naturalis Historia:
D. Detlefsen, Berlin 1866-1882
J. André u. R. Bloch, komm. v. A. Rouveret, Paris 1981

Plutarch, Moralia:
F.C. Babbitt, London/Cambridge, Mass. 1960³ff.
G.N. Bernadakis, Leipzig 1889, 1893

Plutarch, Über Isis und Osiris:
H. Görgemanns, Düsseldorf/Zürich 2003
Kommentar: T. Hopfner, Darmstadt 1967

Plutarch, Vitae parallelae:
C. Lindskog u. K. Ziegler, Leipzig 1914ff.

Polyainos, Strategicon:
E. Woelfflin, Leipzig 1860

Polybios:
L. Dindorf u. T. Büttner-Wobst, Leipzig 1882-1904

Poseidippos:
G. Bastianini u. C. Gallazzi, Mailand 2001
C. Austin u. G. Bastianini, Mailand 2002

Strabo:
A. Meineke, Leipzig 1915ff.

Teles:
O. Hense, Leipzig 1909²
R. Nickel, Darmstadt 1994

Theokrit:
A.S.F. Gow, Cambridge 1952
J.M. Edmonds, London/Cambridge, Mass. 1923⁴

2. Editionen und Quellensammlungen

Abd el-Raziq, M. (1984): Die Darstellungen und Texte des Sanktuars Alexanders des Großen im Tempel von Luxor, Mainz

Ager, S.L. (1996): Interstate arbitrations in the Greek world 337-390 B.C., Berkeley

Assmann, J. (1999²): Ägyptische Hymnen und Gebete, Göttingen

Austin, M.M. (Hg.) (1981): The Hellenistic world from Alexander to the Roman conquest. A selection of ancient sources in translation, Cambridge

bey Kamal, A. (1905): Catalogue Général des antiquités égyptiennes du Musée du Caire. Nos 22001-22208. Stèles ptolémaïques et romaines, Bd. I, Kairo

Borger, R./Hinz, W./Römer, W.H.P. (Hg.) (1984): Texte aus der Umwelt des Alten Testaments I. Rechts- und Wirtschaftsurkunden. Historisch-chronologische Texte, Gütersloh

Burstein, S.M. (Hg.) (1985): The Hellenistic age from the battle of Ipsos to the death of Kleopatra VII, Cambridge

Dittenberger, W. (Hg.) (1903-05): Orientis Graeci Inscriptiones Selectae., Bd. I u. II, Leipzig

Dittenberger, W. (Hg.) (1915³): Sylloge Inscriptionem Graecarum, Bd. I, Leipzig

Edgar, C.C. (Hg.) (1925): Catalogue général des antiquités égyptiennes du Musée de Caire: Zenon Papyri, Bd. I, Kairo

Gow, A.S.F./Page, D.L. (1965): The Greek Anthology. Hellenistic epigrams, I-II, Cambridge

Hunt, A.S./Edgar, C.C. (Hg.) (1952²-1963³): Select Papyri, Bd. I- III. Non-literary papyri. Public documents, London, Cambridge, Mass.

Jacoby, F. (Hg.) (1923ff.): Die Fragmente der griechischen Historiker, Leiden

Kent, R.G. (1953²): Old Persian. Grammar, texts, lexicon, New Haven

Kurth, D. (Hg.) (1998²): Treffpunkt der Götter. Inschriften aus dem Tempel des Horus von Edfu, Düsseldorf/Zürich

Larsen, T. (Hg.) (1942): Papyri Graeci Hauniensis. I: Literarische Texte und ptolemäische Urkunden, Hauniae

Lecoq, P. (Hg.) (1997): Les inscriptions de la Perse achéménide, Paris

Patzek, B. (2000): Quellen zur Geschichte der Frauen. Bd. 1: Antike, Stuttgart

Posener, G. (1936): La première domination perse en Égypte. Recueil d'inscriptions hiéroglyphiques, Kairo

Roeder, G. (1927): Altägyptische Erzählungen und Märchen, Jena

— (1959-1961): Die ägyptische Religion in Texten und Bildern, Bd. I-IV, Zürich/Stuttgart

Rowlandson, J. (1998): Women and society in Greek and Roman Egypt. A sourcebook, Cambridge

Schmitt, H.H. (Hg.) (1969): Die Staatsverträge des Altertums, III: Die Verträge der griechisch-römischen Welt von 338 bis 200 v. Chr., München

Sethe, K. (1904-16): Die hieroglyphischen Urkunden griechisch-römischer Zeit, 1-3, Leipzig

Simpson, W.K. (Hg.) (1973): The literature of ancient Egypt, New Haven

Spiegelberg, W. (Hg.) (1914): Die sogenannte Demotische Chronik des Pap. 215 der Bibliothèque Nationale zu Paris nebst den auf der Rückseite des Papyrus stehenden Texten, Leipzig

Thiel, H. van (Hg.) (1974): Leben und Taten Alexanders von Makedonien. Der griechische Alexanderroman nach der Handschrift L, Darmstadt

Thomas, P.H. (Hg.) (1960): Liber de morte Alexandri Magni: Incerti auctoris epitoma rerum gestarum Alexandri Magni cum Libro de morte testamentumque Alexandri, Leipzig

Welles, C.B. (Hg.) (1934): Royal correspondance in the Hellenistic period, New York

3. Literatur

Aalders, G.J.D. (1975): Political thought in Hellenistic times, Amsterdam

Abel, K. (1983): Polybios Buch 14: Res Aegypti, Historia 32, 270-286

Acosta-Hughes, B. (2004): Alexandrian Posidippus: On rereading the GP Epigrams in the light of P.Mil.Vogl. VIII 309, in: Ders. u.a. (Hg.), Labored in papyrus leaves. Perspectives on an epigram collection attributed to Posidippus (P. Mil. Vogl. VIII 309), Cambridge, Mass., 42-56

Acosta-Hughes, B./Stephens, S.A. (2002): Rereading Callimachus' *Aitia* Fragment 1, CPh 97, 238-255

Adams, W.L. (1980): The royal Macedonian tomb at Vergina: An historical interpretation, AncW 3, 67-72

— (1996): In the wake of Alexander the Great. The impact of the conquest on the Aegean world, AncW 27, 29-37

— (1997): The successors of Alexander the Great, in: Tritle, L.A. (Hg.), The Greek world in the fourth century. From the fall of the Athenian empire to the successors of Alexander, London/New York, 228-248

Adamson, P.B. (1982): Consanguinous marriages in the ancient world, Folklore 93, 85-92

Ager, S.L. (2003): An uneasy balance: From the death of Seleucus to the battle of Raphia, in: Erskine, A. (Hg.), A companion to the Hellenistic world, Oxford, 35-50

— (2005): Familiarity breeds: incest and the Ptolemaic dynasty, JHS 125, 1-34

Albersmeier, S./Minas, M. (1998): Ein Weihrelief für die vergöttlichte Arsinoë II., in: Clarysse, W. u.a. (Hg.), Egyptian religion. The last thousand years. Studies dedicated to the memory of J. Quaegebeur, Bd. I, Leuven, 3-29

Albersmeier, S. (2002a): Untersuchungen zum Verhältnis der königlichen und privaten Frauenstatuen der Ptolemäerzeit, in: Melaerts, H./Mooren, L. (Hg.), La rôle et le statut de la femme en Égypte hellénistique, romaine et byzantine, Leuven, 1-19

— (2002b): Untersuchungen zu den Frauenstatuen des ptolemäischen Ägypten, Mainz

— (2004): Das „Isisgewand" der Ptolemäerinnen, Städel Jahrbuch 19, 421-432

Albiani, M.G. (2001): Poseidippos, DNP 10, 199-200

Allam, S. (1977): Geschwisterehe, LÄ 2, 568-570

Allen, L. (2005): Le roi imaginaire: An audience with the Achaemenid king, in: Hekster, O./Fowler, R. (Hg.), Imaginary kings. Royal images in the ancient Near East, Greece and Rome, Stuttgart, 39-62

Alonso Troncoso, V. (2001): *Paideia* und *philia* der Hofgesellschaft der hellenistischen Zeit, in: Peachin, M. (Hg.), Aspects of friendship in the Graeco-Roman world, JRA, 81-87

— (2005): La *paideia* de los primeros Ptolemeos, Habis 36, 99-110

Ambühl, A. (2005): Kinder und junge Helden. Innovative Aspekte ihres Umgangs mit der literarischen Tradition bei Kallimachos, Leuven

Ameling, W. (1988): Alexander und Achilleus. Eine Bestandsaufnahme, in: Will, W./ Heinrichs, J. (Hg.), Zu Alexander d. Gr., FS G. Wirth, Bd. II, Amsterdam, 657-692

— (1997): Arsinoë, DNP 1, 38-39

Anderson, A.R. (1928): Heracles and his successors: A study of a heroic ideal and the recurrence of a heroic type, HStClPh 39, 7-58

Anderson, K.J. (1985): Hunting in the ancient world, Berkeley

Andreae, B. (1977): Das Alexandermosaik aus Pompeji, Recklinghausen

— (2003): Antike Bildmosaiken, Mainz

Andreotti, R. (1957): Die Weltmonarchie Alexanders des Großen, Saeculum 8, 120-166

Angiò, F. (2004a): Note ad un epigramma dedicato ad Arsinoe Filadelfo (P.Mil.Vogl. VIII 309, Col. VI 18-25 = 37 A.-B.), Studi di Egittologia e di Papirologia 1, 21-24

— (2004b): Nota all'ep. 36 di Posidippo (P.Mil.Vogl. VIII 309, col. VI 10-17), Studi di Egittologia e di Papirologia 1, 15-17

Anson, E.M. (2003): Alexander and Siwah, AncW 34, 117-130

Arslan, M./Özen, A. (2000): Ptolemaios Ceraunos, AJN, 55-66

Ashton, S.-A. (2000): The Ptolemaic royal image and the Egyptian tradition, in: Egypt's view of itself and 'others' (http://www.ucl.ac.uk/archaeology/events/conferences/enco/views.htm)

— (2001): Ptolemaic royal sculpture from Egypt. The interaction between Greek and Egyptian traditions, Oxford 2001

Asirvatham, S.R. (2005): Classicism and *romanitas* in Plutarch's *De Alexandri fortuna aut virtute*, AJPh 126, 107-125

Assmann, J. (1991): Stein und Zeit. Mensch und Gesellschaft im Alten Ägypten, München

— (1992): Das kulturelle Gedächtnis. Schrift, Erinnerung und politische Identität in frühen Hochkulturen, München 1992

— (2000a): Herrschaft und Heil. Politische Theologie in Altägypten, Israel und Europa, München/Wien

— (2000b): Ägypten als Gegenwelt, in: Hölscher, T. (Hg.), Gegenwelten zu den Kulturen Griechenlands und Roms in der Antike, München/Leipzig, 67-83

— (2004): Ägyptische Geheimnisse, München

Atkinson, K.M.T. (1956): The legitimacy of Cambyses and Darius as kings of Egypt, JAOS 76, 167-177

Austin, M.M. (1993): Alexander and the Macedonian invasion of Asia: Aspects of the historiography of war and empire in antiquity, in: Rich, J./Shipley, G. (Hg.), War and society in the Greek world, London/New York, 197-223

— (2000): Krieg und Kultur im Seleukidenreich, in: Brodersen, K. (Hg.), Zwischen West und Ost. Studien zur Geschichte des Seleukidenreichs, Hamburg, 95-128

Avery, H.C. (1964): Dramatic devices in Aeschylus' *Persae*, AJPh 85, 173-184

— (1972): Herodotus' picture of Cyrus, AJPh 93, 529-546

Backhaus, W. (1976): Der Hellenen-Barbaren-Gegensatz und die Hippokratische Schrift Περὶ ἀέρων ὑδάτων τόπων, Historia 25, 170-185

Badian, E. (1964): Ancient Alexandria, in: Ders., Studies in Greek and Roman history, Oxford, 179-191

— (1965): The date of Clitarchus, PACA 8, 5-11

— (1982a): Greeks and Macedonians, in: Barr-Sharrar, B./Borza, E.N. (Hg.), Macedonia and Greece in late classical and early Hellenistic times, Washington, 33-51
— (1982b): Eurydice, in: Adams, W.L./Borza, E.N. (Hg.), Philip II, Alexander the Great and the Macedonian heritage, Washington, 99-110
— (1994): Herodotus on Alexander I of Macedon: A study in some subtle silence, in: Hornblower, S. (Hg.), Greek historiography, Oxford, 107-130
— (1995): The deification of Alexander the Great, in: Roisman, J. (Hg.), Alexander the Great. Ancient and modern perspectives, Lexington, 188-201
— (1997): Ephippos, DNP 3, 1087
— (1999): A note on the Alexander mosaic, in: Tirchener, F.B./Moorton Jr., R.F. (Hg.), The eye expanded: Life and arts in Greco-Roman antiquity, Berkeley, 75-92
— (2003): Alexander the Great between two thrones and heaven: Variations on an old theme, in: Worthington, I. (Hg.), Alexander the Great. A Reader, London/New York, 245-262
Bagnall, R.S. (1976): The administration of the Ptolemaic possessions outside Egypt, Leiden
— (1981): Egypt, the Ptolemies, and the Greek world, BES 3, 5-21
— (1993): Egypt in Late Antiquity, Princeton
— (1997): Decolonizing Ptolemaic Egypt, in: Cartledge, P. u.a. (Hg.), Essays in culture, history, and historiography, Berkeley u.a., 225-241
— (2002): Alexandria. Library of dreams, PAPhS 146, 348-363
Bailey, D.M. (1999): The canephore of Arsinoe Philadelphos: What did she look like? CE 74, 156-160
Baines, J. (1994): King, temple and cosmos: an earlier model for framing colums in temple scenes of the Graeco-Roman period, in: Minas, M./Zeidler, J. (Hg.), Aspekte spätägyptischer Kultur. FS E. Winter, Mainz, 23-33
— (1996): On the composition and inscriptions of the Vatican statue of Udjahorresne, in: Der Manuelian, P. (Hg.), Studies in honor of W.K. Simpson, Bd. I, Boston, 83-93
— (2004): Egyptian elite self-presentation in the context of Ptolemaic rule, in: Harris, W.V./Ruffini, G. (Hg.), Ancient Alexandria between Egypt and Greece, Leiden, 33-66
Balcer, J.M. (1984): Sparda by the Bitter Sea. Imperial action in Western Anatolia, Chico
— (1987): Herodotus & Bisitun. Problems in ancient Persian historiography, Stuttgart (Historia Einzelschr. 49)
Baldus, H.R. (1987): Das Siegel Alexanders des Großen. Versuch einer Rekonstruktion auf literarischer und numismatischer Grundlage, Chiron 17, 395-449
— (1989): Zur Münzprägung von Dora/Phönizien zu Ehren Kleopatras VII. und Mark Antons, Chiron 19, 477-480
Banaszkiewicz, J. (1982): Königliche Karrieren von Gärtnern, Hirten und Pflügern, Saeculum 33, 265-286
Barigazzi, A. (1968): Il testamento di Posidippo di Pella, Hermes 96, 190-216
Barnard, A./Spencer, J. (Hg.) (1997): Encyclopaedia of social and cultural anthropology, London/New York

Barringer, J.M. (2003): Panathenaic games and Panathenaic amphorae under Macedonian rule, in: Palagia, O./Tracy, S.V. (Hg.), The Macedonians in Athens 322-229 B.C., Oxford, 243-256

Baumbach, M./Trampedach, J. (2004): „Winged words“: Poetry and divination in Posidippus' *Oionoskopika*, in: Acosta-Hughes, B. u.a. (Hg.), Labored in papyrus leaves. Perspectives on an epigram collection attributed to Posidippus (P. Mil. Vogl. VIII 309), Cambridge, Mass., 123-160

Baynham, E. (1998): The treatment of Olympias in the Liber de morte Alexandri Magni – A Rhodian retirement, in: Will, W. (Hg.), Alexander der Große. Eine Welteroberung und ihr Hintergrund, Bonn, 103-115

Beauchaine, L.E. (1990): Graeco-Egyptian religion and Roman policy on an coin of Alexandria, SAN 18, 4-6

Beaulieu, P.-A. (1993): An episode in the fall of Babylon to the Persians, JNES 52, 241-261

Behnke, C. (1997): „Frauen sind wie andere Planeten”. Das Geschlechterverhältnis aus männlicher Sicht, Frankfurt a.M.

Bell, L. (1985): Luxor temple and the cult of the royal *ka*, JNES 14, 251-294

Bellen, H. (1997): AEGVPTO CAPTA. Die Bedeutung der Eroberung Ägyptens für die Prinzipatsideologie, in: Ders., Politik-Recht-Gesellschaft. Studien zur Alten Geschichte, hg. v. L. Schumacher, Stuttgart (Historia Einzelschr. 115), 71-84

— (2001): Vom halben zum ganzen Menschen. Der Übergang aus der Sklaverei in die Freiheit im Spiegel des antiken und frühchristlichen Freilassungsbrauchtums, in: Ders./Heinen, H. (Hg.), Fünfzig Jahre Forschungen zur antiken Sklaverei an der Mainzer Akademie 1950-2000, Stuttgart, 13-29

Bemmann, K. (1995): Füllhörner in klassischer und hellenistischer Zeit, Frankfurt a. Main

Bengtson, H. (1975): Herrschergestalten des Hellenismus, München

— (1987): Die Diadochen. Die Nachfolger Alexanders des Großen (323-281 v. Chr.), München

— (1988): Die hellenistische Weltkultur, Stuttgart

Benne, S. (2001): Marcus Antonius und Kleopatra VII. Machtaufbau, herrscherliche Repräsentation und politische Konzeption, Göttingen

Bennett, C. (2002): The children of Ptolemy III and the date of the cathedra of Thermos, ZPE 138, 141-145

— (2003): Three notes on Arsinoe I, in: Eyma, A.K./ders. (Hg.), A Delta-man in Yebu: Occasional volume of the Egyptologists' Electronic Forum 1, o.O., 64-70

— (2005): Arsinoe and Berenice at the Olympics, ZPE 154, 91-96

Bentz, M./Mann, C. (2001): Zur Heroisierung von Athleten, in: von den Hoff, R./Schmidt, S. (Hg.), Konstruktionen von Wirklichkeit. Bilder im Griechenland des 5. und 4. Jahrhunderts v. Chr., Stuttgart, 225-240

Bergmann, J. (1968): Ich bin Isis. Studien zum memphitischen Hintergrund der griechischen Isisaretalogien, Uppsala

— (1980): Isis, LÄ 3, 186-203

Bergmann, M. (1998): Die Strahlen der Herrscher. Theomorphes Herrscherbild und politische Symbolik, Mainz

— (2007): The philosophers and poets in the Sarapeion at Memphis, in: von den Hoff, R./Schultz, P. (Hg.), Early Hellenistic portraiture: Image, style, context, Cambridge/New York, 246-263

Bernhardt, R. (2003) Luxuskritik und Aufwandsbeschränkungen in der griechischen Welt, Stuttgart (Historia Einzelschr. 168)

Bernsdorff, H. (2002): Anmerkungen zum neuen Poseidipp (P. Mil. Vogl. VIII 309), GFA 5, 11-44

Bertazzoli, V. (2002): Arsinoe II. e la protezione della poesia: una nuova testimonianza di Posidippo, ARF 4, 145-153

Berve, H. (1926, ND 1988): Das Alexanderreich auf prosopographischer Grundlage, I-II, München

— (1967): Die Tyrannis bei den Griechen, München

Beyer-Rotthoff, B. (1993): Untersuchungen zur Außenpolitik Ptolemaios' III., Bonn

Bevan, E. (1927): The house of Ptolemy, London

Bianchi, R.S. (1980): Not the Isis knot, BES 2, 9-31

— (1982): Perser in Ägypten, LÄ 4 (1982), 943-951

— (1989): Die pharaonische Kunst im ptolemäischen Ägypten, in: Wildung, D. (Hg.), Kleopatra. Ägypten um die Zeitenwende, Mainz, 59-84

Bichler, R. (2004): Some observations on the image of the Assyrian and Babylonian kingdoms within the Greek tradition, in: Rollinger, R./Ulf, C. (Hg.), Commerce and monetary systems in the ancient world: Means of transmission and cultural interaction, Stuttgart, 499-518

Bickel, E. (1941): Der Kallimachospapyrus „Die Locke der Berenike" und Catull als Übersetzer, RhM 90, 81-146

Bickermann, E.J./Tadmor, H. (1978): Darius I, Pseudo-Smerdis and the Magi, Athenaeum 56, 239-261

Bieber, M. (1964): Alexander the Great in Greek and Roman art, Chicago

Bielman, A. (2002): Femmes en public dans le monde hellénistique. IVe- Ier s. av. J.-C., Paris

Bigwood, J.M. (1978): Ctesias as historian of the Persian wars, Phoenix 32, 19-41

— (1993): Aristotle and the elephant again, AJPh 114, 537-555

— (1995): Ctesias, his royal patrons and Indian swords, JHS 115, 135-140

Billows, R.A. (1990): Antigonos the One-eyed and the creation of the Hellenistic state, Berkeley

Binder, G. (1964): Die Aussetzung des Königskindes. Kyros und Romulus, Meisenheim am Glan

Bing, P. (1998): Between literature and the monuments, in: Harder, M.A. u.a. (Hg.): Genre in Hellenistic poetry, Groningen, 21-43

— (2002/03): Posidippus and the admiral: Kallikrates of Samos in the Milan epigrams, GRBS 43, 243-266

— (2005): The politics and poetics of geography in the Milan Posidippus, Section one: On stones (AB 1-20), in: Gutzwiller, K.J. (Hg.), The new Posidippus. A Hellenistic poetry book, Oxford, 119-140

Bingen, J. (1989): Normalité et spécifité dans l'épigraphie grecque et romaine de l'Égypte, in: Criscuolo, L./Geraci, G. (Hg.), Egitto e storia antica dall'ellenismo all'età araba. Bilancio di un confronto, Bologna, 15-35

— (2002): Posidippe: Le poète et les princes, in: Bastianini, G. (Hg.), Un poeta ritrovato. Posidippo di Pella, Mailand, 47-59

Bixler, R.H. (1982): Sibling incest in the royal families in Egypt, Peru and Hawaii, Journal of Sex Research 18, 264-281

Blasius, A./Schipper, B.U. (2002): Apokalyptik und Ägypten? – Erkenntnisse und Perspektiven, in: Dies. (Hg.), Ägyptische Apokalyptik. Eine kritische Analyse der relevanten Texte aus dem griechisch-römischen Ägypten, Leuven/Paris, 277-302

Blasius, A. (2002): Zur Frage des geistigen Widerstands im griechisch-römischen Ägypten. Die historische Situation, in: Ders./Schipper, B.U. (Hg.), Ägyptische Apokalyptik. Eine kritische Analyse der relevanten Texte aus dem griechisch-römischen Ägypten, Leuven/Paris, 41-62

— (2006a): Die ägyptisierende Münzprägung Antiochos' IV. Epiphanes im Kontext des 6. Syrischen Krieges, in: von Moellendorff, P. u.a. (Hg.), Beiträge zur zweiten Kleinen Mommsen-Tagung: IkonoTexte – Duale Mediensituationen (http://fb04prometheus8.geschichte.uni-giessen.de)

— (2006b): Antiochus IV. Epiphanes and the Prolemaic period: The three uprooted horns in Dan. 7:8, 20 and 24 reconsidered, JSJ 37, 521-547

Bleiberg, E. (1985/86): Historical texts as political propaganda during the new kingdom, BES 7, 5-13

Blenkinsopp, J. (1987): The mission of Udjahorresnet and those of Ezra and Nehemiah, JBL 106, 409-421

Blomqvist, J. (1992): Alexandrian science: The case of Eratosthenes, in: Bilde, P. u.a. (Hg.), Ethnicity in Hellenistic Egypt, Aarhus, 53-69

— (1998): The development of the satirical epigram in the Hellenistic period, in: Harder, M.A. u.a. (Hg.): Genre in Hellenistic poetry, Groningen, 45-60

Blum, H. (1998): Purpur als Statussymbol in der griechischen Welt, Bonn

Boardman, J. (2003): Die Perser und der Westen. Eine archäologische Untersuchung zur Entwicklung der Achämenidischen Kunst, Mainz

Bockisch, G. (1969): Die Karer und ihre Dynastien, Klio 51, 117-175

Bohm, C. (1989): Imitatio Alexandri im Hellenismus. Untersuchungen zum politischen Nachwirken Alexanders des Großen in hoch- und späthellenistischen Monarchien, München

Bommas, M. (2005): Heiligtum und Mysterium. Griechenland und seine ägyptischen Gottheiten, Mainz

Bonacasa, N. (2004): Realismo ed eclettismo nell'arte alessandrina, in: Harris, W.V./ Ruffini, G. (Hg.), Ancient Alexandria between Egypt and Greece, Leiden, 87-98

Bonfante, G. (1955): A note on the Samothracian language, Hesperia 24, 101-109

Bonnard, J.-B. (2004): Le complexe de Zeus. Représentations de la paternité en Grèce ancienne, Paris

Borchhardt, J. (2002): Narrative Ereignis- und Historienbilder im mediterranen Raum von der Archaik bis in den Hellenismus, in: Bietak, M./Schwarz, M. (Hg.), Krieg und Sieg. Narrative Wanddarstellungen von Altägypten bis ins Mittelalter, Wien, 81-136

Borg, B. (1998): „Der zierlichste Anblick der Welt..." Ägyptische Porträtmumien, Mainz

Borza, E.N. (1987): The royal Macedonian tombs and the paraphernalia of Alexander the Great, Phoenix 41, 105-121

Bosworth, A.B. (1993): Perdiccas and the kings, CQ 43, 420-427

— (1996): Alexander, Euripides, and Dionysos. The motivation for apotheosis, in: Wallace, R.W./Harris, E.M. (Hg.), Transitions to empire. Essays in Greco-Roman history, 360-146 B.C., in honor of E. Badian, Oklahoma, 140-166

— (1998): Alexander and the East. The tragedy of triumph, Oxford

— (1999): Augustus, the res gestae and the Hellenistic theories of apotheosis, JRS 89, 1-18

— (2002): The legacy of Alexander the Great. Politics, warfare and propaganda under the successors, Oxford

— (2003): The Indian campaigns, 327-325 B.C., in: Roisman, J. (Hg.), Brill's Companion to Alexander the Great, Leiden, 159-168

— (2002^2): Ptolemy and the will of Alexander, in: Bosworth, A.B./Baynham, E.J., Alexander the Great in fact and fiction, Oxford, 207-241

Bouché-Leclercq, A. (1903): Histoire des Lagides, Bd. I: Le cinq premiers Ptolémées (323-181 avant J.-C.), Paris

Bounegru, O. (2002): Arsinoe, Lexicon of the Greek and Roman cities and place names on antiquity ca. 1500 B.C. – ca. A.D. 500, Bd. 6, 947-957

Bounoure, G. (1983): L'odeur du héros. Un thème ancien de la légende d'Alexandre, Quaderni di Storia 9, 3-46

Bourdieu, P. (1983): Ökonomisches, kulturelles und soziales Kapital, in: Kreckel, R. (Hg.), Soziale Ungleichheiten, Göttingen, 183-198

Bowman, A.K. (1986): Egypt after the pharaohs 332 BC-AD 642 from Alexander to the Arab conquest, London

Braund, D. (2003): The emergence of the Hellenistic world, in: Erskine, A. (Hg.), A companion to the Hellenistic world, Oxford, 19-34

Braunert, H. (1964): Hegemoniale Bestrebungen der hellenistischen Großmächte in Politik und Wirtschaft, Historia 13, 80-104

Bremme, J.N. (1998): Götter, Mythen und Heiligtümer im antiken Griechenland, Berlin

Bresciani, E. (1978): La spedizione di Tolomeo II in Siria in un ostrakon demotico inedito da Karnak, in: Maehler, H./Strocka, V.M. (Hg.), Das ptolemäische Ägypten, Mainz 1978, 31-37

— (1996): The Persian occupation of Egypt, CHI II^3, 502-528

— (1998): „Il pleut sur la pierre". Prophéties politiques dans la litterature démotiques, in: Assmann, J./Blumenthal, E. (Hg.), Literatur und Politik im pharaonischen und ptolemäischen Ägypten, Kairo, 279-284

— (2004): Der Fremde, in: Donadoni, S. (Hg.), Der Mensch des Alten Ägypten, Essen, 260-295

Briant, P. (1991): Chasses royales macédoniennes et chasses royales perses: le theme de la chasse au lion sur la chasse de Vergina. DHA 17, 24-55

— (1996): Histoire de l'empire Perse de Cyrus à Alexandre, Paris

— (2002): History and ideology: The Greeks and „Persian decadence", in: Harrison, T. (Hg.), Greeks and barbarians, Edinburgh, 193-210

— (2003): À propos du roi-jardinier: Remarques sur l'histoire d'un dossier documentaire, AchHist 13, 33-49

Bricault, L. (1999): Sarapis et Isis, sauveurs de Ptolémée IV à Raphia, CE 74, 334-343

— (2001): Pénétration et implantation des cultes isiaques en Grèce centrale, AncW 32, 147-152

Bringmann, K. (1976): Die Verfassungsdebatte bei Herodot 3,80-82 und Dareios' Aufstieg zur Königsherrschaft, Hermes 104, 266-279

— (1993): The king as benefactor. Some remarks on ideal kingship in the age of Hellenism, in: Bulloch, A. u.a. (Hg.), Images and ideologies. Self-definition in the Hellenistic world, Berkeley, 7-24

— (1995): Die Ehre des Königs und der Ruhm der Stadt. Bemerkungen zu königlichen Bau- und Feststiftungen, in: Wörrle, M./Zanker, P. (Hg.), Stadtbild und Bürgerbild im Hellenismus, München (Vestigia 47), 93-102

— (1997): Poseidonios and Athenion: A study in Hellenistic historiography, in: Cartledge, P. u.a. (Hg.), Hellenistic constructs. Essays in culture, history, and historiography, Berkeley u.a, 145-158

— (2000): Geben und Nehmen. Monarchische Wohltätigkeit und Selbstdarstellung im Zeitalter des Hellenismus, Berlin

— (2005): Königliche Ökonomie im Spiegel des Euergetismus der Seleukiden, Klio 87, 102-115

Brodersen, K. (1985): Der liebeskranke Königssohn und die seleukidische Herrschaftsauffassung, Athenaeum 73, 459-469

— (1991): Appians Abriss der Seleukidengeschichte (Syriake), München

Brosius, M. (1998): Women in ancient Persia (559-331 B.C.), Oxford

— (2003): Alexander and the Persians, in: Roisman, J. (Hg.), Brill's Companion to Alexander the Great, Leiden/Boston, 169-193

— (2005): Pax persica: Königliche Ideologie und Kriegsführung im Achämenidenreich, in: Meißner, B. u.a. (Hg.), Krieg – Gesellschaft – Institutionen. Beiträge zu einer vergleichenden Kriegsgeschichte, Berlin, 135-161

— (2006a): Frauen am Hof der Achämeniden, in: Historisches Museum der Pfalz Speyer (Hg.), Pracht und Prunk der Großkönige. Das persische Weltreich, Stuttgart, 88-97

— (2006b): The Persians. An introduction, London

Brown, B.R. (1995): Royal portraits in sculpture and coins. Pyrrhos and the Successors of Alexander the Great, New York

Brown, T.S. (1982): Herodotus' portrait of Cambyses, Historia 31, 387-403

Brun, P. (1991): Les Lagides à Lesbos: Essai de chronologie, ZPE 85, 99-113

Brunner, H. (1989³): Altägyptische Religion. Grundzüge, Darmstadt

Brunner-Traut, E. (1996): Zur wunderbaren Zeugung des Horus nach Plutarch, in: Der Manuelian, P. (Hg.), Studies in honor of W.K. Simpson, Bd. I, Boston, 157-159

Brunelle, E. (1976): Die Bildnisse der Ptolemäerinnen, Diss. phil. Frankfurt a.M.

Bruun, P. (2002): Coins and history, in: Ascani, K. u.a. (Hg.), Ancient history matters, FS J.E. Skydsgaard, Rom, 259-265

Bülow-Jacobsen, A. (1979): P. Haun. 6. An inspection of the original, ZPE 36, 91-100

Bülow-Jacobsen, A./Cuvigny, H./Fournet, J.-L. (1994): The identification of Myos Hormos. New papyrological evidence, BIFAO 94, 31-34

Bunge, J.G. (1975): „Antiochos-Helios". Methoden und Ergebnisse der Reichspolitik Antiochos' IV. Epiphanes von Syrien im Spiegel seiner Münzen, Historia 24, 164-188

Buraselis. K. (1982): Das hellenistische Makedonien und die Ägäis. Forschungen zur Politik des Kassandros und der drei ersten Antigoniden im Ägäischen Meer und in Westkleinasien, München (MB 73)

— (2005): Kronprinzentum und Realpolitik. Bemerkungen zur Thronanwartschaft, Mitregentschaft und Thronfolge unter den ersten vier Ptolemäern, Gerión Anejos 9 (2005), 91-102

Burke, P. (2001²): Ludwig XIV. Die Inszenierung des Sonnenkönigs, Berlin

Burstein, S.M. (1976): Outpost of Hellenism. The emergence of Heraclea on the Black Sea, Berkeley

— (1980): Lysimachus and the Greek cities of Asia: The case of Miletus, AncW 3, 73-79

— (1982): Arsinoe Philadelphos. A revisionist view, in: Adams, W.L./Borza, E.N. (Hg.), Philip II, Alexander the Great and the Macedonian heritage, Washington, 197-212

— (1983): Pharaoh Alexander: A scholarly myth, AncSoc 22, 139-145

— (1992): Hecataeus of Abdera's History of Egypt, in: Johnson, J.H. (Hg.), Life in a multi-cultural society: Egypt from Cambyses to Constantine and beyond, Chicago, 45-49

— (1994): Alexander in Egypt: Continuity and change, AchHist 8, 381-387

— (1996): Greek contact with Egypt and the Levant, AncW 27, 20-28

— (2000): Prelude to Alexander: The reign of Khababash, AHB 14, 149-154

— (2003): The legacy of Alexander: New ways of being Greek in the Hellenistic period, in: Heckel, W./Tritle, L.A. (Hg.), Crossroads of history. The age of Alexander, Claremont, 217-242

Burton, J.B. (1995): Theocritus' urban mimes. Mobility, gender, and patronage, Berkeley

Caccamo Caltabiano, M. (1996): Berenice II di Cirene. Il primo basileus/donna dell'età ellenistica, NAC 25, 177-195

Cadell, H. (1998): À quelle date Arsinoé II Philadelphe est-elle décédée?, in: Melaerts, H. (Hg.), Le culte du souverain dans l'Égypte ptolémaique au IIIe siecle avant notre ère, Leuven (Studia Hellenistica 34), 1-3

Cagnazzi, S. (2005): Il grande Alessandro, Historia 54, 132-143

Cain, H.-U. (1995): Hellenistische Kultbilder. Religiöse Präsenz und museale Präsentation der Götter im Heiligtum und beim Fest, in: Wörrle, M./Zanker, P. (Hg.), Stadtbild und Bürgerbild im Hellenismus, München (Vestigia 47), 115-130

Calcani, G. (1989): Cavalieri di bronzo. La torma di Alessandro opera di Lisippo, Rom

— (1997²): L'immagine di Alessandro Magno nel gruppo equestre del Granico, in: Carlsen, J. u.a. (Hg.), Alexander the Great. Reality and myth, Rom, 29-39

Calmeyer, P. (1991): Ägyptischer Stil und reichsachaimenidische Inhalte auf dem Sockel der Dareios-Statue aus Susa/Heliopolis, AchHist 6, 285-303

Cameron, A. (1990): Two mistresses of Ptolemy Philadelphus, GRBS 31, 287-311

— (1995): Callimachus and his critics, Princeton

Candau Morón, J.M. (2000): Plutarch's Lysander and Sulla Integrated characters in Roman historical perspective, AJPh 121, 453-478

Cantarella, E. (1987): Pandora's daughters. The role and status of women in Greek and Roman antiquity, Baltimore/London

Capriotti Vitozzi, G. (2000/01): Tracce di arcaismo greco nella scultura egizia di epoca tolemaica, RPAA 71, 177-198

Carney, E.D. (1983): Regicide in Macedonia, PP 38, 260-272

— (1987a): The career of Adea-Eurydike, Historia 36, 496-502

— (1987b): Olympias, AncSoc 18, 35-62

— (1987c): The reappearance of royal sibling marriage in Ptolemaic Egypt, PP 237, 420-439

— (1988a): The sisters of Alexander the Great: Royal relicts, Historia 37, 385-404

— (1988b): Eponymous women: Royal women and city names, AHB 2, 134-142

— (1991): The female burial in the antechamber of tomb II at Vergina, AncW 22, 17-26

— (1992): The politics of polygamy: Olympias, Alexander and the murder of Philip, Historia 41, 169-189

— (1993a): Olympias and the image of the virago, Phoenix 47, 29-55

— (1993b): Foreign influence and the changing role of Macedonian royal women, AM 5, 313-323

— (1994a): Arsinoe before she was Philadelphus, AHB 8, 123-131

— (1994b): Olympias, Adea Eurydice, and the end of the Argead dynasty, in: Worthington, I. (Hg.), Ventures into Greek history, Oxford, 357-380

— (1996): Alexander and Persian women, AJP 117, 563-583

— (2000a): Women and monarchy in Macedon, Norman

— (2000b): Artifice and Alexander history, in: Bosworth, A.B./Baynham, E.J. (Hg.), Alexander the Great in fact and fiction, Oxford, 263-285

— (2000c): The initiation of cult for royal Macedonian women, CP 95, 21-43

— (2001): Women and military leadership in Pharaonic Egypt, GRBS 42, 25-41

— (2002): Hunting and the Macedonian elite: sharing the rivalry of the chase, in: Ogden, D. (Hg.), The Hellenistic world. New perspectives, London, 59-80

— (2003a): Women in Alexander's court, in: Roisman, J. (Hg.), Brill's Companion to Alexander the Great, Leiden/Boston, 227-252

— (2003b): Elite education and high culture in Macedonia, in: Heckel, W./Tritle, L.A. (Hg.), Crossroads of history. The age of Alexander, Claremont, 47-63
— (2004): Women and military leadership in Macedonia, AncW 35, 184-195
— (2005): Women and *dunasteia* in Caria, AJPh 126, 65-91
— (2006): Olympias. Mother of Alexander the Great, New York/London
— (2007): The Philippeum, women, and the formation of a dynastic image, in: Heckel, W. (Hg.), Alexander and after (i. D.)
Cartledge, P. (2003): Alexander the Great. The hunt for a new past, London
Casson, L. (1954): The grain trade of the Hellenistic world, TAPA 85, 168-187
— (1980): Rome's trade with the East: The sea voyage to Africa and India, TAPA 110, 21-36
— (1989): The *Periplus Maris Erythraei*, Princeton
— (1993): Ptolemy II and the hunting of African elephants, TAPA 123, 247-260
Cerny, J. (1954): Consanguineous marriages in pharaonic Egypt, JEA 40, 23-29
Chaniotis, A. (1995): Sich selbst feiern? Städtische Feste des Hellenismus im Spannungsfeld von Religion und Politik, in: Wörrle, M./Zanker, P. (Hg.), Stadtbild und Bürgerbild im Hellenismus, München (Vestigia 47), 147-172
— (2003): The divinity of Hellenistic rulers, in: Erskine, A. (Hg.), A companion to the Hellenistic world, Oxford, 431-445
— (2005): War in the Hellenistic world. A social and cultural history, Oxford
Charmoux, F. (1975): L'epigramme de Poseidippos sur le Phare d'Alexandre, in: Bingen, J. (Hg.), Le monde grec. Hommages à C. Préaux, Brüssel, 214-222
Chauveau, M. (1998): Une nouvelle déesse Philadelphe, in: Clarysse, W. u.a. (Hg.), Egyptian religion. The last thousand years. Studies dedicated to the memory of Jan Quaegebeur, Bd. II, Leuven, 1263-1275
— (2000): Egypt in the age of Cleopatra. History and society under the Ptolemies, London
Cheshire, W. (1982): Zur Deutung eines Szepters der Arsinoe II., ZPE 48, 105-111
Chimko, C.J. (2003): Foreign pharaohs: Self-legitimization and indigenous reaction in art and literature, JSSEA 30, 15-57
Christ, K. (1996a): Die Griechen und das Geld, in: Ders., Griechische Geschichte und Wissenschaftsgeschichte, Stuttgart (Historia Einzelschr. 106), 59-77
— (1996b): Antike Siegesprägungen, in: Ders., Griechische Geschichte und Wissenschaftsgeschichte, Stuttgart (Historia Einzelschr. 106), 78-113
Christ, M.R. (1993): Theopompus and Herodotus: A reassessment, CQ 43 (1993), 47-52
— (1994): Herodotean kings and historical inquiry, ClAnt 13 (1994), 167-202
Chugg, A.M. (2002): The sarcophagus of Alexander the Great? G&R 49, 8-26
— (2004/05): The lost tomb of Alexander the Great, London
Clarke, M. (1995): Between lions and men: Images of the hero in the Iliad, GRBS 36, 137-159
Clarysse, W. (1991): The city of the girdle-wearers and a new demotic document, Enchoria 18, 177-178

Clarysse, W./Vandorpe, K. (1998): The Ptolemaic apomoira, in: Melaerts, H. (Hg.), Le culte du souverain dans l'Égypte ptolémaique au IIIe siecle avant notre ère, Leuven (Studia Hellenistica 34), 5-42

Classen, C.J. (1982): Das Encomium Alexandriae und die Tradition der descriptiones und laudes urbium, ZPE 45, 85-87

Clauss, J.J. (1986): Lies and allusions: The adressee and the date of Callimachus' *Hymn to Zeus*, ClAnt 5, 155-170

Clauss, M. (1995): Kleopatra, München

— (2001): Das Alte Ägypten, Berlin

Cohen, A. (1997): The Alexander mosaic. Stories of victory and defeat, Cambridge

Cohen, D. (1996): Seclusion, separation, and the status of women in classical Athens, in: McAuslan, I./Walcot, P. (Hg.), Women in antiquity, Oxford (G&R Studies 3), 134-154

Cohen, G.M. (1973): The marriage of Lysimachus and Nicaea, Historia 22, 354-356

— (1974): The diadochoi and the new monarchies, Athenaeum 52, 177-179

— (1978): The Seleucid colonies. Studies in founding, administration and organization, Wiesbaden (Historia Einzelschr. 30)

Colin, F. (2002): Les prêtresses indigènes dans l'Égypte hellénistique et romaine: Une question à la croisée des sources grecques et égyptiennes, in: Melaerts, H./Mooren, L. (Hg.), La rôle et le statut de la femme en Égypte hellénistique, romaine et byzantine, Leuven, 41-122

Collins, N.L. (1997): The various fathers of Ptolemy I, Mnemosyne 50, 436-476

Connor, W. (1967): History without heroes. Theopomp's treatment of Philip of Macedonia, GRBS 8, 133-154

Cook, J.M. (1996): The rise of the Achaemenids and the establishment of their empires, CHI II³, 200-291

Cool Root, M. (1979): King and kingship in Achaemenid art. Essays on the creation of iconography of empire, Leiden

— (2003): The lioness of Elam: Politics and dynastic fecundity at Persepolis, AchHist 13, 9-32

Copisarow, M. (1962): The Ancient Egyptian, Greek and Hebrew concept of the Red Sea, VT 12, 1-13

Cox, C.A. (1998): Household interests. Property, marriage strategies, and family dynamics in ancient Athens, Princeton

Crawford, D.J. (1980): Ptolemy, Ptah and Apis in Hellenistic monarchy, in: Dies. u.a. (Hg.), Studies on Ptolemaic Memphis, Leuven (Studia Hellenistica 24), 1-42

Cremer, M. (1982): Hieros gamos im Orient und in Griechenland, ZPE 48, 283-290

Criscuolo, L. (1990): Philadelphos nella dinastia lagide, Aegyptus 70, 89-96

— (1998): Il dieceta Apollonios e Arsinoe, in: Melaerts, H. (Hg.), Le culte du souverain dans l'Égypte ptolémaique au IIIe siecle avant notre ère, Leuven (Studia Hellenistica 34), 61-72

— (2001): Questioni cronologiche e interpretative sul *diagramma* di Cirene, in: Geus, K./Zimmermann, K. (Hg.), Punica-Libyca-Ptolemaica. FS W. Huß, Leuven, 141-158

— (2003): Agoni e politica alla corte di Alessandria. Riflessioni su alcuni epigrammi di Posidippo, Chiron 33, 311-332

Dahmen, K. (2007): The legend of Alexander the Great on Greek and Roman coins, London/NewYork

Dandamaev, M.A. (1976): Persien unter den ersten Achaimeniden (6. Jh. v. Chr.), Wiesbaden

Dascalakis, A. (1970): L'origine de la maison royale de Macédoine et les légendes relatives de l'antiquité, AM 1, 155-161

Daszewski, W.A. (1978): Some problems of early mosaics from Egypt, in: Maehler, H./Strocka, V.M. (Hg.), Das ptolemäische Ägypten, Mainz, 123-136

Daumas, F. (1977): Hathor, LÄ 2, 1024-1033

— (1992): Alexandre et la reine des Amazones, REA 94, 347-354

Davies, J. (2002): The interpenetration of Hellenistic sovereignties, in: Ogden, D. (Hg.), The Hellenistic world. New perspectives, London, 1-21

Davies, M. (1995): Theocritus' Adoniazusae, G&R 42, 152-158

Delbrück, R. (1955/56): Südasiatische Seefahrt im Altertum, BJb 155/156, 8-58, 229-308

Demandt, A. (1996): Darius und der „falsche" Smerdis 522 v. Chr., in: Ders. (Hg.), Das Attentat in der Geschichte, Köln, 9-25

Denkler, K. (1982): The attribution of later Ptolemaic tetradrachms, SAN 13, 11-17

Deonna, W. (1965): Le symbolisme de l'oeuil, Paris

Depuydt, L. (1995a): Murder in Memphis: The story of Cambyses's mortal wounding of the Apis bull (ca. 523 B.C.E.), JNES 54, 119-126

— (1995b): Evidence for accession dating under the Achaemenids, JAOS 115, 193-204

— (1996): Egyptian regnal dating under Cambyses and the date of the Persian conquest, in: Der Manuleian, P. (Hg.), Studies in honor of W.K. Simpson, Bd. I, Boston, 179-190

Derchain, P. (1985): Une mention méconnue de Ptolémée „le fils", ZPE 61, 35-36

Derichs, W. (1950): Herakles. Vorbild des Herrschers, Diss. phil. Köln

De Sanctis, G. (1966): Contributi alla storia ateniense dalla guerra Lamiaca alla guerra Cremonidea, in: Accame, S. (Hg.), De Sanctis, G., Scritti minori, Rom, 249-303

Desmond, W. (2004): Punishments and the conclusion of Herodotus' *Histories*, GRBS 44, 19-40

Dettenhofer, M. (1996): Frauen in politischen Krisen. Zwischen Republik und Prinzipat, in: Dies. (Hg.), Reine Männersache? Frauen in Männerdomänen der antiken Welt, München, 133-157

Dickins, G. (1914): Some Hellenistic portraits, JHS 34, 293-311

Dihle, A. (1974): Der Seeweg nach Indien, Innsbruck

— (1978): Die entdeckungsgeschichtlichen Voraussetzungen des Indienhandels der römischen Kaiserzeit, ANRW II 9,2, 546-580

— (1987): Dionysos in Indien, in: Pollet, G. (Hg.), India and the ancient world. History, trade and culture before A.D. 650, FS P.H.L. Eggermont, Leuven, 47-57

— (1988): Arabien und Indien, in: Nenci, G./Reverdin, O. (Hg.), Hérodote et les peuples non Grecs, Genf (Entretiens Hardt 35), 41-62

— (1994): Die Griechen und das Fremde, München

— (1996): Indien, RAC 18 (1996), 1-56

— (1999): Literaturkanon und Schriftsprache, in: Dummer, J./Vielberg, M. (Hg.), Leitbilder der Spätantike – Eliten und Leitbilder, Stuttgart, 9-30

Dillery, J. (1992): Darius and the tomb of Nitocris (Hdt. 1.187), CP 87, 30-38

— (1999): The first Egyptian narrative history: Manetho and Greek historiography, ZPE 127, 93-116

— (2004): Xenophon, the military review and Hellenistic *pompai*, in: Tuplin, C. (Hg.), Xenophon and his world, Stuttgart, 259-276

— (2005): Cambyses and the Egyptian *Chaosbeschreibung* tradition, CQ 55, 387-406

Dillon, S. (2007): Portraits of women in the early Hellenistic period, in: von den Hoff, R./Schultz, P. (Hg.), Early Hellenistic portraiture: Image, style, context, Cambridge/New York, 63-83

Döpp, S. (2003): Kambyses' Feldzug gegen Ägypten: Der sogenannte Kambyses-Roman und sein Verhältnis zu griechischer Literatur, GFA 6, 1-17

Donadoni, S. (2000): Theben. Heilige Stadt der Pharaonen, München

Donderer, M. (1988): Dionysos und Ptolemaios Soter als Meleager – Zwei Gemälde des Antiphilos, in: Will, W./Heinrichs, J. (Hg.), Zu Alexander d. Gr., FS G. Wirth, Bd. II, Amsterdam, 781-799

— (2001): Bildhauer in und aus Alexandria, in: Geus, K./Zimmermann, K. (Hg.), Punica-Libyca-Ptolemaica. FS W. Huß, Leuven, 167-183

Doufikar-Aerts, F. (1996): Alexander the Great and the Pharos of Alexandria in Arabic literature, in: Bridges, M./Bürgel, J.C. (Hg.), The problematics of power. Eastern and Western representations of Alexander the Great, Bern, 191-202

Dover, K.J. (1978): Greek homosexuality, London

Dreyer, B. (2000): Athen und Demetrios Poliorketes nach der Schlacht von Ipsos (301 v. Chr.). Bemerkungen zum Marmor Parium, FGrHist 239 B 27 und zur Offensive des Demetrios im Jahre 299/8 v. Chr., Historia 49, 54-66

Drews, R. (1974): Sargon, Cyrus and Mesopotamian folk history, JNES 33, 387-393

Droysen, J.G. (1877²): Geschichte des Hellenismus, Bd. III: Geschichte der Epigonen, Gotha

Dunand, F. (1981): Fête et propagande à Alexandrie sous les Lagides, in: La fête, pratique et discours d'Alexandrie hellénistique à la mission de Besancon, Paris (Annales littéraires de l'Université de Besancon 262), 13-40

Dundas, G.S. (2002): Augustus and the kingship of Egypt, Historia 51, 433-448

Eddy, S.K. (1961): The king is dead. Studies in the Near Eastern resistance to Hellenism 334-31 B.C., Lincoln

Edson, C.F. (1934): The Antigonids, Heracles and Beroia, HSCPh 45, 213-246

— (1970): Early Macedonia, AM 1, 17-44

Effe, B. (2007): Die Literatur als Spiegel epochalen Wandels, in: Weber, G. (Hg.), Kulturgeschichte des Hellenismus, München, 260-283

Eggermont, P.H.L. (1975): Alexander's campaigns in Sind and Baluchistan and the siege of the Brahmin town of Harmatelia, Leuven (OLA 3)

— (1984): Indien und die hellenistischen Königreiche. Zusammenschau einer west-östlichen Gesellschaft zwischen 550 und 150 v. Chr., in: Ozols, J./Thewalt, V. (Hg.), Aus dem Osten des Alexanderreiches. Völker und Kulturen zwischen Orient und Okzident. Iran, Afghanistan, Pakistan, Indien. FS K. Fischer, Köln, 74-83

— (1993): Alexander's campaigns in Southern Punjab, Leuven (OLA 54)

Ehling, K. (2000): Stierdionysos oder Sohn des Poseidon: Zu den Hörnern des Demetrios Poliorketes, GFA 3, 153-160

— (2002): Gelehrte Freunde der Seleukidenkönige, in: Goltz, A. (Hg.), Gelehrte der Antike, Köln, 41-58

— (2003): Unruhen, Aufstände und Abfallbewegungen der Bevölkerung in Phönikien, Syrien und Kilikien unter den Seleukiden, Historia 52, 300-336

Ehrhardt, H. (1985): Samothrake. Heiligtümer in ihrer Landschaft und Geschichte als Zeugen antiken Geisteslebens, Stuttgart

Eitrem, S. (1912): Hera, RE 8,1, 369-403

El-Abbadi, M. (2004): The island of Pharos in myth and history, in: Harris, W.V./Ruffini, G. (Hg.), Ancient Alexandria between Egypt and Greece, Leiden, 259-267

Eldamaty, M.M. (1994): Isis-Hathor im Tempel von Dendera, in: Minas, M./Zeidler, J. (Hg.), Aspekte spätägyptischer Kultur, FS E. Winter, Mainz, 81-87

Elias, N. (1992[6]): Die höfische Gesellschaft. Untersuchungen zur Soziologie des Königtums und der höfischen Aristokratie, Frankfurt a.M.

Elliger, W. (1985): Ephesos. Geschichte einer antiken Weltstadt, Stuttgart

Ellis, W.M. (2002[2]): Ptolemy of Egypt, London, New York

Engberg-Pedersen, T. (1993): The relationship between intellectual and political centres in the Hellenistic world, in: Bilde, P. u.a. (Hg.), Centre and periphery in the Hellenistic world, Aarhus, 285-315

Erdmann, W. (1934): Die Ehe im alten Griechenland, München (MB 20)

Errington, R.M. (1970): From Babylon to Triparadeisos: 323-320 B.C., JHS 90, 49-77

— (1976): Alexander in the Hellenistic world, in: Badian, E. (Hg.), Alexandre le Grand. Image et réalité, Genf (Entretiens Hardt 22), 137-179

Erskine, A. (1990): The Hellenistic stoa. Political thought and action, London

— (1991): Hellenistic monarchy and Roman political invective, CQ 41, 106-120

— (1995): Culture and power in Ptolemaic Egypt: The museum and library of Alexandria, G&R 42, 38-48

— (2002): Life after death: Alexandria and the body of Alexander, G&R 49, 163-179

Esposito, E. (2005): Di Marco, M. u.a. (Hg.): Posidippo e gli altri. Il poeta, il genere, il contesto culturale e letterario, Pisa/Rom, 191-202

Étienne, R./Piérart, M. (1975): Un décret du koinon des Hellènes à Platées en l'honneur du Glaucon, fils d' Étéoclès, d'Athènes, BCH 99, 51-75

Evans, E.C. (1941): The study of physiognomy in the second century A.D., TAPA 72, 96-108

Evans, J.A.S. (1961): The dream of Xerxes and the „*nomoi*" of the Persians, CJ 57, 109-111

— (1965): Despotes nomos, Athenaeum 43, 142-153

Fadinger, V. (2002): Sulla als *Imperator Felix* und „*Epaphroditos*" (= „*Liebling der Aphrodite*"), in: Ehrhardt, N./Günther, L.-M. (Hg.), Widerstand – Anpassung – Integration. Die griechische Staatenwelt und Rom, Stuttgart, 155-188

Fantuzzi, M. (2004): The structure of the *Hippika* in P.Mil.Vogl. VIII 309., in: Acosta-Hughes, B. u.a. (Hg.), Labored in papyrus leaves. Perspectives on an epigram collection attributed to Posidippus (P. Mil. Vogl. VIII 309), Cambridge, Mass., 212-224

— (2005): Posidippus at court: The contribution of the *Hippika* of P. Mil. Vogl. VIII 309 to the ideology of Ptolemaic kingship, in: Gutzwiller, K.J. (Hg.), The new Posidippus. A Hellenistic poetry book, Oxford, 249-268

Fears, J.R. (1975): The coinage of Q. Cornificus and augural symbolism on late republican denarii, Historia 24, 592-602

Feucht, E. (Hg.) (1986): Vom Neckar zum Nil. Kunstschätze Ägyptens aus pharaonischer und koptischer Zeit an der Universität Heidelberg, Berlin/Heidelberg

— (2004): Frauen, in: Donadoni, S. (Hg.), Der Mensch des Alten Ägypten, Essen, 361-394

Fischer, H. (1978): Zu einigen Fragen von Kontinuität und Weiterentwicklung orientalischer Vorbilder im Hellenismusm und im Römischen Reich, Klio 60, 35-43

Fleischer, R. (1991): Studien zur seleukidischen Kunst, Bd. 1: Herrscherbildnisse, Mainz

— (1996): Hellenistic royal iconography on coins, in: Bilde, P. u.a. (Hg.), Aspects of Hellenistic kingship, Aarhus, 28-35

Flemberg, V. (1991): Venus armata. Studien zur bewaffneten Aphrodite in der griechisch-römischen Kunst, Stockholm

Flory, S. (1978): Laughter, tears and wisdom in Herodotus, AJPh 99, 145-153

Flower, M.A. (1997): Theopompus of Chios, Oxford

Foertmeyer, V. (1988): The dating of the pompe of Ptolemy II Philadelphus, Historia 37, 90-104

Fordyce, C.J. (1973[5]): Catullus. A commentary, Oxford

Fornara, C.W. (1990): Human history and the constraint of fate in Herodotus, in: Allison, J.W. (Hg.), Conflict, antithesis, and the ancient historian, Ohio, 25-45

Forrer, L. (1969): Portraits of royal ladies on Greek coins, Chicago

Fountoulakis, A. (2002): Herondas 8.66-79: Generic self-consciousness and artistic claims in Herondas *Mimiambs*, Mnemosyne 55, 301-319

Fowler, R./Hekster, O. (2005): Imagining kings: From Persia to Rome, in: Dies. (Hg.), Imaginary kings. Royal images in the ancient Near East, Greece and Rome, Stuttgart, 9-38

Frankfurter, D. (1994): The magic of writing and the writing of magic: The power of the word in Egyptian and Greek traditions, Helios 21, 189-221

Fraser, P.M. (1954): Two Hellenistic inscriptions from Delphi, BCH 78, 49-67
— (1960): Samothrace, II,1. The inscriptions on stone, New York 1960
— (1961): The foundation-date of the Alexandrian Ptolemaieia, HThR 54, 141-145
— (1964): Inscriptions from Greco-Roman Egypt, Berytus 15, 71-93
— (1972): Ptolemaic Alexandria, I-III, Oxford
— (1996): Cities of Alexander the Great, Oxford
Frazer, A. (1982): Macedonia and Samothrake: Two architectural late bloomers, in: Barr-Sharrar, B./Borza, E.N. (Hg.), Macedonia in late classical and early Hellenistic times, Washington, 191-203
Fredricksmeyer, E.A. (1981): Again the so-called tomb of Philip II, AJA 85, 330-334
— (1983): Once more the diadem and barrel-vault at Vergina, AJA 87, 99-102
— (1986): Alexander the Great and the Macedonian kausia, TAPA 116, 215-227
— (1997): The origin of Alexander's royal insignia, TAPA 127, 97-109
Frye, R.N. (1993): The heritage of Persia, Costa Mesa
Funck, B. (1978): Zu den Landschenkungen hellenistischer Könige, Klio 60 (1978), 45-55
— (1995): Griechen im Perserreich, in: Demandt, A. (Hg.), Mit Fremden leben. Eine Kulturgeschichte von der Antike bis zur Gegenwart, München, 24-36
— (1996a): „König Perserfreund". Die Seleukiden in der Sicht ihrer Nachbarn, in: Ders. (Hg.), Hellenismus. Beiträge zur Erforschung von Akkulturation und politischer Ordnung in den Staaten des hellenistischen Zeitalters, Tübingen, 195-215
— (1996b): Beobachtungen zum Begriff des Herrscherpalastes und seiner machtpolitischen Funktion im hellenistischen Raum. Prolegomena zur Typologie der hellenistischen Herrschaftssprache, in: Hoepfner, W./Brands, G. (Hg.), Basileia. Die Paläste der hellenistischen Könige, Mainz, 44-55
Funke, P. (1994): Χρονικαὶ συνταξειζ καὶ ἱστορίαι. Die rhodische Historiographie in hellenistischer Zeit, Klio 76 (1994), 255-262
— (2005): Philippos Arrhidaios und Alexandros IV. „von Amun auserwählt", Gerion Anejos 9, 45-56
Funke, S. (2000): Aiakidenmythos und epeirotisches Königtum. Der Weg einer hellenischen Monarchie, Stuttgart

Gall, D. (2006): Geliebte Caesars, Verderben Marc Antons, Feindin Roms. Kleopatra in der Literatur der Antike, in: Westheider, O./Müller, K. (Hg.), Kleopatra und die Caesaren, Hamburg, 142-151
Gambato, M. (2000): The female kings: Some aspects of the representation of Eastern kings in the *Deipnosophists*, in: Braund, D./Wilkins, J. (Hg.), Athenaeus and his world. Reading Greek culture in the Roman empire, Exeter, 227-230
Gammie, J.G. (1986): Herodotus on kings and tyrants: Objective historiography or conventional portraiture ? JNES 45, 171-195
García Sanchez, M. (2005): La figura del sucesor del Gran Rey en la Persia aqueménida, Gerion Anejos 9, 223-239
Garland, R. (1995): The eye of the beholder. Deformity and disability in the Graeco-Roman world, London

Gauger, J.-D. (1984): Der Rom-Hymmos der Melinno (Anth, Lyr. II² 6, 209 f.) und die Vorstellung von der „Ewigkeit“ Roms, Chiron 14, 267-299

— (2000): Authentizität und Methode. Untersuchungen zum historischen Wert des persisch-griechischen Herrscherbriefs in literarischer Tradition, Hamburg

— (2002): Der ‚Traum des Nektanebos‘ – Die griechische Fassung, in: Blasius, A./Schipper, B.U. (Hg.), Ägyptische Apokalyptik. Eine kritische Analyse der relevanten Texte aus dem griechisch-römischen Ägypten, Leuven/Paris, 189-219

— (2005³): Samothrake, in: Schmitt, H.H./Vogt, E. (Hg.), Lexikon des Hellenismus, Wiesbaden, 947-948

— (2002): Der „Tod des Verfolgers“: Überlegungen zur Historizität eines Topos, JSJ 33, 42-64

Gehrke, H.-J. (1982): Der siegreiche König. Überlegungen zur hellenistischen Monarchie, AKG 64, 247-277

— (2003³): Geschichte des Hellenismus, München

— (2005): Prinzen und Prinzessinnen bei den späten Ptolemäern, Gerión Anejos 9, 103-117

Georges, P. (1994): Barbarian Asia and the Greek experience. From the archaic period to the age of Xenophon, Baltimore/London

Germond, P. (2001): Das Tier im Alten Ägypten, München

Gerstenberger, E.S. (2005): Israel in der Perserzeit. 5. und 4. Jahrhundert v. Chr., Stuttgart

Geus, K. (2002): Eratosthenes von Kyrene. Studien zur hellenistischen Kultur- und Wissenschaftsgeschichte, München (MB 92)

Geyer, F. (1928): Lysimachos, RE 14,1, 1-31

— (1930): Makedonien bis zur Thronbesteigung Philipps II., München/Berlin

Ghissellini, E. (1998): Ipotesi di localizzazione dell'Arsinoeion di Alessandria, NAC 27, 209-219

Giangrande, G. (1967): Arte allusiva and Alexandrian epic poetry, CQ 17, 85-97

Gigante Lanzara, V. (1993): Il sogno di Eroda, in: Arrighetti, N./Mantanari, F. (Hg.), La componente autobiografica nella posia greca e latina, Pisa, 229-239

— (1994): „Da Zeus i re”. Poesia e potere nell'Alessandria dei Tolemei, in: Virgilio, B. (Hg.), Studi ellenistici 4. Aspetti e problemi dell'ellenismo, Pisa, 91-118

Gigante Lanzara, V. (2003): Per Arsinoe, PP 38, 337-346

Gippert, J. (2001): Zum „eigenen” Tod des Kambyses, in: Eichner, H. u.a. (Hg.), Fremd und Eigen. Untersuchungen zu Grammatik und Wortschatz des Uralischen und Indogermanischen, Wien, 15-26

Giuliani, L. (1986): Bildnis und Botschaft. Hermeneutische Untersuchungen zur Bildniskunst der römischen Republik, Frankfurt a.M.

— (2003): Bild und Mythos. Geschichte der Bilderzählung in der griechischen Kunst, München

Goeddegebuure, P.M. (2002): KBo 17.17+: Remarks on an old Hittite royal substitution ritual, JANER 2, 61-73

Goedicke, H. (1985): Comments on the satrap stela, BES 6, 33-54

Goldman, B. (1993): Darius III., the Alexander Mosaic, and the tiara ortho, Mesopotamia 28, 51-69

Gonis, N. (2000): Incestuous twins in the city of Arsinoe, ZPE 133, 197-198

Goudriaan, K. (1988): Ethnicity in Ptolemaic Egypt, Amsterdam

Goukowsky, P. (1972): Le roi Pôros et son éléphant, BCH 96, 473-502

Goyon, J.C. (1989): Das ptolemäische Ägypten: Priester und traditionelle Religion, in: Wildung, D. (Hg.), Kleopatra. Ägypten um die Zeitenwende, Mainz, 33-44

Gow, A.S.F. (1938): The *Adoniazusae* of Theocritus, JHS 58, 180-204

Graf, F. (1996): Apollon, DNP 1, 863-868

— (1999): Kanephoroi, DNP 6, 245

Graham, A.J. (2002): The colonization of Samothrace, Hesperia 71, 231-260

Grainger, J.D. (1990): Seleukos Nikator: Constructing a Hellenistic kingdom, London/New York

— (1991): Hellenistic Phoenicia, Oxford

— (2002): The Roman war of Antiochos the Great. Leiden/Boston

Granier, F. (1931): Die makedonische Heeresversammlung. Ein Beitrag zum antiken Staatsrecht, München (MB 13)

Gray, V. (1995): Herodotus and the rhetoric of otherness, AJPh 116, 185-211

Green, P. (1990): From Alexander to Actium. The historical evolution of the Hellenistic age, Berkeley

Greenwalt, W.S. (1987): Argaeus in the Macedonian religious tradition, AHB 1, 51-53

— (1988a): Argaeus, Ptolemy II and Alexander's corpse, AHB 2, 39-41

— (1988b): The marriageability age at the Argead court: 360-317 B.C., CW 82, 93-97

— (1989): Polygamy and succession in Argead Macedonia, Arethusa 22, 19-43

— (1994a): The production of coinage from Archelaus to Perdikkas III and the evolution of Argead Macedonia, in: Worthington, I. (Hg.), Ventures into Greek history, Oxford, 105- 134

— (1994b): A solar Dionysus and Argead legitimacy, AncW 25, 3-8

— (1996): ‚Proto-historical' Argead women: Lan(ice?), Cleonice, Cleopatra, Prothoe, Niconoe, AHB 10, 47-50

— (1999): Why Pella? Historia 48, 158-183

— (2003): Archelaus the Philhellene, AncW 34, 131-153

Grieshammer, R. (1982): Mundöffnungsritual, LÄ 4, Wiesbaden, 224-225

Griffith, F.T. (1979): Theocritus at court, Leiden

Griffith, R.D. (2005): Gods' blue hair in Homer and in eighteenth-dynasty Egypt, CQ 55, 329-334

Grimm, G. (1975): Kunst der Ptolemäer- und Römerzeit im Ägyptischen Museum Kairo, Mainz

— (1978): Die Vergöttlichung Alexanders des Großen in Ägypten und ihre Bedeutung für den ptolemäischen Königskult, in: Maehler, H./Strocka, V.M. (Hg.), Das ptolemäische Ägypten, Mainz, 103-112

— (1981): Orient und Okzident in der Kunst Alexandriens, in: Hinske, N. (Hg.), Alexandrien. Kulturbegegnungen dreier Jahrtausende im Schmelztiegel einer mediterranen Großstadt, Mainz, 13-25

— (1997): Verbrannte Pharaonen? Die Feuerbestattung Ptolemaios' IV. Philopator und ein gescheiterter Staatsstreich in Alexandria, Antike Welt 28, 233-249

— (1998): Alexandria. Die erste Königsstadt der hellenistischen Welt. Bilder aus der Nilmetropole von Alexander dem Großen bis Kleopatra VII., Mainz

— (2004): Alexanders „letzte Ruhestätte", Städel Jahrbuch 19, 375-386

— (2006): Kleopatra – eine königliche Hure?, in: Westheider, O./Müller, K. (Hg.): Kleopatra und die Caesaren, Hamburg, 176-183

Gronewald, M. (1993): Der neue Poseidippos und Kallimachos Epigramm 35, ZPE 99, 28-29

— (2001): Bemerkungen zum neuen Poseidippos, ZPE 137, 1-5

— (2004): Bemerkungen zu Poseidippos, ZPE 149, 49-53

Gruen, E.S. (1985): The coronation of the Diadochoi, in: Eadie, J.W./Ober, J. (Hg.), The craft of the ancient historian. Essays in honor of C.G. Starr, Lanham u.a., 253-271

— (1996): Hellenistic kingship: Puzzles, problems, and possibilities, in: Bilde, P. u.a. (Hg.), Aspects of Hellenistic kingship, Aarhus, 116-125

Grzybek, E. (1990): Du calendrier macédonien au calendrier ptolémaïque. Problèmes de chronologie hellénistique, Basel

Günther, L.-M. (1990): Cornelia und Ptolemaios VIII Zur Historizität des Heiratsantrages (Plut. TG 1,3), Historia 39 (1990), 124-128

Günther, R. (2007): Krieg – Sache der Männer?, in: Hartmann, E. u.a. (Hg.), Geschlechterdefinitionen und Geschlechtergrenzen in der Antike, Stuttgart, 87-98

Günther, W. (2001): Spenden für Didyma. Zu einer Stiftung aus Naukratis, in: Geus, K./Zimmermann, K. (Hg.), Punica-Libyca-Ptolemaica, FS W. Huß, Leuven, 185-198

Gunderson, L.L. (1970): Early elements in the Alexander Romance, AM 1, 353-375

— (1980): Alexander's letter to Aristotle about India, Meisenheim

Gundlach, R. (1987): Der Staat des frühen Neuen Reiches: Königtum, Verwaltung und Beamtenschaft, in: Eggebrecht, A. (Hg.), Ägyptens Aufstieg zur Weltmacht, Mainz, 29-40

— (1998): Der Pharao und sein Staat. Die Grundlegung der ägyptischen Königsideologie im 4. und 3. Jahrtausend, Darmstadt

Gurval, R.A. (1995): Actium and Augustus. The politics and emotions of civil war, Ann Arbor

Gutzwiller, K.J. (1991): Theocritus' pastoral analogies. The formation of a genre, Madison

— (1992a): Callimachus' *Lock of Berenike*: Fantasy, romance, and propaganda, AJPh 113, 359-385

— (1992b): The nautilus, the halycon, and Selenaia: Callimachus's Epigram 5 Pf. = 14 G.-P., CA 11, 194-209

— (1998): Poetic garlands: Hellenistic epigrams in context, Berkeley

— (2004): A new Hellenistic poetry book: P.Mil.Vogl. VIII 309, in: Acosta-Hughes, B. u.a. (Hg.), Labored in papyrus leaves. Perspectives on an epigram collection attributed to Posidippus (P. Mil. Vogl. VIII 309), Cambridge, Mass., 84-93

— (2005): The literariness of the Milan papyrus or ‚What difference a book?‘, in: Dies. (Hg.), The new Posidippus. A Hellenistic poetry book, Oxford, 287-319

— (2007): A guide to Hellenistic literature, London

Gygax, M.D. (1991): Los periecos licios (siglos IV-III a.C.), Gerión 9, 111-130

— (2000): Ptolemaios, Bruder des Königs Ptolemaios' III. Euergetes, und Mylasa: Bemerkungen zu I. Labraunda Nr. 3, Chiron 30, 353-366

— (2002): Zum Mitregenten des Ptolemaios' II. Philadelphos, Historia 51, 49-56

Guyot, P. (1980): Eunuchen als Sklaven und Freigelassene in der griechisch-römischen Antike, Stuttgart

Habicht, C. (1956): Gottmenschentum und griechische Städte, München 1956, 1970² (Zetemata 14)

— (1976): Aristeides, Sohn des Mnesitheos, aus Lamptrai. Ein athenischer Staatsmann aus der Zeit des Chremonideischen Krieges, Chiron 6, 7-10

— (1979): Untersuchungen zur politischen Geschichte Athens im 3. Jahrhundert v. Chr., München (Vestigia 30)

— (1980): Bemerkungen zum P. Haun. 6, ZPE 39, 1-5

— (1988): Argaeus, Ptolemy II and Alexander's corpse, AHB 2, 88-89

— (1995): Athen: Die Geschichte der Stadt in hellenistischer Zeit, München

Habicht, C./Jones, C.P. (1989): A Hellenistic inscription from Arsinoe, Phoenix 43, 317-346

Hadley, R.A. (1965): Deified kingship and propaganda coinage in the early Hellenistic age: 323-280 B.C., Diss. phil. Ann Arbor

— (1969): Hieronymus of Cardia and early Seleucid mythology, Historia 18, 142-152

— (1974): Royal propaganda of Seleucus I and Lysimachus, JHS 94, 50-65

Hagedorn, D. (1986): Ein Erlaß Ptolemaios' I. Soter?, ZPE 66, 65-70

Hahn, J. (Hg.) (2000): Alexander in Indien. 327-325 v. Chr., Stuttgart

Hall, E. (1989): Inventing the barbarian: Greek self-definition through tragedy, Oxford

— (1993): Asia unmanned: Images of victory in classical Athens, in: Rich, J./Shipley, G. (Hg.), War and society in the Greek world, London/New York, 108-133

Hall, J.M. (1995): How Argive was the „Argive" Heraion? The political and cultic geography of the Argive plain, 900-400 B.C., AJA 99, 655-613

Hammond, N.G.L. (1978): „Philip's tomb“ in historical context, GRBS 19, 331-350

— (1982): The evidence for the identity of the royal tombs at Vergina, in: Adams, W.L./Borza, E.N. (Hg.), Philip II, Alexander the Great and the Macedonian heritage, Washington, 111-127

— (1988): Which Ptolemy gave troops and stood as protector of Pyrrhus' kingdom? Historia 37, 405-413

— (1989): Arms and the king: The insignia of Alexander the Great, Phoenix 43, 217-224

— (1992): The Macedonian state. The origins, institutions and history, Oxford
— (1993): The Macedonian imprint on the Hellenistic world, in: Green, P. (Hg.), Hellenistic history and culture, Oxford, 12-23
— (1998): Alexander's newly founded cities, GRBS 39, 243-269
— (1999): The nature of the Hellenistic states, AM 6, 483-488
— (2000): The continuity of Macedonian institutions and the Macedonian kingdoms of the Hellenistic era, Historia 49, 141-160
Hammond, N.G.L./Walbank, F.W. (1988): A history of Macedonia, III. 336-167 B.C., Oxford
Hampl, F. (1934): Der König der Makedonen, Diss. phil. Leipzig
Hansen, W. (2000): Foam-born Aphrodite and the mythology of transformation, AJPh 121, 1-19
Hardwick, L. (1996): Ancient amazons: Heroes, outsiders, or women?, in: McAuslan, I./Walcot, P. (Hg.), Women in antiquity, Oxford, 158-176
Hardwick, L. (2003): Reception Studies, Oxford
Harris, R. (1991): Inanna-Ishtar as paradox and a coincidence of opposites, History of Religions 30, 261-278
Harrison, T. (2003): Upside down and back to front: Herodotus and the Greek encounter with Egypt, in: Matthews, R./Roemer, C. (Hg.), Ancient perspectives on Egypt, London, 145-155
Hartog, F. (2002): The Greeks as Egyptologists, in: Harrison, T. (Hg.), Greeks and Barbarians, Edinburgh, 211-228
Hatzopoulos, M.B. (1986): Succession and regency in classical Macedonia, AM 4, 272-292
— (1996): Macedonian institutions under the kings I. A historical and epigraphic study, Athen
Hauben, H. (1970): Callicrates of Samos. A contribution to the study of the Ptolemaic admiralty, Leuven (Studia Hellenistica 18)
— (1977): Rhodes, Alexander and the diadochi from 333/332 to 304 B.C., Historia 26, 307-339
— (1983): Arsinoé II et la politique extérieure de l'Égypte, in: van't Dack, E. u.a. (Hg.), Egypt and the Hellenistic world, Leuven, 99-127
— (1987): Who is who in Antigonos' letter to the Scepsians, Epigraphica Anatolica 9, 29-36
— (1989): Aspects du culte des souverains à l'époque des Lagides, in: Criscuolo, L./Geraci, G. (Hg.), Egitto e storia antica dall'ellenismo all'età araba. Bilancio di un confronto, Bologna, 441-467
— (1990): L'expédition de Ptolémée III en Orient et la sedition domestique de 245 av. J.-C., APF 36, 29-37
— (2004): A Phoenician king in the service of the Ptolemies: Philocles of Sidon revisited, AncSoc 34, 27-44
Hazzard, R.A. (1987): The regnal years of Ptolemy II Philadelphos, Phoenix 41, 140-158
— (1995): Ptolemaic coins. An introduction for collectors, Toronto
— (2000): Imagination of a monarchy: Studies in Ptolemaic propaganda, Toronto

Heckel, W. (1981): Polyxena, the mother of Alexander the Great, Chiron 11, 79-86

— (1982): The early career of Lysimachos, Klio 64, 373-381

— (1989): The granddaughters of Iolaus, Classicum 15, 32-39

— (1992): The marshals of Alexander's empire, London/New York

— (2002): The wars of Alexander the Great. 336-323 B.C., Oxford

— (2009): Who's who in the age of Alexander the Great, Oxford

Hedren, G. (2004): The return of Hephaistos, Dionysiac procession ritual and the creation of a visual narrative, JHS 124, 38-64

Heinen, H. (1966): Rom und Ägypten von 51 bis 47 v. Chr. Untersuchungen zur Regierungszeit der 7. Kleopatra und des 13. Ptolemäers, Diss. phil. Tübingen

— (1969): Cäsar und Kaisarion, Historia 18, 181-203

— (1972a): Untersuchungen zur hellenistischen Geschichte des 3. Jahrhunderts v. Chr. Zur Geschichte der Zeit des Ptolemaios Keraunos und zum Chremonideischen Krieg, Wiesbaden (Historia Einzelschr. 20)

— (1972b): Die politischen Beziehungen zwischen Rom und dem Ptolemäerreich von ihren Anfängen bis zum Tag von Eleusis (273-168 v. Chr.), ANRW I,1 (1972), 633-654

— (1974): Les mariages de Ptolémée VIII Euergete et leur chronologie. Etude comparative de papyrus et d'inscriptions grecs, démotiques et hiéroglyphes, in: Akten des 13. internationalen Papyrologenkongresses, München, 147-155

— (1978): Aspects and problèmes de la monarchie ptolémaïque, Ktèma 3, 177-199

— (1981): Alexandrien – Weltstadt und Residenz, in: Hinske, N. (Hg.), Alexandrien. Kulturbegegnungen dreier Jahrtausende im Schmelztiegel einer mediterranen Großstadt, Mainz, 3-12

— (1983): Die Tryphè des Ptolemaios VIII. Euergetes II. Beobachtungen zum ptolemäischen Herrscherideal und zu einer römischen Gesandtschaft in Ägypten (140/139 v. Chr.), in: Ders. u.a. (Hg.), Althistorische Studien, FS H. Bengtson, Stuttgart (Historia Einzelschr. 40), 116-128

— (1984): The Syrian-Egyptian wars and the new kingdoms of Asia Minor, CAH 7.1², 412-445

— (1989): L'Égypte dans l'historiographie moderne du monde hellénistique, in: Criscuolo, L./Geraci, G. (Hg.), Egitto e storia antica dall'ellenismo all'età araba. Bilancio di un confronto, Bologna, 105-135

— (1994): Ägyptische Tierkulte und ihre hellenischen Protektoren, in: Minas, M./Zeidler, J. (Hg.), Aspekte spätägyptischer Kultur, FS E. Winter, Mainz, 157-168

— (1995): Vorstufen und Anfänge des Herrscherkultes im römischen Ägypten, ANRW II 18,5, 3144-3180

— (1996): Ein griechischer Funktionär des Ptolemäerstaates als Priester ägyptischer Kulte, in: Funck, B. (Hg.), Hellenismus. Beiträge zur Erforschung von Akkulturation und politischer Ordnung in den Staaten des hellenistischen Zeitalters, Tübingen, 339-353

— (2003): Geschichte des Hellenismus von Alexander bis Kleopatra, München

Heinrichs, J. (1987): „Asiens König". Die Inschriften des Kyrosgrabs und das achaimenidische Reichsverständnis, in: Will, W./Ders. (Hg.), Zu Alexander d. Gr., FS G. Wirth, Bd. I, Amsterdam, 487-540

— (1989): Ionien nach Salamis. Die kleinasiatischen Griechen in der Politik und politischen Reflexion des Mutterlands, Bonn

— (2001): Rezension zu R. Bichler, Herodots Welt, GFA 4, 1169-1171

— (2004): Zwischen Methodik und Kriminalistik, in: Koch, F. (Hg.), Vergraben und vergessen. Münzschätze der Westlausitz, Kamenz, 8-18

Heinrichs, J./Müller, S. (2008): Ein persisches Statussymbol auf Münzen Alexanders I. von Makedonien. Ikonographie und historischer Hintergrund des Tetrobols SNG ABC, Macedonia I, 7 und 11, ZPE 167, 283-309

Heinz, K. (1987): Religion und Politik in Vorderasien im Reich der Achaimeniden, Klio 69, 317-325

Heinz, S.C. (2002): Wie wird ein Feldzug erzählt? Bildrepertoire, Anbringungsschema und Erzählform der Feldzugreliefs im Neuen Reich, in: Bietak, M./Schwarz, M. (Hg.), Krieg und Sieg. Narrative Wanddarstellungen von Altägypten bis ins Mittelalter, Wien, 43-67

Heisserer, A. (1971): Alexander and the Greek exiles, Diss. phil. Ann Arbor

Helck, W. (1964): Die Ägypter und die Fremden, Saeculum 15, 103-114

Herklotz, F. (2000): Berenike II. – Königin und Göttin, IBÄS 2, 43-61

— (2005): Der Ahnenkult bei den Ptolemäern, IBAES 5 (2005), 155-164

Helmbold, W.C. (1951): The song of the Argive woman's daughter, CPh 46, 17-24

Herzfeld, E. (1936): Der Tod des Kambyses, BSOS 8, 589-597

Herman, G. (1980/81): The „friends" of early Hellenistic rulers: Servants or officials?, Talanta 12/13, 103-127

— (1997): The court society of the Hellenistic age, in: Cartledge, P. u.a. (Hg.), Essays in culture, history, and historiography, Berkeley u.a, 199-224

Hermary, A. (1986): Dioskouroi, LMIC 3.1, 567-593

Herz, P. (1992): Die frühen Ptolemäer bis 180 v. Chr., in: Gundlach, R./Weber, H. (Hg.), Legitimation und Funktion des Herrschers: vom ägyptischen Pharao zum neuzeitlichen Diktator, Stuttgart, 51-97

Herzog, Rudolf (1924): Der Traum des Herondas, Philologus 79, 370-433

Hesberg, H. von (1996): Privatheit und Öffentlichkeit der frühhellenistischen Hofarchitektur, in: Hoepfner, W./Brands, G. (Hg.), Basileia. Die Paläste der hellenistischen Könige, Mainz, 84-96

Heuß, A. (1975): Die Freiheitserklärung von Mylasa in den Inschriften von Labranda, in: Bingen, J. (Hg.), Le monde grec. Hommages à C. Préaux, Brüssel, 403-415

Higgins, R.A. (1982): Macedonian royal jewelry, in: Barr-Sharrar, B./Borza, E.N. (Hg.), Macedonia and Greece in late Classical and early Hellenistic times, Washington, 141-151

Hinks, R. (1928): A portrait of a Ptolemaic queen, JHS 48, 239-242

Hintzen-Bohlen, B. (1992): Herrscherrepräsentation im Hellenismus. Untersuchungen zu Weihgeschenken, Stiftungen und Ehrenmonumenten in den mutterländischen Heiligtümern Delphi, Olympia, Delos und Dodona, Köln u.a.

Hinz, W. (1976): Darius und die Perser. Eine Kulturgeschichte der Achämeniden, Baden-Baden

Hirschfeld, F. (1896): Arsinoë, Nr. 8-16, RE 2.1, 1278-1279

Hölbl, G. (1992): Bemerkungen zur frühptolemäischen Chronologie, Tyche 7, 117-122

— (1994): Geschichte des Ptolemäerreiches. Politik, Ideologie und religiöse Kultur von Alexander bis zur römischen Eroberung, Darmstadt

— (2000-2005): Altägypten im Römischen Reich. Der römische Pharao und seine Tempel. I-III, Mainz

Hoff, R. von den/Schmidt, S. (2001): Bilder und Konstruktion: Ein interdisziplinäres Konzept für die Altertumswissenschaften, in: Dies. (Hg.), Konstruktionen von Wirklichkeit. Bilder im Griechenland des 5. und 4. Jahrhunderts v. Chr., Stuttgart, 11-25

Hoffmann, F. (2000): Ägypten. Kultur und Lebenswelt in griechisch-römischer Zeit. Eine Darstellung nach den demotischen Quellen, Berlin

Hölkeskamp, K.-J. (2004a): Senatus populusque Romanus. Die politische Kultur der Republik – Dimensionen und Deutungen, Stuttgart

— (2004b): Rekonstruktionen einer Republik, München (HZ Beiheft 38)

— (2006): History and collective memory in the Middle Republic, in: Rosenstein, N. u.a. (Hg.): The Roman republic, London, 478-495

Hölscher, T. (1971): Ideal und Wirklichkeit in den Bildnissen Alexanders des Großen, Heidelberg

— (1973): Griechische Historienbilder des 5. und 4. Jahrhunderts v. Chr., Beiträge zur Archäologie 6, Würzburg, 122-169

— (1985): Staatsdenkmal und Publikum. Vom Untergang der Republik bis zur Festigung des Kaisertums in Rom, Konstanz

— (1981/83): Zur Deutung des Alexandermosaiks, in: Akurgal'a Amargan. FS Akurgal, Anadolu (Anatolia) 22, Ankara 1989, 297-307

— (2000): Feindwelten – Glückswelten: Perser, Kentauren und Amazonen, in: Ders. (Hg.), Gegenwelten zu den Kulturen Griechenlands und Roms in der Antike, München/Leipzig, 287-320

— (2003): Images of war in Greece and Rome: Between the military practice, public memory, and cultural symbolism, JRS 153, 1-17

Hoepfner, W. (1971): Zwei Ptolemäerbauten. Das Ptolemäerweihgeschenk in Olympia und ein Bauvorhaben in Alexandria, Berlin

— (2000): Zur Tholos in Delphi, AA, 100-107

— (2001): Zum Arsineion auf Samothrake, AA 3, 467-480

Holleaux, M. (1921): Ptolemaios Epigonos, JHS 41, 183-198

Hollmann, A. (2005): The manipulation of signs in Herodotus' *Histories*, TAPA 135, 279-327

Holt, F.L. (1999): Thundering Zeus. The making of Hellenistic Bactria, Berkeley/Los Angeles

— (2003): Alexander the Great and the mystery of the elephant medallions, Berkeley

Holmes, L. (1992): Myrrh and unguents in the *Coma Berenices*, CP 87, 47-50

Hopkins, K. (1980): Brother-sister marriage in Roman Egypt, Comparative Studies in Society and History 22, 303-354

Hopkinson, N. (1984): Callimachus' *Hymn to Zeus*, CQ 34, 139-148

Hornblower, J. (1981): Hieronymus of Cardia, Oxford

Hornung, E. (1971): Der Eine und die Vielen. Ägyptische Gottesvorstellungen, Darmstadt

— (1990^{2}): Geist der Pharaonenzeit, Zürich/München

— (2003): Das Tal der Könige, München

— (2004): Der Pharao, in: Donadoni, S. (Hg.), Der Mensch des Alten Ägypten, Essen, 328-360

— (2004^{5}): Einführung in die Ägyptologie, Darmstadt

— (2005^{5}): Grundzüge der ägyptischen Geschichte, Darmstadt

Hose, M. (2005^{3}): Theokrit, in: Schmitt, H.H./Vogt, E. (Hg.), Lexikon des Hellenismus, Wiesbaden, 1068-1070

Houghton, A./Lorber, C. (2002): Seleucid coins: A comprehensive catalogue, Part 1: Seleucus to Antiochus III, New York

How, W.W./Wells, J. (1967^{8}): A commentary on Herodotus. Bd. I (Books I-IV), Oxford

Howgego, C. (2000): Geld in der antiken Welt. Was Münzen über Geschichte verraten, Darmstadt

Hrouda, B. (2005^{4}): Mesopotamien. Die antiken Kulturen zwischen Euphrat und Tigris. München

Huber, I. (2005): Rituale der Seuchen- und Schadensabwehr im Vorderen Orient und Griechenland. Formen kollektiver Krisenbewältigung in der Antike, Stuttgart

Hübner, S.R. (2007): Brother-sister marriages in Roman Egypt: a curiosity of humankind or a widespread family strategy?, JRS 97, 21-49

Hünemörder, C. (2000): Pfau, DNP 9, 689-690

Humphreys, S.C. (1977/78): Public and private interests in classical Athens, CJ 73, 97-104

— (1995): Women's stories, in: Reeder, E.D. (Hg.), Pandora: Women in classical Greece, Baltimore, 102-110

Hunter, R.L. (1993): The *Argonautica* of Apollonius: Literary Studies, Cambridge

— (1996): Theocritus and the archaeology of Greek poetry, Cambridge

— (2003): Literature and its context, in: Erskine, A. (Hg.), A companion to the Hellenistic world, Oxford, 477-493

— (2004): Notes on the *Lithika* of Posidippus, in: Acosta-Hughes, B. u.a. (Hg.), Labored in papyrus leaves. Perspectives on an epigram collection attributed to Posidippus (P. Mil. Vogl. VIII 309), Cambridge, Mass., 94-104

Hurschmann, R. (1997): Chlamys, DNP 2, 1133

— (1999): Kausia, DNP 6, 369

Huß, W. (1975): Die zu Ehren Ptolemaios' III. und seiner Familie errichtete Statuengruppe von Thermos (IG IX 1,1^{2}, 56), CE 50, 312-320

— (1976): Untersuchungen zur Außenpolitik Ptolemaios' IV., München (MB 69)

— (1991): Gedanken zum Thema „Staat“ und „Kirche“ im ptolemaiischen Ägypten, in: Seibert, J. (Hg.), Hellenistische Studien: Gedenkschrift H. Bengtson, München, 55-60
— (1992): Some thoughts on the subject „state” and „church” in Ptolemaic Egypt, in: Johnson, J.H. (Hg.), Life in a multi-cultural society: Egypt from Cambyses to Constantine and beyond, Chicago, 159-163
— (1994): Der makedonische König und die ägyptischen Priester. Studien zur Geschichte des ptolemaiischen Ägypten, Stuttgart
— (1997): Ägyptische Kollaborateure in persischer Zeit, Tyche 12, 131-143
— (1998): Ptolemaios der Sohn, ZPE 121, 229-250
— (2001): Ägypten in hellenistischer Zeit 332-30 v. Chr., München
— (2004): Noch einmal: Ptolemaios der Sohn, ZPE 149, 232
Huttner, U. (1995): Marcus Antonius und Herakles, in: Schubert, C./Brodersen, K. (Hg.), Rom und der griechische Osten. FS. H.H. Schmitt, Stuttgart, 103-112
— (1997): Die politische Rolle der Heraklesgestalt im griechischen Herrschertum, Stuttgart (Historia Einzelschr. 112)
Huwendiek, J. (1996): Zur Interpretation des Philippeion in Olympia, Boreas 19, 155-159
Huys, M. (1995): The tale of the hero who was exposed at birth in Euripidean tragedy: A study of motifs, Leuven
Huyse, P. (1991): Die Perser in Ägypten. Ein onomastischer Beitrag zu ihrer Erforschung, AchHist 6, 311-320
Huxley, G. (1980a): Arsinoe Lokris, GRBS 21, 239-244
— (1980b): βουπόρος Ἀρσινόης, JHS 100, 189-190

Ijsewijn, J. (1961): De sacerdotibus sacerdotiisque Alexandri Magni et Lagidarum eponymis, Brüssel
Iliadou, P. (1998): Herakles in Makedonien, Hamburg
Isaac, B. (2004): The invention of racism in classical antiquity, Princeton

Jähne, A. (1981): Die Ἀλεξανδρέων χώρα, Klio 63, 63-103
Janssen, E. (2007): Die Kausia. Symbol und Funktion der makedonischen Kleidung, Diss. phil. Göttingen (http://webdoc.sub.gwdg.de/diss/2008/janssen/janssen.pdf)
Jasnow, R. (1997): The Greek Alexander Romance and Demotic Egyptian literature, JNES 56, 95-103
Jenkins, I.D. (1985): The ambiguity of Greek textiles, Arethusa 18, 109-132
Johnson, C.G. (1999): The divinization of the Ptolemies and the gold octadrachms honoring Ptolemy III., Phoenix 53, 50-56
Johnson, C.G. (2000): Ptolemy I’s *epiklesis* Soter: Origin and definition, AHB 14, 102-106
— (2002): OGIS 98 and the divinization of the Ptolemies, Historia 51, 112-116
Johnson, D.M. (2005): Persians as centaurs in Xenophon’s Cyropaedia, TAPA 135, 177-207

Johnson, J.H. (1974): The Demotic Chronicle as an historical source, Enchoria 4, 1-17
Jones, C.P. (1974): A note on the decree for Glaucon son of Eteocles, ZPE 15, 179
Jouanno, C. (2002): Naissance et métamorphose du roman d'Alexandre, Paris

Kaiser-Raiss, M.R. (1984): Philipp II. und Kyzikos. Ein Porträt Philipps II. auf einem Kyzikener Elektronstater, SNR 63, 27-43
Kahrstedt, U. (1910): Frauen auf antiken Münzen, Klio 10, 261-274
Kantorowicz, E.H. (1994²): Die zwei Körper des Königs. „The king's two bodies". Eine Studie zur politischen Theologie des Mittelalters, München
Kapetanopoulos, E. (1994): Sirras, AncW 25, 15-26
Katz, M.A. (1995): Ideology and ‚the status of women' in ancient Greece, in: Hawley, R./Levick, B. (Hg.), Women in antiquity. New assessments, London, 21-43
— (1998): Daughters of Demeter, in: Bridenthal, R. u.a. (Hg.), Becoming visible: Women in European history, Boston, 47-75
Keaveney, A. (1996): Persian behaviour and misbehaviour: Some Herodotean examples, Athenaeum 84, 23-48
Kebric, R.B. (1977): In the shadow of Macedon. Duris of Samos, Wiesbaden (Historia Einzelschr. 29)
Kent, R.G. (1946): The oldest Old Persian inscription, JAOS 66, 202-212
— (1953²): Old Persian. Grammar, texts, lexicon, New Haven
Kienast, D. (1969): Augustus und Alexander, Gymnasium 76, 430-456
— (1973): Philipp II. von Makedonien und das Reich der Achaimeniden, München (Abhandlungen der Marburger Gelehrten Gesellschaft 6, 1971, 243-294)
— (1987): Alexander, Zeus und Ammon, in: Will, W./Heinrichs, J. (Hg.), Zu Alexander d. Gr., FS G. Wirth, Bd. I, Amsterdam, 309-333
— (1995): Die Politisierung des griechischen Nationalbewusstseins und die Rolle Delphis im großen Perserkrieg, in: Schubert, C./Brodersen, K. (Hg.), Rom und der griechische Osten. FS H.H. Schmitt, Stuttgart, 117-133
— (1996): Der Wagen des Ahura Mazda und der Ausmarsch des Xerxes, Chiron 29, 285-313
Kiilerich, B. (1988): Physionomics and the iconography of Alexander, SO 63, 51-66
— (1997²): The public image of Alexander the Great, in: Carlsen, J. u.a. (Hg.), Alexander the Great. Reality and myth, Rom, 85-92
Kistler, E. (2006): Satyreske Zecher auf Vasen, kontrakulturelle Lesarten und Tyrannen-Diskurs im vor- und frühdemokratischen Athen, GFA 9, 105-154
Klein, D. (1999): Sammlung von griechischen Kleinsilbermünzen und Bronzen, Mailand
Kleinknecht, H. (1966): Herodot und die makedonische Urgeschichte, Hermes 94, (1966), 134-146
Klinkott, H. (2002): Die Funktion des Apadana am Beispiel der Gründungsurkunde von Susa, in: Schuol, M. u.a. (Hg.), Grenzüberschreitungen. Formen des Kontakts zwischen Orient und Okzident im Altertum, Stuttgart, 235-257
Klose, D.O.A./Overbeck, B. (1989): Ägypten zur Römerzeit. Antikes Leben aufgrund der numismatischen Quellen, München

Klose, D.O.A. (1992): Von Alexander zu Kleopatra. Herrscherporträts der Griechen und Barbaren, München

Knell, H. (1995): Die Nike von Samothrake. Typus, Form, Bedeutung und Wirkungsgeschichte eines rhodischen Sieges-Anathems im Kabirenheiligtum von Samothrake, Darmstadt

Koch, W. (1924): Die ersten Ptolemäerinnen nach ihren Münzen, ZfNum 34, 67-106

Köhler, J. (1996): Pompai. Untersuchungen zur hellenistischen Festkultur, Frankfurt a.M.

Koehn, C. (2007): Krieg – Diplomatie – Ideologie. Zur Außenpolitik hellenistischer Mittelstaaten, Stuttgart

Köhne, E. (1998): Die Dioskuren in der griechischen Kunst. Von der Archaik bis zum Ende des 5. Jahrhunderts v. Chr., Hamburg (Antiquitates 15)

Köhnken, A. (2005[3]): Kallimachos, in: Schmitt, H.H./Vogt, E. (Hg.), Lexikon des Hellenismus, Wiesbaden, 506-512

Koenen, L. (1968): Die Prophezeiung des „Töpfers“, ZPE 2, 178-209

— (1977): Eine agonistische Inschrift aus Ägypten und frühptolemäische Königsfeste, Meisenheim

— (1983): Die Adaption ägyptischer Königsideologie am Ptolemäerhof, in: van't Dack, E. u.a. (Hg.), Egypt and the Hellenistic world, Leuven, 143-190

— (1984): A supplementary note on the date of the oracle of potter, ZPE 54, 9-13

— (1993): The Ptolemaic king as a religious figure, in: Bulloch, A. u.a. (Hg.), Images and ideologies. Self-definition in the Hellenistic world, Berkeley u.a., 25-115

— (2002): Die Apologie des Töpfers an König Amenophis oder Das Töpferorakel, in: Blasius, A./Schipper, B.U. (Hg.), Ägyptische Apokalyptik. Eine kritische Analyse der relevanten Texte aus dem griechisch-römischen Ägypten, Leuven/Paris, 139-187

Kornemann, E. (1923): Die Geschwisterehe im Altertum, Mitteilungen der Schlesischen Gesellschaft für Volkskunde 24, 17-45

— (1925): Zur Geschwisterehe im Altertum, Klio 19, 355-361

— (1998[3]): Große Frauen des Altertums im Rahmen zweitausendjährigen Weltgeschehens, Bremen

Kosmetatou, E./Papalexandrou, N. (2003): Size matters: Poseidippos and the Colossi, ZPE 143, 53-58

Kosmetatou, E. (2002): Remarks on an Delphic dynastic group monument, Tyche 17, 103-111

— (2004a): Vision and visibility: Art historical theory paints a portrait of new leadership in Posidippus' *Andriantopoiika*, in: Acosta-Hughes, B. u.a. (Hg.), Labored in papyrus leaves. Perspectives on an epigram collection attributed to Posidippus (P. Mil. Vogl. VIII 309), Cambridge, Mass., 187-211

— (2004b): Constructing legitimacy: The Ptolemaic *Familiengruppe* as a means for self-definition in Posidipus' *Hippika*, in: Acosta-Hughes, B. u.a. (Hg.), Labored in papyrus leaves. Perspectives on an epigram collection attributed to Posidippus (P. Mil. Vogl. VIII 309), Cambridge, Mass., 225-246

— (2004c): Bilistiche and the quasi-institutional status of the Ptolemaic mistress, APF 50, 18-36

Koulakiotis, E. (2006): Genese und Metamorphosen des Alexandermythos im Spiegel der griechischen nicht-historiographischen Überlieferung bis zum 3. Jahrhundert n. Chr., Konstanz

Kralli, I. (2000): Athens and the Hellenistic kings (338-261 B.C.): The language of the decrees, CQ 50, 113-132

Kramer, B. (2002): Il rotolo di Milano e l'epigramma ellenistico, in: Bastianini, G. (Hg.), Un poeta ritrovato. Posidippo di Pella, Mailand, 33-45

Kremydi-Sicilianou, S. (2004): Multiple concealments from the sanctuary of Zeus Olympios at Dion. Three Roman provincial coin hoards, Athen

Kreutz, B.M. (1973): Mediterranean contribution to the medieval mariner's compass, Technology and Culture 14, 367-383

Kroll, J.H. (2007): The emergence of ruler portraiture on early Hellenistic coins, in: in: von den Hoff, R./Schultz, P. (Hg.), Early Hellenistic portraiture: Image, style, context, Cambridge/New York, 113-122

Krug, A. (1978): Die Bildnisse Ptolemaios' IX., X. und XI., in: Maehler, H./Strocka, V.M. (Hg.), Das ptolemäische Ägypten, Mainz, 9-24

(1992): Ein Bildnis der Arsinoe II. Philadelphos, in: Adriani, A. u.a. (Hg.), Alessandria e il mondo ellenistico-antico. Studi in onore di A. Adriani, Bd. I, Rom, 192-200

Krumeich, R. (2007): Human achievement and divine favour, in: von den Hoff, R./Schultz, P. (Hg.), Early Hellenistic portraiture: Image, style, context, Cambridge/New York, 161-180

Kuhrt, A. (1983): The Cyrus cylinder and Achaemenid imperial policy, JSOT 25, 83-97

— (1988): The Achaemenid empire: A Babylonian perspective, PCPhS 34, 60-76

— (1995): The ancient Near East c. 3000-330 B.C., I-II, London/New York

— (2002): Babylon, in: Bakker, E.J. u.a. (Hg.), Brill's companion to Herodotus, Leiden u.a, 475-496

— (2003): Making history: Sargon of Agade and Cyrus the Great of Persia, AchHist 13, 347-361

Kuhrt, A./Sherwin-White, S. (1987): Xerxes' destruction of Babylonian temples, AchHist 2, 69-78

— (1991): Aspects of Seleucid royal ideology: The cylinder of Antiochus I from Borsippa, JHS 111, 71-86

Kunze, C. (1998): Der farnesische Stier und die Dirkegruppe des Apollonios Tauriskos, Berlin

Kuschel, B. (1961): Die neuen Münzbilder des Ptolemaios Soter, JNG 11, 9-18

Kuttner, A. (2005): Cabinet fit for a queen: The *Lithika* as Posidippus' Gem Museum, in: Gutzwiller, K.J. (Hg.), The new Posidippus. A Hellenistic poetry book, Oxford, 141-163

Kyrieleis, H. (1975): Bildnisse der Ptolemäer, Berlin

— (2004): Ägyptische Bildelemente auf Siegelabdrücken aus Neo Paphos (Zypern), Städel Jahrbuch 19, 109-116

La'da, C.A. (2003): Encounters with ancient Egypt. The Hellenistic Greek experience, in: Matthews, R./Roemer, C. (Hg.), Ancient perspectives on Egypt, London, 157-169

Lanciers, E. (1986): The cult of the *theoi soteres* and the date of some Papyri from the reign of Ptolemy V. Epiphanes, ZPE 66, 61-63

— (1988): Die Vergöttlichung und die Ehe des Ptolemaios IV. und der Arsinoe III., APF 34, 27-32

— (1992): Die ägyptischen Priester des ptolemäischen Königskultes, in: Johnson, J.H. (Hg.), Life in a multi-cultural society: Egypt from Cambyses to Constantine and beyond, Chicago, 207-208

Landucci Gattinoni, F. (1992): Lisimaco di Tracia nella prospettiva del primo ellenismo, Mailand

— (2003): L'arte del potere. Vita e opere di Cassandro di Macedonia, Stuttgart (Historia Einzelschr. 171)

Lang, M.L. (1992): Prexaspes and usurper Smerdis, JNES 51, 201-207

Lapatin, K.D.S. (2001): Chryselephantine statuary in the ancient Mediterranean world, Oxford

Lapini, W. (2003): Note Posidipée, ZPE 143, 39-52

La Rocca, E. (1998): Die zwölf Götter, Hera und die Verherrlichung der Attaliden am Großen Altar von Pergamon, Jahrbuch der Berliner Museen 40, 7-30

Laronde, A. (1987): Cyrène et la Libye hellénistique. *Libykai historiai* de l'époque républicaine au principat d'Auguste, Paris

Lateiner, D. (1977): No laughing matter: A literary tactic in Herodotus, TAPA 107, 173-182

— (1989): The historical method of Herodotus, Toronto

Launey, M. (1945): Études d'histoire hellénistique, II: L'exécution de Sotadès et l'expédition de Patroklos dans la mer Égée (266 av. J.-C.), REA 47, 33-45

Lauter, H. (1986): Die Architektur des Hellenismus, Darmstadt

— (1987): Alexanders wahres Gesicht, in: Will, W./Heinrichs, J. (Hg.), Zu Alexander dem Großen. FS G. Wirth, Bd. II, Amsterdam, 713-743

Lawton, C.L. (2003): Athenian anti-Macedonian sentiment and democratic ideology in Attic document reliefs in the second half of the fourth century B.C., in: Palagia, O./Tracy, S.V. (Hg.), The Macedonians in Athens 322-229 B.C., Oxford, 117-127

LeBohec, S. (1991): L'idéologie officielle du roi de Macédoine à l'èpoque hellénistique, in: L'idéologie du pouvoir monarchique dans l'antiquité, Paris, 23-38

— (1993): Les reines de Macédoine de la mort d'Alexandre à celle de Persée, Cahiers du Centre G. Glotz 4, 229-245

LeBohec-Bouhet, S. (2002): The kings of Macedon and the cult of Zeus in the Hellenistic period, in: Ogden, D. (Hg.), The Hellenistic world. New perspectives, London, 41-57

— (2005): L'héritier du diadème chez les Antigonides, Gerión Anejos 9, 57-70

Legras, B. (2004): L'Égypte grecque et romaine, Paris

Lehmann, G.A. (1988a): Das neue Kölner Historiker-Fragment (P. Köln Nr. 247) und die „chronike syntaxis“ des Zenon von Rhodos (FGrHist 523), ZPE 72, 1-17

— (1988b): Der „Lamische Krieg" und die „Freiheit der Hellenen", ZPE 73, 121-149
— (1988c): Hieronymus von Kardia und der „Lamische Krieg", in: Will, W./Heinrichs, J. (Hg.), Zu Alexander d. Gr., FS G. Wirth, Bd. II, Amsterdam, 745-764
— (1998): Expansionspolitik im Zeitalter des Hochhellenismus. Die Anfangsphase des ‚Laodike-Krieges' 246/5 v. Chr., in: Hantos, T./Ders. (Hg.), Althistorisches Kolloquium aus Anlass des 70. Geburtstages von J. Bleicken, Stuttgart, 81-101
Lehmann, K. (1998[6]): Samothrace: A guide to the excavations and the museum, Thessaloniki
Lehmann, P.W. (1980): The so-called tomb of Philip II: A different interpretation, AJA 84, 527-531
— (1982): The so-called tomb of Philip II: An addendum, AJA 86, 437-442
Lehnus, L. (2002): Posidippean and Callimachean queries, ZPE 138, 11-13
Leibovitch, J. (1953): Gods of agriculture and welfare in ancient Egypt, JNES 12, 73-113
Leinieks, V. (1996): The city of Dionysos. A study of Euripides' Bakchai, Stuttgart/Leipzig
Lelli, E. (2002): Arsinoe II in Callimaco e nelle testimonianze letterarie alessandrine (Teocrito, Posidippo, Sotade e altro), ARF 4, 5-29
— (2005): Posidippo e Callimaco, in: Di Marco, M. u.a. (Hg.): Posidippo e gli altri. Il poeta, il genere, il contesto culturale e letterario, Pisa/Rom, 77-132
Lenzen, V. (1960): The triumph of Dionysos on textiles of late antique Egypt, Berkeley/Los Angeles (University of California Publications in classical archaeology 5)
LeRider, G. (1997): Cléomène de Naucratis, BCH 121, 71-93
— (2003): Alexandre le Grand. Monnaie, finances et politique, Paris
LeRider, G./Callataÿ, F. de (2006): Les Séleucides et les Ptolémées. L'héritage monétaire et financier d'Alexandre le Grand, Paris
Leschhorn, W. (1984): „Gründer der Stadt". Studien zu einem politisch-religiösen Phänomen der griechischen Geschichte, Stuttgart (Palingenesia 20)
Lévêque, P. (1957): Pyrrhos, Paris
Levine Gera, D. (2007): Themistocles' Persian tapestry, CQ 57, 445-457
Lewis, N. (1986): Greeks in Ptolemaic Egypt. Case Studies in the social history of the Hellenistic world, Oxford
Lissarrague, F. (1995): Women, boxes, containers: Some signs and metaphors, in: Reeder, E.D. (Hg.), Pandora. Women in classical Greece, Princeton, 91-101
Llewellyn-Jones, L. (2003): Aphrodite's tortoise. The veiled woman in ancient Greece, Swansea
Lloyd, A.B. (1982): Nationalist propaganda in Ptolemaic Egypt, Historia 31, 33-55
— (1990): Herodotus on Egyptians and Libyans, in: Nenci, G./Reverdin, O. (Hg.), Hérodote et les peuples non grecs, Genf (Entretiens Hardt 35), 215-244
— (2002a): The Egyptian elite in the early Ptolemaic period. Some hierogylphic evidence, in: Ogden, D. (Hg.), The Hellenistic world. New perspectives, London, 117-136

— (2002b): Egypt, in: Bakker, E.J. u.a. (Hg.), Brill's companion to Herodotus, Leiden u.a., 415-435

Loman, P. (2004): No woman no war: Women's participation in ancient Greek warfare, G&R 51, 34-54

Longeva, G. (1968): Arsinoe II., Rom

Luce, T.J. (1997): The Greek historians, London/New York

Lund, A.L. (2005): Hellenentum und Hellenizität: Zur Ethnogenese und zur Ethnizität der antiken Hellenen, Historia 54, 1-17

Lund, H.S. (1992): Lysimachus. A study in early Hellenistic kingship, London/New York

Luppe, W. (2003): Ein Weih-Epigramm Poseidipps auf Arsinoe, AFP 49, 21-24

— (2004): Weihung eines Schweißtuches für Arsinoe, Poseidipp Kol. VI 10-17/ Nr. 36, AFP 50, 7-12

Ma, J. (2002): Antiochos III and the cities of Western Asia Minor, Oxford

— (2003): Kings, in: Erskine, A. (Hg.), A companion to the Hellenistic world, Oxford, 177-195

MacCoull, L.S.B. (1982): The Coptic Cambyses narrative reconsidered, GRBS 23, 185-188

Macuch, R. (1989): Egyptian sources and versions of Pseudo-Callisthenes, in: Criscuolo, L./Geraci, G. (Hg.), Egitto e storia antica dall'ellenismo all'età araba. Bilancio di un confronto, Bologna, 503-511

Macurdy, G.H. (1927): Queen Eurydice and the evidence for woman-power in early Macedonia, AJPh 48, 201-214

— (1929): The political activities and the name of Cratesipolis, AJPh 50, 273-278

— (1932): Hellenistic queens. A study of woman-power in Macedonia, Seleucid Syria, and Ptolemaic Egypt, Baltimore/London

Maehler, H. (1983): Die griechische Schule im ptolemäischen Ägypten, in: van't Dack, E. u.a. (Hg.), Egypt and the Hellenistic world, Leuven, 191-203

— (2003): Roman poets on Egypt, in: Matthews, R./Roemer, C. (Hg.), Ancient perspectives on Egypt, London, 203-215

Mallowan, M. (1996): Cyrus the Great, CHI^3, 392-419

Männlein-Robert, I. (2006): „Hinkende Nachahmung": Desillusionierung und Grenzüberspielungen in Herodas' viertem Mimiambos, in: Harder, M.A. u.a. (Hg.), „Beyond the canon", Leuven u.a, 1-21

Mahaffy, P. (1895): The Empire of the Ptolemies, London

Malitz, J. (2007): Von Alexander zu Kleopatra. Die politische Geschichte, in: Weber, G. (Hg.), Kulturgeschichte des Hellenismus, München, 13-55

Malkin, I. (1985): What's in a name? The eponymous founders of Greek colonies, Athenaeum 63, 114-130

Mamroth, A. (1949): Ein Bildnis der Königin Amastris auf Münzen des LysimachosBerliner Numismatische Zeitschrift 3/4, 81-86

Manning, J.G. (2003): Land and power in Ptolemaic Egypt. The structure of land tenure, Cambridge

March, D.A. (1995): The kings of Makedon: 399-369 B.C., Historia 44, 257-282
Marcovich, M. (1996): From Ishtar to Aphrodite, JAE 30,43-59
Mari, M. (1998): Le Olympie macedoni di Dion tra Archelao e l'èta romana, RFIC 126, 137-169
— (2002): Al di là dell'Olimpio. Macedoni e grandi santuari della Grecia dall'età arcaica al primo ellenismo, Athen
— (2003): Macedonians and pro-Macedonians in early Hellenistic Athens: reflections on *asebeia*, in: Palagia, O./Tracy, S.V. (Hg.), The Macedonians in Athens 322-229 B.C., Oxford, 82-92
Mastrocinque, A. (1987): Alessandro a Menfi, in: Will, W./Heinrichs, J. (Hg.), Zu Alexander d. Gr., FS G. Wirth, Bd. I, Amsterdam, 289-307
Mattingly, H. (1950): Zephyritis, AJA 54, 126-128
McClure, L. (2003): Subversive laughter: The sayings of courtesans in book 13 of Athenaeus' *Deipnosophistae*, AJPh 124, 259-294
McCredie, J.R. (1979): Samothrace: Supplementary investigations, 1968-1977, Hesperia 48, 1-44
McCredie, J.R. u.a. (1992): Samothrace VII. The rotunda of Arsinoe, Bd. I u. II, Princeton
McKenzie, J.R/Gibson, S./Reyes, A.T. (2004): Reconstructing the Serapeum in Alexandria from the archaeological evidence, JRS 154, 73-121
Mehl, A. (1986): Seleukos Nikator und sein Reich. 1. Teil: Seleukos' Leben und die Entwicklung seiner Machtposition, Leuven
— (2000): Zwischen West und Ost/Jenseits von West und Ost, in: Brodersen, K. (Hg.), Zwischen West und Ost. Studien zur Geschichte des Seleukidenreichs, Hamburg, 9-43
— (2003): Gedanken zur „herrschenden Gesellschaft" und zu den Untertanen im Seleukidenreich, Historia 52, 147-160
Meier, M. (2004): Die Deiokes-Episode im Werk Herodots – Überlegungen zu den Entstehungsbedingungen griechischer Geschichtsschreibung, in: Ders. u.a. (Hg.), Deiokes, König der Meder. Eine Herodot-Episode in ihren Kontexten, Stuttgart, 27-51
Meißner, B. (1992): Historiker zwischen Polis und Königshof. Studien zur Stellung der Geschichtsschreiber in der griechischen Gesellschaft in spätklassischer und frühhellenistischer Zeit, Göttingen
— (2007): Hellenismus, Darmstadt
Meliadò, C. (2005): Posidippo, l'epos ellenistico e la propaganda tolemaica, in: Di Marco, M. u.a. (Hg.): Posidippo e gli altri. Il poeta, il genere, il contesto culturale e letterario, Pisa/Rom, 203-216
Mendels, D. (1990): The polemical character of Manetho's *Aegyptiaca*, in: Verdin, H. u.a. (Hg.), Purposes of history, Leuven, 90-123
Mendelsohn, D. (2002): Gender and the city in Euripides' political plays, Oxford
Merkelbach, R. (1954): Die Quellen des griechischen Alexanderromans, München (Zetemata 9)
— (1959): Zwei Vermutungen zur Mithrasreligion, Numen 6, 154-156

— (1981): Das Königtum der Ptolemäer und die hellenistischen Dichter, in: Hinske, N. (Hg.), Alexandrien. Kulturbegegnungen dreier Jahrtausende im Schmelztiegel einer mediterranen Großstadt, Mainz, 27-35

— (1984): Mithras, Hain

— (1995): Isis regina – Zeus Sarapis. Die griechisch-ägyptische Religion nach den Quellen dargestellt, Stuttgart/Leipzig

Meritt, B.D. (1968): Greek inscriptions, Hesperia 37, 267-298

Messerschmidt, V. (1999): Historische und ikonographische Untersuchungen zum Alexandersarkophag, Boreas 12 (1999), 64-92

Metzler, D. (1975): Beobachtungen zum Geschichtsbild der frühen Achaimeniden, Klio 57, 443- 459

— (2006): Die Perser in der Literatur der Griechen, in: Historisches Museum der Pfalz Speyer (Hg.), Pracht und Prunk der Großkönige. Das persische Weltreich, Stuttgart, 163-171

Meyer, M. (1992/93): Mutter, Ehefrau und Herrscherin. Darstellungen der Königin auf seleukidischen Münzen, Hephaistos 11/12, 107-132

Mikocki, T. (1995): *Sub specia deae.* Les impératrices et princesses romaines assimilées à des déesses. Étude iconologique, Rom

Miltner, F. (1958): Ephesos. Stadt der Artemis und des Johannes, Wien

Miller, M.C.J. (1991): The regal coinage of Cassander, AncW 22, 49-55

— (1994): The „Porus" decadrachms of Alexander and the founding of Bukephala, AncW 25, 109-120

— (1995): Alexandria, Lexicon of the Greek and Roman and place names in antiquity ca. 1500 B.C. – ca. A.D. 500, Bd. 3, 459-470

— (2005): Barbarian lineage in Classical Greek mythology and art: Pelops, Danaos and Kadmos, in: Gruen, E.S. (Hg.), Cultural borrowings and ethnic appropriations in antiquity, Stuttgart, 68-89

Minas, M. (1994): Die Pithom-Stele: Chronologische Bemerkungen zur frühen Ptolemäerzeit, in: Dies./Zeidler, J. (Hg.), Aspekte spätägyptischer Kultur, FS E. Winter, Mainz, 202-212

— (1998): Die *kanephoros.* Aspekte des ptolemäischen Dynastiekults, in: Melaerts, H. (Hg.), Le culte du souverain dans l'Égypte ptolémaïque au IIIe siècle avant notre ère, Leuven (Studia Hellenistica 34), 43-60

— (2000): Die hieroglyphischen Ahnenreihen der ptolemäischen Könige. Ein Vergleich mit dem Titeln der eponymen Priester in den demotischen und griechischen Papyri, Mainz

— (2005): Macht und Ohnmacht. Die Repräsentation ptolemäischer Königinnen in ägyptischen Tempeln, APF 51, 126-154

Miron, D. (2000): Transmitters and representatives of power: Royal women in ancient Macedonia, AncSoc 30, 35-52

Missiou, A. (1993): *Doulos tou basileos*: The politics of translation, CQ 43, 377-391

Mittag, P.F. (2000): Die Rolle der hauptstädtischen Bevölkerung bei den Ptolemäern und Seleukiden im 3. Jahrhundert, Klio 82, 409-425

— (2003): Unruhen im hellenistischen Alexandreia, Historia 52, 161-208

— (2006): Antiochos IV. Epiphanes. Eine politische Biographie, Berlin

Modrzejewski, J. (1964): Die Geschwisterehe in der hellenistischen Praxis und nach römischem Recht, ZRG 81 (1964), 52-82

Möbius, H. (1964): Alexandria und Rom, München

Möller, A. (2000): Naucratis. Trade in archaic Greece, Oxford

Mommsen, H. (2002): Theseus, DNP 12/1, 435-439

Monson, A. (2000): The legend of the Egyptian coronation of Alexander the Great, in: Egypt's view of itself and 'others' (http://www.ucl.ac.uk/archaeology/events/conferences/enco/views.htm)

Mooren, L. (1975): Die angebliche Verwandtschaft zwischen den ptolemäischen und pharaonischen Hofrangtiteln, Proceedings of the 14th international congress of Papyrologists, London, 233-240

— (1977): La hiérarchie de cour Ptolémaïque. Contribution à l'étude des institutions et des classes dirigeantes à l'époque hellénistique, Leuven (Studia Hellenistica 23)

— (1978): Macht und Nationalität, in: Maehler, H./Strocka, V.M (Hg.), Das ptolemäische Ägypten, Mainz, 53-57

— (1983): The nature of the Hellenistic monarchy, in: van't Dack, E. (Hg.), Egypt and the Hellenistic world, Leuven, 205-240

— (1989): Ptolemaic and Hellenistic institutions in literary sources, in: Criscuolo, L./Geraci, G. (Hg.), Egitto e storia antica dall'ellenismo all'età araba. Bilancio di un confronto, Bologna, 573-581

Moreno, P. (1997²): L'immagine di Alessandro Magno nell'opera di Lisippo e di altri artisti contemporanei, in: Carlsen, J. u.a. (Hg.), Alexander the Great. Reality and myth, Rom, 101-136

— (2004): Leochares, Künstlerlexikon der Antike, 2, München/Leipzig, 5-11

Morenz, L. (1994): Zur Dekoration der frühzeitlichen Tempel am Beispiel zweier Fragmente des archaischen Tempels von Gebelein, in: Gundlach, R./Rochholz, M. (Hg.), Ägyptische Tempel – Funktion, Struktur und Programm, Hildesheim, 217-238

Mori, A. (2001): Personal favor and public influence: Arete, Arsinoë II., and the *Argonautica*, Oral tradition 16, 85-106

Mørkholm, O. (1980): Cyrene and Ptolemy I, Chiron 10, 145-159

— (1991): Early Hellenistic coinage from the accession of Alexander to the peace of Apamea (336-188 B.C.), Cambridge

Morkot, R. (1986): Violent images of queenship, Wepwawet 2, 1-9

— (1991): Nubia and Achaemenid Persia: Sources and problems, AchHist 6, 321-336

Mortensen, K. (1992): Eurydice: Demonic or devoted mother?, AHB 6, 156-171

Mossé, C. (2004): Alexander der Große. Leben und Legende, Düsseldorf/Zürich

Moyer, I.S. (2002): Herodotus and an Egyptian mirage: the genealogies of the Theban priests, JHS 122, 70-90

Muccioli, F. (1994): Considerazioni generali sull'epiteto ΦΙΛΑΔΕΛΦΟΣ nelle dinastie ellenistiche e sulla sua applicazione nella titolatura degli ultimi Seleucidi, Historia 43, 402-422

— (1996): *Eupater* nella titulatura ellenistica, Historia 45, 21-35

Müller, B.-J. (1968): Ptolemaeus Philadelphus als Gesetzgeber, Diss. phil. Köln

Müller, M. (2005): Die Auswirkungen des Krieges auf die altägyptische Gesellschaft, in: Meißner, B. u.a. (Hg.), Krieg – Gesellschaft – Institutionen. Beiträge zu einer vergleichenden Kriegsgeschichte, Berlin, 89-114

Müller, O. (1973): Antigonos Monophthalmos und „das Jahr der Könige", Bonn

Müller, S. (2003): Maßnahmen der Herrschaftssicherung gegenüber der makedonischen Opposition bei Alexander dem Großen, Frankfurt a.M.

— (2005a): Die Geschwisterehe Arsinoës II. und Ptolemaios' II. im Spiegel der Forschung von 1895 bis 1932. Ein Verstoß gegen das normative Paarmodell, Ariadne 48, 41-49

— (2005b): Alexander's India: terra incognita as propaganda, Atopia 8 (2005) (http://www.atopia.tk/terra/terra.htm)

— (2006a): Alexander der Große als neuer Achilles, in: Jaeger, S./Petersen, C. (Hg.), Zeichen des Krieges in Literatur, Film und den Medien. Bd. II, Kiel 2006, 263-294

— Alexander, Harpalos und die Ehren für Pythionike und Glykera: Überlegungen zu den Repräsentationsformen des Schatzmeisters in Babylon und Tarsos, in: Lica, V. (Hg.), Philia. FS G. Wirth, Galatzi, 71-106

— (2007a): Festliche Götterassimilation im Hellenismus: Ein Zwang zur kollektiven Kostümierung der Hofgesellschaft?, in: Mentges, G. u.a. (Hg.), Uniform in Bewegung. Vestimentäre Praktiken zwischen Vereinheitlichung, Kostümierung und Maskerade, Münster/New York, 143-157

— (2007b): Luxus, Sittenverfall, Verweichlichung und Kriegsuntüchtigkeit. Die Codes der Dekadenz in den antiken Quellen, in: Hoffstadt, C. u.a. (Hg.), Dekadenzen, Bochum/Freiburg 2007, 13-52

— (2007c): Im Interesse des *oikos*: Handlungsräume der antiken makedonischen Königinnen, Feministische Studien 2, 258-270

— (2007d): Arsinoë III. als Artemis? Zur Ikonographie ptolemäischer Königinnen, AnzWien 142, 133-154

— (2008a): Fremdkörper – Entstellungen in antiker Wahrnehmung, in: Hoffstadt, C. (Hg.), Der Fremdkörper. Bochum/Freiburg 2008, 463-504

— (2008b): Der Mythos Alexandria und die vergessene Abkunft der Ptolemäer, in: Quintern, D./Paulus, V.C. (Hg.), Entführung in den Serail. Interdisziplinäre Beiträge zum Orientalismus, Berlin 2008, 13-31

— (2008c): Regen, Erdbeben und Klimawandel. Die Katastrophe der unrechtmäßigen Herrschaft in antiker literarischer Tradition, Behemoth 1, Nr. 3, 57-72

— (2009a): Das antike Perserreich im Ausnahmezustand. Dareios I. im Kampf gegen die ‚Lüge', in: Ruf, O. (Hg.), Ästhetik der Ausschließung. Ausnahmezustände in Geschichte, Theorie und literarischer Fiktion, Würzburg, 21-50

— (2009b): Herrschaftslegitimation in frühhellenistischen Dynastien, in: Lambach, D. (Hg.): Legitimität und Funktionsweise politischer Herrschaft im synchronen und diachronen Vergleich. Köln (i.D.)

— (2009c): The advantages and disadvantages of being fatherless: The case of Sulla in: Hübner, S./Ratzan, D. (Hg.), Growing up fatherless in antiquity, Cambridge, 195-216

— (2009d): Vaterlosigkeit als Aufstiegschance? Zu einem antiken Mythenmuster, in: Gruber, M./Ziemann, S. (Hg.), Die Unsicherheit der Väter, Frankfurt a.M. (i.D.)
Munson, R.V. (1991): The madness of Cambyses (Herodotus 3.16-38), Arethusa 24, 43-65
— (2001): Telling wonders. Ethnographic and political discourse in the work of Herodotus, Ann Arbor
Murray, G.W. (1967): Trogodytica: The Red Sea littoral im Ptolemaic times, GJ 133, 24-33
Murray, O. (1996): Hellenistic royal symposia, in: Bilde, P. u.a. (Hg.), Aspects of Hellenistic kingship, Aarhus, 15-27
Musti, D. (2005a): Simbologia della vittoria dall'ellenismo a Costantino, in: Ders. (Hg.), Nike. Ideologia, ikonografia e feste della vittoria in età antica, Rom, 25-43
Musti, O. (2005b): Isopythios, isolympios e dintorni, in: Ders. (Hg.), Nike. Ideologia, ikonografia e feste della vittoria in età antica, Rom, 149-172
Myers, R. (1991): La démocratie chez Hérodote: un étude du Débat sur les régimes, CJPS 24, 541-555
Mysliwiec, K. (1998): Herr beider Länder. Ägypten im 1. Jahrtausend v. Chr., Mainz

Nadon, C. (1996): From republic to empire: Political revolution and the common good in Xenophon's Education of Cyrus, APSR 90, 361-374
Nagy, G. (2004): Homeric echos in Posidippus, in: Acosta-Hughes, B. u.a. (Hg.), Labored in papyrus leaves. Perspectives on an epigram collection attributed to Posidippus (P. Mil. Vogl. VIII 309), Cambridge, Mass., 57-64
Neatby, L.H. (1950): Romano-Egyptian relations during the third century B.C., TAPA 81, 89-98
Neesen, L. (1990): Die gewerbliche Produktion im hellenistisch-römischen Alexandria, VSWG 77, 488-513
Nesselrath, H.-G. (2005): „Where the Lord of the sea grants passage to sailors through the deep-blue mere no more": The Greeks and the Western seas, G&R 52, 153-171
Neuffer, E. (1929): Das Kostüm Alexanders des Großen, Diss. phil. Gießen
Newell, E.T. (1937, ND 2001): Royal Greek portrait coins, Racine
Nielsen, A.M. (1992): Alexander and the question of Alexander-likeness in Greek portraiture, Acta Hyperborea: Danish Studies in classical archaeology 4, 29-42
Nielsen, I. (1996): Oriental models for Hellenistic palaces?, in: Hoepfner, W./Brands, G. (Hg.), Basileia. Die Paläste der hellenistischen Könige, Mainz, 209-212
Nock, A.D. (1928): Notes on ruler-cult, I-IV, JHS 48, 21-43
— (1930): *Synnaos theos*, HSCP 41, 1-62
— (1946): Sarcophagi and symbolism, AJA 50, 140-170
Noeske, H.-C. (2000): Die Münzen der Ptolemäer, Frankfurt a.M.

Obbink, D. (2004): Posidippus on papyri then and now, in: Acosta-Hughes, B. u.a. (Hg.), Labored in papyrus leaves. Perspectives on an epigram collection attributed to Posidippus (P. Mil. Vogl. VIII 309), Cambridge, Mass., 16-28

O'Connor, D. (2000): Egypt's view of 'others', in: Egypt's view of itself and 'others' (http://www.ucl.ac.uk/archaeology/events/conferences/enco/views.htm)

Ogden, D. (1999): Polygamy, prostitutes and death. The Hellenistic dynasties, London

— (2002): Introduction. From chaos to Cleopatra, in: Ders. (Hg.), The Hellenistic world. New perspectives, London, ix-xxv

Oikonomides, A.J. (1984): The death of Ptolemy „the son", ZPE 56, 148-150

— (1992): Philip IV of Macedonia: A king for four months (296 B.C.), AncW 23, 109-112

Olmstead, A.T. (1935): Darius as lawgiver, AJSLL 51, 247-249

— (1938): Darius and his Behistun inscription, AJSLL 55, 392-416

Olshausen, E. (1963): Rom und Ägypten von 116 bis 51 v. Chr., Diss. phil. Erlangen-Nürnberg

Onasch, C. (1976): Zur Königsideologie der Ptolemäer in den Dekreten von Kanopus und Memphis (Rosettana), APF 24/25, 137-155

O'Neil, J.L. (1999): Olympias: „The Macedonians will never let themselves be ruled by a woman", Prudentia 31, 1-14

Opelt, I./Kirsten, E. (1989): Eine Urkunde der Gründung von Arsinoe in Kilikien, ZPE 77, 55-66

Opitz, C. (2005): Um-Ordnungen der Geschlechter. Einführung in die Geschlechtergeschichte, Tübingen

O'Roark, D. (1996): Close-kin marriages in late antiquity: The evidence of Chrysostom, GRBS 37, 399-411

Orth, W. (1977): Königlicher Machtanspruch und städtische Freiheit, München (MB 71)

— (1993): Die Diadochenzeit im Spiegel der historischen Geographie. Kommentar zu TAVO-Karte B V 2 „Diadochenreiche (um 303 v. Chr.)", Wiesbaden

Osborne, M.J. (1979): Kallias, Phaidros and the revolt of Athens in 287 B.C., ZPE 35, 181-194

Osborne, R. (1998): Sculpted men of Athens: masculinity and power in the field of vision, in: Foxhall, L./Salmon, J. (Hg.), Thinking men: masculinity and its self-representation in the classical tradition, London/New York, 23-42

Overbeck, B. (1989): Münzen der Ptolemäer und ihrer Zeitgenossen, in: Wildung, D. (Hg.), Kleopatra. Ägypten um die Zeitenwende, Mainz, 185-191

Palagia, O. (2007): Berenike II in Athens, in: von den Hoff, R./Schultz, P. (Hg.), Early Hellenistic portraiture: Image, style, context, Cambridge/New York, 237-245

Parente, A.R. (2002): Ritrattistica e simbologia sulle monete di Arsinoe II., NAC 31, 259-278

Parker, R.A. (1941): Darius and his Egyptian campaign, AJSLL 58, 373-377

Parker, S. (1996): Full brother-sister marriage at Roman Egypt: Another look, Cultural Anthropology 11, 362-376

Parlasca, K. (1996): Griechisch-orientalische Kulturvermischung in hellenistischer Zeit – Exempla der archäologischen Befunde Ägyptens und Vorderasiens im Vergleich, in: Funck, B. (Hg.), Hellenismus. Beiträge zur Erforschung von

Akkulturation und politischer Ordnung in den Staaten des hellenistischen Zeitalters, Tübingen, 239-242
Parsons, P.J. (1977): Callimachus: *Victoria Berenices*, ZPE 25, 1-50
Paspalas, S.A. (2000): On Persian-type furniture in Macedonia: The recognition and transmission of forms, AJA 104, 531-600
— (2005): Philip Arrhidaios at court – An ill-advised Persianism? Macedonian royal display in the wake of Alexander, Klio 87, 72-101
Pekáry, T. (1976): Die Wirtschaft in der griechisch-römischen Antike, Wiesbaden
Pelling, C. (1997): East is East and West is West – or are they? National stereotypes in Herodotus, Histos 1 (http://www.dur.ac.uk/Classics/histos/1997/pelling.html)
— (2001): Anything truth can do, we can do better: the Cleopatra legend, in: Walker, S./Higgs, P. (Hg.): Cleopatra of Egypt: From history to myth, London, 292-301
Perdrizet, P. (1910): Le fragment de Satyros sur les dèmes d'Alexandrie, REA 12, 217-247
Peremans, W./van't Dack, E. (1959): Notes sur quelques prêtres éponymes d'Égypte ptolémaïque, Historia 8, 165-173
— (1975): Ptolémée IV. et les Égyptiens, in: Bingen, J. (Hg.), Le monde grec. Hommages à C. Préaux, Brüssel, 393-402
— (1978): Les revolutions égyptiennes sous les Lagides, in: Maehler, H./Strocka, V.M. (Hg.), Das ptolemäische Ägypten, Mainz, 39-50
— (1983): Le bilinguisme dans les relations gréco-égyptiennes sous les Lagides, in: van't Dack, E. u.a. (Hg.), Egypt and the Hellenistic world, Leuven, 253-280
Perpillou-Thomas, F. (1991): Fêtes d'Égypte ptolémaïque et romaine d'après la documentation papyrologique grecque, Leuven (Studia Hellenistica 31)
Pestman, P.W. (1989): Egizi sotto dominazioni straniere, in: Criscuolo, L./Geraci, G. (Hg.), Egitto e storia antica dall'ellenismo all'età araba. Bilancio di un confronto, Bologna, 137-158
Perry, B.E. (1966): The Egyptian legend of Nectanebus, TAPA 97, 327-333
Petzl, G. (2002): Das Inschriftendossier zur Neugründung von Arsinoë in Kilikien: Textkorrekturen, ZPE 139, 83-88
Pfeiffer, R. (1926): Arsinoe Philadelphos in der Dichtung, Die Antike 2, 161-174
Pfeiffer, S. (2004): Das Dekret von Kanopos (238 v. Chr.): Kommentar und historische Auswertung eines dreisprachigen Synodaldekrets der ägyptischen Priester zu Ehren Ptolemaios' III. und seiner Familie, Leipzig
Pfrommer, M. (1996): Fassade und Heiligtum. Betrachtungen zur architektonischen Repräsentation des vierten Ptolemäers, in: Hoepfner, W./Brands, G. (Hg.), Basileia. Die Paläste der hellenistischen Könige, Mainz, 97-108
— (1998a): Alexandria. Im Schatten der Pyramiden, Mainz
— (1998b): Untersuchungen zur Chronologie und Komposition des Alexandermosaiks auf antiquarischer Grundlage, Mainz
— (2001): Alexander der Große. Auf den Spuren eines Mythos, Mainz
— (2002): Königinnen vom Nil, Mainz
— (2004): Arsinoe II. und ihr magnetischer Tempel, Städel Jahrbuch 19, 455-461

— (2005[3]): Architekturbeschreibungen, in: Schmitt, H.H./Vogt, E. (Hg.), Lexikon des Hellenismus, Wiesbaden, 122-128

Pietschmann (1896): Nr. 1-7, RE 2.1, 1277-1278

Pingiatoglou, S. (1995): Το ιερό της Δημητρας στο Δίον. Ανασκαφή 1991, ΤΟ ΑΡΧΑΙΟΛΟΓΙΚΟ ΕΡΓΟ ΣΤΗ ΜΑΚΕΔΟΝΙΑ ΚΑΙ ΘΡΑΚΗ 5, 145-156

Pirenne-Delforge, V. (1996): Aphrodite, DNP 1, 828-843

Plantzos, D. (1991/92): Ἐκθέωσις Ἀρσινόης: On the cult of Arsinoe Philadelphos, Archaiognosia 7, 119-134

— (1999): Hellenistic gems, Oxford

Platz-Horster, G. (1995): Königliche Artemis? Eine neue Granatgemme im Kestner-Museum zu Hannover, Niederdeutsche Beiträge zur Kunstgeschichte 34, 9-25

Poddighe, E. (2001): Il decreto dell'isola di Nesos in onore di Tersippo: ancora una nota sulla politica greca di Poliperconte nel 319 A.C., AHB 15, 95-101

Pollitt, J.J. (1986): Art in the Hellenistic age, Cambridge

Pomeroy, S.B. (1982): Charities for Greek women, Mnemosyne 35, 115-135

— (1984): Women in Hellenistic Egypt. From Alexander to Cleopatra, New York

— (1985): Frauenleben im klassischen Altertum, Stuttgart

— (1996): Families in Ptolemaic Egypt. Continuity, change, and coercion, in: Wallace, R.W./Harris, E.M. (Hg.), Transitions to empire. Essays in Greco-Roman history, 360-146 B.C., in honor of E. Badian, Oklahoma, 241-253

Pouilloux, J. (1975): Glaucon, fils d'Étéoclès d'Athènes, in: Bingen, J. (Hg.), Le monde grec. Hommages à C. Préaux, Brüssel, 376-382

Prange, M. (1990): Das Bildnis Arsinoes II. Philadelphos (278-270 v. Chr.), MDAI(A) 105, 197-211

Prauscello, L. (2006): Sculpted meanings, talking statues: Some observations on Posidippus 142.12 A-B (= XIX G-P), AJPh 127, 511-523

Préaux, C. (1978): Le monde hellénistique: La Grèce et l'Orient (323-146 av. J.-C.), I-II, Paris

Prescott, H.W. (1921): Callimachus' epigram of the nautilus, CP 16, 327-337

Prestigianni Giallombardo, A.M. (1986): Il diadema di Vergina e l'iconografia di Filippo II, AM 4, 497-509

Pretzler, M. (2004): Turning travel into text: Pausanias at work, G&R 51, 199-216

Price, M.J. (1991): The coinage in the name of Alexander the Great and Philip Arrhidaeus, Zürich/London

Pridik, A. (1932): Weiteres zum Mitregenten des Ptolemaios II. Philadelphos, Klio 25, 72-85

Quack, J.F. (2002): Ein neuer prophetischer Text aus Tebtynis (Papyrus Carlsberg 399 + Papyrus Psi inv. D. 17 + Papyrus Tebtunis Tait 13 vs.), in: Blasius, A./Schipper, B.U. (Hg.), Ägyptische Apokalyptik. Eine kritische Analyse der relevanten Texte aus dem griechisch-römischen Ägypten, Leuven/Paris, 253-274

— (2003): „Ich bin Isis, Herrin der beiden Länder". Versuch zum demotischen Hintergrund der memphitischen Isisaretalogie, in: Meyer, S. (Hg.), Egypt – Temple of the whole world. Studies in honor of J. Assmann, Leiden, 319-365

Quaegebeur, J. (1970): Ptolémée II en adoration devant Arsinoé II divinisée, BIFAO 69, 191-217

— (1971): Documents concerning a cult of Arsinoe Philadelphos at Memphis, JNES 30, 239-270

— (1978): Reines ptolémaïques et traditions égyptiennes, in: Maehler, H./Strocka, V.M. (Hg.), Das ptolemäische Ägypten, Mainz, 245-262

— (1983a): Cultes égyptiennes et grecs en Ègypte hellénistique. L'exploitation des sources, in: van't Dack, E. (Hg.), Egypt and the Hellenistic world, Leuven, 303-324

— (1983b): Trois statues de femme d'époque ptolémaïque, in: Meulenaere, H. de/Limme, L. (Hg.), Artibus Aegypti. Studia in honorem B.v. Bothmer, Brüssel, 109-127

— (1985): Arsinoe Philadelphe, reine, „roi" et déesse, à Hildesheim, GM 87, 73-78

— (1989a): The Egyptian clergy and the cult of the Ptolemaic dynasty, AncSoc 20, 93-116

— (1989b): Kleopatra VII. und der Kult der ptolemäischen Königinnen, in: Wildung, D. (Hg.), Kleopatra. Ägypten um die Zeitenwende, Mainz, 45-59

— (1998): Documents égyptiens anciens et nouveaux relatifs à Arsinoé Philadelphe, in: Melaerts, H. (Hg.), Le culte du souverain dans l'Égypte ptolémaique au IIIe siècle avant notre ère, Leuven (Studia Hellenistica 34), 61-72

Quet, M.-H. (1981): Remarques sur la place de la fête dans le discours de moralistes grecs et dans l'eloge des cités et des évergètes aux premiers siècles de l'empire, in: La fête, pratique et discours d'Alexandrie hellénistique à la mission de Besancon, Paris, 41-84

Queyrel, F. (2006): Die Ikonographie Kleopatras VI. Geschichte und Vorgeschichte, in: Westheider, O./Müller, K. (Hg.): Kleopatra und die Caesaren, Hamburg,158-163

Raaflaub, K. (1985): Die Entdeckung der Freiheit. Zur historischen Semantik und Gesellschaftsgeschichte eines politischen Grundbegriffes der Griechen, München (Vestigia 37)

Rader, O.B. (2003): Grab und Herrschaft. Politischer Totenkult von Alexander dem Großen bis Lenin, München

Radt, W. (1999): Pergamon. Geschichte und Bauten einer antiken Metropole, Mainz

Rank, O. (1909): Der Mythus von der Geburt des Helden. Versuch einer psychologischen Mythendeutung, Leipzig/Wien

Rathmann, M. (2005): Perdikkas zwischen 323 und 320. Nachlassverwalter des Alexanderreiches oder Autokrat? Wien (SAWW 724)

Raschke, M.G. (1978): New studies in Roman commerce with the East, ANRW II 9,2, 604-1361

Rausch, S. (2002): Zephyros, DNP 12/2, 767-768

Ravazzolo, C. (1996): Tolemeo figlio di Tolemeo II Filadelfo, in: Virgilio, B. (Hg.), Studi ellenistici VIII, Pisa/Rom, 123-143

Rawson, B. (1995): From 'daily life' to 'demography', in: Hawley, R./Levick, B. (Hg.), Women in antiquity. New assessments, London, 1-20

Reden, S. von (2007a): Money in Ptolemaic Egypt. From the Macedonian conquest to the end of the third century B.C., Cambridge

Reden, S. von (2007b): Wirtschaftliches Wachstum und institutioneller Wandel, in: Weber, G. (Hg.), Kulturgeschichte des Hellenismus, München, 177-201

Redford, D.B. (1982): Pithom, LÄ 4, 1054-1058

Redmount, C.A. (1995): The Wadi Tumilat and the „canal of the Pharaohs", JNES 54, 127-135

Reed, C.M. (2003): Maritime traders in the ancient Greek world, Cambridge

Reed, J.D. (1998): The death of Osiris in *Aeneid* 12.458, AJPh 119, 399-418

— (2000): Arsinoe's Adonis and the poetics of Ptolemaic imperialism, TAPA 130, 319-351

Regner, J. (1941): Philotera, RE 20.1, 1285-1294

Reinsberg, C. (2004): Alexanderbilder in Ägypten. Manifestation eines neuen Herrscherbildes, Städel Jahrbuch 19, 319-339

Rengakos, A. (2006): „Du würdest Dich in Deinem Sinn täuschen lassen." Zur Ekphrasis in der hellenistischen Poesie, in: Ratkowitsch, C. (Hg.), Die poetische Ekphrasis von Kunstwerken, Wien, 7-13

Rice, E.E. (1983): The grand procession of Ptolemy Philadelphos, Oxford

Richter, G.M.A. (1984): The portraits of the Greeks, Oxford

Richter, D.S. (2001): Plutarch on Isis and Osiris: Text, cult, and cultural appropriation, TAPA 131, 191-216

Richter, H.-D. (1987): Untersuchungen zur hellenistischen Historiographie. Die Vorlagen für Pompeius Trogus für die Darstellung der nachalexandrinischen hellenistischen Geschichte (Iust.13-40), Frankfurt a.M.

Riggs, C. (2002): Facing the dead: Recent research on the funerary art of Ptolemaic and Roman Egypt, AJA 106, 85-101

Rigsby, K.J. (1988): An edict of Ptolemy I, ZPE 72, 273-274

Rist, A. (1998): A fresh look at Herodas' bucolic masquerade, Phoenix 51, 354-363

Ritner, R.K. (1993): The mechanics of ancient Egyptian magical practice, Chicago

Ritter, H.-W. (1965): Diadem und Königsherrschaft. Untersuchungen zu Zeremonien und Rechtsgrundlagen des Herrschaftsantritts bei den Persern, bei Alexander dem Großen und im Hellenismus, München/Berlin (Vestigia 7)

Ritter, S. (2002): Bildkontakte. Götter und Heroen in der Bildsprache griechischer Münzen des 4. Jahrhunderts v. Chr., Berlin

Robert, L. (1933): Notes d'épigraphie hellénistique, BCH 57, 485-491

— (1946): Adeimantos et la Ligue de Corinthe. Sur un inscription de Delphes, Hellenika 2, 15-33

Robins, G. (1983): The god's wife of Amun in the 18th dynasty, in: Kuhrt, A./Cameron, A. (Hg.), Images of women in antiquity, London, 65-78

— (1986): The role of the royal family in the 18th dynasty up to the end of the reign of Amenhotep III: 1. Queens, Wepwawet 2, 10-14

Roccos, L.J. (1995): The kanephoros and her festival mantle in Greek art, AJA 99, 641-666

Rodriguez, P. (2000): L'intervention ptolémaïque dans la guerre de Chrémonides au vu du monnayage lagide, RN 155, 17-34

Roesch, P. (1974): Note sur le décret des Hellénes en l'honneur de Glaucon, ZPE 15, 180-181

Roisman, J. (1984): Ptolemy and his rivals in his history of Alexander, CQ 34, 373-385

Rolle, R. (1980): Die Welt der Skythen. Stutenmelker und Pferdebogner: Ein antikes Reitervolk in neuer Sicht, Luzern

Rollinger, R. (2006): Ein besonderes historisches Problem. Die Thronbesteigung des Dareios und die Frage seiner Legitimität, in: Historisches Museum der Pfalz Speyer (Hg.), Pracht und Prunk der Großkönige. Das persische Weltreich, Stuttgart, 41-53

Rosen, K. (1978): Die Gründung der makedonischen Herrschaft, Chiron 8, 1-27

— (1987): Alexander I., Herodot und die makedonische Basileia, in: Will, W./Heinrichs, J. (Hg.), Zu Alexander d. Gr., FS G. Wirth, Bd. I, Amsterdam, 25-51

Rosen, R.M. (1992): Mixing of genres and literary program in Herodas 8, HSCP 94, 205-216

Rossi, M.A. (1989): Theocritus' *Idyll* XVII: A stylistic commentary, Amsterdam

Rossi, L. (2000): La *Chioma di Berenice*: Catullo 66,79-88, Callimaco e la propaganda di corte, RFIC 128, 299-312

Rostovtzeff, M. (1935): *Progonoi*, JHS 55, 56-66

Rougemont, G. (2001): Delphes hellénistique: et l'oracle?, in: Frei-Stolba, R./Gex, K. (Hg.), Recherches récentes sur le monde hellénistique. Actes du colloque en l'honneur de P. Ducrey, Bern, 64-71

Roux, G. (1992): Samothrace VII. The rotunda of Arsinoe, Bd. I u. II, Princeton

Roux, G./Renger, J. (2005): Irak in der Antike, Mainz

Rowlandson, J. (2004): Gender and cultural identity in Roman Egypt, in: McHardy, F./Marshall, E. (Hg.), Women's influence on classical civilization, London/New York, 151-166

Roy, J. (1998): The masculinity of the Hellenistic king, in: Foxhall, L./Salmon, J. (Hg.), When men were men. Masculinity, power and identity in classical antiquity, London/New York, 111-135

Rudhart, J. (2002): The Greek attitude to foreign religions, in: Harrison, T. (Hg.), Greeks and barbarians, Edinburgh, 172-185

Ryan, F.X. (2000): Zum Ausdruck „Dionis legatio", RBPh 78, 191-194

Ryholt, K. (2002): Nectanebo's dream or The prophecy of Petesis, in: Blasius, A./Schipper, B.U. (Hg.), Ägyptische Apokalyptik. Eine kritische Analyse der relevanten Texte aus dem griechisch-römischen Ägypten, Leuven/Paris, 221-241

Saatsoglou-Paliadeli, C. (1993a): Σκέψεις με αφορμή ένα εύρημα από τα Παλατίτσια, AM 5, 1339-1371

— (1993b): Aspects of ancient Macedonian costume, JHS 113, 122-147

— (2000): Queenly appearances at Vergina-Aegae: Old and new epigraphic and literary evidence, AA, 387-403

Said, E. (1994²): Orientalism, New York.

Samuel, A.E. (1962): Ptolemaic chronology, München (MB 43)

— (1993): The Ptolemies and the ideology of kingship, in: Green, P. (Hg.), Hellenistic history and culture, Oxford, 168-192

Sancisi-Weerdenburg, H. (1983): Exit Atossa: Images of women in Greek historiography on Persia, in: Cameron, A./Kuhrt, A. (Hg.), Images of women in antiquity, Detroit, 20-33

— (1987a): Decadence in the empire or decadence in the sources? From source to synthesis: Ctesias, AchHist 1 (1987), 33-45

— (1987b): The fifth oriental monarchy and hellenocentrism. Cyropaedia VIII and its influence, AchHist 2, 117-131

— (2002): The personality of Xerxes, king of kings, in: Bakker, E.J. u.a. (Hg.), Brill's companion to Herodotus, Leiden u.a., 579-590

Santucci, M. (2005): Tempi del sacro, tempi della politica, in: Musti, D. (Hg.), Nike. Ideologia, ikonografia e feste della vittoria in età antica, Rom, 173-225

Sauneron, S. (1966): Un document égyptien relatif à la divinisation de la reine Arsinoé II, BIFAO 60, 96

Savalli-Lestrade, I. (1996): Courtisans et citoyens: le cas des philoi attalides, Chiron 26, 149-181

— (2001): Amici del re, alti funzionari e gestione del potere principalmente nell'Asia Minore ellenistica, Simblos 3, 263-294

— (2003): La place des reines à la cour et dans le royaume à l'époque hellénistique, in: Frei-Stolba, R.u.a. (Hg.), Les femmes antiques entre sphère privée et sphère publique, Bern, 59-76

Scaife, R. (1989): Alexander I in the histories of Herodotus, Hermes 117, 129-137

Schade-Busch, M. (1992): Zur Königsideologie Amenophis' III. Analyse der Phraseologie historischer Texte der Voramarnazeit, Hildesheim

Schäfer, C. (2006): Kleopatra, Darmstadt

Schalles, H.-J. (1985): Untersuchungen zur Kulturpolitik der pergamenischen Herrscher im dritten Jahrhundert vor Christus, Tübingen

Schaps, D.M. (1982): The women of Greece in wartime, CP 77 (1982), 193-213

Scharrer, U. (2000): Seleukos I und das babylonische Königtum, in: Brodersen, K. (Hg.), Zwischen West und Ost. Studien zur Geschichte des Seleukidenreichs, Hamburg, 95-128

Scheer, T.S. (1993): Mythische Vorväter. Zur Bedeutung griechischer Heroenmythen im Selbstverständnis kleinasiatischer Städte, München

— (1997): Dioskuroi, DNP 3, 673-677

— (2003a): Die geraubte Artemis. Griechen, Perser und die Kultbilder der Götter, in: Witte, M./Alkier, S. (Hg.), Die Griechen und der Vordere Orient. Beiträge zum Kultur- und Religionskontakt zwischen Griechenland und dem Vorderen Orient im 1. Jahrtausend v. Chr., Freiburg, Schweiz/Göttingen, 59-85

— (2003b): The past in a Hellenistic presence. Myth and local tradition, in: Erskine, A. (Hg.), A companion to the Hellenistic world, Oxford, 216-321

— (2005[3]): Ägyptische Gottheiten, in: Schmitt, H.H./Vogt, E. (Hg.), Lexikon des Hellenismus, Wiesbaden, 16-21

Schefold, K. (1990): Die Griechen und ihre Nachbarn, Berlin

Scheidel, W. (1995): Incest revisited: three notes on the demography of sibling marriage in Roman Egypt, BASP 32, 143-155

— (1996a): Brother-sister and parent-child marriage outside royal families in ancient Egypt and Iran: a challenge to the sociobiological view of incest avoidance?, Ethology and Sociobiology 17, 319-340

— (1996b): Measuring sex, age and death in the Roman Empire. Explorations in ancient demography, Ann Arbor

— (1997): Brother-sister marriage in Roman Egypt, Journal of Biosocial science 29, 361-371

Schenk, P. (2004): *At id quidem nostris moribus nefas habetur*. Rhetorische Kunst und interkultureller Diskurs in der *praefatio* des Cornelius Nepos, GFA 7, 163-183

Schepens, G. (1983): Les rois ptolémaïques et l'historiographie. Réflexions sur la transformation de l'historie politique, in: van't Dack, E. u.a. (Hg.), Egypt and the Hellenistic world, Leuven, 351-368

Scherf, J. (2002): Zephyritis, DNP 12/2, 767

Schernig, E. (2004): Berenike II. und die anderen, Städel Jahrbuch 19, 433-454

Schiwek, H. (1962): Der Persische Golf als Schifffahrts- und Seehandelsroute in Achämenidischer Zeit und in der Zeit Alexanders des Großen, BJb 162, 4-97

Schlesier, R. (1997): Dionysos, DNP 3, 651-662

— (2000): Menschen und Götter unterwegs: Ritual und Reise in der griechischen Antike, in: Hölscher, T. (Hg.), Gegenwelten zu den Kulturen Griechenlands und Roms in der Antike, München/Leipzig, 129-157

— (2001): Dionysos in der Unterwelt. Zu den Jenseitskonstruktionen der bakchischen Mysterien, in: von den Hoff/Schmidt, S. (Hg.), Konstruktionen von Wirklichkeit. Bilder im Griechenland des 5. und 4. Jahrhunderts v. Chr., Stuttgart, 157-172

Schlögl, H.A. (2003): Das Alte Ägypten, München 2003

Schloz, S. (1994a): Das Königtum der Ptolemäer – Grenzgänge der Ideologie, in: Minas, M./Zeidler, J. (Hg.), Aspekte spätägyptischer Kultur. FS E. Winter, Mainz, 227-234

— (1994b): Das Tempelbauprogramm der Ptolemäer – Die Darstellung eines Rekonstruktionsproblems, in: Gundlach, R./Rochholz, M. (Hg.), Ägyptische Tempel – Struktur, Funktion und Programm, Hildesheim, 281-286

Schmal, S. (1995): Feindbilder bei den frühen Griechen, Frankfurt a.M.

— (2007): Ares und Aphrodite. Kämpfende Frauen in der antiken Ethnographie und Geschichtsschreibung, in: Hartmann, E. u.a. (Hg.), Geschlechterdefinitionen und Geschlechtergrenzen in der Antike, Stuttgart, 99-116

Schmidt-Colinet, A. (1996): Das Grab Alexanders des Großen in Memphis? in: Bridges, M./Bürgel, J.C. (Hg.), The problematics of power. Eastern and Western representations of Alexander the Great, Bern, 87-90

Schmidt-Dounas, B. (2000): Geschenke erhalten die Freundschaft. Politik und Selbstdarstellung im Spiegel der Monumente, Berlin

— (2004): Zur Repräsentation der Ptolemaier in Griechenland, Städel Jahrbuch 19, 97-108

Schmitt, H.H. (1991): Zur Inszenierung des Privatlebens des hellenistischen Herrschers, in: Seibert, J. (Hg.), Hellenistische Studien: Gedenkschrift für H. Bengtson, München, 75-86

— (2005³a): Geschwisterehe, in: Ders./Vogt, E. (Hg.), Lexikon des Hellenismus, Wiesbaden, 373-374

— (2005³b): Herrscherkult, in: Ders./Vogt, E. (Hg.), Lexikon des Hellenismus, Wiesbaden, 443-452

— (2005³c): Herrscherlegenden, in: Ders./Vogt, E. (Hg.), Lexikon des Hellenismus, Wiesbaden, 452-454

— (2005³d): Hof, in: Ders./Vogt, E. (Hg.), Lexikon des Hellenismus, Wiesbaden, 457-462

— (2005³e): Karien, in: Ders./Vogt, E. (Hg.), Lexikon des Hellenismus, Wiesbaden, 523-526

— (2005³f): Königin, in: Ders./Vogt, E. (Hg.), Lexikon des Hellenismus, Wiesbaden, 558-565

— (2005³g): Makedonien, in: Ders./Vogt, E. (Hg.), Lexikon des Hellenismus, Wiesbaden, 650-659

— (2005³h): Ptolemaier, Ptolemaier(reich), in: Ders./Vogt, E. (Hg.), Lexikon des Hellenismus, Wiesbaden, 872-899

— (2005³i): Euergetes, in: Ders./Vogt, E. (Hg.), Lexikon des Hellenismus, Wiesbaden, 315-317

— (2005³j): Lysimachos, in: Ders./Vogt, E. (Hg.), Lexikon des Hellenismus, Wiesbaden, 646-647

Schmitt, H.H./Nollé, J. (2005³): Seleukiden(reich), in: Ders./Vogt, E. (Hg.), Lexikon des Hellenismus, Wiesbaden, 956-984

Schmitt-Pantel, P. (1981): Le festin dans la fête de la cité grecque hellénistique, in: La fête, pratique et discours d'Alexandrie hellénistique à la mission de Besancon, Paris (Annales littéraires de l'Université de Besançon 262), 85-99

Schmitz, T.A. (1999): „I hate all common things": The reader's role in Callimachus' *Aetia* Prologue, HSCP 99, 151-178

Schmitzer, U. (2002): Die Macht über die Imagination. Literatur und Politik unter den Bedingungen des frühen Prinzipats, RhM 145, 281-304

Schneider, T. (1996²): Lexikon der Pharaonen, München/Zürich

Schneider, R.M. (2000): Lust und Loyalität. Satyrstatuen in hellenistischer Zeit, in: Hölscher, T. (Hg.), Gegenwelten zu den Kulturen Griechenlands und Roms in der Antike, München/Leipzig, 351-389

Schönert-Geiss, E. (1978): Das Geld im Hellenismus, Klio 60, 131-136

Schörner, H. (2000): Künstliche Schiffahrtskanäle in der Antike. Der sogenannte antike Suez-Kanal, Skyllis 3, 28-43

Scholtz, A. (2002/03): Aphrodite Pandemos at Naukratis, GRBS 43, 231-242

Scholz, P. (2007): Philosophie und Wissenschaft. Ideen, Institutionen und Innovationen, in: Weber, G. (Hg.), Kulturgeschichte des Hellenismus, München, 158-176

Schorn, S. (2001): Eine Prozession zu Ehren Arsinoes II. (P. Oxy. XXVII 2465, fr. 2: Satyros, Über die Demen von Alexandreia), in: Geus, K./Zimmermann, K. (Hg.), Punica-Libyca-Ptolemaica. FS W. Huß, Leuven, 199-220

Schröder, S. (2004): Skeptische Überlegungen zum Mailänder Epigrammpapyrus (P. Mil. Vogl. VIII 309), ZPE 148, 29-73

Schuller, W. (1995): Frauen in der griechischen und römischen Geschichte, Konstanz

Schultz, P. (2007): Leochares' Argead portraits in the Philippeion, in: von den Hoff, R./ders. (Hg.), Early Hellenistic portraiture: Image, style, context, Cambridge/New York, 381-445

Schumacher, L. (1990): Zum Herrschaftsverständnis Philipps II. von Makedonien, Historia 39, 426-443

Schwartz, J. (1992): Décrets de prêtres sous Ptolémée III Evergète, ZPE 91, 83-84

Schwarzenberg, E. (1975): The portraiture of Alexander, in: Badian, E. (Hg.), Alexandre le Grand. Image et realité, Genf, 223-267

Schwentzel, C.G. (1998): Un camée de propaganda ptolémaïque dans une collection privée, CRIPEL 19, 107-109

— (2000): Les cornes d'abondance ptolémaïques dans la numismatique, CRIPEL 21, 99-103

Scott, K. (1928): The deification of Demetrius Poliorcetes, I-II, AJPh 49, 137-166; 217-239

Scullard, H. (1974): The elephant in the Greek and Roman world, Ithaca/New York

Seager, R. (1981): The freedom of the Greeks of Asia: From Alexander to Antiochus, CQ 31, 106-112

Seelbach, W. (2005³): Poseidippos, in: Schmitt, H.H./Vogt, E. (Hg.), Lexikon des Hellenismus, Wiesbaden, 863-865

Seibert, J. (1967): Historische Beiträge zu den dynastischen Verbindungen in hellenistischer Zeit, Wiesbaden (Historia Einzelschr. 10)

— (1969): Untersuchungen zur Geschichte Ptolemaios' I., München (MB 56)

— (1971): Ptolemaios I. und Milet, Chiron 1, 159-166

— (1983): Das Zeitalter der Diadochen, Darmstadt (EdF 185)

— (1991): Zur Begründung von Herrschaftsanspruch und Herrschaftslegitimierung in der frühen Diadochenzeit, in: Ders. (Hg.), Hellenistische Studien: Gedenkschrift für H. Bengtson, München, 87-100

— (2006): Das Bild Alexanders des Großen als Großkönig, in: Lica, V. (Hg.), Philia. FS G. Wirth, Galatzi 2006, 107-121

Seiler, F. (1986): Die griechische Tholos. Untersuchungen zur Entwicklung, Typologie und Funktion kunstmäßiger Rundbauten, Mainz

Sens, A. (2001): The new Posidippus, Asclepiades, and Hectaeus' Philitas-Statue, American Philological Association Panel on the new epigrams of Posidippus, Philadelphia (http://www.apaclassics.org/Publications/Posidippus/SensPosidippus.pdf)

— (2004): Doricisms in the new and old Posidippus, in: Acosta-Hughes, B. u.a. (Hg.), Labored in papyrus leaves. Perspectives on an epigram collection attributed to Posidippus (P. Mil. Vogl. VIII 309), Cambridge, Mass., 65-83

— (2005): The art of poetry and the poetry of art: The unity and poetics of Posidippus' statue-poems, in: Gutzwiller, K.J. (Hg.), The new Posidippus. A Hellenistic poetry book, Oxford, 206-225

Serrano Delgado, J.M. (2004): Cambyses in Sais: Political and religious context in Achaemenid Egypt, CE 79, 31-52

Seyer, M. (2007): Der Herrscher als Jäger. Untersuchungen zur königlichen Jagd im persischen und makedonischen Reich vom 6.-4. Jahrhundert v. Chr. sowie unter den Diadochen Alexanders des Großen, Wien

Seymour-Smith, C. (1986): Macmillan dictionnary of anthropology, London

Shaw, B.D. (1992): Explaining incest: brother-sister marriage in Graeco-Roman Egypt, Man 27, 267-299

Shear, T.L. (1978): Kallias of Sphettos and the revolt of Athens in 286 B.C., Princeton

Shipley, G. (1993): Distance, development, decline? World-systems analysis and the „Hellenistic world", in: Bilde, P. u.a. (Hg.), Centre and periphery in the Hellenistic world, Aarhus, 271-284

— (2000): The Greek world after Alexander 323-30 B.C., London/New York

Shotter, D.C.A. (2000): Agrippina the Elder – a woman in a men's world, Historia 49, 341-357

Simpson, R.H. (1954): The historical circumstances of the peace of 311, JHS 54, 25-31

— (1957): Antigonus, Polyperchon and the Macedonian regency, Historia 6, 371-373

— (1959): Antigonos the one-eyed and the Greeks, Historia 8, 385-409

Sismondo Ridgway, B. (1987): Ancient Greek women and art: The material evidence, AJA 91, 399-409

Skeat, T. (1954): The reigns of the Ptolemies, München (MB 38)

Skeen, B.A. (2004): A note on a Hematite falcon in the Louvre, Neoplatonism online 5, 1-6

Smith, F. (2000): L'immagine di Alessandro il Grande sulle monete del regno (336-323 a.C.), Mailand

Smith, R.R.R. (1988): Hellenistic royal portraits, Oxford

— (1991): Hellenistic sculpture. A handbook, London

— (1993): Kings and philosophers, in: Bulloch, A. u.a. (Hg.), Images and ideologies. Self-definition in the Hellenistic world, Berkeley, 202-211

Sørensen, J.P. (1992): Native reactions to foreign rule and culture in religious literature, in: Bilde, P. u.a. (Hg.), Ethnicity in Hellenistic Egypt, Aarhus, 164-181

Sonnabend, H. (1986): Fremdenbild und Politik. Vorstellungen der Römer von Ägypten und dem Partherreich in der späten Republik und frühen Kaiserzeit, Frankfurt a.M.

— (1989): Pyrrhos und die Furcht der Römer vor dem Osten, Chiron 19, 319-345

— (1996): Die Freundschaften der Gelehrten und die zwischenstaatliche Politik im klassischen und hellenistischen Griechenland, Hildesheim

— (2003): Wahrnehmung von Naturkatastrophen in der Antike: Das Kampanien-Erdbeben von 62 n. Chr. und der Ausbruch des Vesuv 79 n. Chr., in: Groh, D. u.a. (Hg.), Naturkatastrophen: Beiträge zu ihrer Wahrnehmung, Deutung und Darstellung in Text und Bild von der Antike bis ins 20. Jahrhundert, Stuttgart, 37-44

Sourvinou-Inwood, C. (1974): The Boston relief and the religion of Locri Epizephyrii, JHS 94, 126-137
— (1995): Male and female, public and private, ancient and modern, in: Reeder, E.D. (Hg.), Princeton, 111-120
Spalinger, A. (1977): Egypt and Babylonia: A survey (c. 620 B.C. – 550 B.C.), SAK 5, 221-244
Späth, T. (1995): Männertaten – Frauenintrigen? Zur Darstellung von Männern und Frauen in der römischen Historiographie, in: Battegay, R./Rauchfleisch, U. (Hg.), Mensch sein als Frau, als Mann, Basel, 117-138
— (1996): „Frauenmacht" in der frühen römischen Kaiserzeit? Ein kritischer Blick auf die historische Konstruktion der Kaiserfrauen, in: Dettenhofer, M. (Hg.), Reine Männersache? Frauen in Männerdomänen der antiken Welt, München, 159-205
Spencer, D. (2005): Lucan's follies: Memory and ruin in a civil-war landscape, G&R 52, 46-69
Stähler, K. (1999): Das Alexandermosaik. Über Machterringung und Machtverlust. Frankfurt am Main
Stähelin, F. (1921): Kleopatra, RE 11,1, 750-781
Stafford, E.J. (1998): Masculine values, feminine forms: on the gender of personified abstractions, in: Foxhall, L./Salmon, J. (Hg.), Thinking men. Masculinity and its self-representation in the classical tradition, London/New York, 43-56
Stanwick, P.E. (2002): Portraits of the Ptolemies. Greek kings as Egyptian pharaohs, Austin
Steier, A. (1938): Pfau, RE 19,2, 1414-1421
— (1931): Strauß, RE 2. Reihe 4,1, 339-347
Stein-Hölkeskamp, E. (1989): Adelskultur und Polisgesellschaft. Studien zum griechischen Adel in archaischer und klassischer Zeit, Stuttgart
— (1999): Kimon und die athenische Demokratie, Hermes 127, 145-164
— (2005): Das römische Gastmahl. Eine Kulturgeschichte, München
Stephens, S.A. (1998) Callimachus at court, in: Harder, M.A. u.a. (Hg.), Genre in Hellenistic poetry, Groningen, 167-185
— (2000): Writing epic for the Ptolemaic court, in: Harder, M.A. u.a. (Hg.), Apollonius Rhodius, Leuven, 195-215
— (2002): Egyptian Callimachus, in: Mantanavi, F./Lehnus, L. (Hg.), Callimaque. Sept exposés, Genf (Entretiens Hardt 48), 235-262
— (2003): Seeing double: Intercultural poetics in Ptolemaic Alexandria, Berkeley/London
— (2004a): For you, Arsinoe, in: Acosta-Hughes, B. u.a. (Hg.), Labored in papyrus leaves. Perspectives on an epigram collection attributed to Posidippus (P. Mil. Vogl. VIII 309), Cambridge, Mass., 161-176
— (2004b): Posidippus' poetry book: Where Macedon meets Egypt, in: Harris, W.V./Ruffini, G. (Hg.), Ancient Alexandria between Egypt and Greece, Leiden, 63-86
— (2005): Battle of the books, in: Gutzwiller, K. (Hg.), The new Posidippus. A Hellenistic poetry book, Oxford, 229-248

Sternberg-el Hotabi, H. (1994): Die Götterliste des Sanktuars im Hibis-Tempel von El-Chargeh, in: Minas, M./Zeidler, J. (Hg.), Aspekte spätägyptischer Kultur. FS E. Winter, Mainz, 239-254

Stewart, A. (1993): Faces of power. Alexander's image and Hellenistic politics, Berkeley u.a.

— (2003): Alexander in Greek and Roman art, in: Roisman, J. (Hg.), Brill's Companion to Alexander the Great, Leiden/Boston, 31-66

— (2005): Posidippus and the truth in sculpture, in: Gutzwiller, K.J. (Hg.), The new Posidippus. A Hellenistic poetry book, Oxford, 183-205

— (2007): Alexander, Philitas, and the Skeletos. Posidippus and truth in early Hellenistic portraiture, in: von den Hoff, R./Schultz, P. (Hg.), Early Hellenistic portraiture: Image, style, context, Cambridge/New York, 123-138

Stoneman, R. (1994): Romantic ethnography: Central Asia and India in the Alexander Romance, AncW 25, 93-107

— (2003): The legacy of Alexander in ancient philosophy, in: Roisman, J. (Hg.), Brill's Companion to Alexander the Great, Leiden/Boston, 325-345

— (2008): Alexander the Great. A life in legend, New Haven/London

Strobach, A. (1997): Plutarch und die Sprachen. Ein Beitrag zur Fremdsprachenproblematik in der Antike, Stuttgart

Strobel, K. (1991): Die Galater im hellenistischen Kleinasien: Historische Aspekte einer keltischen Staatenbildung, in: Seibert, J. (Hg.), Hellenistische Studien: Gedenkschrift für H. Bengtson, München, 101-134

Strong, A.K. (2005): Incest laws and absent taboos in Roman Egypt, AHB 19, 31-41

Studevent-Hickman, B./Morgan, C. (2006): Old Akkadian period texts, in: Chavalas, M. (Hg.), The Ancient Near East, Oxford, 17-44

Sumi, G.S. (2002): Spectacles and Sulla's public image, Historia 51, 414-432

Svenson, D. (1995): Darstellungen hellenistischer Könige mit Götterattributen, Frankfurt a.M.

Svoronos, J.N. (1904-1908): Τὰ νομίσματα τοῦ κράτους Πτολεμαίων, Bd. 1-4, Athen

Swain, S.C.R. (1990): Hellenic culture and the Roman heroes of Plutarch, JHS 110, 126-145

Taeger, F. (1957): Charisma. Studien zur Geschichte des antiken Herrscherkults, Bd. I, Stuttgart

Takács, S.A. (1995a): Isis and Sarapis in the Roman world, Leiden/New York/Köln

— (1995b): Alexandria in Rome, HSCP 97, 263-276

Tanck, C. (1997): Arche – ethnos – polis. Untersuchungen zur begrifflichen Erfassung des Achämenidenreiches in zeitgenössischen griechischen Quellen, Frankfurt a.M.

Tarn, W.W. (1910): The dedicated ship of Antigonus Gonatas, JHS 30, 209-222

— (1911): Nauarch and nesiarch, JHS 31, 251-259

— (1926): The First Syrian war, JHS 46, 155-162

— (1928): The Hellenistic ruler-cult and the daemon, JHS 48, 206-219

— (1933): Two notes on Ptolemaic history, JHS 53, 57-68

— (1968): Alexander der Große, Darmstadt

— (1969): Antigonos Gonatas, ND Chicago

Tataki, A.B. (1998): Macedonians abroad. A contribution to the prosopography of ancient Macedonia, Athen

Te Velde, H. (1976): Seth, god of confusion. A study of his role in Egyptian mythology and religion, Leiden

Teixidor, J. (1988): Ptolemaic chronology in the Phoenician inscriptions from Cyprus, ZPE 71, 188-190

Themelis, P. (2003): Macedonian dedication on the Akropolis, in: Palagia, O./Tracy, S.V. (Hg.), The Macedonians in Athens 322-229 B.C., Oxford, 162-172

Thierfelder, H. (1960): Die Geschwisterehe im hellenistisch-römischen Ägypten, Münster

Thiers, C. (1999): Ptolémée Philadelphe et les prêtres de Saïs. La stèle Codex Ursinianus, fol. 6r° + Naples 1034 + Louvre C. 123, BIFAO 99, 423-445

Thissen, H.-J. (1966): Studien zum Raphiadekret, Meisenheim am Glan

— (1998): „Apocalypse now!" Anmerkungen zum Lamm des Bokchoris, in: Clarysse, W. u.a. (Hg.), Egyptian religion. The last thousand years, Bd. 2, Leuven, 1043-1053

— (2002): Das Lamm des Bokchoris, in: Blasius, A./Schipper, B.U. (Hg.), Ägyptische Apokalyptik. Eine kritische Analyse der relevanten Texte aus dem griechisch-römischen Ägypten, Leuven/Paris, 113-138

Thomas, R. (1992): Griechische Bronzestatuetten, Darmstadt

— (2002a): Eine postume Statuette Ptolemaios' IV. und ihr historischer Kontext. Zur Götterangleichung hellenistischer Herrscher, Mainz

Thomas, R. (2002b): Herodotus in context. Ethnography, science and the art of persuasion, Cambridge

Thompson, D.B. (1955): A portrait of Arsinoe Philadelphos, AJA 59, 199-206

— (1973): Ptolemaic Oinochoai and portraits in fayence: Aspects of the ruler cult, Oxford

— (1978): The Tazza Farnese reconsidered, in: Maehler, M./Strocka, V.M. (Hg.), Das ptolemäische Ägypten, Mainz, 113-122

— (1988): Memphis under the Ptolemies, Princeton

— (1992): Language and literacy in early Hellenistic Egypt, in: Bilde, P. u.a. (Hg.), Ethnicity in Hellenistic Egypt, Aarhus, 39-42

— (1997): The infrastructure of splendour: Census and taxes in Ptolemaic Egypt, in: Cartledge, P. u.a. (Hg.), Hellenistic constructs. Essays in culture, history, and historiography, Berkeley u.a., 242-257

— (2000a): Athenaeus in his Egyptian context, in: Braund, D./Wilkins, J. (Hg.), Athenaeus and his world. Reading Greek culture in the Roman Empire, Exeter, 77-84

— (2000b): Philadelphus' procession: Dynastic power in a Mediterranean context, in: Mooren, L. (Hg.), Politics, administration and society in the Hellenistic and Roman world, Leuven (Studia Hellenistica 36), 365-388

— (2002): Families in early Ptolemaic Egypt, in: Ogden, D. (Hg.), The Hellenistic world. New perspectives, London, 137-156

— (2003): The Ptolemies and Egypt, in: Erskine, A. (Hg.), A companion to the Hellenistic world, Oxford 2003, 105-120

— (2005): Posidippus, poet of the Ptolemies, in: Gutzwiller, K.J. (Hg.), The new Posidippus. A Hellenistic poetry book, Oxford, 269-283

Thompson, H.A. (1982): Architecture as a medium of public relations among the successors of Alexander, in: Barr-Sharrar, B./Borza, E.N. (Hg.), Macedonia and Greece in late Classical and early Hellenistic times, Washington, 173-189

Thompson, M. (1968): The mints of Lysimachus, in: Kraay, C.M./Jenkins, G.K. (Hg.), Essays in Greek coinage presented to S. Robinson, Oxford, 163-182

Thonemann, P. (2005): The tragic king: Demetrios Poliorketes and the city of Athens, in: Hekster, O./Fowler, R. (Hg.), Imaginary kings. Royal images in the ancient Near East, Greece and Rome, Stuttgart, 63-86

Thrams, P. (2001): Hellenistische Philosophen in politischer Funktion, Hamburg

Timpe, D. (1996): Rom und die Barbaren des Nordens, in: Schuster, M. (Hg.), Die Begegnung mit dem Fremden, Stuttgart/Leipzig, 34-50

Tobin, V.A. (1991): Isis and Demeter. Symbols of divine motherhood, JARCE 28, 187-200

Tomlinson, R.A. (1993): Furniture in Macedonian tombs, AM 5, 1495-1499

Tondriau, J.L. (1946): Les thiases dionysiaques royaux de la cour ptolémaïque, CE 41, 149-171

— (1948a): Princesses ptolémaïques comparées ou identifiées à des déesses, BSAA 37, 12-33

— (1948a): La tryphè. Philosophie royale ptolémaïque, REA 50, 49-54

— (1948c): Rois lagides comparées ou identifiés à des divinités, CE 45-46, 127-146

— (1948d): Comparisons and identifications of rulers with deities in the Hellenistic period, Review of Religion 13, 24-47

— (1950): La dynastie ptolémaïque et la religion dionysiaque, CE 49, 283-316

Tourraix, A. (1984): L'image de la mónarchie achéménide, REA 86, 123-134

Townsend, R.F. (2003): The Philippeion and fourth-century Athenian architecture, in: Palagia, O./Tracy, S.V. (Hg.), The Macedonians in Athens 322-229 B.C., Oxford, 93-101

Tracy, S.V. (2003): Antigonos Gonatas, king of Athens, in: Palagia, O./Ders. (Hg.), The Macedonians in Athens 322-229 B.C., Oxford, 56-66

Tronson, A. (1984): Satyrus the Peripathetic and the marriages of Philip II, JHS 104, 116-126

Troy, L. (1986): Patterns of queenship in ancient Egyptian myth and history (Boreas 14), Uppsala

Troxell, H.A. (1983): Arsinoe's non-era, ANSMN 28, 35-70

— (1997): Studies in the Macedonian coinage of Alexander the Great, New York

Tsitsiridis, S. (2005): Mimesis and understanding: An interpretation of Aristotle's *Poetics* 4.1448B 4-19, CQ 55, 435-446

Tunny, J.A. (2000): Ptolemy „the son" reconsidered: Are there too many Ptolemies? ZPE 131, 83-92

Tuplin, C. (1987): The administration of the Achaemenid empire, in: Carradice, I. (Hg.), Coinage and administration in the Athenian and Persian empires, Oxford, 109-158

— (1991): Darius' Suez canal and Persian imperialism, AchHist 6, 237-283
— (1996): Achaemenid Studies, Stuttgart (Historia Einzelschr. 99)
— (2004): Doctoring the Persians: Ctesias of Cnidus, physician and historian, Klio 86, 305-347
Turner, E.G. (1984): Ptolemaic Egypt, CAH VII,1², 118-174

Vagi, D.L. (1997): The Ptolemaic pentekaidekadrachm, SAN 20, 5-10
van Bremen, R. (1983): Woman and wealth, in: Cameron, A./Kuhrt, A. (Hg.), Images of women in antiquity, Detroit, 223-242
— (1996): The limits of participation. Woman and civic life in the Greek East in the Hellenistic and Roman periods, Amsterdam
van de Mieroop, M. (2004): A history of the Ancient Near East ca. 3000-323 B.C., Oxford
van Nuffelen, P. (2004): Le culte royal de l'empire des Séleucides: une réinterpretation, Historia 53, 278-301
van Voss, M.H. (1997²): Alexander und die ägyptische Religion. Einige ägyptologische Bemerkungen, in: Carlsen, J. u.a. (Hg.), Alexander the Great. Reality and myth, Rom, 71-73
Vatin, C. (1970): Recherches sur le mariage et la condition de la femme mariée à l'époque hellénistique, Paris
Visser, E. (1938): Götter und Kulte im ptolemäischen Ägypten, Amsterdam
Vittmann, G. (2003): Ägypten und die Fremden im ersten vorchristlichen Jahrtausend, Mainz
— (2006): Fremde am persischen Hof, in: Historisches Museum der Pfalz Speyer (Hg.), Pracht und Prunk der Großkönige. Das persische Weltreich, Stuttgart, 136-147
Völcker-Janssen, W. (1993): Kunst und Gesellschaft an den Höfen Alexanders des Großen und seiner Nachfolger, München
Vössing, K. (2004): Mensa regia. Das Bankett beim hellenistischen König und beim römischen Kaiser, München/Leipzig
— (2008): Alexandria und die Suche nach den antiken Universitäten. Alte Fragen und neue Funde, in: Bellandi, F./Ferri, R. (Hg.), Aspetti della scuola mel mondo Romano, Amsterdam, 221-325
Vogt, J. (1971): Kleomenes von Naukratis – Herr von Ägypten, Chiron 1, 153-157
Volkmann, H. (1959a): Ptolemaios II. Philadelphos, RE 23,2, 1645-1666
— (1959b): Ptolemaia, RE 23,2, 1578-1590
— (1959c): Ptolemaios Keraunos, RE 23,2, 1597-1599
— (1959d): Ptolemaios der Sohn, RE 23,2, 1666-1667
Voutiras, E. (1994): Wortkarge Söldner? Ein Interpretationsvorschlag zum neuen Poseidippos, ZPE 104, 27-31

Wade Smith, H. (1952-53): Sculptural style on Ptolemaic portrait coins, Berytos 10, 21-36
Wagner, J. (1976): Seleukeia am Euphrat/Zeugma, Wiesbaden (Beihefte zum Tübinger Atlas des Vorderen Orients 10)

Wagner-Hasel, B. (2000): Der Stoff der Gaben. Kultur und Politik des Schenkens und Tauschens im archaischen Griechenland, Frankfurt a.M.

Walbank, F.W. (1982): Sea-power and the Antigonids, in: Adams, W.L./Borza, E.N. (Hg.), Philip II, Alexander the Great and the Macedonian heritage, Washington, 213-236

— (1984a): Monarchies and monarchic ideas, CAH VII.1², 62-100

— (1984b): Macedonia and Greece, CAH VII.1², 221-256

— (1987): Könige als Götter. Überlegungen zum Herrscherkult von Alexander bis Augustus, Chiron 17, 365-382

— (1994⁴): Die hellenistische Welt, München

— (1996): Two Hellenistic processions, SCI 15, 119-130

— (2000): Athenaeus and Polybius, in: Braund, D./Wilkins, J. (Hg.), Athenaeus and his world. Reading Greek culture in the Roman Empire, Exeter, 161-169

Walcot, P. (1987): Romantic love and true love: Greek attitudes to marriage, AncSoc 18, 1-29

Waldner, K. (2000): „Gender-Studies" in den Klassischen Altertumswissenschaften, IBÄES 2, 25-31 (http:///www2.rz.hu-berlin.de/nilus.net-publications/ibaes2/Waldner)

Walker, S. (2003): Carry-on at Canopus: the Nilotic mosaic from Palestrina and Roman attitudes to Egypt, in: Matthews, R./Roemer, C. (Hg.), Ancient perspectives on Egypt, London, 191-202

Wallace-Hadrill, A. (1982): Civilis princeps: Between citizen and king, JRS 72, 32-48

Walls, N. (2001): Desire, discord and death. Approaches to ancient near Eastern myth, Boston

Walser, G. (1965): Audienz beim Großkönig, Zürich

— (1983): Der Tod des Kambyses, in: Heinen, H. u.a. (Hg.), Althistorische Studien, FS H. Bengtson, Stuttgart (Historia Einzelschr. 40), 8-23

— (1984): Hellas und Iran. Studien zu den griechisch-persischen Beziehungen vor Alexander, Darmstadt

Walter, U. (2004): „Da sah er das Volk ganz in seiner Hand." – Deiokes und die Entstehung monarchischer Herrschaft im Geschichtswerk Herodots, in: Meier, M. u.a. (Hg.), Deiokes, König der Meder. Eine Herodot-Episode in ihren Kontexten, Stuttgart, 75-92

Webb, P.A. (1996): Hellenistic architectural sculpture. Figural motives in Western Anatolia and the Aegean islands, Madison

Weber, G. (1993): Dichtung und höfische Gesellschaft. Die Rezeption von Zeitgeschichte am Hof der ersten drei Ptolemäer, Stuttgart (Hermes Einzelschr. 62)

— (1995): Herrscher, Hof und Dichter. Aspekte der Legitimierung und Repräsentation hellenistischer Könige am Beispiel der ersten drei Antigoniden, Historia 44, 285-316

— (1997): Interaktion, Repräsentation und Herrschaft. Der Königshof im Hellenismus, in: Winterling, A. (Hg.), Zwischen „Haus" und „Staat". Antike Höfe im Vergleich, München, 27-71

— (1998/99): The Hellenistic rulers and their poets. Silencing dangerous critics?, AncSoc 29, 147-174

— (1999): Herrscher und Traum in hellenistischer Zeit, AKG 81, 1-33

— (2000): Kaiser, Träume und Visionen in Prinzipat und Spätantike, Stuttgart (Historia Einzelschr. 143)

— (2007): Die neuen Zentralen. Hauptstädte, Residenzen, Paläste, in: Weber, G. (Hg.), Kulturgeschichte des Hellenismus, München, 99-117

Wehrli, C. (1964): Phila, fille d'Antipater et épouse de Démetrius, roi des Macédoniens, Historia 13, 140-146

Weiser, W. (1989): Die Eulen von Kyros dem Jüngeren. Zu den ersten Münzporträts lebender Menschen, ZPE 76, 267-296

— (1995): Katalog ptolemäischer Bronzemünzen der Sammlung des Instituts für Altertumskunde der Universität zu Köln. Opladen

Welles, C.B. (1962): The discovery of Sarapis and the foundation of Alexandria, Historia 11, 271-298

— (1970a): Alexander and the Hellenistic world, Toronto

— (1970b): The role of the Egyptians under the first Ptolemies, in: Samuel, D.H. (Hg.), Proceedings of the twelfth international congress of Papyrology, Toronto, 505-510

Wellmann, M. (1901): Delphin, RE 4, 2504-2509

Wenig, S. (1969): Die Frau im Alten Ägypten, Wien/München

Wenzel, D. (2005): Kleopatra im Film. Eine Königin Ägyptens als Sinnbild für orientalische Kultur, Remscheid

Werner, V. (1995): *Quantum bello optimus, tantum pace pessimus*. Studien zum Mariusbild in der antiken Geschichtsschreibung, Bonn

Wescoat, B.D. (2003): Athens and Macedonian royalty on Samothrace: The Pentelic connection, in: Palagia, O./Tracy, S.V. (Hg.), The Macedonians in Athens 322-229 B.C., Oxford, 102-116

West, W.C. (1977): Hellenic homonoia and the new decree from Plataea, GRBS 18, 307-319

West, S. (1985): Venus observed? A note on Callimachus, fr. 110, CQ 35, 61-66

Westendorf, W. (1977): Götterpaarbildung, LdÄ 2, 705-707

Wheatley, P. (1995): Ptolemy Soter's annexation of Syria 320 B.C., CQ 45, 433-440

— (1999): The young Demetrius Poliorcetes, AHB 13, 1-13

— (1997): The lifespan of Demetrius Poliorcetes, Historia 46, 19-27

— (2003): Lamia and the besieger: an Athenian hetaera and a Macedonian king, in: Palagia, O./Tracy, S.V. (Hg.), The Macedonians in Athens 322-229 B.C., Oxford, 30-36

Whitehorne, J.E.G. (1995): Women's work in Theocritus, *Idyll* 15, Hermes 123, 63-75

— (2001²): Cleopatras, London/New York

Wickersham, J. (1994): Hegemony and Greek historians, London

Wiesehöfer, J. (1978): Der Aufstand Gaumatas und die Anfänge Dareios' I., Bonn

— (1994): Die „dunklen Jahrhunderte" der Persis. Untersuchungen zu Geschichte und Kultur von Fars in frühhellenistischer Zeit (330-140 v. Chr.), München

— (1999a): Das frühe Persien. Geschichte eines antiken Weltreichs, München

— (1999b): Kyros, der Schah und 2500 Jahre Menschenrechte. Historische Mythenbildung zur Zeit der Pahlavi-Dynastie, in: Conermann, S. (Hg.), Mythen, Geschichte(n), Identitäten: Der Kampf um die Vergangenheit, Hamburg, 55-68

— (2002): „Griechenland wäre unter persische Herrschaft geraten..." Die Perserkriege als Zeitenwende?, in: Sellmer, S./Brinkhaus, H. (Hg.), Zeitenwenden: Historische Brüche in asiatischen und afrikanischen Gesellschaften. Hamburg, 209-232

— (2003): „Denn sie haben sich durch ihre Schlechtigkeit selbst überlebt". Barthold Georg Niebuhr und die Perser der Antike, in: Stamm-Kuhlmann, T. u.a. (Hg.), Geschichtsbilder. FS M. Salewski, Stuttgart, 201-211

— (2004): „Persien, der faszinierende Feind der Griechen": Güteraustausch und Kulturtransfer in achaimenidischer Zeit, in: Rollinger, R./Ulf, C. (Hg.), Commerce and monetary systems in the ancient world: Means of transmission and cultural interaction, Stuttgart, 295-310

— (2005^3): Das antike Persien von 550 v. Chr. bis 650 n. Chr., Düsseldorf/Zürich

— (2006): Von Kyros dem Großen bis zu Alexander dem Großen. Eine kurze Geschichte des Achämenidenreiches, in: Historisches Museum der Pfalz Speyer (Hg.), Pracht und Prunk der Großkönige. Das persische Weltreich, Stuttgart, 21-27

Wikander, C. (1996): Religion, power and gender – the building of a cult-image, in: Hellström, P./Alroth, B. (Hg.), Religion and power in the ancient Greek world, Uppsala, 183-188

— (2002): Dynasty. The environment of Hellenistic monarchs, in: Ascani, K. u.a. (Hg.), Ancient history matters. Studies presented to J.E. Skydsgaard, Rom, 185-191

Wilamowitz-Moellendorff, U. v. (1879, ND 1974): Euripides Herakles. Bd. 1: Einführung in die griechische Tragödie, Darmstadt

— (1924): Hellenistische Dichtung in der Zeit des Kallimachos. I. Berlin

Wilcken, U. (1896a): Arsinoë I, RE 2.1, 1281-1282

— (1896b): Arsinoë II., RE 2.1, 1282-1287

— (1938): Zur Entstehung des hellenistischen Königskultes, Berlin (SBB 1938), 298-321

Wildung, D. (1977a): Geschichtsbild, LÄ 2, 562-563

— (1977b): Geschichtsdarstellung, LÄ 2, 564-566

— (1977c): Geschichtsschreibung, LÄ 2, 566-568

— (1989a): Mythos Kleopatra, in: Ders. (Hg.), Kleopatra. Ägypten um die Zeitenwende, Mainz, 13-18

— (Hg.) (1989b): Kleopatra. Ägypten um die Zeitenwende, Mainz

Will, É. (1966): Histoire politique du monde hellénistique (323-30 v. Chr.), Bd. I, Nancy

— (1984a): The succession to Alexander, CAH VII.1^2, 23-61

— (1984b): The formation of the Hellenstic kingdoms, CAH VII,1^2, 101-117

Williams, J.H.C. (2001): "Spoiling the Egyptians": Octavian and Cleopatra, in: Walker, S./ Higgs, P. (Hg.), Cleopatra of Egypt: From history to myth, London, 190-199

Winkes, R. (1973): Physiognomia: Probleme der Charakterinterpretation römischer Porträts, ANRW I, 4, 899-926

Winnicki, J.W. (1989): Das ptolemäische und das hellenistische Heerwesen, in: Criscuolo, L./Geraci, G. (Hg.), Egitto e storia antica dall'ellenismo all'età araba. Bilancio di un confronto, Bologna, 213-230

Winter, E. (1978): Der Herrscherkult in den ägyptischen Ptolemäertempeln, in: Maehler, H./Strocka, V.M. (Hg.), Das ptolemäische Ägypten, Mainz, 147-160
Winterling, A. (1997a): Einleitung, in: Ders. (Hg.), Zwischen „Haus“ und „Staat“. Antike Höfe im Vergleich, München, 1-9
— (1997b): „Hof“. Versuch einer idealtypischen Bestimmung anhand der mittelalterlichen und frühneuzeitlichen Geschichte, in: Ders. (Hg.), Zwischen „Haus“ und „Staat“. Antike Höfe im Vergleich, München, 11-25
— (1999): Aula Caesaris. Studien zur Institutionalisierung des römischen Kaiserhofes in der Zeit von Augustus bis Commodus (31 v. Chr. – 192 n. Chr.), München
— (2004³): Caligula. Eine Biographie, München
Wirth, G. (1959): Ptolemaios I. Soter, RE 23,2 (1959), 1603-1645, 2467-2484
— (1967): Zur Politik des Perdikkas 323, Helikon 7, 281-322
— (1976): Alexander und Rom, in: Badian, E. (Hg.), Alexandre le Grand. Image et réalité, Genf, 181-210
— (1985a): Nearchos, der Flottenchef, in: Ders., Studien zur Alexandergeschichte, Darmstadt, 51-75
— (1985b): Philipp II. Geschichte Makedoniens 1, Stuttgart u.a.
— (1988): Nearch, Alexander und die Diadochen. Spekulationen über einen Zusammenhang, Tyche 3, 241-259
— (1989): Alexander, Kassander und andere Zeitgenossen. Erwägungen zum Problem ihrer Selbstdarstellung, Tyche 4, 193-220
— (1990): Alexander in der zweiten Generation. Sprachregelung und Konstruktion eines Bildes, in: Verdin, H. u.a. (Hg.), Purposes of history, Leuven (Studia Hellenistica 30), 203-211
— (1993a): Diodor und das Ende des Hellenismus. Mutmaßungen zu einem fast unbekannten Historiker, Wien
— (1993b): Der Weg in die Vergessenheit. Zum Schicksal des antiken Alexanderbildes, Wien
— (1999): Hypereides, Lykurg und die *autonomia* der Athener. Ein Versuch zum Verständnis einiger Reden der Alexanderzeit, Wien
— (2004): Der Epitaphios des Hypereides und das Ende einer Illusion, in: Kinsky, R. (Hg.), Diorthoseis, München/Leipzig, 24-50
— (2005³): Pseudo-Kallisthenes, Alexanderroman, in: Schmitt, H.H./Vogt, E. (Hg.): Lexikon des Hellenismus, Wiesbaden, 513
— (2005): Athen und Alexander, Thetis 11-12, 95-100
— (2007): Katastrophe und Zukunftshoffnung. Mutmaßungen zur zweiten Hälfte von Diodors Bibliothek und ihren verlorenen Büchern, Wien
Witzel, M. (2003): Das alte Indien, München
Wlosok, A. (2000): Freiheit und Gebundenheit der augusteischen Dichter, RhM 143, 75-88
Wörrle, M. (1978): Epigraphische Untersuchungen zur Geschichte Lykiens II, Chiron 8, 201-245
— (1979): Epigraphische Forschungen zur Geschichte Lykiens III: Ein hellenistischer Königsbrief aus Telmessos, Chiron 9, 83-111

— (1995): Vom tugendsamen Jüngling zum „gestressten" Euergetes. Überlegungen zum Bürgerbild hellenistischer Ehrendekrete, in: Wörrle, M./Zanker, P. (Hg.), Stadtbild und Bürgerbild im Hellenismus, München (Vestigia 47), 241-250

Wuttmann, M./Marchand, S. (2005): Égypte, in: Briant, P./Bouchariat, R. (Hg.), L'archéologie de l'empire achémenide: nouvelles recherches, Paris, 97-128

Wyke, M. (2002): The Roman mistress. Ancient and modern representations, Oxford

Yiftach-Firanko, U. (2003): Marriage and marital arrangements. A history of Greek marriage documents in Egypt. 4th century B.C.E. – 4th century C.E., München (MB 93)

Yoyotte, J. (1963): L'Égypte ancienne et les origines de l'antijudïsme, RHR 163, 133-143

Yu, A.C. (1971): New gods and old order: Tragic theology in the „Prometheus Bound", JAAR 39, 19-42

Zahle, J. (1990): Religious motifs on Seleucid coins, in: Bilde, P. u.a. (Hg.), Religion and religious practice in the Seleucid kingdom, Aarhus, 125-139

Zahrnt, M. (1992): Der Mardonioszug des Jahres 492 v. Chr. und seine historische Einordnung, Chiron 22, 237-279

— (1996): Alexanders Übergang über den Hellespont, Chiron 26, 129-147

— (2004): Ist Samos „eine Messe wert"? in: Kinsky, R. (Hg.), Diorthoseis. Beiträge zur Geschichte des Hellenismus und zum Nachleben Alexanders des Großen, München/Leipzig, 9-23

Zanker, G. (2003): New light on the literary category of 'ekphrasis epigram' in the new Poseidippus (col. X 7 – XI 19 P. Mil. Vogl. VIII 309), ZPE 143, 59-62

Zanker, P. (1997³): Augustus und die Macht der Bilder, München

— (1995a): Brüche im Bürgerbild? Zur bürgerlichen Selbstdarstellung in den hellenistischen Städten, in: Wörrle, M./Zanker, P. (Hg.), Stadtbild und Bürgerbild im Hellenismus, München (Vestigia 47), 251-273

— (1995b): Pompeji. Stadtbild und Wohngeschmack, Mainz

Zecchi, M. (2004): Sobek, the crocodile, and women, Studi di Egittologia e di Papirologia 1, 149-153

Zecchini, G. (1990): La storiografia lagide, in: Verdin, H. u.a. (Hg.), Purposes of history, Leuven (Studia Hellenistica 30), 213-232

Zeidler, J. (2005): Fremde im alten Ägypten. Zur kulturellen Konstruktion von Fremdheit, in: Riemer, U./Riemer, P. (Hg.), Xenophobie – Philoxenie. Vom Umgang mit Fremden in der Antike, Stuttgart, 31-64

Zimmer, G. (1996): Prunkgeschirr hellenistischer Herrscher, in: Hoepfner, W./ Brands, G. (Hg.), Basileia. Die Paläste der hellenistischen Könige, Mainz, 130-135

— (2007): Die Nähe der Macht. Neue Aufgaben für die Kunst, in: Weber, G. (Hg.), Kulturgeschichte des Hellenismus, München, 284-309

Zimmermann, K. (2002): Eratosthenes' chlamys-shaped world: a misunderstood metapher, in: Ogden, D. (Hg.), The Hellenistic world. New perspectives, London, 23-40

Zoroddu, D. (2005): Posidippo miniatore, Athenaeum 93, 577-596

VI. Anhang

1. Personenregister

2. Abbildungen

Die Erlaubnis zur Reproduktion haben als Inhaber der Bildrechte erteilt:
GORNY & MOSCH, Giessener Münzhandlung GmbH., München:
www.gmcoinart.de (Fotografie: Lübke & Wiedemann KG, Stuttgart)
Fritz Rudolf Künker, Osnabrück: www.kuenker.de
(Fotografie: Lübke & Wiedemann KG, Stuttgart)
Numismatik Lanz, München: www.lanz.com
Auktionshaus H.D. Rauch GmbH, Wien: www.hdrauch.com

Abbildung 1: Ephesos-Arsineoia, Oktobol, Arsinoë (?), verschleiert/Bogen und Köcher (Fritz Rudolf Künker, Auktion 136, 2008, Nr. 136, Foto: Lübke & Wiedemann)

Abbildung 2: Ephesos-Arsinoeia, Tetrobol, Arsinoë (?), verschleiert/Bogen und Köcher (Gorny & Mosch, Auktion 170, 2008, Nr. 1439, Foto: Lübke & Wiedemann)

Abbildung 3: Ptolemaios Keraunos (?), Aes, verschleierte Frau mit Diadem/Adler auf Blitzbündel (Fritz Rudolf Künker, Auktion 133, 2007, Nr. 8268, Foto: Lübke & Wiedemann)

Abbildung 4: Ptolemaios I. als Satrap, Tetradrachme, Alexander mit Elefantenexuvie und Ammonshorn/Athena mit Schild und Speer, Adler auf Blitzbündel (Gorny & Mosch, Auktion 170, 2008, Nr. 1615, Foto: Lübke & Wiedemann)

Abbildung 5: Ptolemaios I., Stater, Porträt des Ptolemaios mit Diadem und Ägis-Chlamys/Alexander mit Blitzbündel in Elefantenquadriga (Fritz Rudolf Künker, Auktion 94, 2004, Nr. 1551, Foto: Lübke & Wiedemann)

Abbildung 6: Ptolemaios II., Tetradrachme, Porträt Ptolemaios' I./Adler auf Blitzbündel (Gorny & Mosch, Auktion 170, 2008, Nr. 1618, Foto: Lübke & Wiedemann)

Abbildung 7: Ptolemaios II., Goldtetradrachme, Doppelporträt von Ptolemaios II. und Arsinoë II./Doppelporträt von Ptolemaios I. und Berenike I. (Gorny & Mosch, Auktion 169, 2008, Nr. 166, Foto: Lübke & Wiedemann)

Abbildung 8: Ptolemaios II., Mnaieon, Arsinoë II. Philadelphos mit Schleier, Diadem, *stephane*, Horn (?) und Szepter/Doppelfüllhorn mit Diadem (H.D. Rauch, Auktion 82, 2008, Nr. 110)

Abbildung 9: Ptolemaios III., Goldpentadrachmon, Berenike II. mit Diadem und Schleier/Füllhorn mit Diadem, Sterne der Dioskuren (Numismatik Lanz, Auktion 102, 2001, Nr. 341)

Abbildung 10: Ptolemaios III., Silberpentekaidekadrachme, Berenike II. mit Schleier und Diadem/Füllhorn mit Diadem und *piloi* der Dioskuren (Fritz Rudolf Künker, Auktion 115, 2006, Nr. 115, Foto: Lübke & Wiedemann)

Abbildung 11: Ptolemaios V., Goldoktodrachme, Arsinoë III. mit Diadem, *stephane* und Szepter/Füllhorn mit Diadem, darüber ein Stern (Gorny & Mosch, Auktion 121, 2003, Nr. 286, Foto: Lübke & Wiedemann)

Abbildung 12: Ptolemaios IV., Goldoktodrachme, Ptolemaios III. mit Strahlendiadem, Dreizackszepter und Ägis/Füllhorn mit Diadem und Strahlen (Fritz Rudolf Künker, Auktion 143, 2008, Nr. 291, Foto: Lübke & Wiedemann)

Abbildung 13: Aes, Kleopatra VII. und Kaisarion/Doppelfüllhorn mit Diadem (Gorny & Mosch, Auktion 146, 2006, Nr. 363, Foto: Lübke & Wiedemann)

Abbildung 14: Kleopatra VII., Obol, Porträt der Kleopatra/Adler auf Blitzbündel, davor ein Doppelfüllhorn (Fritz Rudolf Künker, Auktion 94, 2004, Nr. 1586, Foto: Lübke & Wiedemann)

Abbildung 15: Kleopatra Thea und Antiochos VIII., Tetradrachme, Doppelporträt der beiden/thronender Zeus (Fritz Rudolf Künker, Auktion 89, 2004, Nr. 1477, Foto: Lübke & Wiedemann)

Kolibri 360 GmbH
Ferdinand-Jühlke-Straße 7
99095 Erfurt, Deutschland
produktsicherheit@kolibri360.de